유튜브 선생님에게 배우는

유·선·배 소방설비기사 전기분야 필기 합격노트

저자 직강 무료 동영상 강의 제공

빠른 합격을 위한 맞춤 학습 전략을
무료로 경험해 보세요.

| 혼자 하기 어려운 공부, 도움이 필요할 때 | 체계적인 커리큘럼으로 공부하고 싶을 때 | 온라인 강의를 무료로 듣고 싶을 때 |

정세윤 선생님의 쉽고 친절한 강의,
지금 바로 확인하세요!

 세짓말 설비특강

2026 시대에듀 유선배 소방설비기사 전기분야 필기 합격노트

Always with you

사람의 인연은 길에서 우연하게 만나거나 함께 살아가는 것만을 의미하지는 않습니다.
책을 펴내는 출판사와 그 책을 읽는 독자의 만남도 소중한 인연입니다.
시대에듀는 항상 독자의 마음을 헤아리기 위해 노력하고 있습니다. 늘 독자와 함께하겠습니다.

자격증·공무원·금융/보험·면허증·언어/외국어·검정고시/독학사·기업체/취업
이 시대의 모든 합격! 시대에듀에서 합격하세요!
www.youtube.com → '세짓말 설비특강' 검색 → 구독

PREFACE 머리말

필자가 다양한 분야에서 많은 자격증을 취득하며 느낀 점이 있습니다. "자격증을 위한 공부는 일반 공부순서와 다르다"는 것입니다.

전공자분들뿐만 아니라 많은 비전공자분들이 수험생활에 뛰어들며 2가지 정도의 공부 방법으로 준비를 합니다.

첫 번째는 가장 많은 분들이 이용하는 기출문제의 반복적 풀이를 통한 방법입니다. CBT가 적용되기 전까지 가장 효율적인 방법이었다는 것은 분명한 사실입니다. CBT의 시행으로 문제 출제 범위가 넓어지며 풀어야 하는 범위가 넓어짐에 따라 공부 시간 또한 늘어나서 이제는 효율적이지 못한 방법이 되었습니다.

두 번째는 일반적으로 말하는 각 분야의 정석적인 순서로 학습을 하는 경우입니다. 해당 방법은 각 과목을 공부하는 데 가장 좋은 방법 중 하나이나, 제 경험에서는 굉장히 비합리적인 학습 방법이었습니다. 많은 양을 소화하며 공부할 정도로 많은 시간을 투자하지 못하였기 때문입니다.

해당 서적은 위 두 가지 방법과 다르게 순서대로 공부하면 대부분의 문제를 풀이할 수 있도록 공부의 순서를 필자의 임의로 작성하였습니다. 대부분의 정석 공부방법은 앞부분을 풀이하기 위해 뒷부분의 내용이 들어가고, 그로 인해 다시 돌아와서 봐야 하는 문제가 발생하므로 해당 부분에 대한 문제점을 최대한 해결하려 노력하였습니다. 해당 서적과 강의에 따라 학습하신다면 어려움 없이 합격하시리라 믿어 의심치 않습니다.

20개년의 기출문제를 분석하여 과감히 필요 없는 부분은 생략하고, 공부에 비효율적인 부분은 제외하였습니다. 합격의 기준은 60점임을 항상 기억하시고, 모든 걸 완벽하게 숙지하시려는 생각은 버리고 수험에 임하시길 바랍니다.

저자 **정 세 윤**

시험안내

수행직무

소방시설공사 또는 정비업체 등에서 소방시설공사의 설계도면을 작성하거나 소방시설공사를 시공·관리하며, 소방시설의 점검·정비와 화기의 사용 및 취급 등 방화안전관리에 대한 감독, 소방계획에 의한 소화, 통보 및 피난 등의 훈련을 실시하는 방화관리자의 직무수행

진로 및 전망

- 소방공사, 대한주택공사, 전기공사 등 정부투자기관, 각종 건설회사, 소방전문업체 및 학계, 연구소 등으로 진출할 수 있다.
- 산업구조의 대형화 및 다양화로 소방대상물(건축물·시설물)이 고층·심층화되고, 고압가스나 위험물을 이용한 에너지 소비량의 증가 등으로 재해발생 위험요소가 많아지면서 소방과 관련한 인력수요가 늘고 있다. 소방설비 관련 주요업무 중 하나인 화재관련 건수와 그로 인한 재산피해액도 당연히 증가할 수밖에 없어 소방관련 인력에 대한 수요는 증가할 것으로 전망된다.

시행처

한국산업인력공단

관련학과

대학 및 전문대학의 소방학, 건축설비공학, 기계설비학, 가스냉동학, 공조냉동학 관련학과

시험요강

구 분	필 기	실 기
시험과목	1. 소방원론 2. 소방전기일반 3. 소방관계법규 4. 소방전기시설의 구조 및 원리	소방전기시설 설계 및 시공실무
합격기준	100점을 만점으로 하여 과목당 40점 이상, 전과목 평균 60점 이상	100점을 만점으로 하여 60점 이상
검정방법	객관식 4지 택일형 과목당 20문항(과목당 30분)	필답형(3시간)
응시료	19,400원	22,600원

시험일정(2025년 기준)

회 별	필기시험			실기시험		
	원서접수 (휴일 제외)	시험시행	합격(예정)자 발표	원서접수 (휴일 제외)	시험시행	최종합격자 발표
제1회	1.13~1.16	2.7~3.4	3.12	3.24~3.27	4.19~5.9	6.13
제2회	4.14~4.17	5.10~5.30	6.11	6.23~6.26	7.19~8.6	9.12
제3회	7.21~7.24	8.9~9.1	9.10	9.22~9.25	11.1~11.21	12.24

※ 원서접수 시간은 원서접수 첫날 10:00부터 마지막 날 18:00까지임
※ 필기시험 합격예정자 및 최종합격자 발표시간은 해당 발표일 09:00임
※ 시험일정은 종목별, 지역별로 상이할 수 있음
※ 접수일정 전에 공지되는 해당 회별 수험자 안내(Q-net 공지사항 게시) 참조 필수

검정현황

연도	필기			실기		
	응시	합격	합격률	응시	합격	합격률
2024년	30,163명	14,028명	46.5%	24,518명	10,134명	41.3%
2023년	32,202명	15,919명	49.4%	20,843명	8,679명	41.6%
2022년	26,517명	11,902명	44.9%	21,427명	9,075명	42.4%
2021년	27,083명	12,483명	46.1%	19,311명	6,687명	34.6%
2020년	21,749명	11,711명	53.8%	19,248명	8,991명	46.7%
2019년	26,112명	13,706명	52.5%	17,499명	8,086명	46.2%
2018년	24,127명	7,580명	31.4%	11,503명	6,262명	54.4%
2017년	21,735명	6,785명	31.2%	12,091명	5,879명	48.6%
2016년	17,109명	7,845명	45.9%	11,560명	2,795명	24.2%
2015년	13,815명	6,012명	43.5%	10,010명	5,402명	54.0%

이 책의 구성과 특징

대표 기출유형과 족집게 과외

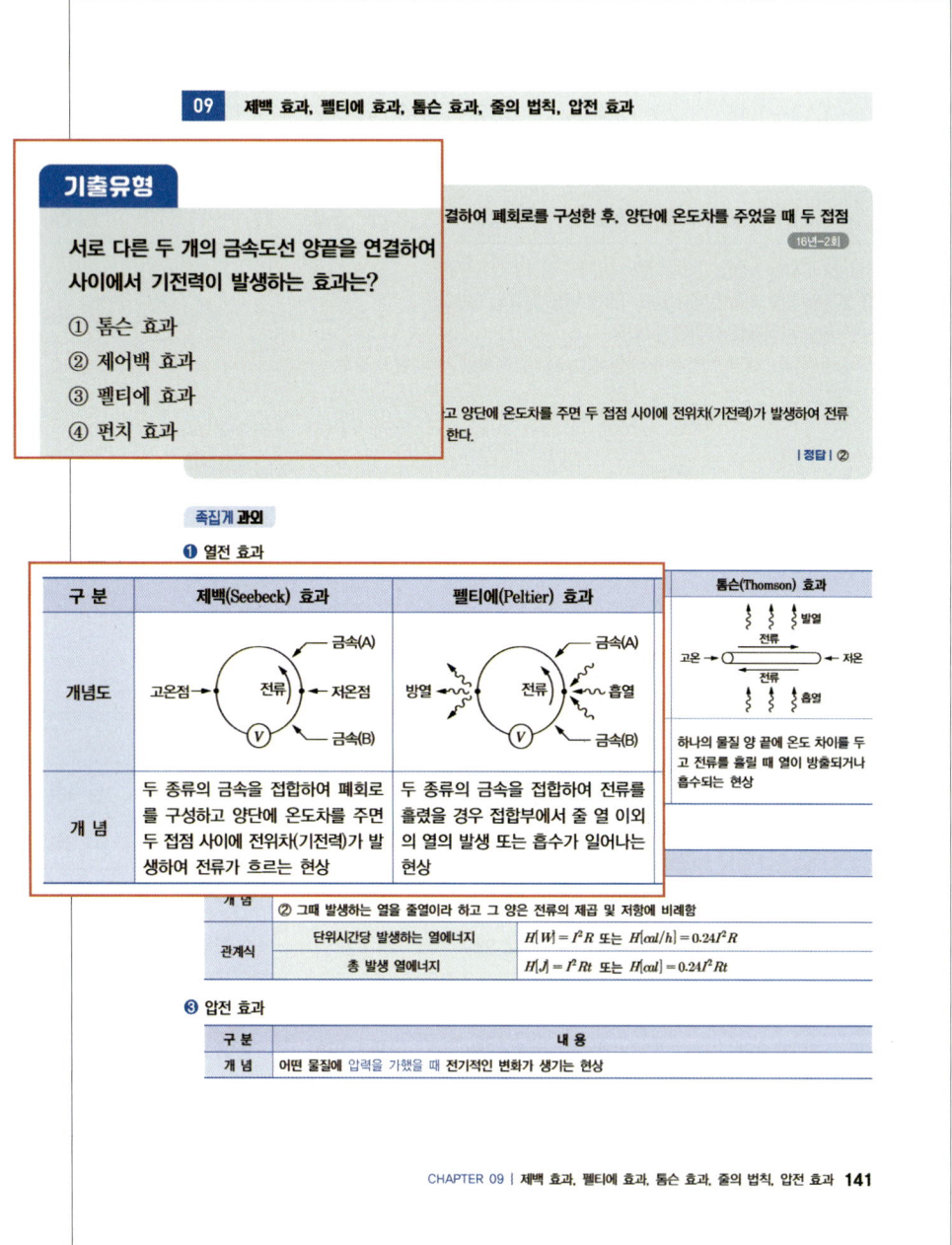

▶ 방대하게만 느껴지는 이론! 어떻게 출제되는지 재빠른 확인이 가능하도록 기출문제를 분석하여 122개의 대표 기출 유형을 수록하였습니다. 그림과 도표를 통해 쉽게 이해하고, 합격에 필요한 이론을 빈틈없이 채워줄 족집게 과외로 이론 공부를 확실하게 마칠 수 있습니다.

같은 유형의 문제를 모아 기출유형 완성하기

기출유형 완성하기

정답 01 ② 02 ④ 03 ④ 04 ② 05 ④ 06 ③

01 위험물제조소의 표지의 바탕 및 문자의 색으로 옳은 것은? 〔03년-1회〕

① 황색바탕, 흑색문자
② 백색바탕, 흑색문자
③ 흑색바탕, 백색문자
④ 적색바탕, 백색문자

해설
표지의 바탕은 백색으로, 문자는 흑색으로 할 것

02 위험물제조소에서 위험물을 취급할 때에는 정전기를 제거하는 설비를 하여야 한다. 정전기를 유효하게 제거할 수 있는 방법이 될 수 없는 것은? 〔25년〕

① 접지를 한다.
② 공기중의 상대습도를 70% 이상으로 한다.
③ 공기를 이온화한다.
④ 종단저항을 설치한다.

해설
위험물제조소등에서 정전기 제거설비
- 접지에 의한 방법
- 공기 중의 상대습도를 70% 이상으로 하는 방법
- 공기를 이온화하는 방법

03 제4류 위험물을 저장하는 위험물제조소의 주의사항을 표시한 게시판의 내용으로 적합한 것은? 〔15년-1회〕

① 물기주의 ② 물기엄금
③ 화기주의 ④ 화기엄금

해설
제4류 위험물을 저장·취급하는 장소에는 적색바탕에 백색문자로 "화기엄금" 표시된 게시판을 설치하여야 한다.

04 지정수량의 몇 배 이상의 위험물을 취급하는 제조소에는 피뢰침을 설치하여야 하는가? (단, 제6류 위험물을 취급하는 위험물제조소는 제외) 〔25년〕

① 5배
② 10배
③ 50배
④ 100배

해설
지정수량의 10배 이상의 위험물을 취급하는 제조소(제6류 위험물을 취급하는 위험물제조소를 제외한다)에는 피뢰침을 설치하여야 한다.

05 올바르게 연결된 것은? 〔16년-4회〕

① 바탕 - 백색, 문자 - 청색
② 바탕 - 청색, 문자 - 흑색
③ 바탕 - 흑색, 문자 - 백색
④ 바탕 - 백색, 문자 - 흑색

해설
게시판의 바탕은 백색으로, 문자는 흑색으로 할 것

06 위험물안전관리법령에서 정한 게시판의 주의사항으로 잘못된 것은? 〔10년-4회〕

① 제2류 위험물(인화성 고체 제외) : 화기주의
② 제3류 위험물 중 자연발화성 물질 : 화기엄금
③ 제4류 위험물 : 화기주의
④ 제5류 위험물 : 화기엄금

해설
제4류 위험물을 저장·취급하는 장소에는 적색바탕에 백색문자로 "화기엄금" 표시된 게시판을 설치하여야 한다.

▶ 이론이 끝날 때마다 학습내용을 바로 점검할 수 있도록 기출문제를 모아 수록했습니다. 해당 이론에서 출제된 기출문제 풀이로 실제 시험에서 어떻게 문제를 풀어야 하는지 공략할 수 있습니다. 또한, 문제 옆 기출연도 표기를 통해 문제은행 방식의 시험에서 해당 문제가 출제되었던 회차를 확인할 수 있습니다.

이 책의 구성과 특징

문제은행 기출문제로 실전감각 익히기

▶ 소방설비기사 전기분야 시험의 노하우를 가진 저자가 출제경향을 분석하여 CBT 문제은행 방식의 시험에 대비할 수 있도록 문제를 조합하여 5회분의 모의고사를 수록했습니다. 문제은행 기출문제를 풀어보면서 실전감각을 익히고 어떤 문제가 출제될지 예측할 수 있습니다.

상세한 해설로 실력 다지기

정답 01 ② 02 ③ 03 ④ 04 ①   **기출유형 완성하기**

01 $R=10\Omega$, $\omega L=20\Omega$인 직렬회로에 $220\angle 0° V$의 교류전압을 가하는 경우 이 회로에 흐르는 전류는 약 몇 A인가? [20년-4회]

① $24.5\angle -26.5°$
② $9.8\angle -63.4°$
③ $12.2\angle -13.2°$
④ $73.6\angle -79.6°$

해설

회로의 임피던스
$|Z|=\sqrt{R^2+X_L^2}=\sqrt{10^2+20^2}=10\sqrt{5}$

전류 $i=\dfrac{V}{Z}=\dfrac{220}{10\sqrt{5}}=9.8[A]$

$R-L$회로의 위상각(차)
$\theta=\tan^{-1}\left(\dfrac{X_L}{R}\right)=\tan^{-1}\left(\dfrac{20}{10}\right)=63.4°$

02 $e_1=10\sqrt{2}\sin(\omega t+\dfrac{\pi}{3})$와
$e_2=20\sqrt{2}\sin(\omega t+\dfrac{\pi}{6})$의 두 정현파의 합성전압 e는 약 몇 V인가? [14년-2회]

① $29.1\sqrt{2}\sin(wt+60°)$
② $29.1\sqrt{2}\sin(wt-60°)$
③ $29.1\sqrt{2}\sin(wt+40°)$
④ $29.1\sqrt{2}\sin(wt-40°)$

해설

합성을 하기 편하도록 복소수로 바꾸면
$e_1=10\sqrt{2}\sin(\omega t+\dfrac{\pi}{3})=10(\cos 60°+j\sin 60°)$
$\quad =5+j5\sqrt{3}$
$e_2=20\sqrt{2}\sin(\omega t+\dfrac{\pi}{6})=20(\cos 30°+j\sin 30°)$
$\quad =10\sqrt{3}+j10$
$e_1+e_2=5+j5\sqrt{3}+10\sqrt{3}+j10=22.32+j18.66$
합성 실효전압 $=\sqrt{22.32^2+18.66^2}=29.1[V]$
위상 $\theta=\tan^{-1}\left(\dfrac{허수}{실수}\right)=\tan^{-1}\left(\dfrac{18.66}{22.32}\right)=40°$
합성전압 $e_t=29.1\sqrt{2}\sin(wt+40°)$

03 8Ω의 저항과 6Ω의 용량리액턴스가 있는 직렬회로에 전압 $V=28-j4[V]$의 전압을 가하였을 때 회로에 흐르는 전류는 몇 A인가? [04년-1회]

① $3.5-j0.5$
② $2.8-j0.4$
③ $1.24-j0.68$
④ $2.48+j1.36$

해설

$R-C$ 직렬회로에서 전류 $i=\dfrac{V}{Z}=\dfrac{28-j4}{8-j6}$
켤레복소수를 취하면
$\dfrac{(28-j4)}{(8-j6)}\times\dfrac{(8+j6)}{(8+j6)}=2.48+j1.36$

04 복소수로 표시된 전압 $10-j[V]$를 어떤 회로에 가하는 경우 $5+j[A]$의 전류가 흘렀다면 이 회로의 저항은 약 몇 Ω인가? [20년-1·2회]

① 1.88
② 3.6
③ 4.5
④ 5.46

해설

$Z=\dfrac{V}{I}=\dfrac{10-j}{5+j}$
→ 켤레복소수를 취하면
$Z=\dfrac{(10-j)(5-j)}{(5+j)(5-j)}=1.88-j0.58$이고
여기서 저항은 실수항이므로 $R=1.88[\Omega]$

▶ 많은 문제를 푸는 것보다 중요한 것은 한 문제를 정확히 파악하고 이해하는 것입니다. 한 문제, 한 문제마다 완벽한 해설, 상세한 해설을 수록했습니다. 자세하고 꼼꼼한 해설로 모르는 문제도 충분히 해결할 수 있습니다. 문제를 풀고 해설을 통해 한 번 더 복습해 보세요.

이 책의 목차

PART 01 | 소방원론

CHAPTER 01	연 소	2
CHAPTER 02	소화원리	7
CHAPTER 03	가연물, 조연성 가스, 점화원	12
CHAPTER 04	자연발화	17
CHAPTER 05	인화점, 연소점, 발화점, 연소범위	20
CHAPTER 06	열전달	25
CHAPTER 07	연 기	29
CHAPTER 08	연기농도	33
CHAPTER 09	폭발과 방폭	36
CHAPTER 10	화 재	40
CHAPTER 11	플래시오버, 화재하중, 화재강도	46
CHAPTER 12	건축재료	51
CHAPTER 13	무창층, 지하층, 주요구조부	54
CHAPTER 14	방화구조, 내화구조, 방화벽	56
CHAPTER 15	피 난	60
CHAPTER 16	증기비중, 분자량	66
CHAPTER 17	위험물 분류	72
CHAPTER 18	위험물 소화	81
CHAPTER 19	소화약제-1(물)	86
CHAPTER 20	소화약제-2(분말&이산화탄소)	91
CHAPTER 21	소화약제-3(할론&불활성 가스)	100

PART 02 | 소방전기일반

CHAPTER 01	옴의 법칙과 정전력	106
CHAPTER 02	직렬회로와 병렬회로	110
CHAPTER 03	직·병렬회로	114
CHAPTER 04	전압원과 전류원, 중첩의 원리	119
CHAPTER 05	배율기와 분류기	125
CHAPTER 06	축전지(배터리)	130
CHAPTER 07	도체&절연체와 저항	133
CHAPTER 08	키르히호프의 법칙, 플레밍의 법칙, 렌츠의 법칙	138
CHAPTER 09	제백 효과, 펠티에 효과, 톰슨 효과, 줄의 법칙, 압전 효과	141
CHAPTER 10	교류 기초	144
CHAPTER 11	R-L-C 회로	150
CHAPTER 12	연소수법과 극형식법(=극좌표법)	157
CHAPTER 13	주파수와 공진	160
CHAPTER 14	전력과 역률	164
CHAPTER 15	3상 교류	170
CHAPTER 16	1전력계법&3전압계법, 역률 측정, 오차율&보정율	174
CHAPTER 17	콘덴서	178
CHAPTER 18	인덕턴스와 시정수	183
CHAPTER 19	휘스톤브릿지, 테브난의 정리	187
CHAPTER 20	전계와 자계, 전자력	193
CHAPTER 21	변압기	198
CHAPTER 22	△결선, Y결선 등가회로	202
CHAPTER 23	유기기전력	207
CHAPTER 24	유도전동기	211
CHAPTER 25	서미스터, 바리스터, 집적회로	215

CHAPTER 26	트랜지스터, 다이오드, 사이리스터	219
CHAPTER 27	정류회로, 포토다이오드	224
CHAPTER 28	논리회로	229
CHAPTER 29	불 대수의 정리	233
CHAPTER 30	시퀀스회로	237
CHAPTER 31	자동제어의 분류	241
CHAPTER 32	자동제어의 구성요소	246
CHAPTER 33	블록선도와 전달함수-1	251
CHAPTER 34	블록선도와 전달함수-2	256

PART 03 | 소방관계법규

CHAPTER 01	소방기본법의 목적, 소방신호, 상호응원	262
CHAPTER 02	소방대상물, 소방박물관 등	267
CHAPTER 03	소방대와 소방활동	270
CHAPTER 04	종합상황실과 소방활동장비	276
CHAPTER 05	소방용수시설	279
CHAPTER 06	한국소방안전원 · 소방안전관리자의 업무, 관계인 훈련	283
CHAPTER 07	소방계획서, 방화구획 유지관리	286
CHAPTER 08	소방안전관리자(자격, 선임)	288
CHAPTER 09	소방안전관리대상물, 총괄소방안전관리자	292
CHAPTER 10	화재의 예방조치 등-1	295
CHAPTER 11	화재의 예방조치 등-2	298
CHAPTER 12	특수가연물	301
CHAPTER 13	화재예방강화지구	306
CHAPTER 14	화재안전조사	310
CHAPTER 15	화재예방안전진단	315

CHAPTER 16	소방시설	318
CHAPTER 17	특정소방대상물	322
CHAPTER 18	소방용품	326
CHAPTER 19	형식승인과 우수품질인증	329
CHAPTER 20	특정소방대상물에 설치 · 관리해야 하는 소방시설(기계)	333
CHAPTER 21	특정소방대상물에 설치 · 관리해야 하는 소방시설(전기)	337
CHAPTER 22	소방시설 설치의 면제기준 및 범위	340
CHAPTER 23	수용인원과 임시소방시설	343
CHAPTER 24	건축허가등의 동의대상물의 범위	346
CHAPTER 25	소방시설기준 적용의 특례	350
CHAPTER 26	성능위주설계 범위, 기술심의위원회	354
CHAPTER 27	작동점검과 종합점검	356
CHAPTER 28	자체점검 결과, 면제, 연기	361
CHAPTER 29	소방시설관리업	364
CHAPTER 30	소방시설법 중 기타 법규	366
CHAPTER 31	방염 대상	370
CHAPTER 32	소방시설업, 소방시설설계업	373
CHAPTER 33	소방공사감리업	377
CHAPTER 34	착공신고, 완공검사, 하자보수	379
CHAPTER 35	소방기술자 및 소방안전관리자의 교육	384
CHAPTER 36	위험물 분류 및 지정수량	386
CHAPTER 37	위험물 표지, 정전기 제거 및 피뢰설비	389
CHAPTER 38	채광 · 조명 및 환기설비, 배출설비	393
CHAPTER 39	제조소등의 허가 및 변경신고 등	396
CHAPTER 40	정기검사, 예방규정	400
CHAPTER 41	제조소의 위치 · 구조 기준	402
CHAPTER 42	옥외탱크저장소의 방유제	405
CHAPTER 43	위험물의 임시저장	408

PART 04 | 소방전기시설의 구조 및 원리

CHAPTER 01	비상경보설비	412
CHAPTER 02	단독경보형 감지기	419
CHAPTER 03	자동화재탐지설비 수신기&중계기	423
CHAPTER 04	자동화재탐지설비 배선	428
CHAPTER 05	자동화재탐지설비 감지기-1 (스포트형)	433
CHAPTER 06	자동화재탐지설비 감지기-2 (감지선형, 분포형)	437
CHAPTER 07	자동화재탐지설비 감지기-3 (불꽃, 광전식 분리형)	441
CHAPTER 08	자동화재탐지설비 감지기-4 (설치높이별 적응성)	445
CHAPTER 09	자동화재탐지설비 경계구역, 시각경보장치	449
CHAPTER 10	자동화재속보설비	453
CHAPTER 11	비상방송설비	459
CHAPTER 12	누전경보기	464
CHAPTER 13	유도등의 종류 및 설치기준	469
CHAPTER 14	유도등의 규격 및 기타 기준	473
CHAPTER 15	유도표지&유도선	476
CHAPTER 16	비상조명등	479
CHAPTER 17	휴대용비상조명등	483
CHAPTER 18	비상콘센트-1	487
CHAPTER 19	비상콘센트-2	492
CHAPTER 20	무선통신보조설비-1	495
CHAPTER 21	무선통신보조설비-2	500
CHAPTER 22	비상전원수전설비-1	504
CHAPTER 23	비상전원수전설비-2	506
CHAPTER 24	비상전원의 종류와 용량	509

PART 05 | 문제은행 기출유형 모의고사

제1회 문제은행 기출유형 모의고사	514
제1회 문제은행 기출유형 모의고사 해설	527
제2회 문제은행 기출유형 모의고사	533
제2회 문제은행 기출유형 모의고사 해설	547
제3회 문제은행 기출유형 모의고사	553
제3회 문제은행 기출유형 모의고사 해설	567
제4회 문제은행 기출유형 모의고사	573
제4회 문제은행 기출유형 모의고사 해설	586
제5회 문제은행 기출유형 모의고사	593
제5회 문제은행 기출유형 모의고사 해설	606

부록

[핸드북] 필수암기노트

PART 01
소방원론

PART 01 소방원론

01 연소

기출유형

연소에서 연쇄반응은 어느 것에 해당하는가? `25년`

① 연소의 3요소
② 연소의 4요소
③ 연소의 시기 및 최소 착화에너지
④ 연소의 최성기

해설
연소의 3요소는 가연물, 산소, 점화원으로서 연쇄반응은 연소의 4요소에 포함된다.

|정답| ②

족집게 과외

❶ 연소

구 분	내 용						
연소의 정의	빛과 열을 동반하는 급격한 산화반응						
연소 3요소	① 가연물(탈 물질)　　　② 산소(조연성=지연성 가스)　　　③ 점화원(불꽃 등)						
연소 4요소	연소의 3요소+연쇄반응						
연소가 용이한 조건 (가연물)	① 비표면적이 넓을 것 ② 산소와 친화력이 좋을 것 ③ 열전도율이 작을 것 ④ 열축적이 용이할 것 ⑤ 활성화에너지가 작을 것 ⑥ 발열량(연소열)이 클 것						
연소의 형태	표면연소 (작열연소)	고체	가연성 혼합기를 형성하지 못하고 고체 표면에서의 느린 연소 현상	목탄, 코크스, 숯, 금속분			
	자기연소	고체	산소를 함유한 물질이 외부의 산소공급 없이 연소하는 현상	니트로글리세린, 니트로셀룰로오스			
	증발연소	고체, 액체	열분해 없이 직접 증발 또는 기화하여 증기가 연소하는 현상	촛불, 파라핀, 황, 나프탈렌			
	분해연소	고체, 액체	열분해를 일으켜 물질이 화학적으로 분해되어 연소하는 현상	석탄, 종이, 플라스틱, 목재, 고무,			
	확산연소	고체, 액체, 기체	가연성 가스와 산소가 반응에 의해 농도가 낮은 곳으로 확산되어 연소하는 현상	–			
	예혼합연소	기체	기체와 산소가 미리 혼합되어 있는 상태에서 발생하는 연소 현상	가스 폭발			
연소속도	① 말 그대로 연소하는 속도로서 일반적으로 연료의 질량 감소 속도를 의미함 ② 연소는 급격한 산화반응으로서 연소속도=산화속도로 이해할 수 있음						
연소 온도별 색상	색상	암적색	적색	휘적색	황적색	백색	휘백색
	온도[℃]	700	850	950	1,100	1,300	1,500↑

기출유형 완성하기

정답 01 ② 02 ④ 03 ③ 04 ③ 05 ① 06 ③

01 연소의 3요소가 아닌 것은? `04년-2회`
① 가연물
② 소화약제
③ 산소공급원
④ 점화원

해설
② 소화약제는 연소를 차단하기 위한 물질이다.

연소의 3요소
• 가연물
• 산소
• 점화원

02 다음 중 연소현상과 관계가 없는 것은? `10년-1회`
① 부탄가스 라이터에 불을 붙였다.
② 황린을 공기 중에 방치했더니 불이 붙었다.
③ 알코올램프에 불을 붙였다.
④ 공기 중에 노출된 쇠못이 붉게 녹이 슬었다.

해설
연소란 빛과 열을 동반하는 **급격한 산화반응**이다.
Tip 철이 녹이 스는 것도 산화반응이나 매우 느린 반응으로서 빛과 열을 수반하지 않는다.

03 다음 중 연소속도와 가장 관계가 깊은 것은? `12년-1회`
① 증발속도
② 환원속도
③ 산화속도
④ 혼합속도

해설
연소란 빛과 열을 동반하는 **급격한 산화반응**이다. 즉, 연소의 속도는 산화속도와 관계가 깊다.

04 불꽃의 색상을 저온으로부터 고온 순서로 옳게 나열한 것은? `10년-2회`
① 암적색, 휘백색, 황적색
② 휘백색, 암적색, 황적색
③ 암적색, 황적색, 휘백색
④ 휘백색, 황적색, 암적색

해설
연소의 온도별 색상
휘백색 > 백색 > 황적색 > 휘적색 > 적색 > 암적색

05 다음 중 연소와 가장 관련이 있는 화학반응은? `08년-2회`
① 산화반응
② 환원반응
③ 치환반응
④ 중화반응

해설
연소란 빛과 열을 동반하는 **급격한 산화반응**이다.

06 다음 중 화재발생 가능성이 가장 낮은 경우는? `08년-4회`
① 주위온도가 높을 때
② 인화점이 낮을 때
③ 활성화에너지가 클 때
④ 폭발하한계가 낮을 때

해설
③ 활성화에너지란 연소반응이 발생하기 위한 최소한의 에너지 크기를 의미한다. 즉, 클수록 화재발생 가능성이 작다.
① 주위온도가 높다면 온도를 조금만 올려도 화재가 발생할 수 있다.
② 인화점은 불꽃을 접촉했을 때 불이 붙는 최소 온도를 의미한다. 즉, 인화점이 낮을수록 불이 붙기 쉽다.
④ 폭발하한계란 점화 시 불이 붙는 공기 중 최소한의 가스농도를 말한다(하한계가 낮으면 작은 가스농도에서도 폭발이 발생한다).

정답 07 ④ 08 ① 09 ③ 10 ② 11 ② 12 ③

기출유형 완성하기

07 고체가 액체로 되었다가 기체로 되어 불꽃을 내면서 연소하는 현상은? `03년-1회`

① 표면연소 ② 분해연소
③ 자기연소 ④ 증발연소

해설
고체나 액체가 기체로 상변화하여 연소하는 현상은 증발연소이다.

08 가연물의 연소형태를 잘못 짝지은 것은? `05년-1회`

① 표면연소 : 석탄
② 분해연소 : 목재
③ 증발연소 : 유황
④ 내부연소 : 셀룰로이드

해설
석탄의 연소형태는 분해연소이다.

09 그림에 표현된 불꽃연소의 기본요소 중 ( ) 안에 해당되는 것은? `09년-4회`

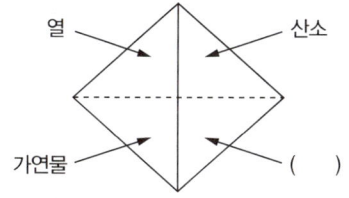

① 열분해 증발고체
② 기 체
③ 순조로운 연쇄반응
④ 풍 속

해설
연소의 4요소
• 가연물 • 산 소
• 점화원(열, 불꽃) • 연쇄반응

10 조연성 가스에 해당하는 것은? `21년-1회`

① 일산화탄소
② 산 소
③ 수 소
④ 부 탄

해설
조연성 가스는 연소를 도와주는 가스로 대표적으로 산소를 의미한다.
Tip 일산화탄소, 부탄, 수소는 가연성 가스이다.

11 황이나 나프탈렌 같은 고체위험물의 연소 형태는? `25년`

① 표면연소
② 증발연소
③ 자기연소
④ 분해연소

해설
황이나 나프탈렌의 연소 형태는 증발연소이다.

12 표면연소만 일어나는 것은? `05년-4회`

① 목 재 ② 합성수지
③ 숯 ④ 섬유질

해설
숯은 표면연소이다.
Tip 표면연소는 불꽃이 보이지 않는 연소라 연상하면 기억하기 쉽다.

CHAPTER 01 | 연 소 **5**

기출유형 완성하기

정답 13 ③ 14 ④ 15 ④ 16 ② 17 ④

13 가연물질이 연소가 잘되기 위한 조건 중 옳지 않은 것은? 〔25년〕

① 표면적이 넓어야 한다.
② 산소와 친화력이 좋아야 한다.
③ 열전도율이 커야 한다.
④ 열 축적이 잘되어야 한다.

해설
③ 연소가 용이하기 위해서는 열전도율이 작아야 한다. 가연물의 온도가 상승되어야 지속적인 연소 또는 점화가 가능하게 된다. 열전도율이 클 경우 열을 받은 가연물이 주변으로 열을 방출하여 연소에 불리하다.

14 다음 중 연소의 종류가 아닌 것은? 〔25년〕

① 증발연소
② 표면연소
③ 분해연소
④ 기화연소

해설
'기화연소'라는 연소는 없다.

15 다음 중 연소를 위한 필수조건이 아닌 것은? 〔08년-1회〕

① 가연물
② 산 소
③ 점화에너지
④ 부촉매

해설
부촉매는 연쇄반응을 늦추기 위한 물질을 말한다.
Tip 부촉매 투입 시 필요한 활성화에너지가 커진다.

연소의 3요소
• 가연물
• 산 소
• 점화원

16 분자내부에 니트로기를 갖고 있는 TNT, 니트로셀룰로오스 등과 같은 제5류 위험물의 연소 형태는? 〔21년-2회〕

① 분해연소
② 자기연소
③ 증발연소
④ 표면연소

해설
"니트로" 작용기가 포함된 5류 위험물의 연소 형태는 자기연소이다.
Tip 니트로 명칭이 들어가 있는 경우는 자기연소가 대부분이다.

17 다음 중 표면연소에 대한 설명으로 올바른 것은? 〔10년-4회〕

① 목재가 산소와 결합하여 일어나는 불꽃연소 현상
② 종이가 정상적으로 화염을 내면서 연소하는 현상
③ 오일이 기화하여 일어나는 연소현상
④ 코크스나 숯의 표면에서 산소와 접촉하여 일어나는 연소현상

해설
표면연소란 말 그대로 표면에서 발생하는 연소현상으로 대부분 육안으로 불꽃이 관찰되지 않는다.

02 소화원리

기출유형

소화원리에 대한 설명으로 틀린 것은? 〔19년-4회〕

① 냉각소화 : 물의 증발잠열에 의해서 가연물의 온도를 저하시키는 소화방법
② 제거효과 : 가연성 가스의 분출화재 시 연료공급을 차단시키는 소화방법
③ 질식소화 : 포소화약제 또는 불연성 가스를 이용해서 공기 중의 산소공급을 차단하여 소화하는 방법
④ 억제소화 : 불활성 기체를 방출하여 연소범위 이하로 낮추어 소화하는 방법

해설
불활성 기체를 방출하는 것은 산소농도를 낮추어 소화하는 질식소화 원리이다.

| 정답 | ④

족집게 과외

❶ 소화효과

구 분	내 용			
소화원리	연소 4요소	소화방법	소화방법별 설비	개 념
물리적 소화	가연물	제거, 희석	-	① 연료(가연물)의 공급을 차단하여 소화 ② 물리적으로 제거 등
	산 소	질식, 차단	포소화설비, 이산화탄소설비, 불활성 기체	① 산소농도를 15% 미만으로 낮추어 소화 ② 공기 중 산소농도(부피 : vol%) : 21%
	점화원	냉 각	스프링클러설비	소화약제(물 등)의 현열, 잠열(기화열)을 이용하여 온도를 낮추어 소화
화학적 소화	연쇄반응	(연쇄반응) 억제	할로겐소화설비, 분말소화설비	연쇄반응을 차단하는 할로겐 원소 또는 알칼리 원소를 통해 불꽃을 소화

❷ 소화농도

산소농도를 낮추기 위한 필요약제 농도	$약제[\%] = \dfrac{21 - O_2[\%]}{21} \times 100$ $\therefore O_2[\%] = 목표\ 산소농도$
약제 방출농도에 따른 산소농도	$O_2[\%] = 21 - \left(\dfrac{약제[\%]}{100} \times 21\right)$ $\therefore 약제[\%] = 방출\ 약제농도$

※ 산소농도 식은 외우지 말고 위의 식만 숙지하고, 계산기 Solve 기능을 이용한다(밑 식은 참조용).

기출유형 완성하기

정답 01 ① 02 ④ 03 ② 04 ③ 05 ① 06 ③

01 가연성 액체의 농도를 저하시키는 방법을 이용하여 소화를 하였을 경우, 이는 어느 소화원리를 이용한 것인가? `05년-1회`

① 가연물 제거
② 산소 제거
③ 열원 제거
④ 연쇄반응 차단

해설
가연성 액체는 가연물이므로 가연물의 농도를 저하시키는 것은 가연물의 제거 또는 희석 소화가 된다.

02 소화의 방법이 아닌 것은? `03년-2회`

① 제거소화
② 냉각소화
③ 질식소화
④ 표면소화

해설
표면소화라는 소화방법은 없다.

03 목재 화재 시 다량의 물을 뿌려 소화하고자 한다. 이때 소화효과로서 가장 크게 기대되는 것은? `03년-2회`

① 질식소화효과
② 냉각소화효과
③ 부촉매소화효과
④ 희석소화효과

해설
물은 소화약제 중 현열과 잠열이 매우 큰 약제로서 냉각소화효과가 주 소화효과가 된다.

04 소화원리에 대한 일반적인 소화효과의 종류가 아닌 것은? `03년-4회`

① 질식소화
② 제거소화
③ 기압소화
④ 냉각소화

해설
기압소화라는 용어는 없다.

05 공기 중 산소농도를 몇 % 정도까지 감소시키면 연소상태의 중지 및 질식소화가 가능하겠는가? `04년-2회`

① 10~15
② 15~20
③ 20~25
④ 25~30

해설
정상상태의 공기 중 산소농도는 21vol%로 불꽃연소의 경우 산소농도가 15vol% 미만 시 소화된다.

06 이산화탄소 소화약제의 소화효과와 관계가 없는 것은? `25년`

① 질식효과
② 피복소화
③ 부촉매소화
④ 냉각소화

해설
조금 애매한 문제입니다만, 부촉매소화 효과가 가장 관계가 없습니다.
② 피복소화 : 이산화탄소의 증기 비중이 크므로 기체로 피복한다.
④ 냉각소화 : 저온에서 방출되므로 일부 냉각효과가 발생한다.

정답 07 ③ 08 ③ 09 ④ 10 ① 11 ② 12 ②

07 화재의 소화원리에 따른 소화방법의 적용으로 틀린 것은? `20년-3회`

① 냉각소화 : 스프링클러설비
② 질식소화 : 이산화탄소소화설비
③ 제거소화 : 포소화설비
④ 억제소화 : 할로겐화합물소화설비

해설
포소화설비는 포(거품)를 점화원 위에 방출하여 산소와의 접촉을 차단하는 질식소화의 원리를 갖는다.

08 소화(消火)의 원리에 해당하지 않는 것은? `06년-4회`

① 산소공급원의 농도를 낮추어 연소가 지속될 수 없도록 한다.
② 가연성 물질을 발화점 이하로 냉각시킨다.
③ 가열원을 계속 공급한다.
④ 화학적인 방법으로 연쇄반응을 억제시킨다.

해설
가열원을 계속 공급하는 것은 점화원을 공급하는 것으로서 소화가 아닌 연소를 지속시키는 방법이다.

09 기체나 액체, 고체에서 나오는 분해가스의 농도를 엷게 하여 소화하는 방법은? `03년-4회`

① 냉각소화
② 제거소화
③ 부촉매소화
④ 희석소화

해설
연소는 가연물이 고체, 액체 상태더라도 온도가 상승하여 기체상태(분해가스, 증발가스)에서 연소한다. 즉, 가스의 농도를 엷게 하는 것은 가연물의 농도를 희석하여 소화하는 희석소화이다.

10 일반적으로 공기 중 산소농도를 몇 vol% 이하로 감소시키면 연소상태의 중지 및 질식소화가 가능하겠는가? `14년-1회`

① 15   ② 21
③ 25   ④ 31

해설
질식소화는 산소농도를 15vol% 미만으로 하여 소화한다.

11 소화를 하기 위한 산소농도를 알 수 있다면 CO_2 소화약제 사용 시 최소 소화농도를 구하는 식은? `14년-2회`

① $CO_2[\%] = 21 \times \left(\dfrac{100 - O_2\%}{100}\right)$
② $CO_2[\%] = \left(\dfrac{21 - O_2\%}{21}\right) \times 100$
③ $CO_2[\%] = 21 \times \left(\dfrac{O_2\%}{100} - 1\right)$
④ $CO_2[\%] = \left(\dfrac{21 \times O_2\%}{100} - 1\right)$

해설
산소농도를 낮추기 위해 방출 시 필요한 약제농도는 다음과 같다.
약제[%] = $\dfrac{21 - O_2[\%]}{21} \times 100$

12 목재 화재 시 다량의 물을 뿌려 소화하고자 한다. 이때 가장 큰 소화효과는? `10년-1회`

① 제거소화효과
② 냉각소화효과
③ 부촉매소화효과
④ 희석소화효과

해설
다량의 주수에 의한 소화원리는 냉각에 의한 소화효과이다.

기출유형 완성하기

🔒 정답 13 ② 14 ③ 15 ① 16 ① 17 ② 18 ①

13 상온, 상압의 공기 중에서 탄화수소류의 가연물을 소화하기 위한 이산화탄소 소화약제의 농도는 약 몇 %인가? (단, 탄화수소류는 산소농도가 11%일 때 소화된다고 가정한다) `25년`

① 45%
② 48%
③ 50%
④ 55%

해설
산소농도를 낮추기 위해 필요한 약제의 농도
$$CO_2[\%] = \left(\frac{21-O_2\%}{21}\right) \times 100 = \left(\frac{21-11}{21}\right) \times 100$$
$$= 47.62[\%]$$

14 다음 중 가연물의 제거와 가장 관련이 없는 소화방법은? `19년-4회`

① 촛불을 입김으로 불어서 끈다.
② 산불화재 시 나무를 잘라 없앤다.
③ 팽창진주암을 사용하여 진화한다.
④ 가스화재 시 중간밸브를 잠근다.

해설
팽창진주암을 이용한 소화원리는 질식소화이다.
Tip 입김으로 촛불을 끄는 것을 냉각소화라 생각하는 경우가 있으나, 이는 미미하고 초가 증발하여 공급되는 가연성 증기를 제거함으로써 소화되는 제거소화이다.

15 물의 기화열을 이용하여 열을 흡수하는 방식으로 소화하는 방법은? `10년-4회`

① 냉각소화
② 질식소화
③ 제거소화
④ 촉매소화

해설
물은 매우 큰 현열과 잠열(기화열)을 가짐으로써 화재 시 주수하면 냉각으로 인해 소화된다.

16 불연성 기체나 고체 등으로 연소물을 감싸 산소공급을 차단하는 소화방법은? `20년-4회`

① 질식소화
② 냉각소화
③ 연쇄반응차단소화
④ 제거소화

해설
산소공급을 차단하는 소화원리는 질식에 의한 소화이다.

17 소화방법 중 제거소화에 해당되지 않는 것은? `18년-2회`

① 산불이 발생하면 화재의 진행방향을 앞질러 벌목함
② 방 안에서 화재가 발생하면 이불이나 담요로 덮음
③ 가스화재 시 밸브를 잠가 가스흐름을 차단함
④ 불타고 있는 장작더미 속에서 아직 타지 않은 것을 안전한 곳으로 운반

해설
화재 시 이불이나 담요로 덮는 행위는 산소의 공급을 차단하는 질식소화의 일종이다.

18 물리적 방법에 의한 소화라고 볼 수 없는 것은? `11년-1회`

① 부촉매의 연쇄반응 억제작용에 의한 방법
② 냉각에 의한 방법
③ 공기와의 접촉 차단에 의한 방법
④ 가연물 제거에 의한 방법

해설
부촉매에 의한 연쇄반응 억제는 화학적 방법에 의한 소화 원리이다.
Tip 연쇄반응 억제 외에는 전부 물리적 소화이다.

🔒 **정답** 19 ① 20 ④ 21 ①

19 포소화설비의 주된 소화작용은? `12년-1회`

① 질식작용
② 희석작용
③ 유화작용
④ 촉매작용

해설
포소화설비는 포약제에 물을 혼합하여 발포한 것으로 부피를 크게 하여 가연물을 덮어 산소와의 접촉을 차단함으로써 소화하는 질식작용이 주 원리이다.

20 이산화탄소를 방출하여 산소농도가 13% 되었다면 공기 중 이산화탄소의 농도는 약 몇 %인가? `25년`

① 0.095%
② 0.3809%
③ 9.5%
④ 38.09%

해설
산소농도를 낮추기 위해 필요한 약제의 농도
$$CO_2[\%] = \left(\frac{21-O_2\%}{21}\right) \times 100 = \left(\frac{21-13}{21}\right) \times 100$$
$$= 38.09[\%]$$

21 화재 시 CO_2를 방사하여 산소농도를 11[vol.%]로 낮추어 소화하려면 공기 중 CO_2의 농도는 약 몇 [vol.%]가 증가되어야 하는가? `25년`

① 47.6
② 42.9
③ 37.9
④ 34.5

해설
산소농도를 낮추기 위해 필요한 약제의 농도
$$CO_2[\%] = \left(\frac{21-O_2\%}{21}\right) \times 100 = \left(\frac{21-11}{21}\right) \times 100$$
$$= 47.6[\%]$$

03 가연물, 조연성 가스, 점화원

기출유형

화재의 원인이 되는 정전기 예방대책 중 잘못된 것은? `25년`

① 접지시설을 한다.
② 비전도체물질을 사용한다.
③ 공기 중의 상대습도를 높인다.
④ 공기를 이온화한다.

해설
비전도체(부도체)인 물질을 사용하면 정전기 발생이 용이하므로 도체인 물질을 사용해야 예방된다.

| 정답 | ②

족집게 과외

❶ 가연물

구 분	내 용
개 념	불에 잘 타거나 그러한 성질을 가지고 있는 물질(연료)
구비조건	① 비표면적이 넓을 것 ② 산소와 친화력이 좋을 것 ③ 열전도율이 작을 것 ④ 열축적이 용이할 것 ⑤ 활성화에너지가 작을 것 ⑥ 발열량(연소열)이 클 것

❷ 조연성(지연성) 가스

구 분	내 용				
개 념	산소, 공기 등과 같이 직접 연소하진 않지만 연소를 도와주는 물질				
종 류	① 산 소	② 공 기	③ 오 존	④ 불 소	⑤ 염 소

Tip 물질명에 '산'이 들어가 있으면 대부분 산소를 포함하고 있는 물질이다.

❸ 점화원

기계적 점화원	충격·마찰	물질과 물질의 마찰에 의해 발생하는 열, 충돌, 충격 등에 의해 발생하는 불꽃
	나 화	공기 중 노출된 불씨, 불꽃 등에 의한 점화
	단열압축	순간적인 압축작용에 의한 고온
	고온 표면	난로, 가열로, 전자기기 등에서 방사하는 고온의 열
전기적 점화원	정전기열	정전기가 방전 시 발생하는 열 및 불꽃
	유도열	도체 주위에 자장의 변화에 의한 발열
	유전열	유전체의 누설전류에 의한 발생열(절연 감소)
	저항열	전류가 흐를 때 저항에 의해 발생하는 열(백열전구의 열)
	아크열	전류차단(스위치 off 등)에 의해 발생하는 아크에 의한 열 및 불꽃
	낙뢰열	낙뢰에 의한 열 및 불꽃
화학적 점화원	용해열	물질이 액체에 용해될 때 발생되는 열
	분해열	물질이 화학적으로 분해될 때 발생하는 열
	연소열	연소 시 발생하는 열
	자연발화열	발효열, 산화열 등 내부반응에 의해 발생하는 열

❹ 정전기

메커니즘	전하 발생 → 전하 축적 → 방전(불꽃 발생) → 발화			
대 책	① 가습(습도 상승)	② 접 지	③ 공기 이온화	④ 도체 사용

기출유형 완성하기

정답 01 ① 02 ① 03 ③ 04 ③ 05 ④

01 가연물에 대한 일반적인 설명으로 옳은 것은? `08년-1회`

① 산소와 반응 시 흡열반응을 하는 것은 가연물이 될 수 없다.
② 구성원소 중 산소가 포함된 유기물은 가연물이 될 수 없다.
③ 활성화에너지가 클수록 가연물이 되기 쉽다.
④ 산소와의 친화력이 작을수록 가연물이 되기 쉽다.

해설
연소란 빛과 열을 동반하는 급격한 산화반응이다. 가연물은 연소의 연료이므로 흡열반응은 열을 동반할 수가 없다.

Tip 흡열반응 : 열 흡수, 발열반응 : 열 방출

02 물질의 연소 시 산소공급원이 될 수 없는 것은? `22년-2회`

① 탄화칼슘
② 과산화나트륨
③ 질산나트륨
④ 압축공기

해설
과산화나트륨, 질산나트륨, 압축공기는 산소를 포함하고 있는 물질이다.

Tip 탄화칼슘(CaC_2)은 3류 위험물이다.

03 연소의 3요소 중 점화원(발화원)의 분류로서 기계적 착화원으로만 되어 있는 것은? `06년-1회`

① 충격, 마찰, 기화열
② 고온표면, 열방사선
③ 단열압축, 충격, 마찰
④ 나화, 자연발열, 단열압축

해설
기계적 착화원(=점화원)의 종류
- 단열압축
- 마찰(충격)
- 나 화
- 고온표면

04 목재의 상태를 기준으로 했을 때 다음 중 연소속도가 가장 느린 것은? `10년-1회`

① 거칠고 얇은 것
② 각이 있고 얇은 것
③ 매끄럽고 둥근 것
④ 수분이 적고 거친 것

해설
가연물의 구비조건 중 "비표면적이 넓을 것"이란 말은 부피 대비 표면적이 큰 물질을 의미한다. 구비조건을 만족할수록 연소속도가 빨라지며, 매끄럽고 둥근 것일수록 비표면적이 작아져 연소에 불리하다.

05 점화원이라고 할 수 없는 것은? `07년-2회`

① 정전기
② 마찰열
③ 충 격
④ 증발열

해설
증발열은 흡열반응을 의미한다.

Tip 샤워 후 몸에 묻은 물이 증발하면 증발열(기화열)에 의해 체온은 내려 간다.

정답 06 ② 07 ③ 08 ③ 09 ③ 10 ② 11 ①

기출유형 완성하기

06 조연성 가스에 해당하는 것은? `21년-1회`

① 일산화탄소
② 산 소
③ 수 소
④ 부 탄

해설
일산화탄소, 수소, 부탄은 가연성 가스이다.

07 정전기의 발생이 가장 적은 것은? `03년-4회`

① 자동차를 장시간 주행하는 경우
② 위험물 옥외탱크에 석유류를 주입하는 경우
③ 공기 중의 습도가 높은 경우
④ 부도체를 마찰시키는 경우

해설
공기 중의 습도를 높이는 것은 정전기 발생의 방지 대책이다.

08 물에 황산을 넣어 묽은 황산을 만들 때 발생되는 열은? `22년-1회`

① 연소열
② 분해열
③ 용해열
④ 자연발열

해설
물에 황산을 녹일 때 발생하는 열은 용해열이다.
Tip 융해열(고체가 액체로 될 때 발생하는 흡열반응)이랑은 다르다.

09 가연물질이 되기 위한 구비조건 중 적합하지 않은 것은? `11년-2회`

① 산소와 반응이 쉽게 이루어진다.
② 연쇄반응을 일으킬 수 있다.
③ 산소와의 접촉면적이 작다.
④ 발열량이 크다.

해설
가연물의 구비조건 중 "비표면적이 넓을 것"은 산소와의 접촉면적이 넓어져 산화반응이 용이하기 때문이다.

10 조연성 가스로만 나열되어 있는 것은? `21년-4회`

① 질소, 불소, 수증기
② 산소, 불소, 염소
③ 산소, 이산화탄소, 오존
④ 질소, 이산화탄소, 염소

해설
조연성 가스
산소, 공기, 오존, 불소, 염소

11 화재발생 시 건축물의 화재를 확대시키는 주 요인이 아닌 것은? `16년-1회`

① 흡착열에 의한 발화
② 비 화
③ 복사열
④ 화염의 접촉(접염)

해설
"발화"는 화재를 확대시키는 요인이 아니고 화재의 발생(발화) 요인이다.

기출유형 완성하기

정답 12 ④ 13 ① 14 ③ 15 ④ 16 ②

12 정전기에 의한 발화를 방지하기 위한 예방대책으로 옳지 않은 것은? `09년-4회`

① 접지시설을 한다.
② 습도를 일정 수준 이상으로 유지한다.
③ 공기를 이온화한다.
④ 부도체 물질을 사용한다.

해설
정전기에 의한 발화를 방지하기 위해서는 도체인 물질을 사용한다.

Tip 정전기란 전기가 잘 흐르지 않는 물질에서 전기가 축적되어 발생한다.

도체와 부도체
• 도체 : 전기가 잘 흐르는 물질
• 부도체 : 전기가 잘 흐르지 않는 물질

13 가연물이 되기 위한 조건으로 가장 거리가 먼 것은? `14년-4회`

① 열전도율이 클 것
② 산소와 친화력이 좋을 것
③ 비표면적이 넓을 것
④ 활성화에너지가 작을 것

해설
열전도율은 물질이 열이 잘 흐르는 정도를 의미한다. 열전도율이 크다는 것은 물체에 열축적이 잘되지 않아 발화될 가능성이 작다는 것이다.

14 연소를 위한 가연물의 조건으로 옳지 않은 것은? `12년-1회`

① 산소와 친화력이 크고, 발열량이 클 것
② 열전도율이 작을 것
③ 연소 시 흡열반응을 할 것
④ 활성화에너지가 작은 것

해설
연소는 발열반응이므로 그에 반대되는 흡열반응을 하는 경우 연소가 차단되거나 발화가 잘 되지 않는다.

15 다음 중 가연성 물질에 해당하는 것은? `14년-1회`

① 질소
② 이산화탄소
③ 아황산가스
④ 일산화탄소

해설
질소와 이산화탄소는 불활성 가스, 아황산가스는 독성 가스이다.

16 정전기에 의한 발화과정으로 옳은 것은? `21년-2회`

① 방전 → 전하의 축적 → 전하의 발생 → 발화
② 전하의 발생 → 전하의 축적 → 방전 → 발화
③ 전하의 발생 → 방전 → 전하의 축적 → 발화
④ 전하의 축적 → 방전 → 전하의 발생 → 발화

해설
정전기 메커니즘
전하의 발생(정전기의 발생) → 전하의 축적(에너지 축적) → 방전(에너지 방출) → 가연물 존재 시 발화

04 자연발화

기출유형

대두유가 침적된 기름걸레를 쓰레기통에 장시간 방치한 결과 자연발화에 의하여 화재가 발생한 경우 그 이유로 옳은 것은? `21년-1회`

① 융해열 축적 ② 산화열 축적
③ 증발열 축적 ④ 발효열 축적

[해설]
기름걸레에 침적된 대두유는 반건성유로 산화반응에 의해 열이 축적되어 자연발화가 발생할 수 있다.

| 정답 | ②

족집게 과외

❶ 자연발화

구 분		내 용
개 념		① 계 내에 화학반응 등에 의해 발생하는 열이 방출되는 열보다 클 경우 열이 축적되어 발화가 발생함 ② 즉, 점화원 없이 스스로 발생하는 발화를 의미함
열축적 반응	발효열	퇴비, 먼지 등
	산화열	종이, 석탄, 건성유 등
	중합열	시안화수소, 산화에프틸렌, 염화비닐 등
	흡착열	목탄, 활성탄 등
	분해열	셀룰로이드, 니트로셀룰로오스, 유기과산화물 등
발생하기 쉬운 조건		① 열전도율이 작을 것 ② 주위온도가 높을 것 ③ 비표면적이 클 것 ④ 발열량이 클 것 ⑤ 열축적이 용이하게 적재되어 있는 경우 ⑥ 습도가 높은 경우
예방대책		① 주위온도를 낮출 것 ② 통풍을 양호하게 할 것(환기설비를 할 것) ③ 습도를 낮출 것 ④ 정촉매 접촉을 피할 것 ⑤ 열의 축적을 방지할 것

❷ 동식물유와 요오드값

구 분	내 용
요오드값	① 유지 $100g$이 흡수할 수 있는 요오드 $[g]$ 수로 유지의 불포화지방산 함유량 수를 나타냄 ② 요오드값이 높음=불포화도가 높음 → 산화반응이 용이함 ③ 건성유 > 반건성유 > 불건성유 순으로 요오드값이 큼

기출유형 완성하기

정답 01 ① 02 ① 03 ① 04 ① 05 ② 06 ③

---

01 다음 중 자연발화의 형태가 다른 것은? `03년-1회`

① 퇴비
② 석탄
③ 고무분말
④ 기름종이

해설
① 퇴비는 발효열에 의해 열이 축적된다.
②·③·④ 석탄, 고무분말, 건성유의 주 발화요인은 산화열이다.

---

02 자연발화의 예방대책으로 옳지 않은 것은? `03년-4회`

① 습도가 낮은 곳을 피한다.
② 통풍을 양호하게 한다.
③ 열의 축적을 방지한다.
④ 주위온도를 낮게 한다.

해설
습도가 높을수록 자연발화 발생이 용이하다.

---

03 동식물유류에서 "요오드값이 크다"라는 의미와 가장 가까운 것은 무엇인가? `07년-4회`

① 불포화도가 높다.
② 불건성유이다.
③ 자연발화성이 낮다.
④ 산소와 결합이 어렵다.

해설
요오드값의 측정은 유류(유지)의 불포화도를 확인하기 위해 측정하는 것이다.

---

04 다음 중 자연발화 조건이 아닌 것은? `05년-4회`

① 열전도율이 클 것
② 발열량이 클 것
③ 주위의 온도가 높을 것
④ 표면적이 넓을 것

해설
열전도율이 클 경우 가연물이 열이 축적되지 않고 주변으로 방출이 용이하여 자연발화가 잘 발생하지 않는다.

---

05 햇볕에 장시간 노출된 기름걸레가 자연발화하였다. 그 원인으로 가장 적당한 것은? `09년-2회`

① 산소의 결핍
② 산화열 축적
③ 단열압축
④ 정전기 발생

해설
기름걸레의 자연발화 주 원인은 산화열의 축적에 의한 발화이다.

---

06 자연발화의 예방을 위한 대책으로 옳지 않은 것은? `06년-4회`

① 통풍이나 환기로 열의 축적을 방지한다.
② 주위온도를 낮게 하여 반응계에 이상이 생기지 않도록 한다.
③ 열전도성을 나쁘게 한다.
④ 칼륨 등 석유 중에 보관하는 물질은 용기가 파손되지 않도록 한다.

해설
열전도성이 나쁘다는 것은 열전도성이 작다는 뜻이다. 열전도성(열전도도 또는 열전도율)이 작을수록 발생된 열이 축적되어 발화로 이어질 가능성이 높다.

정답 07 ① 08 ③

기출유형 완성하기

07 동식물유류에서 "요오드값이 크다"라는 의미를 옳게 설명한 것은? `22년-1회`

① 불포화도가 높다.
② 불건성유이다.
③ 자연발화성이 낮다.
④ 산소와의 결합이 어렵다.

해설
요오드값의 측정은 유류(유지)의 불포화도를 확인하기 위해 측정하는 것이다.

08 가연물이 공기 중에서 산화되어 산화열의 축적으로 발화되는 현상은? `15년-2회`

① 분해연소
② 자기연소
③ 자연발화
④ 폭 굉

해설
자연발화 현상 중 대표적인 열의 축적은 산화열이다. 개념의 중요 포인트는 열의 "축적"이다.

05 인화점, 연소점, 발화점, 연소범위

기출유형

메탄 80vol%, 에탄 15vol%, 프로판 5vol%인 혼합가스의 공기 중 폭발하한계는 약 몇 vol% 인가?
(단, 메탄, 에탄, 프로판의 공기 중 폭발하한계는 5.0%, 3.0%, 2.1%이다) 11년-4회

① 3.23
② 3.61
③ 4.02
④ 4.28

해설

혼합가스의 연소하한계 → $L_T = \dfrac{100}{\dfrac{V_1}{L_1}+\dfrac{V_2}{L_2}+\cdot\cdot\dfrac{V_n}{L_n}} = \dfrac{100}{\dfrac{80}{5}+\dfrac{15}{3}+\dfrac{5}{2.1}} = 4.277[\%]$

|정답| ④

족집게 과외

❶ 인화점, 연소점, 발화점

구 분	내 용
인화점	① 가연성 증기를 형성하는 고체 또는 액체의 최저온도 ② 점화원이 닿았을 때 발화하는 최저온도
연소점	① 불꽃 또는 점화원에 의해 점화 시 점화원을 제거하여도 불꽃이 지속되는 최저온도 ② 인화점보다 5~10℃ 정도 높음
발화점	공기 중에서 점화원 없이 스스로 발화(불이 붙는)하는 최저온도

※ 온도 비교 : 인화점 < 연소점 < 발화점

❷ 가연성 혼합기와 연소범위

구 분	내 용			
가연성 혼합기	① 가연성 가스와 산소(또는 공기 등)가 혼합된 상태의 기체 ② 점화원 접촉 시 연소(또는 폭발)가 발생하는 혼합기체를 의미함			
연소범위	① 가연성 혼합기를 형성하는 공기 중 화염전파가 가능한 가연성 가스의 범위를 의미함 ② 연소가 발생하려면 가연물과 산소가 필요하므로 일정농도 범위 안에서만 점화원 접촉 시 연소가 발생하는데, 이 농도 범위구간을 연소범위라 함 ③ 즉, 가연성 가스가 너무 적거나 또는 산소가 너무 적은 경우에는 점화원을 접촉하더라도 점화가 되지 않으며, 가스의 종류에 따라 연소범위는 달라짐 ④ 공기 중에서 연소범위가 형성되는 가연성 가스의 최소농도를 연소하한계, 최고농도를 연소상한계라고 함			
물질별 연소범위	가스 종류	연소범위	가스 종류	연소범위
	아세틸렌	2.5~81%	메 탄	5~15%
	수 소	4~75%	에 탄	3~12.4%
	일산화탄소	12.5~74%	프로판	2.1~9.5%
	에틸렌	2.7~36%	부 탄	1.8~8.4%
위험도	아세틸렌 > 이황화탄소 > 에테르 > 수소 > ····			

Tip 아세틸렌이 보기에 나오면 대부분 아세틸렌이 답이다.

❸ 혼합가스의 연소범위

혼합가스의 연소하한계	혼합가스의 연소상한계
$L_T = \dfrac{100}{\dfrac{V_1}{L_1} + \dfrac{V_2}{L_2} + \cdots \dfrac{V_n}{L_n}}$	$U_T = \dfrac{100}{\dfrac{V_1}{U_1} + \dfrac{V_2}{U_2} + \cdots \dfrac{V_n}{U_n}}$
∴ L : 가스별 연소하한계[%], V : 가스별 부피[%]	∴ U : 가스별 연소상한계[%], V : 가스별 부피[%]

※ 가스의 총량이 100%일 경우의 계산식이다.

기출유형 완성하기

🔒 **정답** 01 ③ 02 ④ 03 ② 04 ③ 05 ④ 06 ③

01 가연성 액체에 점화원을 가져가서 인화된 후에 점화원을 제거하여도 가연물이 계속 연소되는 최저온도를 무엇이라 하는가? `05년-4회`

① 인화점
② 폭발온도
③ 연소점
④ 자동발화점

해설
연소점이란 불꽃 또는 점화원에 의해 점화 시 점화원을 제거하여도 불꽃이 지속되는 최저온도이다.

02 인화성 액체의 연소점, 인화점, 발화점의 온도 순서로 옳은 것은? `06년-1회`

① 연소점 > 인화점 > 발화점
② 인화점 > 발화점 > 연소점
③ 인화점 > 연소점 > 발화점
④ 발화점 > 연소점 > 인화점

해설
인화점·연소점·발화점
- 인화점 : 점화원에 의해 불이 붙는 온도(점화원 제거 시 불꽃이 지속되지 않는 온도)
- 연소점 : 점화원을 제거하여도 연소가 지속되는 온도
- 발화점 : 점화원이 없어도 연소가 발생하는 온도

03 가연성 증기를 발생하는 액체가 공기와 혼합하여 기상부에 다른 불꽃이 닿았을 때 연소가 일어나는 최저의 액체 온도를 무엇이라고 하는가? `07년-1회`

① 발화점
② 인화점
③ 연소점
④ 착화점

해설
인화점이란 점화원(불꽃)이 닿았을 때 발화하는 최저 온도이다.

04 화재의 위험에 대한 설명으로 옳지 않은 것은? `13년-1회`

① 인화점 및 착화점이 낮을수록 위험하다.
② 착화에너지가 작을수록 위험하다.
③ 비점 및 융점이 높을수록 위험하다.
④ 연소범위는 넓을수록 위험하다.

해설
가연물은 기체일수록 위험하다.
Tip 휘발유가 쏟아진 공간과 가스가 차 있는 실 중 화재에 취약한 곳은?

비점과 융점
- 비점 : 액체가 기체가 되는 온도(=끓는점)
- 융점 : 고체가 액체가 되는 온도(=녹는점)

05 다음 중 연소한계가 가장 넓은 것은 어느 물질인가? `04년-2회`

① 에틸렌
② 프로판
③ 메 탄
④ 수 소

해설
연소범위=연소한계이다.
수소의 연소범위 : 4~75%
Tip 보기에 아세틸렌이 없으면 대부분 수소가 답이다.

06 증기가 공기와 혼합기체를 형성하였을 때 연소범위가 가장 넓은 물질은? `04년-4회`

① 수소(H_2)
② 이황화탄소(CS_2)
③ 아세틸렌(C_2H_2)
④ 에테르($(C_2H_5)_2O$)

해설
아세틸렌의 연소범위 : 2.5~81%
Tip 시험범위 중 아세틸렌의 연소범위가 가장 넓다.

정답 07 ④ 08 ③ 09 ② 10 ④

기출유형 완성하기

07 가스 A가 40vol%, 가스 B가 60vol%로 혼합된 가스의 연소하한계는 몇 vol%인가? (단, 가스 A의 연소하한계는 4.9vol%이며, 가스 B의 연소하한계는 4.15vol%이다) 〈08년-2회〉

① 1.82
② 2.02
③ 3.22
④ 4.42

해설
혼합가스의 연소하한계는 다음과 같다.
$$L_T = \frac{100}{\frac{V_1}{L_1} + \frac{V_2}{L_2} + \cdots \frac{V_n}{L_n}} = \frac{100}{\frac{40}{4.9} + \frac{60}{4.15}}$$
$$= 4.42[\%]$$

09 프로판 50%, 부탄 40%, 프로필렌 10%로 된 혼합가스의 폭발하한계는 약 몇 %인가? (단, 각 가스의 폭발하한계는 프로판은 2.2%, 부탄은 1.9%, 프로필렌은 2.4%이다) 〈07년-2회〉

① 0.83
② 2.09
③ 5.05
④ 9.44

해설
폭발하한계=연소하한계이다.
혼합가스의 폭발하한계는 다음과 같다.
$$L_T = \frac{100}{\frac{V_1}{L_1} + \frac{V_2}{L_2} + \cdots \frac{V_n}{L_n}} = \frac{100}{\frac{50}{2.2} + \frac{40}{1.9} + \frac{10}{2.4}}$$
$$= 2.09[\%]$$

08 공기 중에서 수소의 연소범위로 옳은 것은? 〈20년-4회〉

① 0.4~4vol%
② 1~12.5vol%
③ 4~75vol%
④ 67~92vol%

해설
수소의 연소범위 : 4~75%

10 프로판 가스의 연소범위(vol%)에 가장 가까운 것은? 〈19년-4회〉

① 9.8~28.4
② 2.5~81
③ 4.0~75
④ 2.1~9.5

해설
프로판 가스의 연소범위 : 2.1~9.5%

CHAPTER 05 | 인화점, 연소점, 발화점, 연소범위

기출유형 완성하기

🔒 **정답** 11 ① 12 ④

11 에테르의 공기 중 연소범위를 1.9~48vol%라고 할 때 이에 대한 설명으로 틀린 것은?

`14년-4회`

① 공기 중 에테르 증기가 48vol%를 넘으면 연소한다.
② 연소범위의 상한점이 48vol%이다.
③ 공기 중 에테르 증기가 1.9~48vol% 범위에 있을 때 연소한다.
④ 연소범위의 하한점이 1.9vol%이다.

해설
연소범위를 벗어나면 연소가 불가능하다.
연소범위=연소가 가능한 범위로 연소하한계와 상한계 이내의 농도 범위를 의미한다.

12 물질의 연소범위와 화재 위험도에 대한 설명으로 틀린 것은?

`25년`

① 연소범위의 폭이 클수록 화재 위험이 높다.
② 연소범위의 하한계가 낮을수록 화재 위험이 높다.
③ 연소범위의 상한계가 높을수록 화재 위험이 높다.
④ 연소범위의 하한계가 높을수록 화재 위험이 높다.

해설
연소범위가 넓을수록, 연소하한계가 낮을수록, 연소상한계가 높을수록 화재 위험성이 높다.

Tip 아세틸렌이 시험에 자주 출제되는 이유이다.

06 열전달

기출유형

물체의 표면온도가 250℃에서 650℃로 상승하면 열복사량은 약 몇 배 정도 상승하는가?

〔18년-2회〕

① 2.5
② 5.7
③ 7.5
④ 9.7

해설

열복사량은 스테판-볼츠만 법칙에 의해 $\dot{q}_R{''} = \sigma T^4$ 이므로 → $\dfrac{\sigma T_2^4}{\sigma T_1^4} = \dfrac{(650+273)^4}{(250+273)^4} = 9.7$

| 정답 | ④

족집게 과외

❶ 온도의 종류

구 분	내 용	
섭씨온도[℃]	물이 어는점과 끓는점을 100등분한 온도	어는점 : 0℃, 끓는점 : 100℃
절대온도[K]	절대0도를 기준으로 섭씨온도와 같은 눈금으로 표기한 온도	섭씨와의 환산 : ℃ = K − 273
화씨온도[℉]	물의 혼합물(염화암모늄)이 어는점과 끓는점을 180등분한 온도	섭씨와의 환산 : ℃ = $\dfrac{℉ - 32}{1.8}$
랭킨온도[°R]	절대0도를 기준으로 화씨온도와 같은 눈금으로 표기한 온도	화씨와의 환산 : °R = ℉ + 460

❷ 전 도

구 분	내 용
개 념	① 물체의 이동 없이 열이 물체의 고온부에서 저온부로 흐르는 현상 ② 매질(열전달 물체)이 필요함(진공 중에서는 전도열전달이 없음), Fourier의 법칙 ③ 열전도에 의한 전달 열량은 열전도도, 온도차에 비례하고 물질 두께에 반비례
열전도도 단위 (=열전도율)	$[W/m \cdot K]$, $[W/m \cdot ℃]$, $[W/m \cdot \deg]$ ※ 필수 숙지

❸ 대 류

구 분	내 용
개 념	① 고체 표면과 유동하는 유체 사이에 의해 발생하는 열전달 현상 ② 고온에서 저온으로 이동하며 매질이 필요함(진공 중에서는 대류열전달이 없음) ③ 뉴턴의 냉각법칙 ④ 열대류에 의한 전달 열량은 열전달계수, 온도차에 비례
열전달계수 (열대류계수)	$[W/m^2 \cdot K]$, $[W/m^2 \cdot ℃]$

❹ 복 사

구 분	내 용	
개 념	① 절대0도 이상의 온도를 가진 물체가 방사하는 전자기파에 의한 열전달 ② 매질이 필요 없음(진공 중에서도 복사열 전달 가능) ③ 흑체의 복사열량은 절대온도의 4승에 비례(스테판−볼츠만의 법칙)	
관계식	$\dot{q}_R'' = \sigma T^4$	$\dot{q}_R''$: 복사열 유속 [W/m^2] σ : 스테판−볼츠만 상수 = 5.67×10^{-8} [$W/m^2 \cdot K^4$] T : 물체의 절대온도 [K]

정답 01 ① 02 ② 03 ③ 04 ④ 05 ② 06 ④

기출유형 완성하기

01 열에너지가 물질을 매개로 하지 않고 전자파의 형태로 옮겨지는 현상은? `11년-4회`

① 복 사
② 대 류
③ 승 화
④ 전 도

해설
복사란 절대0도 이상의 온도를 가진 물체가 방사하는 전자기파에 의한 열전달이다.

02 열의 전달현상 중 복사현상과 가장 관계 깊은 것은? `14년-1회`

① 푸리에 법칙
② 스테판-볼쯔만의 법칙
③ 뉴톤의 법칙
④ 옴의 법칙

해설
스테판-볼쯔만의 법칙은 물질의 복사에너지는 절대온도의 4승에 비례한다는 법칙이다.

03 열전도도(thermal conductivity)를 표시하는 단위에 해당하는 것은? `21년-2회`

① $J/m^2 \cdot h$
② $kcal/h \cdot ℃^2$
③ $W/m \cdot K$
④ $J \cdot K/m^3$

해설
열전도도(k)의 단위
$[W/m \cdot K]$, $[W/m \cdot ℃]$, $[W/m \cdot \deg]$

04 열복사에 관한 스테판-볼츠만의 법칙을 바르게 설명한 것은? `06년-2회`

① 열복사량은 복사체의 절대온도에 정비례한다.
② 열복사량은 복사체의 절대온도의 제곱에 비례한다.
③ 열복사량은 복사체의 절대온도의 3승에 비례한다.
④ 열복사량은 복사체의 절대온도의 4승에 비례한다.

해설
스테판-볼츠만의 법칙은 물질의 복사에너지는 절대온도의 4승에 비례한다는 법칙이다.

05 화씨 95도를 켈빈(Kelvin)온도로 나타내면 약 몇 K인가? `16년-2회`

① 368
② 308
③ 252
④ 178

해설
화씨온도를 섭씨온도로 바꾸면
→ $℃ = \dfrac{°F - 32}{1.8} = \dfrac{95 - 32}{1.8} = 35[℃]$이다.
섭씨온도를 켈빈온도로 바꾸면
→ $K = ℃ + 273 = 35 + 273 = 308[K]$이다.

06 복사에 대한 설명으로 틀린 것은? `03년-4회`

① 복사는 전자파의 형태로 에너지를 전달한다.
② 복사에너지의 전파속도는 빛과 같다.
③ 복사에너지의 파장이 가시광선대에 들어가면 빛을 발한다.
④ 진공 속에서는 복사에 의한 전열이 이루어지지 아니한다.

해설
복사에 의한 진공 속(매질이 없는 공간)에서도 열전달이 가능하다.

기출유형 완성하기

정답 07 ③ 08 ④ 09 ① 10 ① 11 ④ 12 ②

07 열전도율을 표시하는 단위는? `04년-1회`

① $[Kcal/m^2 \cdot h \cdot ℃]$
② $[Kcal \cdot m^2/h \cdot ℃]$
③ $[W/m \cdot \deg]$
④ $[J/m^3 \cdot \deg]$

해설
열전도도(k)의 단위
$[W/m \cdot K]$, $[W/m \cdot ℃]$, $[W/m \cdot \deg]$
Tip $[\deg]$는 온도 또는 각도에서의 '도'를 의미한다.

08 화재 표면온도가 2배로 되면 복사에너지는 몇 배로 증가되는가? `06년-4회`

① 2
② 4
③ 8
④ 16

해설
열복사량은 스테판-볼츠만 법칙에 의해
$\dot{q}_R'' = \sigma T^4 \rightarrow \dfrac{\sigma T_2^4}{\sigma T_1^4} = \dfrac{\cancel{\sigma}(2T_1)^4}{\cancel{\sigma}T_1^4} = 16$배이다.

09 열의 3대 전달방법이라고 볼 수 없는 것은? `09년-2회`

① 흡 수
② 전 도
③ 복 사
④ 대 류

해설
열의 3대 전달방법은 전도, 대류, 복사이다.

10 섭씨 30도는 랭킨(Rankine) 온도로 나타내면 몇 도인가? `17년-1회`

① 546도
② 515도
③ 498도
④ 463도

해설
섭씨온도를 화씨온도로 변환하면
→ $℉ = (℃ \times 1.8) + 32 = (30 \times 1.8) + 32 = 86[℉]$ 이다.
화씨온도를 랭킨온도로 변환하면
→ $[°R] = ℉ + 460 = 86 + 460 = 546[°R]$ 이다.

11 다음 중 열전도율이 가장 작은 것은? `25년`

① 알루미늄
② 철 재
③ 은
④ 암면(광물섬유)

해설
암면의 열전도율이 가장 작다.
Tip 금속의 경우 대부분 열전도율이 매우 크고 암면 등은 열전도율이 낮아 단열재로 사용된다.

12 Fourier 법칙(전도)에 대한 설명으로 틀린 것은? `22년-2회`

① 이동열량은 전열체의 단면적에 비례한다.
② 이동열량은 전열체의 두께에 비례한다.
③ 이동열량은 전열체의 열전도도에 비례한다.
④ 이동열량은 전열체 내·외부의 온도차에 비례한다.

해설
퓨리에 법칙에 의한 전도열량 $= \dot{q} = k \cdot A \cdot \dfrac{\triangle T}{l}$ 로
→ $\dot{q} \propto k \propto \triangle T \propto \dfrac{1}{l}$ 로 두께에 반비례한다.
Tip 유체역학 과목에서 숙지 후 반복된다.

07 연 기

기출유형

화재발생 시 발생하는 연기에 대한 설명으로 틀린 것은? 　　　　　18년-2회

① 연기의 유동속도는 수평방향이 수직방향보다 빠르다.
② 동일한 가연물에 있어 환기지배형 화재가 연료지배형 화재에 비하여 연기발생량이 많다.
③ 고온상태의 연기는 유동확산이 빨라 화재전파의 원인이 되기도 한다.
④ 연기는 일반적으로 불완전연소 시에 발생한 고체, 액체, 기체 생성물의 집합체이다.

해설
연기는 주변 공기보다 온도가 높아 부력이 발생하므로, 그로 인해 기본적으로 수직방향 이동속도가 수평방향 이동속도 보다 빠르다.

|정답| ①

족집게 과외

❶ 연 기

구 분	내 용
연 기	① 연소 시에 발생하는 생성물의 총칭(수증기, 이산화탄소, 일산화탄소, 포스겐 등) ② 화재 시 인명피해의 주원인임 ③ 연소생성물은 대표적으로 열, 연기, 불꽃, 가스 등이 있음
유동속도	① 수직방향 이동속도 : $2\sim3[m/s]$ ② 수평방향 이동속도 : $0.5\sim1[m/s]$
유동시키는 힘	① 가스팽창 ② 부 력 ③ 굴뚝효과(Stack Effect) ④ HVAC(공조설비) ⑤ 바 람 ⑥ 피스톤효과

※ 연돌(굴뚝)효과 영향요소 : ① 건축물 내외 온도차, ② 화재실의 온도, ③ 건축물 높이

❷ 다빈도 출제 연소생성물

구 분	내 용
완전 연소생성물	① 수증기(H_2O), 이산화탄소(CO_2)만 생성(유기물 연소 시) ② 완전연소는 이론적인 연소로 자연계에서는 불완전연소를 함(=다양한 연소생성물)
일산화탄소(CO)	마취성 가스로 인체에 산소공급을 방해함(마취성+가연성 가스)
이산화탄소(CO_2)	① 탄산가스라고도 불리는 무색·무취의 가스, 산소와 더 이상 반응하지 않음 ② 흡입 시 호흡속도를 촉진시키고, 연소가스 중 가장 많은 양이 발생
포스겐	기사시험에서 나오는 가장 강한 독성가스
황화수소(H_2S)	① 황 성분을 포함한 물질이 연소 시 발생(독성+가연성 가스) ② 계란 썩는 냄새가 나는 가스
아크롤레인	독성가스로 석유제품, 유지 등이 연소할 때 발생되는 알데히드 계통의 가스

기출유형 완성하기

정답 01 ① 02 ③ 03 ② 04 ④ 05 ③ 06 ④

01 Stack Effect란? `06년-4회`

① 굴뚝효과
② 연소 저지효과
③ 연기 유동효과
④ 화염 전파효과

해설
Stack=굴뚝, Effect=효과
Stack Effect란 건물 내부와 외부와의 온도차 또는 밀도차에 의해 건물내부에 상승기류가 형성되는 것을 말한다.

02 화재 시 연기를 이동시키는 추진력으로 옳지 않은 것은? `03년-1회`

① 굴뚝효과
② 팽 창
③ 중 력
④ 부 력

해설
연기를 이동시키는 힘(추진력)
- 가스팽창
- 부 력
- 굴뚝효과(Stack Effect)
- HVAC(공조설비)
- 바 람
- 피스톤효과

03 화재 시 발생하는 연소가스 중 인체에서 헤모글로빈과 결합하여 혈액의 산소운반을 저해하고 두통, 근육조절의 장애를 일으키는 것은? `25년`

① CO_2
② CO
③ HCN
④ H_2S

해설
일산화탄소(CO)는 헤모글로빈(Hb)와 결합하여 카복시헤모글로빈($COHb$)를 형성하여 인체 내 산소의 운반을 저해한다.

04 다음 연소생성물 중 인체에 독성이 가장 높은 것은? `21년-2회`

① 이산화탄소
② 일산화탄소
③ 수증기
④ 포스겐

해설
포스겐은 독성이 매우 높다.
Tip 독성문제가 나왔을 때 선지에 포스겐이 있으면 대부분 답이다.

05 건물 내에서 연기의 수직방향 이동속도는 약 몇 m/s 인가? `09년-1회`

① 0.1~0.2
② 0.3~0.8
③ 2~3
④ 10~20

해설
연기의 수직방향 이동속도는 구조에 따라서 2~3 $[m/s]$ 또는 3~5$[m/s]$로 표기되는 경우가 있으나, 일반적으로 수평은 보행속도(약 1$[m/s]$)보다 느리고 수직은 빠른 것으로 기억하면 쉽다.

06 메탄이 완전연소할 때의 연소생성물을 옳게 나열한 것은? `25년`

① H_2O, HCl
② SO_2, CO_2
③ SO_2, HCl
④ CO_2, H_2O

해설
메탄(CH_4)으로서 산소(O_2)와 결합하여 완전연소 시 이산화탄소(CO_2)와 수증기(H_2O)만 형성된다.

정답 07 ④ 08 ③ 09 ④ 10 ①

기출유형 완성하기

07 고층건물 내의 연기거동 중 굴뚝효과(STACK EFFECT)와 관계가 없는 것은? `04년-1회`

① 건물 내외의 온도차
② 화재실의 온도
③ 건물의 높이
④ 층의 면적

해설
연돌(굴뚝)효과 영향요소
- 건축물 내외 온도차
- 화재실의 온도
- 건축물 높이

08 석유, 고무, 동물의 털, 가죽 등과 같이 황성분을 함유하고 있는 물질이 불완전연소될 때 발생하는 연소가스로 계란 썩는 듯한 냄새가 나는 기체는? `19년-2회`

① 아황산가스
② 시안화수소
③ 황화수소
④ 암모니아

해설
계란 썩은 내가 나는 가스는 황화수소(H_2S)이다.

09 연기의 이동과 관계가 없는 것은? `05년-1회`

① 굴뚝효과
② 비중차
③ 공조설비
④ 적설량

해설
연기를 이동시키는 힘
- 가스팽창
- 부력
- 굴뚝효과(Stack Effect)
- HVAC(공조설비)
- 바람
- 피스톤효과

※ 부력에 의한 연기의 상승은 주변공기와 화재에 의한 고온의 연기가 비중차 또는 밀도차에 의해 상승하는 힘이다.

10 불티가 바람에 날리거나 또는 화재현장에서 상승하는 열기류 중심에 휩쓸려 원거리 가연물에 착화하는 현상을 무엇이라 하는가? `12년-2회`

① 비화
② 전도
③ 대류
④ 복사

해설
"비화"는 용어 그대로 '불꽃이 날다'라는 뜻으로 원거리 가연물에 점화원으로 작용하는 현상을 의미한다.

기출유형 완성하기

🔒 정답 11 ④ 12 ②

11 탄산가스에 대한 일반적인 설명으로 옳은 것은?

[10년-4회]

① 산소와 반응 시 흡열반응을 일으킨다.
② 산소와 반응하여 불연성 물질을 발생시킨다.
③ 산화하지 않으나 산소와는 반응한다.
④ 산소와 반응하지 않는다.

해설
탄산가스란 CO_2를 의미한다. CO_2는 산소와 더 이상 반응하지 않는다.

12 연소가스 중 많은 양을 차지하고 있으며 가스 그 자체의 독성은 없으나 다량이 존재할 경우, 사람의 호흡속도를 증가시키고 이로 인하여 화재가스에 혼합된 유해가스의 흡입을 증가시켜 위험을 가중시키는 가스는?

[08년-4회]

① CO
② CO_2
③ SO_2
④ NH_3

해설
연소 시 가장 많이 발생하는 연소생성물은 이산화탄소이다. → 이산화탄소 : CO_2

08 연기농도

기출유형

연기농도에서 감광계수 $0.1[m^{-1}]$은 어떤 현상을 의미하는가?

① 출화실에서 연기가 분출될 때의 연기농도
② 화재 최성기의 연기농도
③ 연기감지기가 작동하는 정도의 농도
④ 거의 앞이 보이지 않을 정도의 농도

해설
감광계수가 $0.1[m^{-1}]$ 정도인 연기농도에서 **연기감지기가 작동**한다.

| 정답 | ③

족집게 과외

❶ 연기농도법

구 분	내 용
중량농도	단위체적당 연기의 중량 $[g/m^3]$
개수농도(=입자농도)	단위체적당 연기의 개수 $[개/m^3]$
상대농도	연기농도에 따른 빛의 투과량을 기준으로 농도를 계산

❷ 감광계수와 가시거리 관계

구 분	내 용	
감광계수 $Cs[m^{-1}]$	연기의 농도를 나타내는 계수로, 빛이 공기 투과 시 연기에 의해 빛이 흡수 및 반사되어 손실되는 빛의 감소비를 의미함	
가시거리와의 관계	빛이 감소될수록 사람의 가시거리는 줄어들게 되므로 감광계수와 가시거리의 곱은 일정한 범위 내의 값을 가짐	
	$Cs \times L = 1 \sim 5$	L : 가시거리$[m]$ ※ 가시거리란 눈으로 볼 수 있는 거리

❸ 감광계수와 연기농도

구 분	감광계수$[m^{-1}]$	가시거리$[m]$	연기농도
감광계수와 연기농도	0.1	20~30	연기감지기 동작 시 농도
	0.3	5	건물 내 숙지자의 피난한계 농도
	0.5	3	어두운 것을 느낄 정도의 농도
	1.0	1~2	앞이 거의 보이지 않을 정도의 농도
	10	0.2~0.5	화재 최성기의 농도

기출유형 완성하기

정답 01 ② 02 ③ 03 ② 04 ② 05 ③ 06 ②

01 연기의 농도표시방법 중 단위체적당 연기입자의 개수를 나타내는 것은? `09년-1회`

① 중량농도법
② 입자농도법
③ 투과율법
④ 상대농도법

해설
단위체적당 입자의 개수를 나타내는 농도표시방법은 입자농도법(=개수농도법)이다.

02 연기감지기가 작동할 정도의 연기농도는 감광계수로 얼마 정도인가? `06년-2회`

① $1.0m^{-1}$
② $2.0m^{-1}$
③ $0.1m^{-1}$
④ $10m^{-1}$

해설
연기감지기가 작동하는 연기농도의 감광계수는 $0.1[m^{-1}]$이다.

03 감광계수(m^{-1})에 대한 설명으로 옳은 것은? `17년-1회`

① 0.5는 거의 앞이 보이지 않을 정도이다.
② 10은 화재 최성기 때의 농도이다.
③ 0.5는 가시거리 20~30m 정도이다.
④ 10은 연기감지기가 작동하기 직전의 농도이다.

해설
화재 최성기 연기농도의 감광계수는 $10[m^{-1}]$이다.

04 건물 내부의 화재 시 발생한 연기의 농도(감광계수)와 가시거리의 관계를 나타낸 것으로 틀린 것은? `25년`

① 감광계수 0.1일 때 가시거리는 20~30m 이다.
② 감광계수 0.3일 때 가시거리는 10~20m 이다.
③ 감광계수 1.0일 때 가시거리는 1~2m 이다.
④ 감광계수 10일 때 가시거리는 0.2~0.5m 이다.

해설
감광계수가 $0.3[m^{-1}]$일 때의 가시거리는 약 5m이다.

05 화재 최성기 때의 농도로 유도등이 보이지 않을 정도의 연기농도는? (단, 감광계수로 나타낸다) `16년-1회`

① $0.1m^{-1}$
② $1m^{-1}$
③ $10m^{-1}$
④ $30m^{-1}$

해설
화재 최성기 연기농도의 감광계수는 $10[m^{-1}]$이다.

06 연기에 의한 감광계수가 $0.1m^{-1}$, 가시거리가 20~30m일 때의 상황으로 옳은 것은? `22년-2회`

① 건물내부에 익숙한 사람이 피난에 지장을 느낄 정도
② 연기감지기가 작동할 정도
③ 어두운 것을 느낄 정도
④ 앞이 거의 보이지 않을 정도

해설
감광계수가 $0.1[m^{-1}]$ 정도인 연기농도에서 연기감지기가 작동한다.

정답 07 ② 08 ①

07 실내 화재 시 발생한 연기로 인한 감광계수(m^{-1})와 가시거리에 대한 설명 중 틀린 것은?

〔20년-1·2회〕

① 감광계수가 0.1일 때 가시거리는 20~30m이다.
② 감광계수가 0.3일 때 가시거리는 15~20m이다.
③ 감광계수가 1.0일 때 가시거리는 1~2m이다.
④ 감광계수가 10일 때 가시거리는 0.2~0.5m이다.

해설

감광계수가 0.3[m^{-1}]일 때의 가시거리는 약 5m이다.

08 건물 내부의 화재 시 발생한 연기의 농도(감광계수)와 가시거리의 관계를 나타낸 것으로 틀린 것은?

〔기출변형〕

① 감광계수 0.1일 때 가시거리는 10~20m이다.
② 감광계수 0.3일 때 가시거리는 5m이다.
③ 감광계수 1.0일 때 가시거리는 1~2m이다.
④ 감광계수 10일 때 가시거리는 0.2~0.5m이다.

해설

감광계수가 0.1[m^{-1}]일 때의 가시거리는 20~30m이다.

09 폭발과 방폭

기출유형

블레비(BLEVE) 현상과 관계가 없는 것은? 21년-1회

① 핵분열 ② 가연성 액체
③ 화구(Fire ball)의 형성 ④ 복사열의 대량 방출

해설
BLEVE는 인화성 또는 **가연성 액체**가 충전되어 있는 용기가 외부화재에 의해 가열되면 분출하여 **화구**가 형성되며 **대량의 복사열**을 방출한다.

| 정답 | ①

족집게 과외

❶ 폭발

구 분	내 용
개 념	① 물리적 또는 화학적 변화에 의해 급격히 압력 상승을 수반하는 현상 ② 연소 등에 의한 화학적 폭발과 급격한 상변화에 의한 물리적 폭발이 있음
폭 연	① 화염 전파속도가 음속 이하의 폭발 ② 전파속도 : $0.1 \sim 10 [m/s]$
폭 굉 (Detonation)	① 화염 전파속도가 음속 이상의 폭발 ② 전파속도 : $1,000 \sim 3,500 [m/s]$

❷ 폭발의 구분

구 분		내 용
물리적 폭발	수증기폭발	고온의 물질을 물속에 투입하면 급격히 물이 비등되어 폭발하는 현상
	BLEVE	탱크 주위 화재로 액화가스(가연성 또는 인화성)가 급격히 비등되어 압력 상승으로 탱크가 파괴+누출되며 폭발(화구)이 발생하는 현상
화학적 폭발	가스폭발	가연성 혼합기에 점화원이 작용하여 급격히 연소하는 현상
	분해폭발	화학물질이 분해하며 발생하는 열로 폭발하는 현상(대표물질 : 아세틸렌)
	분진폭발	① 미세한 입자의 분진(가루)에 점화원이 작용하면 폭발하는 현상 ② (소석회, 생석회, 시멘트)의 가루·분말 등은 폭발이 발생하지 않음

❸ 방폭구조

구 분		내 용
개 념		전기불꽃 등에 의해 폭발이 발생하지 않도록 하는 구조
종 류	유입방폭구조	전기불꽃 발생부에 기름을 넣어 가연성 가스 등을 점화하지 못하도록 한 구조
	압력방폭구조	구조 내에 불활성 가스를 압입하여 가연성 가스 등이 침투하지 못하도록 한 구조
	내압방폭구조	구조가 내부폭발에 견디도록 강하게 만들어 외부로 폭발이 전파하지 않는 구조
	안전증방폭구조	정상운전 중 가스 등이 인화하지 않도록 기계적, 전기적 안전도를 증가한 구조

🔒 **정답** 01 ③ 02 ① 03 ④ 04 ① 05 ②

기출유형 완성하기

01 폭발에 관한 설명으로 옳지 않은 것은? `03년-1회`

① 반응이 일어나는 화염면이 정지매질에 대하여 음속보다 빠른 속도로 이동하는 것을 폭굉이라고 한다.
② 반응이 일어나는 화염면이 정지매질에 대해서 음속보다 느린 경우를 폭연이라고 한다.
③ 물질의 상태 중 공기, 증기 등과 같이 기체상태의 폭발을 의상폭발이라고 한다.
④ 화염면의 이동을 파로 생각하여 폭굉파라고 하며, 그 파면에는 충격파가 수반한다.

해설
기체상태의 폭발은 기상폭발이다.

02 인화점이 40℃ 이하인 위험물을 저장, 취급하는 장소에 설치하는 전기설비는 방폭구조로 설치하는데, 용기의 내부에 기체를 압입하여 압력을 유지하도록 함으로써 폭발성 가스가 침입하는 것을 방지하는 구조는? `19년-1회`

① 압력방폭구조
② 유입방폭구조
③ 안전증방폭구조
④ 본질안전방폭구조

해설
용기 내부에 (보호)기체를 압입하여 압력을 유지하는 구조는 압력방폭구조이다.

03 분진폭발을 일으킬 수 없는 것은? `03년-2회`

① 유황가루
② 알미늄분말
③ 플라스틱
④ 석회석분말

해설
석회석분말은 분진폭발이 발생하지 않는다.

04 디토네이션(Detonation)에 대한 설명이다. 틀린 것은? `03년-2회`

① 발열반응으로서 연소의 전파속도가 그 물질 내에서의 음속보다 느린 것을 말한다.
② 물질 내 충격파가 발생하여 반응을 일으키고 또한 그 반응을 유지하는 현상이다.
③ 충격파에 의해 유지되는 화학반응 현상이다.
④ 반응의 전파속도가 그 물질 내에서의 음속보다 빠른 것을 말한다.

해설
디토네이션이란 폭굉으로, 폭굉은 연소의 전파속도가 음속보다 빠른 것을 말한다.

05 액화가스 저장탱크의 누설로 부유 또는 확산된 액화가스가 착화원과 접촉하여 액화가스가 공기 중으로 확산, 폭발하는 현상은? `25년`

① 프로스오버
② 블레비
③ 슬롭오버
④ 보일오버

해설
BLEVE란 액화가스 저장탱크가 파손되어 내부 액화가스가 비등하여 점화원에 의해 폭발하는 현상이다.

기출유형 완성하기

정답 06 ③ 07 ① 08 ③ 09 ④ 10 ④

06 일반적인 방폭구조의 종류에 해당하지 않는 것은? `12년-1회`

① 내압방폭구조
② 유입방폭구조
③ 내화방폭구조
④ 안전증방폭구조

해설
방폭구조의 종류
- 유입방폭구조
- 압력방폭구조
- 내압방폭구조
- 안전증방폭구조

07 다음 중 분진폭발의 위험성이 없는 것은? `22년-1회`

① 시멘트가루
② 알루미늄분
③ 석탄분말
④ 밀가루

해설
시멘트가루는 분질폭발 위험성이 없다.

08 분해폭발을 일으키며 연소하는 가연성 가스는? `06년-2회`

① 염화비닐
② 시안화수소
③ 아세틸렌
④ 포스겐

해설
분해폭발을 일으키는 대표적인 물질은 아세틸렌이다.

09 폭굉의 화염 전파속도는 약 얼마인가? `25년`

① $0.1 \sim 10\,[m/s]$
② $10 \sim 100\,[m/s]$
③ $100 \sim 1,000\,[m/s]$
④ $1,000 \sim 3,500\,[m/s]$

해설
화염 전파속도

폭 연	폭 굉
$0.1 \sim 10\,[m/s]$	$1,000 \sim 3,000\,[m/s]$

10 BLEVE 현상을 설명한 것으로 가장 옳은 것은? `19년-4회`

① 물이 뜨거운 기름표면 아래에서 끓을 때 화재를 수반하지 않고 over flow되는 현상
② 물이 연소유의 뜨거운 표면에 들어갈 때 발생되는 over flow 현상
③ 탱크바닥에 물과 기름의 에멀전이 섞여 있을 때 물의 비등으로 인하여 급격하게 over flow되는 현상
④ 탱크 주위 화재로 탱크 내 인화성 액체가 비등하고 가스부분의 압력이 상승하여 탱크가 파괴되고 폭발을 일으키는 현상

해설
BLEVE 현상의 키워드 → 액체의 비등

🔒 **정답** 11 ③ 12 ③ 13 ②

기출유형 완성하기

11 분진폭발의 위험성이 가장 낮은 것은?

〔18년-1회〕

① 알루미늄분
② 유 황
③ 팽창질석
④ 소맥분

해설
③ 팽창질석은 소화약제의 일종이다.
분진폭발은 기본적으로 고체가 "분진"이 될 수 있을 만큼 작은 물질이어야 한다.

12 폭발의 형태 중 화학적 폭발이 아닌 것은?

〔17년-4회〕

① 분해폭발
② 가스폭발
③ 수증기폭발
④ 분진폭발

해설
수증기폭발은 상변화에 의한 압력상승이 발생하는 폭발로서 물리적 폭발의 한 종류이다.

13 전기불꽃, 아크 등이 발생하는 부분을 기름 속에 넣어 폭발을 방지하는 방폭구조는?

〔22년-1회〕

① 내압방폭구조
② 유입방폭구조
③ 안전증방폭구조
④ 특수방폭구조

해설
유입방폭구조란 전기불꽃 등이 발생하는 부분을 기름 속에 넣어서 폭발을 방지하는 구조이다.

CHAPTER 09 | 폭발과 방폭

10 화재

기출유형

화재 분류에서 C급 화재에 해당하는 것은? 13년-4회

① 전기화재
② 차량화재
③ 일반화재
④ 유류화재

해설
C급 화재는 전기화재를 의미한다.

|정답| ①

족집게 과외

❶ 화 재

구 분	내 용			
개 념	① 사람의 과실이나 고의에 의해 발생하는 연소현상 ② 물적피해 또는 인명피해를 발생시키는 연소현상			
특 성	① 확대성 ② 우발성 ③ 불안정성			
확산 원인	① 비 화 ② 복사열 ③ 접 염			
분 류	급	화 재	표시색상	소화방법
	A급 화재	일반화재	백 색	냉각(물)
	B급 화재	유류화재	황 색	질식(포, 가스)
	C급 화재	전기화재	청 색	질식(가스)
	D급 화재	금속화재	회 색	건조사피복(모래)

❷ 화재에 의한 소실

구 분	내 용
전소화재	건축물에 화재가 발생하여 건축물의 70% 이상이 소실된 상태
반소화재	건축물에 화재가 발생하여 건축물의 30% 이상 70% 미만 소실된 상태
부분소화재	전소화재, 반소화재에 해당하지 않는 화재

❸ 건축구조별 화재

구 분	목조건축물	내화건축물
화재 진행과정	무염착화 → 발염착화 → 발화 → 최성기	초기 → 성장기 → 최성기 → 감퇴기 → 종기
화재 성상	고온 단시간	저온 장시간

❹ 출 화

구 분	내 용
옥내출화 시기	① 천장 속, 벽 속 등에서 발염착화한 때 ② 가옥구조 시에는 천장판에 발염착화한 때 ③ 불연 벽체나 칸막이의 불연 천장인 경우 실내의 그 뒤판에 발염착화한 때
옥외출화 시기	① 창, 출입구 등에 발염착화한 때 ② 목재사용 가옥에서는 벽, 추녀 밑의 판자나 목재에 발염착화한 때

기출유형 완성하기

정답 01 ② 02 ④ 03 ① 04 ②

01 출화란 화재를 뜻하는 말로서 옥내출화, 옥외출화로 구분한다. 이 중 옥외출화 시기를 나타낸 것은? `04년-1회`

① 천장 속, 벽 속 등에서 발염착화한 때
② 창, 출입구 등에 발염착화한 때
③ 가옥구조에서는 천장판에 발염착화한 때
④ 불연 천장인 경우 실내의 그 뒷면에 발염착화한 때

해설
옥외출화 시기
- 창, 출입구 등에 발염착화한 때
- 목재사용 가옥에서는 벽, 추녀 밑의 판자나 목재에 발염착화한 때

02 목조건축물과 내화구조건축물의 화재성상에 대한 설명 중 옳지 않은 것은? `04년-2회`

① 내화구조건축물의 화재 진행상황은 초기 → 성장기 → 최성기 → 종기의 순서로 진행된다.
② 목조건축물은 공기의 유통이 좋아 순식간에 플래시오버에 도달하고 온도는 약 1,000℃ 이상에 달한다.
③ 내화구조건축물은 견고하여 공기의 유통조건이 거의 일정하고 최고온도는 목조의 경우보다 낮다.
④ 목조건축물은 최성기를 지나면 급속히 타버리고, 공기의 유통이 좋으므로 장시간 고온을 유지한다.

해설
목조건축물은 급속히 타버리므로 고온이지만 단시간에 화재가 종료된다(상대적인 단시간).

03 화재에 대한 설명으로 옳지 않은 것은? `14년-2회`

① 인간이 제어하여 인류의 문화, 문명의 발달을 가져오게 한 근본적인 존재를 말한다.
② 불을 사용하는 사람의 부주의와 불안정한 상태에서 발생되는 것을 말한다.
③ 불로 인하여 사람의 신체, 생명 및 재산상의 손실을 가져다주는 재앙을 말한다.
④ 실화, 방화로 발생하는 연소현상을 말하며 사람에게 유익하지 못한 해로운 불을 말한다.

해설
불은 인류의 문화, 문명의 발달은 가져왔지만 화재는 그로 인한 부작용과 같다.

04 가연물의 종류에 따른 화재의 분류방법 중 유류화재를 나타내는 것은? `15년-4회`

① A급 화재
② B급 화재
③ C급 화재
④ D급 화재

해설
가연물의 종류에 따른 화재

급	화재
A급 화재	일반화재
B급 화재	유류화재
C급 화재	전기화재
D급 화재	금속화재

정답 05 ① 06 ① 07 ④ 08 ③

기출유형 완성하기

05 내화건축물과 비교한 목조건조물 화재의 일반적인 특징을 옳게 나타낸 것은? `25년`

① 고온, 단시간형
② 저온, 단시간형
③ 고온, 장시간형
④ 저온, 장시간형

해설
목조건축물과 내화건축물 화재의 특징

목조건축물	내화건축물
고온 단시간	저온 장시간

06 목재건축물의 화재 진행과정을 순서대로 나열한 것은? `20년-4회`

① 무염착화 – 발염착화 – 발화 – 최성기
② 무염착화 – 최성기 – 발염착화 – 발화
③ 발염착화 – 발화 – 최성기 – 무염착화
④ 발염착화 – 최성기 – 무염착화 – 발화

해설
목조건축물과 내화건축물의 화재 진행과정

목조건축물	내화건축물
무염착화 → 발염착화 → 발화 → 최성기	초기 → 성장기 → 최성기 → 감퇴기 → 종기

07 화재에 대한 건축물의 손실정도에 따른 화재형태를 설명한 것으로 옳지 않은 것은? `15년-4회`

① 부분소화재란 전소화재, 반소화재에 해당하지 않는 것을 말한다.
② 반소화재란 건축물에 화재가 발생하여 건축물의 30% 이상 70% 미만 소실된 상태를 말한다.
③ 전소화재란 건축물에 화재가 발생하여 건축물의 70% 이상이 소실된 상태를 말한다.
④ 훈소화재란 건축물에 화재가 발생하여 건축물의 10% 이하가 소실된 상태를 말한다.

해설
훈소화재는 화염을 발생시키지 않는 연소현상으로 작열연소와 거의 유사하다.

08 내화건축물 화재의 진행과정으로 가장 옳은 것은? `13년-1회`

① 화원 → 최성기 → 성장기 → 감퇴기
② 화원 → 감퇴기 → 성장기 → 최성기
③ 초기 → 성장기 → 최성기 → 감퇴기 → 종기
④ 초기 → 감퇴기 → 최성기 → 성장기 → 종기

해설
목조건축물과 내화건축물의 화재 진행과정

목조건축물	내화건축물
무염착화 → 발염착화 → 발화 → 최성기	초기 → 성장기 → 최성기 → 감퇴기 → 종기

기출유형 완성하기

> 정답 09 ② 10 ② 11 ② 12 ③

09 목조건축물에서 발생하는 옥내출화 시기를 나타낸 것으로 틀린 것은? `15년-2회`

① 천장 속, 벽 속 등에서 발염착화할 때
② 창, 출입구 등에 발염착화할 때
③ 가옥의 구조에는 천장면에 발염착화할 때
④ 불연 벽체나 불연 천장인 경우 실내의 그 뒷면에 발염착화할 때

해설
옥내출화 시기
- 천장 속, 벽 속 등에서 발염착화한 때
- 가옥구조 시에는 천장판에 발염착화한 때
- 불연 벽체나 칸막이의 불연 천장인 경우 실내의 그 뒷판에 발염착화한 때

10 화재의 유형별 특성에 관한 설명으로 옳은 것은? `19년-4회`

① A급 화재는 무색으로 표시하며, 감전의 위험이 있으므로 주수소화를 엄금한다.
② B급 화재는 황색으로 표시하며, 질식소화를 통해 화재를 진압한다.
③ C급 화재는 백색으로 표시하며, 가연성이 강한 금속의 화재이다.
④ D급 화재는 청색으로 표시하며, 연소 후에 재를 남긴다.

해설
화재의 유형별 특성

급	표시색상	소화방법
A급 화재	백색	냉각(물)
B급 화재	황색	질식(포, 가스)
C급 화재	청색	질식(가스)
D급 화재	회색	건조사피복(모래)

11 화재의 일반적 특성으로 틀린 것은? `19년-2회`

① 확대성
② 정형성
③ 우발성
④ 불안정성

해설
화재의 일반적 특성
- 확대성
- 우발성
- 불안정성

12 화재의 종류에 따른 분류가 틀린 것은? `17년-4회`

① A급 : 일반화재
② B급 : 유류화재
③ C급 : 가스화재
④ D급 : 금속화재

해설
가연물의 종류에 따른 화재

급	화재
A급 화재	일반화재
B급 화재	유류화재
C급 화재	전기화재
D급 화재	금속화재

🔒 **정답** 13 ③ 14 ① 15 ② 16 ②

기출유형 완성하기

13 건축물의 화재를 확산시키는 요인이라 볼 수 없는 것은? `19년-2회`

① 비화(飛火)
② 복사열(輻射熱)
③ 자연발화(自然發火)
④ 접염(接炎)

해설
화재의 확산요인
- 비 화
- 복사열
- 접 염

14 가연물질의 종류에 따라 화재를 분류하였을 때 섬유류 화재가 속하는 것은? `21년-2회`

① A급 화재
② B급 화재
③ C급 화재
④ D급 화재

해설
① 섬유류는 일반화재이다.

가연물의 종류에 따른 화재

급	화 재
A급 화재	일반화재
B급 화재	유류화재
C급 화재	전기화재
D급 화재	금속화재

15 B급 화재 시 사용할 수 없는 소화방법은? `17년-1회`

① CO_2 소화약제로 소화한다.
② 봉상주수로 소화한다.
③ 3종 분말약제로 소화한다.
④ 단백포로 소화한다.

해설
B급 화재는 유류화재로서 봉상주수 시 연소 중인 유류가 바깥으로 분출되어 화재확산의 우려가 있다.

16 다음 중 인화성 액체의 화재에 해당되는 것은? `09년-4회`

① A급 화재
② B급 화재
③ C급 화재
④ D급 화재

해설
인화성 액체의 대표적인 품목이 유류이다. → 유류화재는 B급 화재이다.

11 플래시오버, 화재하중, 화재강도

기출유형

후래쉬오버(flash over)에 대한 설명으로 가장 타당한 것은? 06년-1회

① 에너지가 느리게 집적되는 현상
② 가연성 가스가 방출되는 현상
③ 가연성 가스가 분해되는 현상
④ 급격히 화염이 확대되는 현상

해설
플래시오버란 건물화재에서 발생한 가연성 가스가 일시에 인화되어 급격히 화염이 확대(착화)되는 현상이다.

|정답| ④

족집게 과외

❶ 플래시오버(Flash Over)

구 분	내 용
개 념	건물화재에서 발생한 가연성 가스가 일시에 인화되어 급격히 화염이 확대(착화)되는 현상
시 기	구획실화재가 성장기에서 최성기로 넘어가는 분기점
영향요소	① 내장재의 종류(재질) ② 화원의 크기 ③ 개구부의 크기

❷ 화재하중

구 분	내 용
개 념	① 건축물 내에 있는 가연물의 발열량을 목재였을 경우의 발열량으로 환산하여, 단위면적당 목재의 중량으로 나타낸 것 ② 가연물의 양을 등가목재 중량으로 변환한 것
관계식	$Q[kg/m^2] = \dfrac{\Sigma(G_t \cdot H_t)}{H_w \cdot A} = \dfrac{\Sigma Q_t}{4,500 \times A}$ Q : 화재하중 $[kg/m^2]$, Q_t : 가연물의 전체발열량 $[kcal]$ A : 바닥면적 $[m^2]$, G_t : 가연물 질량 $[kg]$ H_t : 가연물의 단위질량당 발열량 $[kcal/kg]$ H_w : 목재의 단위질량당 발열량 $[kcal/kg] = 4,500[kcal/kg]$

❸ 화재강도

구 분	내 용
개 념	① 단위시간당 열축적률을 의미 ② 화재강도가 크다는 것은 화재실의 최고온도가 높다는 것을 의미
영향요소	① 연소열 ② 가연물의 비표면적 ③ 공기 공급량 ④ 실의 단열성

❹ 표준시간-가열온도곡선

구 분	내 용
개 념	내화건축물의 내화 or 방화성능을 시험하기 위해 표준이 되는 시간에 따른 온도곡선
곡선과 관계식	a : 목조건축물 화재곡선 d : 내화건축물 화재곡선 **관계식** $T = 20 + 345\log(8t + 1)$ t : 화재지속 시간 $[min]$ T : 시간 t에서의 온도 $[℃]$

기출유형 완성하기

🔒 **정답** 01 ④ 02 ④ 03 ③ 04 ③

01 플래시오버(flash over) 현상을 바르게 나타낸 것은?　　06년-2회

① 에너지가 느리게 집적되는 현상
② 가연성 가스가 방출되는 현상
③ 가연성 가스가 분해되는 현상
④ 폭발적인 착화현상

해설
플래시오버란 건물화재에서 발생한 가연성 가스가 일시에 인화되어 **급격히 화염이 확대(착화)**되는 현상이다.

02 표준화재시간 온도곡선의 제정 목적은?　　03년-1회

① 건물화재의 연소속도를 측정하기 위하여 표준화한 것이다.
② 후레시오버 시간을 측정하기 위하여 표준화한 것이다.
③ 건물의 화재 계속시간 측정용으로 표준화한 것이다.
④ 건물 방화재료의 가열시험용으로 표준화한 것이다.

해설
표준시간-가열온도곡선
실제 화재에 대한 테스트가 어려움에 따라 내화구조에서 발생한 화재를 표준화하여 내화구조, 방화재료 등의 시험용으로 표준화한 곡선이다.

03 플래시오버(flash over)에 대한 설명으로 옳은 것은?　　22년-2회

① 도시가스의 폭발적 연소를 말한다.
② 휘발유 등 가연성 액체가 넓게 흘러서 발화한 상태를 말한다.
③ 옥내화재가 서서히 진행하여 열 및 가연성 기체가 축적되었다가 일시에 연소하여 화염이 크게 발생하는 상태를 말한다.
④ 화재층의 불이 상부층으로 올라가는 현상을 말한다.

해설
플래시오버란 건물화재에서 발생한 가연성 가스가 일시에 인화되어 **급격히 화염이 확대(착화)**되는 현상이다.

04 화재하중(FIRE LOAD)을 나타내는 단위는?　　04년-1회

① $kcal/kg$
② $℃/m^2$
③ kg/m^2
④ $kg/kcal$

해설
화재하중의 단위는 $[kg/m^2]$이다.

정답 05 ② 06 ② 07 ② 08 ④ 09 ②

05 건축물에 화재가 발생하여 일정 시간이 경과하게 되면 일정공간 안에 열과 가연성 가스가 축적되고 한순간에 폭발적으로 화재가 확산되는 현상을 무엇이라 하는가? `13년-1회`

① 보일오버현상
② 플래쉬오버현상
③ 패닉현상
④ 리프팅현상

해설
플래시오버란 건물화재에서 발생한 가연성 가스가 일시에 인화되어 **급격히 화염이 확대(착화)**되는 현상이다.

06 내화구조 건물의 표준화재 온도곡선에서 화재발생 후 30분 경과 시의 내부온도는 약 몇 ℃ 인가? `05년-1회`

① 500
② 840
③ 950
④ 1,010

해설
표준시간-가열온도곡선
$T = 20 + 345\log(8t+1)$
$T = 20 + 345\log(8 \times 30 + 1) = 842[℃]$

07 일반적으로 화재의 진행상황 중 플래시오버는 어느 시기에 발생하는가? `25년`

① 화재발생 초기
② 성장기에서 최성기로 넘어가는 분기점
③ 최성기에서 감쇄기로 넘어가는 분기점
④ 감쇄기 이후

해설
플래시오버는 화재 성장기에서 최성기로 넘어가는 분기점에서 발생한다.

08 그림에서 내화조건물의 표준 화재 온도-시간 곡선은? `15년-1회`

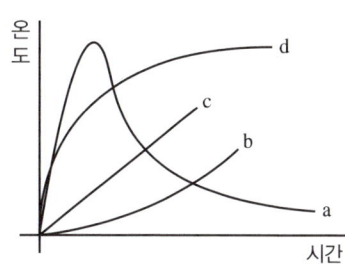

① a
② b
③ c
④ d

해설
a : 목조건축물 화재곡선
d : 내화건축물 화재곡선

09 화재하중 계산 시 목재의 단위발열량은 약 몇 $kcal/kg$ 인가? `15년-4회`

① 3,000
② 4,500
③ 9,000
④ 12,000

해설
화재하중은 목재의 등가발열량으로 바꾼 것으로 목재의 단위발열량(단위질량당 발열량)은 $4,500[kcal/kg]$ 이다.

CHAPTER 11 | 플래시오버, 화재하중, 화재강도

기출유형 완성하기

정답 10 ① 11 ② 12 ① 13 ②

10 화재실 혹은 화재공간의 단위바닥면적에 대한 등가가연물량의 값을 화재하중이라 하며 식으로 표시할 경우에는 $Q = \Sigma(G_t \cdot H_t)/H \cdot A$와 같이 표현할 수 있다. 여기에서 H는 무엇을 나타내는가? `25년`

① 목재의 단위발열량
② 가연물의 단위발열량
③ 화재실 내 가연물의 전체 발열량
④ 목재의 단위발열량과 가연물의 단위발열량을 합한 것

해설
화재하중은 가연물 전체의 발열량을 목재의 단위발열량과 바닥면적으로 나눈 것이다.

11 화재강도(Fire Intensity)와 관계가 없는 것은? `19년-4회`

① 가연물의 비표면적
② 발화원의 온도
③ 화재실의 구조
④ 가연물의 발열량

해설
화재강도의 영향요소
- 연소열(=발열량)
- 가연물의 비표면적
- 공기 공급량
- 실의 단열성(=구조)

12 밀폐된 내화건물의 실내에 화재가 발생했을 때 그 실내의 환경변화에 대한 설명 중 틀린 것은? `20년-1·2회`

① 기압이 급강하한다.
② 산소가 감소된다.
③ 일산화탄소가 증가한다.
④ 이산화탄소가 증가한다.

해설
밀폐된 내화건물에서 화재 시 내부압력은 상승한다.
Tip 연소는 산화반응이므로 화재실의 산소는 감소되고 해당 산소가 연소성성물인 CO, CO_2가 생성된다.

13 바닥면적이 $350m^2$인 실에 가연물인 나무가 $130kg$, 고무가 $100kg$이 있다. 이 실의 화재하중(kg/m^2)은 얼마인가? (단, 나무의 발열량은 $4Mkal/kg$, 고무의 발열량은 $9Mkal/kg$이다) `25년`

① $0.8kg/m^2$
② $0.9kg/m^2$
③ $1.0kg/m^2$
④ $1.1kg/m^2$

해설
화재하중

$$Q[kg/m^2] = \frac{\Sigma(G_t \cdot H_t)}{H_w \cdot A}$$

$$= \frac{(G_{목재} \times H_{목재}) + (G_{고무} \times H_{고무})}{4,500 \times A}$$

$$Q = \frac{(4,000 \times 130) + (9,000 \times 100)}{4,500 \times 350} = 0.9[kg/m^2]$$

12 건축재료

기출유형

다음의 재료 중 일반적으로 열경화성 플라스틱에 해당하는 것은? 　25년

① 폴리에틸렌
② 염화비닐 수지
③ 페놀 수지
④ 폴리스티렌

해설
폴리에틸렌, 염화비닐 수지, 폴리스티렌은 열가소성 플라스틱이다.

|정답| ③

족집게 과외

❶ 불연재료

구 분	내 용
개 념	거의 타지 않는 재료(고온으로 가열 시 질량 감소율이 낮은 재료)
종 류	① 콘크리트·석재·벽돌·기와·철강·알루미늄·유리·시멘트모르타르 및 회 ② 한국산업표준에 따라 시험한 결과 질량감소율 등이 국토교통부장관이 정하여 고시하는 불연재료의 성능기준을 충족하는 것

❷ 플라스틱 가연물

구 분		내 용
열가소성	개 념	열을 가했을 때 녹고, 냉각 시 다시 고체상태가 되는 플라스틱
	종 류	폴리에틸렌 수지, 폴리스티렌 수지, 폴리아세틸렌 수지, 폴리염화비닐 수지(=PVC)
열경화성	개 념	열을 가했을 때 녹지 않고 분해되는 플라스틱
	종 류	멜라민 수지, 페놀 수지, 요소 수지

❸ 건축물의 방화계획

구 분		내 용
공간적 대응	대항성	내화성능, 방화구획 성능, 화재방어 대응성, 초기소화 대응성
	회피성	난연화, 불연화, 내장재 제한
	도피성	화재 시 피난 가능한 안전한 공간성 및 시스템 향상
설비적 대응	대항성	제연설비, 방화문, 방화셔터, 스프링클러설비
	도피성	피난을 용이하게 하기 위한 유도설비

기출유형 완성하기

정답 01 ② 02 ① 03 ① 04 ② 05 ③ 06 ②

01 불연재료가 아닌 것은? `03년-1회`
① 기 와
② 석고보드
③ 유 리
④ 콘크리트

해설
불연재료
콘크리트·석재·벽돌·기와·철강·알루미늄·유리·시멘트모르타르 및 회

02 건축방화계획에서 건축구조 및 재료를 불연화하므로서 화재를 미연에 방지하고자 하는 공간적 대응은? `03년-4회`
① 회피성 대응(回避性 對應)
② 도피성 대응(逃避性 對應)
③ 대항성 대응(對抗性 對應)
④ 설비적 대응(設備的 對應)

해설
건축구조 및 재료의 불연화는 공간적 대응 중 회피성 대응이다.

03 고분자 재료와 열적 특성의 연결이 옳은 것은? `18년-1회`
① 폴리염화비닐 수지 – 열가소성
② 페놀 수지 – 열가소성
③ 폴리에틸렌 수지 – 열경화성
④ 멜라민 수지 – 열가소성

해설
플라스틱 가연물

열가소성	폴리에틸렌 수지, 폴리스티렌 수지, 폴리아세틸렌 수지, 폴리염화비닐 수지
열경화성	멜라민 수지, 페놀 수지, 요소 수지

Tip 이름이 폴리○○인 경우 열가소성 수지이다.

04 다음 중 불연재료가 아닌 것은? `07년-1회`
① 기 와
② 아크릴
③ 유 리
④ 콘크리트

해설
불연재료
콘크리트·석재·벽돌·기와·철강·알루미늄·유리·시멘트모르타르 및 회

05 다음 중 열경화성 수지가 아닌 것은? `06년-2회`
① 페놀 수지
② 요소 수지
③ 폴리에틸렌 수지
④ 멜라민 수지

해설
플라스틱 가연물

열가소성	폴리에틸렌 수지, 폴리스티렌 수지, 폴리아세틸렌 수지, 폴리염화비닐 수지
열경화성	멜라민 수지, 페놀 수지, 요소 수지

Tip 이름이 폴리○○인 경우 열가소성 수지이다.

06 다음 중 불연재료가 아닌 것은? `10년-2회`
① 기 와
② 아크릴
③ 유 리
④ 콘크리트

해설
불연재료
콘크리트·석재·벽돌·기와·철강·알루미늄·유리·시멘트모르타르 및 회

정답 07 ① 08 ④

07 재료와 그 특성의 연결이 옳은 것은?
〔10년-4회〕

① PVC 수지 – 열가소성
② 페놀 수지 – 열가소성
③ 폴리에틸렌 수지 – 열경화성
④ 멜라민 수지 – 열가소성

해설
① PVC=폴리염화비닐이다.

플라스틱 가연물

열가소성	폴리에틸렌 수지, 폴리스티렌 수지, 폴리아세틸렌 수지, 폴리염화비닐 수지
열경화성	멜라민 수지, 페놀 수지, 요소 수지

08 건축물의 방재계획 중에서 공간적 대응계획에 해당되지 않는 것은?
〔15년-2회〕

① 도피성 대응
② 대항성 대응
③ 회피성 대응
④ 소방시설방재 대응

해설
건축물의 방재계획 중 공간적 대응은 대항성, 회피성, 도피성 3가지로 분류된다.

13 무창층, 지하층, 주요구조부

기출유형

건축법령상 내력벽, 기둥, 바닥, 보, 지붕틀 및 주계단을 무엇이라 하는가? `21년-1회`

① 내진구조부
② 건축설비부
③ 보조구조부
④ 주요구조부

해설
주요구조부
내력벽, 기둥, 바닥, 보, 지붕틀 및 주계단

| 정답 | ④

족집게 과외

❶ 무창층

구 분	내 용
정 의	지상층 중 유효한 개구부의 면적의 합계가 해당 층의 바닥면적의 30분의 1 이하가 되는 층
유효한 개구부 조건	① 크기는 지름 50센티미터 이상의 원이 통과할 수 있을 것 ② 해당 층의 바닥면으로부터 개구부 밑부분까지의 높이가 1.2미터 이내일 것 ③ 도로 또는 차량이 진입할 수 있는 빈터를 향할 것 ④ 창살이나 그 밖의 장애물이 설치되지 않을 것 ⑤ 내부 또는 외부에서 쉽게 부수거나 열 수 있을 것

❷ 지하층

구 분	내 용
정 의	건축물의 바닥이 지표면 아래에 있는 층으로서 바닥에서 지표면까지 평균높이가 해당 층 높이의 2분의 1 이상인 것

❸ 주요구조부

구 분	내 용
개 념	건축물 구조적으로 중요한 부재를 의미함
주요구조부	내력벽, 기둥, 바닥, 보, 지붕틀 및 주계단

Tip 무너지면 사람이 크게 다칠 것 같은 부재라고 생각하면 쉽다.

정답 01 ① 02 ① 03 ③ 04 ④

기출유형 완성하기

01 건축물에서 주요구조부가 아닌 것은?
〔13년-4회〕

① 차 양
② 주계단
③ 내력벽
④ 기 둥

해설
주요구조부
내력벽, 기둥, 바닥, 보, 지붕틀 및 주계단

02 지하층이라 함은 건축물의 바닥이 비표면 아래에 있는 층으로서 바닥에서 지표면까지의 평균높이가 해당 층 높이의 얼마 이상인 것을 말하는가?
〔25년〕

① 1/2
② 1/3
③ 1/4
④ 1/5

해설
지하층
건축물의 바닥이 지표면 아래에 있는 층으로서 바닥에서 지표면까지 평균높이가 해당 층 높이의 2분의 1 이상인 것을 말한다.

03 무창층이 개구부로서 갖추어야 할 조건으로 옳은 것은?
〔25년〕

① 개구부 크기가 지름 $30cm$의 원이 내접할 수 있는 것
② 해당 층의 바닥면으로부터 개구부 밑부분까지의 높이가 $1.5m$인 것
③ 내부 또는 외부에서 쉽게 파괴 또는 개방할 수 있을 것
④ 창에 방범을 위하여 $40cm$ 간격으로 창살을 설치한 것

해설
① $30cm$ → $50cm$ 원이 내접할 것
② $1.5m$ → $1.2m$ 개구부 밑부분까지의 높이
④ 창살이나 장애물은 설치 금지할 것

04 건축물의 주요구조부에 해당되지 않는 것은?
〔25년〕

① 내력벽
② 기 둥
③ 주계단
④ 작은 보

해설
주요구조부
내력벽, 기둥, 바닥, 보, 지붕틀 및 주계단

14 방화구조, 내화구조, 방화벽

기출유형

내화구조의 철근콘크리트조 기둥은 그 작은 지름을 최소 몇 cm 이상으로 하는가? 09년-1회

① 10
② 15
③ 20
④ 25

해설
내화구조 중 철근콘크리트조 기둥은 지름 $25\,cm$ 이상이어야 한다.

| 정답 | ④

족집게 과외

❶ 방화구조

구 분	내 용		
정 의	화재의 확산을 방지할 수 있는 구조		
기 준	구 성		두 께
	철망모르타르 바른 것		2cm 이상
	석고판 위에 시멘트모르타르 또는 회반죽 바른 것		2.5cm 이상
	시멘트모르타르 위에 타일 부착		
	심벽에 흙으로 맞벽치기		기준 없음

❷ 내화구조

구 분	내 용		
정 의	일정 시간 동안 화재에 견디며 기능(구조적 안전성)을 유지할 수 있는 구조		
부재·구조별 두께	부 재	구 조	두 께
	벽	벽돌조	19cm 이상
		철근콘크리트조 또는 철골철근콘크리트조	10cm 이상
	외벽 중 비내력벽		7cm 이상
	바 닥		10cm 이상
	기 둥		지름 25cm 이상

❸ 방화벽

구 분	내 용
개 념	화재의 확산을 방지하기 위해 설치하는 벽
구 조	① 내화구조로서 홀로 설 수 있는 구조일 것 ② 건축물의 외벽면 및 지붕면으로부터 0.5미터 이상 튀어나오게 할 것 ③ 방화벽에 설치하는 출입문의 너비 및 높이는 각각 2.5미터 이하로 하고, 해당 출입문에는 60+방화문 또는 60분방화문을 설치할 것

기출유형 완성하기

정답 01 ② 02 ① 03 ② 04 ③

01 내화구조에 대한 설명으로 옳은 것은?
〔04년-1회〕

① 두께 1.2cm 이상의 석고판 위에 석면시멘트판을 붙인 것
② 철근콘크리트조의 벽으로서 두께가 10cm 이상인 것
③ 철망몰탈 바르기로서 두께가 2cm 이상인 것
④ 심벽에 흙으로 맞벽치기 한 것

해설
내화구조 중 철근콘크리트조 벽은 두께가 10cm 이상이어야 한다.

02 방화구조의 기준에 대한 설명으로 옳은 것은?
〔07년-2회〕

① 철망모르타르로서 그 바름두께가 2cm 이상인 것
② 석고판 위에 회반죽을 바른 것으로서 그 두께의 합계가 2cm 이상인 것
③ 두께 1cm 이상의 석고판 위에 석면시멘트판을 붙인 것
④ 두께 2cm 이상의 양면보온판 위에 석면시멘트판을 붙인 것

해설
② 석고판+회반죽 → 2.5cm 이상
③ 방화구조 해당 없음
④ 방화구조 해당 없음

03 건축물의 내화구조에서 바닥의 경우에는 철근콘크리트조의 두께가 몇 cm 이상이어야 하는가?
〔20년-3회〕

① 7
② 10
③ 12
④ 15

해설
내화구조 중 철근콘크리트조 바닥은 두께가 10cm 이상이어야 한다.

04 방화구조에 대한 기준으로 틀린 것은?
〔08년-1회〕

① 철망모르타르로서 그 바름두께가 2cm 이상인 것
② 두께 1.2cm 이상의 석고판 위에 석면시멘트판을 붙인 것
③ 두께 2cm 이상의 암면보온판 위에 석면시멘트판을 붙인 것
④ 심벽에 흙으로 맞벽치기한 것

해설
③ 방화구조는 해당 없다.

정답 05 ② 06 ① 07 ① 08 ④

기출유형 완성하기

05 연면적이 $1,000m^2$ 이상인 건축물에 설치하는 방화벽에 갖추어야 할 기준으로 틀린 것은?

〔08년-4회〕

① 내화구조로서 자립할 수 있는 구조일 것
② 방화벽의 양쪽 위쪽 끝을 건축물의 외벽면 및 지붕면으로부터 $0.1m$ 이상 튀어나오게 할 것
③ 방화벽에 설치하는 출입문의 너비는 $2.5m$ 이하로 할 것
④ 방화벽에 설치하는 출입문의 높이는 $2.5m$ 이하로 할 것

해설
방화벽은 양쪽 또는 위쪽 끝을 건축물의 외벽면 및 지붕면으로부터 $0.5m$ 이상 튀어나오게 설치해야 한다.

06 철근 콘크리트조로서 내화구조 벽의 기준은 두께 몇 cm 이상이어야 하는가?

〔07년-2회〕

① 10
② 15
③ 20
④ 25

해설
내화구조 중 철근콘크리트조 벽은 두께가 $10cm$ 이상이어야 한다.

07 방화구조의 기준을 옳게 나타낸 것은?

〔09년-1회〕

① 철망모르타르로서 그 바름두께가 $2cm$ 이상인 것
② 시멘트모르타르 위에 타일을 붙인 것으로서 그 두께의 합계가 $1.5cm$ 이하인 것
③ 두께 $1.5cm$ 이상의 암면보온판 위에 석면시멘트판을 붙인 것
④ 두께 $1.2cm$ 미만의 석고판 위에 석면시멘트판을 붙인 것

해설
② 시멘트모르타르+타일 → $2.5cm$ 이상
③ 방화구조 해당 없음
④ 방화구조 해당 없음

08 내화구조의 기준 중 벽의 경우 벽돌조로서 두께가 최소 몇 cm 이상이어야 하는가?

〔17년-2회〕

① 5
② 10
③ 12
④ 19

해설
내화구조 중 벽돌조 벽은 두께가 $19cm$ 이상이어야 한다.

CHAPTER 14 | 방화구조, 내화구조, 방화벽

15 피 난

기출유형

화재 발생 시 인간의 피난 특성으로 틀린 것은? `20년-4회`

① 본능적으로 평상시 사용하는 출입구를 사용한다.
② 최초로 행동을 개시한 사람을 따라서 움직인다.
③ 공포감으로 인해서 빛을 피하여 어두운 곳으로 몸을 숨긴다.
④ 무의식중에 발화 장소의 반대쪽으로 이동한다.

해설
지광본능 – **빛을 향해** 도피하려는 본능으로 사람은 화재 시 빛을 향해 이동하는 본능을 갖는다.

| 정답 | ③

> **족집게 과외**

❶ 피난 시 인간의 행동본능

구 분	내 용
귀소본능	평소에 사용하는 통로, 문 등을 사용하여 자신이 왔던 길로 되돌아가려는 본능
퇴피본능	위험요소(화염)의 반대방향으로 이동하려는 본능
지광본능	빛을 향해 도피하려는 본능
추종본능	최초로 행동하는 사람을 따라하려는 본능
좌회본능	사람은 대부분 오른손, 오른발잡이로 좌측으로 회전하려는 본능

❷ 패닉현상

구 분	내 용
개 념	두려움이나 공포로 인해 갑작스럽게 혼란에 빠지는 상태(판단력 저하)
발생 원인	① 연기에 의한 시계 제한 ② 유독가스에 의한 호흡장애 ③ 외부와의 단절, 고립

※ H형 피난통로의 경우 패닉 발생 우려가 크다.

❸ 피난계획

구 분	내 용
Fool Proof	① 저지능인 상태에서도 쉽게 식별이 가능하도록 그림이나 색채를 이용하는 원칙 ② 말 그대로 바보도 이용할 수 있도록 구성하라는 의미
Fail Safe	항상 2가지 이상의 수단을 구성하라는 것으로, 말 그대로 실패해도 안전하도록 구성하라는 의미
원 칙	① 양방향(2개 이상)으로 피난할 수 있어야 할 것 ② 가급적 단순한 형태로 구성하고, 고정식 시설을 원칙으로 할 것 ③ 통로의 말단은 안전한 장소이거나 피난할 수 있는 설비가 있도록 할 것 ④ 피난동선은 수직동선과 수평동선을 모두 고려할 것

❹ 피난설비

구 분	내 용
개 념	주 피난시설인 계단 외에 피난을 보조하는 설비
종 류	완강기, 구조대, 공기안전매트, 피난사다리, 피난교, 미끄럼대 등

❺ 안전구획

구 분	내 용
개 념	피난층까지의 동선 중에 통과해야 하는 부분을 순서대로 안전을 확보한 개념
구획 구분	① 1차 안전구획 - 복도 ② 2차 안전구획 - 계단의 부속실(전실) ③ 3차 안전구획 - 계단실

※ 피난층 : 직접 지상으로 통하는 출입구가 있는 층

기출유형 완성하기

정답 01 ③ 02 ③ 03 ④ 04 ① 05 ④

01 피난계획의 일반적 원칙이 아닌 것은? `10년-4회`

① 피난경로는 간단명료할 것
② 2방향의 피난동선을 항상 확보하여 둘 것
③ 피난수단은 이동식 시설을 원칙으로 할 것
④ 인간의 특성을 고려하여 피난계획을 세울 것

해설
피난수단은 **고정식 시설을 원칙**으로 한다.

02 갑작스러운 화재 발생 시 인간의 피난 특성으로 틀린 것은? `11년-4회`

① 무의식중에 평상시 사용하는 출입구를 사용한다.
② 최초로 행동을 개시한 사람을 따라서 움직인다.
③ 공포감으로 인해서 빛을 피하여 어두운 곳으로 몸을 숨긴다.
④ 무의식중에 발화 장소의 반대쪽으로 이동한다.

해설
지광본능 : **빛을 향해** 도피하려는 본능

03 건물화재 시 패닉(panic)의 발생원인과 직접적인 관계가 없는 것은? `04년-4회`

① 연기에 의한 시계 제한
② 유독가스에 의한 호흡장애
③ 외부와 단절되어 고립
④ 건물의 가연내장재

해설
화재 시 패닉현상 발생원인
- 연기에 의한 시계 제한
- 유독가스에 의한 호흡장애
- 외부와의 단절, 고립

04 소방시설의 구분에서 피난설비에 해당하지 않는 것은? `10년-2회`

① 무선통신보조설비
② 완강기
③ 구조대
④ 공기안전매트

해설
무선통신보조설비는 소화활동설비이다.

05 피난계획의 일반원칙 중 fool proof 원칙이란 무엇인가? `12년-2회`

① 1가지가 고장이 나도 다른 수단을 이용하는 원칙
② 2방향의 피난동선을 항상 확보하는 원칙
③ 피난수단을 이동식 시설로 하는 원칙
④ 피난수단을 조작이 간편한 원시적 방법으로 하는 원칙

해설
"Fool=바보"이며 Fool Proof는 바보도 보호할 수 있는 수단으로 피난계획을 구성하라는 뜻으로 조작이 간편하고 원시적(색채, 그림 등)으로 하는 원칙을 의미한다.

정답 06 ③ 07 ① 08 ④ 09 ②

06 객실부분에 대한 방재적인 피난계획으로 적절하지 못한 것은? `04년-4회`

① 각 객실마다 방화구획을 설정한다.
② 객실의 문은 방화문으로 하는 것이 바람직하다.
③ 피난복도는 1방향 피난의 원칙을 지켜야 한다.
④ 피난복도는 굴곡을 적게 한다.

해설
피난복도는 양방향 피난을 원칙으로 하여, 한쪽의 피난의 불가능해지더라도 반대방향으로 피난이 가능하도록 구성해야 한다.

08 피난계획에 관한 설명으로 옳지 않은 것은? `05년-2회`

① 계단의 배치는 집중화를 피하고 분산한다.
② 피난동선에는 상용의 통로, 계단을 이용토록 한다.
③ 방화구획은 단순 명확하게 하고 적절히 세분화한다.
④ 계단은 화재 시 연도로 되기 쉽기 때문에 직통계단으로 하지 않는 것이 좋다.

해설
피난로의 동선은 수직동선과 수평동선으로 구분된다. 수직동선은 ELEV, 계단 등이 있으나, ELEV는 화재 시 연기에 의해 인명피해의 우려가 있으므로 계단으로 피난하는 것을 원칙으로 한다.

07 피난시설의 안전구획 설정과 관련이 없는 것은? `04년-4회`

① 중간 피난층
② 복 도
③ 계단부속실(전실)
④ 계 단

해설
피난시설의 안전구획

1차 안전구획	복 도
2차 안전구획	계단의 부속실(전실)
3차 안전구획	계단실

09 피난로의 안전구획 중 2차 안전구획에 속하는 것은? `18년-4회`

① 복 도
② 계단부속실(계단전실)
③ 계 단
④ 피난층에서 외부와 직면한 현관

해설
피난시설의 안전구획

1차 안전구획	복 도
2차 안전구획	계단의 부속실(전실)
3차 안전구획	계단실

기출유형 완성하기

🔒 정답 10 ④ 11 ① 12 ④ 13 ④ 14 ④

10 다음 중 피난자의 집중으로 패닉현상이 일어날 우려가 가장 큰 형태는? `25년`

① T형
② X형
③ Z형
④ H형

해설
H형 피난통로의 경우 패닉 발생 우려가 크다.

11 피난계획의 일반원칙 중 fool proof 원칙이란 무엇인가? `16년-4회`

① 저지능인 상태에서도 쉽게 식별이 가능하도록 그림이나 색채를 이용하는 원칙
② 피난설비를 반드시 이동식으로 하는 원칙
③ 한 가지 피난기구가 고장이 나도 다른 수단을 이용할 수 있도록 고려하는 원칙
④ 피난설비를 첨단화된 전자식으로 하는 원칙

해설
"Fool=바보"이며 Fool Proof는 바보도 보호할 수 있는 수단으로 피난계획을 구성하라는 뜻으로 조작이 간편하고 원시적(색채, 그림 등)으로 하는 원칙을 의미한다.

12 건물 내 피난동선의 조건으로 옳지 않은 것은? `20년-4회`

① 2개 이상의 방향으로 피난할 수 있어야 한다.
② 가급적 단순한 형태로 한다.
③ 통로의 말단은 안전한 장소이어야 한다.
④ 수직동선은 금하고 수평동선만 고려한다.

해설
피난동선의 기본 조건으로 수직동선과 수평동선을 모두 고려하여야만 건축물 바깥으로 피난이 가능하다.

13 건축물의 화재 시 피난자들의 집중으로 패닉(panic)현상이 일어날 수 있는 피난방향은? `21년-1회`

①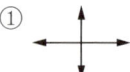
②
③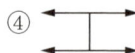
④

해설
H형 피난통로의 경우 패닉 발생 우려가 크다.

14 피난층에 대한 정의로 옳은 것은? `17년-4회`

① 지상으로 통하는 피난계단이 있는 층
② 비상용 승강기의 승강장이 있는 층
③ 비상용 출입구가 설치되어 있는 층
④ 직접 지상으로 통하는 출입구가 있는 층

해설
피난층 : 직접 지상으로 통하는 출입구가 있는 층

정답 15 ② 16 ④

15 화재발생 시 인명피해 방지를 위한 건물로 적합한 것은? `19년-4회`

① 피난설비가 없는 건물
② 특별피난계단의 구조로 된 건물
③ 피난기구가 관리되고 있지 않은 건물
④ 피난구 폐쇄 및 피난구유도등이 미비되어 있는 건물

해설
계단의 안전성은 직통계단 < 피난계단 < 특별피난계단 순서로 안전한 구조이다.

16 피난 시 하나의 수단이 고장 등으로 사용이 불가능하더라도 다른 수단 및 방법을 통해서 피난할 수 있도록 하는 것으로 2방향 이상의 피난통로를 확보하는 피난대책의 일반원칙은? `20년-4회`

① Risk-down 원칙
② Feed-back 원칙
③ Fool-proof 원칙
④ Fail-safe 원칙

해설
Fail Safe란 항상 2가지 이상의 수단을 구성하라는 것으로, 말 그대로 실패해도 안전하도록 구성하라는 의미이다.

16 증기비중, 분자량

기출유형

액화석유가스(LPG)에 대한 성질로 틀린 것은? |18년-2회|

① 주성분은 프로판, 부탄이다.
② 천연고무를 잘 녹인다.
③ 물에 녹지 않으나 유기용매에 용해된다.
④ 공기보다 1.5배 가볍다.

해설
액화석유가스(LPG)는 증기밀도가 약 1.5로 공기보다 1.5배 무겁다.

|정답| ④

족집게 과외

❶ 법 칙

구 분	내 용	
보일의 법칙	기체의 온도가 일정할 때 기체의 압력과 부피는 반비례한다는 법칙	$V \propto \dfrac{1}{P} \rightarrow P_1V_1 = P_2V_2 = C'$
샤를의 법칙	기체의 압력이 일정할 때 기체의 온도와 부피는 비례한다는 법칙	$V \propto T \rightarrow \dfrac{V_1}{T_1} = \dfrac{V_2}{T_2} = C'$
보일-샤를의 법칙	보일의 법칙과 샤를의 법칙이 합쳐진 것으로, 기체의 부피는 온도에 비례하고, 압력에 반비례한다는 법칙	$\dfrac{P_1V_1}{T_1} = \dfrac{P_2V_2}{T_2} = C'$
아보가드로의 법칙	① 모든 기체는 같은 온도, 같은 압력에서 같은 부피 속에 같은 개수의 입자를 갖는다는 법칙 ② 모든 기체는 0℃, 1기압에서 $1[mol]$의 부피는 $22.4[L]$ ③ $1[mol]$의 분자수(=아보가드로수)는 $6.023 \times 10^{23}[개]$	

※ 열역학 계산은 항상 절대온도, 절대압력을 적용해야 하는 것을 주의할 것!

❷ 분자량, 증기비중, 증기밀도

구 분	내 용	
원자량	원자의 질량으로 탄소(C)의 원자량을 12로 두고 상대적인 질량을 나타낸 것	
	$C:12$, $H:1$, $O:16$, $N:14$, $F:19$, $Cl:35.5$, $Br:90$	
분자량	분자를 구성하는 원자량의 합을 분자량이라고 함	
	공기 : 29, CO_2(이산화탄소)$=12+(16\times2)=44$, CH_4(메탄)$=12+4=16$	
증기비중	① 대기 중에서 공기와의 무게비 ② 1보다 크면 대기 중에서 가라앉고 작으면 떠오름	$\dfrac{\text{분자량}}{29}$ ∴ 29=공기의 분자량
	할론소화약제의 증기비중 : Halon 2402(9.0)>1211(5.7)>104(5.3)>1301(5.1)	
증기밀도	$0[℃]$, $1[atm]$ 상태에서 그 기체의 분자량을 $22.4[L]$로 나눈 값	$\dfrac{\text{분자량}}{22.4}[g/L]$

❸ LNG, LPG

LNG(액화천연가스)	LPG(액화석유가스)
① 일반적으로 도시가스를 의미 ② 주성분은 메탄으로 공기보다 가벼움 ③ LNG의 증기비중 : 약 0.5	① 주성분은 프로판, 부탄으로 공기보다 무거움 ② LPG의 증기비중 : 약 1.5 ③ 휘발유 등 유기용매에 녹고, 천연고무를 잘 녹임 ④ 액화하면 물보다 가벼움 ⑤ 무색, 무취

기출유형 완성하기

정답 01 ② 02 ④ 03 ① 04 ② 05 ③

01 다음의 법칙 중 "온도가 일정할 때 기체의 부피는 절대압력에 반비례한다"라는 법칙은?

`06년-2회`

① 스테판 볼쯔만의 법칙
② 보일의 법칙
③ 보일-샤를의 법칙
④ 패닝의 법칙

해설
보일의 법칙이란 기체의 온도가 일정할 때 기체의 압력과 부피는 반비례한다는 법칙이다.

02 순수한 액화석유가스(LPG)의 일반적 성질에 대한 설명으로 잘못된 것은?

`06년-4회`

① 휘발유 등 유기용매에 녹는다.
② 액화하면 물보다 가볍다.
③ 액화석유가스 증기는 공기보다 무겁다.
④ 무색으로 독특한 냄새가 있다.

해설
LPG는 무색·무취이다.

03 위험물탱크에 압력이 $0.3 MPa$이고 온도가 $0℃$인 가스가 들어있을 때 화재로 인하여 $100℃$까지 가열되었다면 압력은 약 몇 MPa인가? (단, 이상기체로 가정한다)

`14년-2회`

① 0.41
② 0.52
③ 0.63
④ 0.74

해설
보일-샤를의 법칙 $\dfrac{P_1 V_1}{T_1} = \dfrac{P_2 V_2}{T_2} = C'$
용기이므로 체적은 $V_1 = V_2$
→ $\dfrac{P_1}{T_1} = \dfrac{P_2}{T_2}$
→ $P_2 = P_1 \times \dfrac{T_2}{T_1} = 0.3 \times \dfrac{100+273}{0+273} = 0.41$

04 실내온도 $15℃$에서 화재가 발생하여 $900℃$가 되었다면 기체의 부피는 약 몇 배로 팽창되었는가? (단, 압력은 1기압으로 일정하다)

`10년-4회`

① 2.23
② 4.07
③ 6.45
④ 8.05

해설
샤를의 법칙 $\dfrac{V_1}{T_1} = \dfrac{V_2}{T_2} = C'$
→ $\dfrac{V_2}{V_1} = \dfrac{T_2}{T_1} = \dfrac{900+273}{15+273} = 4.07$

05 가장 간단한 형태의 탄화수소로서 도시가스의 주성분은?

`08년-2회`

① 부탄
② 에탄
③ 메탄
④ 프로판

해설
도시가스(LNG)의 주성분은 메탄(CH_4)이다.

정답 06 ③ 07 ② 08 ① 09 ③

기출유형 완성하기

06 다음 중 증기비중이 가장 큰 것은? `16년-4회`

① 이산화탄소
② 할론 1301
③ 할론 2402
④ 할론 1211

해설

증기비중

종 류	증기비중
CO_2	1.52
Halon 1301	5.1
Halon 2402	9.0
Halon 1211	5.7

Tip 할론 소화약제 중 2402가 가장 비중이 크다.

07 물질의 증기비중을 옳게 나타낸 것은?
(단, 수식에서 분자, 단위는 모두 g/mol 이다) `09년-4회`

① 분자량/22.4
② 분자량/29
③ 분자량/44.8
④ 분자량/100

해설

증기비중 = $\dfrac{분자량}{29}$

08 연료로 사용하는 가스에 관한 설명 중 틀린 것은? `10년-2회`

① 도시가스, LPG는 모두 공기보다 무겁다.
② $1m^3$의 CH_4를 완전연소시키는 데 필요한 공기량은 약 $9.52Nm^3$이다.
③ 메탄의 공기 중 폭발범위는 약 5~15% 정도이다.
④ 부탄의 공기 중 폭발범위는 약 1.9~8.5% 정도이다.

해설

도시가스의 증기비중은 약 0.5로 공기보다 가볍고, LPG의 증기비중은 약 1.5로 공기보다 무겁다.

09 표준상태에서 메탄가스의 밀도는 몇 g/L인가? `15년-2회`

① 0.21
② 0.41
③ 0.71
④ 0.91

해설

메탄가스의 분자량 CH_4(메탄) = $12+(1\times 4) = 16$

증기밀도 = $\dfrac{분자량[g]}{22.4[L]} = \dfrac{16}{22.4} = 0.71$

CHAPTER 16 | 증기비중, 분자량

기출유형 완성하기

🔒 **정답** 10 ③ 11 ① 12 ② 13 ③

10 "기체가 차지하는 부피는 압력에 반비례하며 절대온도에 비례한다."와 가장 관련이 있는 법칙은? `04년-4회`

① 보일의 법칙
② 샤를의 법칙
③ 보일-샤를의 법칙
④ 주울의 법칙

해설
보일-샤를의 법칙이란 보일의 법칙과 샤를의 법칙이 합쳐진 것으로, 기체의 부피는 온도에 비례하고, 압력에 반비례한다는 법칙이다.

11 0℃, 1기압에서 $44.8m^3$의 용적을 가진 이산화탄소를 액화하여 얻을 수 있는 액화탄산가스의 무게는 약 몇 kg인가? `20년-1·2회`

① 88
② 44
③ 22
④ 11

해설
이산화탄소의 분자량은 44이므로
이산화탄소의 1몰당 질량은 $\dfrac{44[g]}{22.4[L]} = \dfrac{44[kg]}{22.4[m^3]}$이 된다.
총 용적은 $44.8[m^3]$이므로
$44[kg] \times \dfrac{44.8[m^3]}{22.4[m^3]} = 88[kg]$이다.

12 공기의 평균 분자량이 29일 때 이산화탄소의 기체 비중은 얼마인가? `25년`

① 1.44
② 1.52
③ 2.88
④ 3.24

해설
이산화탄소의 분자량 $CO_2 = 12 + (16 \times 2) = 44$

기체비중(=증기비중)$= \dfrac{\text{기체 분자량}}{\text{공기 분자량}} = \dfrac{44}{29} = 1.52$

13 표준상태에서 $11.2L$의 기체질량의 $22g$이었다면 이 기체의 분자량은 얼마인가?
(단, 이상기체를 가정한다) `12년-1회`

① 22
② 35
③ 44
④ 56

해설
기체의 질량=기체의 밀도×기체의 부피
→ 기체의 밀도$= \dfrac{\text{기체의 질량}}{\text{기체의 부피}} = \dfrac{22[g]}{11.2[L]} = 1.964$

기체의 밀도$= \dfrac{\text{분자량}[g]}{22.4[L]}$

→ 분자량$[g]$=기체의 밀도$\times 22.4[L]$
$= 1.964 \times 22.4 ≒ 44$

정답 14 ② 15 ①

14 Halon 1301의 증기비중은 약 얼마인가?
(단, 원자량은 C 12, F 19, Br 80, Cl 35.5이고, 공기의 평균분자량은 29이다) `08년-2회`

① 4.14
② 5.14
③ 6.14
④ 7.14

해설
Halon 1301 = $CBrF_3$이므로
분자량 → $12 + 80 + (19 \times 3) = 149$
증기비중 $= \dfrac{분자량}{29} = \dfrac{149}{29} = 5.14$

15 LNG와 LPG에 대한 설명으로 틀린 것은? `13년-2회`

① LNG의 증기비중은 1보다 크기 때문에 유출되면 바닥에 가라앉는다.
② LNG의 주성분은 메탄이고, LPG의 주성분은 프로판이다.
③ LPG는 원래 냄새가 없으나 누설 시 쉽게 알 수 있도록 부취제를 넣는다.
④ LNG는 Liquefied Natural Gas의 약자이다.

해설
LNG의 증기비중은 약 0.5로 공기보다 가벼워 유출 시 떠오른다.

17 위험물 분류

기출유형

다음 중 제2류 위험물이 아닌 것은? 09년-1회

① 철 분
② 유 황
③ 적 린
④ 황 린

해설
황린은 제3류 위험물이다.

|정답| ④

족집게 과외

❶ 위험물 분류

구 분	성 질	소화방법
제1류	산화성 고체	일반 산화성 고체 : 주수에 의한 냉각소화
		무기과산화물 : 건조사에 의한 질식소화
제2류	가연성 고체	일반 가연성 고체 : 주수에 의한 냉각소화
		철분, 마그네슘, 금속분 : 건조사에 의한 질식소화
제3류	자연발화성 물질 및 금수성 물질	건조사, 팽창질석, 팽창진주암에 의한 질식소화
제4류	인화성 액체	질식소화(포, 가스계, 물분무)
제5류	자기반응성 물질	냉각소화
제6류	산화성 액체	주수소화

❷ 위험물의 인화점과 발화점(多 출제)

구 분	내 용
인화점	디에틸에테르(−45℃)<휘발유(−43℃)<산화프로필렌(−37℃)<이황화탄소(−30℃)<아세톤(−18℃)<메틸알코올(11℃)<에틸알코올(13℃)<등유(37℃)<경유(55℃) **Tip** 외울 것은 4개뿐이다. 항상 시험에는 인화점이 낮은 물질을 고르도록 출제된다.
발화점	황린(30℃)<황화린(100℃)<이황화탄소(102℃)<등유(220℃)<유황(232℃)<휘발유(246℃)<적린(260℃)<에틸알코올(423℃)<아세톤(465℃)<톨루엔(480℃)<벤젠(498℃) **Tip** 외울 것은 3개뿐이다. 항상 시험에는 발화점이 낮은 물질을 고르도록 출제된다.

❸ 다빈도 출제 위험물 및 Tip

품 명	내 용
황 린	① 제3류 위험물 ② 자연발화성(금수성 X) ③ 물속에 저장 ④ 발화점 가장 낮음
탄화칼슘	① 제3류 위험물 ② 물과 반응 시 아세틸렌 발생
Tip-1 (3류)	① 제3류 위험물은 대부분 금수성+자연발화성 물질이며 대부분 금속임 ② 금속의 품명은 대부분 "늄, 륨, 슘"으로 끝나며 금수성으로 주수 시 수소가스 발생이 흔함 ③ 금속은 대부분 주수 시 가연성 가스가 발생되므로 건조사 소화함 ④ 금속에 명칭에 "산"이 포함되어 있는 경우는 자연발화성이 대부분 아님
Tip-2 (1,5,6류)	① 1류&6류 → 산화성 고체, 액체이므로 대부분 명칭에 "산"이 들어감 ② 5류 → 대부분 명칭이 "니트로○○", "질산○○" 등으로 구성되어 있음

기출유형 완성하기

🔒 정답 01 ① 02 ② 03 ④ 04 ①

01 위험물 제4류 제2석유류(경유, 등유)에 대한 특성을 옳게 설명한 것은? `03년-1회`

① 성질은 인화성 액체이다.
② 상온에서 안정하나 약간의 자극으로 폭발하기 쉽다.
③ 물에 용해하지 않고 물보다 무거우므로 수조에 저장하여야 한다.
④ 소화방법은 포소화약제에 의한 것보다 주수소화가 효과적이다.

해설
위험물 분류

류별 구분	종 류
제1류 위험물	산화성 고체
제2류 위험물	가연성 고체
제3류 위험물	자연발화성 물질 및 금수성 물질
제4류 위험물	**인화성 액체**
제5류 위험물	자기반응성 물질
제6류 위험물	산화성 액체

02 다음 중 휘발유의 인화점은? `04년-4회`

① -18℃
② -43℃
③ 11℃
④ 70℃

해설
휘발유(≒가솔린)의 인화점은 -43℃이다.

03 위험물 유별에 따른 그 성질의 연결이 틀린 것은? `07년-2회`

① 제1류 위험물 - 산화성 고체
② 제2류 위험물 - 가연성 고체
③ 제4류 위험물 - 인화성 액체
④ 제6류 위험물 - 자기반응성 물질

해설
위험물 분류

류별 구분	종 류
제1류 위험물	산화성 고체
제2류 위험물	가연성 고체
제3류 위험물	자연발화성 물질 및 금수성 물질
제4류 위험물	인화성 액체
제5류 위험물	자기반응성 물질
제6류 위험물	**산화성 액체**

04 가열된 금속분말에 물을 뿌릴 때 수소(H_2)가 발생하지 않는 것은? `03년-4회`

① Co
② Na
③ K
④ Li

해설
②·③·④ 나트륨(Na), 칼륨(K), 리튬(Li)은 화재 시에 주수 소화를 시도하면 수소가 발생하므로 건조사, 팽창질석, 팽창진주암을 이용하여 피복소화한다.

정답 05 ② 06 ④ 07 ④ 08 ②

기출유형 완성하기

05 인화성 물질이 아닌 것은? `13년-4회`

① 기계유
② 질 소
③ 이황화탄소
④ 에테르

해설
질소는 불활성 기체로 인화성 물질이 아닌 질식소화 시 소화약제로 이용된다.

07 위험물의 유별에 따른 대표적인 성질의 연결이 틀린 것은? `09년-2회`

① 제1류 - 산화성 고체
② 제2류 - 가연성 고체
③ 제4류 - 인화성 액체
④ 제5류 - 산화성 액체

해설
위험물 분류

류별 구분	종 류
제1류 위험물	산화성 고체
제2류 위험물	가연성 고체
제3류 위험물	자연발화성 물질 및 금수성 물질
제4류 위험물	인화성 액체
제5류 위험물	**자기반응성 물질**
제6류 위험물	산화성 액체

06 다음 물질 중 인화점이 가장 낮은 것은? `10년-1회`

① 에틸알코올
② 등 유
③ 경 유
④ 디에틸에테르

해설
인화점

품 명	인화점
에틸알코올	13℃
등 유	37℃
경 유	55℃
디에틸에테르	**-45℃**

Tip 기사시험에 출제되는 문제 중 디에틸에테르가 가장 인화점이 낮으므로 반드시 숙지한다.

08 제1류 위험물로 그 성질이 산화성 고체인 것은? `13년-2회`

① 황 린
② 아염소산염류
③ 금속분류
④ 유 황

해설
아염소산염류는 제1류 위험물(산화성 고체)이다.

Tip 제1류 또는 제6류 위험물의 경우 산화성 고체 및 액체이므로 품명에 "산"이 들어간 단어를 찾는다.

기출유형 완성하기

정답 09 ② 10 ④ 11 ④ 12 ①

09 제3류 위험물 중 자연발화성만 있고 금수성이 없기 때문에 물속에 보관하는 물질은?
〈06년-1회〉

① 알킬리튬
② 황 린
③ 칼 륨
④ 알루미늄 탄화

해설
황린은 제3류 위험물 중 금수성이 아닌 자연발화성 물질로서 공기와의 접촉을 차단하기 위해 물속에 저장한다.

10 다음 물질 중 분자 내부에 산소를 함유하고 있지 않는 액체 탄화수소 중에 보관해야 하는 것은?
〈06년-1회〉

① 황화린
② 황 린
③ 적 린
④ 나트륨

해설
나트륨은 제3류 위험물로서 자연발화성 및 금수성 물질이다. 자연발화성 물질이란 공기와 접촉 시 스스로 발화하는 성질을 갖는 것으로서 대표적으로 금속이 있다. 금속 중 1종류인 나트륨(Na)은 공기 및 수분과의 접촉을 차단하기 위해 물이 아닌 보호액(탄화수소액, 석유 등) 속에 보관한다.

11 위험물질의 위험성을 나타내는 성질에 대한 설명으로 옳지 않은 것은?
〈06년-1회〉

① 알킬알루미늄, 수소화나트륨 및 탄화칼슘은 금수성 물질이다
② 유황은 가연성 고체인 제2류 위험물이다
③ 알코올류라 함은 탄소수가 1개에서 3개까지 인 포화 1가 알코올류 의미한다.
④ 황린은 가연성 고체로서 제2류 위험물에 속한다.

해설
황린은 제3류 위험물이다.

12 다음은 제1류 위험물의 물리·화학적 성질에 대한 설명이다. 바르게 설명된 것은?
〈06년-2회〉

① 무기과산화물 등을 제외하고 일반적으로 화재 시 다량의 물로 냉각소화한다.
② 가연성 고체이기 때문에 산화성 고체인 제2류 위험물과 혼촉하면 위험하고 그 이외의 위험물과는 혼촉이 가능하다.
③ 산화성 액체로서 가연성이면서 자기반응성 물질이다.
④ 상온에서 액체상태이며, 반응속도가 느리다.

해설
무기과산화물이란 간단하게 금속(무기)이 산소와 결합된 물질이다. 금속화재는 수소발생의 우려가 있으므로 주수소화를 금지하고, 그 외 제1류 위험물은 주수소화로 소화한다.

🔒 **정답** 13 ① 14 ① 15 ③ 16 ②

기출유형 완성하기

13 제1류 위험물로서 그 성질이 산화성 고체인 것은? 〈05년-4회〉

① 아염소산염류
② 과염소산
③ 금속분류
④ 셀룰로이드류

해설
① 아염소산염류는 제1류 위험물로서 산화성 고체이다.
② 과염소산은 제6류 위험물이다.

Tip 기출문제 중 유일하게 1류 위험물을 고르는 유형에서 "산"이 들어간 보기가 2개인 문제이다.

14 황린의 보관방법 중 가장 적합한 것은? 〈07년-2회〉

① 물속에 보관
② 통풍이 잘되는 공기 중에 보관
③ 수산화칼륨 용액 속에 보관
④ 이황화탄소 속에 보관

해설
황린은 제3류 위험물 중 자연발화성 물질이다. 금수성이 아닌 대표적인 물질로서 공기와의 접촉을 차단하기 위해 물속에 보관한다.

15 다음 중 착화온도가 가장 낮은 것은? 〈17년-1회〉

① 에틸알코올
② 톨루엔
③ 등 유
④ 가솔린

해설
착화온도

품 명	착화온도(발화점)
에틸알코올	423℃
톨루엔	480℃
등 유	220℃
가솔린	246℃

16 위험물의 류별 성질이 가연성 고체인 위험물은 제 몇 류 위험물인가? 〈12년-2회〉

① 제1류 위험물
② 제2류 위험물
③ 제3류 위험물
④ 제4류 위험물

해설
위험물 분류

류별 구분	종 류
제1류 위험물	산화성 고체
제2류 위험물	**가연성 고체**
제3류 위험물	자연발화성 물질 및 금수성 물질
제4류 위험물	인화성 액체
제5류 위험물	자기반응성 물질
제6류 위험물	산화성 액체

기출유형 완성하기

정답 17 ① 18 ④ 19 ③ 20 ③

17 인화점이 20℃인 액체위험물을 보관하는 창고의 인화위험물에 대한 설명 중 옳은 것은?
　20년-3회

① 여름철에 창고 안이 더워질수록 인화의 위험성이 커진다.
② 겨울철에 창고 안이 추워질수록 인화의 위험성이 커진다.
③ 20℃에서 가장 안전하고 20℃ 보다 높아지거나 낮아질수록 인화의 위험성이 커진다.
④ 인화의 위험성은 계절의 온도와는 상관이 없다.

해설
인화점이 20℃라는 뜻은 20℃부터 인화성 증기가 형성된다는 뜻이므로 창고 안의 온도가 올라갈수록 화재 또는 폭발이 발생할 확률이 증가한다.

18 다음 물질 중 인화점이 가장 낮은 것은?
　10년-1회

① 에틸알코올
② 등 유
③ 경 유
④ 디에틸에테르

해설
인화점

품 명	인화점
에틸알코올	13℃
등 유	37℃
경 유	55℃
디에틸에테르	-45℃

19 공기 또는 물과 반응하여 발화할 위험이 높은 물질은?
　10년-1회

① 벤 젠
② 이황화탄소
③ 트리에틸알루미늄
④ 톨루엔

해설
공기 또는 물과 반응하여 발화하는 물질은 자연발화성 물질(위험물)을 의미한다.
대부분의 자연발화성 물질은 금속이다.

20 다음 중 발화점이 가장 낮은 것은?
　12년-2회

① 황화린
② 적 린
③ 황 린
④ 유 황

해설
발화점

품 명	착화온도(발화점)
황화린	100℃
적 린	260℃
황 린	30℃
유 황	232℃

Tip 출제되는 문제 중 황린의 발화점이 가장 낮다는 것을 반드시 기억할 것

🔒 **정답** 21 ② 22 ③ 23 ③ 24 ④

기출유형 완성하기

21 다음 중 제1류 위험물로 그 성질이 산화성 고체인 것은? `13년-2회`

① 황 린
② 아염소산염류
③ 금속분류
④ 유 황

해설
아염소산염류는 제1류 위험물로 산화성 고체이다.

22 "자연발화성 물질 및 금수성 물질"은 제 몇 류 위험물에 해당하는가? `08년-4회`

① 제1류 위험물
② 제2류 위험물
③ 제3류 위험물
④ 제4류 위험물

해설
위험물 분류

류별 구분	종 류
제1류 위험물	산화성 고체
제2류 위험물	가연성 고체
제3류 위험물	자연발화성 물질 및 금수성 물질
제4류 위험물	인화성 액체
제5류 위험물	자기반응성 물질
제6류 위험물	산화성 액체

23 다음 중 인화점이 가장 낮은 물질은? `15년-4회`

① 경 유
② 메틸알코올
③ 이황화탄소
④ 등 유

해설
인화점

품 명	인화점
경 유	55℃
메틸알코올	11℃
이황화탄소	-30℃
등 유	37℃

24 인화점이 낮은 것부터 높은 순서로 옳게 나열된 것은? `08년-1회`

① 아세톤 < 이황화탄소 < 에틸알코올
② 이황화탄소 < 에틸알코올 < 아세톤
③ 에틸알코올 < 아세톤 < 이황화탄소
④ 이황화탄소 < 아세톤 < 에틸알코올

해설
인화점

품 명	인화점
이황화탄소	-30℃
아세톤	-18℃
에틸알코올	13℃

CHAPTER 17 | 위험물 분류

기출유형 완성하기

정답 25 ① 26 ① 27 ④ 28 ③

25 알킬알루미늄의 소화에 가장 적합한 소화약제는? 09년-1회

① 마른 모래
② 물
③ 할로겐화합물
④ 이산화탄소

[해설]
금속화재의 경우 건조사(마른 모래), 팽창질석 등으로 피복소화한다.

26 다음 중 인화점이 가장 낮은 물질은? 19년-4회

① 산화프로필렌
② 이황화탄소
③ 메틸알코올
④ 등 유

[해설]
인화점

품 명	인화점
산화프로필렌	-37℃
이황화탄소	-30℃
메틸알코올	11℃
등 유	37℃

27 제4류 위험물의 물리·화학적 특성에 대한 설명으로 틀린 것은? 18년-4회

① 증기비중은 공기보다 크다.
② 정전기에 의한 화재발생위험이 있다.
③ 인화성 액체이다.
④ 인화점이 높을수록 증기발생이 용이하다.

[해설]
인화점이란 가연성 증기(=인화성 증기)가 형성되는 최저온도로 인화점이 높을수록 높은 온도에서 증기가 발생되므로 증기발생이 용이하지 않다.

28 탄화칼슘이 물과 반응 시 발생하는 가연성 가스는? 18년-1회

① 메 탄
② 포스핀
③ 아세틸렌
④ 수 소

[해설]
탄화칼슘이 물과 반응 시 아세틸렌 가스가 발생된다.

18 위험물 소화

기출유형

유류 저장탱크의 화재 중 열류층(HEAT LAYER)을 형성, 화재의 진행과 더불어 열류층이 점차 탱크바닥으로 도달해 탱크저부에 물 또는 물기름 에멀전이 수증기로 변해 부피팽창에 의하여 유류의 갑작스러운 탱크외부로의 분출을 발생시키면서 화재를 확대시키는 현상은? 04년-4회

① 보일오버(BOIL OVER)
② 스로프오버(SLOP OVER)
③ 프로스오버(FROTH OVER)
④ 프래시오버(FLASH OVER)

해설
보일오버(BOIL OVER)
중질유 저장탱크 화재 시 화재가 진행되면 열류층이 형성된 후 점점 하강하여 탱크저부에 있는 물과 접촉하여 물의 급격한 비등으로 유류가 탱크외부로 급격하게 분출되는 현상이다.

| 정답 | ①

족집게 과외

❶ 시험에 자주 출제되는 위험물 소화방법

구 분	내 용
금속류	① 나트륨(Na), 마그네슘(Mg), 리튬(Li) 등 → "륨, 슘, 튬, 늄" 등으로 끝나는 물질들 ② 모두 반응성이 크므로 대부분 주수 시 수소 발생 → 주수 금지 ③ 건조사, 팽창질석, 팽창진주암 등으로 피복소화함
	과산화○륨, 튬 등(예 산화칼슘)은 과산화되어 있으므로 주수 시 산소가 발생함
	탄화칼슘은 주수 시 아세틸렌(C_2H_2)이 발생함
황 린	제3류 위험물 중 금수성 물질이 아니므로 주수소화함
이황화탄소	① 비중이 물보다 무거워 물속에 보관하여 공기와 접촉을 차단할 수 있음 ② 즉, 용기 안 화재 시 주수소화하면 물이 덮어 질식(피복)소화가 가능함
니트로 화합물	① 니트로○○은 산소를 포함하고 있어 자기연소가 가능함 ② 즉, 스스로 산소를 공급하므로 질식소화(이산화탄소설비 등)가 불가능함
제4류 위험물	① 일반적으로 유류이므로 일반적으로 질식소화(포)함 ② 주수 시 유류가 넘쳐 화재면이 확대되므로 금지되나 물분무소화설비는 적응성이 있음

❷ 중질유 화재 현상

구 분	내 용
보일오버 (Boil Over)	중질유 저장탱크 화재 시 화재가 진행되면 열류층이 형성된 후 점점 하강하여 탱크저부에 있는 물과 접촉하여 물의 급격한 비등으로 유류가 탱크외부로 급격하게 분출되는 현상
슬롭오버 (Slop Over)	유류탱크 화재 시 기름 표면에 주수(또는 살수)하면 기름이 탱크 밖으로 비산하여 화재가 확대되는 현상
후로스오버 (Froth Over)	탱크 안에 수분 등이 존재할 때 고온의 고점도 유류 또는 아스팔트 등을 주입하면 물이 급격히 비등하여 기름과 함께 거품과 같은 상태로 탱크 밖으로 흘러넘치는 현상

기출유형 완성하기

정답 01 ① 02 ③ 03 ④ 04 ① 05 ③ 06 ①

01 중질유의 탱크에서 장시간 조용히 연소하다가 탱크 내의 잔존기름이 갑자기 분출하는 현상은? `03년-1회`

① 보일오버(Boil over)
② 플래시오버(Flash over)
③ 스롭오버(Slop over)
④ 후로스오버(Froth over)

해설
보일오버란 중질유 저장탱크 화재 시 화재가 진행되면 열류층이 형성된 후 점점 하강하여 탱크저부에 있는 물과 접촉하여 물의 급격한 비등으로 유류가 탱크외부로 급격하게 분출되는 현상이다.

02 제4류 위험물의 소화에 가장 많이 사용되는 방법은? `04년-1회`

① 물을 뿌린다.
② 연소물을 제거한다.
③ 공기를 차단한다.
④ 인화점 이하로 냉각한다.

해설
제4류 위험물은 유류(액체)이므로 탱크 등에 저장된다. 화재 시 탱크상부를 포소화약제 등으로 덮어 질식소화한다.

03 이산화탄소소화설비의 적용대상으로 적당하지 않은 것은? `08년-1회`

① 가솔린
② 전기설비
③ 인화성 고체위험물
④ 니트로셀룰로오스

해설
니트로셀룰로오스는 제5류 위험물로서 물질 자체에 산소를 포함하고 있으므로 질식소화가 불가능하다. 즉, 이산화탄소로 소화가 불가능하다.

04 물이 연소유의 뜨거운 표면에 들어갈 때 기름 표면에서 화재가 발생하는 현상은? `04년-1회`

① 스롭오버(Slop Over)
② 보일오버(Boil Over)
③ 프러스오버(Froth Over)
④ 블레비(BLEVE)

해설
스롭오버란 유류탱크 화재 시 기름 표면에 주수(또는 살수)하면 기름이 탱크 밖으로 비산하여 화재가 확대되는 현상이다.

05 다음 설명 중 옳은 것은? `04년-2회`

① 과염소산 등의 산화성 액체는 위험물이 아니다.
② 흑색화약은 황과 숯만으로 제조된다.
③ 황린의 소화방법으로는 주수소화가 효과적이다.
④ 알킬알루미늄 소화제로는 젖은 모래가 적합하다.

해설
황린은 제3류 위험물로서 자연발화성이지만 금수성이 아니므로 주수소화한다.

06 유류를 저장한 상부 개방탱크의 화재에서 일어날 수 있는 특수한 현상들에 속하지 않는 것은? `05년-2회`

① 후레쉬오버(Flash over)
② 보일오버(Boil over)
③ 슬롭오버(Slop over)
④ 후로스오버(Froth over)

해설
Flash over는 구획실화재에서 급격한 화재 확대현상으로 유류 저장탱크와는 무관하다.

정답 07 ① 08 ④ 09 ④ 10 ① 11 ②

기출유형 완성하기

07 알킬알루미늄의 소화에 적합한 소화제는?
04년-4회

① 마른 모래
② 분무상의 물
③ 포 말
④ 이산화탄소

해설
알킬알루미늄은 자연발화성 및 금수성 물질로 마른 모래를 이용하여 소화한다.
Tip 금속은 건조사, 팽창질석, 팽창진주암 등으로 피복소화한다.

08 다음 화학물질 중 금수성이 가장 큰 물질은?
06년-1회

① 철 분
② 구리분
③ 황 린
④ 나트륨

해설
나트륨(Na)은 금수성 물질이다.
Tip 금수성 물질 → "륨, 슘, 튬, 늄" 기억할 것

09 산소를 함유하고 있어 공기 중의 산소가 없어도 자기연소가 가능한 것은?
08년-1회

① 이황화탄소
② 톨루엔
③ 크실렌
④ 디니트로톨루엔

해설
디니트로톨루엔은 구조상 산소를 포함하고 있다.
Tip 니트로〇〇은 자기연소가 가능하다.

10 유류탱크의 화재 시 탱크저부의 물이 뜨거운 열류층에 의하여 수증기로 변하면서 급작스러운 부피 팽창을 일으켜 유류가 탱크외부로 분출하는 현상을 무엇이라고 하는가?
25년

① 보일오버
② 슬롭오버
③ 브레이브
④ 파이어볼

해설
보일오버란 중질유 저장탱크 화재 시 화재가 진행되면 열류층이 형성된 후 점점 하강하여 탱크저부에 있는 물과 접촉하여 물의 급격한 비등으로 유류가 탱크외부로 급격하게 분출되는 현상이다.

11 드럼통 속의 이황화탄소가 타고 있는 경우 물로 소화가 가능하다. 이때 주된 소화효과에 해당하는 것은?
08년-4회

① 제거소화
② 질식소화
③ 촉매소화
④ 부촉매소화

해설
이황화탄소는 물보다 비중이 크므로 화재 시 물을 주수하면 유류화재에 포소화설비를 방출하는 것과 같은 소화효과(질식소화)로 소화할 수 있다. 주수로 인해 냉각소화로 오해하기 쉬우니 주의한다.

기출유형 완성하기

정답 12 ② 13 ② 14 ③ 15 ① 16 ③

12 유류탱크 화재 시의 슬롭오버 현상이 아닌 것은? `05년-2회`

① 연소면의 온도가 100℃ 이상일 때 발생
② 폭발로 인한 유류탱크 파괴 후 유출된 연소유에서 발생
③ 연소면의 폭발적 연소로 탱크외부까지 화재가 확산
④ 소화 시 외부에서 뿌려지는 물에 의하여 발생

해설
② 유류탱크가 파괴된 이후에는 이미 슬롭오버 또는 보일오버 현상 등은 무관하다.
슬롭오버란 유류탱크 화재 시 기름 표면에 주수(또는 살수)하면 기름이 탱크 밖으로 비산하여 화재가 확대되는 현상이다.

13 물과 반응하여 위험성이 높아지는 물질이 아닌 것은? `08년-1회`

① 칼륨
② 니트로셀룰로오스
③ 나트륨
④ 수소화리튬

해설
니트로셀룰로오스는 제5류 위험물로서 물과 반응하지 않는다.
Tip 금수성 물질 → "륨, 슘, 튬, 늄" 기억할 것

14 탄화칼슘이 물과 반응 시 발생하는 가연성 가스는? `20년-3회`

① 메 탄
② 포스핀
③ 아세틸렌
④ 수 소

해설
탄화칼슘은 물과 반응 시 아세틸렌(C_2H_2)가스가 발생한다.

15 경유화재가 발생했을 때 주수소화가 오히려 위험할 수 있는 이유는? `14년-1회`

① 경유는 물보다 비중이 가벼워 화재면의 확대 우려가 있으므로
② 경유는 물과 반응하여 유독가스를 발생하므로
③ 경유의 연소열로 인하여 산소가 방출되어 연소를 돕기 때문에
④ 경유가 연소할 때 수소가스를 발생하여 연소를 돕기 때문에

해설
대부분 제4류 위험물은 물보다 가벼워 화재면의 확대 우려로 주수소화를 대부분 금지하고 있다.
Tip 예외 - 이황화탄소, 알코올류

16 알칼리금속의 과산화물을 취급할 때 주의사항으로 옳지 않은 것은? `12년-2회`

① 충격·마찰을 피한다.
② 가연물질과의 접촉을 피한다.
③ 분진 발생을 방지하기 위해 분무상의 물을 뿌려준다.
④ 강한 산성류와의 접촉을 피한다.

해설
알칼리금속은 반응성이 매우 뛰어난 금속으로서 물과의 접촉을 금지하여야 한다.

🔒 정답 17 ① 18 ① 19 ③ 20 ①

기출유형 완성하기

17 칼륨에 화재가 발생할 경우에 주수를 하면 안 되는 이유로 가장 옳은 것은? `16년-4회`

① 수소가 발생하기 때문에
② 산소가 발생하기 때문에
③ 질소가 발생하기 때문에
④ 수증기가 발생하기 때문에

해설
금수성 물질의 대부분은 물과 반응하여 **수소를 발생**시키기 때문이다.

19 제4류 위험물의 화재 시 사용되는 주된 소화방법은? `16년-2회`

① 물을 뿌려 냉각한다.
② 연소물을 제거한다.
③ 포를 사용하여 질식소화한다.
④ 인화점 이하로 냉각한다.

해설
제4류 위험물의 주된 소화방법은 포소화설비이다.

18 화재 발생 시 주수소화를 할 수 없는 물질은? `13년-2회`

① 부틸리튬
② 질산에틸
③ 니트로셀룰로오스
④ 적린

해설
부틸리튬은 금수성 물질이다.

20 탄화칼슘의 화재 시 물을 주수하였을 때 발생하는 가스로 옳은 것은? `11년-4회`

① C_2H_2
② H_2
③ O_2
④ C_2H_6

해설
탄화칼슘은 물과 반응 시 아세틸렌(C_2H_2) 가스가 발생한다.

Tip 분자식(C_2H_2)도 반드시 숙지할 것

19 소화약제-1(물)

기출유형

목재화재 시 다량의 물을 뿌려 소화할 경우 기대되는 주된 소화효과는? 22년-2회

① 제거효과
② 냉각효과
③ 부촉매효과
④ 희석효과

해설
물은 주된 소화효과가 냉각소화이며, 작은 입자로 방출 시 급격한 증발로 질식효과가 동반된다.

|정답| ②

족집게 과외

❶ 물의 특징

구 분		내 용
특징과 소화효과		① 물은 비열과 잠열이 매우 커서 소화작용이 우수함(기사에서는 증발잠열 이용이 목적) ② 냉각소화가 주 소화효과이고, 분무상(작은 입자)으로 방출 시 증발하여 질식+냉각효과가 있음 ③ 일반적인 물은 전도성 물질로 전기화재(전기실, 변전실 등)에 사용이 불가능하나 분무상으로 방출하는 경우 전기화재 또는 중질유화재 등에 적용 가능함 ④ 가연물(금수성 물질)에 주수 시 가연성 가스 또는 산소가 발생할 수 있음 ⑤ 물의 화학적 구조결합은 극성 공유결합과 수소결합으로 이루어져 있음
		※ 순수한 물은 비전도성 물질로 전기가 흐르지 않으나 일반적으로 광물 등이 용해되어 있어 전기화재에 주수 시 감전 우려가 있다.
비 열		① $1[g]$의 물체를 $1[℃]$만큼 온도를 상승시키는 데 필요한 열량 ② 물의 비열은 $1[cal/g \cdot ℃]$ 또는 $4.18[J/g \cdot K]$
잠 열		① 어떤 물체가 상변화를 할 때(고체↔액체↔기체) 필요로 하는 열량 ② 물의 증발잠열은 $539[cal/g]$ 또는 $2,257[J/g]$
첨가제	침투제	표면장력을 낮춰 침투효과를 높이기 위한 첨가제
	증점제	점도를 높여 물의 유실을 방지하고 건물, 임야 등의 입체 면에 오랫동안 잔류하도록 한 첨가제
	강화액	물의 소화력을 높이기 위해 탄산칼륨(알칼리 금속염) 등을 첨가하는 것

정답 01 ② 02 ④ 03 ② 04 ③ 05 ③

기출유형 완성하기

01 변전실 화재의 소화제로 적당하지 않은 것은?　04년-1회

① 이산화탄소
② 물
③ 분 말
④ 할로겐화물

해설
물은 일반적으로 감전 우려가 있어 전기화재에 사용되지 않는다.
Tip 무상주수 시 적용할 수 있으나 일반적으로 감전 우려가 없는 소화약제가 주로 사용된다.

02 강화액에 대한 설명으로 옳은 것은?　10년-2회

① 침투제가 첨가된 물을 말한다.
② 물에 첨가하는 계면활성제의 총칭이다.
③ 물이 고온에서 쉽게 증발하게 하기 위해 첨가한다.
④ 알칼리금속염을 사용한 것이다.

해설
강화액은 알칼리금속염을 첨가한 소화약제를 말한다.
Tip 강화액은 일반적으로 주방화재(K급)에 사용된다.

03 화재발생 시 소화작업에 주로 물을 이용한다. 물을 이용하는 주된 목적은 무엇 때문인가?　25년

① 가연물질을 제거하기 위해서
② 물의 증발잠열을 이용하기 위해서
③ 공기 중의 산소공급을 차단하기 위해서
④ 물의 현열을 이용하기 위해서

해설
물을 소화약제로 사용하는 이유는 물의 현열과 증발잠열이 매우 크기 때문이다.
Tip 실제로는 현열과 증발잠열 둘다 사용되나 기사 시험에서는 총 용량이 큰 증발잠열이 답이다.

04 물 소화약제를 어떠한 상태로 주수할 경우 전기 화재의 진압에서도 소화능력을 발휘할 수 있는가?　19년-2회

① 물에 의한 봉상주수
② 물에 의한 적상주수
③ 물에 의한 무상주수
④ 어떤 상태의 주수에 의해서도 효과가 없다.

해설
물을 소화약제로 사용하는 경우 무상주수를 하는 경우 전기화재에 적응성이 있다(물분무설비, 미분무설비).

05 1g의 물체를 1℃ 만큼 온도 상승시키는 데 필요한 열량을 나타내는 것은?　05년-2회

① 잠 열
② 복사열
③ 비 열
④ 열용량

해설
비열이란 1[g]의 물체를 1[℃]만큼 온도를 상승시키는 데 필요한 열량이다.

CHAPTER 19 | 소화약제-1(물)

기출유형 완성하기

정답 06 ③ 07 ③ 08 ③ 09 ② 10 ①

06 물의 냉각 특성으로 옳지 않은 것은? `06년-1회`

① 물은 온도가 낮을수록 냉각 효과가 크다.
② 건조한 상태에서 증발이 용이하다.
③ 분무 상태일 때에는 냉각효과가 적다.
④ 물방울 크기가 작은 분무 상태일 때 냉각 효과가 크다.

해설
물방울의 입자가 작을수록 열전달 면적이 커져서 냉각효과가 증대된다.

07 물의 소화력을 보강하기 위해 첨가하는 약제로서 물의 표면장력을 낮추어 침투효과를 높이기 위한 첨가제는? `09년-4회`

① 증점제
② 강화액
③ 침투제
④ 유화제

해설
침투제와 유화제
- 침투제 : 표면장력을 낮춰 침투효과를 높이기 위한 첨가제이다.
- 유화제 : 가연물과의 유화층(에멀전)의 형성을 돕는 첨가제이다.

08 소화약제로서 물 $1g$이 1기압, $100℃$에서 모두 증기로 변할 때 열의 흡수량은 몇 cal인가? `25년`

① 429
② 499
③ 539
④ 639

해설
물 $1[g]$이 1기압 $100[℃]$에서의 증발잠열은 $539[cal]$이다.

09 $0℃$의 물 $1g$이 $100℃$의 수증기가 되려면 몇 cal의 열량이 필요한가? `12년-2회`

① 539
② 639
③ 719
④ 819

해설
물 $0℃$ → $100℃$로 온도 상승 시 필요한 열량
$q_S = mc(T_2 - T_1) = 1 \times 1 \times (100 - 0) = 100[cal]$
물 $100℃$ → 수증기 $100℃$로 변환 시 필요한 열량
$q_L = m \times \gamma_o = 1 \times 539 = 539[cal]$
총 필요 열량
$q_T = q_S + q_L = 100 + 539 = 639[cal]$

10 다음 중 비열이 가장 큰 것은? `12년-4회`

① 물
② 금
③ 수 은
④ 철

해설
물은 수소결합에 의해 **비열**이 매우 크다.

🔒 **정답** 11 ④ 12 ① 13 ④ 14 ④

11 물은 100℃에서 기화될 때 체적이 증가하는데 다음 중 이로 인해 기대할 수 있는 가장 큰 소화 효과는? `09년-4회`

① 타격효과
② 촉매효과
③ 제거효과
④ 질식효과

해설
물이 수증기로 기화될 때 냉각효과도 우수하지만 물보다 수증기의 체적이 훨씬 크므로 산소를 밀어내어 질식소화 효과가 나타난다.

12 물의 소화력을 증대시키기 위하여 첨가하는 첨가제 중 물의 유실을 방지하고 건물, 임야 등의 입체 면에 오랫동안 잔류하게 하기 위한 것은? `19년-4회`

① 증점제
② 강화액
③ 침투제
④ 유화제

해설
증점제란 점도를 높여 물의 유실을 방지하고 건물, 임야 등의 입체 면에 오랫동안 잔류하도록 한 첨가제이다.

13 다음 중 증발잠열(kJ/kg)이 가장 큰 것은? `14년-1회`

① 질 소
② 할론 1301
③ 이산화탄소
④ 물

해설
물보다 증발잠열이 큰 물질은 출제되지 않는다.

14 22℃의 물 1톤을 소화약제로 사용하여 모두 증발시켰을 때 얻을 수 있는 냉각효과는 몇 $kcal$인가? `25년`

① 539
② 617
③ 539,000
④ 617,000

해설
물 22℃ → 100℃로 온도 상승 시 필요한 열량
$q_S = mc(T_2 - T_1) = 1,000 \times 1 \times (100-22)$
$= 78,000 [kcal]$
물 100℃ → 수증기 100℃로 변환 시 필요한 열량
$q_L = m \times \gamma_o = 1,000 \times 539 = 539,000 [kcal]$
총 필요 열량
$q_T = q_S + q_L = 78,000 + 539,000 = 617,000 [kcal]$

기출유형 완성하기

🔒 정답 15 ④ 16 ①

15 물이 소화약제로서 사용되는 장점이 아닌 것은?

`22년-2회`

① 가격이 저렴하다.
② 많은 양을 구할 수 있다.
③ 증발잠열이 크다.
④ 가연물과 화학반응이 일어나지 않는다.

해설
가연물이 금수성 물질인 경우 화학반응이 일어나 가연성 가스 또는 산소 등을 방출하거나 폭발할 수 있다.

16 소화약제로서 물에 관한 설명이 아닌 것은?

`15년-2회`

① 수소결합을 하므로 증발잠열이 작다.
② 가스계 소화약제에 비해 사용 후 오염이 크다.
③ 무상으로 주수하면 중질유 화재에도 사용할 수 있다.
④ 타 소화약제에 비해 비열이 크기 때문에 냉각 효과가 우수하다.

해설
물은 화학적 결합이 극성 공유결합과 수소결합으로 비열과 증발잠열이 매우 크다.

20 소화약제-2(분말&이산화탄소)

기출유형

제1인산암모늄이 주성분인 분말소화약제는? 15년-4회

① 1종 분말소화약제
② 2종 분말소화약제
③ 3종 분말소화약제
④ 4종 분말소화약제

해설
제3종 분말소화약제의 주성분은 제1인산암모늄이다.

| 정답 | ③

족집게 과외

❶ 분말소화약제 구성

개 념	작은 분말상의 고체로 연쇄반응 억제에 의한 소화효과를 갖는 소화약제			
구 분	주성분	분자식	색상(분말)	적응화재
제1종 분말	탄산수소나트륨	$NaHCO_3$	백색	BC(+식용유화재)
제2종 분말	탄산수소칼륨	$KHCO_3$	담회색	BC
제3종 분말	제1인산암모늄	$NH_4H_2PO_4$	담홍색	ABC
제4종 분말	탄산수소칼륨+요소	$KHCO_3 + CO(NH_2)_2$	회색	BC

※ 비누화 현상 : 에스테르(유지)가 알칼리의 작용으로 가수분해되어 알칼리염이 생성되는 반응

❷ 분말소화약제 열분해식

구 분	분해식
제1종 분말	$2NaHCO_3 \rightarrow Na_2CO_3 + CO_2 + H_2O$
제2종 분말	$2KHCO_3 \rightarrow K_2CO_3 + CO_2 + H_2O$
제3종 분말	$NH_4H_2PO_4 \rightarrow HPO_3 + NH_3 + H_2O$ ∴ HPO_3 : 메타인산(산소차단 효과로 A급 적응성)
제4종 분말	$2KHCO_3 + CO(NH_2)_2 \rightarrow K_2CO_3 + 2NH_3 + 2CO_2$

※ 분해식은 외우는 게 아니다. 분자식만 외운 후 "○○○○ → ○○+○○" 화살표를 기준으로 양옆으로 원자의 개수가 일치하는지 확인하는 것!

❸ 이산화탄소(CO_2) 소화설비

구 분	내 용
특 징	① 이산화탄소는 상온, 상압에서 기체상태이며 불연성 가스(산소화 반응 X)임 ② 임계온도는 약 31.2℃ ③ 무색, 무취, 증기비중이 약 1.5로 공기보다 무거움 ④ 비전도성으로 전기화재에 적합함 ⑤ 평상시에는 가압 또는 가압+냉각하여 액체상태로 저장함
단 점	① 인체 질식 우려가 있음 ② 이산화탄소 방출 시 인체에 접촉하면 동상 우려가 있음 ③ 약제 방출 시 소음이 발생함

🔒 **정답** 01 ④ 02 ① 03 ③ 04 ①

기출유형 완성하기

01 이산화탄소소화설비의 단점이 아닌 것은?
〔03년-1회〕

① 인체의 질식이 우려된다.
② 소화약제의 방출 시 인체에 닿으면 동상이 우려된다.
③ 소화약제의 방사 시 소리가 요란하다.
④ 전기의 부도체로서 전기 절연성이 높다.

해설
이산화탄소는 전기 절연성이 높아 전기화재에 적응성이 있다.

02 탄산수소나트륨을 주성분으로 사용하는 분말소화약제는 무엇인가?
〔25년〕

① 1종 분말소화약제
② 2종 분말소화약제
③ 3종 분말소화약제
④ 4종 분말소화약제

해설
분말소화약제의 주성분

구 분	주성분
제1종 분말	탄산수소나트륨
제2종 분말	탄산수소칼륨
제3종 분말	제1인산암모늄
제4종 분말	탄산수소칼륨+요소

03 화재의 소화방법에 대한 설명으로 적당하지 않은 것은?
〔04년-4회〕

① 폭풍에 가까운 기류를 일으켜서 연소가 중단되게 한다.
② 물은 불에 닿을 때 증발하면서 열을 다량으로 흡수하여 소화하는 것이다.
③ 분말소화약제는 화재표면을 냉각해서 소화하는 것이다.
④ 할론가스는 독특한 화재억제작용으로 소화작용을 한다.

해설
분말소화약제는 **연쇄반응 억제**를 통해 소화한다.

04 제1종 분말소화약제인 중탄산나트륨은 어떤 색으로 착색되어 있는가?
〔06년-4회〕

① 백 색
② 담회색
③ 담홍색
④ 회 색

해설
분말소화약제의 색상

구 분	색 상
제1종 분말	백 색
제2종 분말	담회색
제3종 분말	담홍색
제4종 분말	회 색

기출유형 완성하기

정답 05 ① 06 ③ 07 ③ 08 ④

05 제3종 분말소화약제의 주성분은? `25년`

① 인산암모늄
② 탄산수소칼륨
③ 탄산수소나트륨
④ 탄산수소칼륨과 요소

해설
분말소화약제의 주성분

구 분	주성분
제1종 분말	탄산수소나트륨
제2종 분말	탄산수소칼륨
제3종 분말	**제1인산암모늄**
제4종 분말	탄산수소칼륨+요소

06 분말소화약제의 열분해 반응식 중 옳은 것은? `25년`

① $2KHCO_3 \rightarrow KCO_3 + 2CO_2 + H_2O$
② $2NaHCO_3 \rightarrow NaCO_3 + 2CO_2 + H_2O$
③ $NH_4H_2PO_4 \rightarrow HPO_3 + NH_3 + H_2O$
④ $2KHCO_3 + (NH_2)_2CO \rightarrow K_2CO_3 + NH_2 + CO_2$

해설
① $2KHCO_3 \rightarrow K_2CO_3 + CO_2 + H_2O$
② $2NaHCO_3 \rightarrow Na_2CO_3 + CO_2 + H_2O$
④ $2KHCO_3 + CO(NH_2)_2 \rightarrow K_2CO_3 + 2NH_3 + 2CO_2$

Tip 화살표 기준으로 좌항, 우항의 개수를 맞춰볼 것

07 제2종 분말소화약제가 열분해되었을 때 생성되는 물질이 아닌 것은? `16년-1회`

① CO_2
② H_2O
③ H_3PO_4
④ K_2CO_3

해설
제2종 분말소화약제의 열분해식
$2KHCO_3 \rightarrow K_2CO_3 + CO_2 + H_2O$

08 이산화탄소의 질식 및 냉각 효과에 대한 설명 중 틀린 것은? `19년-1회`

① 이산화탄소의 증기비중이 산소보다 크기 때문에 가연물과 산소의 접촉을 방해한다.
② 액체 이산화탄소가 기화되는 과정에서 열을 흡수한다.
③ 이산화탄소는 불연성 가스로서 가연물의 연소반응을 방해한다.
④ 이산화탄소는 산소와 반응하며 이 과정에서 발생한 연소열을 흡수하므로 냉각효과를 나타낸다.

해설
이산화탄소는 산화반응이 완료된 것으로 산소와 반응하지 않는다.

정답 09 ① 10 ③ 11 ② 12 ③ 13 ③

기출유형 완성하기

09 제1종 분말소화약제의 열분해 반응식으로 옳은 것은? `16년-2회`

① $2NaHCO_3 \rightarrow Na_2CO_3 + CO_2 + H_2O$
② $2KHCO_3 \rightarrow K_2CO_3 + CO_2 + H_2O$
③ $2NaHCO_3 \rightarrow Na_2CO_3 + 2CO_2 + H_2O$
④ $2KHCO_3 \rightarrow K_2CO_3 + 2CO_2 + H_2O$

해설
제1종 분말소화약제의 열분해식
$2NaHCO_3 \rightarrow Na_2CO_3 + CO_2 + H_2O$

10 에스테르가 알칼리의 작용으로 가수분해되어 알코올과 산의 알칼리염이 생성되는 반응은? `16년-2회`

① 수소화 분해반응
② 탄화 반응
③ 비누화 반응
④ 할로겐화 반응

해설
비누화 반응이란 에스테르(유지)가 알칼리의 작용으로 가수분해되어 알칼리염(비누)이 생성되는 반응이다.

11 분말소화약제의 열분해 반응식 중 다음 ( ) 안에 알맞은 화학식은? `16년-4회`

$$2NaHCO_3 \rightarrow Na_2CO_3 + H_2O + (\quad)$$

① CO
② CO_2
③ Na
④ Na_2

해설
제1종 분말소화약제의 열분해식
$2NaHCO_3 \rightarrow Na_2CO_3 + CO_2 + H_2O$

12 주성분이 인산염류인 제3종 분말소화약제가 다른 분말소화약제와 다르게 A급 화재에 적용할 수 있는 이유는? `17년-2회`

① 열분해 생성물인 CO_2가 열을 흡수하므로 냉각에 의하여 소화된다.
② 열분해 생성물인 수증기가 산소를 차단하여 탈수작용한다.
③ 열분해 생성물인 메타인산(HPO_3)이 산소의 차단 역할을 하므로 소화가 된다.
④ 열분해 생성물인 암모니아가 부촉매 작용을 하므로 소화가 된다.

해설
제3종 분말소화약제 열분해 시 발생하는 메타인산(HPO_3)은 가연물을 피복하여 산소공급을 차단한다.

13 화재 시 소화에 관한 설명으로 틀린 것은? `17년-4회`

① 내알코올포 소화약제는 수용성 용제의 화재에 적합하다.
② 물은 불에 닿을 때 증발하면서 다량의 열을 흡수하여 소화한다.
③ 제3종 분말소화약제는 식용유화재에 적합하다.
④ 할로겐화합물 소화약제는 연쇄반응을 억제하여 소화한다.

해설
식용유 화재에 적합한 것은 비누화 현상을 발생시키는 제1종 분말소화약제이다.

기출유형 완성하기

정답 14 ③ 15 ② 16 ① 17 ② 18 ②

14 제1인산암모늄이 주성분인 분말소화약제는?

15년-4회

① 1종 분말소화약제
② 2종 분말소화약제
③ 3종 분말소화약제
④ 4종 분말소화약제

해설

분말소화약제의 주성분

구 분	주성분
제1종 분말	탄산수소나트륨
제2종 분말	탄산수소칼륨
제3종 분말	**제1인산암모늄**
제4종 분말	탄산수소칼륨＋요소

15 제1종 분말소화약제의 주성분으로 옳은 것은?

20년-3회

① $KHCO_3$
② $NaHCO_3$
③ $NH_4H_2PO_4$
④ $Al_2(SO_4)_3$

해설

분말소화약제의 주성분

구 분	분자식(주성분)
제1종 분말	$NaHCO_3$
제2종 분말	$KHCO_3$
제3종 분말	$NH_4H_2PO_4$
제4종 분말	$KHCO_3 + CO(NH_2)_2$

16 소방설비에 사용되는 CO_2에 대한 설명으로 틀린 것은?

10년-2회

① 용기 내에 기상으로 저장되어 있다.
② 상온, 상압에서는 기체상태로 존재한다.
③ 공기보다 무겁다.
④ 무색, 무취이며 전기적으로 비전도성이다.

해설

이산화탄소 소화약제는 액상으로 저장한다.

17 이산화탄소에 대한 설명으로 틀린 것은?

16년-1회

① 불연성 가스로서 공기보다 무겁다.
② 임계온도는 97.5℃이다.
③ 고체의 형태로 존재할 수 있다.
④ 상온, 상압에서 기체상태로 존재한다.

해설

이산화탄소의 임계온도는 약 31.2℃이다.

18 분말소화기의 소화약제로 사용하는 탄산수소나트륨이 열분해하여 발생하는 가스는?

11년-2회

① 일산화탄소
② 이산화탄소
③ 사염화탄소
④ 산 소

해설

제1종 분말소화약제의 열분해식
$2NaHCO_3 \rightarrow Na_2CO_3 + CO_2 + H_2O$
이산화탄소와 물이 발생한다.

정답 19 ③ 20 ③ 21 ① 22 ③ 23 ②

19 소화약제로 사용될 수 없는 물질은?
〔11년-2회〕

① 탄산수소나트륨
② 인산암모늄
③ 중크롬산나트륨
④ 탄산수소칼륨

해설
분말소화약제의 주성분

구 분	주성분
제1종 분말	탄산수소나트륨
제2종 분말	탄산수소칼륨
제3종 분말	제1인산암모늄
제4종 분말	탄산수소칼륨+요소

20 이산화탄소에 대한 설명으로 틀린 것은?
〔11년-2회〕

① 무색, 무취의 기체이다.
② 비전도성이다.
③ 공기보다 가볍다.
④ 분자식은 CO_2이다.

해설
이산화탄소는 증기비중이 약 1.5로 공기보다 무겁다.

21 분말소화약제의 주성분이 아닌 것은?
〔13년-1회〕

① $C_2F_4Br_2$
② $NaHCO_3$
③ $KHCO_3$
④ $NH_4H_2PO_4$

해설
분말소화약제의 주성분

구 분	분자식(주성분)
제1종 분말	$NaHCO_3$
제2종 분말	$KHCO_3$
제3종 분말	$NH_4H_2PO_4$
제4종 분말	$KHCO_3 + CO(NH_2)_2$

22 담홍색으로 착색된 분말소화약제의 주성분은?
〔13년-2회〕

① 황산알루미늄
② 탄산수소나트륨
③ 제1인산암모늄
④ 과산화나트륨

해설
분말소화약제의 색상 및 주성분

구 분	색 상	주성분
제1종 분말	백 색	탄산수소나트륨
제2종 분말	담회색	탄산수소칼륨
제3종 분말	담홍색	제1인산암모늄
제4종 분말	회 색	탄산수소칼륨+요소

23 이산화탄소의 물성으로 옳은 것은?
〔21년-1회〕

① 임계온도 : 31.35℃, 증기비중 : 0.529
② 임계온도 : 31.35℃, 증기비중 : 1.529
③ 임계온도 : 0.35℃, 증기비중 : 1.529
④ 임계온도 : 0.35℃, 증기비중 : 0.529

해설
이산화탄소의 임계온도는 약 31.2℃이고 증기비중은 1.5이다.

기출유형 완성하기

정답 24 ④ 25 ④ 26 ① 27 ①

---

24 제3종 분말소화약제의 열분해 시 생성되는 물질과 관계없는 것은? `25년`

① NH_3
② HPO_3
③ H_2O
④ CO_2

해설
제3종 분말소화약제의 열분해식
$NH_4H_2PO_4 \rightarrow HPO_3 + NH_3 + H_2O$

Tip 제3종 분말소화약제만 탄소를 포함하고 있지 않아 열분해 시 이산화탄소가 형성되지 않는다.

---

25 분말소화약제 중 탄산수소칼륨($KHCO_3$)과 요소($CO(NH_2)_2$)와의 반응물을 주성분으로 하는 소화약제는? `25년`

① 제1종 분말
② 제2종 분말
③ 제3종 분말
④ 제4종 분말

해설
분말소화약제의 주성분

구 분	주성분
제1종 분말	탄산수소나트륨
제2종 분말	탄산수소칼륨
제3종 분말	제1인산암모늄
제4종 분말	**탄산수소칼륨+요소**

---

26 분말소화약제에 관한 설명 중 틀린 것은? `17년-4회`

① 제1종 분말은 담홍색 또는 황색으로 착색되어 있다.
② 분말의 고화를 방지하기 위하여 실리콘 수지 등으로 방습 처리한다.
③ 일반화재에도 사용할 수 있는 분말소화약제는 제3종 분말이다.
④ 제2종 분말의 열분해식은
 $2KHCO_3 \rightarrow K_2CO_3 + CO_2 + H_2O$이다.

해설
분말소화약제의 색상

구 분	색 상
제1종 분말	백 색
제2종 분말	담회색
제3종 분말	담홍색
제4종 분말	회 색

---

27 분말소화약제로서 ABC급 화재에 적응성이 있는 소화약제의 종류는? `25년`

① $NH_4H_2PO_4$
② $NaHCO_3$
③ Na_2CO_3
④ $KHCO_3$

해설
분말소화약제의 주성분 및 적응화재

구 분	분자식(주성분)	적응화재
제1종 분말	$NaHCO_3$	BC
제2종 분말	$KHCO_3$	BC
제3종 분말	$NH_4H_2PO_4$	ABC
제4종 분말	$KHCO_3 + CO(NH_2)_2$	BC

정답 28 ④ 29 ④

28 제2종 분말소화약제의 주성분으로 옳은 것은? `25년`

① NaH_2PO_4
② KH_2PO_4
③ $NaHCO_3$
④ $KHCO_3$

해설

분말소화약제의 주성분

구 분	분자식(주성분)
제1종 분말	$NaHCO_3$
제2종 분말	**$KHCO_3$**
제3종 분말	$NH_4H_2PO_4$
제4종 분말	$KHCO_3 + CO(NH_2)_2$

29 소화약제로 사용되는 이산화탄소에 대한 설명으로 옳은 것은? `25년`

① 산소와 반응 시 흡열반응을 일으킨다.
② 산소와 반응하여 불연성 물질을 발생시킨다.
③ 산화하지 않으나 산소와는 반응한다.
④ 산소와 반응하지 않는다.

해설

이산화탄소는 산소와 반응하지 않는다.

21 소화약제-3(할론&불활성 가스)

기출유형

Halon 1301의 분자식에 해당하는 것은? `25년`

① CCl_3H
② CH_3Cl
③ CF_3Br
④ C_2F_2Br

해설
할론 1301의 분자식은 C, F, Cl, Br의 순서에 따라 CF_3Br이다.

| 정답 | ③

족집게 과외

❶ 할로겐원소

구 분	내 용
개 념	① 주기율표의 17족 원소로 F(플루오린=불소), Cl(염소), Br(브롬), I(아이오딘=요오드)를 말함 ② 할론 또는 할로겐화합물 소화약제를 구성하는 주원소 ③ 자유활성기 생성을 억제하는 연쇄반응 차단 소화효과를 가짐
결합력	$F > Cl > Br > I$
원자번호	$F < Cl < Br < I$
소화효과	$F < Cl < Br < I$

❷ 할론 소화약제

구 분	분자식	상온·상압에서의 상태
Halon 1211	CF_2ClBr	기 체
Halon 1301	CF_3Br	
Halon 1011	CH_2ClBr	액 체
Halon 2402	$C_2F_4Br_2$	

구 분		
명명법	Halon 뒤의 숫자는 각 원자의 개수를 나타냄	Halon 1 3 0 1 → C의 숫자 → F의 숫자 → Cl의 숫자 → Br의 숫자

❸ 불활성 가스(기체) 소화약제

구 분	내 용
개 념	① 불연성이며 반응성이 없고, 연소를 지속시킬 수 없는 가스 ② 산소농도를 낮추어 질식소화 효과를 가짐 ③ 질소(N_2), 아르곤(Ar), 이산화탄소(CO_2), 헬륨(He)
IG-541	① 불활성 기체로 구성된 소화약제 중 한 가지 ② 질소(N_2 : 52%), 아르곤(Ar : 40%), 이산화탄소(CO_2 : 8%)로 구성

기출유형 완성하기

정답 01 ④ 02 ③ 03 ② 04 ① 05 ③ 06 ②

01 할로겐원소에 해당하지 않는 것은? `12년-2회`

① 불 소
② 염 소
③ 요오드
④ 비 소

해설
할로겐원소
불소, 염소, 브롬, 요오드

02 연쇄반응을 차단하여 소화하는 약제는? `16년-2회`

① 물
② 포
③ 할론 1301
④ 이산화탄소

해설
할론 1301은 연쇄반응을 차단하여 소화하는 약제이다.

03 하론 1301의 증기비중은 약 얼마 정도 되는가? (단, 공기의 평균분자량은 약 28.8이며, $CF_3Br ≒ 149$이다) `03년-2회`

① 4.17
② 5.17
③ 6.17
④ 7.17

해설
증기비중 = $\dfrac{분자량}{공기의\ 분자량} = \dfrac{149}{28.8} = 5.17$

04 다음 중 통신기기실, 박물관의 소화설비로 가장 적합한 것은? `04년-1회`

① 할로겐화합물소화설비
② 옥내소화전설비
③ 분말소화설비
④ 스프링클러설비

해설
① 통신기기실, 박물관 등의 소화설비로는 가스계소화설비(할로겐)가 적합하다.
분말소화설비의 경우 물품의 오염, 청소 등에 문제가 있고 옥내소화전, 스프링클러는 수손피해 발생 우려가 있다.

05 CF_3Br 소화약제의 명칭을 옳게 나타낸 것은? `19년-4회`

① 하론 1011
② 하론 1211
③ 하론 1301
④ 하론 2402

해설
할론 1301의 분자식은 C, F, Cl, Br의 순서에 따라 CF_3Br이다.

06 분자식이 CF_2BrCl인 할로겐화합물 소화약제는? `21년-1회`

① Halon 1301
② Halon 1211
③ Halon 2402
④ Halon 2021

해설
소화약제의 성분의 개수가 각 $C:1$, $F:2$, $Cl:1$, $Br:1$이므로 Halon 1211이다.

정답 07 ④ 08 ④ 09 ① 10 ④ 11 ④

기출유형 완성하기

07 할론계 소화약제의 주된 소화효과 및 방법에 대한 설명으로 옳은 것은? `18년-4회`

① 소화약제의 증발잠열에 의한 소화방법이다.
② 산소의 농도를 15% 이하로 낮게 하는 소화방법이다.
③ 소화약제의 열분해에 의해 발생하는 이산화탄소에 의한 소화방법이다.
④ 자유활성기(free radical)의 생성을 억제하는 소화방법이다.

해설
할론계 소화약제는 연쇄반응 억제(자유활성기 억제)에 의한 소화효과를 갖는다.

08 상온, 상압상태에서 기체로 존재하는 할로겐화합물 Halon 번호로만 나열된 것은? `12년-1회`

① 2402, 1211
② 1211, 1011
③ 1301, 1011
④ 1301, 1211

해설
할론 소화약제

종 류	상태(상온, 상압)
Halon 1211	기 체
Halon 1301	
Halon 1011	액 체
Halon 2402	

09 다음 할로겐원소 중 원자번호가 가장 작은 것은? `12년-4회`

① F
② Cl
③ Br
④ I

해설
할로겐원소의 원자번호는 $F < Cl < Br < I$ 순으로 크다.

10 Halon 2402의 화학식은? `13년-4회`

① $C_2H_4Cl_2$
② $C_2Br_4F_2$
③ $C_2Cl_4Br_2$
④ $C_2F_4Br_2$

해설
할론 2402의 분자식은 C, F, Cl, Br의 순서에 따라 $C_2F_4Br_2$이다.

11 상온, 상압에서 액체인 물질은? `18년-1회`

① CO_2
② Halon 1301
③ Halon 1211
④ Halon 2402

해설
할론 소화약제

종 류	상태(상온, 상압)
Halon 1211	기 체
Halon 1301	
Halon 1011	액 체
Halon 2402	

기출유형 완성하기

정답 12 ④ 13 ③ 14 ① 15 ③ 16 ③ 17 ③

12 할로겐화합물 소화약제에 관한 설명으로 틀린 것은? `15년-1회`

① 비열, 기화열이 작기 때문에 냉각효과는 물보다 작다.
② 할로겐원자는 활성기의 생성을 억제하여 연쇄반응을 차단한다.
③ 사용 후에도 화재현장을 오염시키지 않기 때문에 통신기기실 등에 적합하다.
④ 약제의 분자 중에 포함되어 있는 할로겐원자의 소화효과는 $F > Cl > Br > I$ 순이다.

해설
할로겐원자의 소화효과는 $F < Cl < Br < I$ 순으로 크다.

13 불활성 가스 청정소화약제인 IG-541의 성분이 아닌 것은? `15년-1회`

① 질소
② 아르곤
③ 헬륨
④ 이산화탄소

해설
IG-541의 구성은 질소(N_2 : 52%), 아르곤(Ar : 40%), 이산화탄소(CO_2 : 8%)로 구성되어 있다.

14 다음 원소 중 수소와의 결합력이 가장 큰 것은? `17년-2회`

① F ② Cl
③ Br ④ I

해설
할로겐원소의 결합력은 $F > Cl > Br > I$ 순으로 작다.

15 불활성 가스에 해당하는 것은? `19년-1회`

① 수증기
② 일산화탄소
③ 아르곤
④ 아세틸렌

해설
대표적인 불활성 가스
헬륨, 아르곤, 질소, 이산화탄소

16 할로겐화합물 청정소화약제는 일반적으로 열을 받으면 할로겐족이 분해되어 가연물질의 연소과정에서 발생하는 활성종과 화합하여 연소의 연쇄반응을 차단한다. 연쇄반응의 차단과 가장 거리가 먼 소화약제는? `19년-4회`

① FC-3-1-10
② HFC-125
③ IG-541
④ FIC-1311

해설
IG-541은 불활성 가스 소화설비로 연쇄반응 차단이 아닌 가스의 농도를 높여 **질식소화**한다.

17 다음 중 할로겐 원소의 소화효과가 큰 순서로 옳게 나열된 것은? `25년`

① $F > Cl > Br > I$
② $Cl > Br > I > F$
③ $I > Br > Cl > F$
④ $F > I > Br > Cl$

해설
할로겐 원소의 소화효과는 원자번호가 클수록 ($F < Cl < Br < I$) 커진다.

PART 02
소방전기일반

PART 02 소방전기일반

01 옴의 법칙과 정전력

기출유형

옴의 법칙에 대한 설명으로 옳은 것은?　　20년-4회

① 전압은 저항에 반비례한다.
② 전압은 전류에 비례한다.
③ 전압은 전류에 반비례한다.
④ 전압은 전류의 제곱에 비례한다.

해설
옴의 법칙은 $V=IR$ 로서 $V \propto I$: 전압은 전류에 비례한다. $V \propto R$: 전압은 저항에 비례한다. $I \propto \dfrac{1}{R}$: 전류와 저항은 반비례한다.

| 정답 | ②

> **족집게 과외**

❶ 쿨롱의 법칙(정전기력)

구 분	내 용
개 념	① 정지해 있는 두 개의 점전하 사이에 작용하는 힘에 관한 법칙 ② 두 전하 사이에서 작용하는 힘은 두 전하의 크기의 곱에 비례하고 거리의 제곱에 반비례
관계식	$F = k \times \dfrac{Q_1 \cdot Q_2}{r^2}$ $F > 0$: 반발력 작용 $F < 0$: 흡인력 작용 F : 정전기력(쿨롱 힘)$[N]$ k : 쿨롱 상수(공기 중 : 9×10^9) Q_1, Q_2 : 각 전하의 크기$[C]$ r : 두 전하 사이의 거리$[m]$

※ 전류가 흐르고 있는 도선에 적용하는 식이 아니므로 유의할 것!(정지된 전기에만 적용)

❷ 직류회로의 기초 용어

구 분	단 위		개 념
전압$[V]$	$[V]$	Voltage	전기장 안에서 전하가 갖는 전위의 차이 (A지점과 B지점의 전위차)
전류$[I]$	$[A = C/s]$	Ampere	① 단위시간 동안 흐른 전하의 양 ② 1암페어는 1초에 1쿨롱(전기량)의 전하가 흐른 것
저항$[R]$	$[\Omega]$	ohm	전류가 흐르는 것을 방해하는 정도를 나타내는 수치
컨덕턴스$[G]$	$[\mho]$	mho 또는 siemens	① 저항의 역수 ② 전류가 얼마나 잘 흐르는지 나타내는 수치

❸ 옴의 법칙

구 분	내 용
정 의	① 전압, 전류, 저항의 관계를 나타내는 식 ② 전압이 일정할 때 저항과 전류는 반비례 ③ 전압은 전류와 저항에 비례한다는 법칙 $V = IR, \quad R = \dfrac{V}{I}, \quad I = \dfrac{V}{R}$

기출유형 완성하기

정답 01 ③ 02 ③ 03 ① 04 ③ 05 ③

01 $1C/\sec$는 다음 중 어느 것과 같은가? `14년-1회`

① $1J$
② $1V$
③ $1A$
④ $1W$

해설
전류 $1[A]$: 1초[sec]에 1쿨롱[C]의 전하가 흐른 것

02 지멘스(siemens)는 무엇의 단위인가? `15년-4회`

① 비저항
② 도전율
③ 컨덕턴스
④ 자 속

해설
컨덕턴스는 저항의 역수로서 단위는 [℧] : mho(모) 또는 [S] : siemens(지멘스)로 표기한다.
※ mho는 미국 단위, S는 국제단위이다. 일반적으로 mho를 사용한다.

03 $10C$의 전하가 5초 동안 어느 점을 통과하고 있을 때 전류값은 몇 A인가? `05년-2회`

① 2
② 5
③ 10
④ 50

해설
전류 $1[A] = 1[C/s]$이므로 $\dfrac{10[C]}{5[s]} = 2[A]$

04 2개의 전하 사이에 작용하는 정전기력과 거리 사이의 관계는? `13년-2회`

① 거리에 반비례한다.
② 거리에 비례한다.
③ 거리의 제곱에 반비례한다.
④ 거리의 제곱에 비례한다.

해설
정전기력은 쿨롱의 법칙을 따르므로
쿨롱의 힘(정전기력) $F = k \times \dfrac{Q_1 \cdot Q_2}{r^2}$
즉, 정전기력 $F \propto \dfrac{1}{r^2}$로서 거리의 제곱에 반비례한다.

05 저항을 설명한 다음 문항 중 틀린 것은? `12년-4회`

① 기호는 R, 단위는 [Ω]이다.
② 오옴의 법칙은 $R = \dfrac{V}{I}$
③ R의 역수는 서셉턴스이며 단위는 [℧]이다.
④ 전류의 흐름을 방해하는 작용을 저항이라 한다.

해설
R의 역수는 컨덕턴스이다. $G = \dfrac{1}{R}$

정답 06 ④ 07 ② 08 ③

기출유형 완성하기

06 어떤 전지에서 $5A$의 전류가 10분간 흘렀다면, 이 전지에서 나온 전기량은 몇 C인가? `07년-1회`

① 300
② 1,000
③ 2,000
④ 3,000

해설

전류의 단위를 살펴보면 $[A] = \dfrac{[C]}{[s]}$ 이므로
전기량 쿨롱 $[C] = [A] \times [s]$
$5[A] \times 10[\min] \times \dfrac{60[\sec]}{1[\min]} = 3,000[C]$

07 공기 중에 $10\mu C$과 $20\mu C$인 두 개의 점전하를 $1m$ 간격으로 놓았을 때 발생되는 정전기력은 몇 N인가? `20년-4회`

① 1.2
② 1.8
③ 2.4
④ 3.0

해설

두 개의 점전하 사이 정전기력은
쿨롱의 법칙을 따르므로 $F = k \times \dfrac{Q_1 \cdot Q_2}{r^2}$
공기 중 쿨롱상수 $k = 9 \times 10^9$
$F = 9 \times 10^9 \times \dfrac{10 \times 20 \times 10^{-12}}{1^2} = 1.8[N]$

Tip $1[C] = 10^6 [\mu C]$

08 일정 전압의 직류전원에 저항을 접속하고 전류를 흘릴 때 전류의 값을 20% 감소시키기 위한 저항값은 처음의 몇 배인가? `16년-2회`

① 0.05
② 0.83
③ 1.25
④ 1.5

해설

$V = IR$로서 전압은 직류전원에 의해 일정하므로
$I_1 R_1 = I_2 R_2 = 0.8 I_1 R_2 \Rightarrow \dfrac{R_2}{R_1} = \dfrac{\cancel{I_1}}{0.8 \cancel{I_1}} = \dfrac{1}{0.8}$
$R_2 = \dfrac{R_1}{0.8} = 1.25 \times R_1$

CHAPTER 01 | 옴의 법칙과 정전력

02 직렬회로와 병렬회로

기출유형

20Ω과 40Ω의 병렬회로에서 20Ω에 흐르는 전류가 $10A$라면, 이 회로에 흐르는 총 전류는 몇 A인가?

19년-1회

① 5 ② 10
③ 15 ④ 20

해설

$20[\Omega]$을 R_1, $40[\Omega]$을 R_2, 전류 $10[A] = I_1$라면, R_1을 통과하는 전류 $I_1 = \dfrac{R_2}{R_1 + R_2} \times I_t$ 이므로

총 전류 $I_t = I_1 \times \dfrac{R_1 + R_2}{R_2} = 10 \times \dfrac{20 + 40}{40} = 15[A]$

|정답| ③

족집게 과외

❶ 직렬회로

회로도	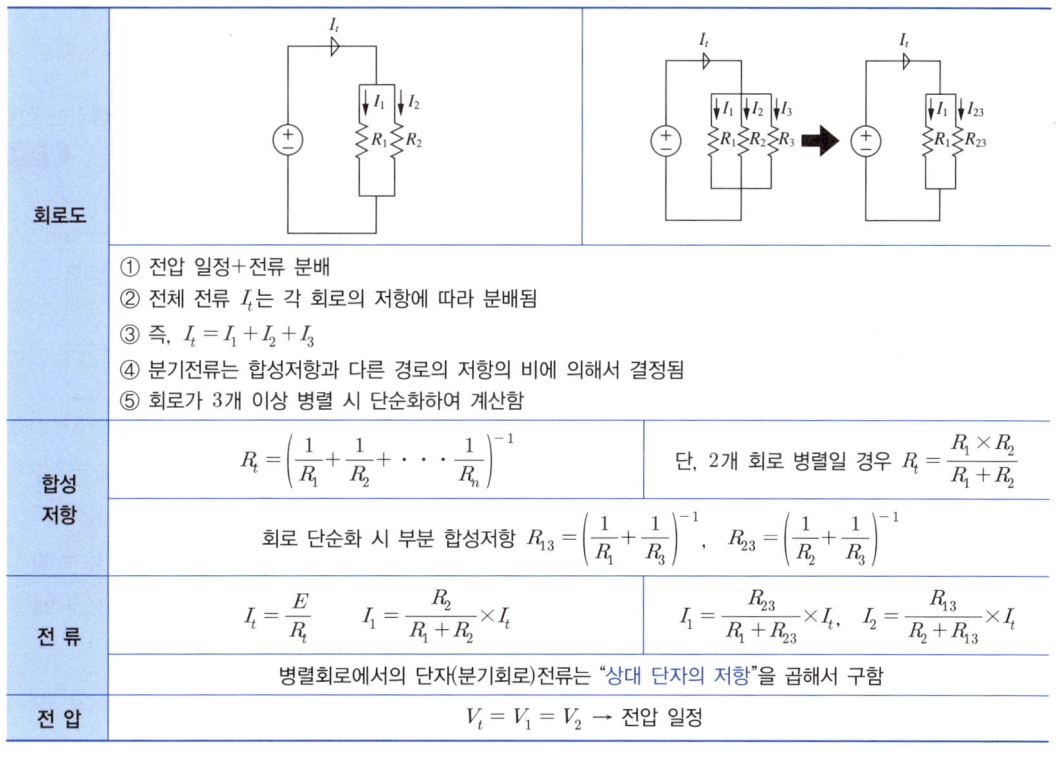	① 전압 분배+전류 일정 ② 전체 전압 E의 전압이 저항에 따라서 각 단자에 V_1, V_2, V_3로 분배됨 ③ 즉, $E = V_1 + V_2 + V_3$ ④ 전류는 합성저항에 의해 결정되었으므로, 단자전압은 해당 단자의 저항에 비례함
합성 저항	$R_t = R_1 + R_2 \cdots R_n$	$R_1 = \dfrac{V_1}{I_1}$, $R_n = \dfrac{V_n}{I_n}$
전 류	$I_t = I_1 = I_2 = I_n$ → 전류는 일정	$I = \dfrac{E}{R_t} = \dfrac{V_1}{R_1} = \dfrac{V_2}{R_2} = \dfrac{V_n}{R_n}$
단자 전압	$V_1 = \dfrac{R_1}{R_t} \times E = \dfrac{R_1}{R_1 + R_2 + R_3} \times E = I_1 \times R_1$	$V_2 = \dfrac{R_2}{R_t} \times E = \dfrac{R_2}{R_1 + R_2 + R_3} \times E = I_2 \times R_2$
	직렬회로에서의 단자전압은 "**해당 단자의 저항**"을 곱해서 구함	

❷ 병렬회로

회로도	(회로 그림)	
	① 전압 일정+전류 분배 ② 전체 전류 I_t는 각 회로의 저항에 따라 분배됨 ③ 즉, $I_t = I_1 + I_2 + I_3$ ④ 분기전류는 합성저항과 다른 경로의 저항의 비에 의해서 결정됨 ⑤ 회로가 3개 이상 병렬 시 단순화하여 계산함	
합성 저항	$R_t = \left(\dfrac{1}{R_1} + \dfrac{1}{R_2} + \cdots \dfrac{1}{R_n}\right)^{-1}$	단, 2개 회로 병렬일 경우 $R_t = \dfrac{R_1 \times R_2}{R_1 + R_2}$
	회로 단순화 시 부분 합성저항 $R_{13} = \left(\dfrac{1}{R_1} + \dfrac{1}{R_3}\right)^{-1}$, $R_{23} = \left(\dfrac{1}{R_2} + \dfrac{1}{R_3}\right)^{-1}$	
전 류	$I_t = \dfrac{E}{R_t}$ $I_1 = \dfrac{R_2}{R_1 + R_2} \times I_t$	$I_1 = \dfrac{R_{23}}{R_1 + R_{23}} \times I_t$, $I_2 = \dfrac{R_{13}}{R_2 + R_{13}} \times I_t$
	병렬회로에서의 단자(분기회로)전류는 "**상대 단자의 저항**"을 곱해서 구함	
전 압	$V_t = V_1 = V_2$ → 전압 일정	

기출유형 완성하기

정답 01 ③ 02 ④ 03 ④ 04 ③

01 그림과 같은 회로에서 전체에서 흐르는 전류를 $I[A]$라 하고, 저항 R_1과 R_2에 흐르는 전류를 I_1, I_2로 표시할 때 I_2/I_1는 얼마가 되겠는가? (단, $R_1 = 2\Omega$, $R_2 = 3\Omega$ 이다) `04년-1회`

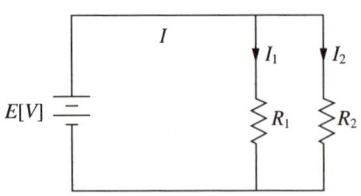

① 1/2
② 3/2
③ 2/3
④ 3/4

해설

병렬회로이므로 회로의 전류 $I = I_1 + I_2$
각 회로의 전류는 저항의 크기에 반비례하므로
$I_1 = \dfrac{R_2}{R_1 + R_2} \times I = \dfrac{3}{2+3} \times I = \dfrac{3}{5}I$
$I_2 = \dfrac{R_1}{R_1 + R_2} \times I = \dfrac{2}{2+3} \times I = \dfrac{2}{5}I$
$\dfrac{I_2}{I_1} = \dfrac{\frac{2}{5}I}{\frac{3}{5}I} = \dfrac{2}{3}$

02 $3[\Omega]$과 $6[\Omega]$의 저항을 직렬로 접속하고 전압을 가할 때 $3[\Omega]$에 걸리는 전압은 $6[\Omega]$에 걸리는 전압의 몇배가 되는가? `05년-4회`

① 3
② 2
③ 1
④ 0.5

해설

$3[\Omega]$을 R_1, $6[\Omega]$을 R_2, 전압을 V_t라고 보면
R_1의 전압 $V_1 = \dfrac{R_1}{R_1 + R_2} \times V_t = \dfrac{3}{3+6} \times V_t = \dfrac{1}{3}V_t$
R_2의 전압 $V_2 = \dfrac{R_2}{R_1 + R_2} \times V_t = \dfrac{6}{3+6} \times V_t = \dfrac{2}{3}V_t$
$\dfrac{V_1}{V_2} = \dfrac{\frac{1}{3}V_t}{\frac{2}{3}V_t} = \dfrac{1}{2} = 0.5$배

03 $[4\Omega]$, $[5\Omega]$, $[8\Omega]$의 저항 3개를 병렬로 접속하고 여기에 $40V$의 전압을 가했을 때 전전류는 몇 A인가? `06년-4회`

① 5
② 8
③ 12
④ 23

해설

병렬회로이므로 합성저항 R_t는
$R_t = \left(\dfrac{1}{R_1} + \dfrac{1}{R_2} + \dfrac{1}{R_3}\right)^{-1} = \left(\dfrac{1}{4} + \dfrac{1}{5} + \dfrac{1}{8}\right)^{-1} = \dfrac{40}{23}[\Omega]$
전전류 $I_t = \dfrac{V}{R_t} = \dfrac{40}{40/23} = 23[A]$

04 그림과 같은 회로에서 각 저항에 생기는 전압강하와 단자전압은? `03년-2회`

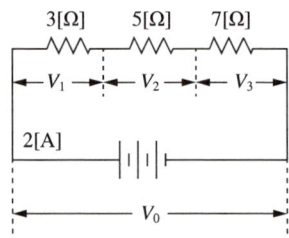

① $V_1 = 10$, $V_2 = 5$, $V_3 = 7$, $V_0 = 22$
② $V_1 = 10$, $V_2 = 5$, $V_3 = 10$, $V_0 = 25$
③ $V_1 = 6$, $V_2 = 10$, $V_3 = 14$, $V_0 = 30$
④ $V_1 = 10$, $V_2 = 6$, $V_3 = 14$, $V_0 = 25$

해설

직렬회로이므로 전류는 $I_t = I_1 = I_2 = I_3$로 모두 같고
단자전압 $V_n = I_t \times R_n$ 이므로
$V_1 = I_t R_1 = 2 \times 3 = 6[V]$
$V_2 = I_t R_2 = 2 \times 5 = 10[V]$
$V_3 = I_t R_3 = 2 \times 7 = 14[V]$
전체 단자전압
$V_0 = V_1 + V_2 + V_3 = 6 + 10 + 14 = 30[V]$

정답 05 ③ 06 ③ 07 ④ 08 ④

05 회로에서 R_1이 $2[\Omega]$이고, R_2가 $6[\Omega]$일 때 전류 I_1의 값은? `11년-2회`

① 1
② 2
③ 3
④ 4

해설

R_1을 통과하는 전류 $I_1 = \dfrac{R_2}{R_1+R_2} \times I_t$ 이므로

$I_1 = \dfrac{6}{2+6} \times 4 = 3[A]$

06 30Ω의 저항과 $R[\Omega]$의 저항이 병렬로 접속되어 있고 30Ω에 흐르는 전류가 $6A$이고, $R[\Omega]$ 흐르는 전류가 $2A$이라면 저항 $R[\Omega]$은? `10년-1회`

① 5Ω
② 215Ω
③ 90Ω
④ 180Ω

해설

$30[\Omega] = R_1$, $R = R_2$, $6[A] = I_1$, $2[A] = I_2$일 때 병렬회로이므로 전전류 $I_t = I_1 + I_2 = 6+2 = 8[A]$

R_2를 구해야 하므로 $I_2 = \dfrac{R_1}{R_1+R_2} \times I_t$ 식을 이용하여

$\Rightarrow R_2 = R_1 \dfrac{I_t}{I_2} - R_1 = 30 \times \dfrac{8}{2} - 30 = 90[\Omega]$

07 200Ω의 저항을 가진 경종 10개와 50Ω의 저항을 가진 표시등 3개가 있다. 이들을 모두 직렬로 접속할 때의 합성저항은 몇 Ω인가? `16년-4회`

① 250
② 1,250
③ 1,750
④ 2,150

해설

직렬연결 시 합성저항 $R_t = R_1 + R_2 + \cdots R_n$
$R_t = (200 \times 10) + (50 \times 3) = 2,150[\Omega]$

08 2Ω의 저항 5개를 직렬로 연결하면 병렬연결 때의 몇 배가 되는가? `15년-2회`

① 2
② 5
③ 10
④ 25

해설

직렬연결 시 합성저항
$R_{ts} = R_1 + R_2 + \cdots R_n$
$\rightarrow R_t = 2+2+2+2+2 = 10[\Omega]$

병렬연결 시 합성저항
$R_{tp} = \left(\dfrac{1}{R_1} + \dfrac{1}{R_2} + \cdots \dfrac{1}{R_n} \right)^{-1}$
$R_{tp} = \left(\dfrac{1}{2} + \dfrac{1}{2} + \dfrac{1}{2} + \dfrac{1}{2} + \dfrac{1}{2} \right)^{-1} = 0.4[\Omega]$

저항비 $\dfrac{R_{ts}}{R_{tp}} = \dfrac{10}{0.4} = 25$배

03 직·병렬회로

기출유형

그림의 회로에서 $a-b$ 간에 $V_{ab}(V)$를 인가했을 때 $c-d$ 간의 전압이 $100\,V$이었다. 이때 $a-b$ 간에 인가한 전압(V_{ab})은 몇 V인가?

22년-2회

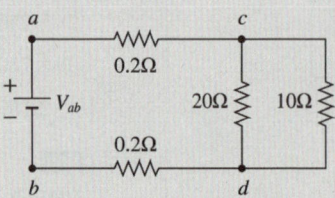

① 104
② 106
③ 108
④ 110

해설

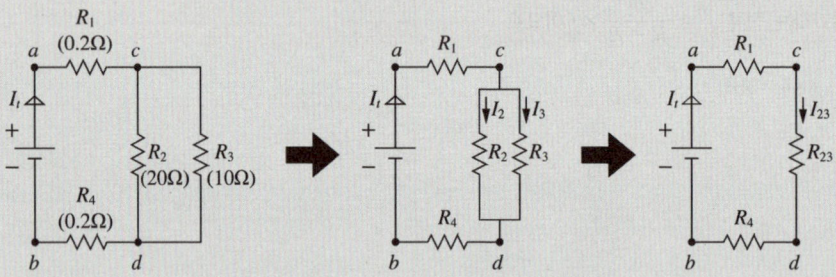

직렬회로로 만들기 위해 병렬회로의 합성저항을 구하면 $R_{23} = \dfrac{R_2 \times R_3}{R_2 + R_3} = \dfrac{20 \times 10}{20 + 10} = \dfrac{20}{3}[\Omega]$,

단자전압 $V_{cd} = \dfrac{R_{23}}{R_t} \times V_{ab} \Rightarrow V_{ab} = \dfrac{R_t}{R_{23}} \times V_{cd} = \dfrac{R_1 + R_{23} + R_4}{R_{23}} \times V_{cd} = \dfrac{0.2 + 0.2 + 20/3}{20/3} \times 100 = 106[V]$

| 정답 | ②

족집게 과외

❶ 회로의 단순화

구 분		내 용
개 념		① 직렬연결과 병렬연결의 경우 회로를 단순화하여 계산하여야 계산이 용이함 ② 병렬연결의 합성저항을 먼저 구한 후 직렬연결로 계산하는 것이 용이함
직렬+ 병렬		
해 석	전 압	① 병렬회로에서 전압은 같으므로 $V_2 = V_3 = V_{23}$ ② 병렬회로를 하나의 회로로 단순화하여 직렬회로로 변환할 수 있음 ③ $V_1 = \dfrac{R_1}{R_t} \times E = \dfrac{R_1}{R_1 + R_{23}} \times E = I_1 \times R_1$, $\quad V_{23} = \dfrac{R_{23}}{R_t} \times E = \dfrac{R_{23}}{R_1 + R_{23}} \times E = I_{23} \times R_{23}$
	전 류	① 처음 회로에서 직렬회로의 전류는 $I_t = I_1$으로 같음 ② 병렬회로로 분기되며 전류가 분류되어 $I_1 = I_2 + I_3$로 유입전류와 유출전류는 같음 ③ 즉, 직렬회로로 단순화 시 $I_t = I_1 = I_{23}$으로 같아짐 ④ 전체 전류 $I_t = \dfrac{E}{R_t} = \dfrac{E}{R_1 + R_{23}}$으로 산출 가능하고, 전전류를 구한 후 기존과 같이 각 병렬회로의 분기전류를 구할 수 있음
	저 항	① 우선적으로 병렬회로를 단순화하여 합성저항(R_{23})를 구함 ② 회로에서 2회로로 분기되므로 병렬회로의 합성저항 $= R_{23} = \dfrac{R_2 \times R_3}{R_2 + R_3}$ ③ 직렬회로로 변환하였으므로 총 합성저항 $R_t = R_1 + R_{23}$

기출유형 완성하기

정답 01 ② 02 ③

01 그림과 같은 회로에서 R_1과 R_2가 각각 2Ω 및 3Ω 이었다. 합성저항이 4Ω 이면 R_3는 몇 Ω 인가?   15년-1회

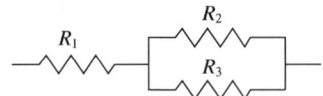

① 5
② 6
③ 7
④ 8

해설

병렬회로 합성저항 $R_{23} = \left(\dfrac{1}{R_2} + \dfrac{1}{R_3}\right)^{-1}$

직렬회로로 합성 $R_{123} = R_1 + R_{23} = 4 - 2 = 2$이므로
$R_{23} = R_{123} - R_1 = 4 - 2 = 2[\Omega]$

$2 = \left(\dfrac{1}{R_2} + \dfrac{1}{R_3}\right)^{-1} = \left(\dfrac{1}{3} + \dfrac{1}{R_3}\right)^{-1}$

R_3으로 식을 정리하면

$R_3 = \dfrac{R_{23} \times R_2}{R_2 - R_{23}} = \dfrac{2 \times 3}{3 - 2} = 6[\Omega]$

02 그림과 같은 회로에서 2Ω에 흐르는 전류는 몇 A인가? (단, 저항의 단위는 모두 Ω이다)   16년-2회

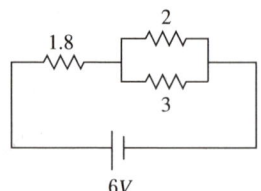

① 0.8
② 1.0
③ 1.2
④ 2.0

해설

$R_1 = 1.8[\Omega]$, $R_2 = 2[\Omega]$, $R_3 = 3[\Omega]$라고 정리하면
병렬 합성저항

$R_{tp} = \left(\dfrac{1}{R_2} + \dfrac{1}{R_3}\right)^{-1} = \left(\dfrac{1}{2} + \dfrac{1}{3}\right)^{-1} = 1.2[\Omega]$

전체 합성저항 $R_t = R_1 + R_{tp} = 1.8 + 1.2 = 3[\Omega]$

회로의 총 전류 $I_t = \dfrac{V}{R_t} = \dfrac{6}{3} = 2[A]$

R_2에 흐르는 전류

$I_2 = \dfrac{R_3}{R_2 + R_3} \times I_t = \dfrac{3}{2 + 3} \times 2 = 1.2[A]$

정답 03 ① 04 ③ 05 ③

기출유형 완성하기

03 회로에서 a, b 사이의 합성저항은 몇 Ω 인가?
〔20년-4회〕

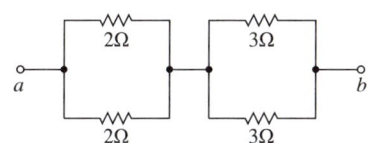

① 2.5 ② 5
③ 7.5 ④ 10

해설
각각 병렬회로의 합성저항을 먼저 구하면
$R_{12} = \dfrac{2\times 2}{2+2} = 1[\Omega]$, $R_{34} = \dfrac{3\times 3}{3+3} = 1.5[\Omega]$
각각의 합성저항을 직렬회로로 합성하면
$R_t = R_{12} + R_{34} = 1 + 1.5 = 2.5[\Omega]$

04 그림과 같은 회로에서 흐르는 전류 I 는 몇 $[A]$ 인가?
〔11년-4회〕

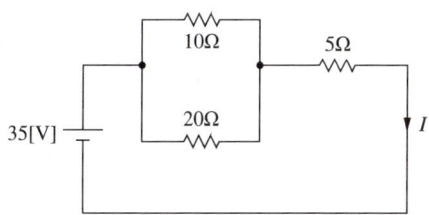

① 1 ② 2
③ 3 ④ 4

해설
$R_1 = 10[\Omega]$, $R_2 = 20[\Omega]$, $R_3 = 5[\Omega]$ 라고 정리하면
병렬회로 합성저항
$R_{tp} = \dfrac{R_1 \times R_2}{R_1 + R_2} = \dfrac{10\times 20}{10+20} = \dfrac{20}{3}[\Omega]$
전체 합성저항 $R_t = R_{tp} + R_3 = \dfrac{20}{3} + 5 = \dfrac{35}{3}$
회로의 전전류 $I = \dfrac{E}{R_t} = \dfrac{35}{35/3} = 3[\Omega]$

05 그림과 같은 회로에서 $A-B$ 단자에 나타나는 전압은 몇 V 인가?
〔19년-2회〕

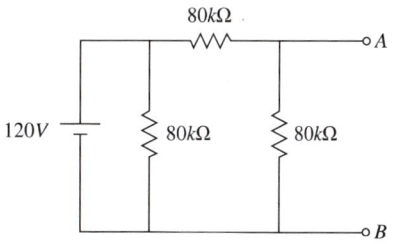

① 20
② 40
③ 60
④ 80

해설

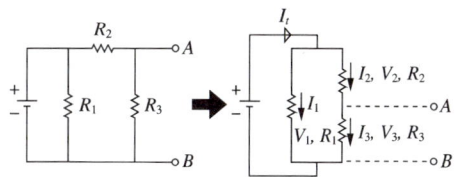

위와 같이 회로를 변형하면
$A-B$ 단자에 나타나는 전압은 V_3 와 같다.
병렬회로이므로 회로별 전압은 동일하고,
$E = V_1 = V_2 + V_3$ 이 된다.
직렬회로인 전압은 분배되므로
$V_3 = \dfrac{R_3}{R_2 + R_3} \times E = \dfrac{80}{80+80} \times 120 = 60[V]$

CHAPTER 03 | 직·병렬회로

기출유형 완성하기

정답 06 ① 07 ①

06 그림과 같이 저항 3개가 병렬로 연결된 회로에 흐르는 가지전류 I_1, I_2, I_3는 몇 [A]인가?

12년-2회

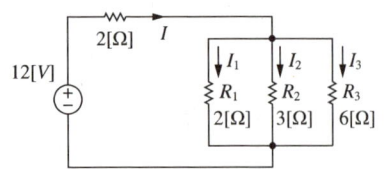

① $I_1 = 2, I_2 = 4/3, I_3 = 2/3$
② $I_1 = 2/3, I_2 = 4/3, I_3 = 2$
③ $I_1 = 3, I_2 = 2, I_3 = 1$
④ $I_1 = 1, I_2 = 2, I_3 = 3$

해설

병렬회로의 합성저항 R_{tp}는
$R_{tp} = \left(\dfrac{1}{R_1} + \dfrac{1}{R_2} + \dfrac{1}{R_3}\right)^{-1} = \left(\dfrac{1}{2} + \dfrac{1}{3} + \dfrac{1}{6}\right)^{-1} = 1[\Omega]$

총 회로의 합성저항 $R_t = R_0 + R_{tp} = 2 + 1 = 3[\Omega]$

회로의 총전류 $I = \dfrac{V}{R_t} = \dfrac{12}{3} = 4[A]$

I_1을 구하기 위해 회로를 단순화하여 합성저항을 구하면
$R_{23} = \left(\dfrac{1}{3} + \dfrac{1}{6}\right)^{-1} = 2[\Omega]$
$I_1 = \dfrac{R_{23}}{R_1 + R_{23}} \times I_t = \dfrac{2}{2+2} \times 4 = 2[A]$

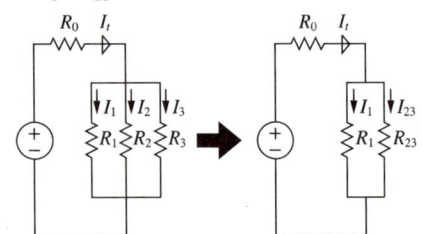

위 작업을 반복하여 R_{13}, I_2, R_{12}, I_3를 구하면
$R_{13} = \left(\dfrac{1}{2} + \dfrac{1}{6}\right)^{-1} = \dfrac{3}{2}[\Omega]$

$I_2 = \dfrac{R_{13}}{R_2 + R_{13}} \times I_t = \dfrac{\dfrac{3}{2}}{3 + \dfrac{3}{2}} \times 4 = \dfrac{4}{3}[A]$

$R_{12} = \left(\dfrac{1}{2} + \dfrac{1}{3}\right)^{-1} = \dfrac{6}{5}[\Omega]$

$I_3 = \dfrac{R_{12}}{R_3 + R_{12}} \times I_t = \dfrac{\dfrac{6}{5}}{6 + \dfrac{6}{5}} \times 4 = \dfrac{2}{3}[A]$

07 회로에서 a, b 사이의 합성저항은 몇 Ω인가?

25년

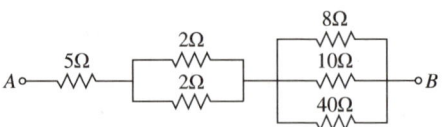

① 10
② 12
③ 15
④ 20

해설

$R_1 = 5[\Omega], R_2, R_3 = 2[\Omega], R_4 = 8[\Omega]$,
$R_5 = 10[\Omega], R_6 = 40[\Omega]$라고 정리하면
첫 번째 병렬회로 합성저항 R_{23}
$R_{23} = \dfrac{R_2 \times R_3}{R_2 + R_3} = \dfrac{2 \times 2}{2 + 2} = 1[\Omega]$

두 번째 병렬회로 합성저항 R_{456}
$R_{456} = \left(\dfrac{1}{R_4} + \dfrac{1}{R_5} + \dfrac{1}{R_6}\right)^{-1} = \left(\dfrac{1}{8} + \dfrac{1}{10} + \dfrac{1}{40}\right)^{-1}$
$= 4[\Omega]$

전부 직렬회로가 되었으므로 합성저항 R_t
$R_t = R_1 + R_{23} + R_{456} = 5 + 1 + 4 = 10[\Omega]$

04 전압원과 전류원, 중첩의 원리

기출유형

회로에서 저항 20Ω에 흐르는 전류(A)는? `21년-4회`

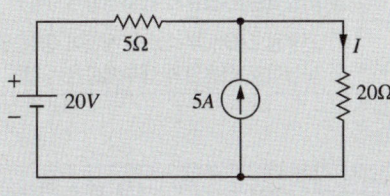

① 0.8　　　　　　　　　② 1.0
③ 1.8　　　　　　　　　④ 2.8

해설

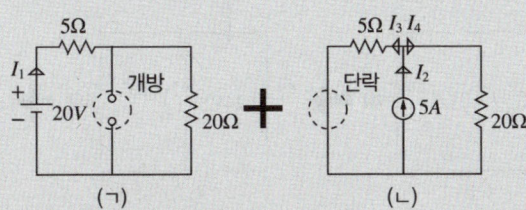

회로도 (ㄱ) → 전류 $I_1 = I_{20} = \dfrac{E}{R_t} = \dfrac{E}{R_5 + R_{20}} = \dfrac{20}{5+20} = 0.8[A]$

회로도 (ㄴ) → $I_4 = I_2 \times \dfrac{R_5}{R_5 + R_{20}} = 5 \times \dfrac{5}{5+20} = 1.0[A]$

중첩 → $I_1 + I_4 = 0.8 + 1.0 = 1.8[A]$

| 정답 | ③

족집게 과외

❶ 전압원과 전류원

구 분	도시기호	내 용
전압원(직류)	—∣⊢	① 직류전원으로서 +극에서 -극으로 전류가 흐름 ② 같은 방향으로 직렬접속 시 +가 되고, 반대 방향으로 접속 시 -로 작용 ③ 이상적인 전압원의 내부저항은 0임
전류원	—⊖—	① 전류원으로서 부하에 관계없이 항상 일정한 전류를 공급함 ② 이상적인 전류원의 내부저항은 ∞임

❷ 중첩의 원리

구 분	내 용
개 념	① 전원이 여러 개인 경우에 각각의 전원을 분리하여 회로를 구성하고, 계산한 후 계산 값을 합치면(중첩하면) 전체 값과 일치함 ② 전압원은 단락, 전류원은 개방하여 계산함
회로도	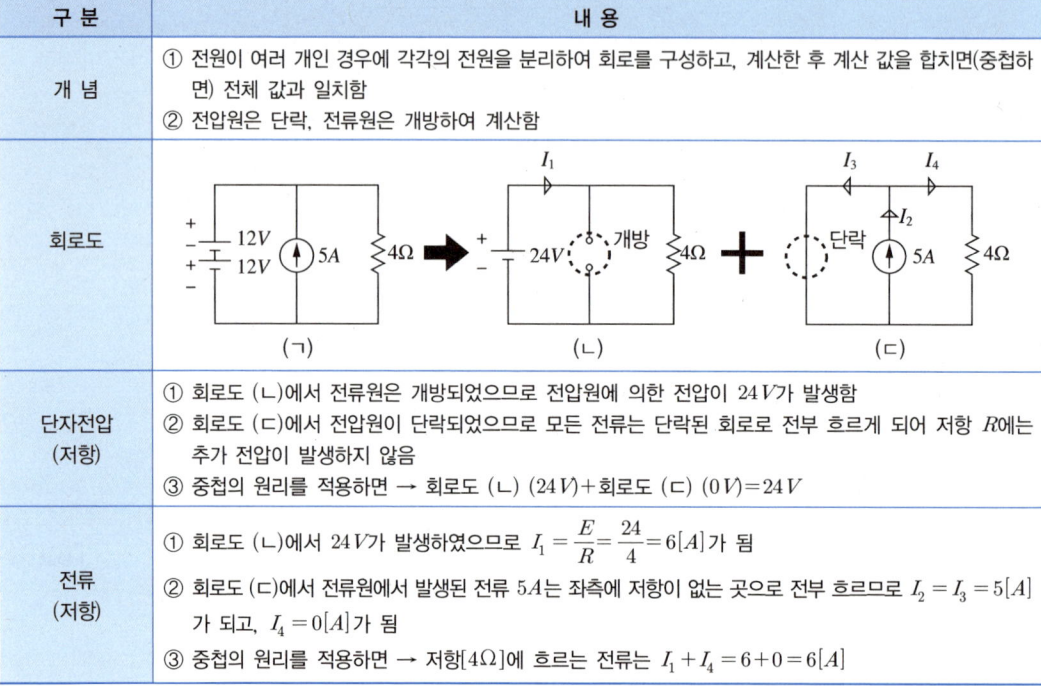 (ㄱ) (ㄴ) (ㄷ)
단자전압 (저항)	① 회로도 (ㄴ)에서 전류원은 개방되었으므로 전압원에 의한 전압이 $24V$가 발생함 ② 회로도 (ㄷ)에서 전압원이 단락되었으므로 모든 전류는 단락된 회로로 전부 흐르게 되어 저항 R에는 추가 전압이 발생하지 않음 ③ 중첩의 원리를 적용하면 → 회로도 (ㄴ) $(24V)$+회로도 (ㄷ) $(0V)=24V$
전류 (저항)	① 회로도 (ㄴ)에서 $24V$가 발생하였으므로 $I_1 = \dfrac{E}{R} = \dfrac{24}{4} = 6[A]$가 됨 ② 회로도 (ㄷ)에서 전류원에서 발생된 전류 $5A$는 좌측에 저항이 없는 곳으로 전부 흐르므로 $I_2 = I_3 = 5[A]$가 되고, $I_4 = 0[A]$가 됨 ③ 중첩의 원리를 적용하면 → 저항$[4\Omega]$에 흐르는 전류는 $I_1 + I_4 = 6 + 0 = 6[A]$

정답 01 ① 02 ③

기출유형 완성하기

01 회로에서 저항 5Ω의 양단 전압 $V_R[V]$은?　21년-2회

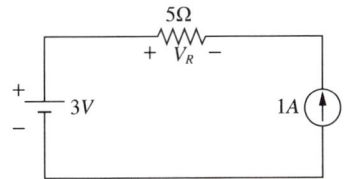

① -5
② -2
③ 3
④ 8

해설

전압원과 전류원으로 분리하여 해석

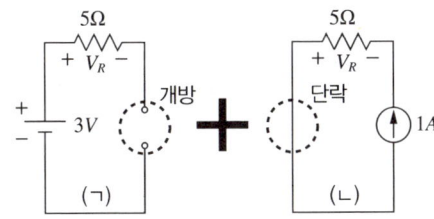

회로도 (ㄱ) → 전류원을 개방하여 전압원 해석
→ 회로가 개방되어 전류가 흐르지 못하므로 전압원에 의한 단자전압 $V_R = IR = 0[A] \times 5[\Omega] = 0[V]$

회로도 (ㄴ) → 전압원을 단락하여 전류원 해석
→ $V_R = I_2 R = (-1)[A] \times 5[\Omega] = -5[V]$

중첩 → $0 + (-5) = -5[V]$

Tip 저항의 $+$, $-$ 에 따라 유입전류의 $+$, $-$ 가 정해진다.

02 그림에서 $1[\Omega]$의 저항 단자에 걸리는 전압의 크기는?　13년-4회

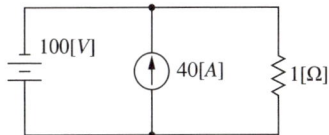

① $40[V]$
② $60[V]$
③ $100[V]$
④ $140[V]$

해설

전압원과 전류원으로 분리하여 해석

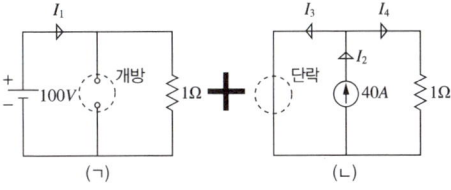

회로도 (ㄱ) → 전류원을 개방하여 전압원 해석
→ 저항이 1개이므로 $E = V_R = 100[V]$

회로도 (ㄴ) → 전압원을 단락하여 전류원 해석
좌측회로로는 저항이 없으므로 전류원을 기점으로 전부 전압원 쪽으로 전류가 흐른다($I_2 = I_3$).

$I_2 = I_3 + I_4$에서 $I_4 = 0$이므로 저항에는 전압이 발생하지 않는다.

중첩 → $V_R = 100 + 0 = 100[V]$

CHAPTER 04 | 전압원과 전류원, 중첩의 원리

기출유형 완성하기

정답 03 ③ 04 ③

03 그림에서 저항 20Ω에 흐르는 전류는 몇 A인가? `25년`

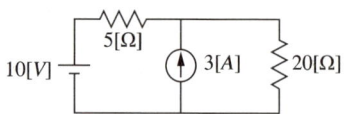

① 0.4
② 0.6
③ 1
④ 5

해설
전압원과 전류원으로 분리하여 해석

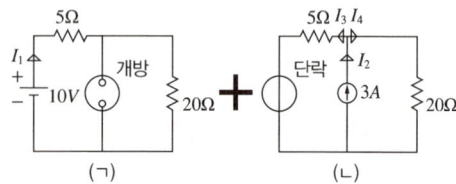

회로도 (ㄱ) → 전류원을 개방하여 전압원 해석
→ 회로가 개방되어 전류가 흐르지 못하므로 전압원에 의한 회로는 직렬회로가 된다.
직렬회로이므로 전류는
$$I_1 = I_{20} = \frac{E}{R_t} = \frac{E}{R_5 + R_{20}} = \frac{10}{5+20} = 0.4[A]$$

회로도 (ㄴ) → 전압원을 단락하여 전류원 해석
→ 회로가 단락되어 병렬회로이므로 $I_2 = I_3 + I_4$ 이다.
$$I_4 = I_2 \times \frac{R_5}{R_5 + R_{20}} = 3 \times \frac{5}{5+20} = 0.6[A]$$

중첩 → $I_1 + I_4 = 0.4 + 0.6 = 1[A]$

04 회로에서 a와 b 사이에 나타나는 전압 $V_{ab}(V)$는? `21년-2회`

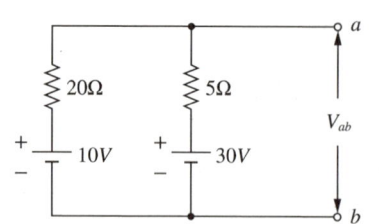

① 20
② 23
③ 26
④ 28

해설

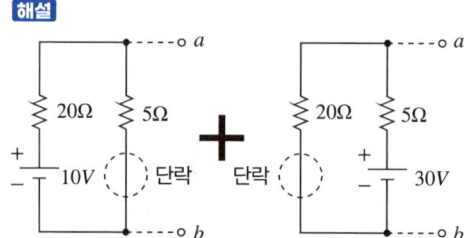

회로도 (ㄱ) → 우측 전압원을 단락하여 해석
→ $V_{ab} \Rightarrow 5[\Omega]$에 걸리는 단자전압이므로
$$V_{ab} = E \times \frac{R_5}{R_{20} + R_5} = 10 \times \frac{5}{20+5} = 2[V]$$

회로도 (ㄴ) → 좌측 전압원을 단락하여 해석
→ $V_{ab} \Rightarrow$ 전체 전압 E에 $5[\Omega]$에 걸리는 단자전압을 제외한 값이므로 $V_{ab} = E - V_{5\Omega}$
$$V_{ab} = E - E \times \frac{R_5}{R_{20}+R_5} = 30 - 30 \times \frac{5}{20+5} = 24[V]$$

중첩 → $V_{\text{ㄱ회로}} + V_{\text{ㄴ회로}} = 2 + 24 = 26[V]$

Tip 회로도 (ㄴ)에서는 ab 단자 사이에 전원이 포함된다.

정답 05 ④ 06 ①

05 다음 그림에서 I_2는 몇 $[A]$인가? `09년-2회`

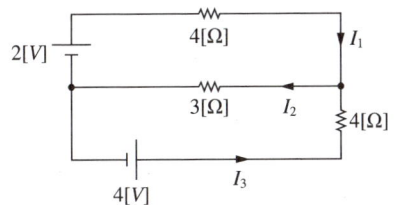

① $0.05A$
② $0.3A$
③ $0.55A$
④ $0.6A$

해설

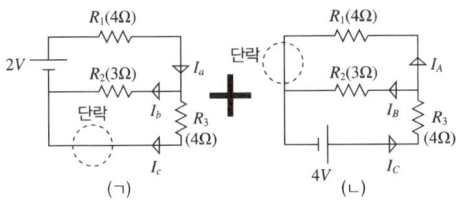

회로도 (ㄱ) → 하단 전압원을 단락하여 해석

ⓐ 합성저항 $R_{t1} = R_1 + \dfrac{R_2 \times R_3}{R_2 + R_3} = 4 + \dfrac{4 \times 3}{4+3} = \dfrac{40}{7}$

ⓑ 전전류 $I_{t1} = I_a = \dfrac{E}{R_{t1}} = \dfrac{2}{40/7} = \dfrac{7}{20}[A]$

ⓒ R_2로 흐르는 전류

$I_b = I_a \times \dfrac{R_3}{R_2 + R_3} = \dfrac{7}{20} \times \dfrac{4}{3+4} = 0.2[A]$

회로도 (ㄴ) → 좌측 전압원을 단락하여 해석

ⓐ 합성저항 $R_{t2} = R_3 + \dfrac{R_1 \times R_2}{R_1 + R_2} = 4 + \dfrac{4 \times 3}{4+3} = \dfrac{40}{7}$

ⓑ 전전류 $I_{t2} = I_C = \dfrac{E}{R_{t2}} = \dfrac{4}{40/7} = \dfrac{7}{10}[A]$

ⓒ R_2로 흐르는 전류

$I_B = I_C \times \dfrac{R_1}{R_1 + R_2} = \dfrac{7}{10} \times \dfrac{4}{4+3} = 0.4[A]$

중첩 → $I_2 = I_a + I_B = 0.2 + 0.4 = 0.6[A]$

06 회로에서 저항 5Ω의 양단전압 $V_R(V)$은? `22년-2회`

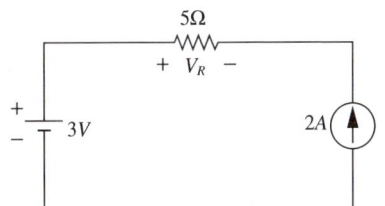

① -10
② -7
③ 7
④ 10

해설

전압원과 전류원으로 분리하여 해석

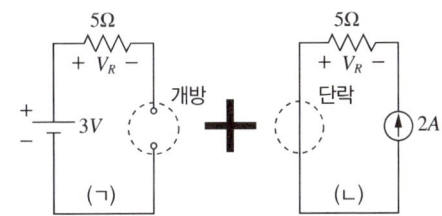

회로도 (ㄱ) → 전류원을 개방하여 전압원 해석
→ 회로가 개방되어 전류가 흐르지 못하므로 전압원에 의한 단자전압 $V_R = IR = 0[A] \times 5[\Omega] = 0[V]$

회로도 (ㄴ) → 전압원을 단락하여 전류원 해석
→ $V_R = I_2 R = (-2)[A] \times 5[\Omega] = -10[V]$

중첩 → $0 + (-10) = -10[V]$

07 회로에서 전류 I는 약 몇 A인가? `22년-1회`

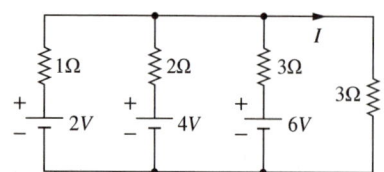

① 0.92
② 1.125
③ 1.29
④ 1.38

해설

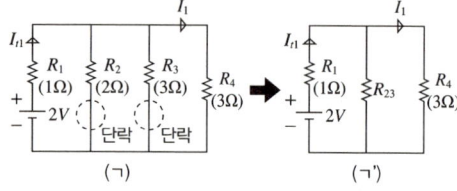

회로도 (ㄱ) → 중앙, 우측 전압원을 단락하여 해석

ⓐ 합성저항 $R_{t1} = R_1 + \left(\dfrac{1}{R_2} + \dfrac{1}{R_3} + \dfrac{1}{R_4}\right)^{-1}$

전체 $R_{t1} = 1 + \left(\dfrac{1}{2} + \dfrac{1}{3} + \dfrac{1}{3}\right)^{-1} = \dfrac{13}{7}[\Omega]$

부분 합성저항 $R_{23} = \dfrac{R_2 \times R_3}{R_2 + R_3} = \dfrac{2 \times 3}{2+3} = \dfrac{6}{5}$

ⓑ 전전류 $I_{t1} = \dfrac{E_1}{R_{t1}} = \dfrac{2}{13/7} = \dfrac{14}{13}[A]$

ⓒ $I_1 = I_{t1} \times \dfrac{R_{23}}{R_{23} + R_4} = \dfrac{14}{13} \times \dfrac{\dfrac{6}{5}}{\dfrac{6}{5} + 3} = 0.308[A]$

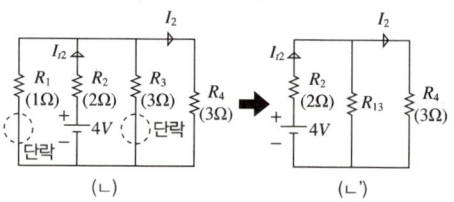

회로도 (ㄴ) → 좌측, 우측 전압원을 단락하여 해석

ⓐ 합성저항 $R_{t2} = R_2 + \left(\dfrac{1}{R_1} + \dfrac{1}{R_3} + \dfrac{1}{R_4}\right)^{-1}$

전체 $R_{t2} = 2 + \left(\dfrac{1}{1} + \dfrac{1}{3} + \dfrac{1}{3}\right)^{-1} = \dfrac{13}{5}[\Omega]$

부분 합성저항 $R_{13} = \dfrac{R_1 \times R_3}{R_1 + R_3} = \dfrac{1 \times 3}{1+3} = \dfrac{3}{4}[\Omega]$

ⓑ 전전류 $I_{t2} = \dfrac{E_2}{R_{t2}} = \dfrac{4}{13/5} = \dfrac{20}{13}[A]$

ⓒ $I_2 = I_{t2} \times \dfrac{R_{13}}{R_{13} + R_4} = \dfrac{20}{13} \times \dfrac{\dfrac{3}{4}}{\dfrac{3}{4} + 3} = 0.308[A]$

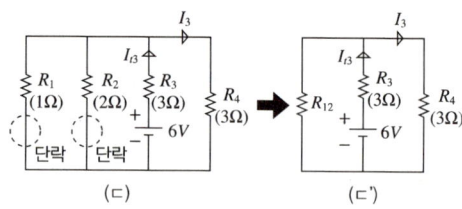

회로도 (ㄷ) → 좌측, 중앙 전압원을 단락하여 해석

ⓐ 합성저항 $R_{t3} = R_3 + \left(\dfrac{1}{R_1} + \dfrac{1}{R_2} + \dfrac{1}{R_4}\right)^{-1}$

전체 $R_{t3} = 3 + \left(\dfrac{1}{1} + \dfrac{1}{2} + \dfrac{1}{3}\right)^{-1} = \dfrac{39}{11}[\Omega]$

부분 합성저항 $R_{12} = \dfrac{R_1 \times R_2}{R_1 + R_2} = \dfrac{1 \times 2}{1+2} = \dfrac{2}{3}[\Omega]$

ⓑ 전전류 $I_{t3} = \dfrac{E_3}{R_{t3}} = \dfrac{6}{39/11} = \dfrac{22}{13}[A]$

ⓒ $I_3 = I_{t3} \times \dfrac{R_{12}}{R_{12} + R_4} = \dfrac{22}{13} \times \dfrac{\dfrac{2}{3}}{\dfrac{2}{3} + 3} = 0.308[A]$

중첩
$I = I_1 + I_2 + I_3 = 0.308 + 0.308 + 0.308 ≒ 0.92[A]$

05 배율기와 분류기

기출유형

내부저항이 200Ω이며 직류 $120mA$인 전류계를 $6A$까지 측정할 수 있는 전류계로 사용하고자 한다. 어떻게 하면 되겠는가?

<small>19년-4회</small>

① 24Ω의 저항을 전류계와 직렬로 연결한다.
② 12Ω의 저항을 전류계와 병렬로 연결한다.
③ 약 6.24Ω의 저항을 전류계와 직렬로 연결한다.
④ 약 4.08Ω의 저항을 전류계와 병렬로 연결한다.

해설

분류기의 배율 $n = \dfrac{I_t}{I_a} = \dfrac{\text{측정할 전류}}{\text{전류계 지시값}} = \dfrac{6 \times 10^3}{120} = 50$

분류기 저항 $R_s = \dfrac{1}{n-1} \times R_a = \dfrac{1}{50-1} \times 200 = 4.081[\Omega]$

|정답| ④

> **족집게 과외**

❶ 전압계와 전류계

구 분	내 용
전압계	① 회로의 전압(또는 단자전압)을 측정하기 위한 것으로 측정하려는 회로와 병렬로 설치하고 배율기와는 직렬로 설치함 ② KVL(키르히호프의 전압법칙)을 이용하여 측정회로에 병렬로 구성 시 전압이 같은 것을 이용하여 측정함
전류계	① 회로의 전류(또는 단자전류)를 측정하기 위한 것으로 측정하려는 회로와 직렬로 설치하고 분류기와는 병렬로 설치함 ② KCL(키르히호프의 전류 법칙)을 이용하여 전류의 분배를 이용하여 측정함

❷ 배율기와 분류기

구 분	배율기	분류기
개 념	전압 측정 범위를 확대시키기 위해 전압계와 직렬로 연결하는 것	전류 측정 범위를 확대시키기 위해 전류계와 병렬로 연결하는 것
설치도	(배율기 R_m, 전압계 R_v, 부하 R 회로도)	(분류기 R_s, 전류계 R_a, 부하 R 회로도)
관계식	전압계에 걸리는 단자전압(V_v): $V_v = \dfrac{R_v}{R_m + R_v} \times E$	전류계에 흐르는 전류(I_a): $I_a = \dfrac{R_s}{R_s + R_a} \times I_t$
	배율기 배율(m): $m = \dfrac{E}{V_v} = \dfrac{측정할\ 전압}{전압계\ 지시값}$	분류기 배율(n): $n = \dfrac{I_t}{I_a} = \dfrac{측정할\ 전류}{전류계\ 지시값}$
	배율기 저항(R_m): $R_m = (m-1)R_v$ ∴ R_v : 내부저항	분류기 저항(R_s): $R_s = \dfrac{1}{n-1} \times R_a$ ∴ R_a : 내부저항

정답 01 ③ 02 ① 03 ① 04 ②

기출유형 완성하기

01 최대눈금이 $70\,V$인 직류전압계에 $5k\Omega$의 배율기를 접속하여 전압의 최대측정치가 $350\,V$라면 내부저항은 몇 $k\Omega$인가? 〔17년-1회〕

① 0.8
② 1
③ 1.25
④ 20

해설

배율기 배율 $m = \dfrac{E}{V_v} = \dfrac{측정할\ 전압}{전압계\ 지시값} = \dfrac{350}{70} = 5$

배율기 내부저항
$R_v = \dfrac{R_m}{(m-1)} = \dfrac{5}{5-1} = 1.25[k\Omega]$

02 최대 눈금이 $150\,V$이고, 내부저항이 $30k\Omega$인 전압계가 있다. 이 전압계로 $750\,V$까지 측정하기 위해 필요한 배율기의 저항$(k\Omega)$은? 〔21년-2회〕

① 120
② 150
③ 300
④ 800

해설

배율기 배율 $m = \dfrac{E}{V_v} = \dfrac{측정할\ 전압}{전압계\ 지시값} = \dfrac{750}{150} = 5$

배율기 저항
$R_m = (m-1)R_v = (5-1) \times 30 = 120[k\Omega]$

03 분류기를 사용하여 내부저항이 R_A인 전류계의 배율을 9로 하기 위한 분류기의 저항 $R_S(\Omega)$은? 〔21년-1회〕

① $R_S = \dfrac{1}{8}R_A$
② $R_S = \dfrac{1}{9}R_A$
③ $R_S = 8R_A$
④ $R_S = 9R_A$

해설

분류기 저항 $R_S = \dfrac{1}{n-1} \times R_A = \dfrac{1}{9-1} \times R_A = \dfrac{1}{8}R_A$

04 최대눈금이 $200mA$, 내부저항이 0.8Ω인 전류계가 있다. $8m\Omega$의 분류기를 사용하여 전류계의 측정범위를 넓히면 몇 A까지 측정할 수 있는가? 〔20년-3회〕

① 19.6
② 20.2
③ 21.4
④ 22.8

해설

분류기 저항 $R_s = \dfrac{1}{n-1} \times R_a$ 을 배율로 식을 정리하면

분류기 배율 $n = \dfrac{R_a}{R_s} + 1 = \dfrac{0.8 \times 10^3}{8} + 1 = 101$

배율 $n = \dfrac{I_t}{I_a}$

$\rightarrow I_t = nI_a = 101 \times 200 = 20,200 = 20.2[A]$

CHAPTER 05 | 배율기와 분류기

기출유형 완성하기

정답 05 ③ 06 ② 07 ② 08 ③

05 어떤 전압계의 측정범위를 12배로 하려고 할 때 배율기의 저항은 전압계 내부저항의 몇 배로 해야 하는가? 〔22년-2회〕

① 9
② 10
③ 11
④ 12

해설
배율기 저항 $R_m = (m-1)R_v = (12-1)R_v = 11R_v$

06 측정기의 측정범위 확대를 위한 방법의 설명으로 틀린 것은? 〔18년-2회〕

① 전류의 측정범위 확대를 위하여 분류기를 사용하고, 전압의 측정범위 확대를 위하여 배율기를 사용한다.
② 분류기는 계기에 직렬로, 배율기는 병렬로 접속한다.
③ 측정기 내부저항을 R_a, 분류기 저항을 R_s라 할 때, 분류기의 배율은 $1 + \dfrac{R_a}{R_s}$로 표시된다.
④ 측정기 내부의 저항을 R_v, 배율기 저항을 R_m이라 할 때, 배율기의 배율은 $1 + \dfrac{R_m}{R_v}$로 표시된다.

해설
분류기는 계기(전류계)에 병렬로, 배율기는 계기(전압계)에 직렬로 접속한다.

07 분류기를 사용하여 전류를 측정하는 경우에 전류계의 내부저항이 $0.28\,\Omega$이고 분류기의 저항이 $0.07\,\Omega$이라면, 이 분류기의 배율은? 〔20년-4회〕

① 4
② 5
③ 6
④ 7

해설
분류기 저항 $R_s = \dfrac{1}{n-1} \times R_a$ 을 배율로 식을 정리하면

분류기 배율 $n = \dfrac{R_a}{R_s} + 1 = \dfrac{0.28}{0.07} + 1 = 5$

08 그림과 같은 회로에서 분류기의 배율은? (단, 전류계 A의 내부저항은 R_A이며 R_S는 분류기 저항이다) 〔19년-1회〕

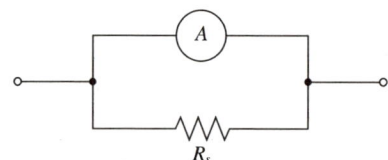

① $\dfrac{R_A}{R_A + R_S}$
② $\dfrac{R_S}{R_A + R_S}$
③ $\dfrac{R_A + R_S}{R_S}$
④ $\dfrac{R_A + R_S}{R_A}$

해설
분류기 저항 $R_S = \dfrac{1}{n-1} \times R_A$ 을 배율로 식을 정리하면

분류기 배율 $n = \dfrac{R_A}{R_S} + 1 = \dfrac{R_A + R_S}{R_S}$

기출유형 완성하기

정답 09 ③ 10 ② 11 ④ 12 ①

09 최고 눈금 $50mV$, 내부저항이 100Ω인 직류전압계에 $1.2M\Omega$의 배율기를 접속하면 측정할 수 있는 최대 전압은 약 몇 V인가? `20년-1·2회`

① 3
② 60
③ 600
④ 1,200

해설
배율기 저항 $R_m = (m-1)R_v$을 배율로 정리하면
$m = \dfrac{R_m}{R_v} + 1 = \dfrac{1.2 \times 10^6}{100} = 12,000$
$m = \dfrac{E}{V_v} \Rightarrow E = mV_v = 12,000 \times 50 \times 10^{-3} = 600[V]$

10 그림과 같이 전류계 A_1, A_2를 접속할 경우 A_1은 $25A$, A_2는 $5A$를 지시하였다. 전류계 A_2의 내부저항은 몇 Ω인가? `25년`

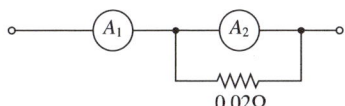

① 0.05
② 0.08
③ 0.12
④ 0.15

해설
분류기 배율 $n = \dfrac{I_t}{I_a} = \dfrac{\text{측정할 전류}}{\text{전류계 지시값}}$ 이므로
$R_s = \dfrac{1}{n-1} \times R_a \Rightarrow R_a = R_s \times (n-1) = R_s \times \left(\dfrac{I_t}{I_a} - 1\right)$
$R_a = R_s(n-1) = R_s \times \left(\dfrac{I_t}{I_a} - 1\right) = 0.02 \times \left(\dfrac{25}{5} - 1\right)$
$= 0.08[\Omega]$

11 부하의 전압과 전류를 측정하기 위한 계측기의 연결방법으로 옳은 것은? `25년`

① 전압계 : 부하와 직렬, 전류계 : 부하와 병렬
② 전압계 : 부하와 직렬, 전류계 : 부하와 직렬
③ 전압계 : 부하와 병렬, 전류계 : 부하와 병렬
④ 전압계 : 부하와 병렬, 전류계 : 부하와 직렬

해설
전압계는 부하(회로)와 병렬, 배율기와 직렬로 설치
전류계는 부하(회로)와 직렬, 분류기와 병렬로 설치

12 어떤 전압계의 측정범위를 10배로 하자면 배율기의 저항은 내부저항보다 어떻게 하여야 하는가? `13년-1회`

① 9배로 한다.
② 10배로 한다.
③ 1/9로 한다.
④ 1/10로 한다.

해설
배율기 저항 $R_m = (m-1)R_v = 9 \times R_v$

06 축전지(배터리)

기출유형

전지의 내부저항이나 전해액의 도전율 측정에 사용되는 것은? 18년-4회

① 접지저항계
② 캘빈 더블 브릿지법
③ 콜라우시 브릿지법
④ 메 거

해설
전지의 내부저항이나 전해액의 도전율 측정에는 **콜라우시 브릿지법**이 사용된다.

|정답| ③

족집게 과외

❶ 충전 방식

구 분	내 용
보통충전	필요시마다 표준시간율로 소정의 충전을 하는 방식
급속충전	보통 충전의 2~3배 전류로 충전하는 방식
부동충전	① 축전지의 자기방전을 보충함과 동시에 사용부하에 전력을 공급하는 충전방식 ② 대규모 부하 시 축전지가 전류공급 부담 회로 계통: 교류 → 변압기 → 정류회로 → 필터 → 부하보상 → 부하 ↳ 전지
세류충전	항상 자기방전량만 충전하는 방식
균등충전	셀 간 전압의 불균일을 방지하기 위해 과충전하는 방식

❷ 양극, 음극 재료

구 분	연축전지	알칼리 축전지
양 극	이산화납	수산화제2니켈
음 극	해면상납	카드뮴

❸ 배터리 용량과 직·병렬 연결

구 분		내 용
연 결	직 렬	전류는 동일, 전압(기전력)은 연결된 개수만큼 증가
	병 렬	전압(기전력)은 동일, 전류는 연결된 개수만큼 증가
용 량		① 배터리의 용량은 $[Ah]$=암페어시로 표현되며, 이는 전류$[A]$를 몇 시간($hour$) 동안 사용할 수 있는지를 나타내는 값 ② 예 $30[Ah] = 30[A] \times 1[h] = 15[A] \times 2[h]$ ③ 전류의 단위$[A]$에 이미 시간개념이 녹아져 있으나 용량 계산을 용이하게 하기 위해 표현

❹ 저항 측정

구 분	내 용
콜라우시 브릿지법	전지의 내부저항이나 전해액의 도전율 측정에 사용하는 측정법

기출유형 완성하기

정답 01 ② 02 ② 03 ② 04 ②

01 축전지의 자기방전을 보충함과 동시에 일반 부하로 공급하는 전력은 충전기가 부담하고, 충전기가 부담하기 어려운 일시적인 대전류는 축전지가 부담하는 충전방식은? `22년-1회`

① 급속충전
② 부동충전
③ 균등충전
④ 세류충전

해설
부동충전 방식
- 축전지의 자기방전을 보충함과 동시에 사용부하에 전력을 공급하는 충전방식
- 대규모 부하 시 축전지가 전류공급 부담

02 축전지의 부동충전 방식에 대한 일반적인 회로 계통은? `15년-1회`

① 교류 → 필터 → 변압기 → 정류회로 → 부하보상 → 부하
　　　　　　　　　　　　　　　　　　　↳ 전지
② 교류 → 변압기 → 정류회로 → 필터 → 부하보상 → 부하
　　　　　　　　　　　　　　　↳ 전지
③ 교류 → 변압기 → 필터 → 정류회로 → 전지 → 부하
　　　　　　　　　　　　　　　↳ 부하보상
④ 교류 → 변압기 → 부하보상 → 정류회로 → 필터 → 부하
　　　　　　　　　　　　　　　　　　　　↳ 전지

① ①
② ②
③ ③
④ ④

해설
부동충전 방식의 회로 계통
교류 → 변압기 → 정류회로 → 필터 → 부하보상 → 부하
　　　　　　　　　　　　　↳ 전지

03 수신기에 내장된 축전지의 용량이 $6[Ah]$인 경우 $0.4[A]$의 부하전류로는 몇 시간 동안 사용할 수 있는가? `19년-4회`

① 2.4시간
② 15시간
③ 24시간
④ 30시간

해설
축전지의 용량 $[Ah]=[A]\times[h]$ 이므로
$[h]=\dfrac{[Ah]}{[A]}=\dfrac{6}{0.4}=15[h]$

04 알칼리 축전지의 음극 재료는? `16년-1회`

① 수산화니켈
② 카드뮴
③ 이산화연
④ 연

해설
알칼리 축전지의 음극재료는 **카드뮴**이다.

07 도체&절연체와 저항

기출유형

절연저항을 측정할 때 사용하는 계기는? 〔20년-4회〕

① 전류계
② 전위차계
③ 메 거
④ 휘트스톤브리지

해설
절연저항 측정 시 '메거'를 사용한다.

| 정답 | ③

족집게 과외

❶ 전기재료의 분류

구 분	내 용
도 체	구리, 은, 백금, 알루미늄
반도체	실리콘, 규소, 게르마늄, 규소, 셀렌, 아산화동
절연체	유리, 고무, 페놀수지, 비닐

❷ 전선(도체)저항

구 분	내 용		
저 항	$R = \rho \dfrac{L}{A}$	ρ : 고유저항$[\Omega \cdot m]$ 또는 $[\Omega \cdot mm^2/m]$ (국제 표준 연동저항 : $1.7241 \times 10^{-8}[\Omega \cdot m]$) L : 전선의 길이$[m]$ A : 전선 단면적$[m^2]$	① 도체의 길이와 고유저항에 비례 ② 도체의 단면적에 반비례 ③ 고유저항은 도전율과 반비례
온도와 저항	도체는 온도와 비례하여 저항이 증가함		
	$R_2 = R_1[1 + \alpha_1(T_2 - T_1)]$	R_1 : T_1에서 도체 저항$[\Omega]$ R_2 : T_2에서 도체저항$[\Omega]$ α_1 : T_1에서 저항온도계수 T_1 : 기존 온도 T_2 : 변화 후(상승 또는 감소) 온도	

❸ 절연저항

구 분	내 용	
개 념	① 도체는 전류가 잘 흐르므로 접촉 시 사고의 위험이 있기 때문에 절연체로 둘러싸여 있음 ② 절연체는 전기를 차단하기 위함이므로 이때 절연체의 저항 능력을 절연저항이라 함 ③ 절연저항이 있음에도 전압을 인가하면 일부 전류가 누설되는데 이때 전류를 누설전류라 함	
관계식	$R_I = \dfrac{V_I}{I_L}$	R_I : 절연저항$[\Omega]$ (일반적으로 $[M\Omega]$ 적용) V_I : 인가전압$[V]$ I_L : 누설전류 $[A]$ (일반적으로 $[mA]$ 적용)
측 정	① 절연저항은 일반적으로 메거(megger)를 사용하여 측정함 ② 누설전류는 영상변류기(ZCT)로 검출함	

정답 01 ③ 02 ① 03 ③ 04 ②

기출유형 완성하기

01 다음 중 도체는 어느 것인가? `03년-2회`

① 규 소
② 공 기
③ 구 리
④ 유 리

해설
구리는 도체로 전선의 주 재질로 사용된다.

02 절연저항 시험에서 "전로의 사용전압이 $500\,V$ 이하인 경우 $1.0M\Omega$ 이상"이란 뜻으로 가장 알맞은 것은? `22년-1회`

① 누설전류가 $0.5mA$ 이하이다.
② 누설전류가 $5mA$ 이하이다.
③ 누설전류가 $15mA$ 이하이다.
④ 누설전류가 $30mA$ 이하이다.

해설
$R_I = \dfrac{V_I}{I_L} = \dfrac{500}{1 \times 10^6} \times \dfrac{1,000[mA]}{1[A]} = 0.5[mA]$ 이므로
저항이 $1.0[M\Omega]$ 이상이라는 것은 누설전류가 $0.5[mA]$ 이하라는 뜻과 같다.

03 직류회로에서 도체를 균일한 체적으로 길이를 10배 늘이면 도체의 저항은 몇 배가 되는가? (단, 도체의 전체 체적은 변함이 없다) `19년-4회`

① 10
② 20
③ 100
④ 120

해설
체적이 일정할 때 길이를 10배 늘리면
$$V = L \times A = 10L \times \dfrac{A}{10}$$
도체의 저항 $R = \rho\dfrac{L}{A} \Rightarrow \rho\dfrac{10L}{A/10} = 100 \times \rho\dfrac{L}{A}$

04 길이가 $100m$이고, 지름이 $1mm$인 구리선의 상온 $25℃$에서의 저항은? (단, 상온 $25℃$에서 동선의 고유저항 $p = 1.72\mu\Omega\cdot cm$이다) `10년-2회`

① $4.38[\Omega]$
② $2.19[\Omega]$
③ $1.72[\Omega]$
④ $1.09[\Omega]$

해설
도체의 저항 $R = \rho\dfrac{L}{A} = \rho\dfrac{L}{\pi d^2/4}$
먼저 단위를 환산하여 정리하면
$\rho = 1.72[\mu\Omega \cdot cm] \times \dfrac{1[\Omega]}{10^6[\mu\Omega]} \times \dfrac{1[m]}{100[cm]}$
$\quad = 1.72 \times 10^{-8}[\Omega \cdot m]$
$d = 1[mm] \times \dfrac{1[m]}{1,000[mm]} = 0.001[m]$
$R = 1.72 \times 10^{-8} \times \dfrac{100}{\pi \times 0.001^2/4} = 2.19[\Omega]$

CHAPTER 07 | 도체&절연체와 저항

기출유형 완성하기

정답 05 ② 06 ② 07 ③ 08 ②

05 지름 $8mm$의 경동선 $1km$의 저항을 측정하였더니 0.63536Ω이었다. 같은 재료로 지름 $2mm$, 길이 $500m$의 경동선의 저항은 약 몇 Ω인가?

17년-2회

① 2.8
② 5.1
③ 10.2
④ 20.4

해설

도체의 저항 $R = \rho \dfrac{L}{A} = \rho \dfrac{L}{\pi d^2/4}$

$\rho = \dfrac{R \times \dfrac{\pi d^2}{4}}{L} = \dfrac{0.63536 \times \dfrac{\pi \times 0.008^2}{4}}{1,000}$
$= 3.19 \times 10^{-8}[\Omega]$

$R = \rho \dfrac{L}{\dfrac{\pi d^2}{4}} = 3.19 \times 10^{-8} \times \dfrac{500}{\dfrac{\pi \times 0.002^2}{4}}$
$= 5.08 \fallingdotseq 5.1[\Omega]$

07 전기저항에 대한 설명으로 알맞은 것은?

08년-2회

① 전기저항은 도선의 길이에 반비례한다.
② 전기저항은 도선의 단면적에 비례한다.
③ 고유저항은 $[\Omega \cdot mm^2/m]$의 단위로 나타내기도 한다.
④ 고유저항과 도전율은 정비례한다.

해설

① 전기저항은 도선의 길이에 **비례**한다.
② 전기저항은 도선의 단면적에 **반비례**한다.
④ 고유저항과 도전율은 **반비례**한다.

06 어떤 옥내배선에 $380V$의 전압을 가하였더니 $0.2mA$의 누설전류가 흘렀다. 이 배선의 절연저항은 몇 $M\Omega$인가?

19년-1회

① 0.2
② 1.9
③ 3.8
④ 7.6

해설

$R_I = \dfrac{V_I}{I_L} = \dfrac{380}{0.2 \times 10^{-3}} = 1,900,000[\Omega] = 1.9[M\Omega]$

08 동선의 저항이 $20°C$일 때 0.8Ω이라 하면 $60°C$일 때의 저항은 약 몇 Ω인가? (단, 동선의 $20°C$의 온도계수는 0.0039이다)

17년-2회

① 0.034
② 0.925
③ 0.644
④ 2.4

해설

온도변화에 따른 저항 $R_2 = R_1[1 + \alpha_1(T_2 - T_1)]$
$R_2 = 0.8 \times [1 + 0.0039 \times (60 - 20)] = 0.925[\Omega]$

🔒 **정답** 09 ② 10 ② 11 ④ 12 ④

기출유형 완성하기

09 자동화재탐지설비의 감지기 회로의 길이가 $500m$이고, 종단에 $8k\Omega$의 저항이 연결되어 있는 회로에 $24V$의 전압이 가해졌을 경우 도통시험 시 전류는 약 몇 mA인가? (단, 동선의 저항률은 $1.69 \times 10^{-8} \Omega \cdot m$이며, 동선의 단면적은 $2.5mm^2$이고, 접촉저항 등은 없다고 본다)
20년-1·2회

① 2.4
② 3.0
③ 4.8
④ 6.0

해설

동선저항 $R_l = \rho \dfrac{L}{A}$

$\quad\quad\quad = 1.69 \times 10^{-8} \times \dfrac{500}{2.5 \times 10^{-6}} = 3.38[\Omega]$

$I = \dfrac{V}{R_t} = \dfrac{V}{R_l + R_f} = \dfrac{24}{3.38 + 8,000} \times \dfrac{1,000[mA]}{1[A]}$

$\quad = 3[mA]$

10 전기화재의 원인 중 하나인 누설전류를 검출하기 위해 사용되는 것은?
22년-1회

① 부족전압계전기
② 영상변류기
③ 계기용변압기
④ 과전류계전기

해설

누설전류는 **영상변류기**를 이용하여 검출한다.

11 $0℃$ 때의 저항이 10Ω, 저항온도계수가 0.0043인 전선이 있다. $30℃$에서 이 전선의 저항은 약 몇 $[\Omega]$인가?
21년-2회

① $0.013[\Omega]$
② $0.68[\Omega]$
③ $1.4[\Omega]$
④ $11.3[\Omega]$

해설

온도변화에 따른 저항 $R_2 = R_1[1 + \alpha_1(T_2 - T_1)]$
$R_2 = 10 \times [1 + 0.0043 \times (30 - 0)] = 11.29 ≒ 11.3[\Omega]$

12 지름 $1.2m$, 저항 7.6Ω의 동선에서 이 동선의 저항률을 $0.0172\Omega \cdot m$라고 하면 동선의 길이는 약 몇 m인가?
17년-4회

① 200
② 300
③ 400
④ 500

해설

도체의 저항 $R = \rho \dfrac{L}{A} = \rho \dfrac{L}{\pi d^2/4}$

$L = \dfrac{\pi d^2}{4} \times \dfrac{R}{\rho} = \dfrac{\pi \times 1.2^2}{4} \times \dfrac{7.6}{0.0172} = 500[\Omega]$

CHAPTER 07 | 도체&절연체와 저항

08 키르히호프의 법칙, 플레밍의 법칙, 렌츠의 법칙

기출유형

균일한 자기장 내에서 운동하는 도체에 유도된 기전력의 방향을 나타내는 법칙은? 22년-2회

① 플레밍의 왼손법칙
② 플레밍의 오른손법칙
③ 암페어의 오른나사법칙
④ 패러데이의 전자유도법칙

해설
자기장 내에서 운동하는 도체에 유도된 "기전력의 방향"을 결정하는 법칙은 플레밍의 오른손법칙이다.

| 정답 | ②

족집게 과외

❶ 키르히호프의 법칙

구 분	내 용
제1법칙 (KCL) 또는 전류법칙	① 회로상의 임의의 한 분기점에서 들어온 전류의 합은 교점에서 나간 전류의 합과 같음 ② 유입전류의 합=유출전류의 합이므로 $I_1+I_2+I_3=I_4+I_5$ ③ 즉, 전류의 대수적 합은 0임 $I_1+I_2+I_3-I_4+I_5 = \sum_{junction} I = 0$
제2법칙 (KVL) 또는 전압법칙	① 폐회로에서, 그 폐회로를 따라 한 방향으로 일주하면서 생기는 전압강하의 합은 그 폐회로 내에 포함되어 있는 기전력의 합과 같음 ② 기전력의 합=전압강하의 합으로 $V_t = V_1+V_2+V_3$ ③ $V_t - V_1+V_2+V_3 = 0$, $\sum_{closedloop} \triangle V = 0$

❷ 플레밍의 법칙

구 분	내 용
왼손 법칙	① 자기장 내에서 전류가 흐르는 도체의 회전력 방향을 결정하는 법칙 ② 전류와 자계 간에 적용하는 힘의 방향을 결정함(전동기의 회전방향) • 엄 지: 힘(F)의 방향 • 검 지: 자기장(B)의 방향 • 중 지: 전류(I)의 방향
오른손 법칙	① 도체 운동에 의한 유도기전력의 방향을 알 수 있는 법칙 ② 발전기 기전력의 방향을 알 수 있음 • 엄 지: 힘(F)의 방향 • 검 지: 자기장(B)의 방향 • 중 지: 유도전류(I, 기전력)의 방향

❸ 렌츠의 법칙

구 분	내 용
개 념	① 전자유도에 의하여 발생하는 기전력은 자속 변화를 방해하는 방향으로 전류가 발생함 ② 일반적으로 코일을 지나가는 자속이 변화하는 경우에 유기기전력의 방향으로 표현됨

기출유형 완성하기

🔒 **정답** 01 ③ 02 ① 03 ③ 04 ③

01 다음의 내용이 설명하는 것으로 가장 알맞은 것은? `22년-2회`

> 회로망 내 임의의 폐회로(closed circuit)에서, 그 폐회로를 따라 한 방향으로 일주하면서 생기는 전압강하의 합은 그 폐회로 내에 포함되어 있는 기전력의 합과 같다.

① 노튼의 정리
② 중첩의 정리
③ 키르히호프의 전압법칙
④ 패러데이의 법칙

해설
"기전력의 합=전압강하의 합"은 키르히호프의 전압법칙에 대한 설명이다.

02 직류전동기는 자장 중에서 도체에 전류를 흘리면 그 도체에 힘이 작용한다는 누구의 법칙을 직접 응용한 것인가? `06년-1회`

① 플레밍의 왼손법칙
② 가우스의 법칙
③ 스토우크스의 법칙
④ 패러데이의 법칙

해설
자기장 중에서 도체에 전류를 흘리면 도체에 힘이 작용하는 법칙은 **플레밍의 왼손법칙**이다.

03 전자유도 현상에서 코일에 생기는 유도기전력의 방향을 정의한 법칙은? `25년`

① 플레밍의 오른손법칙
② 플레밍의 왼손법칙
③ 렌츠의 법칙
④ 패러데이의 법칙

해설
전자유도에 의하여 발생하는 기전력은 **자속 변화를 방해하는 방향**으로 전류가 발생하는 것을 설명한 법칙은 렌츠의 법칙이다.

04 다음이 설명하는 것으로 가장 알맞은 것은? `08년-2회`

> "회로망 중의 임의의 폐회로(Closed circuit) 내에서 그 폐회로를 따라 한 방향으로 일주하면서 생기는 전압강하의 합은 그 폐회로 내에 포함되어 있는 기전력의 합과 같다."

① 노튼의 정리
② 중첩의 원리
③ 키르히호프의 제2법칙
④ 패러데이의 법칙

해설
"기전력의 합=전압강하의 합"은 키르히호프의 전압법칙에 대한 설명이다.

09 제백 효과, 펠티에 효과, 톰슨 효과, 줄의 법칙, 압전 효과

기출유형

서로 다른 두 개의 금속도선 양끝을 연결하여 폐회로를 구성한 후, 양단에 온도차를 주었을 때 두 접점 사이에서 기전력이 발생하는 효과는?

16년-2회

① 톰슨 효과
② 제어백 효과
③ 펠티에 효과
④ 펀치 효과

해설
두 종류의 금속을 접합하여 폐회로를 구성하고 양단에 온도차를 주면 두 접점 사이에 전위차(기전력)가 발생하여 전류가 흐르는 현상을 "제백(seebeck)효과"라고 한다.

| 정답 | ②

족집게 과외

❶ 열전 효과

구 분	제백(Seebeck) 효과	펠티에(Peltier) 효과	톰슨(Thomson) 효과
개념도	(고온점 → 전류 → 저온점, 금속(A), 금속(B), V)	(방열 ← 전류 → 흡열, 금속(A), 금속(B), V)	(고온 → 발열/흡열, 전류, 저온)
개 념	두 종류의 금속을 접합하여 폐회로를 구성하고 양단에 온도차를 주면 두 접점 사이에 전위차(기전력)가 발생하여 전류가 흐르는 현상	두 종류의 금속을 접합하여 전류를 흘렸을 경우 접합부에서 줄 열 이외의 열의 발생 또는 흡수가 일어나는 현상	하나의 물질 양 끝에 온도 차이를 두고 전류를 흘릴 때 열이 방출되거나 흡수되는 현상

❷ 줄의 법칙

구 분	내 용	
개 념	① 저항이 있는 도체에 전류가 흐를 때 열이 발생되는 법칙 ② 그때 발생하는 열을 줄열이라 하고 그 양은 전류의 제곱 및 저항에 비례함	
관계식	단위시간당 발생하는 열에너지	$H[W] = I^2R$ 또는 $H[cal/h] = 0.24I^2R$
	총 발생 열에너지	$H[J] = I^2Rt$ 또는 $H[cal] = 0.24I^2Rt$

❸ 압전 효과

구 분	내 용
개 념	어떤 물질에 압력을 가했을 때 전기적인 변화가 생기는 현상

기출유형 완성하기

🔒 정답 01 ③ 02 ① 03 ③ 04 ② 05 ③

01 줄의 법칙에 관한 수식으로 틀린 것은? `19년-1회`

① $H = I^2 Rt [J]$
② $H = 0.24 I^2 Rt [cal]$
③ $H = 0.12 VIt [J]$
④ $H = \dfrac{1}{4.2} I^2 Rt [cal]$

해설
줄의 법칙
$H[J] = I^2 Rt$
$H[cal] = 0.24 I^2 Rt = \dfrac{1}{4.2} I^2 Rt$

02 두 종류의 금속으로 폐회로를 만들어 전류를 흘리면 양 접속점에서 한쪽은 온도가 올라가고 다른 쪽은 온도가 내려가는 현상은? `15년-4회`

① 펠티에 효과
② 제벡 효과
③ 톰슨 효과
④ 홀 효과

해설
두 종류의 금속을 접합하여 전류를 흘렸을 경우 접합부에서 줄 열 이외의 열의 발생 또는 흡수가 일어나는 현상을 **펠티에 효과**라고 한다.

03 저항이 있는 도체에 전류를 흘리면 열이 발생되는 법칙은? `15년-2회`

① 옴의 법칙
② 플레밍의 법칙
③ 줄의 법칙
④ 키르히호프의 법칙

해설
저항이 있는 도체에 전류가 흐를 때 열이 발생되는 것을 **줄의 법칙**이라고 한다.

04 동일 금속에 온도구배가 있을 경우 여기에 전류를 흘리면 열을 흡수 또는 발생하는 현상을 무엇이라 하는가? `12년-2회`

① 제벡 효과
② 톰슨 효과
③ 펠티에 효과
④ 홀 효과

해설
하나의 물질 양 끝에 온도 차이(온도구배)를 두고 전류를 흘릴 때 열이 방출되거나 흡수되는 현상을 **톰슨 효과**라고 한다.

05 수정, 전기석 등의 결정에 압력을 가하여 변형을 주면 변형에 비례하여 전압이 발생하는 현상을 무엇이라 하는가? `20년-1·2회`

① 국부작용
② 전기분해
③ 압전현상
④ 성극작용

해설
어떤 물질에 **압력을 가했을 때** 전기적인 변화가 생기는 현상을 **압전현상**이라고 한다.

정답 06 ④ 07 ② 08 ①

06 서로 다른 금속선으로 된 폐회로의 두 접합점의 온도를 다르게 하였을 때 열기전력이 발생하는 효과는? `06년-4회`

① Thomson 효과
② Pinch 효과
③ Peltier 효과
④ Seebeck 효과

해설
두 종류의 금속을 접합하여 폐회로를 구성하고 양단에 온도차를 주면 두 접점 사이에 전위차(기전력)가 발생하여 전류가 흐르는 현상을 **제백**(seebeck) **효과**라고 한다.

07 전류의 열작용과 가장 관계가 있는 법칙은? `06년-4회`

① 옴의 법칙
② 줄의 법칙
③ 플레밍의 법칙
④ 키르히호프의 법칙

해설
저항이 있는 도체에 전류가 흐를 때 열이 발생되는 법칙을 **줄의 법칙**이라고 한다.

08 두 종류의 금속으로 폐회로를 만들어 전류를 흘리면 양 접속점에서 한쪽은 온도가 올라가고 다른 쪽은 온도가 내려가는 현상은? `07년-4회`

① 펠티에 효과
② 지벡 효과
③ 톰슨 효과
④ 홀 효과

해설
두 종류의 금속을 접합하여 전류를 흘렸을 경우 접합부에서 줄 열 이외의 열의 발생 또는 흡수가 일어나는 현상을 **펠티에 효과**라고 한다.

10　교류 기초

기출유형

정현파 교류의 최댓값이 $100\,V$인 경우 평균값은 몇 V인가?　　　17년-2회

① 45.04
② 50.64
③ 63.69
④ 69.34

해설

정현파 교류에서 평균값 $= 0.637\,V_m = 0.637 \times 100 = 63.7\,[V]$

| 정답 | ③

족집게 과외

❶ 직류와 교류

구 분	직류(DC ; Direct Current)	교류(AC ; Alternating Current)
개념도	(일정한 값의 그래프)	(사인파 그래프)
개 념	항상 일정한 방향으로 흐르는 전류	시간에 따라 주기적으로 크기와 방향이 변하는 전류

❷ 호도법과 각속도

구 분	내 용				
호도법과 각도법	원의 둘레는 $2\pi r$, 여기서 $r=1$이므로 2π가 되고 즉, $2\pi=360°$				
	각도법[°]	360°	180°	90°	45°	30°
	호도법[rad]	2π	π	$\dfrac{\pi}{2}$	$\dfrac{\pi}{4}$	$\dfrac{\pi}{6}$

각속도(ω) 및 주기와 주파수	$\omega[rad/\sec]=\dfrac{\theta}{t}=\dfrac{2\pi}{T}=2\pi f$ θ : 단위시간당 이동각도[rad] t : 단위시간[s] T : 주기[$s/1C≒s$] f = 주파수[$Hz=C/s$] ※ C=싸이클	
	주파수(f)	일정한 크기의 전류나 전압 등의 진동과 같은 주기적 현상(주기)이 단위시간($1s$) 동안에 반복되는 횟수
	주기(T)	주파수의 역수로서 1번의 싸이클이 진행되는 동안 소요되는 시간

위 상	A 파형	0보다 앞에서 파형이 시작되므로 B파형보다 위상이 θ_1 만큼 앞섬 $V_A=V_m\sin(\omega t+\theta_1)$
	B 파형	0에서 시작하므로 기준 파형 $V_B=V_m\sin\omega t$
	C 파형	0보다 뒤에서 파형이 시작되므로 B파형보다 위상이 θ_2 만큼 늦음 $V_C=V_m\sin(\omega t-\theta_2)$

❸ 정현파에서의 최댓값, 순시값, 실효값, 평균값

구 분	내 용
페이저도	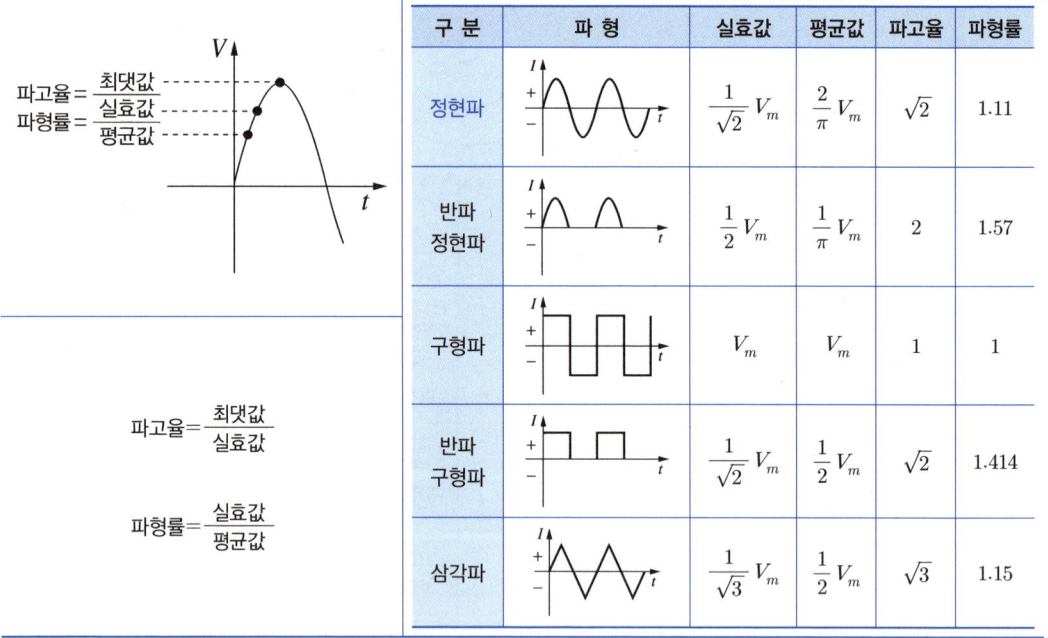
최댓값 (V_m, I_m)	교류 전류 또는 전압의 순시값 중에서 가장 큰 값 $V_m = \sqrt{2}\,V_{rms}$
순시값 (V, I)	시간에 따라 변하는 교류의 임의의 시간에 있어서의 값 $V = V_m \sin(\omega t + \theta) = \sqrt{2}\,V_{rms}\sin(\omega t + \theta)$
실효값 (V_{rms}, I_{rms})	교류의 크기를 교류와 동일한 일을 하는 직류의 크기로 환산한 값(전압계 지시값) 예 가정용 $220\,V$, $380\,V$ 등 $V_{rms} = \dfrac{V_m}{\sqrt{2}} \simeq 0.707\,V_m$
평균값 (V_{av}, I_{av})	교류 순시값의 1주기 동안의 평균을 취한 값 $V_{av} = \dfrac{2}{\pi}V_m \simeq 0.637\,V_m$

❹ 파고율과 파형률

파고율 = 최댓값/실효값
파형률 = 실효값/평균값

구 분	파 형	실효값	평균값	파고율	파형률
정현파		$\dfrac{1}{\sqrt{2}}V_m$	$\dfrac{2}{\pi}V_m$	$\sqrt{2}$	1.11
반파 정현파		$\dfrac{1}{2}V_m$	$\dfrac{1}{\pi}V_m$	2	1.57
구형파		V_m	V_m	1	1
반파 구형파		$\dfrac{1}{\sqrt{2}}V_m$	$\dfrac{1}{2}V_m$	$\sqrt{2}$	1.414
삼각파		$\dfrac{1}{\sqrt{3}}V_m$	$\dfrac{1}{2}V_m$	$\sqrt{3}$	1.15

정답 01 ② 02 ① 03 ③ 04 ② 05 ②

기출유형 완성하기

01 정현파 교류전압의 최댓값이 $V_m(V)$이고, 평균값이 $V_{av}(V)$일 때 이 전압의 실효값 $V_{rms}(V)$는? `21년-2회`

① $V_{rms} = \dfrac{\pi}{\sqrt{2}} V_m$

② $V_{rms} = \dfrac{\pi}{2\sqrt{2}} V_{av}$

③ $V_{rms} = \dfrac{\pi}{2\sqrt{2}} V_m$

④ $V_{rms} = \dfrac{1}{\pi} V_m$

해설

정현파 교류에서 평균값 $V_{av} = \dfrac{2}{\pi} V_m \Rightarrow V_m = \dfrac{\pi}{2} V_{av}$

실효값 $V_{rms} = \dfrac{V_m}{\sqrt{2}} = \dfrac{1}{\sqrt{2}} \times \dfrac{\pi}{2} V_{av} = \dfrac{\pi}{2\sqrt{2}} V_{av}$

02 정현파 전압의 평균값이 $150\,V$이면 최댓값은 약 몇 V인가? `18년-4회`

① 235.6
② 212.1
③ 106.1
④ 95.5

해설

정현파 교류에서 $V_{av} = \dfrac{2}{\pi} V_m \Rightarrow V_m = \dfrac{\pi}{2} V_{av}$

$V_m = \dfrac{\pi}{2} V_{av} = \dfrac{\pi}{2} \times 150 = 235.6[V]$

03 정현파 전압의 평균값과 최댓값의 관계식 중 옳은 것은? `17년-1회`

① $V_{av} = 0.707\,Vm$
② $V_{av} = 0.840\,Vm$
③ $V_{av} = 0.637\,Vm$
④ $V_{av} = 0.956\,Vm$

해설

정현파 교류에서 평균값 $V_{av} = \dfrac{2}{\pi} V_m \simeq 0.637 V_m$

04 $i = 50\sin\omega t$인 교류전류의 평균값은 약 몇 A인가? `16년-2회`

① 25
② 31.8
③ 35.9
④ 50

해설

$i = 50\sin\omega t$ 중 50은 i_m(최댓값)을 의미하므로

평균값 $i_{av} = \dfrac{2}{\pi} \times 50 = 31.8[A]$

05 교류의 파고율은? `14년-1회`

① 실효값/평균값
② 최댓값/실효값
③ 최댓값/평균값
④ 실효값/최댓값

해설

파고율 $= \dfrac{\text{최댓값}}{\text{실효값}}$, 파형률 $= \dfrac{\text{실효값}}{\text{평균값}}$

CHAPTER 10 | 교류 기초

기출유형 완성하기

정답 06 ① 07 ① 08 ③ 09 ④ 10 ②

06 교류전압계의 지침이 지시하는 전압은 다음 중 어느 것인가? `12년-4회`

① 실효값
② 평균값
③ 최댓값
④ 순시값

해설
교류전압계가 지침하는 전압값은 "**실효값**"이다.

07 $I=100\sin\omega t[A]$의 평균값은? `10년-2회`

① 63.7[A]
② 70.7[A]
③ 141.4[A]
④ 173.2[A]

해설
$I=100\sin\omega t$ 중 100은 I_m(최댓값)이므로
$I_{av} = \dfrac{2}{\pi}I_m \simeq 0.637I_m = 0.637 \times 100 = 63.7[A]$
파형의 종류가 조건에 주어지지 않는 경우 정현파로 해석한다.

08 실효값 $100V$의 교류전압을 최댓값으로 나타내면 약 몇 $[V]$인가? `08년-2회`

① 110 V
② 120 V
③ 141.4 V
④ 173.2 V

해설
정현파에서 실효값 $V_{rms} = \dfrac{V_m}{\sqrt{2}} \simeq 0.707 V_m$ 이므로
최댓값 $V_m = \dfrac{V_{rms}}{0.707} \times 100 = 141.4[V]$

09 $60Hz$ 교류의 위상차가 $\pi/6[rad]$일 때 이 위상차를 시간으로 표시하면 몇 $\sec$인가? `06년-2회`

① 1/60
② 1/180
③ 1/360
④ 1/720

해설
주파수 $60[Hz]$와 주기는 역수이므로
주기 $\left(360° = \dfrac{1}{60}[s]\right)$
$\dfrac{\pi}{6} = \dfrac{180°}{6} = 30°$ 로 비례식을 세우면
$30° : t = 360° : \dfrac{1}{60}[s]$
$\Rightarrow t = \dfrac{30°}{360°} \times \dfrac{1}{60}[s] = \dfrac{1}{720}[s]$

10 $I=I_m\sin\omega t$의 정현파에서 ωt가 얼마일 때 실효값과 순시값이 같은가? `06년-2회`

① 30°
② 45°
③ 60°
④ 30°

해설
순시값 $V = V_m\sin(\omega t + \theta)$
실효값 $V_{rms} = \dfrac{V_m}{\sqrt{2}}$ 이므로 두 값이 같으려면
$\sin(\omega t) = \dfrac{1}{\sqrt{2}} \Rightarrow \omega t = \sin^{-1}\left(\dfrac{1}{\sqrt{2}}\right) = 45°$

11 $v=\sqrt{2}\,V\sin\omega t\,[V]$인 전압에서 $\omega t\pi/6$일 때의 크기가 $70.7\,V$이면 이 전원의 실효값은 몇 V가 되는가?   05년-2회

① 100
② 200
③ 300
④ 400

해설

순시값 $V=\sqrt{2}\,V_{rms}\sin\omega t$

$V_{rms}=\dfrac{V}{\sqrt{2}\sin\omega t}=\dfrac{70.7}{\sqrt{2}\sin\left(\dfrac{\pi}{6}\right)}$

$=99.9\,[V]\simeq 100\,[V]$

12 교류의 파형률은?   25년

① 실효값/평균값
② 최댓값/실효값
③ 최댓값/평균값
④ 실효값/최댓값

해설

파고율$=\dfrac{최댓값}{실효값}$, 파형률$=\dfrac{실효값}{평균값}$

11 R-L-C 회로

기출유형

저항 6Ω과 유도리액턴스 8Ω이 직렬로 접속된 회로에 100V의 교류전압을 가할 때 흐르는 전류의 크기는 몇 A인가? `18년-2회`

① 10
② 20
③ 50
④ 80

해설

교류전압에서 전류 $i = \dfrac{V}{Z} = \dfrac{V}{\sqrt{R^2 + X_L^2}} = \dfrac{100}{\sqrt{6^2 + 8^2}} = 10[A]$

|정답| ①

족집게 과외

❶ 교류 소자

구 분	저 항	인덕터(코일)	커패시터(콘덴서)
표 기	$R[\Omega: 옴]$	$L[H: 헨리]$	$C[F: 패럿]$
도시 기호	저항 기호	코일 기호	커패시터 기호
에너지	열 등으로 에너지 소모	자속의 형태로 에너지 저장	전하의 형태로 에너지 저장
계산 적용	$R[\Omega]$	$X_L[\Omega] = \omega L = 2\pi f L$	$X_c[\Omega] = \dfrac{1}{\omega C} = \dfrac{1}{2\pi f C}$
	명칭 : 저항	명칭 : 유도성 리액턴스	명칭 : 용량성 리액턴스

임피던스 (Z)	개 념	① 교류회로에서 전압이 가해졌을 때 전류의 흐름을 방해하는 값 ② 저항, 인덕터, 커패시터 성분의 합
	관계식	$Z = R + jX = R + j(X_L - X_C)$, $\quad |Z| = \sqrt{R^2 + (X_L - X_C)^2}$

❷ 단독회로

구 분		R만의 회로	L만의 회로	C만의 회로
회로도		$i(t) = i_m \sin \omega t$	$i(t) = i_m \sin(\omega t - \theta)$	$i(t) = i_m \sin(\omega t + \theta)$
파형도		(파형)	(파형, $-\dfrac{\pi}{2}$)	(파형, $+\dfrac{\pi}{2}$)
벡터도		$i \quad \dot{V}$	$\dot{V}$ 위, $\dot{i}$ 아래	$\dot{i}$ 위, $\dot{V}$ 옆
위 상		전류와 전압이 같음	전압보다 전류가 90° 늦음	전압보다 전류가 90° 빠름
V 기준	V	$V = V_m \sin \omega t$	$V = V_m \sin \omega t$	$V = V_m \sin \omega t$
	i	$i = \dfrac{V}{R} = \dfrac{V_m \sin \omega t}{R}$	$i = \dfrac{V}{X_L} = i_m \sin(\omega t - 90)$	$i = \dfrac{V}{X_C} = i_m \sin(\omega t + 90)$
i 기준	i	$i = i_m \sin \omega t$	$i = i_m \sin \omega t$	$i = i_m \sin \omega t$
	V	$V = V_m \sin \omega t$	$V = V_m \sin(\omega t + 90)$	$V = V_m \sin(\omega t - 90)$

❸ 직렬회로

구 분	$R-L$ 회로	$R-C$ 회로	$R-L-C$ 회로
표기	$R[\Omega: 옴]$	$L[H: 헨리]$	$C[F: 패럿]$
회로도			
벡터도			
임피던스 평면			
위상차 ($V \leftrightarrow i$)	$\theta = \tan^{-1}\left(\dfrac{\omega L}{R}\right)$	$\theta = \tan^{-1}\left(-\dfrac{1}{\omega CR}\right)$	$\theta = \tan^{-1}\left(\dfrac{\omega L - \dfrac{1}{\omega C}}{R}\right)$
	$\sin$파와 $\cos$파의 위상차를 구할 때 **Tip** $\cos\omega t = \sin\left(\omega t + \dfrac{\pi}{2}\right)$		

정답 01 ② 02 ① 03 ② 04 ①

기출유형 완성하기

01 10μF인 콘덴서를 60Hz 전원에 사용할 때 용량 리액턴스는 약 몇 Ω인가? `18년-4회`

① 250.5
② 265.3
③ 350.5
④ 465.3

해설
용량성 리액턴스
$$X_C = \frac{1}{\omega C} = \frac{1}{2\pi f C} = \frac{1}{2\pi \times 60 \times 10 \times 10^{-6}} = 265.3[\Omega]$$

02 저항이 R, 유도리액턴스가 X_L, 용량리액턴스가 X_C인 $R-L-C$ 직렬회로에서의 Z와 $|Z|$값으로 옳은 것은? `25년`

① $Z = R + j(X_L - X_C)$,
  $|Z| = \sqrt{R^2 + (X_L - X_C)^2}$
② $Z = R + j(X_L + X_C)$,
  $|Z| = \sqrt{R^2 + (X_L + X_C)^2}$
③ $Z = R + j(X_C - X_L)$,
  $|Z| = \sqrt{R^2 + (X_C - X_L)^2}$
④ $Z = R + j(X_C + X_L)$,
  $|Z| = \sqrt{R^2 + (X_C + X_L)^2}$

해설
직렬회로의 임피던스는 저항과 리액턴스 성분으로 나타낸다.
복소수로 표현할 경우 $Z = R + j(X_L - X_C)$
크기로 표현할 경우 $|Z| = \sqrt{R^2 + (X_L - X_C)^2}$

03 $R = 10\Omega$, $\omega L = 20\Omega$인 직렬회로에 $220V$의 전압을 가하는 경우 전류와 전압과 전류의 위상각은 각각 어떻게 되는가? `18년-1회`

① $24.5A$, $26.5°$
② $9.8A$, $63.4°$
③ $12.2A$, $13.2°$
④ $73.6A$, $79.6°$

해설
회로의 임피던스
$|Z| = \sqrt{R^2 + X_L^2} = \sqrt{10^2 + 20^2} = 10\sqrt{5}$
전류 $i = \frac{V}{Z} = \frac{220}{10\sqrt{5}} = 9.8[A]$
$R-L$회로의 위상각(차)
$\theta = \tan^{-1}\left(\frac{X_L}{R}\right) = \tan^{-1}\left(\frac{20}{10}\right) = 63.4°$

04 $R-L-C$ 회로의 전압과 전류 파형의 위상차에 대한 설명으로 틀린 것은? `17년-2회`

① $R-L$ 병렬회로 : 전압과 전류는 동상이다.
② $R-L$ 직렬회로 : 전압이 전류보다 θ만큼 앞선다.
③ $R-C$ 병렬회로 : 전류가 전압보다 θ만큼 앞선다.
④ $R-C$ 직렬회로 : 전류가 전압보다 θ만큼 앞선다.

해설
직렬회로, 병렬회로와 상관없이 L 회로 또는 $R-L$ 회로의 경우 전압이 전류보다 θ만큼 위상이 앞서고, C 회로 또는 $R-C$ 회로의 경우는 전류가 전압보다 θ만큼 위상이 앞선다.

기출유형 완성하기

정답 05 ① 06 ③ 07 ② 08 ②

05 $42.5mH$ 코일에 $60Hz$, $220V$의 교류를 가할 때 유도리액턴스는 몇 Ω인가? `14년-1회`

① 16Ω
② 20Ω
③ 32Ω
④ 43Ω

해설
유도리액턴스 $X_L = \omega L$이므로
$\omega L = 2\pi f L = 2\pi \times 60 \times 42.5 \times 10^{-3} = 16[\Omega]$

06 다음 그림과 같은 회로에서 $R=16\Omega$, $L=180mH$, $\omega=100rad/s$일 때 합성임피던스는? `12년-1회`

① 약 $3[\Omega]$
② 약 $5[\Omega]$
③ 약 $24[\Omega]$
④ 약 $34[\Omega]$

해설
$Z = \sqrt{R^2 + X_L^2} = \sqrt{R^2 + (\omega L)^2}$
$Z = \sqrt{16^2 + (100 \times 180 \times 10^{-3})^2} = 24.08[\Omega]$

07 어떤 회로 소자에 전압을 가하였더니 흐르는 전류가 전압에 비해 π/2만큼 위상이 느리다면 사용한 회로소자는 무엇인가? `11년-4회`

① 커패시턴스
② 인덕턴스
③ 저항
④ 콘덕턴스

해설
L(코일, 인덕터, 인덕턴스)를 사용한 회로는 전압에 비해 전류의 위상이 $90°\left(\dfrac{\pi}{2}\right)$만큼 느리다.

08 RC 직렬회로에서 $R=100[\Omega]$, $C=5[\mu F]$일 때 $e=220\sqrt{2}\sin 377t$인 전압을 인가하면 이 회로의 위상차는 대략 얼마인가? `11년-4회`

① 전압은 전류보다 약 79°만큼 위상이 빠르다.
② 전압은 전류보다 약 79°만큼 위상이 느리다.
③ 전압은 전류보다 약 43°만큼 위상이 빠르다.
④ 전압은 전류보다 약 43°만큼 위상이 느리다.

해설
전압 순시값 $e = \sqrt{2}\,e_{rms}\sin(\omega t)$이므로
$e = \sqrt{2} \times 220\sin(377t)$에서 $377 = \omega$
$\theta = \tan^{-1}\left(\dfrac{-\dfrac{1}{\omega C}}{R}\right) = \tan^{-1}\left(-\dfrac{1}{\omega CR}\right)$
$\theta = \tan^{-1}\left(-\dfrac{1}{377 \times 5 \times 10^{-6} \times 100}\right) = -79.3[°]$
전압이 $(-)$ 값이므로 전류보다 79°만큼 느리다.

정답 09 ① 10 ④ 11 ② 12 ③

기출유형 완성하기

09 $i = I_m \sin\left(\omega t - \dfrac{\pi}{3}\right)[A]$와 $v = V_m \sin\left(\omega t - \dfrac{\pi}{6}\right)$ $[V]$의 위상차는?　11년-2회

① $\pi/6$
② $\pi/4$
③ $\pi/3$
④ $\pi/2$

해설
전압과 전류 모두 사인파이므로
위상차는 $\left(-\dfrac{\pi}{6}\right) - \left(-\dfrac{\pi}{3}\right) = \dfrac{\pi}{6}$

10 $0.2H$인 코일의 리액턴스가 628Ω일 때 주파수는 약 몇 $[Hz]$인가?　08년-4회

① 200
② 300
③ 400
④ 500

해설
리액턴스 $X_L = \omega L = 2\pi f L$이므로
$f = \dfrac{X_L}{2\pi L} = \dfrac{628}{2\pi \times 0.2} = 499.7[Hz]$

11 어떤 회로에 전압 $V(t) = V_m \cos\omega t$를 가했더니 회로에 흐르는 전류가 $I(t) = I_m \sin\omega t$이었다. 이 회로가 한 개의 회로소자로 구성되어 있다면 이 소자의 종류는? (단, $V_m > 0$, $I_m > 0$이다)　18년-4회

① 저 항
② 인덕터
③ 콘덴서
④ 다이오드

해설
$\cos\omega t = \sin\left(\omega t + \dfrac{\pi}{2}\right)$이므로
$v(t) = V_m \cos\omega t = V_m \sin\left(\omega t + \dfrac{\pi}{2}\right)$
즉, 전압이 전류보다 위상이 $\left(\dfrac{\pi}{2}\right)$만큼 빠르므로 인덕터($L$)로 회로가 구성되어 있다.

12 $R = 4\Omega$, $L = 30mH$, $\omega = 100rad/s$일 때 그림과 같은 회로의 합성임피던스는 몇 $[\Omega]$인가?　08년-2회

① 3Ω
② 4Ω
③ 5Ω
④ 8Ω

해설
$Z = \sqrt{R^2 + X_L^2} = \sqrt{R^2 + (\omega L)^2}$
$Z = \sqrt{4^2 + (100 \times 30 \times 10^{-3})^2} = 5[\Omega]$

CHAPTER 11 | R-L-C 회로

13 저항만의 회로에서 전압과 전류 사이의 위상관계는? `07년-2회`

① 전압과 전류는 동상이다.
② 전압은 전류보다 π/2 앞선다.
③ 전압은 전류보다 π 앞선다.
④ 전압은 전류보다 π/2 뒤진다.

해설
R회로에서는 전압과 전류는 동상이다.

14 그림과 같은 회로의 전류는 몇 A인가? (단, 교류전원) `06년-1회`

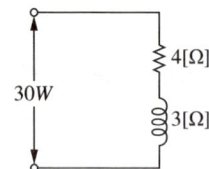

① 3
② 4
③ 5
④ 6

해설
교류전압에서 전류
$i = \dfrac{V}{Z} = \dfrac{V}{\sqrt{R^2+X_L^2}} = \dfrac{30}{\sqrt{4^2+3^2}} = 6[A]$

15 저항 3Ω과 유도리액턴트 4Ω의 직렬회로에 교류 $100V$를 가한 때 흐르는 전류와 위상각은? `06년-1회`

① $20A$, $53°$
② $20A$, $73°$
③ $14.3A$, $37°$
④ $58.3A$, $53°$

해설
회로의 임피던스 $|Z| = \sqrt{R^2+X_L^2} = \sqrt{3^2+4^2} = 5$
전류 $i = \dfrac{V}{Z} = \dfrac{100}{5} = 20[A]$
$R-L$ 회로의 위상각(차)
$\theta = \tan^{-1}\left(\dfrac{X_L}{R}\right) = \tan^{-1}\left(\dfrac{4}{3}\right) = 53.1°$

12 연소수법과 극형식법(=극좌표법)

기출유형

$V = 20\sqrt{2}\sin\left(\omega t + \dfrac{\pi}{3}\right)$를 복소수로 표시하면? 10년-2회

① $V = 10(\sqrt{3} + j1)[V]$
② $V = 10(1 + j\sqrt{3})[V]$
③ $V = 10(1 + j0.5)[V]$
④ $V = 10(1 + j2)[V]$

해설

$\dfrac{\pi}{3} = 60°$ 이므로 삼각함수로 변환 → $V = 20(\cos 60° + \sin 60°)$

복소수로 변환 → $V = 20\left(\dfrac{1}{2} + j\dfrac{\sqrt{3}}{2}\right) = 10(1 + j\sqrt{3})$

|정답| ②

족집게 과외

❶ 복소수

구 분	내 용	
허수 (j)	실수가 아닌 복소수로 i로 표기되나 전류의 표기와 중복되므로 전기에서는 j로 표시	(그림: 허수축과 실수축, 점 B, 직각삼각형 A-B-C, 각도 θ)
복소수	복소수란 실수와 허수로 표기되는 수로 가로축(실수)과 세로축(허수)을 모두 표현하기 위한 개념 예 우측 그림의 경우 $A+jB$로 표기	
복소수 기초	① 허수는 j로 표현되나 제곱에 따라 각도가 변경됨 ② 복소수는 실수와 허수로 표현되므로 삼각함수를 이용하여 극형식법(크기와 각도)으로 표현할 수 있음	① $j=\sqrt{-1}=1\angle 90°$ ② $j^2=-1=1\angle 180°$ ③ $j^3=-\sqrt{-1}=1\angle 270°$ ④ $j^4=1=1\angle 360°=1\angle 0°$
극좌표 변환	$\dot{V}=A+jB=\sqrt{A^2+B^2}\angle \tan^{-1}\dfrac{B}{A}$ $\theta=\tan^{-1}\dfrac{B}{A}$	

❷ 형식에 따른 계산법

구 분	내 용			
정현파 예시	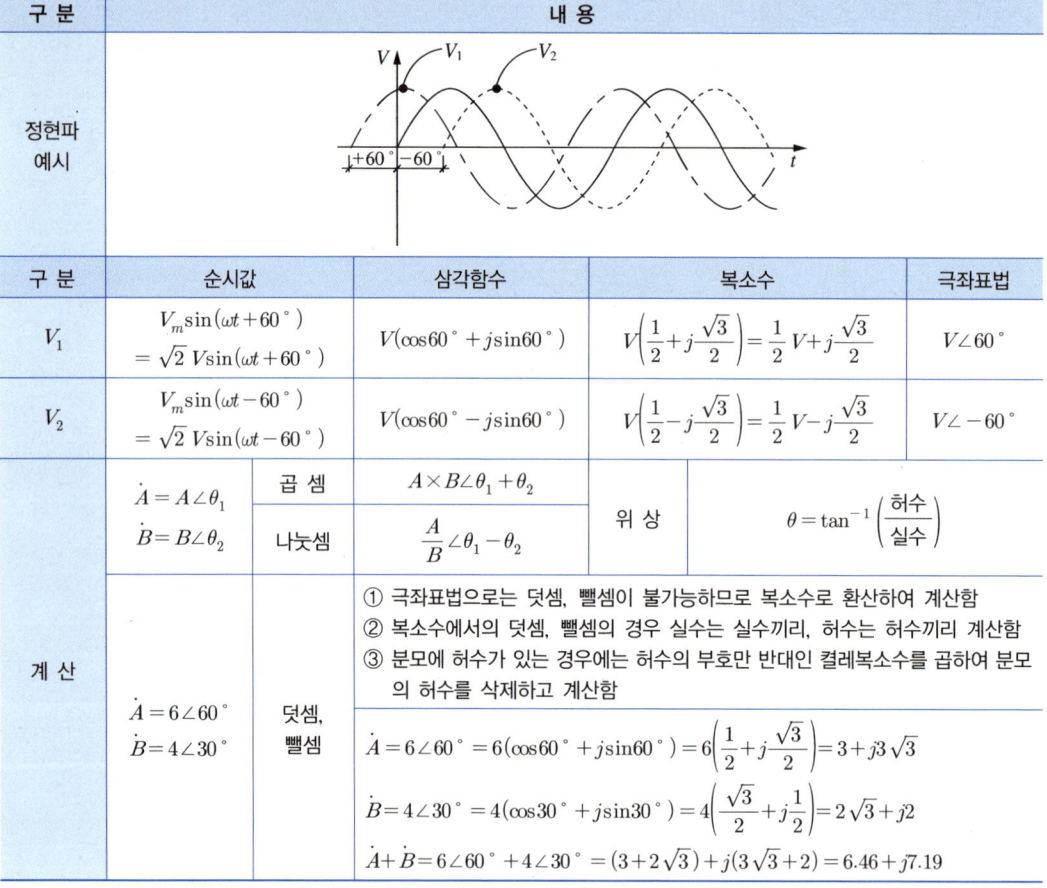			

구 분	순시값	삼각함수	복소수	극좌표법
V_1	$V_m\sin(\omega t+60°)$ $=\sqrt{2}\,V\sin(\omega t+60°)$	$V(\cos 60°+j\sin 60°)$	$V\left(\dfrac{1}{2}+j\dfrac{\sqrt{3}}{2}\right)=\dfrac{1}{2}V+j\dfrac{\sqrt{3}}{2}$	$V\angle 60°$
V_2	$V_m\sin(\omega t-60°)$ $=\sqrt{2}\,V\sin(\omega t-60°)$	$V(\cos 60°-j\sin 60°)$	$V\left(\dfrac{1}{2}-j\dfrac{\sqrt{3}}{2}\right)=\dfrac{1}{2}V-j\dfrac{\sqrt{3}}{2}$	$V\angle -60°$

구 분			내 용	
계 산	$\dot{A}=A\angle\theta_1$ $\dot{B}=B\angle\theta_2$	곱셈	$A\times B\angle\theta_1+\theta_2$	위 상 $\theta=\tan^{-1}\left(\dfrac{허수}{실수}\right)$
		나눗셈	$\dfrac{A}{B}\angle\theta_1-\theta_2$	
	$\dot{A}=6\angle 60°$ $\dot{B}=4\angle 30°$	덧셈, 뺄셈	① 극좌표법으로는 덧셈, 뺄셈이 불가능하므로 복소수로 환산하여 계산함 ② 복소수에서의 덧셈, 뺄셈의 경우 실수는 실수끼리, 허수는 허수끼리 계산함 ③ 분모에 허수가 있는 경우에는 허수의 부호만 반대인 켤레복소수를 곱하여 분모의 허수를 삭제하고 계산함 $\dot{A}=6\angle 60°=6(\cos 60°+j\sin 60°)=6\left(\dfrac{1}{2}+j\dfrac{\sqrt{3}}{2}\right)=3+j3\sqrt{3}$ $\dot{B}=4\angle 30°=4(\cos 30°+j\sin 30°)=4\left(\dfrac{\sqrt{3}}{2}+j\dfrac{1}{2}\right)=2\sqrt{3}+j2$ $\dot{A}+\dot{B}=6\angle 60°+4\angle 30°=(3+2\sqrt{3})+j(3\sqrt{3}+2)=6.46+j7.19$	

정답 01 ② 02 ③ 03 ④ 04 ①

기출유형 완성하기

01 $R=10\Omega$, $\omega L=20\Omega$인 직렬회로에 $220\angle 0° V$의 교류전압을 가하는 경우 이 회로에 흐르는 전류는 약 몇 A인가? `20년-4회`

① $24.5\angle -26.5°$
② $9.8\angle -63.4°$
③ $12.2\angle -13.2°$
④ $73.6\angle -79.6°$

해설

회로의 임피던스
$|Z|=\sqrt{R^2+X_L^2}=\sqrt{10^2+20^2}=10\sqrt{5}$
전류 $i=\dfrac{V}{Z}=\dfrac{220}{10\sqrt{5}}=9.8[A]$
$R-L$회로의 위상각(차)
$\theta=\tan^{-1}\left(\dfrac{X_L}{R}\right)=\tan^{-1}\left(\dfrac{20}{10}\right)=63.4°$

02 $e_1=10\sqrt{2}\sin\left(\omega t+\dfrac{\pi}{3}\right)$와 $e_2=20\sqrt{2}\sin\left(\omega t+\dfrac{\pi}{6}\right)$의 두 정현파의 합성전압 e는 약 몇 V인가? `14년-2회`

① $29.1\sqrt{2}\sin(\omega t+60°)$
② $29.1\sqrt{2}\sin(\omega t-60°)$
③ $29.1\sqrt{2}\sin(\omega t+40°)$
④ $29.1\sqrt{2}\sin(\omega t-40°)$

해설

합성을 하기 편하도록 복소수로 바꾸면
$e_1=10\sqrt{2}\sin\left(\omega t+\dfrac{\pi}{3}\right)=10(\cos 60°+j\sin 60°)$
$\quad =5+j5\sqrt{3}$
$e_2=20\sqrt{2}\sin\left(\omega t+\dfrac{\pi}{6}\right)=20(\cos 30°+j\sin 30°)$
$\quad =10\sqrt{3}+j10$
$e_1+e_2=5+j5\sqrt{3}+10\sqrt{3}+j10=22.32+j18.66$
합성 실효전압 $=\sqrt{22.32^2+18.66^2}=29.1[V]$
위상 $\theta=\tan^{-1}\left(\dfrac{허수}{실수}\right)=\tan^{-1}\left(\dfrac{18.66}{22.32}\right)=40°$
합성전압 $e_t=29.1\sqrt{2}\sin(\omega t+40°)$

03 8Ω의 저항과 6Ω의 용량리액턴스가 있는 직렬회로에 전압 $V=28-j4[V]$의 전압을 가하였을 때 회로에 흐르는 전류는 몇 A인가? `04년-1회`

① $3.5-j0.5$
② $2.8-j0.4$
③ $1.24-j0.68$
④ $2.48+j1.36$

해설

$R-C$ 직렬회로에서 전류 $i=\dfrac{V}{Z}=\dfrac{28-j4}{8-j6}$
켤레복소수를 취하면
$\dfrac{(28-j4)}{(8-j6)}\times\dfrac{(8+j6)}{(8+j6)}=2.48+j1.36$

04 복소수로 표시된 전압 $10-j[V]$를 어떤 회로에 가하는 경우 $5+j[A]$의 전류가 흘렀다면 이 회로의 저항은 약 몇 Ω인가? `20년-1·2회`

① 1.88
② 3.6
③ 4.5
④ 5.46

해설

$Z=\dfrac{V}{I}=\dfrac{10-j}{5+j}$
→ 켤레복소수를 취하면
$Z=\dfrac{(10-j)(5-j)}{(5+j)(5-j)}=1.88-j0.58$이고
여기서 저항은 실수항이므로 $R=1.88[\Omega]$

13 주파수와 공진

기출유형

그림과 같은 회로에서 단자 a, b 사이에 주파수 $f(Hz)$의 정현파 전압을 가했을 때 전류계 A_1, A_2의 값이 같았다. 이 경우 f, L, C 사이의 관계로 옳은 것은? 〔17년-4회〕

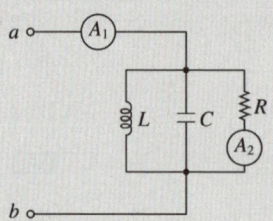

① $f = \dfrac{1}{2\pi^2 LC}$

② $f = \dfrac{1}{4\pi\sqrt{LC}}$

③ $f = \dfrac{1}{\sqrt{2\pi^2 LC}}$

④ $f = \dfrac{1}{2\pi\sqrt{LC}}$

해설

병렬회로이므로 A_1과 A_2의 전류가 같을 경우 L과 C는 전류가 흐르지 않는 상태로 병렬공진을 의미한다. 즉, 주파수는 공진주파수가 되고 이는 $f = \dfrac{1}{2\pi\sqrt{LC}}$ 이다.

|정답| ④

족집게 과외

❶ 주파수

구 분	내 용
개 념	① 일정한 크기의 전류나 전압 등의 진동과 같은 주기적 현상(주기)이 단위시간($1s$) 동안에 반복되는 횟수 ② 단위는 $[Hz]$ 또는 $[cycle/s]$로 f로 표기함 $$f[Hz] = \frac{\omega}{2\pi} = \frac{1}{T}$$ ω : 각속도$[rad/s]$ T : 주기$[s]$

❷ 공 진

구 분	내 용
직렬 공진	① 유도성 리액턴스와 용량성 리액턴스가 같은 상태 → $X_L = X_C \Rightarrow \omega L = \dfrac{1}{\omega C}$ ② 즉, $Z = R$로서 리액턴스가 0이 되어 임피던스와 저항이 같아지는 상태를 직렬공진이라 함 ③ 리액턴스가 0이므로 전류 최대
병렬 공진	① $\dfrac{1}{X_C} = \dfrac{1}{X_L} \Rightarrow \omega C = \dfrac{1}{\omega L}$인 상태로 임피던스가 최대인 상태를 병렬공진이라 함 ② 임피던스가 최대이므로 전류 최소 ③ 공진 임피던스 $Z_0[\Omega] = \dfrac{L}{CR}$
공진 주파수	① 직렬공진은 전류가 매우 커지고, 병렬공진은 전압이 매우 커지는 현상이 발생할 수 있음 ② $f_0[Hz] = \dfrac{1}{2\pi\sqrt{LC}}$
고조파의 공진 주파수	$$f_n = \frac{1}{2\pi n\sqrt{LC}}$$ n : 고조파 차수

기출유형 완성하기

정답 01 ③ 02 ① 03 ② 04 ②

01 $R=10\Omega$, $C=33\mu F$, $L=20mH$인 RLC 직렬회로의 공진주파수는 약 몇 Hz인가? [19년-1회]

① 169
② 176
③ 196
④ 206

해설
공진주파수
$$f_0[Hz] = \frac{1}{2\pi\sqrt{LC}}$$
$$= \frac{1}{2\pi\sqrt{20\times10^{-3}\times33\times10^{-6}}} = 196[Hz]$$

02 RLC 직렬공진회로에서 제n고조파의 공진주파수(f_n)는? [18년-1회]

① $\dfrac{1}{2\pi n\sqrt{LC}}$
② $\dfrac{1}{\pi n\sqrt{LC}}$
③ $\dfrac{1}{2\pi\sqrt{nLC}}$
④ $\dfrac{n}{2\pi n\sqrt{LC}}$

해설
고조파의 공진주파수 $f_n = \dfrac{1}{2\pi n\sqrt{LC}}$

03 인덕턴스가 $0.5H$인 코일의 리액턴스가 753.6Ω일 때 주파수는 약 몇 Hz인가? [20년-1·2회]

① 120
② 240
③ 360
④ 480

해설
유도성 리액턴스 $X_L = \omega L = 2\pi fL$이므로
$$f = \frac{X_L}{2\pi L} = \frac{753.6}{2\pi\times0.5} = 240[Hz]$$

04 그림과 같은 회로에서 단자 a, b 사이에 주파수 $f(Hz)$의 정현파 전압을 가했을 때 전류계 A_1, A_2의 값이 같았다. 이 경우 f, L, C 사이의 관계로 옳은 것은? [22년-1회]

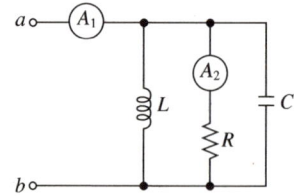

① $f = \dfrac{1}{LC}$
② $f = \dfrac{1}{2\pi\sqrt{LC}}$
③ $f = \dfrac{1}{4\pi\sqrt{LC}}$
④ $f = \dfrac{1}{\sqrt{2\pi^2 LC}}$

해설
병렬회로이므로 A_1과 A_2의 전류가 같을 경우 L과 C는 전류가 흐르지 않는 상태로 병렬공진을 의미한다. 즉, 공진주파수로 되고 이는 $f = \dfrac{1}{2\pi\sqrt{LC}}$이다.

정답 05 ③ 06 ① 07 ② 08 ②

05
$V = 141\sin 377t\,[V]$인 정현파 전압의 주파수는 몇 Hz인가? 〈16년-4회〉

① 50
② 55
③ 60
④ 65

해설
순시값 $V = V_m \sin\omega t$ 이므로
각속도 $\omega[rad/s] = 377$
$\omega = 2\pi f \Rightarrow f = \dfrac{\omega}{2\pi} = \dfrac{377}{2\pi} = 60[Hz]$

06
$L-C$ 직렬회로의 공진조건은? 〈13년-4회〉

① $\omega L = 1/\omega C$
② $\omega L = \omega C$
③ $\omega L + \omega C = 0$
④ $\omega L + \omega C = 1$

해설
직렬회로의 공진조건은 $X_L = X_C$이므로
$\omega L = \dfrac{1}{\omega C}$

07
RLC 직렬회로에서 일반적인 공진조건으로 옳지 않은 것은? 〈13년-2회〉

① 리액턴스 성분이 0이 되는 조건
② 임피던스가 최대가 되어 전류가 최소로 되는 조건
③ 임피던스의 허수부가 0이 되는 조건
④ 전압과 전류가 동상이 되는 상태

해설
직렬회로의 공진조건은 $X_L = X_C$,
임피던스는 $Z = R + j(X_L - X_C)$이므로
공진 시에 임피던스는 $Z = R$가 되어
최소가 되고 전류가 최대로 흐르게 된다.

08
그림의 회로에서 공진상태의 임피던스는 몇 Ω 인가? 〈15년-1회〉

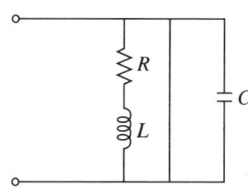

① $R/(CL)$
② $L/(CR)$
③ $1/(LR)$
④ $1/(RC)$

해설
공진상태의 임피던스 $Z_0[\Omega] = \dfrac{L}{CR}$

14 전력과 역률

기출유형

저항이 4Ω, 인덕턴스가 $8mH$인 코일을 직렬로 연결하고 $100V$, $60Hz$인 전압을 공급할 때 유효전력은 약 몇 kW인가? 〈19년-2회〉

① 0.8
② 1.2
③ 1.6
④ 2.0

해설

리액턴스 $X_L = \omega L = 2\pi fL = 2\pi \times 60 \times 8 \times 10^{-3} = 3[\Omega]$, 임피던스 $Z = \sqrt{R^2 + X_L^2} = \sqrt{4^2 + 3^2} = 5[\Omega]$

회로의 전류 $i = \dfrac{V}{Z} = \dfrac{100}{5} = 20[A]$이므로 유효전력 $P = I^2R = 20^2 \times 4 \times \dfrac{1[kW]}{1,000[W]} = 1.6[kW]$

|정답| ③

족집게 과외

❶ 전력

구 분	단 위	내 용
유효전력 $[P]$ (=소비전력)	W	① 부하에 유효하게 공급하는 전력으로 저항에서 소비되는 전력 ② 역률을 고려하여 계산한 전력 $$P[W] = I^2 \cdot R = \frac{V}{Z} \cdot I \cdot R = V \cdot I \cdot \frac{R}{Z} = V \cdot I \cdot \cos\theta = P_a \cos\theta$$
무효전력 $[P_r]$	Var	① 실제로는 아무 일도 하지 않는 전력으로 부하에서 이용되지 않는 전력 ② 리액턴스에 소비되는 전력 $$P_r[Var] = I^2 \cdot X_L = \frac{V}{Z} \cdot I \cdot X_L = V \cdot I \cdot \frac{X_L}{Z} = V \cdot I \cdot \sin\theta = P_a \sin\theta$$
피상전력 $[P_a]$	VA	① 전원에서 공급하는 전력으로 역률을 고려하지 않은 전력 ② 임피던스에서 소비되는 전력 ③ 전압과 전류의 실효값의 곱 $$P_a[VA] = I^2 \cdot Z = \frac{V}{\cancel{Z}} \cdot I \cdot \cancel{Z} = V \cdot I = \frac{P}{\cos\theta} = \frac{P_r}{\sin\theta}$$ $$|P_a| = \sqrt{P^2 + P_r^2}$$

❷ 역률

구 분	내 용
개 념	① 교류회로에서 전원에서 공급된 전력이 부하에서 얼마나 유효하게 사용되었는지 정도 ② 유효전력과 피상전력의 비
관계식	$PF = \dfrac{\text{유효전력}}{\text{피상전력}} = \dfrac{VI\cos\theta}{VI} = \cos\theta = \dfrac{R}{Z}$ ※ 참고 : 항상 $\cos^2\theta + \sin^2\theta = 1$

❸ 소비전력량

구 분	내 용
개 념	① 유효전력을 몇 시간 동안 사용하였는지 그 양을 나타내는 것 ② $[kW]$의 단위가 $[kJ/s]$이지만 계산을 용이하게 하기 위해 $[kWh]$로 표현함 예 $3[kW]$의 전열기를 5시간 사용한 경우 → $3[kW] \times 5[h] = 15[kWh]$

❹ 전력과 열량

구 분	내 용
단위환산	① $[W] = [J/s]$ ② $1[W] = 860[cal/h]$ ③ $[Wh] = [cal]$

기출유형 완성하기

정답 01 ① 02 ③ 03 ① 04 ②

01 $1W \cdot s$와 같은 것은?   `25년`

① $1J$
② $1kg \cdot m$
③ $1kWh$
④ $860kcal$

해설
$1[W] = 1[J/s]$이므로 $1[J/s] \times [s] = 1[J]$

02 역률 80%, 유효전력 $80kW$일 때, 무효전력 $[kVar]$은?   `19년-1회`

① 10
② 16
③ 60
④ 64

해설
피상전력 $[P_a] = \dfrac{80}{0.8} = 100[kVA]$
피상전력의 크기 $|P_a| = \sqrt{P^2 + P_r^2}$
무효전력
$P_r = \sqrt{P_a^2 - P^2} = \sqrt{100^2 - 80^2} = 60[kVar]$

Tip 역률($\cos\theta$)이 0.8일 경우 $\sin\theta$는 0.6이다.
→ 즉, $\dfrac{P}{\cos\theta} \times \sin\theta = P_r$로도 풀이가 가능하다.

03 그림과 같은 RL 직렬회로에서 소비되는 전력은 몇 W인가?   `19년-2회`

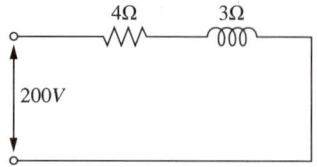

① 6,400
② 8,800
③ 10,000
④ 12,000

해설
임피던스 $Z = \sqrt{R^2 + X_L^2} = \sqrt{4^2 + 3^2} = 5[\Omega]$
회로의 전류 $i = \dfrac{V}{Z} = \dfrac{200}{5} = 40[A]$ 이므로
유효전력 $P = I^2 R = 40^2 \times 4 = 6,400[kW]$

04 지하 1층, 지상 2층, 연면적이 $1,500m^2$인 기숙사에서 지상 2층에 설치된 차동식 스포트형 감지기가 작동하였을 때 전 층의 지구경종이 동작되었다. 각 층 지구경종의 정격전류가 $60mA$이고, $24V$가 인가되고 있을 때 모든 지구경종에서 소비되는 총 전력(W)은?   `20년-3회`

① 4.23
② 4.32
③ 5.67
④ 5.76

해설
지하 1층, 지상 1층, 지상 2층으로 총 3개 층이므로, 전체 정격전류 $60[mA] \times 3 = 180[mA]$
소비전력 $P = VI = 24 \times 180 \times 10^{-3} = 4.32[W]$

정답 05 ③ 06 ④ 07 ③ 08 ④ 09 ②

기출유형 완성하기

05 어떤 회로에 $v(t) = 150\sin\omega t(V)$의 전압을 가하니 $i(t) = 12\sin(\omega t - 30°)(A)$의 전류가 흘렀다. 이 회로의 소비전력(유효전력)은 약 몇 W인가? `25년`

① 390
② 450
③ 780
④ 900

해설
위상차는 $30°$이고, 전력은 전류 및 전압 실효값의 곱이므로 $\dfrac{150}{\sqrt{2}} \times \dfrac{12}{\sqrt{2}} \times \cos(30°) = 780[W]$

06 $1[kWh]$의 전력량은 몇 $[J]$인가? `09년-2회`

① $1J$
② $60J$
③ $1,000J$
④ $3.6 \times 10^6 J$

해설
$1[kWh] = 1[kW] \times [h] = 1,000[W] \times 3,600[s]$
$= 3.6 \times 10^6[J]$

07 $100V$에서 $500W$를 소비하는 전열기가 있다. 이 전열기에 $90V$의 전압을 인가했을 때 소비되는 전력(W)은? `22년-2회`

① 81
② 90
③ 405
④ 450

해설
$P_1 = I^2 R = \dfrac{V_1^2}{R} \Rightarrow R = \dfrac{V_1^2}{P_1} = \dfrac{100^2}{500} = 20[\Omega]$
$P_2 = \dfrac{V_2^2}{R} = \dfrac{90^2}{20} = 405[V]$

08 역률 0.8인 전동기에 $200V$의 교류전압을 가하였더니 $10A$의 전류가 흘렀다. 피상전력은 몇 VA인가? `25년`

① 1,000
② 1,200
③ 1,600
④ 2,000

해설
피상전력 $P_a = VI = 200 \times 10 = 2,000[VA]$

09 $100V$, $500W$의 전열선 2개를 같은 전압에서 직렬로 접속한 경우와 병렬로 접속한 경우에 각 전열선에서 소비되는 전력은 각각 몇 W인가? `20년-3회`

① 직렬 : 250, 병렬 : 500
② 직렬 : 250, 병렬 : 1,000
③ 직렬 : 500, 병렬 : 500
④ 직렬 : 500, 병렬 : 1,000

해설
$I = \dfrac{P}{V} = \dfrac{500[W]}{100[V]} = 5[A]$

옴의 법칙에 의해 $R = \dfrac{V}{I} = \dfrac{100}{5} = 20[\Omega]$
직렬 합성저항 $R_{t1} = R_1 + R_2 = 20 + 20 = 40[\Omega]$
병렬 합성저항
$R_{t2} = \left(\dfrac{1}{R_1} + \dfrac{1}{R_2}\right)^{-1} = \left(\dfrac{1}{20} + \dfrac{1}{20}\right)^{-1} = 10[\Omega]$

직렬 소비전력 $P_1 = VI = \dfrac{V^2}{R} = \dfrac{100^2}{40} = 250[W]$
병렬 소비전력 $P_2 = VI = \dfrac{V^2}{R} = \dfrac{100^2}{10} = 1,000[W]$

기출유형 완성하기

🔒 **정답** 10 ① 11 ② 12 ② 13 ② 14 ②

10 100,000 cal의 열량은 전력량으로 환산하면 약 몇 [kWh]인가? `08년-4회`

① 0.116
② 1.16
③ 116
④ 1,160

해설

$1[Wh] = 860[cal]$ 이므로 $\dfrac{100,000}{860 \times 10^3} = 0.116[kWh]$

11 $50Hz$의 주파수에서 유도성 리액턴스가 4Ω인 인덕터와 용량성 리액턴스가 1Ω인 커패시터와 4Ω의 저항이 모두 직렬로 연결되어 있다. 이 회로에 $100V$, $50Hz$의 교류전압을 인가했을 때 무효전력(var)은? `21년-4회`

① 1,000
② 1,200
③ 1,400
④ 1,600

해설

임피던스 $Z = \sqrt{R^2 + (X_L - X_C)^2}$
$= \sqrt{4^2 + (4-1)^2} = 5[\Omega]$

전류 $I = \dfrac{V}{Z} = \dfrac{100}{5} = 20[A]$

무효전력
$P_r = VI\sin\theta = VI \times \dfrac{X}{Z} = 100 \times 20 \times \dfrac{3}{5} = 1,200[Var]$

12 무효전력이 0(zero)이 되는 부하는? `08년-1회`

① 용량리액턴스 부하
② 저항 부하
③ 유도리액턴스 부하
④ 용량리액턴스와 유도리액턴스로 구성된 부하

해설

저항 부하 = R만의 회로인 경우에는 리액턴스가 없으므로 역률이 100이 되고 무효전력이 0이 된다.

13 어떤 부하의 유효전력을 측정하였더니 $1,200W$이고, 무효전력은 $400Var$이었다. 이 부하의 역률은? `10년-1회`

① 0.98   ② 0.95
③ 0.88   ④ 0.85

해설

피상전력 $P_a = \sqrt{P^2 + P_r^2} = \sqrt{1,200^2 + 400^2}$
$= 1,265[VA]$

역률 $\cos\theta = \dfrac{P}{P_a} = \dfrac{1,200}{1,264} = 0.95$

14 $200V$, $60W$ 전등 $2R$를 매일 5시간씩 점등하고, $600W$ 전열기 1개를 매일 1시간씩 사용할 경우 1개월(30일)의 소비전력량은 몇 [kWh]인가? `07년-4회`

① 18   ② 36
③ 180   ④ 360

해설

전등의 소비전력량
$60[W] \times 2[구] \times 5[h/day] \times 30[day] = 18,000[Wh]$
전열기
$600[W/구] \times 1[h/day] \times 30[day] = 18,000[Wh]$
총 소비전력량
$18,000 + 18,000 = 36,000[W] = 36[kW]$

정답 15 ③ 16 ① 17 ① 18 ①

15 무효전력 $P_T = Q$일 때 역률이 0.6이면 피상전력은? `12년-2회`

① $0.6Q$
② $0.8Q$
③ $1.25Q$
④ $1.67Q$

해설

$\cos\theta = 0.6$일 경우 $\sin\theta = 0.8$이므로

피상전력 $= \dfrac{무효전력}{\sin\theta} = \dfrac{Q}{0.8} = 1.25Q$

Tip 항상 코사인제곱과 사인제곱의 합은 1이다.
$\cos^2\theta + \sin^2\theta = 1$ 즉, 둘 중 하나가 0.6이면 다른 하나는 0.8의 값을 갖는다.

16 $1.5kW$의 전열기를 정격상태에서 1시간 30분 간 사용할 때의 소비전력량 $4.5[kWh]$이었다. 이때 전열기의 효율[%]은? `25년`

① 50
② 60
③ 75
④ 100

해설

효율[%] $= \dfrac{출력}{입력} \times 100$

$= \dfrac{1.5[kW] \times 1.5[h]}{4.5[kWh]} \times 100 = 50[\%]$

17 정격전압에서 $600W$를 소비하는 전열기가 있다. 이 전열기에 정격전압의 80%의 전압을 인가했을 때 소비되는 전력(W)은? `25년`

① 384
② 486
③ 545
④ 614

해설

계산이 쉽도록 정격전압을 $300V$로 가정하고 저항을 구하면

$P_1 = I^2 R = \dfrac{V_1^2}{R} \Rightarrow R = \dfrac{V_1^2}{P_1} = \dfrac{300^2}{600} = 150[\Omega]$

80%일 때의 전력 $P_2 = \dfrac{V_2^2}{R} = \dfrac{(0.8 \times 300)^2}{150} = 384[W]$

18 $1.5kW$의 전열기를 정격상태에서 30분간 사용할 때의 발열량은 약 몇 $kcal$인가? `06년-2회`

① 645
② 750
③ 1,290
④ 1,500

해설

$1.5[kW] \times 0.5[h] = 0.75[kWh]$

$0.75[kWh] \times \dfrac{860[kcal]}{1[kWh]} = 645[kcal]$

CHAPTER 14 | 전력과 역률

15 3상 교류

기출유형

평형 3상 부하의 선간전압이 $200\,V$, 전류가 $10A$, 역률이 70.7%일 때 무효전력은 약 몇 var인가?

<small>20년-1·2회</small>

① 2,880
② 2,450
③ 2,000
④ 1,410

해설

$\cos^2\theta + \sin^2\theta = 1$이므로 → $\sin\theta = \sqrt{1^2 - 0.707^2} = 0.707$

3상 회로에서 무효전력 $P_r[Var] = \sqrt{3}\,V_\ell I_\ell \sin\theta = \sqrt{3} \times 200 \times 10 \times 0.707 = 2,450\,[Var]$

| 정답 | ②

족집게 과외

❶ 3상 교류 기초

구 분	내 용	
개념도		
각 상의 전압	① $V_a = \sqrt{2}\,V\sin\omega t = V\angle 0°$ ② $V_b = \sqrt{2}\,V\sin\left(\omega t - \dfrac{2}{3}\pi\right) = V\angle -120° = V\angle 240°$ ③ $V_c = \sqrt{2}\,V\sin\left(\omega t - \dfrac{4}{3}\pi\right) = V\angle -240° = V\angle 120°$	$\dot{V_a} + \dot{V_b} + \dot{V_c} = 0$

❷ 결 선

구 분	Y결선(=성형결선)		△결선(=환상결선)	
결선도				
전 압	$V_\ell = \sqrt{3}\,V_p\angle 30°$	V_p : 상전압 V_ℓ : 선간전압	$V_p = V_\ell$	V_p : 상전압 V_ℓ : 선간전압
전 류	$I_p = I_\ell$	I_p : 상전류 I_ℓ : 선전류	$I_\ell = \sqrt{3}\,I_p\angle -30°$	I_p : 상전류 I_ℓ : 선전류
유효전력	$P[W] = 3I_p^2 R = 3V_p I_p\cos\theta = \sqrt{3}\,V_\ell I_\ell\cos\theta$			
무효전력	$P_r[Var] = 3I_p^2 X = 3V_p I_p\sin\theta = \sqrt{3}\,V_\ell I_\ell\sin\theta$			
피상전력	$P_a[VA] = 3I_p^2 Z = 3V_p I_p = \sqrt{3}\,V_\ell I_\ell$			

기출유형 완성하기

정답 01 ① 02 ④ 03 ④ 04 ②

01 선간전압의 크기가 $100\sqrt{3}\,V$인 대칭 3상 전원에 각 상의 임피던스가 $Z=30+j40(\Omega)$인 Y결선의 부하가 연결되었을 때 이 부하로 흐르는 선전류(A)의 크기는? 〈21년-4회〉

① 2
② $2\sqrt{3}$
③ 5
④ $5\sqrt{3}$

해설

상전압 $V_p = \dfrac{V_\ell}{\sqrt{3}} = \dfrac{100\sqrt{3}}{\sqrt{3}} = 100[V]$

상전류 $I_p = \dfrac{V_p}{Z} = \dfrac{100}{\sqrt{30^2+40^2}} = 2[A]$

Y결선에서는 $I_p = I_\ell$이므로 선전류 : $I_\ell = 2[A]$

02 그림과 같은 회로에 평형 3상 전압 $200\,V$를 인가한 경우 소비된 유효전력(kW)은?
(단, $R=20\Omega, X=10\Omega$) 〈21년-2회〉

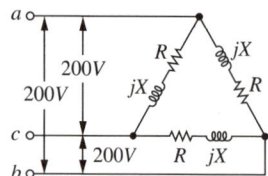

① 1.6
② 2.4
③ 2.8
④ 4.8

해설

△결선에서는 선간전압(V_ℓ)=상전압(V_p)

유효전력 $P[W] = 3I_p^2 R = 3\left(\dfrac{V_p}{Z}\right)^2 R$
$= 3\left(\dfrac{V_p}{\sqrt{R^2+X_L^2}}\right)^2 R$

$P[W] = 3\times\left(\dfrac{200}{\sqrt{20^2+10^2}}\right)^2 \times 20$
$= 4,800[W] = 4.8[kW]$

03 각 상의 임피던스가 $Z=4+j3(\Omega)$인 △결선의 평형 3상 부하에 선간전압이 $200\,V$인 대칭 3상 전압을 가했을 때 이 부하로 흐르는 선전류의 크기는 몇 A인가? 〈22년-2회〉

① $40/3$
② $40/\sqrt{3}$
③ 40
④ $40\sqrt{3}$

해설

상전류 $I_p = \dfrac{V_p}{Z} = \dfrac{200}{\sqrt{4^2+3^2}} = 40[A]$

△결선에서 선전류
$I_\ell = \sqrt{3}\,I_p = \sqrt{3}\times 40 = 40\sqrt{3}[A]$

04 평형 3상 회로에서 측정된 선간전압과 전류의 실효값이 각각 $28.87\,V$, $10\,A$이고, 역률이 0.8일 때 3상 무효전력의 크기는 약 몇 var인가? 〈20년-4회〉

① 400
② 300
③ 231
④ 173

해설

$\cos^2\theta+\sin^2\theta=1$이므로 $0.8^2+\sin^2\theta=1$
$\sin\theta = \sqrt{1^2-0.8^2} = 0.6$
3상 회로에서 무효전력
$P_r[Var] = \sqrt{3}\,V_\ell I_\ell \sin\theta = \sqrt{3}\times 28.87\times 10\times 0.6$
$= 300[Var]$

정답 05 ① 06 ① 07 ③ 08 ②

05 한 상의 임피던스가 $Z=16+j12\Omega$인 Y결선 부하에 대칭 3상 선간전압 $380V$를 가할 때 유효전력은 약 몇 kW인가? 〈18년-4회〉

① 5.8
② 7.2
③ 17.3
④ 21.6

해설
상임피던스의 크기
$Z=\sqrt{R^2+X^2}=\sqrt{16^2+12^2}=20[\Omega]$
Y결선에서 상전압 $V_p=\dfrac{V_\ell}{\sqrt{3}}=\dfrac{380}{\sqrt{3}}=219[V]$
유효전력 $P[W]=3I_p^2R=3\left(\dfrac{V_p}{Z}\right)^2R$
$P[W]=3\times\left(\dfrac{219}{20}\right)^2\times16=5,755[W]\fallingdotseq5.8[kW]$

06 제연설비용 3상 $200V$ 전동기를 6시간 운전해서 $100kWh$를 소비하였다. 역률이 80%이라면 선전류는 약 몇 $[A]$인가? 〈08년-2회〉

① $60A$
② $90A$
③ $120A$
④ $180A$

해설
유효전력 $P[kW]=\dfrac{전력소비량}{사용시간}$
$=\dfrac{100[kWh]}{6[h]}=16.67[kW]$
유효전력 $P[W]=\sqrt{3}\,V_\ell I_\ell\cos\theta\Rightarrow I_\ell=\dfrac{P}{\sqrt{3}\,V_\ell\cos\theta}$
$I_\ell=\dfrac{16.67\times10^3}{\sqrt{3}\times200\times0.8}=60[A]$

07 대칭 3상 Y부하에서 각 상의 임피던스는 20Ω이고, 부하전류가 $8A$일 때 부하의 선간전압은 약 몇 $[V]$인가? 〈10년-1회〉

① $160[V]$
② $226[V]$
③ $277[V]$
④ $480[V]$

해설
Y결선에서 부하전류=선전류=상전류이므로
상전압 $V_p=I_pZ=8\times20=160[V]$
선간전압 $V_\ell=\sqrt{3}\,V_p=\sqrt{3}\times160=277[V]$

Tip 임피던스가 상임피던스이므로 상전압을 구한 후 계산한다.

08 대칭 3상 교류의 성형결선에서 선간전압이 $220V$일 때의 상전압은 몇 V인가? 〈04년-4회〉

① 116
② 127
③ 172
④ 200

해설
상전압 $V_p=\dfrac{V_\ell}{\sqrt{3}}=\dfrac{220}{\sqrt{3}}=127[V]$

16　1전력계법&3전압계법, 역률 측정, 오차율&보정률

기출유형

그림과 같은 회로에서 전압계 3개로 단상전력을 측정하고자 할 때의 유효전력은?　18년-4회

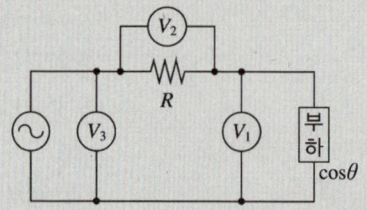

① $P = \dfrac{R}{2}(V_3^2 - V_1^2 - V_2^2)$

② $P = \dfrac{1}{2R}(V_3^2 - V_1^2 - V_2^2)$

③ $P = \dfrac{R}{2}(V_3^2 + V_1^2 + V_2^2)$

④ $P = \dfrac{1}{2R}(V_3^2 + V_1^2 + V_2^2)$

해설

3전압계법에 의한 유효전력 → $P = \dfrac{1}{2R}(V_3^2 - V_1^2 - V_2^2)$

|정답| ②

족집게 과외

❶ 1전력계법과 3전압계법

구 분	1전력계법	3전압계법
회로도	(회로도)	(회로도)
관계식	전류 $I_a = \dfrac{2W}{\sqrt{3}E}$	유효전력 $P[W] = \dfrac{1}{2R}(V_3^2 - V_2^2 - V_1^2)$

❷ 역률 측정기기

구 분	내 용
구 성	교류회로에 설치되어 있는 부하의 역률 측정 시 계측기의 구성 → 전압계, 전류계, 전력계

❸ 참값, 지시값, 오차율, 보정률

구 분	내 용
참값[T]	용어 그대로 실제 수치의 값(전압, 전류 등)
지시값[M]	① 어떤 값(참값)을 측정하기 위해 측정계기 등이 제공하는 신호값 ② 측정값이라고도 함
오차율	참값에 대한 지시값과 참값의 차이 오차율[%] $= \dfrac{\text{지시값}-\text{참값}}{\text{참값}} \times 100 = \dfrac{M-T}{T} \times 100$
보정률	지시값에 대한 참값과 지시값의 차이 보정률[%] $= \dfrac{\text{참값}-\text{지시값}}{\text{지시값}} \times 100 = \dfrac{T-M}{M} \times 100$

기출유형 완성하기

> 정답 01 ① 02 ① 03 ③ 04 ③

01 선간전압 $E(V)$의 3상 평형전원에 대칭 3상 저항부하 $R(\Omega)$이 그림과 같이 접속되었을 때 a, b 두 상 간에 접속된 전력계의 지시값이 $W(W)$라면 c상의 전류는? `25년`

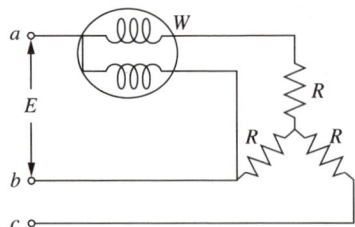

① $\dfrac{2W}{\sqrt{3}\,E}$

② $\dfrac{3W}{\sqrt{3}\,E}$

③ $\dfrac{W}{\sqrt{3}\,E}$

④ $\dfrac{\sqrt{3}\,W}{\sqrt{E}}$

해설
1전력계법에서 전류 $I_c = \dfrac{2W}{\sqrt{3}\,E}$

02 어떤 측정계기의 지시값을 M, 참값을 T라 할 때 보정률(%)은? `21년-1회`

① $\dfrac{T-M}{M}\times 100\%$

② $\dfrac{M}{M-T}\times 100\%$

③ $\dfrac{T-M}{T}\times 100\%$

④ $\dfrac{T}{M-T}\times 100\%$

해설
보정률[%] $= \dfrac{\text{참값}-\text{지시값}}{\text{지시값}}\times 100 = \dfrac{T-M}{M}\times 100$

03 단상전력을 간접적으로 측정하기 위해 3전압계법을 사용하는 경우 단상 교류전력 $P(W)$는? `19년-2회`

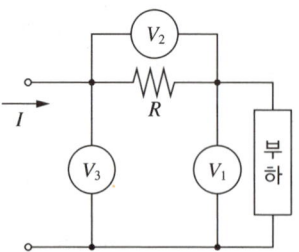

① $P = \dfrac{1}{2R}(V_3 - V_1 - V_2)^2$

② $P = \dfrac{1}{R}(V_3^2 - V_1^2 - V_2^2)$

③ $P = \dfrac{1}{2R}(V_3^2 - V_1^2 - V_2^2)$

④ $P = V_3 I \cos\theta$

해설
3전압계법에 의한 유효전력
→ $P = \dfrac{1}{2R}(V_3^2 - V_1^2 - V_2^2)$

04 참값이 $4.8A$인 전류를 측정하였더니 $4.65A$이었다. 이때 보정 백분율(%)은 약 얼마인가? `14년-4회`

① $+1.6$

② -1.6

③ $+3.2$

④ -3.2

해설
보정률[%] $= \dfrac{\text{참값}-\text{지시값}}{\text{지시값}}\times 100$

$= \dfrac{4.8-4.65}{4.65}\times 100 = 3.2[\%]$

정답 05 ③ 06 ② 07 ① 08 ③

05 교류회로에 연결되어 있는 부하의 역률을 측정하는 경우 필요한 계측기의 구성은?   20년-4회

① 전압계, 전력계, 회전계
② 상순계, 전력계, 전류계
③ 전압계, 전류계, 전력계
④ 전류계, 전압계, 주파수계

해설
교류회로에서 부하의 역률을 측정하는 경우 필요한 계측기는 **전압계, 전류계, 전력계**이다.

06 그림과 같은 회로에서 각 계기의 지시값이 ⓥ는 $180\,V$, Ⓐ는 $5A$, W는 $720\,W$라면 이 회로의 무효전력(Var)은?   19년-2회

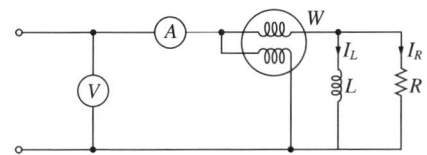

① 480
② 540
③ 960
④ 1,200

해설
유효전력 $W = VI\cos\theta$
$\Rightarrow \cos\theta = \dfrac{W}{VI} = \dfrac{720}{180\times 5} = 0.8$
$\sin\theta = \sqrt{1-\cos^2\theta} = \sqrt{1-0.8^2} = 0.6$
무효전력 $P_r = VI\sin\theta = 180\times 5\times 0.6 = 540[Var]$

07 그림과 같이 전압계 V_1, V_2, V_3와 $5\,\Omega$의 저항 R을 접속하였다. 전압계의 지시가 $V_1 = 20\,V$, $V_2 = 40\,V$, $V_3 = 50\,V$라면 부하전력은 몇 W인가?   18년-1회

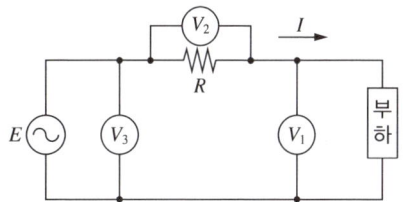

① 50
② 100
③ 150
④ 200

해설
3전압계법에서 유효전력
$P[W] = \dfrac{1}{2R}(V_3^2 - V_2^2 - V_1^2)$
$P[W] = \dfrac{1}{2\times 5}(50^2 - 40^2 - 20^2) = 50[W]$

08 어떤 측정계기의 참값을 T, 지시값을 M이라 할 때 보정률과 오차율이 옳은 것은?   16년-1회

① 보정률$=(T-M)/T$, 오차율$=(M-T)/M$
② 보정률$=(M-T)/M$, 오차율$=(T-M)/T$
③ 보정률$=(T-M)/M$, 오차율$=(M-T)/T$
④ 보정률$=(M-T)/T$, 오차율$=(T-M)/M$

해설
보정률[%] $= \dfrac{\text{참값}-\text{지시값}}{\text{지시값}} \times 100 = \dfrac{T-M}{M}\times 100$

오차율[%] $= \dfrac{\text{지시값}-\text{참값}}{\text{참값}} \times 100 = \dfrac{M-T}{T}\times 100$

17 콘덴서

기출유형

내압이 $1.0kV$이고 정전용량이 각각 $0.01\mu F$, $0.02\mu F$, $0.04\mu F$인 3개의 커패시터를 직렬로 연결했을 때 전체 내압은 몇 V인가?　　　　　21년-2회

① 1,500
② 1,750
③ 2,000
④ 2,200

해설

직렬에서 흐르는 전하량 Q는 일정하므로 각 커패시터의 전압은 $V_n = \dfrac{Q}{C_n}$가 된다.

정전용량비는 $0.01 : 0.02 : 0.04 = 1 : 2 : 4$가 되고,
정전용량이 가장 작은 커패시터가 가장 먼저 $1kV$에 도달하므로
정전용량비를 이용하여 $1kV$ 도달 시에 전하량 : $Q = CV = 1 \times 1,000[V] = 1,000$으로 두고 계산하면,
$0.02[\mu F]$에 걸리는 전압 $V_2 = \dfrac{Q}{C_2} = \dfrac{1,000}{2} = 500[V]$, $0.04[\mu F]$에 걸리는 전압 $V_3 = \dfrac{Q}{C_3} = \dfrac{1,000}{4} = 250[V]$으로
콘덴서 내압 $1kV$에 도달하는 전체내압은 $1,000 + 500 + 250 = 1,750[V]$이다.

| 정답 | ②

족집게 과외

❶ 정전용량 $[C]$(=커패시턴스)

구 분	내 용	
개 념	콘덴서가 전하를 축적할 수 있는 능력	
관계식	$C = \dfrac{Q}{V}$	C : 정전용량$[F]$, V : 인가전압$[V]$, Q : 전하량$[C]$
직렬연결	$C_t = \left(\dfrac{1}{C_1}+\dfrac{1}{C_2}+\dfrac{1}{C_3}+\cdots+\dfrac{1}{C_n}\right)^{-1}$,	$\therefore$ 2개 접속 시 : $C_t = \dfrac{C_1 \times C_2}{C_1 + C_2}$
병렬연결	$C_t = C_1 + C_2 + \cdots + C_n$	

❷ 콘덴서 회로

구 분	직렬접속(Q 일정, V 분배)	병렬접속(Q 분배, V 일정)
회로도	(회로도)	(회로도)
전압&전하량	$V_1 = \dfrac{Q}{C_1} = \dfrac{C_2}{C_1+C_2} \times V$, $V_2 = \dfrac{Q}{C_2} = \dfrac{C_1}{C_1+C_2} \times V$	$Q_1 = C_1 V = \dfrac{C_1}{C_1+C_2}Q$, $Q_2 = C_2 V = \dfrac{C_2}{C_1+C_2}Q$
합성 정전용량	$C_t = \dfrac{Q}{V_t} = \dfrac{Q}{V_1+V_2} = \dfrac{Q}{\left(\dfrac{1}{C_1}+\dfrac{1}{C_2}\right)Q} = \dfrac{C_1 \times C_2}{C_1+C_2}$	$C_t = \dfrac{Q}{V} = \dfrac{Q_1+Q_2}{V} = \dfrac{(C_1+C_2)V}{V} = C_1+C_2$

❸ 콘덴서 기타

구 분	내 용	
콘덴서 용량	지상부하의 경우 콘덴서를 부하와 병렬로 설치하여 역률을 개선할 수 있음	
	$Q_c[kVA] = P\left(\sqrt{\dfrac{1}{\cos^2\theta_1}-1} - \sqrt{\dfrac{1}{\cos^2\theta_2}-1}\right)$	P : 유효전력 $\cos\theta_1$: 개선 전 역률 $\cos\theta_2$: 개선 후 역률
내압과 절연파괴	① 직렬연결에서 전하량 Q는 일정하고 $Q=CV$이므로 $V \propto \dfrac{1}{C}$ 관계로 콘덴서 용량이 작을수록 직렬연결에서 전압이 높아짐(전압분배) ② 즉, 모두 같은 내압을 가진 콘덴서의 경우 콘덴서 용량이 낮은 것을 기준으로 한계 인가전압이 결정됨	
정전 에너지	콘덴서에서의 정전에너지 $W[J] = \dfrac{1}{2}QV = \dfrac{1}{2}CV^2$	

기출유형 완성하기

🔒 정답 01 ④ 02 ① 03 ④ 04 ①

01 두 콘덴서 C_1, C_2를 병렬로 접속하고 전압을 인가하였더니 전체 전하량이 $Q[C]$이었다. C_2에 충전된 전하량은? `19년-1회`

① $\dfrac{C_1}{C_1+C_2}Q$

② $\dfrac{C_1+C_2}{C_1}Q$

③ $\dfrac{C_1+C_2}{C_2}Q$

④ $\dfrac{C_2}{C_1+C_2}Q$

해설

C_2에 충전된 전하량 $Q_2 = C_2 V = \dfrac{C_2}{C_1+C_2} \times Q$

Tip 간단히 이해하자면 콘덴서는 전하량을 저장하는 기기이므로, 콘덴서를 병렬로 접속 시 전체 저장능력에 대해 자기 저장능력(비율)만큼 저장하므로 자기 용량이 분자로 있는 ④가 답이 된다.

02 $50F$의 콘덴서 2개를 직렬로 연결하면 합성 정전용량은 몇 F인가? `19년-4회`

① 25
② 50
③ 100
④ 1,000

해설

직렬 합성 정전용량

$C_t = \dfrac{C_1 \times C_2}{C_1+C_2} = \dfrac{50 \times 50}{50+50} = 25[F]$

03 A, B단자 간 콘덴서의 합성 정전용량은?
(단, $C_1 = 3\mu F$, $C_2 = 5\mu F$, $C_3 = 8\mu F$이다) `10년-2회`

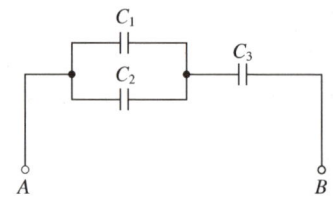

① $1[\mu F]$
② $2[\mu F]$
③ $3[\mu F]$
④ $4[\mu F]$

해설

병렬 합성저항 $C_{tp} = C_1 + C_2 = 3+5 = 8[\mu F]$

직렬 합성저항 $C_{ts} = \left(\dfrac{1}{C_{tp}} + \dfrac{1}{C_3}\right)^{-1} = \left(\dfrac{1}{8} + \dfrac{1}{8}\right)^{-1}$
$= 4[\mu F]$

04 회로에서 $A-B$, $B-C$에 걸리는 전압은 몇 V인가? `07년-2회`

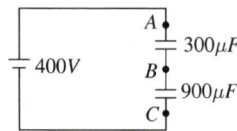

① $A-B : 300$, $B-C : 100$
② $A-B : 100$, $B-C : 300$
③ $A-B : 150$, $B-C : 250$
④ $A-B : 250$, $B-C : 150$

해설

$V_{AB} = \dfrac{C_2}{C_1+C_2} \times V = \dfrac{900}{300+900} \times 400 = 300[V]$

$V_{BC} = \dfrac{C_1}{C_1+C_2} \times V = \dfrac{300}{300+900} \times 400 = 100[V]$

정답 05 ① 06 ③ 07 ② 08 ③

05 정전용량이 각각 $1\mu F$, $2\mu F$, $3\mu F$이고, 내압이 모두 동일한 3개의 커패시터가 있다. 이 커패시터들을 직렬로 연결하여 양단에 전압을 인가한 후 전압을 상승시키면 가장 먼저 절연이 파괴되는 커패시터는? (단, 커패시터의 재질이나 형태는 동일하다) `25년`

① $1\mu F$
② $2\mu F$
③ $3\mu F$
④ 3개 모두

해설
직렬로 연결하면 단자전압은 정전용량이 작은 커패시터에 크게 가해지므로, 내압이 모두 같은 커패시터의 경우 정전용량이 가장 작은 $1[\mu F]$가 가장 먼저 파괴된다.

06 정전용량 $C[F]$의 콘덴서에 $W[J]$의 에너지를 축적하려면 인가전압은 몇 $[V]$인가? `07년-4회`

① $\sqrt{\dfrac{W}{C}}$
② $\sqrt{\dfrac{W}{2C}}$
③ $\sqrt{\dfrac{2W}{C}}$
④ $\sqrt{\dfrac{2C}{W}}$

해설
콘덴서의 정전에너지 $W[J] = \dfrac{1}{2}QV = \dfrac{1}{2}CV^2$
여기서 인가전압 $V = \sqrt{\dfrac{2W}{C}}$

07 정전용량이 $0.02\mu F$인 커패시터 2개와 정전용량이 $0.01\mu F$인 커패시터 1개를 모두 병렬로 접속하여 $24V$의 전압을 가하였다. 이 병렬회로의 합성 정전용량(μF)과 $0.01\mu F$의 커패시터에 축적되는 전하량(C)은? `21년-1회`

① $0.05, 0.12 \times 10^{-6}$
② $0.05, 0.24 \times 10^{-6}$
③ $0.03, 0.12 \times 10^{-6}$
④ $0.03, 0.24 \times 10^{-6}$

해설
병렬회로의 합성 정전용량
$C_t = C_1 + C_2 + C_3 = 0.02 + 0.02 + 0.01 = 0.05[\mu F]$
전하량 $Q = CV$이므로
$Q = 0.01[\mu F] \times \dfrac{1[F]}{10^6 [\mu F]} \times 24 = 0.24 \times 10^{-6}[C]$

08 그림과 같은 회로에서 $b-d$ 사이의 전압을 $50[V]$로 하려면 콘덴서 C의 정전용량은 몇 $[\mu F]$인가? `13년-4회`

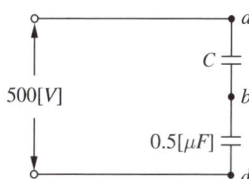

① $5.6[\mu F]$
② $0.56[\mu F]$
③ $0.056[\mu F]$
④ $0.0056[\mu F]$

해설
콘덴서 C의 정전용량을 C_1, $b-d$ 단자에 설치된 콘덴서의 정전용량을 C_2라고 하였을 때
단자전압 $V_{a-b} = \dfrac{C_1}{C_1 + C_2} \times V$
$\Rightarrow C_1 = \left(C_2 \times \dfrac{V}{V_{a-b}}\right) - C_2$
$V_{a-b} = V - V_{b-d} = 500 - 50 = 450[V]$
정전용량 $C_1 = \left(0.5 \times \dfrac{500}{450}\right) - 0.5 = 0.056[\mu F]$

09 그림과 같이 콘덴서 $3F$와 $2F$가 직렬로 접속된 회로에 전압 $100\,V$를 가하였을 때 $3F$ 콘덴서의 단자전압 V_1은?　〔10년-4회〕

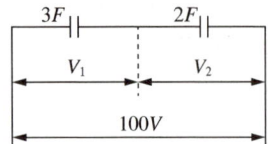

① $30[V]$
② $40[V]$
③ $50[V]$
④ $60[V]$

해설

단자전압 $V_1 = \dfrac{C_2}{C_1 + C_2} \times V = \dfrac{2}{3+2} \times 100 = 40[V]$

10 역률 65%, 용량 $120kW$의 부하를 역률 100%로 개선하기 위한 콘덴서 용량은 약 몇 $[kVA]$인가?　〔09년-1회〕

① $130kVA$
② $140kVA$
③ $150kVA$
④ $160kVA$

해설

콘덴서 용량

$Q_c[kVA] = P\left(\sqrt{\dfrac{1}{\cos^2\theta_1} - 1} - \sqrt{\dfrac{1}{\cos^2\theta_2} - 1}\right)$

$Q_c = 120 \times \left(\sqrt{\dfrac{1}{0.65^2} - 1} - \sqrt{\dfrac{1}{1^2} - 1}\right) = 140[kVA]$

11 $60Hz$, $220\,V$의 교류전압을 어떤 콘덴서에 가할 때 $3A$의 전류가 흐른다면 이 콘덴서의 정전용량은 약 몇 $[\mu F]$인가?　〔09년-1회〕

① $23.1\mu F$
② $26.5\mu F$
③ $36.1\mu F$
④ $37.7\mu F$

해설

C만의 회로에서 전류

$I = \dfrac{V}{X_C} = \dfrac{V}{\dfrac{1}{\omega C}} = \omega CV = 2\pi fCV$

여기서 $C = \dfrac{I}{2\pi fV} = \dfrac{3}{2\pi \times 60 \times 220} = 3.61 \times 10^{-5}[F]$

$C = 3.61 \times 10^{-5}[F] \times \dfrac{10^6[\mu F]}{1[F]} = 36.1[\mu F]$

12 역률을 개선하기 위한 진상용 콘덴서의 설치 개소로 가장 알맞은 것은?　〔08년-4회〕

① 수전점
② 고압모선
③ 변압기 2차 측
④ 부하와 병렬

해설

일반적인 부하는 지상 부하이므로 역률을 개선하기 위해서 진상용 콘덴서를 부하와 병렬로 설치한다.

18 인덕턴스와 시정수

기출유형

자기인덕턴스 L_1, L_2가 각각 $4mH$, $9mH$인 두 코일이 이상적인 결합이 되었다면 상호인덕턴스는 몇 mH인가? (단, 결합계수는 1이다)   `21년-1회`

① 6
② 12
③ 24
④ 36

해설
상호인덕턴스 $M = k\sqrt{L_1 L_2} = \sqrt{4 \times 9} = 6[mH]$

|정답| ①

족집게 과외

❶ 자기인덕턴스(L)

구분	내용
개념	① 자신의 코일에서 전류의 변화에 대한 유도전압의 비례상수 ② $1[H]$는 $1[초]$간에 $1[A]$의 전류 변화에 대하여 $1[V]$의 전압을 발생하는 자기인덕턴스
관계식	$LI = N\phi$ $e = N \cdot \dfrac{d\phi}{dt} = L \cdot \dfrac{di}{dt}$ N : 코일 감긴 횟수 ϕ : 자속[Wb]

❷ 상호인덕턴스(M)와 결합계수(k)

구분	내용
개념	① 코일에서 발생한 자속이 다른 코일에 영향을 주면서 발생하는 인덕턴스를 상호인덕턴스라 함 ② 결합계수란 결합상태에 따라 정해지는 계수
관계식	$e_1 = N_1 \cdot \dfrac{d\phi}{dt} = L \cdot \dfrac{di}{dt}$, $e_2 = N_2 \cdot \dfrac{d\phi}{dt} = M \cdot \dfrac{di}{dt}$ 상호인덕턴스 : $M = k\sqrt{L_1 L_2} = \dfrac{L_{가동} - L_{차동}}{4}$ 결합계수 : $k = \dfrac{M}{\sqrt{L_1 L_2}}$ $(0 \le k \le 1)$

❸ 인덕턴스결합

구분	내용
가동결합	코일을 직렬로 감았을 때 각 코일이 발생시키는 자속(ϕ)의 방향이 같은 결합접속 합성인덕턴스 : $L_{가동} = L_1 + L_2 + 2M$
차동결합	코일을 직렬로 감았을 때 각 코일이 발생시키는 자속(ϕ)의 방향이 반대인 결합접속 합성인덕턴스 : $L_{차동} = L_1 + L_2 - 2M$

❹ 시정수

구분	내용
개념	① 과도상태에서 정상상태까지 도달하는 시간에 대한 함수 ② 시정수가 클수록 정상상태까지 도달하는 데 시간이 많이 필요함	$R-L$ 직렬회로에서 시정수 $\tau = \dfrac{L}{R} = \dfrac{L}{R_1 + R_2}$

정답 01 ④ 02 ② 03 ① 04 ②

기출유형 완성하기

01 저항 $R_1(\Omega)$, 저항 $R_2(\Omega)$, 인덕턴스 $L(H)$의 직렬회로가 있다. 이 회로의 시정수(s)는? 〔21년-1회〕

① $-\dfrac{R_1+R_2}{L}$

② $\dfrac{R_1+R_2}{L}$

③ $-\dfrac{L}{R_1+R_2}$

④ $\dfrac{L}{R_1+R_2}$

해설
$R-L$ 직렬회로에서 시정수 $s=\dfrac{L}{R_1+R_2}$

02 같은 철심 위에 동일한 권수로 자기인덕턴스 $L[H]$의 코일 2개를 접근해서 같은 방향으로 감고, 이것을 직렬로 접속했을 때 합성인덕턴스는? (단, 결합계수는 0.5라고 한다) 〔09년-4회〕

① $2L(H)$
② $3L(H)$
③ $4L(H)$
④ $5L(H)$

해설
상호인덕턴스 $M=k\sqrt{L_1 L_2}=0.5\sqrt{L\times L}=0.5L$
같은 방향이므로 가동결합으로
합성임피던스 $L_{가동}=L_1+L_2+2M$
$L_{가동}=L+L+2\times(0.5L)=3L$

03 다음과 같은 결합회로의 합성인덕턴스로 옳은 것은? 〔18년-1회〕

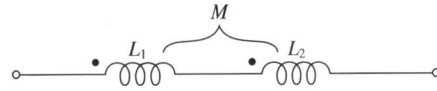

① L_1+L_2+2M
② L_1+L_2-2M
③ L_1+L_2-M
④ L_1+L_2+M

해설
가동결합이므로,
합성인덕턴스 $L_{가동}=L_1+L_2+2M$

04 $R-L$ 직렬회로에서 시정수의 값이 클수록 과도현상의 소멸되는 시간은 어떻게 되나? 〔09년-2회〕

① 짧아진다.
② 길어진다.
③ 과도기가 없어진다.
④ 관계가 없다.

해설
시정수가 클수록 과도현상의 소멸시간(=정상상태 도달시간)은 길어진다.

기출유형 완성하기

정답 05 ① 06 ② 07 ② 08 ③

05 $R-L$ 직렬회로의 시정수는? (단, R : 저항, L : 인덕턴스, ω : 각주파이다) `08년-1회`

① L/R
② $R-L$
③ R/L
④ $\omega L/R$

해설
$R-L$ 직렬회로의 시정수 $\tau = \dfrac{L}{R}$

06 두 코일을 직렬로 하여 합성인덕턴스를 측정하였더니 $95mH$이었고, 한쪽 코일만 반대로 단자를 바꾸어 접속하고 합성인덕턴스를 측정하였더니 $15mH$가 되었다고 한다. 두 코일 간의 상호인덕턴스는 몇 $[mH]$인가? `08년-4회`

① 10
② 20
③ 40
④ 80

해설
가동접속 시 합성인덕턴스 $L_{가동} = L_1 + L_2 + 2M$
차동접속 시 합성인덕턴스 $L_{차동} = L_1 + L_2 - 2M$
$L_{가동} - L_{차동} = 4M$이므로 $95 - 15 = 80 = 4M$
상호인덕턴스 $M = \dfrac{80}{4} = 20[mH]$

07 그림과 같은 결합회로의 합성인덕턴스는 몇 H인가? `03년-4회`

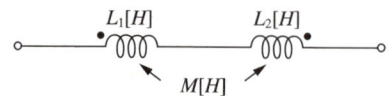

① $L_1 + L_2 + 2M$
② $L_1 + L_2 - 2M$
③ $L_1 + L_2 + M$
④ $L_1 + L_2 - M$

해설
차동결합이므로,
합성인덕턴스 $L_{차동} = L_1 + L_2 - 2M$

08 두 개의 코일 L_1과 L_2를 동일 방향으로 직렬접속하였을 때 합성인덕턴스가 $140mH$이고, 반대 방향으로 접속하였더니 합성인덕턴스가 $20mH$이었다. 이때, $L_1 = 40mH$이면 결합계수 K는? `18년-2회`

① 0.38
② 0.5
③ 0.75
④ 1.3

해설
합성인덕턴스
$M = \dfrac{L_{가동} - L_{차동}}{4} = \dfrac{140 - 20}{4} = 30[mH]$
$L_{가동} = L_1 + L_2 + 2M \Rightarrow L_2 = L_{가동} - L_1 - 2M$
$L_2 = 140 - 40 - (2 \times 30) = 40[mH]$
결합계수 $k = \dfrac{M}{\sqrt{L_1 L_2}} = \dfrac{30}{\sqrt{40 \times 40}} = 0.75$

19 휘스톤브릿지, 테브난의 정리

기출유형

그림과 같은 브리지 회로가 평형이 되기 위한 Z의 값은 몇 Ω인가? (단, 그림의 임피던스 단위는 모두 Ω이다)

14년-4회

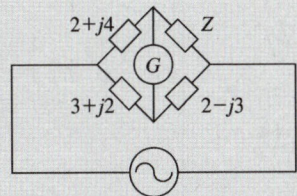

① $-3+j4$
② $2-j4$
③ $4-j2$
④ $3+j2$

해설

각 대각선의 곱이 같아야 하므로 $(2+j4) \times (2-j3) = Z \times (3+j2)$
좌항부터 정리하면 $(2+j4)(2-j3) = 16+j2$
$Z = \dfrac{16+j2}{3+j2}$ 이므로 켤레복소수를 취하면 $Z = \dfrac{(16+j2)(3-j2)}{(3+j2)(3-j2)} = \dfrac{48-j32+j6+4}{13} = \dfrac{52-j26}{13} = 4-j2$

|정답| ③

족집게 과외

❶ 휘스톤브릿지

구 분	내 용
개 념	① 4개의 저항이 사각형의 형태를 이루며 대각선을 연결하는 형태로 이루어진 브릿지 ② 측정하려는 저항과 이미 알고 있는 저항 3개의 저항의 차이로 저항값을 구하는 데 사용함 ③ 각 대각선의 저항의 곱이 같다면 대각선 회로에는 전류가 흐르지 않음
회로도	$Q \times R = P \times X$인 경우 G에는 전류가 흐르지 않음. 이 상태를 "평형상태"라고 함

❷ 테브난의 정리(등가회로)

구 분		내 용
개 념		① 조건의 변화에 따라 전체 회로를 분석이 아닌 특정 가지에 흐르는 전류만을 구할 때 적용 ② 즉, 기존 회로에서 등가회로로 환산하여 해당 단자에 연결되는 회로 조건에 따라 손쉽게 전류, 전압을 구할 수 있음
등가 회로	순 서	V_{th} 산출 → 전압원은 단락 & 전류원 개방 → 우측에서 좌측을 바라보고 R_{th} 산출함
	V_{th}	좌측 회로상 R_2의 단자전압 $V_{R2} = V_{th}$ 이므로 $V_{th} = \dfrac{R_2}{R_1 + R_2} \times E$
	R_{th}	우측에서 바라보면 직렬과 병렬의 합성이므로 $R_{th} = R_3 + \dfrac{R_1 \times R_2}{R_1 + R_2}$

정답 01 ④ 02 ④

기출유형 완성하기

01 그림과 같은 휘이트스토운브리지의 평형조건은?   04년-1회

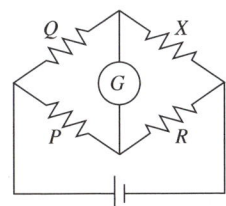

① $X = \dfrac{Q}{R}P$

② $X = \dfrac{P}{Q}R$

③ $X = \dfrac{R}{PQ}$

④ $X = \dfrac{Q}{P}R$

해설

휘스톤브릿지의 평형조건은 각 대각선의 저항의 곱이 같아야 하므로 $QR = XP$이다.

X로 정리하면 $X = \dfrac{Q}{P}R$

02 테브난의 정리를 이용하여 그림 (a)의 회로를 그림 (b)와 같은 등가회로로 만들고자 할 때 $V_{th}(V)$와 $R_{th}(\Omega)$은?   21년-4회

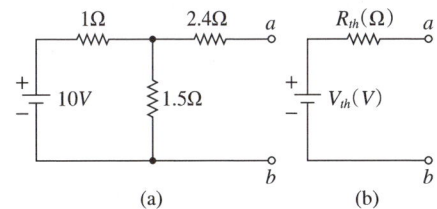

① $5\,V$, 2Ω

② $5\,V$, 3Ω

③ $6\,V$, 2Ω

④ $6\,V$, 3Ω

해설

단자 $a-b$에 걸리는 전압 V_{th}는
$1.5[\Omega]$에 걸리는 전압과 같으므로

$V_{th} = \dfrac{R_2}{R_1 + R_2} \times E = \dfrac{1.5}{1 + 1.5} \times 10 = 6[V]$

전압원이므로 단락 후 우측에서 합성저항을 구하면

$R_{th} = R_3 + \dfrac{R_1 \times R_2}{R_1 + R_2} = 2.4 + \dfrac{1 \times 1.5}{1 + 1.5} = 3[\Omega]$

CHAPTER 19 | 휘스톤브릿지, 테브난의 정리

기출유형 완성하기

정답 03 ④ 04 ③

03 다음 그림과 같은 브리지 회로의 평형조건은?

18년-2회

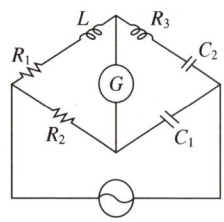

① $R_1 C_1 = R_2 C_2, \ R_2 R_3 = C_1 L$

② $R_1 C_1 = R_2 C_2, \ R_2 R_3 C_1 = L$

③ $R_1 C_2 = R_2 C_1, \ R_2 R_3 = C_1 L$

④ $R_1 C_2 = R_2 C_1, \ L = R_2 R_3 C_1$

해설

평형조건은 각 대각선의 곱이 같아야 하므로

$(R_1 + j\omega L) \times \dfrac{1}{j\omega C_1} = \left(R_3 + \dfrac{1}{j\omega C_2}\right) \times R_2$

좌항: $\left(\dfrac{R_1}{j\omega C_1} \times \dfrac{(-j\omega C_1)}{(-j\omega C_1)}\right) + \dfrac{j\omega L}{j\omega C_1}$

$= \left(-j\dfrac{R_1}{\omega C_1}\right) + \dfrac{L}{C_1}$

우항: $R_3 R_2 + \left(\dfrac{R_2}{(j\omega C_2)} \times \dfrac{(-j\omega C_2)}{(-j\omega C_2)}\right)$

$= R_3 R_2 + \left(-j\dfrac{R_2}{\omega C_2}\right)$

실수부 간 및 허수부 간은 서로 같아야 평행이므로

실수부 $R_3 R_2 = \dfrac{L}{C_1}$, 허수부 $\left(-j\dfrac{R_1}{\omega C_1}\right) = \left(-j\dfrac{R_2}{\omega C_2}\right)$

→ 정리하면 $L = R_2 R_3 C_1, \ R_1 C_2 = R_2 C_1$

04 데브난의 정리를 이용하여 그림 (a)의 회로를 그림 (b)와 같은 등가회로로 만들고자 할 때 $V_{th}(V)$와 $R_{th}(\Omega)$은?

21년-1회

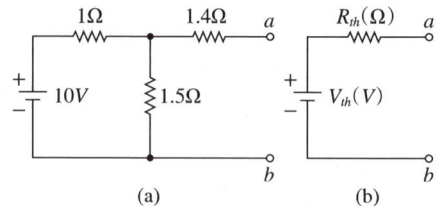

① $5V, \ 2\Omega$

② $5V, \ 3\Omega$

③ $6V, \ 2\Omega$

④ $6V, \ 3\Omega$

해설

단자 $a-b$에 걸리는 전압 V_{th}는

$1.5[\Omega]$에 걸리는 전압과 같으므로

$V_{th} = \dfrac{R_2}{R_1 + R_2} \times E = \dfrac{1.5}{1 + 1.5} \times 10 = 6[V]$

전압원이므로 단락 후 우측에서 합성저항을 구하면

$R_{th} = R_3 + \dfrac{R_1 \times R_2}{R_1 + R_2} = 1.4 + \dfrac{1 \times 1.5}{1 + 1.5} = 2[\Omega]$

정답 05 ① 06 ②

05
그림과 같은 교류브리지의 평형조건으로 옳은 것은?

17년-1회

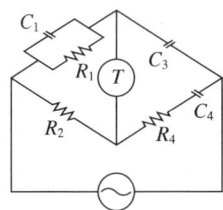

① $R_2C_4 = R_1C_3$, $R_2C_1 = R_4C_3$
② $R_1C_1 = R_4C_4$, $R_2C_3 = R_1C_1$
③ $R_2C_4 = R_4C_3$, $R_1C_3 = R_2C_1$
④ $R_1C_1 = R_4C_4$, $R_2C_3 = R_1C_4$

해설

각 부분을 임피던스로 표현하면
$$Z_1 = \left(\frac{1}{R_1} + j\omega C_1\right)^{-1} = \frac{R_1}{1 + j\omega C_1 R_1},$$
$$Z_2 = R_2, \quad Z_3 = \frac{1}{j\omega C_3}, \quad Z_4 = R_4 + \frac{1}{j\omega C_4}$$

평형조건에선 대각선의 곱이 같으므로 $Z_1Z_4 = Z_2Z_3$
$$= \frac{R_1}{1 + j\omega C_1 R_1}\left(R_4 + \frac{1}{j\omega C_4}\right) = \frac{R_2}{j\omega C_3}$$
$$= R_1\left(R_4 + \frac{1}{j\omega C_4}\right) = \frac{R_2}{j\omega C_3}(1 + j\omega C_1 R_1)$$

허수부를 분리하면
$$= R_1 R_4 - \frac{jR_1}{\omega C_4} = -\frac{jR_2}{\omega C_3} + \frac{R_1 R_2 C_1}{C_3}$$

실수부끼리 대응하면 $R_4 C_3 = R_2 C_1$
허수부끼리 대응하면 $R_2 C_4 = R_1 C_3$

06
테브난의 정리를 이용하여 그림 (a)의 회로를 그림 (b)와 같은 등가회로로 만들고자 할 때 $V_{th}(V)$와 $R_{th}(\Omega)$은?

22년-2회

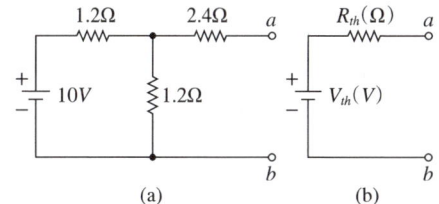

(a)　　　　　(b)

① $5V$, 2Ω
② $5V$, 3Ω
③ $6V$, 2Ω
④ $6V$, 3Ω

해설

단자 $a-b$에 걸리는 전압 V_{th}는
$1.5[\Omega]$에 걸리는 전압과 같으므로
$$V_{th} = \frac{R_2}{R_1 + R_2} \times E = \frac{1.2}{1.2 + 1.2} \times 10 = 5[V]$$

전압원이므로 단락 후 우측에서 합성저항을 구하면
$$R_{th} = R_3 + \frac{R_1 \times R_2}{R_1 + R_2} = 2.4 + \frac{1.2 \times 1.2}{1.2 + 1.2} = 3[\Omega]$$

07 회로에서 a와 b 사이의 합성저항(Ω)은?

21년-4회

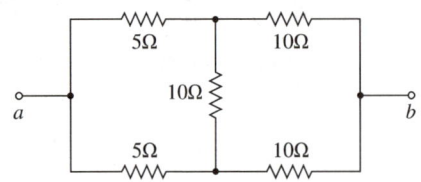

① 5
② 7.5
③ 15
④ 30

해설

해당 문제는 휘스톤브릿지의 형태로 합성저항을 구할 때 중간에 설치된 $10[\Omega]$에는 전류가 흐르지 않으므로 제외하고 합성저항을 구하면 간단하다.

각 직렬회로 합성저항
$R_{ts} = R_1 + R_2 = 5 + 10 = 15[\Omega]$

총 합성저항 $R_t = \dfrac{15 \times 15}{15 + 15} = 7.5[\Omega]$

20 전계와 자계, 전자력

기출유형

진공 중에 놓인 $5\mu C$의 점전하에서 $2m$ 되는 점의 전계는 몇 V/m인가? 〔17년-4회〕

① 11.25×10^3
② 16.25×10^3
③ 22.25×10^3
④ 28.25×10^3

해설

점전하에서 전계의 세기

$$E = \frac{Q}{4\pi\varepsilon r^2} = \frac{5 \times 10^{-6}}{4\pi \times 8.85 \times 10^{-12} \times 2^2} \fallingdotseq 11.25 \times 10^3 \,[V/m]$$

| 정답 | ①

족집게 과외

❶ 전계와 자계

구 분	전 계			자 계		
개 념	전하에 의해 전기적 영향을 받는 영역			자력이 미치는 영역		
세 기	점전하		$E[V/m] = \dfrac{Q}{4\pi\varepsilon r^2}$	점자극		$H[AT/m] = \dfrac{m}{4\pi\mu r^2}$
	무한도체 표면		$E_l[V/m] = \dfrac{\sigma}{\varepsilon}$	원형코일 중심		$H[AT/m] = \dfrac{NI}{2r}$
	무한 평면		$E_l[V/m] = \dfrac{\sigma}{2\varepsilon}$	무한장 솔레노이드		$H[AT/m] = \dfrac{NI}{l}$
	E : 전계의 세기 $[V/m]$ Q : 전하 $[C]$ ε : 유전율 $[F/m]$ ※ 공기 또는 진공 중 유전율 : $8.85 \times 10^{-12} [F/m]$ σ : 면전하밀도 $[C/m^2]$			H : 자계의 세기 $[AT/m]$ m : 자하 $[Wb]$ μ : 투자율 $[H/m]$ N : 감긴 코일 횟수 $[회]$ l : 솔레노이드 길이 $[m]$		

❷ 무한장 솔레노이드 자계

구 분	내 용
특징	① 솔레노이드 내부에서의 자계의 세기는 전류의 세기, 코일의 권수에 비례함 ② 솔레노이드 내부에서의 자계의 세기는 위치에 관계없이 일정한 평등 자계임

❸ 평행도선에 가해지는 힘(전자력)

구 분	내 용
개 념	① 도체는 자속차에 의해 자속이 큰 곳에서 작은 곳으로 힘이 발생함 ② 전류의 방향이 같은 평행도선인 경우 흡인력이 발생하고, 방향이 반대인 왕복도선인 경우 반발력이 작용함
관계식	$F[N/m] = \dfrac{\mu_0 I_1 I_2}{2\pi r} = \dfrac{2I_1 I_2}{r} \times 10^{-7}$ μ_0 : 공기 또는 진공 중 투자율 $[H/m] (= 4\pi \times 10^{-7})$ r : 도선 사이의 거리 $[m]$

❹ 히스테리시스 곡선

구 분	내 용
개 념	① 외부 자기장 변화에 따라 물질 내부의 자화의 변화를 나타낸 곡선 ② 수평축은 외부 자장(자계)의 세기, 수직축은 물질 내 자속밀도로 구성

정답 01 ④ 02 ② 03 ④ 04 ②

기출유형 완성하기

01 반지름 $20cm$, 권수 50회인 원형코일에 $2A$의 전류를 흘려주었을 때 코일 중심에서 자계(자기장)의 세기$[AT/m]$는? `20년-1·2회`

① 70
② 100
③ 125
④ 250

해설
$$H[AT/m] = \frac{NI}{2r} = \frac{50 \times 2}{2 \times 0.2} = 250[AT/m]$$

02 자유공간에서 무한히 넓은 평면에 면전하밀도 $\sigma(C/m^2)$가 균일하게 분포되어 있는 경우 전계의 세기(E)는 몇 V/m인가?
(단, ε_0는 진공의 유전율이다) `21년-4회`

① $E = \dfrac{\sigma}{\varepsilon_0}$
② $E = \dfrac{\sigma}{2\varepsilon_0}$
③ $E = \dfrac{\sigma}{2\pi\varepsilon_0}$
④ $E = \dfrac{\sigma}{4\pi\varepsilon_0}$

해설
무한 평면에서 전계의 세기 $E_l[V/m] = \dfrac{\sigma}{2\varepsilon}$

03 무한장 솔레노이드에서 자계의 세기에 대한 설명으로 틀린 것은? `21년-4회`

① 솔레노이드 내부에서의 자계의 세기는 전류의 세기에 비례한다.
② 솔레노이드 내부에서의 자계의 세기는 코일의 권수에 비례한다.
③ 솔레노이드 내부에서의 자계의 세기는 위치에 관계없이 일정한 평등 자계이다.
④ 자계의 방향과 암페어 적분 경로가 서로 수직인 경우 자계의 세기가 최대이다.

해설
자계의 방향과 암페어 적분 경로가 서로 수직인 경우 적분 결과는 0으로 자계의 세기는 최소이다.

04 평행한 두 도선 사이의 거리가 r이고, 각 도선에 흐르는 전류에 의해 두 도선 간의 작용력이 F_1일 때, 두 도선 사이의 거리를 $2r$로 하면 두 도선 간의 작용력 F_2는? `21년-1회`

① $F_2 = \dfrac{1}{4}F_1$
② $F_2 = \dfrac{1}{2}F_1$
③ $F_2 = 2F_1$
④ $F_2 = 4F_1$

해설
도선에 작용하는 힘 $F_1[N/m] = \dfrac{\mu_0 I_1 I_2}{2\pi r}$ 이므로
거리를 2배 늘리면 $F \propto \dfrac{1}{r}$ 로 $F_2 = \dfrac{1}{2}F_1$

CHAPTER 20 | 전계와 자계, 전자력

기출유형 완성하기

정답 05 ① 06 ② 07 ② 08 ②

05 진공 중 대전된 도체의 표면에 면전하밀도 $\sigma(C/m^2)$가 균일하게 분포되어 있을 때, 이 도체 표면에서의 전계의 세기 $E(V/m)$는? (단, ε_0는 진공의 유전율이다) `20년-4회`

① $E = \dfrac{\sigma}{\varepsilon_0}$

② $E = \dfrac{\sigma}{2\varepsilon_0}$

③ $E = \dfrac{\sigma}{2\pi\varepsilon_0}$

④ $E = \dfrac{\sigma}{4\pi\varepsilon_0}$

해설

도체 표면에서 전계의 세기 $E_i[V/m] = \dfrac{\sigma}{\varepsilon}$

06 $1cm$의 간격을 둔 평행 왕복전선에 $25A$의 전류가 흐른다면 전선 사이에 작용하는 단위 길이당 힘(N/m)은? `21년-4회`

① 2.5×10^{-2} N/m (반발력)

② 1.25×10^{-2} N/m (반발력)

③ 2.5×10^{-2} N/m (흡인력)

④ 1.25×10^{-2} N/m (흡인력)

해설

왕복전선이므로 전류의 방향에 반대로 반발력 작용

$F[N/m] = \dfrac{2I_1 I_2}{r} \times 10^{-7} = \dfrac{2 \times 25 \times 25}{0.01} \times 10^{-7}$
$= 1.25 \times 10^{-2}$

07 길이 $1cm$마다 감은 권선수가 50회인 무한장 솔레노이드에 $500mA$의 전류를 흘릴 때 솔레노이드 내부에서의 자계의 세기는 몇 AT/m인가? `21년-2회`

① 1,250

② 2,500

③ 12,500

④ 25,000

해설

$H[AT/m] = \dfrac{NI}{l}$

길이 $1m$에 감긴 권선수
$100[cm] \times 50[회/cm] = 5,000[회]$
$H = \dfrac{5,000 \times 0.5}{1} = 2,500[AT/m]$

08 반지름 $1m$인 원형 코일에서 중심점에서의 자계의 세기가 $1AT/m$라면 흐르는 전류는 몇 A인가? `15년-4회`

① 1

② 2

③ 3

④ 4

해설

원형코일 내부자계
$H[AT/m] = \dfrac{NI}{2r} \Rightarrow I = \dfrac{2rH}{N} = \dfrac{2 \times 1 \times 1}{1} = 2[A]$

🔒 정답 09 ④ 10 ① 11 ① 12 ④

기출유형 완성하기

09 공기 중에 $1\times 10^{-7}C$의 (+)전하가 있을 때, 이 전하로부터 $15cm$의 거리에 있는 점의 전장의 세기는 몇 V/m인가? `16년-2회`

① 1×10^4
② 2×10^4
③ 3×10^4
④ 4×10^4

해설

$$E[V/m] = \frac{Q}{4\pi\varepsilon r^2} = \frac{1\times 10^{-7}}{4\pi\times 8.85\times 10^{-12}\times 0.15^2}$$
$$= 4\times 10^4\,[V/m]$$

11 동일한 전류가 흐르는 두 평행 도선 사이에 작용하는 힘이 F_1이다. 두 도선 사이의 거리를 2.5배로 늘렸을 때 두 도선 사이 작용하는 힘 F_2는? `22년-1회`

① $F_2 = \dfrac{1}{2.5}F_1$
② $F_2 = \dfrac{1}{2.5^2}F_1$
③ $F_2 = 2.5F_1$
④ $F_2 = 6.25F_1$

해설

도선에 작용하는 힘 $F_1[N/m] = \dfrac{\mu_0 I_1 I_2}{2\pi r}$ 이므로

거리를 2.5배 늘리면 $F\propto \dfrac{1}{r}$ 로 $F_2 = \dfrac{1}{2.5}F_1$

10 소화설비의 기동장치에 사용하는 전자(電磁)솔레노이드에서 발생되는 자계의 세기는? `11년-4회`

① 코일의 권수에 비례한다.
② 코일의 권수에 반비례한다.
③ 전류의 세기에 반비례한다.
④ 전압에 반비례한다.

해설

무한장 솔레노이드의 내부자계 세기
$H[AT/m] = \dfrac{NI}{l}$
N은 코일이 감긴 횟수(코일수=권수)이므로 $H\propto N$

12 히스테리시스 곡선의 종축과 횡축은? `16년-4회`

① 종축 : 자속밀도, 횡축 : 투자율
② 종축 : 자계의 세기, 횡축 : 투자율
③ 종축 : 자계의 세기, 횡축 : 자속밀도
④ 종축 : 자속밀도, 횡축 : 자계의 세기

해설

히스테리시스 곡선은 자계의 세기(횡축)과 자속밀도(종축)으로 이루어진 곡선이다.

21 변압기

기출유형

단상변압기 3대를 △결선하여 부하에 전력을 공급하고 있는 중 변압기 1대가 고장 나서 V결선으로 바꾼 경우에 고장 전과 비교하여 몇 % 출력을 낼 수 있는가? 　20년-3회

① 50
② 57.7
③ 70.7
④ 86.6

해설

단상변압기 △결선 시 출력(전력공급량)은 $3VI\cos\theta$이고 V결선 시 출력은 $\sqrt{3}\,VI\cos\theta$이므로,

출력비 : $\dfrac{P_V}{P_\triangle} = \dfrac{\sqrt{3}\,VI\cos\theta}{3VI\cos\theta} = 0.577 = 57.7[\%]$

| 정답 | ②

족집게 과외

❶ 변압기 권수비

구 분	내 용
개 념	① 변압기란 1차 측의 전압을 강압하거나 승압하여 2차 측으로 공급하기 위한 설비 ② 권수비란 1, 2차 측이 연결된 철심에 감겨있는 코일의 1, 2차 측의 비를 말함
관계식	권수비 : $n = \dfrac{N_1}{N_2} = \dfrac{V_1}{V_2} = \dfrac{I_2}{I_1} = \sqrt{\dfrac{Z_1}{Z_2}} = \sqrt{\dfrac{R_1}{R_2}} = \sqrt{\dfrac{L_1}{L_2}}$ ※ 전류만 2차 측이 위이다.

❷ V결선에 따른 출력

구 분	내 용		
개 념	△결선 단상변압기의 1상 고장 시 V결선 바꾸어 지속적으로 전원공급이 가능함		
출력비	① △결선 시의 출력 : $3VI\cos\theta$ ② V결선 시의 출력 : $\sqrt{3}\,VI\cos\theta$	출력비 :	$\dfrac{P_V}{P_\triangle} = \dfrac{\sqrt{3}\,VI\cos\theta}{3VI\cos\theta} = 0.577 = 57.7[\%]$
이용률	① 변압기 2대 출력 : $2VI\cos\theta$ ② V결선 시의 출력 : $\sqrt{3}\,VI\cos\theta$	이용률 :	$\dfrac{P_V}{P_2} = \dfrac{\sqrt{3}\,VI\cos\theta}{2VI\cos\theta} = 0.866 = 86.6[\%]$

❸ 변압기 결선과 제3고조파

구 분	내 용
개 요	① 제3고조파란 기본파의 3배 주파수를 가진 파를 말함 ② 변압기 철심에서 비선형 자화특성에 기인하여 제3고조파가 발생함 ③ 1차 측 또는 2차 측에 △결선이 포함되어 있는 경우 제3고조파가 순환하여 부하 측에 나타나지 않음
결선 종류	① △−Y결선 ② △−△결선 ③ Y−Y결선 ④ Y−△결선

❹ 변압기 내부고장 보호용 계전기

구 분	내 용
개 요	변압기 내부고장 보호를 위해서 비율차동계전기가 설치됨

기출유형 완성하기

🔒 정답 01 ② 02 ① 03 ① 04 ④

01 1차 권선수 10회, 2차 권선수 300회인 변압기에서 2차 단자전압 $1,500\,V$가 유도되기 위한 1차 단자전압은 몇 V인가? 〔18년-1회〕

① 30
② 50
③ 120
④ 150

해설

권수비 $n = \dfrac{N_1}{N_2} = \dfrac{V_1}{V_2}$ 이므로

1차 단자전압 $V_1 = V_2 \times \dfrac{N_1}{N_2} = 1,500 \times \dfrac{10}{300} = 50\,[V]$

02 그림과 같은 오디오 회로에서 스피커 저항이 8Ω이고, 증폭기 회로의 저항이 288Ω이다. 이 변압기의 권수비는? 〔12년-1회〕

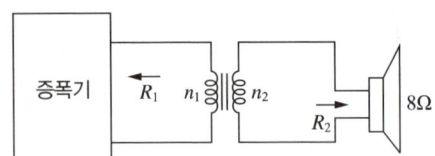

① 6
② 7
③ 36
④ 42

해설

권수비 $n = \sqrt{\dfrac{R_1}{R_2}} = \sqrt{\dfrac{288}{8}} = 6$

03 제3고조파 전류가 나타나는 결선방식은? 〔15년-1회〕

① $Y-Y$
② $Y-\triangle$
③ $\triangle-\triangle$
④ $\triangle-Y$

해설

$Y-Y$결선의 경우 제3고조파가 나타난다.
※ △결선을 포함하는 경우 제3고조파가 차단된다.

04 단상변압기 3대를 △ 결선하여 부하에 전력을 공급하고 있는데, 변압기 1대의 고장으로 V결선을 한 경우 고장 전의 몇 % 출력을 낼 수 있는가? 〔16년-2회〕

① 51.6
② 53.6
③ 55.7
④ 57.7

해설

단상변압기 △결선 시 출력(전력공급량)은 $3VI\cos\theta$, V결선 시 출력은 $\sqrt{3}\,VI\cos\theta$이므로

출력 : $\dfrac{P_V}{P_\triangle} = \dfrac{\sqrt{3}\,VI\cos\theta}{3VI\cos\theta} = 0.577 = 57.7\,[\%]$

정답 05 ② 06 ① 07 ④ 08 ①

기출유형 완성하기

05 1차 전압 $6,600[V]$, 권수비 60인 단상변압기가 전등부하에 $40[A]$를 공급할 때 1차 전류는 몇 $[A]$인가? `13년-2회`

① 1/2
② 2/3
③ 5/6
④ 4/11

해설
권수비 $n = \dfrac{I_2}{I_1} \Rightarrow I_1 = \dfrac{I_2}{n} = \dfrac{40}{60} = \dfrac{2}{3}[A]$

06 변압기의 1차 권수가 10회, 2차 권수가 300회인 경우 2차 단자에서 $1,500\,V$의 전압을 얻고자 하는 경우 1차 단자에서 인가하여야 할 전압은? `12년-1회`

① $50[V]$
② $100[V]$
③ $220[V]$
④ $380[V]$

해설
권수비 $n = \dfrac{N_1}{N_2} = \dfrac{10}{300} = \dfrac{1}{30}$
$n = \dfrac{V_1}{V_2} \Rightarrow V_1 = nV_2 = \dfrac{1}{30} \times 1,500 = 50[V]$

07 단상변압기(용량 $100\,kVA$) 3대를 △결선으로 운전하던 중 한 대가 고장이 생겨 V결선하였다면 출력은 $[kVA]$인가? `13년-2회`

① 200
② 300
③ $200\sqrt{3}$
④ $100\sqrt{3}$

해설
V결선 시의 출력 $\sqrt{3}\,VI\cos\theta = \sqrt{3} \times 100 = 100\sqrt{3}$

08 변압기의 내부 보호에 사용되는 계전기는? `19년-4회`

① 비율차동계전기
② 부족전압계전기
③ 역전류계전기
④ 온도계전기

해설
변압기 내부 보호에는 비율차동계전기가 사용된다.

22 △결선, Y결선 등가회로

기출유형

선간전압이 일정한 경우 △결선된 부하를 Y결선으로 바꾸면 소비전력은 어떻게 되는가?

15년-2회

① 1/3
② 1/9
③ 3배로 증가한다.
④ 9배로 증가한다.

해설

소비전력 $P[W] = \sqrt{3}\,V_\ell I_\ell \cos\theta$ 에서 선간전압이 일정하므로 선전류 $I_Y = \dfrac{1}{3}I_\triangle$ 이다.

즉, 소비전력은 $P_Y = \dfrac{1}{3}P_\triangle$ 이 된다.

|정답| ①

족집게 과외

❶ △결선과 Y결선 변환

구 분	내 용	
개 요	① Y결선과 △결선의 계산을 용이하게 하기 위해 서로 상호변환이 가능함 ② 각 Z가 같은 경우에는 간단히 변환이 가능함 ($Z_a = Z_b = Z_c$ 또는 $Z_{ab} = Z_{bc} = Z_{ca}$)	
변 환	$Y \to \triangle$	$\triangle \to Y$
각 Z가 같은 경우	$Z_\triangle = \dfrac{3Z_Y^2}{Z_Y} = 3Z_Y,\ I_\triangle = 3I_Y$	$Z_Y = \dfrac{Z_\triangle^2}{3Z_\triangle} = \dfrac{Z_\triangle}{3},\ I_Y = \dfrac{1}{3}I_\triangle$
각 Z가 다른 경우	$Z_{ab} = \dfrac{Z_aZ_b + Z_bZ_c + Z_cZ_a}{Z_c},\ Z_{bc} = \dfrac{Z_aZ_b + Z_bZ_c + Z_cZ_a}{Z_a}$ $Z_{ca} = \dfrac{Z_aZ_b + Z_bZ_c + Z_cZ_a}{Z_b}$	$Z_a = \dfrac{Z_{ab} \cdot Z_{ca}}{Z_{ab} + Z_{bc} + Z_{ca}},\ Z_b = \dfrac{Z_{ab} \cdot Z_{bc}}{Z_{ab} + Z_{bc} + Z_{ca}}$ $Z_c = \dfrac{Z_{ca} \cdot Z_{bc}}{Z_{ab} + Z_{bc} + Z_{ca}}$

❷ 결선 변환 적용

구 분	내 용
회로 변환	(브리지 회로) → (△를 Y로 변환한 회로) → (직·병렬 등가회로)
설 명	① 일반적으로 직렬 또는 병렬이 아닌 구조로 된 회로의 경우 직/병렬 구조로 변환하기 위해 사용 ② 보편적으로 △회로의 경우 계산에 문제가 되므로 Y결선 등가회로로 변환하여 계산함

기출유형 완성하기

> 정답 01 ② 02 ① 03 ④

01 회로에서 a와 b 사이의 합성저항(Ω)은?
〔21년-4회〕

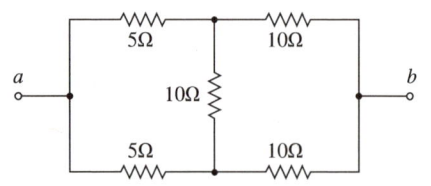

① 5
② 7.5
③ 15
④ 30

해설

직병렬 회로로 만들기 위해 △결선을 Y결선으로 변환
△결선의 $R_\triangle = 3R_Y$이므로 $R_Y = \dfrac{10}{3}[\Omega]$

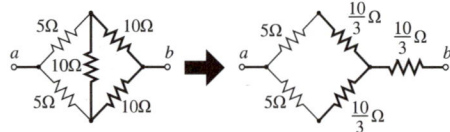

분기회로 직렬연결 합성저항
$R_{s1} = R_{s2} = 5 + \dfrac{10}{3} = \dfrac{25}{3}[\Omega]$

분기회로 병렬 합성저항
$R_{p1} = \dfrac{R_{s1} \times R_{s2}}{R_{s1} + R_{s2}} = \dfrac{\dfrac{25}{3} \times \dfrac{25}{3}}{\dfrac{25}{3} + \dfrac{25}{3}} = \dfrac{25}{6}[\Omega]$

우측 회로와 전체 합성저항
$R_t = R_{p1} + R_Y = \dfrac{25}{6} + \dfrac{10}{3} = 7.5[\Omega]$

02 100Ω인 저항 3개를 같은 전원에 △결선으로 접속할 때와 Y결선으로 접속할 때, 선전류의 크기의 비는?
〔16년-2회〕

① 3
② 1/3
③ $\sqrt{3}$
④ $1/\sqrt{3}$

해설

3개의 저항이 같은 경우의 선전류는 $I_\triangle = 3I_Y$이므로 $I_\triangle : I_Y = 3 : 1$이다.

03 3상 3선식 전로에 접속하는 Y결선의 평형 저항 부하가 있다. 이 부하를 △결선하여 같은 전원에 접속한 경우의 선전류는 Y결선을 할 때보다 어떻게 되는가?
〔11년-4회〕

① 1/3로 감소한다.
② $1/\sqrt{2}$로 감소한다.
③ $\sqrt{3}$배 증가한다.
④ 3배 증가한다.

해설

저항이 같은 경우 선전류 $I_\triangle = 3I_Y$이므로 Y결선 시의 선전류보다 3배 증가한다.

Tip 평형 저항부하란 접속된 저항이 평형이란 뜻으로 다 같은 값을 의미한다.

정답 04 ① 05 ②

기출유형 완성하기

04 회로에서 a, b 간의 합성저항(Ω)은?
(단, $R_1 = 3\Omega$, $R_2 = 9\Omega$이다) `21년-1회`

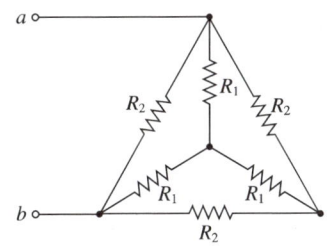

① 3 ② 4
③ 5 ④ 6

해설

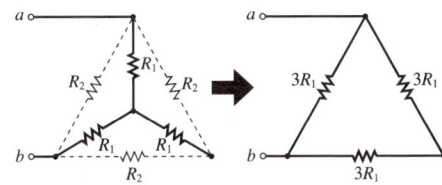

기존 △회로를 제외하고
가운데 있는 Y회로를 △회로로 변환하면
1상의 저항인 $R_{1Y}(=R_1)$의 등가저항 $R_{1\triangle}$는
$3R_1 = 9[\Omega]$이 된다.
기존 △회로와 합쳐서 회로도를 작성하면

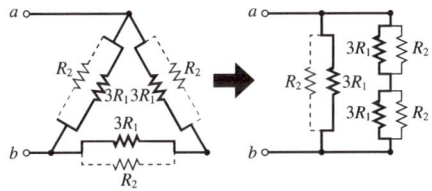

직/병렬회로로 변환이 가능하다.
$R_1 = 3[\Omega]$, $R_2 = 9[\Omega]$이므로
값을 대입하여 계산하면
좌측 가지회로의 병렬 합성저항은
$R_{p1} = \dfrac{R_2 \times 3R_1}{R_2 + 3R_1} = \dfrac{9 \times 9}{9+9} = 4.5[\Omega]$

우측 가지회로는 좌측 가지회로와 같은 병렬합성 저항
이 직렬연결이므로 ($R_{p1} = R_{p2} = R_{p3}$)
합성저항은 $R_{p23} = R_{p2} + R_{p3} = 4.5 + 4.5 = 9.0[\Omega]$
전체 좌측 가지회로와 우측 가지회로는 병렬연결이
므로
$R_t = \dfrac{R_{p1} \times R_{p23}}{R_{p1} + R_{p23}} = \dfrac{4.5 \times 9}{4.5 + 9} = 3[\Omega]$

05 평형 3상 회로의 △결선된 부하를 Y결선으로 접속을 바꾸면 소비전력은 어떻게 되는가? `09년-2회`

① △결선의 3배로 됨
② △결선의 1/3로 됨
③ △결선의 9배로 됨
④ △결선의 1/9로 됨

해설

소비전력 $P[W] = \sqrt{3}\, V_\ell I_\ell \cos\theta$

선간전압이 일정하므로 선전류 $I_Y = \dfrac{1}{3} I_\triangle$이다.

즉, 소비전력은 $P_Y = \dfrac{1}{3} P_\triangle$이 된다.

기출유형 완성하기

🔒 정답 06 ②

06 그림의 회로에서 a와 c 사이의 합성저항은?

`22년-1회`

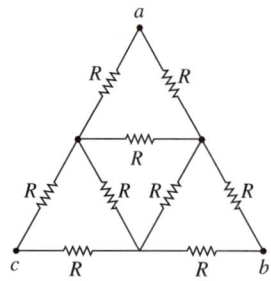

① $\dfrac{9}{10}R$

② $\dfrac{10}{9}R$

③ $\dfrac{7}{10}R$

④ $\dfrac{10}{7}R$

[해설]

자세히 보면 3개의 △회로이므로
계산이 용이하도록 Y결선으로 등가 변환하면

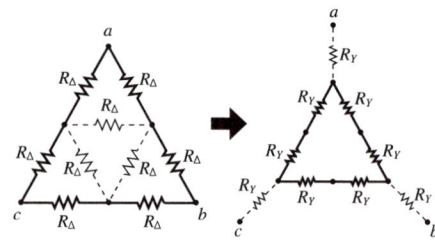

등가회로에서 저항 $R_Y = \dfrac{R_\triangle^2}{3R_\triangle} = \dfrac{R_\triangle}{3}$ 이 된다.

여기서 $\therefore R_\triangle = R$
회로를 보기 좋게 변환하면

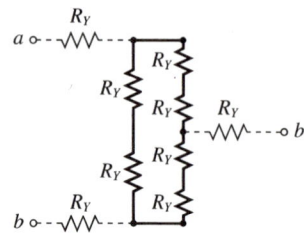

각 직렬회로의 합성저항을 구하면
좌측 가지회로 : $R_{s1} = R_Y + R_Y = 2R_Y$
우측 가지회로 : $R_{s2} = R_Y + R_Y + R_Y + R_Y = 4R_Y$
가지회로의 병렬 합성저항을 구하면
$$R_p = \dfrac{2R_Y \times 4R_Y}{2R_Y + 4R_Y} = \dfrac{8R_Y^2}{6R_Y} = \dfrac{8}{6}R_Y$$

전체 회로의 합성저항
$$R_t = R_Y + \dfrac{8}{6}R_Y + R_Y = \dfrac{20}{6}R_Y$$

R_Y를 $R_\triangle (=R)$로 환산하면
→ $R_t = \dfrac{20}{6} \times \dfrac{R_\triangle}{3} = \dfrac{10}{9}R_\triangle$

23 유기기전력

기출유형

권선수 10회의 코일에 자속이 10초 사이에 10 Wb에서 20 Wb로 변화하였다면 이때 코일에 유기되는 기전력은 몇 [V]인가? `10년-1회`

① 0.1 V
② 1.0 V
③ 10 V
④ 100 V

해설

유기기전력 $e[V] = -N\dfrac{d\phi}{dt} = 10 \times \dfrac{20-10}{10} = 10[V]$

|정답| ③

> **족집게 과외**

❶ 유기(유도)기전력

구 분	내 용
개 요	① 전기를 흐르게 하는 힘을 기전력이라고 함 ② 변화하는 자속 속에 놓인 도체 또는 인덕터에 흐르는 전류가 변화하는 경우에 기전력이 형성되는데 이를 전자기유도 현상이라 부르며 그때 발생하는 힘을 유기(유도)기전력이라 함
관계식	$e[V] = -N\dfrac{d\phi}{dt} = -L\dfrac{di}{dt}$ e : 유기기전력$[V]$ N : 코일 권수 $d\phi$: 자속의 변화량$[Wb]$ L : 인덕턴스$[H]$ i : 전류$[A]$
권선수 변화	① 문제에서 권선수 변화 시 유도기전력을 산출하는 문제에서는 $-N\dfrac{d\phi}{dt}$ 적용이 불가능함 ② 유기기전력은 $e \propto N^2$로 권선수의 제곱에 비례함 **추가 설명** ① 권선수 변화 시 자기인덕턴스 및 자속의 변화량도 변화되므로 권선수와 단순히 비례관계로 계산이 불가능함 ② 그러므로 권선수 변화에 따른 자기인덕턴스 변화량을 구한 후 기전력을 산출함

❷ 직류발전기 유기기전력

구 분	내 용
개 념	발전기는 실제 기전력을 형성하는 장치로서 도체수, 배치, 회전수 등에 따라 유기기전력을 산출할 수 있음
관계식	$E[V] = \dfrac{PZ\phi N}{60a}$ P : 극수(자석) Z : 전체 도체수 ϕ : 극당 자속$[Wb]$ N : 회전수$[rpm]$ a : 병렬회로 수(중권 : $a=P$, 파권 : $a=2$)

❸ 발전기 기타

구 분	내 용
동기발전기의 병렬운전 조건	① 기전력의 크기가 같을 것 ② 기전력의 파형이 같을 것 ③ 기전력의 위상이 같을 것 ④ 기전력의 주파수가 같을 것 ⑤ 기전력의 상회전 방향이 같을 것
앰플리다인	정속도 운전의 직류발전기로 작은 전력의 변화를 큰 전력의 변화로 증폭하는 발전기를 앰플리다인이라고 함

정답 01 ② 02 ③ 03 ④ 04 ③

기출유형 완성하기

01 기인덕턴스 $50mH$인 코일에 흐르는 전류가 0.3초 동안에 $12A$가 변화했다. 코일에 유기되는 기전력은 몇 V인가? `03년-1회`

① 1
② 2
③ 3
④ 4

해설

유기기전력 $e[V] = -L\dfrac{di}{dt} = 50 \times 10^{-3} \times \dfrac{12}{0.3} = 2[V]$

02 전기를 흐르게 하는 능력을 무엇이라 하는가? `04년-4회`

① 전 압
② 전 류
③ 기전력
④ 토 크

해설

전기를 흐르게 하는 능력은 **기전력**이다.

03 권선수가 100회인 코일에 유도되는 기전력의 크기가 e_1이다. 이 코일의 권선수를 200회로 늘렸을 때 유도되는 기전력의 크기(e_2)는? `22년-1회`

① $e_2 = \dfrac{1}{4}e_1$
② $e_2 = \dfrac{1}{2}e_1$
③ $e_2 = 2e_1$
④ $e_2 = 4e_1$

해설

유기기전력 : $e[V] = -L\dfrac{di}{dt}$

여기서 자기인덕턴스 $L = \dfrac{\mu SN^2}{l} \Rightarrow L \propto N^2$ 이므로

$\left(\dfrac{200}{100}\right)^2 = 4$배가 된다.

04 4극 직류발전기의 전기자 도체 수가 500개, 각 자극의 자속이 $0.01Wb$, 회전수가 $1,800rpm$일 때 이 발전기의 유도기전력(V)은?
(단, 전기자 권선법은 파권이다) `22년-2회`

① 100
② 200
③ 300
④ 400

해설

직류발전기의 유도기전력 $E[V] = \dfrac{PZ\phi N}{60a}$

$E[V] = \dfrac{4 \times 500 \times 0.01 \times 1,800}{60 \times 2} = 300[V]$

CHAPTER 23 | 유기기전력

기출유형 완성하기

🔒 정답 05 ④ 06 ① 07 ② 08 ③

05 동기발전기의 병렬운전 조건으로 틀린 것은?

20년-1·2회

① 기전력의 크기가 같을 것
② 기전력의 위상이 같을 것
③ 기전력의 주파수가 같을 것
④ 극수가 같을 것

해설

동기발전기의 병렬운전 조건
기전력의 **크기, 파형, 위상, 주파수, 상회전 방향**이 같을 것

06 정속도 운전의 직류발전기로 작은 전력의 변화를 큰 전력의 변화로 증폭하는 발전기는?

17년-4회

① 앰플리다인
② 로젠베르그발전기
③ 솔레노이드
④ 서보전동기

해설

전력을 증폭하는 용도로 사용되는 발전기는 **앰플리다인**이다.

07 발전기에서 유도기전력의 방향을 나타내는 법칙은?

17년-1회

① 페러데이의 전자유도법칙
② 플레밍의 오른손법칙
③ 암페어의 오른나사법칙
④ 플레밍의 왼손법칙

해설

발전기의 유도기전력의 방향을 나타내는 법칙은 플레밍의 오른손법칙이다.

08 직류발전기의 자극수 4, 전기자 도체 수 500, 각 자극의 유효자속 수 $0.01 \, Wb$, 회전수 $900 \, rpm$인 경우 유기기전력은 얼마인가? (단, 전기자 권수는 파권)

11년-1회

① $130[V]$
② $140[V]$
③ $150[V]$
④ $160[V]$

해설

직류발전기의 유도기전력 $E[V] = \dfrac{PZ\phi N}{60a}$

$E[V] = \dfrac{4 \times 500 \times 0.01 \times 900}{60 \times 2} = 150[V]$

24 유도전동기

기출유형

3상 농형 유도전동기를 $Y-\triangle$ 기동 방식으로 기동할 때 전류 $I_1(A)$과 $\triangle$결선으로 직입(전전압) 기동할 때 전류 $I_2(A)$의 관계는? `22년-1회`

① $I_1 = \dfrac{1}{\sqrt{3}} I_2$

② $I_1 = \dfrac{1}{3} I_2$

③ $I_1 = \sqrt{3} I_2$

④ $I_1 = 3 I_2$

해설

3상 농형 유도전동기에서 Y결선으로 기동할 때의 전류는 $\triangle$결선 시의 1/3이므로 $I_1 = \dfrac{1}{3} I_2$

|정답| ②

족집게 과외

❶ 기동법, 제동법

구 분	내 용	
3상 농형 유도전동기 기동법	① 전전압 기동법(직입 기동법) ② $Y-\triangle$ 기동법 ③ 기동 보상기법 ④ 리액터 기동법	
	$Y-\triangle$ 기동의 특징	※ $\triangle$ 기동 대비 Y 기동 시(Y 기동 후 $\triangle$ 로 전환하여 운전하는 것) ① 기동전류 및 기동토크 : $\dfrac{1}{3}$ 로 감소 ② 기동전압 : $\dfrac{1}{\sqrt{3}}$ 로 감소
제동법	① 기계적 제동 ② 발전제동 ③ 역상제동(역전제동) ④ 회생제동 ⑤ 와전류 제동	

❷ 단상 유도전동기 기동토크

구 분	내용(기동토크가 큰 순서)
종 류	반발 기동형 → 반발 유도형 → 콘덴서 기동형 → 분상 기동형 → 셰이딩 코일형

❸ 동기속도

구 분	내 용		
개 념	자계에 교류전류를 인가할 때 고정자에 생기는 회전자계의 회전속도를 의미함		
관계식	동기속도	$N_s[rpm] = \dfrac{120f}{P}$	f : 주파수[Hz] P : 극수 S : 슬립
	회전자 속도	$N[rpm] = \dfrac{120f}{P}(1-S) = N_s(1-S)$	

❹ $Y-\triangle$ 유도전동기의 제어회로

구 분	내 용
적용 계전기	① 타이머 ② 전자접촉기 ③ 열동계전기

🔒 **정답** 01 ① 02 ③ 03 ④ 04 ③

기출유형 완성하기

01 3상 유도전동기를 Y결선으로 운전했을 때 토크가 T_Y이었다. 이 전동기를 동일한 전원에서 △결선으로 운전했을 때 토크($T_\triangle$)는?

`22년-2회`

① $T_\triangle = 3T_Y$
② $T_\triangle = \sqrt{3}T_Y$
③ $T_\triangle = \dfrac{1}{3}T_Y$
④ $T_\triangle = \dfrac{1}{\sqrt{3}}T_Y$

해설
Y운전 시의 토크는 △운전 시 토크의 1/3이므로
$T_\triangle = 3T_Y$

02 $60Hz$, 4극 3상 유도전동기가 정격 출력일 때 슬립이 2%이다. 이 전동기의 동기속도(rpm)는?

`21년-2회`

① 1,200
② 1,764
③ 1,800
④ 1,836

해설
동기속도 $N_S = \dfrac{120f}{P} = \dfrac{120 \times 60}{4} = 1,800[rpm]$

03 다음의 단상 유도전동기 중 기동토크가 가장 큰 것은?

`21년-4회`

① 세이딩 코일형
② 콘덴서 기동형
③ 분상 기동형
④ 반발 기동형

해설
단상 유도전동기 중 기동토크가 가장 큰 것은 **반발 기동형**이다.

04 3상 농형 유도전동기의 기동법이 아닌 것은?

`20년-3회`

① $Y-\triangle$ 기동법
② 기동 보상기법
③ 2차 저항 기동법
④ 리액터 기동법

해설
3상 농형 유도전동기의 기동법
- 전전압 기동법
- $Y-\triangle$ 기동법
- 기동 보상기법
- 리액터 기동법

Tip 2차 저항 기동법은 비례추이를 이용한 것으로 **권선형** 유도전동기의 기동법이다.

기출유형 완성하기

🔒 **정답** 05 ④ 06 ② 07 ② 08 ③

05 유도전동기의 슬립이 5.6%이고 회전자 속도가 $1,700\,rpm$일 때, 이 유도전동기의 동기속도는 약 몇 rpm인가? `22년-1회`

① 1,000
② 1,200
③ 1,500
④ 1,800

해설

회전속도 $N[rpm] = N_s(1-S)$이므로

동기속도 $N_S = \dfrac{N}{1-S} = \dfrac{1,700}{1-0.056} = 1,800[rpm]$

06 제연용으로 사용되는 3상 유도전동기를 $Y-\triangle$ 기동 방식으로 하는 경우, 기동을 위해 제어회로에서 사용되는 것과 거리가 먼 것은? `19년-4회`

① 타이머
② 영상변류기
③ 전자접촉기
④ 열동계전기

해설

$Y-\triangle$기동회로에 사용되는 계전기
- 타이머
- 전자접촉기
- 열동계전기

07 다음 중 직류전동기의 제동법이 아닌 것은? `20년-1·2회`

① 회생제동
② 정상제동
③ 발전제동
④ 역전제동

해설

전동기 제동법
- 기계적 제동
- 발전제동
- 역상제동
- 회생제동
- 와전류 제동

08 3상 농형 유도전동기의 기동방식으로 옳은 것은? `17년-2회`

① 분상 기동형
② 콘덴서 기동형
③ 기동 보상기법
④ 셰이딩일형

해설

3상 농형 유도전동기의 기동법
- 전전압 기동법
- $Y-\triangle$기동법
- 기동 보상기법
- 리액터 기동법

25 서미스터, 바리스터, 집적회로

기출유형

다음 소자 중에서 온도 보상용으로 쓰이는 것은?   21년-1회

① 서미스터
② 바리스터
③ 제너다이오드
④ 터널다이오드

해설
반도체 소자 중 서미스터는 온도 보상용으로 사용된다.

|정답| ①

족집게 과외

❶ 진성 반도체(순수에 가까운 반도체)

구 분	내 용
개 념	상온에서 전기 전도율이 도체와 부도체의 중간 정도인 물질
특 징	① 전류와 전압의 관계는 비직선형 ② 열전현상, 광전현상, 홀효과 등이 큼 ③ 반도체와 금속이 접촉면이나 P형, N형 반도체의 집합면의 접합점에서 정류작용을 함 ④ 저항온도계수가 (−)로 온도가 상승할수록 저항이 작아짐

❷ 서미스터(NTC)

구 분	내 용
개 념	① 온도에 따라 물질의 저항이 변화하는 반도체로 온도 보상용으로 사용됨 ② 온도를 측정하기 위해 사용됨 → 온도와 저항은 반비례 관계

❸ 바리스터

구 분	내 용
개 념	저전압에서는 저항이 높지만 인가 전압이 상승하면 급격히 저항이 낮아져 다른 부품을 보호하기 위해 바이패스로 이용되는 반도체 소자
특 징	① 과도한 전압으로부터 회로 보호 ② 접점의 불꽃 제거나 서지전압에 대한 과입력 보호용

❹ 집적회로(IC)

구 분	내 용
개 념	한 조각의 실리콘 속에 많은 트랜지스터, 다이오드, 저항 등을 넣고 상호배선을 하여 하나의 회로에서의 기능을 갖게 한 것
특 징	① 시스템 소형화가 가능함 ② 신뢰성이 높고 부품 교체가 용이함 ③ 열에 약하고, 마찰에 의한 정전기 영향에 주의가 필요함

정답 01 ① 02 ① 03 ④ 04 ④ 05 ① 06 ①

기출유형 완성하기

01 반도체의 특징을 설명한 것 중 틀린 것은?   `15년-2회`

① 진성 반도체의 경우 온도가 올라갈수록 양(+)의 온도 계수를 나타낸다.
② 열전현상, 광전현상, 홀효과 등이 심하다.
③ 반도체와 금속의 접촉면 또는 P형, N형 반도체 외 접합면에서 정류작용을 한다.
④ 전류와 전압의 관계는 비직선형이다.

해설
진성 반도체의 경우 온도가 올라갈수록 음(−)의 온도 계수를 나타낸다.

02 화재 시 온도 상승으로 인해 저항값이 감소하는 반도체 소자는?   `17년-2회`

① 서미스터(NTC)
② 서미스터(PTC)
③ 서미스터(CTR)
④ 바리스터

해설
서미스터(NTC)는 온도 상승 시 저항값이 감소하는 반도체 소자이다.

03 집적회로(IC)의 특징으로 옳은 것은?   `18년-1회`

① 시스템이 대형화된다.
② 신뢰성이 높으나, 부품의 교체가 어렵다.
③ 열에 강하다.
④ 마찰에 의한 정전기 영향에 주의해야 한다.

해설
집적회로는 전자부품이 밀집해 있는 만큼 마찰에 의한 정전기 영향에 주의가 필요하다.

04 바리스터(varistor)의 용도는?   `19년-4회`

① 정전류 제어용
② 정전압 제어용
③ 과도한 전류로부터 회로 보호
④ 과도한 전압으로부터 회로 보호

해설
과도한 전압으로부터 타 전자부품(회로)를 보호하기 위해서 바리스터가 사용된다.

05 반도체를 이용한 화재감지기 중 서미스터(thermistor)는 무엇을 측정하기 위한 반도체 소자인가?   `21년-4회`

① 온 도
② 연기 농도
③ 가스 농도
④ 불꽃의 스펙트럼 강도

해설
온도 측정에 사용되는 대표적인 반도체 소자는 서미스터이다.

06 계측기 접점의 불꽃 제거나 서지 전압에 대한 과입력 보호용으로 사용되는 것은?   `14년-1회`

① 바리스터
② 사이리스터
③ 서미스터
④ 트랜지스터

해설
과도한 전압(서지전압 등)으로부터 타 전자부품(회로)를 보호하기 위해서 바리스터가 사용된다.

CHAPTER 25 | 서미스터, 바리스터, 집적회로

기출유형 완성하기

정답 07 ④ 08 ②

07 한 조각의 실리콘 속에 많은 트랜지스터, 다이오드, 저항 등을 넣고 상호배선을 하여 하나의 회로에서의 기능을 갖게 한 것은? `16년-2회`

① 포토 트랜지스터
② 서미스터
③ 바리스터
④ IC

해설
여러 가지의 반도체 소자를 집적하여 하나의 부품으로 소형화한 것을 IC(집적회로)라고 한다.

08 온도보상장치에 사용되는 소자인 NTC형 서미스터의 저항값과 온도의 관계를 옳게 설명한 것은? `15년-4회`

① 저항값은 온도에 비례한다.
② 저항값은 온도에 반비례한다.
③ 저항값은 온도의 제곱에 비례한다.
④ 저항값은 온도의 제곱에 반비례한다.

해설
NTC형 서미스터는 온도가 상승함에 따라 저항값이 감소하므로 온도와 저항은 반비례 관계이다.

26 트랜지스터, 다이오드, 사이리스터

기출유형

다이오드를 여러 개 병렬로 접속하는 경우에 대한 설명으로 옳은 것은? `17년-4회`

① 과전류로부터 보호할 수 있다.
② 과전압으로부터 보호할 수 있다.
③ 부하 측의 맥동률을 감소시킬 수 있다.
④ 정류기의 역방향 전류를 감소시킬 수 있다.

해설
다이오드를 **병렬로 접속**하면 **과전류로부터 보호**되고, **직렬로 접속**하면 **과전압으로부터 보호**된다.

| 정답 | ①

족집게 과외

❶ 트랜지스터

구 분	내 용
개 념	① 전자 신호 및 전력을 증폭하거나 스위칭하는 데 사용되는 반도체 소자(일반적으로 NPN 사용) ② 이상적인 트랜지스터 베이스접지 증폭기의 전류증폭률은 "1"
증폭률	(이미터) N P N (컬렉터), B(베이스) 회로도 / 베이스 ↔ 컬렉터 사이: $\beta = \dfrac{I_C}{I_B} = \dfrac{I_C}{I_E - I_C}$ 이미터 ↔ 컬렉터 사이: $\alpha = \dfrac{I_C}{I_E}$

❷ 다이오드

구 분	내 용
개 념	① 전류를 한쪽 방향으로만 흐르게 하는 반도체 소자(PN 소자) ② 즉, 극성이 바뀌면 전류가 차단됨 A(+)─▶├─K(−)
특 징	① 다이오드를 병렬로 접속하는 경우 과전류로부터 보호할 수 있음 ② 다이오드를 직렬로 접속하는 경우 과전압으로부터 보호할 수 있음

※ 전원 전압을 일정하게 유지하기 위해서는 제너다이오드를 사용한다.

❸ 실리콘 정류제어기(SCR)

구 분	내 용
개 념	① 게이트를 통해 래칭전류 이상의 전류가 인가되면 애소드에서 캐소드로 전류가 흐르는 단방향 사이리스터임 ② 게이트전류는 ON만 가능하며 양극전류(애소드→캐소드)는 게이트전류와 무관함 A(+)(애소드)─▶├─K(−)(캐소드), G(게이트)
특 징	① 소형이고 대전력용 정류기로 적합함 ② PNPN 소자이며 스위칭 및 위상제어가 가능함 ③ 교류의 전력제어용으로 사용 가능함 ④ 게이트에 신호가 인가되면 매우 신속하게 도통되며 과전압에 약한 편임 ⑤ 순방향 전압강하는 매우 작으며, 열의 발생이 작음
래칭전류	트리거 신호가 제거된 직후에 사이리스터를 ON 상태로 유지하는 데 필요로 하는 최소한의 전류

❹ 양(쌍)방향성 사이리스터

구 분	내 용
종 류	① TRIAC ② DIAC ③ SSS

정답 01 ③ 02 ③ 03 ③ 04 ① 05 ②

기출유형 완성하기

01 전원 전압을 일정하게 유지하기 위하여 사용하는 다이오드는? `20년-1·2회`

① 쇼트키다이오드
② 터널다이오드
③ 제너다이오드
④ 버랙터다이오드

해설
전원전압을 일정하게 유지하기 위해서 제너다이오드를 사용한다.

02 다음 중 완전 통전상태에 있는 SCR을 차단상태로 하기 위한 방법으로 알맞은 것은? `09년-2회`

① 게이트전류를 차단시킨다.
② 게이트에 역방향 바이어스를 인가한다.
③ 양극전압을 (−)로 한다.
④ 양극전압을 더 높게 한다.

해설
SCR을 차단상태로 하기 위한 방법은 양극전류를 일정 임계값(유지전류) 이하로 줄이거나 양극전압을 (−)로 바꾸어 차단할 수 있다.

03 이미터 전류를 $1mA$ 증가시켰더니 컬렉터 전류는 $0.98mA$ 증가되었다. 이 트랜지스터의 증폭률 β는? `19년-2회`

① 4.9
② 9.8
③ 49.0
④ 98.0

해설
트랜지스터의 증폭률
$$\beta = \frac{I_C}{I_B} = \frac{I_C}{I_E - I_C} = \frac{0.98}{1 - 0.98} = 49$$

04 SCR를 턴온시킨 후 게이트 전류를 0으로 하여도 온(ON) 상태를 유지하기 위한 최소의 애노드 전류를 무엇이라 하는가? `19년-2회`

① 래칭전류
② 스텐드온전류
③ 최대전류
④ 순시전류

해설
SCR을 Turn-on시킨 후 게이트전류(트리거전류)를 0으로 하여도 ON 상태를 유지하기 위한 최소 애노드 전류를 래칭전류라고 한다.

05 단방향 대전류의 전력용 스위칭 소자로서 교류의 위상 제어용으로 사용되는 정류소자는? `21년-2회`

① 서미스터
② SCR
③ 제너다이오드
④ UJT

해설
단방향 대전류의 전력용 스위칭 소자로 위상제어용으로 사용되는 정류소자는 SCR(실리콘 정류제어기)이다.

기출유형 완성하기

🔒 정답 06 ① 07 ③ 08 ② 09 ③ 10 ③

06 다이오드를 사용한 정류회로에서 과전압 방지를 위한 대책으로 가장 알맞은 것은? `19년-2회`

① 다이오드를 직렬로 추가한다.
② 다이오드를 병렬로 추가한다.
③ 다이오드의 양단에 적당한 값의 저항을 추가한다.
④ 다이오드의 양단에 적당한 값의 콘덴서를 추가한다.

해설
다이오드를 직렬로 추가하면 과전압에 의한 회로 보호가 가능하다.

07 트랜지스터의 베이스와 컬렉터 사이의 전류 증폭률 $\beta=60$이다. 이미터와 컬렉터 사이의 전류 증폭률 α는? `10년-1회`

① 0.36
② 0.95
③ 0.98
④ 1.0

해설
$\beta = \dfrac{I_C}{I_B} = \dfrac{I_C}{I_E - I_C} = 60$
$\Rightarrow I_C = 60(I_E - I_C) = 60I_E - 60I_C$
$I_E = \dfrac{61}{60} I_C$
$\alpha = \dfrac{I_C}{I_E} = \dfrac{I_C}{\frac{61}{60}I_C} = \dfrac{60}{61} = 0.983$

08 SCR의 양극전류가 $10A$일 때 게이트전류를 반으로 줄이면 양극전류는 몇 A인가? `19년-1회`

① 20
② 10
③ 5
④ 0.1

해설
게이트전류는 양극전류와 **무관**하므로 그대로 $10[A]$가 흐른다.

09 SCR(silicon-controlled rectifier)에 대한 설명으로 틀린 것은? `19년-4회`

① PNPN 소자이다.
② 스위칭 반도체 소자이다.
③ 양방향 사이리스터이다.
④ 교류의 전력제어용으로 사용된다.

해설
SCR은 **단방향** 사이리스터이다.

10 다음 중 쌍방향성 전력용 반도체 소자인 것은? `20년-4회`

① SCR
② IGBT
③ TRIAC
④ DIODE

해설
TRIAC은 양방향성 전력용 반도체 소자이다.

🔒 정답 11 ③ 12 ②

11 실리콘 정류 소자인 SCR의 특징을 잘못 나타낸 것은? `11년-1회`

① 과전압에 비교적 약하다.
② 게이트에 신호를 인가한 때부터 도통 시까지 시간이 짧다.
③ 순방향 전압강하는 크게 발생한다.
④ 열의 발생이 적은 편이다.

해설
실리콘 정류 소자 등 대부분의 반도체 소자의 순방향 전압강하는 **매우 작게 발생**한다.

12 이상적인 트랜지스터의 α값은? (단, α는 베이스접지 증폭기의 전류증폭율이다) `17년-4회`

① 0
② 1
③ 100
④ ∞

해설
이상적인 트랜지스터의 α값은 1이다.

27 정류회로, 포토다이오드

기출유형

$50Hz$의 3상 전압을 전파 정류하였을 때 리플(맥동)주파수(Hz)는?   20년-3회

① 50
② 100
③ 150
④ 300

해설
3상 전파 정류 시의 맥동주파수는 $f_r = 6f$이므로 $f_r = 6 \times 50 = 300[Hz]$

| 정답 | ④

족집게 과외

❶ 직류전압과 맥동주파수

구 분	단상 반파	단상 전파	3상 반파	3상 전파
직류전압 (V_{DC}, 평균값)	$\dfrac{V_m}{\pi} = \dfrac{\sqrt{2}\,V_{rms}}{\pi}$ $= 0.45 \times V_{rms}$	$\dfrac{2V_m}{\pi} = \dfrac{2\sqrt{2}\,V_{rms}}{\pi}$ $= 0.9 \times V_{rms}$	$1.17 \times V_{rms}$	$2.34 \times V_{rms}$
맥동주파수 (f_r)	$f_r = f$	$f_r = 2f$	$f_r = 3f$	$f_r = 6f$

※ V_m : 최댓값, V_{rms} : 실효값 (3상에서는 상전압)

❷ 리플 함유율

구 분		내 용
개 념		리플은 맥류(시간에 따라 크기가 변화하는 전류)를 의미함으로써 리플 함유율이 적을수록 좋음
리플과 시정수		리플 함유율은 시정수에 반비례하므로 시정수가 클수록 적어짐
	$R-C$ 회로의 시정수	$\tau = R \times C$ ※ 리플 관련은 C 회로만 출제
	$R-L$ 회로의 시정수	$\tau = L/R$

❸ 기타 회로(다빈도 출제 문제)

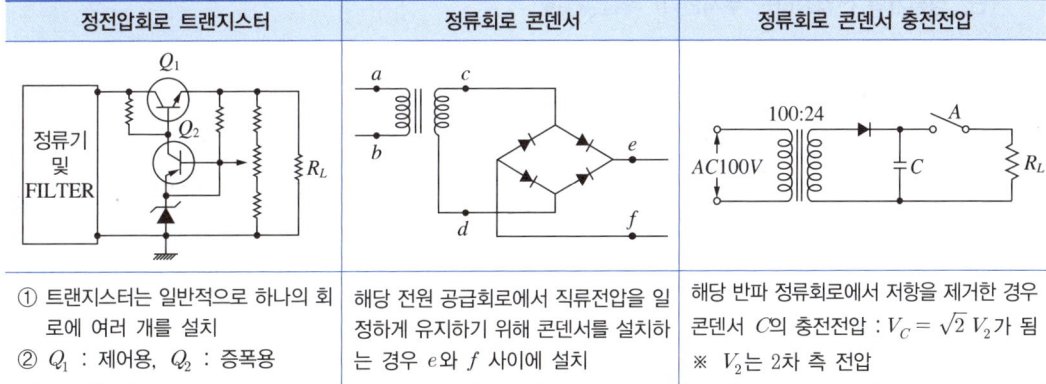

정전압회로 트랜지스터	정류회로 콘덴서	정류회로 콘덴서 충전전압
① 트랜지스터는 일반적으로 하나의 회로에 여러 개를 설치 ② Q_1 : 제어용, Q_2 : 증폭용	해당 전원 공급회로에서 직류전압을 일정하게 유지하기 위해 콘덴서를 설치하는 경우 e와 f 사이에 설치	해당 반파 정류회로에서 저항을 제거한 경우 콘덴서 C의 충전전압 : $V_C = \sqrt{2}\,V_2$ 가 됨 ※ V_2는 2차 측 전압

❹ 포토다이오드(=광다이오드)

구 분	내 용
개 념	① 빛을 조사하면 전류가 흐르는 다이오드로 광량의 변화를 전류값으로 대치하는 반도체 ② 반도체에 빛을 조사하면 전자가 방출되는 현상을 광전효과라고 함

기출유형 완성하기

> 정답 01 ④ 02 ④ 03 ③ 04 ③ 05 ③

01 빛이 닿으면 전류가 흐르는 다이오드로서 들어온 빛에 대해 직선적으로 전류가 증가하는 다이오드는? `21년-2회`

① 제너다이오드
② 터널다이오드
③ 발광다이오드
④ 포토다이오드

해설
빛을 조사하였을 때 빛의 양에 따라 전류가 직선적으로 증가하는 다이오드는 포토다이오드이다.

02 단상 반파 정류회로에서 교류 실효값 $220\,V$를 정류하면 직류 평균전압은 약 몇 V인가? (단, 정류기의 전압강하는 무시한다) `19년-2회`

① 58
② 73
③ 88
④ 99

해설
$V_{DC} = 0.45 \times V_{rms} = 0.45 \times 220 = 99[V]$

03 $60\,Hz$의 3상 전압을 반파 정류하였을 때 리플 (맥동)주파수(Hz)는? `22년-2회`

① 60
② 120
③ 180
④ 360

해설
3상 **반파** 정류 시의 맥동주파수는 $f_r = 3f$이므로
$f_r = 3 \times 60 = 180[Hz]$

04 그림과 같은 $R-C$ 필터회로에서 리플 함유율을 가장 효과적으로 줄일 수 있는 방법은? `16년-1회`

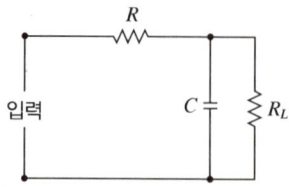

① C를 크게 한다.
② R을 크게 한다.
③ C와 R을 크게 한다.
④ C와 R을 적게 한다.

해설
리플 함유율을 줄일 수 있는 방법은 시정수를 크게 하는 것이다. $R-C$ 회로에서 시정수 $\tau = RC$이므로 R과 C를 모두 크게 하는 것이 가장 효과가 좋다.

05 그림의 단상 반파 정류회로에서 R에 흐르는 전류의 평균값은 약 몇 A인가? (단, $v(t) = 220\sqrt{2}\sin\omega t(V)$, $R = 16\sqrt{2}\,(\Omega)$, 다이오드의 전압강하는 무시한다) `22년-2회`

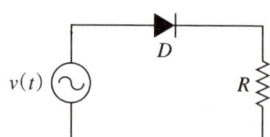

① 3.2
② 3.8
③ 4.4
④ 5.2

해설
반파 정류회로에서 평균전압 $V_{DC} = 0.45 \times V_{rms}$이므로
$V_{DC} = 0.45 \times 220 = 99[V]$
평균전류 $I = \dfrac{V_{DC}}{R} = \dfrac{99}{16\sqrt{2}} = 4.38 ≒ 4.4[A]$

정답 06 ④ 07 ③ 08 ④ 09 ③

06 그림과 같은 $1[k\Omega]$의 저항과 실리콘다이오드의 직렬회로에서 양단 간의 전압 V_D는 약 몇 V인가? 〔15년-1회〕

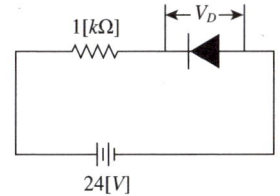

① 0
② 0.2
③ 12
④ 24

해설
다이오드와 전원의 방향을 보면 다이오드가 역방향으로 설치되어 있으므로 전류가 흐르지 못한다. 즉, 전원과 같은 전압차가 다이오드 양극에 발생한다.

07 그림과 같은 트랜지스터를 사용한 정전압회로에서 Q_1의 역할로서 옳은 것은? 〔16년-4회〕

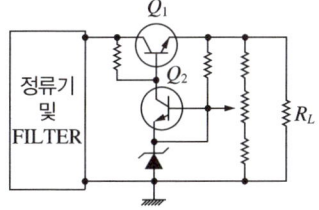

① 증폭용
② 비교부용
③ 제어용
④ 기준부용

해설
정전압회로에서 트랜지스터의 역할
• Q_1 : 제어용
• Q_2 : 증폭용

08 그림과 같은 반파 정류회로에 스위치 A를 사용하여 부하 저항 R_L을 떼어 냈을 경우, 콘덴서 C의 충전전압은 몇 V인가? 〔17년-1회〕

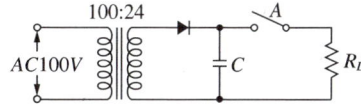

① 12π
② 24π
③ $12\sqrt{2}$
④ $24\sqrt{2}$

해설
권수비 $n = \dfrac{N_1}{N_2} = \dfrac{V_1}{V_2}$ 이므로

2차 측 전압(전원)
$V_2 = V_1 \times \dfrac{N_2}{N_1} = 100 \times \dfrac{24}{100} = 24[V]$

충전전압 $V_C = \sqrt{2}\,V_2 = \sqrt{2} \times 24 = 24\sqrt{2}$

09 그림은 비상시에 대비한 예비전원의 공급회로이다. 직류전압을 일정하게 유지하기 위하여 콘덴서를 설치한다면 그 위치로 적당한 곳은? 〔08년-4회〕

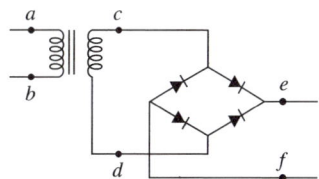

① a와 b 사이
② c와 d 사이
③ e와 f 사이
④ a와 c 사이

해설
콘덴서는 전류가 안정적인 $e \leftrightarrow f$ 사이에 설치한다.
Tip 직류 측에 설치한다고 생각하면 쉽다.

기출유형 완성하기

정답 10 ② 11 ④ 12 ③

10 반도체에 빛을 쪼이면 전자가 방출되는 현상은? `25년`

① 홀효과
② 광전효과
③ 펠티어효과
④ 압전기효과

해설
반도체에 빛을 조사하면 전자가 방출되는 현상을 광전효과라고 한다(포토다이오드의 원리).

11 반파 정류회로를 통해 정현파를 정류하여 얻은 반파 정류파의 최댓값이 1일 때, 실효값과 평균값은? `25년`

① $\dfrac{1}{\sqrt{2}}$, $\dfrac{2}{\pi}$
② $\dfrac{1}{2}$, $\dfrac{\pi}{2}$
③ $\dfrac{1}{\sqrt{2}}$, $\dfrac{\pi}{2\sqrt{2}}$
④ $\dfrac{1}{2}$, $\dfrac{1}{\pi}$

해설
반파 정류회로에서
실효값 $V_{rms} = \dfrac{1}{2}V_m$, 평균값 $V_{av} = \dfrac{1}{\pi}V_m$
여기서 물어보는 최댓값은 교류전원의 최댓값이 아닌 직류 측의 최댓값이므로 평균전압을 이용해서 구하는 식이 아니다.

Tip "교류 기초-2" 챕터 참조

12 $60Hz$의 3상 전압을 전파 정류하였을 때 맥동주파수(Hz)는? `25년`

① 120
② 180
③ 360
④ 720

해설
3상 전파 정류 시의 맥동주파수는 $f_r = 6f$ 이므로
$f_r = 6 \times 60 = 360[Hz]$

28 논리회로

기출유형

그림과 같은 다이오드회로에서 출력전압 V_o는? (단, 다이오드의 전압강하는 무시한다) `21년-1회`

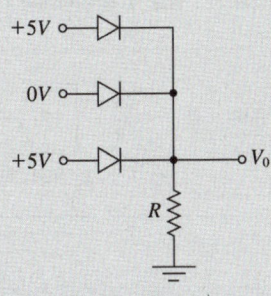

① $10\,V$
② $5\,V$
③ $1\,V$
④ $0\,V$

해설
OR 회로이므로 $+5\,V$ 투입 시 출력전압은 $5\,V$가 된다(병렬연결이므로 전압 최댓값이 된다).

| 정답 | ②

족집게 과외

❶ 논리회로의 기초개념

구 분	내 용
개 념	① 입력값에 따라 출력이 발생하는지 아닌지를 나타내는 회로 ② 논리게이트의 형태에 따라서 입력조건에 따라 출력 발생 여부가 결정됨 ③ 입력, 출력의 발생 여부는 거짓을 "0", 참을 "1"로 나타내며 1로 표시되는 경우 입력 또는 출력이 있는 것으로 판단함
예 시	※ NOT 회로는 O 표시로 줄여서 표현 가능하다.

❷ 논리회로의 종류

구 분	AND	OR	NOT	NAND	NOR
논리회로					
논리식	$X = A \cdot B$	$X = A + B$	$X = \overline{A}$	$X = \overline{A \cdot B}$ $= \overline{A} + \overline{B}$	$X = \overline{A + B}$ $= \overline{A} \cdot \overline{B}$
등가회로			–		
진리표	A B X 0 0 0 0 1 0 1 0 0 1 1 1	A B X 0 0 0 0 1 1 1 0 1 1 1 1	A X 1 0 0 1	A B X 0 0 1 1 0 1 0 1 1 1 1 0	A B X 0 0 1 1 0 0 0 1 0 1 1 0
다이오드 회로 (무접점 회로)					

※ 논리식 문자 위의 바(—)는 반대값을 나타내는 것으로 1인 경우에 0이고 논리곱의 경우 논리합이다.

정답 01 ② 02 ② 03 ① 04 ③

기출유형 완성하기

01 그림의 논리회로와 등가인 논리게이트는?

21년-2회

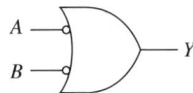

① NOR
② NAND
③ NOT
④ OR

해설
해당 논리게이트는 NAND 게이트와 동일하다.
$Y = \overline{A} + \overline{B} = \overline{A \cdot B}$

02 그림과 같은 다이오드 논리회로의 명칭은?

16년-2회

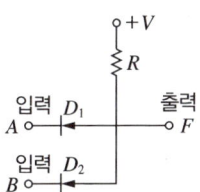

① NOT 회로
② AND 회로
③ OR 회로
④ NAND 회로

해설
다이오드가 왼쪽을 보고 있는 경우에는 AND 회로이다. A, B 입력 측에 모두 전압이 발생하여야 $+V$가 출력 측으로 전류가 흘러 출력이 발생한다.

03 그림의 논리회로와 등가인 논리게이트는?

21년-1회

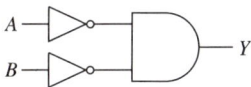

① NOR
② NAND
③ NOT
④ OR

해설
해당 논리게이트는 NOR 게이트와 동일하다.
$Y = \overline{A} \cdot \overline{B} = \overline{A + B}$

04 그림과 같은 무접점회로는 어떤 논리회로인가?

19년-2회

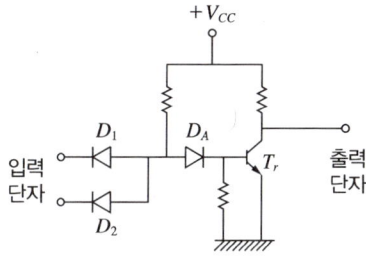

① NOR
② OR
③ NAND
④ AND

해설
위 다이오드 회로는 NAND 회로이다. 입력(D_1 또는 D_2 측)이 두 단자 전부 입력값이 있어야 V_{CC}로부터 전류가 D_A 측으로 통전되어 T_r 베이스에 전류가 유입되어 T_r 메인 전류가 통전되고 출력전압이 사라진다.

CHAPTER 28 | 논리회로

기출유형 완성하기

정답 05 ② 06 ① 07 ② 08 ④

05 그림과 같은 논리회로의 출력 Y를 간략화한 것은? 〔15년-1회〕

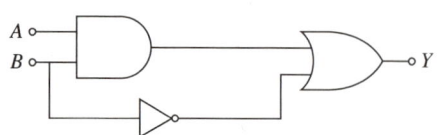

① $\overline{A}B$
② $A \cdot B + \overline{B}$
③ $\overline{A \cdot B} + B$
④ $\overline{A + B} \cdot B$

해설
해당 회로는 2가지 방법으로 동작이 가능하다. 입력 A, B 앞은 AND 회로이고 후단은 OR 회로이므로 $Y = A \cdot B$일 때 출력이 가능하며, B 입력 앞에 NOT 회로 + OR 회로가 구성되어 있으므로 $Y = \overline{B}$일 때 출력이 가능하다. 이 두 가지 방법이 OR 회로로 묶여있으므로 $Y = (A \cdot B) + \overline{B}$이다.

07 그림과 같은 게이트의 명칭은? 〔18년-2회〕

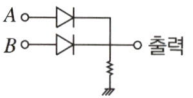

① AND
② OR
③ NOR
④ NAND

해설
다이오드가 우측을 향하고 있는 경우에는 OR 회로이다. 입력 A 또는 B 중 둘 중 하나 또는 두 가지 모두 입력되는 경우 해당 전압은 출력 측으로 전류를 발생시킨다.

06 다음 회로에서 출력전압은 몇 V인가?
(단, $A = 5V$, $B = 0V$인 경우이다) 〔20년-1·2회〕

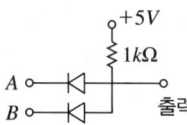

① 0
② 5
③ 10
④ 15

해설
해당 회로를 살펴보면 다이오드가 좌측을 향하고 있다. 입력값 중 A는 $5V$, B는 $0V$로 입력되므로 $+5V$ 전압이 $0V$인 B 입력 쪽으로 전류가 흘러 출력은 $0V$가 된다.

08 그림과 같은 무접점회로의 논리식(Y)은? 〔20년-1·2회〕

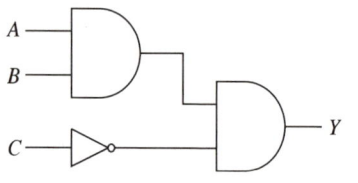

① $A \cdot B + \overline{C}$
② $A + B + \overline{C}$
③ $(A + B) \cdot \overline{C}$
④ $A \cdot B \cdot \overline{C}$

해설
첫 번째 게이트는 AND 회로이므로 $G_1 = A \times B$
입력 측 C는 NOT 회로이므로 $G_2 = \overline{C}$
3번째 게이트는 G_1, G_2의 AND 회로이므로
$Y = (A \cdot B) \cdot \overline{C}$

29 불 대수의 정리

기출유형

논리식 $\overline{X}+XY$를 간략화한 것은? |19년-1회|

① $\overline{X}+Y$　　　　　　　　　　② $X+\overline{Y}$
③ $\overline{XY}$　　　　　　　　　　　④ $X\overline{Y}$

해설
$\overline{X}+XY=(\overline{X}+X)\cdot(\overline{X}+Y)=1\cdot(\overline{X}+Y)=(\overline{X}+Y)=\overline{X}+Y$

|정답| ①

족집게 과외

❶ 불 대수

구 분	내 용
개 념	0 또는 1의 요소와 AND, OR, NOT의 기본논리를 이용하는 대수
공 리	① $A\neq 0$이면 $A=1$, $\overline{A}=0$ ② $A\neq 1$이면 $A=0$, $\overline{A}=1$ ③ $0\cdot 0=0$,　　$0\cdot 1=1\cdot 0=0$,　　$1\cdot 1=1$ ④ $0+0=0$,　　$0+1=1+0=1$,　　$1+1=1$ ⑤ $\overline{0}=1$,　　$\overline{1}=0$　(=거짓의 반대는 참, 참의 반대는 거짓이다)
기본 정리	① $A\cdot 0=0$,　　$A+0=A$ ② $A\cdot 1=A$,　　$A+1=1$ ③ $A\cdot A=A$,　　$A+A=A$ ④ $A\cdot \overline{A}=0$,　　$A+\overline{A}=1$
기본 법칙	교환법칙	① $A+B=B+A$ ② $A\cdot B=B\cdot A$
	결합법칙	① $A+(B+C)=(A+B)+C$ ② $A\cdot(B\cdot C)=(A\cdot B)\cdot C$
	분배법칙	① $A+(B\cdot C)=(A+B)\cdot(A+C)$ ② $A\cdot(B+C)=(A\cdot B)+(A\cdot C)$
	흡수법칙	① $A+(A\cdot B)=A$ ② $A\cdot(A+B)=A$
	2중부정	$\overline{\overline{A}}=A$

❷ 논리식 정리 개념

Tip	① 가능한 식을 공통분자로 묶어서 하나씩 소거함 ② 식을 묶는 순서로는 가능한 A와 $\overline{A}$의 합으로 괄호 안을 1로 만들면 소거할 수 있음 ③ 반드시 한 번에 소거할 필요는 없으며, $AA=A$, $A(1+B+C)$ 등의 형태를 최대한 유도하며 소거함 ④ 흡수법칙 중 $A+\overline{A}B=A+B$ 내용은 자주 사용되므로 숙지할 것(뒤에 A가 흡수됨)

기출유형 완성하기

정답 01 ① 02 ④ 03 ① 04 ③ 05 ④ 06 ①

01 논리식 $A \cdot (A+B)$를 간단히 표현하면? `21년-2회`

① A
② B
③ $A \cdot B$
④ $A+B$

해설
$A \cdot (A+B) = (A \cdot A) + (A \cdot B) = A + (A \cdot B) = A$

02 다음 논리식 중 틀린 것은? `19년-4회`

① $X+X=X$
② $X \cdot X = X$
③ $X+\overline{X}=1$
④ $X \cdot \overline{X}=1$

해설
$X \cdot \overline{X}=0$이다.
Tip X라는 하나의 입력이 참, 거짓이 AND로 형성될 수 없다.

03 논리식 $X=\overline{A \cdot B}$와 같은 것은? `17년-4회`

① $X=\overline{A}+\overline{B}$
② $X=A+B$
③ $X=\overline{A} \cdot \overline{B}$
④ $X=A \cdot B$

해설
$X=\overline{A \cdot B} = \overline{A} \ \overline{B} = \overline{A}+\overline{B}$
논리곱의 반대는 논리합이다.

04 불 대수의 기본정리에 관한 설명으로 틀린 것은? `25년`

① $A+A=A$
② $A+1=1$
③ $A \cdot 0 = 1$
④ $A+0=A$

해설
$A \cdot 0 = 0$

05 논리식 $X+\overline{X}Y$를 간단히 하면? `19년-2회`

① X
② $X\overline{Y}$
③ $\overline{X}Y$
④ $X+Y$

해설
$X+\overline{X}Y = (X+\overline{X}) \cdot (X+Y) = 1 \cdot (X+Y) = X+Y$

06 다음의 논리식을 간소화하면? `21년-4회`

$$Y=\overline{(\overline{A}+B) \cdot \overline{B}}$$

① $Y=A+B$
② $Y=\overline{A}+B$
③ $Y=A+\overline{B}$
④ $Y=\overline{A}+\overline{B}$

해설
$Y=(A \cdot \overline{B})+B=(A+B) \cdot (\overline{B}+B)$
$= (A+B) \cdot 1 = A+B$

정답 07 ① 08 ② 09 ② 10 ④

기출유형 완성하기

07 다음의 논리식을 간단히 표현한 것은? `22년-2회`

$$Y = \overline{A}\overline{B}C + \overline{A}B\overline{C} + \overline{A}BC$$

① $\overline{A} \cdot (B+C)$
② $\overline{B} \cdot (A+C)$
③ $\overline{C} \cdot (A+B)$
④ $C \cdot (A+\overline{B})$

해설
$Y = \overline{A}\overline{B}C + \overline{A}B(\overline{C}+C) = \overline{A}\overline{B}C + \overline{A}B = \overline{A}(\overline{B}C + B)$
$= \overline{A}(B+C)$

08 논리식 $Y = \overline{A}BC + A\overline{B}\overline{C} + A\overline{B}C$ 를 간단히 표현한 것은? `22년-1회`

① $\overline{A} \cdot (B+C)$
② $\overline{B} \cdot (A+C)$
③ $\overline{C} \cdot (A+B)$
④ $C \cdot (A+\overline{B})$

해설
$Y = \overline{A}\overline{B}C + A\overline{B}(\overline{C}+C) = \overline{A}\overline{B}C + A\overline{B}$
$= \overline{B}(\overline{A}C + A) = \overline{B}(A+C)$

09 논리식을 간략화한 것 중 그 값이 다른 것은? `16년-1회`

① $AB + A\overline{B}$
② $A(\overline{A}+B)$
③ $A(A+B)$
④ $(A+B)(A+\overline{B})$

해설
② $A(\overline{A}+B) = A\overline{A} + AB = AB$
① $AB + A\overline{B} = A(B+\overline{B}) = A$
③ $A(A+B) = AA + AB = A + AB = A$
④ $(A+B)(A+\overline{B}) = AA + A\overline{B} + BA + B\overline{B}$
$= A + A(B+\overline{B}) = A$

10 다음의 논리식 중 틀린 것은? `20년-4회`

① $(\overline{A}+B) \cdot (A+B) = B$
② $(A+B) \cdot \overline{B} = A\overline{B}$
③ $\overline{AB + AC} + \overline{A} = \overline{A} + \overline{B}\overline{C}$
④ $\overline{(\overline{A}+B)} + CD = A\overline{B}(C+D)$

해설
④ $\overline{(\overline{A}+B)} + CD = (A \cdot \overline{B}) \cdot (\overline{C}+\overline{D}) = A\overline{B}(\overline{C}+\overline{D})$
① $(\overline{A}+B) \cdot (A+B) = \overline{A}A + \overline{A}B + AB + BB$
$= 1 + B(\overline{A}+A+B) = B(1+B) = B$
② $(A+B) \cdot \overline{B} = A\overline{B} + B\overline{B} = A\overline{B} + 0 = A\overline{B}$
③ $\overline{AB + AC} + \overline{A} = (\overline{A}+\overline{B}) \cdot (\overline{A}+\overline{C}) + \overline{A}$
$= \overline{A}\overline{A} + \overline{A}\overline{C} + \overline{B}\overline{A} + \overline{B}\overline{C} + \overline{A}$
$= \overline{A}(\overline{A}+\overline{C}+\overline{B}+1) + \overline{B}\overline{C}$
$= \overline{A} + \overline{B}\overline{C}$

CHAPTER 29 | 불 대수의 정리   **235**

11 $X = A\overline{B}C + \overline{A}BC + \overline{A}\overline{B}C + \overline{A}B\overline{C} + A\overline{B}\overline{C}$ 를 가장 간소화한 것은?

18년-4회

① $\overline{A}BC + \overline{B}$
② $B + \overline{A}C$
③ $\overline{B} + \overline{A}C$
④ $\overline{A}\overline{B}C + B$

해설

$X = A\overline{B}(C + \overline{C}) + \overline{A}BC + \overline{A}\overline{B}(C + \overline{C})$
$ = A\overline{B} + \overline{A}BC + \overline{A}\overline{B}$
$ = \overline{B}(A + \overline{A}) + \overline{A}BC = \overline{B} + \overline{A}BC = \overline{B} + \overline{A}C$

12 논리식 $(X + Y)(X + \overline{Y})$을 간단히 하면?

21년-1회

① 1
② XY
③ X
④ Y

해설

$XX + X\overline{Y} + YX + Y\overline{Y}$
$= X + X\overline{Y} + YX$
$= X(1 + \overline{Y} + Y) = X$

30 시퀀스회로

기출유형

그림의 시퀀스(계전기접점)회로를 논리식으로 표현하면? 〔20년-4회〕

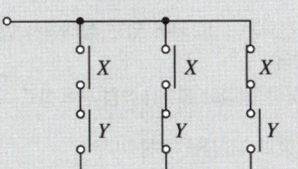

① $X+Y$
② $(XY)+(X\overline{Y})(\overline{X}Y)$
③ $(X+Y)(X+\overline{Y})(\overline{X}+Y)$
④ $(X+Y)+(X+\overline{Y})+(\overline{X}+Y)$

해설

각 직렬회로를 정리하면 $(X \cdot Y), (X \cdot \overline{Y}), (\overline{X} \cdot Y)$
각 회로는 병렬회로이므로 $(X \cdot Y)+(X \cdot \overline{Y})+(\overline{X} \cdot Y)$
정리하면 $X \cdot (Y+\overline{Y})+(\overline{X} \cdot Y) = X+(\overline{X} \cdot Y) = X+Y$

|정답| ①

> 족집게 과외

❶ a접점과 b접점

구 분	내 용
a접점	① 평상시에는 회로가 개방(전류가 흐르지 않음)되어 있는 상태에서 입력 시 회로가 폐로되며 동작하는 접점 (N.O : Normal Open 상태) ② 논리회로에서 입력이 있어야 점점이 붙음(a접점 단독회로 : $A = X$)
b접점	① 평상시에는 회로가 폐로(전류가 흐름)되어 있는 상태에서 입력 시 회로가 개방되며 동작하는 접점 (N.C : Normal Close 상태) ② 논리회로에서 입력이 없어야 점점이 붙음(b접점 단독회로 : $\overline{B} = X$)

※ 접점의 상하, 좌우 위치에 따라서 a접점과 b접점을 구분한다.

❷ 기 호

구 분	수동조작접점		자동조작접점		타이머접점		기계적 접점
	수동복귀	자동복귀	수동복귀	자동복귀	한시동작+ 순시복귀	순시동작+ 한시복귀	
a 접점							
b 접점							

※ 한시 : 일정시간 후에 동작하는 것, 순시 : 바로 동작하는 것

❸ 시퀀스 기초회로

구 분	AND 회로		OR 회로		자기유지회로
시퀀스					
논리식	$X = A \cdot B$	$X = \overline{A} \cdot B$	$X = A + B$	$X = A + \overline{B}$	$X = A + X$
해 설	회로가 직렬로 설치되면 AND 회로		회로가 병렬로 설치되면 OR 회로		해당 접점 중 B접점(Bar 형태)이 자기유지접점임

정답 01 ③ 02 ④ 03 ① 04 ①

기출유형 완성하기

01 다음 그림과 같은 접점의 기호는? `07년-4회`

① 자동복귀 수동조작 접점
② 수동복귀 수동조작 접점
③ 수동복귀 릴레이 접점
④ 자동복귀 릴레이 접점

해설
해당 기호는 수동복귀 릴레이(자동조작) 접점이다.

02 시퀀스회로를 논리식으로 표현하면? `22년-2회`

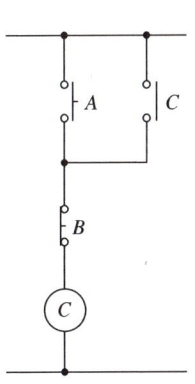

① $C = A + \overline{B} \cdot C$
② $C = A \cdot \overline{B} + C$
③ $C = A \cdot C + \overline{B}$
④ $C = (A + C) \cdot \overline{B}$

해설
A접점과 C접점은 병렬(OR)회로이므로 $A + C$
병렬회로와 B접점은 직렬(AND)회로이므로
$C = (A + C) \cdot \overline{B}$

03 그림과 같은 시퀀스회로는 어떤 회로인가? `14년-4회`

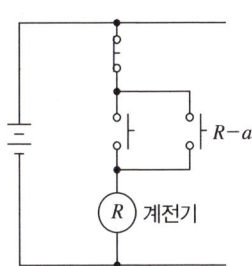

① 자기유지회로
② 인터록회로
③ 타이머회로
④ 수동복귀회로

해설
중앙에 설치된 Push 버튼을 누르면 계전기가 여자되고 계전기(릴레이)에 의해 $R-a$가 폐로되며, 계전기에 지속적으로 여자되므로 자기유지회로이다.

04 시퀀스회로를 논리식으로 표현하면? `21년-4회`

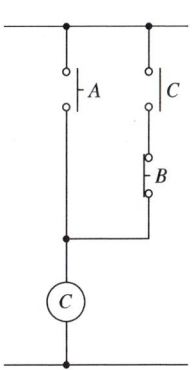

① $C = A + \overline{B} \cdot C$
② $C = A \cdot \overline{B} + C$
③ $C = A \cdot C + \overline{B}$
④ $C = A \cdot C + \overline{B} \cdot C$

해설
C접점과 B접점은 직렬(AND)회로이므로 $C \cdot \overline{B}$
A접점과 직렬회로는 병렬이므로 $A + C \cdot \overline{B}$

기출유형 완성하기

정답 05 ① 06 ① 07 ② 08 ②

05 다음 그림을 간단히 나타낸 논리식은? `10년-4회`

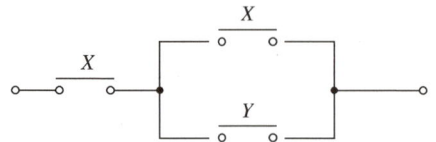

① X
② Y
③ $X+XY$
④ XY

해설
우측 병렬회로를 먼저 정리하면 $X+Y$
좌측 X와 직렬회로이므로 $X \cdot (X+Y) = X$

06 그림과 같은 유접점회로의 논리식은? `20년-1·2회`

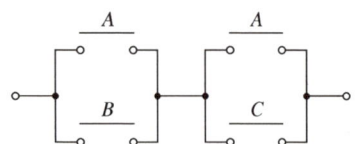

① $A+B \cdot C$
② $A \cdot B+C$
③ $B+A \cdot C$
④ $A \cdot B+B \cdot C$

해설
각 병렬회로를 정리하면 $A+B$, $A+C$
두 병렬회로는 직렬회로이므로
$(A+B) \cdot (A+C) = A+(B \cdot C)$

07 그림의 시퀀스회로와 등가인 논리게이트는? `20년-3회`

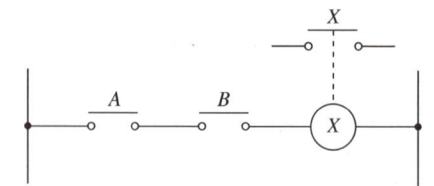

① OR 게이트
② AND 게이트
③ NOT 게이트
④ NOR 게이트

해설
접점 A와 접점 B가 직렬연결되어 있으므로 AND 게이트이다.

08 PB-on 스위치와 병렬로 접속된 보조접점 $X-a$의 역할은? `18년-1회`

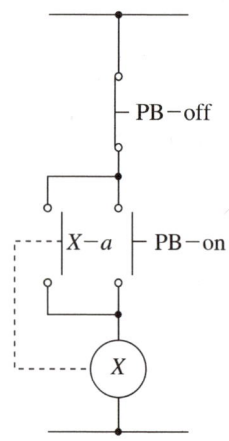

① 인터록회로
② 자기유지회로
③ 전원차단회로
④ 램프점등회로

해설
해당 회로는 릴레이 X가 여자되면 릴레이 접점이 $X-a$ 폐로되어 지속적으로 릴레이 X가 여자되므로 자기유지회로이다.

31 자동제어의 분류

기출유형

제어량에 따른 제어방식의 분류 중 온도, 유량, 압력 등의 공업 프로세스의 상태량을 제어량으로 하는 제어계로서 외란의 억제를 주목적으로 하는 제어방식은? 21년-4회

① 서보기구
② 자동조정
③ 추종제어
④ 프로세스제어

해설
공업량을 제어량으로 하는 제어방법은 **프로세스제어**이다.

| 정답 | ④

족집게 과외

❶ 경로에 의한 분류

구 분		내 용
개회로 제어	개 념	① 시퀀스제어라고도 하며 미리 정해 놓은 순서에 따라 단계가 순차적으로 진행되는 제어 ② 세탁기, 자판기 등
	특 징	① 논리회로가 조합하여 사용됨 ② 기계적 계전기 접점이 사용 ③ 시간지연 요소가 사용됨 ④ 입력과 출력이 독립적임 ⑤ 전체 시스템에 연결된 접점들이 일시에 동작할 수 없음
폐회로 제어	개 념	① 피드백제어라고도 하며, 검출부와 목표치를 비교하여 비례하여 동작함 ② 에어컨, 난방기 등
	특 징	① 오차를 자동적으로 정정하게 하는 제어방식임 ② 정확성과 감대폭이 증가함 ③ 비선형성과 왜형에 대한 효과가 감소함 ④ 계의 특성변화에 대한 입력 대 출력비의 감도가 감소함 ⑤ 대역폭이 증가함 ⑥ 발진을 일으키고 불안정한 상태로 되어가는 경향성을 보임

❷ 제어방식에 의한 분류

구 분	내 용
프로세스제어 (≒공정제어)	① 온도, 유량, 압력 등의 공업 프로세스 상태량(=공업량)을 제어량으로 하는 제어계 ② 외란의 억제를 주된 목적으로 하는 제어
서보기구	① 기계적 위치, 방향, 자세 등을 제어량으로 하는 추치제어 ② 선박이나 비행기의 자동조정, 로켓의 자세제어 등의 제어로 임의의 설정치에 대해 추종하는 형태
자동조정	① 속도, 회전력, 전압, 주파수, 역률 등 기계적 또는, 전기적인 양을 제어량으로 하는 제어 ② 입력값이 변하더라도 일정한 출력을 내는 제어

❸ 목표값의 시간적 성질에 의한 분류

구 분	내 용		
정치제어	제어량을 일정한 목표값으로 유지하는 것을 목적으로 하는 제어		
추치제어	시간 변화에 의해 변화하는 목표값을 추종하는 제어	추종제어	시간적 변화를 하는 목표값에 제어량을 추종시키는 것을 목적으로 하는 제어
		비율제어	목표값이 다른 양과 일정한 비율관계를 가지고 변화하는 경우의 제어
		프로그램제어	미리 정해진 프로그램에 따라 제어량을 변화시키는 제어

정답 01 ③ 02 ④ 03 ④ 04 ③

기출유형 완성하기

01 폐루프제어의 특징에 대한 설명으로 옳은 것은?
〔17년-1회〕

① 외부의 변화에 대한 영향을 증가시킬 수 있다.
② 제어기 부품의 성능 차이에 따라 영향을 많이 받는다.
③ 대역폭이 증가한다.
④ 정확도와 전체 이득이 증가한다.

해설
폐루프제어는 대역폭이 증가한다.
Tip 대역폭이 증가하면 응답속도가 빨라진다.

02 목표값이 다른 양과 일정한 비율 관계를 가지고 변화하는 제어방식은?
〔22년-1회〕

① 정치제어
② 추종제어
③ 프로그램제어
④ 비율제어

해설
목표값이 다른 양과 일정한 비율 관계를 가지고 변화하는 제어방식은 비율제어이다.
Tip 보일러 연소장치 등

03 자동제어계를 제어목적에 의해 분류한 경우, 틀린 것은?
〔19년-1회〕

① 정치제어 : 제어량을 주어진 일정목표로 유지시키기 위한 제어
② 추종제어 : 목표치가 시간에 따라 변화하는 제어
③ 프로그램제어 : 목표치가 프로그램대로 변하는 제어
④ 서보제어 : 선박의 방향제어계인 서보제어는 정치제어와 같은 성질

해설
서보제어란 서보기구를 말하는 것으로 정치제어가 아닌 추종제어와 같은 성질이다.

04 피드백제어계에 대한 설명 중 틀린 것은?
〔18년-2회〕

① 감대역 폭이 증가한다.
② 정확성이 있다.
③ 비선형에 대한 효과가 증대된다.
④ 발진을 일으키는 경향이 있다.

해설
피드백제어는 비선형에 대한 효과가 감소한다.

기출유형 완성하기

정답 05 ④ 06 ③ 07 ② 08 ① 09 ② 10 ②

05 시퀀스제어에 관한 설명 중 틀린 것은? `18년-4회`

① 기계적 계전기접점이 사용된다.
② 논리회로가 조합 사용된다.
③ 시간 지연요소가 사용된다.
④ 전체 시스템에 연결된 접점들이 일시에 동작할 수 있다.

해설
시퀀스제어란 각 단계가 순차적으로 동작하는 제어로서 전체 시스템의 접점이 일시에 동작할 수는 없다.

06 제어 목표에 의한 분류 중 미지의 임의 시간적 변화를 하는 목표값에 제어량을 추종시키는 것을 목적으로 하는 제어법은? `17년-4회`

① 정치제어
② 비율제어
③ 추종제어
④ 프로그램제어

해설
시간적 변화를 하는 목표값에 **제어량을 추종시키는 것**을 목적으로 하는 제어는 추종제어이다.

07 제어계가 부정확하고 신뢰성은 없으나 출력과 입력이 서로 독립인 제어계는? `16년-2회`

① 자동제어계
② 개회로제어계
③ 폐회로제어계
④ 피드백제어계

해설
출력과 입력이 서로 독립인 제어계는 개회로(시퀀스)제어이다.

08 제어량을 어떤 일정한 목표값으로 유지하는 것을 목적으로 하는 제어방식은? `16년-2회`

① 정치제어
② 추종제어
③ 프로그램제어
④ 비율제어

해설
제어량을 일정한 목표값으로 유지하는 것이 목적인 제어방식은 정치제어이다.

09 제어량이 온도, 압력, 유량 및 액면 등과 같은 일반 공업량일 때의 제어방식은? `15년-1회`

① 추종제어
② 공정제어
③ 프로그램제어
④ 시퀀스제어

해설
제어량이 온도, 압력, 유량, 액면 등인 경우의 제어방식은 공정제어(=프로세스제어) 방식이다.

10 피드백제어계의 일반적인 특성으로 옳은 것은? `15년-2회`

① 계의 정확성이 떨어진다.
② 계의 특성변화에 대한 입력 대 출력비의 감도가 감소된다.
③ 비선형과 왜형에 대한 효과가 증대된다.
④ 대역폭이 감소된다.

해설
피드백제어의 경우 계의 정확성이 상승하고, 비선형과 왜형에 대한 효과가 감소하며 대역폭이 증가한다.

🔒 **정답** 11 ④ 12 ②

기출유형 완성하기

11 자동제어에서 미리 정해 놓은 순서에 따라 각 단계가 순차적으로 진행되는 제어방식은?

`14년-1회`

① 피드백제어
② 서보제어
③ 프로그램제어
④ 시퀀스제어

해설
미리 정해 놓은 순서에 따라 순차적으로 진행되는 제어방식은 시퀀스제어(=개회로제어)이다.

12 다음과 같은 특성을 갖는 제어계는?

`12년-4회`

- 발진을 일으키고 불안정한 상태로 되어가는 경향성을 보인다.
- 정확성과 감대폭이 증가한다.
- 계의 특성변화에 대한 입력 대 출력비의 감도가 감소한다.

① 프로세스제어
② 피드백제어
③ 프로그램제어
④ 추종제어

해설
피드백제어에 대한 특성이다.

CHAPTER 31 | 자동제어의 분류 **245**

32 자동제어의 구성요소

기출유형

제어요소가 제어대상에 가하는 제어신호로 제어장치의 출력인 동시에 제어대상의 입력이 되는 것은?

22년-2회

① 조작량
② 제어량
③ 기준입력
④ 동작신호

해설
제어장치의 출력이자 제어대상의 입력은 조작량을 의미한다.

| 정답 | ①

족집게 과외

❶ 제어 경로별 계통도

구 분	내 용
시퀀스 제어	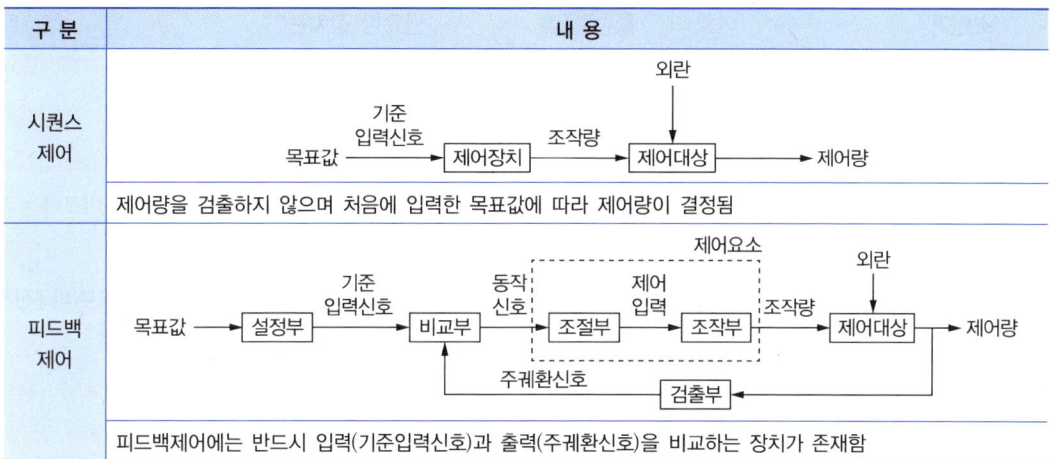 제어량을 검출하지 않으며 처음에 입력한 목표값에 따라 제어량이 결정됨
피드백 제어	피드백제어에는 반드시 입력(기준입력신호)과 출력(주궤환신호)을 비교하는 장치가 존재함

❷ 제어요소

구 분	내 용
개 념	① 자동제어를 구성하는 기본 3대 요소는 조절부, 조작부, 검출부를 의미함 ② 2대 요소를 묻는 경우 조절부와 조작부를 의미함(동작신호를 조작량으로 변환)
조절부	동작신호에 의해 이에 대응하는 연산출력을 만드는 장치로 조작신호를 조작부로 전송하는 요소
조작부	직접적인 조작량을 제어하는 요소
검출부	입력신호와 비교하기 위해 출력값을 검출하는 장치(센서)

❸ 전기식 조작기기

구 분	내 용
종 류	① 서보전동기 ② 전동밸브 ③ 전자밸브

❹ 조절부 동작에 의한 분류

구 분		동 작	특 징
불연속제어	ON-OFF제어	입력에 따라 ON-OFF 동작	헌팅 발생 및 오차가 큼
연속 제어	비례(P)제어	목표값과 현재값 차이에 비례동작	속도가 늦고 오차가 큼
	적분(I)제어	적분값(누적오차)의 크기에 비례동작	잔류편차 ×, 안정성 ↓
	미분(D)제어	동작신호의 기울기에 비례동작	진동 억제에 용이
	비례적분(PI)제어	비례+적분	잔류편차 ×, 간헐현상
	비례미분(PD)제어	비례+미분	응답 속응성 개선
	비례적분미분(PID)제어	비례+적분+미분	각 상태의 오차를 효과적으로 제거

기출유형 완성하기

정답 01 ④ 02 ④ 03 ③ 04 ④ 05 ③ 06 ①

01 제어요소는 동작신호를 무엇으로 변환하는 요소인가? `21년-2회`
① 제어량
② 비교량
③ 검출량
④ 조작량

해설
제어요소(조절부와 조작부)는 동작신호를 조작량으로 변환하는 요소이다.

02 서보전동기는 제어기기의 어디에 속하는가? `19년-1회`
① 검출부
② 조절부
③ 증폭부
④ 조작부

해설
서보전동기는 제어기기의 조작부이다.

03 계단변화에 대하여 잔류편차가 없는 것이 장점이며, 간헐현상이 있는 제어계는? `16년-4회`
① 비례제어계
② 비례미분제어계
③ 비례적분제어계
④ 비례적분미분제어계

해설
잔류편차가 없고 간헐현상이 있는 제어는 비례적분제어계이다.
Tip 잔류편차가 없는 내용의 경우 적분제어가 포함된다.

04 개루프제어와 비교하여 폐루프제어에서 반드시 필요한 장치는? `20년-3회`
① 안정도를 좋게 하는 장치
② 제어대상을 조작하는 장치
③ 동작신호를 조절하는 장치
④ 기준입력신호와 주궤환신호를 비교하는 장치

해설
폐루프를 형성하기 위해 반드시 비교부(비교장치)가 필요하다.

05 제어대상에서 제어량을 측정하고 검출하여 주궤환신호를 만드는 것은? `20년-1·2회`
① 조작부
② 출력부
③ 검출부
④ 제어부

해설
제어량을 측정하기 위해 설치되는 요소는 검출부이다.

06 잔류편차가 있는 제어 동작은? `22년-1회`
① 비례제어
② 적분제어
③ 비례적분제어
④ 비례적분미분제어

해설
비례제어는 잔류편차가 발생한다.
Tip 잔류편차를 제거하기 위해 적분제어를 사용한다.

정답 07 ① 08 ② 09 ③ 10 ④ 11 ④ 12 ①

07 제어요소의 구성으로 옳은 것은? `19년-4회`

① 조절부와 조작부
② 비교부와 검출부
③ 설정부와 검출부
④ 설정부와 비교부

해설
제어요소에는 조절부와 조작부가 포함된다.

08 그림은 개루프제어계의 신호전달 계통도이다. 다음 (   ) 안에 알맞은 제어계의 동작요소는? `17년-2회`

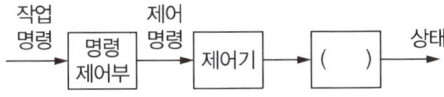

① 제어량
② 제어대상
③ 제어장치
④ 제어요소

해설
상태를 도출하는 것은 제어대상이다.

09 피드백제어계에서 제어요소에 대한 설명 중 옳은 것은? `17년-1회`

① 조작부와 검출부로 구성되어 있다.
② 조절부와 변환부로 구성되어 있다.
③ 동작신호를 조작량으로 변화시키는 요소이다.
④ 목표값에 비례하는 신호를 발생하는 요소이다.

해설
제어요소는 동작신호를 조작량으로 변화시킨다.

10 다음 중 피드백제어계에서 반드시 필요한 장치는? `15년-1회`

① 증폭도를 향상시키는 장치
② 응답속도를 개선시키는 장치
③ 기어장치
④ 입력과 출력을 비교하는 장치

해설
피드백제어에서는 입력과 출력을 비교하여 동작신호를 보내기 위해 비교부가 반드시 필요하다.

11 PD(비례미분)제어 동작의 특징으로 옳은 것은? `21년-4회`

① 잔류편차 제거
② 간헐현상 제거
③ 불연속 제어
④ 속응성 개선

해설
미분제어가 포함된 경우 속응성을 개선하기 위해 적용된다.

12 개루프제어계를 동작시키는 기준으로 직접 제어계에 가해지는 신호는? `15년-2회`

① 기준입력신호
② 피드백신호
③ 제어편차신호
④ 동작신호

해설
개루프제어계를 동작시키는 신호는 기준입력신호이다.

기출유형 완성하기

🔒 정답 13 ③ 14 ① 15 ③ 16 ④

13 조작기기는 직접 제어대상에 작용하는 장치이고 빠른 응답이 요구된다. 다음 중 전기식 조작기기가 아닌 것은? 〈20년-4회〉

① 서보전동기
② 전동밸브
③ 다이어프램밸브
④ 전자밸브

해설
다이어프램밸브는 공기압식 조작기기이다.

14 작동신호를 조작량으로 변환하는 요소이며, 조절부와 조작부로 이루어진 것은? 〈16년-1회〉

① 제어요소
② 제어대상
③ 피드백요소
④ 기준입력요소

해설
제어요소는 조절부와 조작부로 구성된다.

15 피드백제어에서 반드시 필요한 장치는? 〈08년-2회〉

① 구동장치
② 출력장치
③ 입력과 출력을 비교하는 장치
④ 안정도를 좋게 하는 장치

해설
피드백제어에서는 출력(제어량)에 대한 검출을 통해 입력과 비교하는 비교부가 반드시 필요하다.

16 제어동작에 따른 제어계의 분류에 대한 설명 중 틀린 것은? 〈18년-1회〉

① 미분동작 : D동작 또는 rate동작이라고 부르며, 동작신호의 기울기에 비례한 조작신호를 만든다.
② 적분동작 : I동작 또는 리셋동작이라고 부르며, 적분값의 크기에 비례하여 조절신호를 만든다.
③ 2위치제어 : on/off 동작이라고도 하며, 제어량이 목표값 보다 작은지 큰지에 따라 조작량으로 on 또는 off의 두 가지 값의 조절신호를 발생한다.
④ 비례동작 : P동작이라고도 부르며, 제어동작신호에 반비례하는 조절신호를 만드는 제어동작이다.

해설
비례동작은 제어동작신호에 **비례하는** 조절신호를 만드는 제어동작이다.

33 블록선도와 전달함수-1

기출유형

다음 그림과 같은 계통의 전달함수는? [18년-1회]

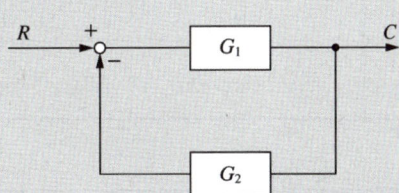

① $\dfrac{G_1}{1+G_2}$

② $\dfrac{G_2}{1+G_1}$

③ $\dfrac{G_2}{1+G_1G_2}$

④ $\dfrac{G_1}{1+G_1G_2}$

해설

전달함수 $G_{(S)} = \dfrac{C_{(S)}}{R_{(S)}} = \dfrac{\text{순방향 전달함수}}{1-(\sum \text{루프전달함수})} = \dfrac{G_1}{1-(-G_1 \cdot G_2)} = \dfrac{G_1}{1+G_1G_2}$

| 정답 | ④

족집게 과외

❶ 블록선도의 기본요소

구 분	전달함수	가합점		인출점
블록선도	$R_{(S)} \to \boxed{G_{(S)}} \to C_{(S)}$ 전달함수	$R_{(S)} \xrightarrow{+} C_{(S)}$, $H_{(S)}$ 입력(+)	$R_{(S)} \xrightarrow{-} C_{(S)}$, $H_{(S)}$ 입력(−)	$R_{(S)} \to \bullet \to C_{(S)}$, $\to H_{(S)}$
전달함수	$G_{(S)} = \dfrac{C_{(S)}}{R_{(S)}}$	$C_{(S)} = R_{(S)} + H_{(S)}$	$C_{(S)} = R_{(S)} - H_{(S)}$	$R_{(S)} = C_{(S)} = H_{(S)}$

❷ 블록선도의 직렬&병렬

구 분	블록선도	전달함수
직 렬	$R_{(S)} \to \boxed{G_{1(S)}} \to \boxed{G_{2(S)}} \to C_{(S)}$ (중간 $H_{(S)}$) ⬇ $R_{(S)} \to \boxed{G_{1(S)} \cdot G_{2(S)}} \to C_{(S)}$	전달함수는 블록선도의 직렬연결은 곱셈으로 나타냄 $G_{(S)} = \dfrac{C_{(S)}}{R_{(S)}} = \dfrac{R_{(S)} \cdot G_{1(S)} \cdot G_{2(S)}}{R_{(S)}} = G_{1(S)} \cdot G_{2(S)}$ $H_{(S)} = R_{(S)} \cdot G_{1(S)}$
병 렬	$R_{(S)} \to \boxed{G_{1(S)}}, \boxed{G_{2(S)}} \to + \to C_{(S)}$ ⬇ $R_{(S)} \to \boxed{G_{1(S)} + G_{2(S)}} \to C_{(S)}$	전달함수는 블록선도의 병렬연결은 덧셈으로 나타냄 $G_{(S)} = \dfrac{C_{(S)}}{R_{(S)}} = \dfrac{R_{(S)} \cdot (G_{1(S)} + G_{2(S)})}{R_{(S)}} = G_{1(S)} + G_{2(S)}$

❸ 블록선도 피드백

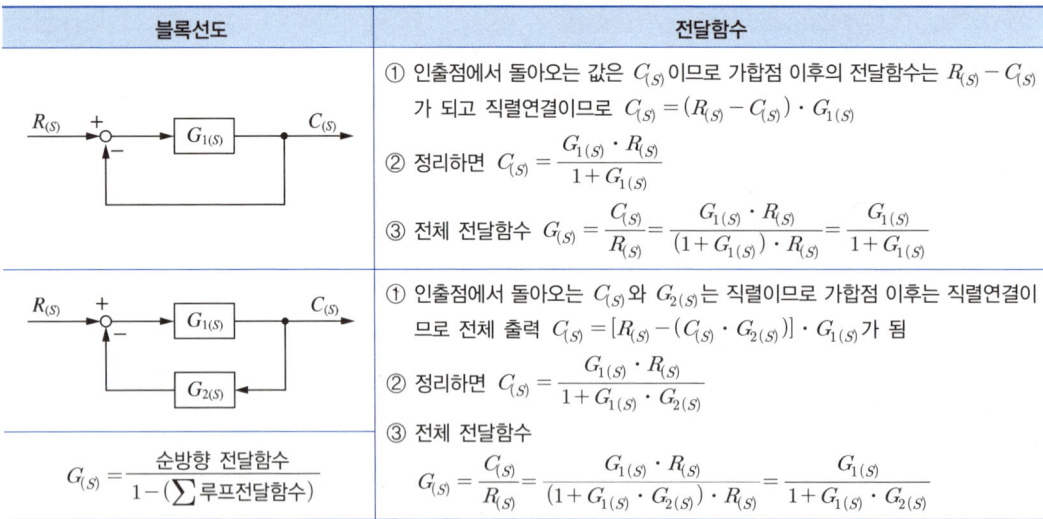

① 인출점에서 돌아오는 값은 $C_{(S)}$ 이므로 가합점 이후의 전달함수는 $R_{(S)} - C_{(S)}$ 가 되고 직렬연결이므로 $C_{(S)} = (R_{(S)} - C_{(S)}) \cdot G_{1(S)}$

② 정리하면 $C_{(S)} = \dfrac{G_{1(S)} \cdot R_{(S)}}{1 + G_{1(S)}}$

③ 전체 전달함수 $G_{(S)} = \dfrac{C_{(S)}}{R_{(S)}} = \dfrac{G_{1(S)} \cdot R_{(S)}}{(1 + G_{1(S)}) \cdot R_{(S)}} = \dfrac{G_{1(S)}}{1 + G_{1(S)}}$

① 인출점에서 돌아오는 $C_{(S)}$와 $G_{2(S)}$는 직렬이므로 가합점 이후는 직렬연결이므로 전체 출력 $C_{(S)} = [R_{(S)} - (C_{(S)} \cdot G_{2(S)})] \cdot G_{1(S)}$가 됨

② 정리하면 $C_{(S)} = \dfrac{G_{1(S)} \cdot R_{(S)}}{1 + G_{1(S)} \cdot G_{2(S)}}$

③ 전체 전달함수 $G_{(S)} = \dfrac{C_{(S)}}{R_{(S)}} = \dfrac{G_{1(S)} \cdot R_{(S)}}{(1 + G_{1(S)} \cdot G_{2(S)}) \cdot R_{(S)}} = \dfrac{G_{1(S)}}{1 + G_{1(S)} \cdot G_{2(S)}}$

$G_{(S)} = \dfrac{\text{순방향 전달함수}}{1 - (\sum \text{루프전달함수})}$

정답 01 ③ 02 ③ 03 ③ 04 ①

기출유형 완성하기

01 자동제어계에서 각 요소를 블록선도로 표시할 때 각 요소는 전달함수로 표시한다. 신호의 전달경로는 무엇으로 표현하는가? 〔13년-4회〕

① 접 점
② 점 선
③ 화살표
④ 스위치

해설
블록선도에서 신호의 전달경로는 화살표로 표기한다.

02 다음 그림과 같은 회로에서 전달함수로 옳은 것은? 〔17년-4회〕

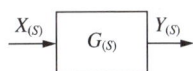

① $X_{(S)} + Y_{(S)}$
② $X_{(S)} Y_{(S)}$
③ $Y_{(S)} / X_{(S)}$
④ $X_{(S)} / Y_{(S)}$

해설
전달함수 $G_{(S)} = \dfrac{출력}{입력} = \dfrac{C_{(S)}}{R_{(S)}} = \dfrac{Y_{(S)}}{X_{(S)}}$

03 그림과 같은 시스템의 등가합성 전달함수는? 〔06년-4회〕

① $G_1 + G_2$
② $G_1 - G_2$
③ $G_1 \cdot G_2$
④ G_1 / G_2

해설
전달함수의 직렬연결은 곱으로 나타내므로 등가합성(=전체) 전달함수 $G_{(S)} = G_1 \cdot G_2$

04 다음과 같은 블록선도의 전체 전달함수는? 〔19년-4회〕

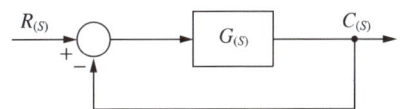

① $\dfrac{C_{(S)}}{R_{(S)}} = \dfrac{G_{(S)}}{1 + G_{(S)}}$
② $\dfrac{C_{(S)}}{R_{(S)}} = \dfrac{G_{(S)}}{1 - G_{(S)}}$
③ $\dfrac{C_{(S)}}{R_{(S)}} = 1 + G_{(S)}$
④ $\dfrac{C_{(S)}}{R_{(S)}} = 1 - G_{(S)}$

해설
$G_{(S)} = \dfrac{C_{(S)}}{R_{(S)}} = \dfrac{순방향\ 전달함수}{1 - (\sum 루프전달함수)}$
$= \dfrac{G_{(S)}}{1 - (-G_{(S)})}$
$G_{(S)} = \dfrac{G_{(S)}}{1 + G_{(S)}}$

기출유형 완성하기

정답 05 ② 06 ②

05 그림과 같은 피드백제어계의 종합 전달함수 C/R는?   07년-4회

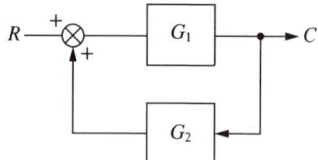

① $\dfrac{1}{G_1} + \dfrac{1}{G_2}$

② $\dfrac{G_1}{1 - G_1 G_2}$

③ $\dfrac{G_1}{1 + G_1 G_2}$

④ $\dfrac{G_2}{1 - G_1 G_2}$

해설

$G = \dfrac{C}{R} = \dfrac{\text{순방향 전달함수}}{1 - (\sum \text{루프전달함수})}$

$= \dfrac{G_1}{1 - (+G_1 G_2)}$

$G = \dfrac{G_1}{1 - G_1 G_2}$

06 그림의 블록선도에서 $\dfrac{C_{(S)}}{R_{(S)}}$을 구하면?   22년-1회

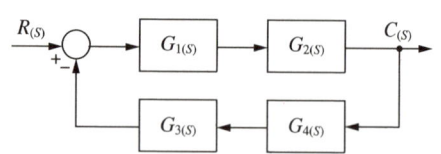

① $\dfrac{G_{1(S)} + G_{2(S)}}{1 + G_{1(S)} G_{2(S)} + G_{3(S)} G_{4(S)}}$

② $\dfrac{G_{1(S)} G_{2(S)}}{1 + G_{1(S)} G_{2(S)} G_{3(S)} G_{4(S)}}$

③ $\dfrac{G_{3(S)} G_{4(S)}}{1 + G_{1(S)} G_{2(S)} G_{3(S)} G_{4(S)}}$

④ $\dfrac{G_{1(S)} G_{2(S)}}{1 + G_{1(S)} G_{2(S)} + G_{3(S)} G_{4(S)}}$

해설

순방향 전달함수 $= G_{1(S)} \cdot G_{2(S)}$

루프전달함수 $= -G_{1(S)} \cdot G_{2(S)} \cdot G_{3(S)} \cdot G_{4(S)}$

$\dfrac{C_{(S)}}{R_{(S)}} = \dfrac{\text{순방향 전달함수}}{1 - (\sum \text{루프전달함수})}$

$= \dfrac{G_{1(S)} G_{2(S)}}{1 + G_{1(S)} G_{2(S)} G_{3(S)} G_{4(S)}}$

07 그림의 블록선도와 같이 표현되는 제어시스템의 전달함수 $G_{(S)}$ 는? `20년-4회`

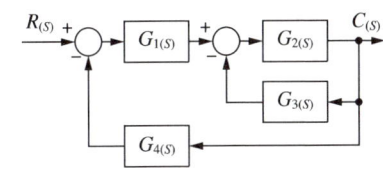

① $\dfrac{G_{1(S)}G_{2(S)}}{1+G_{2(S)}G_{3(S)}+G_{1(S)}G_{2(S)}G_{4(S)}}$

② $\dfrac{G_{3(S)}G_{4(S)}}{1+G_{2(S)}G_{3(S)}+G_{1(S)}G_{2(S)}G_{4(S)}}$

③ $\dfrac{G_{1(S)}G_{2(S)}}{1+G_{1(S)}G_{2(S)}+G_{1(S)}G_{2(S)}G_{3(S)}}$

④ $\dfrac{G_{3(S)}G_{4(S)}}{1+G_{1(S)}G_{2(S)}+G_{1(S)}G_{2(S)}G_{3(S)}}$

해설

순방향 전달함수 $= G_{1(S)} \cdot G_{2(S)}$
루프 (1) 전달함수 $= -G_{2(S)}G_{3(S)}$
루프 (2) 전달함수 $= -G_{1(S)}G_{2(S)}G_{4(S)}$
$\sum$루프전달함수
$= (-G_{2(S)}G_{3(S)}) + (-G_{1(S)}G_{2(S)}G_{4(S)})$

$G_{(S)} = \dfrac{C_{(S)}}{R_{(S)}} = \dfrac{\text{순방향 전달함수}}{1-(\sum \text{루프전달함수})}$

$G_{(S)} = \dfrac{G_{1(S)}G_{2(S)}}{1+G_{2(S)}G_{3(S)}+G_{1(S)}G_{2(S)}G_{4(S)}}$

08 그림과 같은 블록선도의 전달함수 $\dfrac{C_{(S)}}{R_{(S)}}$ 는? `22년-2회`

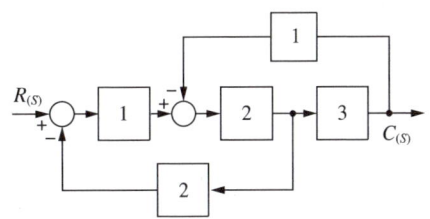

① $6/23$
② $6/7$
③ $6/15$
④ $6/11$

해설

순방향 전달함수 $= 1 \times 2 \times 3 = 6$
루프 (1) 전달함수 $= -(1 \times 2 \times 2) = -4$
루프 (2) 전달함수 $= -(2 \times 3 \times 1) = -6$

$G_{(S)} = \dfrac{C_{(S)}}{R_{(S)}} = \dfrac{6}{1-(-10)} = \dfrac{6}{11}$

34 블록선도와 전달함수-2

기출유형

그림과 같은 블록선도에서 C는?

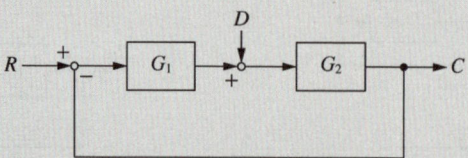

① $C = \dfrac{G_1 G_2}{1 + G_1 G_2} R + \dfrac{G_1}{1 + G_1 G_2} D$

② $C = \dfrac{G_1 G_2}{1 + G_1 G_2} R + \dfrac{G_1 G_2}{1 - G_1 G_2} D$

③ $C = \dfrac{G_1 G_2}{1 + G_1 G_2} R + \dfrac{G_1 G_2}{1 + G_1 G_2} D$

④ $C = \dfrac{G_1 G_2}{1 + G_1 G_2} R + \dfrac{G_2}{1 + G_1 G_2} D$

해설

입력 $R_{(S)}$에서의 전달함수 $\dfrac{C_{R(S)}}{R_{(S)}} = \dfrac{순방향\ 전달함수}{1 - (\sum 루프전달함수)} = \dfrac{G_1 G_2}{1 + G_1 G_2}$ → 출력 $C_{R(S)} = \dfrac{G_1 G_2}{1 + G_1 G_2} R_{(S)}$

외란 $D_{(S)}$에서의 전달함수 $\dfrac{C_{D(S)}}{D_{(S)}} = \dfrac{G_2}{1 + G_1 G_2}$ → 출력 $C_{D(S)} = \dfrac{G_2}{1 + G_1 G_2} D_{(S)}$

전체 출력 $C = C_{R(S)} + C_{D(S)} = \dfrac{G_1 G_2}{1 + G_1 G_2} R_{(S)} + \dfrac{G_2}{1 + G_1 G_2} D_{(S)}$

| 정답 | ④

족집게 과외

❶ 외 란

구분	내용
개념	계에 외부영향으로 또 다른 입력이 발생하는 것
블록선도	$R_{(S)} \xrightarrow{+} \bigcirc \xrightarrow{-} G_{1(S)} \to G_{2(S)} \to \bigoplus \xrightarrow{+\ +D_{(S)}} G_{3(S)} \to C_{(S)}$, 피드백 $G_{4(S)}$
전달함수	① 기존 입력에 대한 출력과 외란에 의한 출력을 각각 구한 후 값을 합쳐서 전체 출력을 구함 ② 외란을 무시하고 입력 $R_{(S)}$의 전달함수를 구하면 $G_{(S)} = \dfrac{C_{R(S)}}{R_{(S)}} = \dfrac{G_{1(S)}G_{2(S)}G_{3(S)}}{1+G_{1(S)}G_{2(S)}G_{3(S)}G_{4(S)}}$ ③ 입력 $R_{(S)}$에 대한 출력 $C_{R(S)} = G_{R(S)} \cdot R_{(S)} = \dfrac{G_{1(S)}G_{2(S)}G_{3(S)}}{1+G_{1(S)}G_{2(S)}G_{3(S)}G_{4(S)}} R_{(S)}$ ④ 외란 $D_{(S)}$의 전달함수 $G_{D(S)} = \dfrac{C_{D(S)}}{D_{(S)}} = \dfrac{G_{3(S)}}{1+G_{1(S)}G_{2(S)}G_{3(S)}G_{4(S)}}$ ⑤ 외란 $D_{(S)}$에 대한 출력 $C_{D(S)} = G_{D(S)} \cdot D_{(S)} = \dfrac{G_{3(S)}}{1+G_{1(S)}G_{2(S)}G_{3(S)}G_{4(S)}} D_{(S)}$ ⑥ 전체 출력 $C_{(S)} = C_{R(S)} + C_{D(S)} = \dfrac{G_{1(S)}G_{2(S)}G_{3(S)}}{1+G_{1(S)}G_{2(S)}G_{3(S)}G_{4(S)}} R_{(S)} + \dfrac{G_{3(S)}}{1+G_{1(S)}G_{2(S)}G_{3(S)}G_{4(S)}} D_{(S)}$

※ 기본적으로 외란의 전달함수도 기존 전달함수와 구하는 방법은 같다.

기출유형 완성하기

정답 01 ② 02 ③

01 블록선도에서 외란 $D_{(s)}$의 입력에 대한 출력 $C_{(s)}$의 전달함수 $\left(\dfrac{C_{(S)}}{D_{(S)}}\right)$는? `21년-4회`

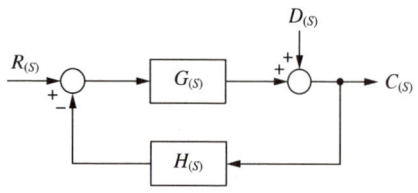

① $\dfrac{G_{(S)}}{H_{(S)}}$

② $\dfrac{1}{1+G_{(S)}H_{(S)}}$

③ $\dfrac{H_{(S)}}{G_{(S)}}$

④ $\dfrac{G_{(S)}}{1+G_{(S)}H_{(S)}}$

해설

외란 $D_{(S)}$에서의 전달함수

$\dfrac{C_{(S)}}{D_{(S)}} = \dfrac{\text{순방향 전달함수}}{1-(\sum \text{루프전달함수})}$

$= \dfrac{1}{1+G_{(S)}H_{(S)}}$

02 그림과 같은 계통의 전달함수는? `14년-1회`

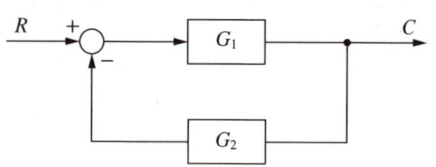

① $\dfrac{G_1}{1+G_2}$

② $\dfrac{G_2}{1+G_1}$

③ $\dfrac{G_1}{1+G_1 G_2}$

④ $\dfrac{G_2}{1+G_1 G_2}$

해설

전달함수

$G_{(S)} = \dfrac{C_{(S)}}{R_{(S)}} = \dfrac{\text{순방향 전달함수}}{1-(\sum \text{루프전달함수})}$

$G_{(S)} = \dfrac{G_1}{1-(-G_1 \cdot G_2)} = \dfrac{G_1}{1+G_1 G_2}$

🔒 정답 03 ③ 04 ③

03 그림과 같은 블록선도에서 C는? `14년-4회`

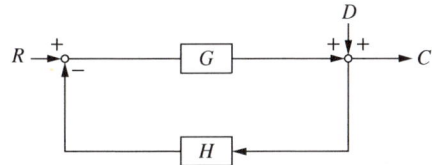

① $\dfrac{G}{1+HG}R + \dfrac{G}{1+HG}D$

② $\dfrac{1}{1+HG}R + \dfrac{1}{1+HG}D$

③ $\dfrac{G}{1+HG}R + \dfrac{1}{1+HG}D$

④ $\dfrac{1}{1+HG}R + \dfrac{G}{1+HG}D$

해설

입력 $R_{(S)}$에서의 전달함수

$\dfrac{C_{R(S)}}{R_{(S)}} = \dfrac{\text{순방향 전달함수}}{1 - (\sum \text{루프전달함수})} = \dfrac{G}{1+HG}$

→ 출력 $C_{R(S)} = \dfrac{G}{1+HG}R_{(S)}$

외란 $D_{(S)}$에서의 전달함수 $\dfrac{C_{D(S)}}{D_{(S)}} = \dfrac{1}{1+HG}$

→ 출력 $C_{D(S)} = \dfrac{1}{1+HG}D_{(S)}$

전체 출력

$C = C_{R(S)} + C_{D(S)} = \dfrac{G}{1+HG}R_{(S)} + \dfrac{1}{1+HG}D_{(S)}$

04 그림과 같은 블록선도에서 출력 $C_{(s)}$는? `25년`

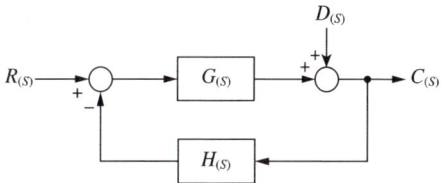

① $\dfrac{G_{(S)}}{1+G_{(S)}H_{(S)}}R_{(S)} + \dfrac{G_{(S)}}{1+G_{(S)}H_{(S)}}D_{(S)}$

② $\dfrac{1}{1+G_{(S)}H_{(S)}}R_{(S)} + \dfrac{1}{1+G_{(S)}H_{(S)}}D_{(S)}$

③ $\dfrac{G_{(S)}}{1+G_{(S)}H_{(S)}}R_{(S)} + \dfrac{1}{1+G_{(S)}H_{(S)}}D_{(S)}$

④ $\dfrac{1}{1+G_{(S)}H_{(S)}}R_{(S)} + \dfrac{G_{(S)}}{1+G_{(S)}H_{(S)}}D_{(S)}$

해설

입력 $R_{(S)}$에서의 전달함수

$\dfrac{C_{R(S)}}{R_{(S)}} = \dfrac{\text{순방향 전달함수}}{1 - (\sum \text{루프전달함수})} = \dfrac{G_{(S)}}{1+G_{(S)}H_{(S)}}$

→ 출력 $C_{R(S)} = \dfrac{G_{(S)}}{1+G_{(S)}H_{(S)}}R_{(S)}$

외란 $D_{(S)}$에서의 전달함수 $\dfrac{C_{D(S)}}{D_{(S)}} = \dfrac{1}{1+G_{(S)}H_{(S)}}$

→ 출력 $C_{D(S)} = \dfrac{1}{1+G_{(S)}H_{(S)}}D_{(S)}$

전체 출력

$C_{(S)} = C_{R(S)} + C_{D(S)}$
$= \dfrac{G_{(S)}}{1+G_{(S)}H_{(S)}}R_{(S)} + \dfrac{1}{1+G_{(S)}H_{(S)}}D_{(S)}$

기출유형 완성하기

 정답 05 ③

05 블록선도의 전달함수 $(C_{(S)}/R_{(S)})$는?

21년-1회

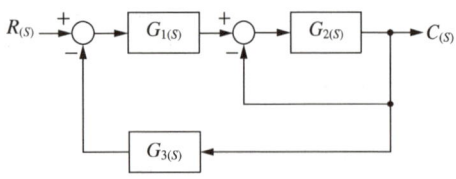

① $\dfrac{G_{1(S)}G_{2(S)}}{1+G_{1(S)}G_{2(S)}G_{3(S)}}$

② $\dfrac{G_{1(S)}G_{2(S)}}{1+G_{1(S)}+G_{1(S)}G_{2(S)}G_{3(S)}}$

③ $\dfrac{G_{1(S)}G_{2(S)}}{1+G_{2(S)}+G_{1(S)}G_{2(S)}G_{3(S)}}$

④ $\dfrac{G_{1(S)}G_{2(S)}}{1+G_{3(S)}+G_{1(S)}G_{2(S)}G_{3(S)}}$

해설

순방향 전달함수 $= G_{1(S)} \cdot G_{2(S)}$

루프 (1) 전달함수 $= -G_{2(S)}$

루프 (2) 전달함수 $= -G_{1(S)}G_{2(S)}G_{3(S)}$

$\sum$루프전달함수 $= (-G_{2(S)})+(-G_{1(S)}G_{2(S)}G_{3(S)})$

$G_{(S)} = \dfrac{C_{(S)}}{R_{(S)}} = \dfrac{순방향 전달함수}{1-(\sum 루프전달함수)}$

$G_{(S)} = \dfrac{G_{1(S)}G_{2(S)}}{1+G_{2(S)}+G_{1(S)}G_{2(S)}G_{3(S)}}$

PART 03
소방관계법규

PART 03 소방관계법규

01 소방기본법의 목적, 소방신호, 상호응원

기출유형

다음 중 화재예방·소방활동 또는 소방훈련을 위하여 사용되는 소방신호의 종류로 볼 수 없는 것은?

① 출동신호
② 해제신호
③ 발화신호
④ 훈련신호

해설
소방신호의 종류는 경계신호, 발화신호, 해제신호, 훈련신호이다.

| 정답 | ①

족집게 과외

❶ 소방기본법의 목적

구 분	내 용
소방 기본법 목적	① 화재를 예방·경계하거나 진압 ② 화재, 재난·재해, 그 밖의 위급한 상황에서의 구조·구급 활동 ③ 국민의 생명·신체 및 재산을 보호 ④ 공공의 안녕 및 질서 유지와 복리증진에 이바지함

❷ 소방신호의 종류 및 방법(행정안전부령)

구 분	발령 시기	신호 방법	
		타종 신호	싸이렌 신호
경계신호	화재예방상 필요하거나 화재위험경보 시	1타와 연 2타를 반복	5초 간격을 두고 30초씩 3회
발화신호	화재가 발생할 때	난 타	5초 간격을 두고 5초씩 3회
해제신호	소화활동이 필요 없다고 인정되는 때	상당한 간격을 두고 1타씩 반복	1분간 1회
훈련신호	훈련상 필요하다고 인정되는 때	연 3타 반복	10초 간격을 두고 1분씩 3회

❸ 소방업무의 응원

구 분	내 용
개 념	① 소방본부장이나 소방서장은 소방활동을 할 때에 긴급한 경우에는 이웃한 소방본부장 또는 소방서장에게 소방업무의 응원을 요청할 수 있다. ② 요청을 받은 소방본부장 또는 소방서장은 정당한 사유 없이 그 요청을 거절하여서는 아니 된다. ③ 응원을 위하여 파견된 소방대원은 응원을 요청한 소방본부장 또는 소방서장의 지휘에 따라야 한다. ④ 시·도지사는 소방업무의 응원을 요청하는 경우를 대비하여 출동 대상지역 및 규모와 필요한 경비의 부담 등에 관하여 필요한 사항을 행정안전부령으로 정하는 바에 따라 이웃하는 시·도지사와 협의하여 미리 규약으로 정하여야 한다.

❹ 소방업무의 상호응원협정

내 용	포함사항	세부내용
시·도지사는 이웃하는 다른 시·도지사와 소방업무에 관하여 상호응원협정을 체결하고자 하는 때에는 다음 사항이 포함되도록 해야 한다.	소방활동에 관한 사항	① 화재의 경계·진압활동 ② 구조·구급업무의 지원 ③ 화재조사활동
	응원출동대상지역 및 규모	–
	소요경비의 부담에 관한 사항	① 출동대원의 수당·식사 및 의복의 수선 ② 소방장비 및 기구의 정비와 연료의 보급 ③ 그 밖의 경비
	응원출동의 요청방법	–
	응원출동훈련 및 평가	–

기출유형 완성하기

🔒 **정답** 01 ④ 02 ② 03 ③ 04 ③

01 이상기상(異常氣象)의 예보나 특보가 있을 때 화재위험을 알리는 소방신호로 알맞은 것은?
　　　　　　　　　　　　　　　　　07년-1회

① 비상신호
② 화재위험신호
③ 발화신호
④ 경계신호

해설
소방신호

구 분	발령 시기
경계신호	화재예방상 필요하거나 화재위험경보 시
발화신호	화재가 발생할 때
해제신호	소화활동이 필요없다고 인정되는 때
훈련신호	훈련상 필요하다고 인정되는 때

02 다음 중 소방기본법의 목적과 거리가 가장 먼 것은?
　　　　　　　　　　　　　　　　　06년-1회

① 화재를 예방·경계하고 진압하는 것
② 건축물의 안전한 사용을 통하여 안락한 국민생활을 보장해 주는 것
③ 화재, 재난·재해로부터 구조·구급하는 것
④ 공공의 안녕질서 유지와 복리증진에 기여하는 것

해설
소방기본법의 목적
- 화재를 **예방·경계**하거나 **진압**
- 화재, 재난·재해, 그 밖의 **위급한 상황**에서의 **구조·구급** 활동
- **국민의 생명·신체 및 재산**을 보호
- 공공의 안녕 및 **질서 유지**와 **복리증진**에 이바지함

03 소방신호에서 화재예방·소화활동·소방훈련을 위하여 사용되는 신호의 종류와 방법은 무엇으로 정하는가?
　　　　　　　　　　　　　　　　　04년-2회

① 지방자치령
② 대통령령
③ 행정안전부령
④ 치안본부령

해설
소방신호의 종류와 방법은 **행정안전부령**으로 정한다.

04 다음 중 소방기본법의 목적으로 적절하지 않은 것은?
　　　　　　　　　　　　　　　　　07년-2회

① 화재의 예방
② 화재의 진압
③ 소방대상물의 안전관리
④ 위급한 상황에서의 구조·구급 활동

해설
소방기본법의 목적
- 화재를 **예방·경계**하거나 **진압**
- 화재, 재난·재해, 그 밖의 **위급한 상황**에서의 **구조·구급** 활동
- **국민의 생명·신체 및 재산**을 보호
- 공공의 안녕 및 **질서 유지**와 **복리증진**에 이바지함

정답 05 ① 06 ① 07 ③ 08 ①

기출유형 완성하기

05 소방기본법령상 인접하고 있는 시·도 간 소방업무의 상호응원협정을 체결하고자 할 때, 포함되어야 하는 사항으로 틀린 것은? `19년-2회`

① 소방교육·훈련의 종류에 관한 사항
② 화재의 경계·진압활동에 관한 사항
③ 출동대원의 수당·식사 및 피복의 수선의 소요경비의 부담에 관한 사항
④ 화재조사활동에 관한 사항

해설
소방업무의 **상호응원협정**에서 "**교육**" 관련사항은 포함사항이 **아니다**.

06 다음 중 소방신호의 종류 및 방법으로 적절하지 않은 것은? `09년-1회`

① 경계신호는 화재발생 지역에 출동할 때 발령
② 발화신호는 화재가 발생한 때 발령
③ 해제신호는 소화활동이 필요 없다고 인정되는 때 발령
④ 훈련신호는 훈련상 필요하다고 인정될 때 발령

해설
소방신호

구 분	발령 시기
경계신호	화재예방상 필요하거나 화재위험경보 시
발화신호	화재가 발생할 때
해제신호	소화활동이 필요 없다고 인정되는 때
훈련신호	훈련상 필요하다고 인정되는 때

07 다음은 소방기본법의 목적을 기술한 것이다. (㉮), (㉯), (㉰)에 들어갈 내용으로 알맞은 것은? `15년-2회`

"화재를 (㉮)·(㉯)하거나 (㉰)하고 화재, 재난·재해 그 밖의 위급한 상황에서의 구조·구급활동 등을 통하여 국민의 생명·신체 및 재산을 보호함으로써 공공의 안녕질서 유지와 복리 증진에 이바지함을 목적으로 한다."

① ㉮ 예방, ㉯ 경계, ㉰ 복구
② ㉮ 경보, ㉯ 소화, ㉰ 복구
③ ㉮ 예방, ㉯ 경계, ㉰ 진압
④ ㉮ 경계, ㉯ 통제, ㉰ 진압

해설
소방기본법의 목적
화재를 **예방**·**경계**하거나 **진압**

08 화재예방, 소화활동, 소방훈련을 위하여 사용되는 신호를 무엇이라 하는가? `03년-4회`

① 소방신호
② 대피신호
③ 훈련신호
④ 구급신호

해설
화재예방, 소화활동, 소방훈련을 위해서 사용되는 신호를 **소방신호**라고 한다.

CHAPTER 01 | 소방기본법의 목적, 소방신호, 상호응원

기출유형 완성하기

정답 09 ① 10 ④ 11 ① 12 ③

09 다음 중 소방기본법령에 따라 화재예방상 필요하다고 인정되거나 화재위험경보 시 발령하는 소방신호의 종류로 옳은 것은? `22년-2회`

① 경계신호
② 발화신호
③ 경보신호
④ 훈련신호

해설
소방신호

구 분	발령 시기
경계신호	화재예방상 필요하거나 화재위험경보 시
발화신호	화재가 발생할 때
해제신호	소화활동이 필요 없다고 인정되는 때
훈련신호	훈련상 필요하다고 인정되는 때

10 소방기본법령상 소방업무의 응원에 대한 설명 중 틀린 것은? `22년-1회`

① 소방본부장이나 소방서장은 소방활동을 할 때에 긴급한 경우에는 이웃한 소방본부장 또는 소방서장에게 소방업무의 응원을 요청할 수 있다.
② 소방업무의 응원 요청을 받은 소방본부장 또는 소방서장은 정당한 사유 없이 그 요청을 거절하여서는 아니 된다.
③ 소방업무의 응원을 위하여 파견된 소방대원은 응원을 요청한 소방본부장 또는 소방서장의 지휘에 따라야 한다.
④ 시·도지사는 소방업무의 응원을 요청하는 경우를 대비하여 출동 대상지역 및 규모와 필요한 경비의 부담 등에 관하여 필요한 사항을 대통령령으로 정하는 바에 따라 이웃하는 시·도지사와 협의하여 미리 규약으로 정하여야 한다.

해설
시·도지사는 소방업무의 응원을 요청하는 경우를 대비하여 출동 대상지역 및 규모와 필요한 경비의 부담 등에 관하여 필요한 사항을 **행정안전부령**으로 정하는 바에 따라 이웃하는 시·도지사와 협의하여 미리 규약으로 정하여야 한다.

11 소방신호의 종류가 아닌 것은? `25년`

① 진화신호
② 발화신호
③ 경계신호
④ 해제신호

해설
소방신호의 종류는 **경계신호, 발화신호, 해제신호, 훈련신호**이다.

12 소방기본법령상 이웃하는 다른 시·도지사와 소방업무에 관하여 시·도지사가 체결할 상호응원협정 사항이 아닌 것은? `22년-1회`

① 화재조사활동
② 응원출동의 요청방법
③ 소방교육 및 응원출동훈련
④ 응원출동대상지역 및 규모

해설
소방업무의 **상호응원협정**에서 "**교육**" 관련사항은 포함 사항이 **아니다**.

02 소방대상물, 소방박물관 등

기출유형

소방대상물에 대한 조치명령권자는 누구인가? `15년-2회, 개정반영`

① 소방본부장 또는 소방서장
② 한국소방안전협회장
③ 시·도지사
④ 국무총리

해설
소방대상물에 대한 조치명령권자는 **소방관서장**(소방청장, 소방본부장, 소방서장)이다.

|정답| ①

족집게 과외

❶ 소방대상물

구 분		내 용
정 의		건축물, 차량, 선박(항구에 매어둔 선박만 해당), 선박건조구조물, 산림, 그 밖의 인공구조물 또는 물건
관계인	정 의	소방대상물의 → ① 소유자　　　② 관리자　　　③ 점유자
	소방 활동	① 관계인은 소방대상물에 화재, 재난·재해, 그 밖의 위급한 상황이 발생한 경우에는 소방대가 현장에 도착할 때까지 경보를 울리거나 대피를 유도하는 등의 방법으로 사람을 구출하는 조치 또는 불을 끄거나 불이 번지지 아니하도록 필요한 조치를 할 것 ② 관계인은 소방대상물에 화재, 재난·재해, 그 밖의 위급한 상황이 발생한 경우에는 이를 소방본부, 소방서 또는 관계 행정기관에 지체 없이 알릴 것
소방 대상물 조치명령		소방관서장은 화재안전조사 결과에 따른 소방대상물의 위치·구조·설비 또는 관리의 상황이 화재예방을 위하여 보완될 필요가 있거나 화재가 발생하면 인명 또는 재산의 피해가 클 것으로 예상되는 때에는 행정안전부령으로 정하는 바에 따라 관계인에게 그 소방대상물의 개수(改修)·이전·제거, 사용의 금지 또는 제한, 사용폐쇄, 공사의 정지 또는 중지, 그 밖에 필요한 조치를 명할 수 있다.
		소방관서장은 화재안전조사 결과 소방대상물이 법령을 위반하여 건축 또는 설비되었거나 소방시설등, 피난시설·방화구획, 방화시설 등이 법령에 적합하게 설치 또는 관리되고 있지 아니한 경우에는 관계인에게 조치를 명하거나 관계 행정기관의 장에게 필요한 조치를 하여 줄 것을 요청할 수 있다.
벌 금		조치명령을 정당한 사유 없이 위반 시 3년 이하의 징역 또는 3천만 원 이하의 벌금
소방 관서장		① 소방청장 ② 소방본부장 ③ 소방서장

❷ 소방박물관 등의 설립과 운영

구 분	소방박물관	소방체험관
설립 및 운영	소방청장	시·도지사
설립 운영 필요사항	행정안전부령	행정안전부령으로 정하는 기준에 따른 시·도의 조례

기출유형 완성하기

🔒 **정답** 01 ① 02 ③ 03 ④ 04 ②

01 소방기본법의 정의상 소방대상물의 관계인이 아닌 자는?　21년-2회

① 감리자
② 관리자
③ 점유자
④ 소유자

해설
소방대상물의 관계인
- 소유자
- 관리자
- 점유자

02 다음 중 소방기본법에서 사용하는 용어의 정의로 옳지 않은 것은?　07년-1회, 개정반영

① 소방대장이라 함은 소방본부장 또는 소방서장 등 화재, 재난·재해, 그 밖의 위급한 상황이 발생한 현장에서 소방대를 지휘하는 자를 말한다.
② 관계지역이라 함은 소방대상물이 있는 장소 및 그 이웃지역으로서 화재의 예방·경계·진압·구조·구급 등의 활동에 필요한 지역을 말한다.
③ 소방대상물이라 함은 건축물, 차량, 항해하는 선박, 선박건조구조물, 산림 그 밖의 공작물 또는 물건을 말한다.
④ 소방본부장이라 함은 특별시·광역시·특별자치시·도 또는 특별자치도에서 화재의 예방·경계·진압·조사 및 구조·구급 등의 업무를 담당하는 부서의 장을 말한다.

해설
소방대상물이란 건축물, 차량, 선박(**항구에 매어둔 선박만 해당**), 선박건조구조물, 산림, 그 밖의 인공구조물 또는 물건이다.

03 소방대상물의 위치, 구조, 설비 또는 관리의 상황에 관하여 화재예방상 필요하거나, 화재가 발생하면 인명에 위험이 미칠 것으로 인정될 때에는 관계인에게 당해 소방대상물의 조치명령 등의 필요한 조치를 명할 수 있는 사람은?　03년-4회

① 시·도지사
② 시장·군수
③ 당해 소방대상물의 방화관리자
④ 소방서장 또는 소방본부장

해설
조치명령은 **소방관서장**(소방청장, 소방본부장, 소방서장)이 할 수 있다.

04 화재가 발생하여 소방대가 화재현장에 도착할 때까지 그 소방대상물의 관계인이 조치하여야 할 사항으로 적당하지 못한 것은?　04년-1회

① 소화작업
② 교통정리작업
③ 연소방지작업
④ 인명구조작업

해설
- 인명구조작업 → 경보를 울리거나 대피를 유도
- 소화작업 및 연소방지작업 → 불을 끄거나 불이 번지지 아니하도록 필요한 조치
- 신고 → 소방본부, 소방서 또는 관계 행정기관에 지체 없이 알릴 것

정답 05 ② 06 ① 07 ② 08 ③

기출유형 완성하기

05 다음 중 소방법상의 소방대상물에 포함되지 않는 것은? `05년-4회`

① 산 림
② 항해 중인 선박
③ 선 박
④ 선박건조구조물

해설
소방대상물이란 건축물, 차량, 선박(**항구에 매어둔 선박만 해당**), 선박건조구조물, 산림, 그 밖의 인공구조물 또는 물건이다.

06 화재안전조사 결과 소방대상물의 위치 상황이 화재예방을 위하여 보완될 필요가 있을 것으로 예상되는 때에 소방대상물의 개수·이전·제거, 그 밖의 필요한 조치를 관계인에게 명령할 수 있는 사람은? `20년-3회, 개정반영`

① 소방서장
② 경찰청장
③ 시·도지사
④ 해당 구청장

해설
조치명령은 **소방관서장**(소방청장, 소방본부장, 소방서장)이 할 수 있다.

07 소방기본법상 소방대상물의 소유자·관리자 또는 점유자로 정의되는 자는? `10년-1회`

① 관리인
② 관계인
③ 사용인
④ 등기자

해설
소방대상물의 **소유자**, **관리자**, **점유자**는 소방대상물의 **관계인**의 정의이다.

08 소방체험관의 설립·운영권자는? `16년-4회`

① 국무총리
② 행정안전부장관
③ 시·도지사
④ 소방본부장 및 소방서장

해설
소방체험관의 설립 및 운영권자는 시·도지사이다.

03 소방대와 소방활동

기출유형

소방대(消防隊)에 해당되지 않는 사람은? 06년-4회

① 소방공무원
② 의무소방원
③ 자체소방대원
④ 의용소방대원

해설
소방대는 소방공무원, 의무소방원, 의용소방대원으로 구성된다.

|정답| ③

족집게 과외

❶ 소방대의 구성

구 분	내 용
구 성	① 소방공무원 ② 의무소방원 ③ 의용소방대원

❷ 소방자동차의 우선 통행

구 분	내 용	벌 칙
출동 방해	모든 차와 사람은 소방자동차가 화재진압 및 구조·구급 활동을 위하여 출동을 할 때에는 이를 방해하여서는 아니 된다.	5년 이하의 징역 or 5천만 원 이하 벌금
	모든 차와 사람은 소방자동차가 화재진압 및 구조·구급 활동을 위하여 사이렌을 사용하여 출동하는 경우에는 다음의 행위를 하여서는 아니 된다. ① 소방자동차에 진로를 양보하지 아니하는 행위 ② 소방자동차 앞에 끼어들거나 소방자동차를 가로막는 행위 ③ 그 밖에 소방자동차의 출동에 지장을 주는 행위	200만 원 이하 과태료

❸ 소방활동

구 분	내 용	벌 칙
구역 설정	소방대장 → 소방활동구역을 정하여 구역에 출입하는 것을 제한할 수 있다.	200만 원 이하 과태료
출입 가능	① 소방활동구역 안에 있는 소방대상물의 소유자·관리자 또는 점유자 ② 전기·가스·수도·통신·교통의 업무에 종사하는 사람 ③ 의사·간호사, 그 밖의 구조·구급업무에 종사하는 사람 ④ 취재인력 등 보도업무에 종사하는 사람 ⑤ 수사업무에 종사하는 사람 ⑥ 그 밖에 소방대장이 소방활동을 위하여 출입을 허가한 사람	
종사 명령	소방본부장, 소방서장 또는 소방대장 → 소방활동을 위해 필요시 → 그 관할구역에 사는 사람, 그 현장에 있는 사람에게 → 구출, 불을 끄거나 불이 번지지 아니하도록 하는 일을 하게 할 수 있다.	5년 이하의 징역 or 5천만 원 이하 벌금
강제 처분	소방본부장, 소방서장 또는 소방대장 → 필요시 화재가 발생하거나 불이 번질 우려가 있는 소방대상물 및 토지를 일시적으로 사용하거나 그 사용의 제한 또는 소방활동에 필요한 처분을 할 수 있다.	3년 이하의 징역 or 3천만 원 이하 벌금
	소방본부장, 소방서장 또는 소방대장 → 긴급하다고 인정할 때 → 소방대상물 또는 토지 외의 소방대상물과 토지에 대하여 강제처분을 할 수 있다.	300만 원 이하 벌금
	소방본부장, 소방서장 또는 소방대장 → 출동할 때 → 소방자동차의 통행과 소방활동에 방해가 되는 주차 또는 정차된 차량 및 물건 등을 제거하거나 이동시킬 수 있다.	
피난 명령	소방본부장, 소방서장 또는 소방대장 → 사람의 생명이 위험할 경우 → 일정한 구역을 지정 → 구역 밖으로 피난할 것을 명할 수 있다.	100만 원 이하 벌금
긴급 조치	소방본부장, 소방서장 또는 소방대장 → 소방용수 외에 댐·저수지 또는 수영장 등의 물을 사용 또는 수도(水道)의 개폐장치 등을 조작할 수 있다.	100만 원 이하 벌금
소방 대장	소방본부장 또는 소방서장 등 화재, 재난·재해, 그 밖의 위급한 상황이 발생한 현장에서 소방대를 지휘하는 사람을 말한다.	

기출유형 완성하기

정답 01 ③ 02 ③ 03 ④ 04 ③

01 화재를 진압하고 화재·재난·재해, 그 밖의 위급한 상황에서의 구조·구급활동을 위하여 소방공무원, 의무소방원, 의용소방대원으로 구성된 조직체를 무엇이라 하는가? 〈05년-1회〉

① 구조구급대
② 의무소방대
③ 소방대
④ 의용소방대

해설
소방대의 구성
- 소방공무원
- 의무소방원
- 의용소방대원

02 소방대장은 화재, 재난·재해, 그 밖의 위험한 상황이 발생한 현장에 소방활동구역을 정하여 지정한 사람 외에는 그 구역에 출입하는 것을 제한할 수 있다. 소방활동구역을 출입할 수 없는 사람은? 〈15년-1회〉

① 의사·간호사, 그 밖의 구조·구급업무에 종사하는 사람
② 수사업무에 종사하는 사람
③ 소방활동구역 밖의 소방대상물을 소유한 사람
④ 전기·가스 등의 업무에 종사하는 사람으로서 원활한 소방활동을 위하여 필요한 사람

해설
소방활동구역 **밖의** 소방대상물을 소유한 사람은 소방활동과 무관하므로 출입할 수 없다.

03 소방기본법령상 출동한 소방대원에게 폭행 또는 협박을 행사하여 화재진압 인명구조 또는 구급활동을 방해한 사람에 대한 벌칙 기준은? 〈21년-2회〉

① 500만 원 이하의 과태료
② 1년 이하의 징역 또는 1,000만 원 이하의 벌금
③ 3년 이하의 징역 또는 3,000만 원 이하의 벌금
④ 5년 이하의 징역 또는 5,000만 원 이하의 벌금

해설
모든 차와 사람은 소방자동차가 **화재진압 및 구조·구급 활동**을 위하여 출동을 할 때에는 이를 **방해**하여서는 아니 된다(**5년 이하의 징역** 또는 **5천만 원 이하 벌금**).

04 소방기본법상 소방활동구역의 설정권자로 옳은 것은? 〈18년-2회〉

① 소방본부장
② 소방서장
③ 소방대장
④ 시·도지사

해설
소방대장은 **소방활동구역**을 **정하여** 구역에 출입하는 것을 제한할 수 있다.

🔒 **정답** 05 ③ 06 ③ 07 ②

기출유형 완성하기

05 소방기본법상 소방대의 구성원에 속하지 않는 자는? `19년-4회`

① 소방공무원법에 따른 소방공무원
② 의용소방대 설치 및 운영에 관한 법률에 따른 의용소방대원
③ 위험물안전관리법에 따른 자체소방대원
④ 의무소방대설치법에 따라 임용된 의무소방원

해설
소방대의 구성
- 소방공무원
- 의무소방원
- 의용소방대원

06 소방기본법령상 소방대장은 화재, 재난·재해 그 밖의 위급한 상황이 발생한 현장에 소방활동 구역을 정하여 소방활동에 필요한 자로서 대통령으로 정하는 사람 외에는 그 구역에의 출입을 제한할 수 있다. 다음 중 소방활동구역에 출입할 수 없는 사람은? `21년-2회`

① 소방활동구역 안에 있는 소방대상물의 소유자·관리자 또는 점유자
② 전기·가스·수도·통신·교통의 업무에 종사하는 사람으로서 원활한 소방활동을 위하여 필요한 사람
③ 시·도지사가 소방활동을 위하여 출입을 허가한 사람
④ 의사·간호사, 그 밖의 구조·구급업무에 종사하는 사람

해설
시·도지사가 아닌 소방대장이 소방활동을 위하여 출입을 허가한 사람이 소방활동구역에 출입할 수 있다.

07 소방기본법상 명령권자가 소방본부장, 소방서장 또는 소방대장에게 있는 사항은? `19년-1회`

① 소방활동을 할 때에 긴급한 경우에는 이웃한 소방본부장 또는 소방서장에게 소방업무의 응원을 요청할 수 있다.
② 화재, 재난·재해, 그 밖의 위급한 상황이 발생한 현장에서 소방활동을 위하여 필요할 때에는 그 관할구역에 사는 사람 또는 그 현장에 있는 사람으로 하여금 사람을 구출하는 일 또는 불을 끄거나 불이 번지지 아니하도록 하는 일을 하게 할 수 있다.
③ 수사기관이 방화 또는 실화의 혐의가 있어서 이미 피의자를 체포하였거나 증거물을 압수하였을 때에 화재조사를 위하여 필요한 경우에는 수사에 지장을 주지 아니하는 범위에서 그 피의자 또는 압수된 증거물에 대한 조사를 할 수 있다.
④ 화재, 재난·재해, 그밖의 위급한 상황이 발생하였을 때에는 소방대를 현장에 신속하게 출동시켜 화재진압과 인명구조·구급 등 소방에 필요한 활동을 하게 하여야 한다.

해설
소방본부장, 소방서장 또는 소방대장 → 소방활동 위해 필요시 그 관할구역에 사는 사람, 그 현장에 있는 사람에게 → 구출, 불을 끄거나 불이 번지지 아니하도록 하는 일을 하게 할 수 있다.

기출유형 완성하기

정답 08 ② 09 ④ 10 ① 11 ②

08 출동한 소방대의 화재진압 및 인명구조·구급 등 소방활동 방해에 따른 벌칙이 5년 이하의 징역 또는 5,000만 원 이하의 벌금에 처하는 행위가 아닌 것은? `17년-1회`

① 위력을 사용하여 출동한 소방대의 구급활동을 방해하는 행위
② 화재진압을 마치고 소방서로 복귀 중인 소방자동차의 통행을 고의로 방해하는 행위
③ 출동한 소방대원에게 협박을 행사하여 구급활동을 방해하는 행위
④ 출동한 소방대의 소방장비를 파손하거나 그 효용을 해하여 구급활동을 방해하는 행위

해설
모든 차와 사람은 소방자동차가 화재진압 및 구조·구급 활동을 위하여 출동을 할 때에는 이를 방해하여서는 아니 된다(5년 이하의 징역 또는 5천만 원 이하 벌금).

09 소방대장은 화재, 재난·재해 그 밖의 위급한 상황이 발생한 현장에 소방활동구역을 정하여 소방활동에 필요한 자로서 대통령령이 정하는 자 외의 자에 대하여는 그 구역에의 출입을 제한할 수 있다. 다음 소방활동구역에 출입할 수 없는 자는? `25년`

① 소방활동구역 안에 있는 소방대상물의 소유자·관리자 또는 점유자
② 전기·가스·수도·통신·교통의 업무에 종사하는 자로서 원활한 소방활동을 위하여 필요한 자
③ 의사·간호사 그 밖의 구조·구급업무에 종사하는 자와 취재인력 등 보도업무에 종사하는 자
④ 소방대장의 출입허가를 받지 않은 소방대상물 소유자의 친척

해설
소방대상물 소유자의 친척은 소방활동과 무관하므로 소방대장의 출입허가를 받지 않는 경우 소방활동구역 출입이 불가하다.

10 소방본부장 또는 소방서장 등이 화재현장에서 소화활동을 원활히 수행하기 위하여 규정하고 있는 사항으로 틀린 것은? `13년-4회, 개정반영`

① 화재예방강화지구의 지정
② 강제처분
③ 소방활동 종사명령
④ 피난명령

해설
소방활동을 원활히 수행하기 위해서 규정하고 있는 사항은 소방활동구역의 지정, 종사명령, 강제처분, 피난명령, 긴급조치가 있다.

11 소방기본법상 소방본부장, 소방서장 또는 소방대장의 권한이 아닌 것은? `18년-2회`

① 화재, 재난·재해, 그 밖의 위급한 상황이 발생한 현장에서 소방활동을 위하여 필요할 때에는 그 관할구역에 사는 사람 또는 그 현장에 있는 사람으로 하여금 사람을 구출하는 일 또는 불을 끄거나 불이 번지지 아니하도록 하는 일을 하게 할 수 있다.
② 소방활동을 할 때에 긴급한 경우에는 이웃한 소방본부장 또는 소방서장에게 소방업무의 응원을 요청할 수 있다.
③ 사람을 구출하거나 불이 번지는 것을 막기 위하여 필요할 때에는 화재가 발생하거나 불이 번질 우려가 있는 소방대상물 및 토지를 일시적으로 사용하거나 그 사용의 제한 또는 소방활동에 필요한 처분을 할 수 있다.
④ 소방활동을 위하여 긴급하게 출동할 때에는 소방자동차의 통행과 소방활동에 방해가 되는 주차 또는 정차된 차량 및 물건 등을 제거하거나 이동시킬 수 있다.

해설
소방본부장이나 소방서장은 소방활동을 할 때에 긴급한 경우에는 이웃한 소방본부장 또는 소방서장에게 소방업무의 응원을 요청할 수 있다.

정답 12 ③ 13 ③

12 다음 소방기본법령상 용어 정의에 대한 설명으로 옳은 것은? `22년-2회`

① 소방대상물이란 건축물, 차량, 선박(항구에 매어둔 선박은 제외) 등을 말한다.
② 관계인이란 소방대상물의 점유예정자를 포함한다.
③ 소방대란 소방공무원, 의무소방원, 의용소방대원으로 구성된 조직체이다.
④ 소방대장이란 화재, 재난·재해, 그 밖의 위급한 상황이 발생한 현장에서 소방대를 지휘하는 사람(소방서장은 제외)이다.

해설
① 선박은 항구에 매어둔 선박만 소방대상물이다.
② 관계인이란 소유자, 관리자, 점유자이다.
④ 소방대장이란 소방본부장 또는 소방서장 등 화재, 재난·재해, 그 밖의 위급한 상황이 발생한 현장에서 **소방대를 지휘하는 사람**이다.

13 소방기본법령상 소방활동구역의 출입자에 해당되지 않는 자는? `19년-2회`

① 소방활동구역 안에 있는 소방대상물의 소유자·관리자 또는 점유자
② 전기·가스·수도·통신·교통의 업무에 종사하는 사람으로서 원활한 소방활동을 위하여 필요한 자
③ 화재건물과 관련 있는 부동산업자
④ 취재인력 등 보도업무에 종사하는 자

해설
부동산업자는 **소방활동과 무관**하므로 출입할 수 없다.

04 종합상황실과 소방활동장비

기출유형

화재발생 시 소방서는 소방본부의 종합상황실에 소방본부는 소방청의 종합상황실에 보고하여야 하는 바 사상자가 얼마 이상일 경우 이에 해당되는가?

<small>05년-4회, 개정반영</small>

① 사상자가 5인 이상 발생한 화재
② 사상자가 7인 이상 발생한 화재
③ 사상자가 10인 이상 발생한 화재
④ 사상자가 20인 이상 발생한 화재

해설
상위 소방기관의 종합상황실에 보고하여야 하는 사상자 기준은 **사상자가 10인 이상** 발생한 화재 시이다.

| 정답 | ③

족집게 과외

❶ 종합상황실 실장의 업무

구 분	내 용
업무 내용	① 화재, 재난·재해, 그 밖에 구조·구급이 필요한 상황(재난상황)의 발생의 신고접수 ② 접수된 재난상황을 검토하여 가까운 소방서에 인력 및 장비의 동원을 요청하는 등의 사고수습 ③ 하급소방기관에 대한 출동지령 또는 동급 이상의 소방기관 및 유관기관에 대한 지원요청 ④ 재난상황의 전파 및 보고 ⑤ 재난상황이 발생한 현장에 대한 지휘 및 피해현황의 파악 ⑥ 재난상황의 수습에 필요한 정보수집 및 제공
소방청 종합 상황실 보고대상 상황	① 사망자가 5인 이상 발생하거나 사상자가 10인 이상 발생한 화재 ② 이재민이 100인 이상 발생한 화재 ③ 재산피해액이 50억 원 이상 발생한 화재 ④ 관공서·학교·정부미도정공장·문화재·지하철 또는 지하구의 화재 ⑤ 관광호텔, 11층 이상인 건축물, 지하상가, 시장, 백화점, 지정수량의 3,000배 이상의 위험물의 제조소·저장소·취급소, 층수가 5층 이상이거나 객실이 30실 이상인 숙박시설, 층수가 5층 이상이거나 병상이 30개 이상인 종합병원·정신병원·한방병원·요양소, 연면적 $15,000m^2$ 이상인 공장 또는 화재경계지구에서 발생한 화재 ⑥ 철도차량, 항구에 매어둔 총 톤수가 1천 톤 이상인 선박, 항공기, 발전소 또는 변전소에서 발생한 화재 ⑦ 가스 및 화약류의 폭발에 의한 화재 ⑧ 다중이용업소의 화재 ⑨ 통제단장의 현장지휘가 필요한 재난상황 ⑩ 언론에 보도된 재난상황

❷ 국고보조 대상

구 분	내 용
소화 활동장비	① 소방자동차 ② 소방헬리콥터 및 소방정 ③ 소방전용통신설비 및 전산설비 ④ 방화복 등 소방활동에 필요한 장비
건 축	소방관서용 청사의 건축

정답 01 ④ 02 ① 03 ③ 04 ④

기출유형 완성하기

01 소방서의 종합상황실 실장이 서면·팩스 또는 컴퓨터통신 등으로 소방본부의 종합상황실에 보고하여야 하는 화재가 아닌 것은?

〔16년-1회〕

① 사상자가 10인 발생한 화재
② 이재민이 100인 발생한 화재
③ 관공서·학교·정부미도정공장의 화재
④ 재산피해액이 10억 원 발생한 일반화재

해설
재산피해액이 **50억 원 이상** 발생한 화재의 경우 소방서의 종합상황실에서는 소방본부의 종합상황실에 보고하여야 한다.

02 국가가 시·도의 소방업무에 필요한 경비의 일부를 보조하는 국고보조 대상이 아닌 것은?

〔25년〕

① 소방용수시설
② 소방전용통신설비
③ 소방자동차
④ 소방헬리콥터

해설
국고보조 대상 소화활동장비 및 설비의 종류
• 소방자동차
• 소방헬리콥터 및 소방정
• 소방전용통신설비 및 전산설비
• 방화복 등 소방활동에 필요한 장비

03 소방기본법령상 소방서 종합상황실의 실장이 서면·팩스 또는 컴퓨터통신 등으로 소방본부의 종합상황실에 지체 없이 보고하여야 하는 기준으로 틀린 것은?

〔17년-2회〕

① 사망자가 5인 이상 발생하거나 사상자가 10인 이상 발생한 화재
② 층수가 11층 이상인 건축물에서 발생한 화재
③ 이재민이 50인 이상 발생한 화재
④ 재산피해액이 50억 원 발생한 화재

해설
이재민이 100인 이상 발생한 화재의 경우 소방서의 종합상황실에서는 소방본부의 종합상황실에 보고하여야 한다.

04 각 시·도의 소방업무에 필요한 경비의 일부를 국가가 보조하는 대상이 아닌 것은?

〔14년-2회〕

① 전산설비
② 소방헬리콥터
③ 소방관서용 청사 건축
④ 소방용수시설장비

해설
국고보조 대상 소화활동장비 및 설비의 종류
• 소방자동차
• 소방헬리콥터 및 소방정
• 소방전용통신설비 및 전산설비
• 방화복 등 소방활동에 필요한 장비

국고보조 대상 건축
소방관서용 청사의 건축

기출유형 완성하기

🔒 정답 05 ③ 06 ③ 07 ③ 08 ②

05 종합상황실장의 업무와 직접적으로 관련이 없는 것은?　11년-4회

① 재난상황의 전파 및 보고
② 재난상황의 발생 신고접수
③ 재난상황이 발생한 현장에 대한 지휘 및 피해조사
④ 재난상황 수습에 필요한 정보수집 및 제공

해설
종합상황실 실장의 업무 중 재난상황 발생 시 피해조사는 포함되지 않는다.

Tip 종합상황실이므로 "**긴급한 대처**"가 필요한 내용 외에는 해당 업무가 아니다.

06 소방기본법령상 국고보조 대상사업의 범위 중 소방활동장비와 설비에 해당하지 않는 것은?　19년-4회

① 소방자동차
② 소방헬리콥터 및 소방정
③ 소화용수설비 및 피난구조설비
④ 방화복 등 소방활동에 필요한 소방장비

해설
소화용수설비 및 피난구조설비는 국고보조대상 사업의 범위에 포함되지 않는다.

07 소방기본법령상 소방본부 종합상황실 실장이 소방청의 종합상황실에 서면·팩스 또는 컴퓨터통신 등으로 보고하여야 하는 화재의 기준 중 틀린 것은?　18년-2회

① 항구에 매어둔 총 톤수가 1,000톤 이상인 선박에서 발생한 화재
② 층수가 5층 이상이거나 병상이 30개 이상인 종합병원·정신병원·한방병원·요양소에서 발생한 화재
③ 지정수량의 1,000배 이상의 위험물의 제조소·저장소·취급소에서 발생한 화재
④ 연면적 15,000m^2 이상인 공장 또는 화재경계지구에서 발생한 화재

해설
지정수량의 3,000배 이상의 위험물의 제조소·저장소·취급소에서 발생한 화재의 경우 소방본부의 종합상황실에서는 소방청의 종합상황실에 보고하여야 한다.

08 소방기본법령상 소방활동장비와 설비의 구입 및 설치 시 국고보조의 대상이 아닌 것은?　21년-4회

① 소방자동차
② 사무용 집기
③ 소방헬리콥터 및 소방정
④ 소방전용통신설비 및 전산설비

해설
국고보조 대상 소화활동장비 및 설비의 종류
- 소방자동차
- 소방헬리콥터 및 소방정
- 소방전용통신설비 및 전산설비
- 방화복 등 소방활동에 필요한 장비

05 소방용수시설

기출유형

소방용수시설의 수원에 대한 기준으로 맞지 않는 것은? `03년-2회`

① 지면으로부터 낙차가 6m 이하일 것
② 흡수부분의 수심이 0.5m 이상일 것
③ 소방펌프자동차가 용이하게 접근할 수 있을 것
④ 흡수에 지장이 없도록 토사, 쓰레기 등을 제거할 수 있는 설비를 할 것

해설
소방용수시설의 수원(저수조)는 지면으로부터 **낙차가 4.5m 이하**일 것

| 정답 | ①

족집게 과외

❶ 소방용수시설의 설치기준

구 분	내 용
공 통	① 주거·상업·공업지역 : 소방대상물과 수평거리 100m 이하 ② 기타지역 : 소방대상물과 수평거리 140m 이하
소화전	① 상수도와 연결 + 지하식 또는 지상식 구조 ② 호스와 연결하는 연결금속구의 구경 : 65mm
급수탑	① 급수배관 구경 : 100mm 이상 ② 개폐밸브 위치 : 지상 1.5m 이상~1.7m 이하
저수조	① 지면으로부터 낙차 4.5m 이하 ② 흡수부분의 수심 0.5m 이상 ③ 소방펌프자동차가 쉽게 접근 가능할 것 ④ 흡수에 지장이 없도록 토사 및 쓰레기 등을 제거할 수 있는 설비를 갖출 것 ⑤ 흡수관의 투입구 → 사각형 : 한 변 길이 60cm 이상, 원형 : 지름 60cm 이상 ⑥ 저수조는 상수도에 연결하여 자동으로 급수되는 구조일 것

❷ 소방용수시설의 설치 및 관리

시 설	설치·관리자
소화전, 급수탑, 저수조	시·도지사
「수도법」 제45조에 따른 소화전	일반수도업자

❸ 소방용수시설 및 지리조사

구 분	내 용
실시자	소방본부장 또는 소방서장
조사 주기	월 1회 이상 실시
보관 기간	조사결과를 2년간 보관

기출유형 완성하기

정답 01 ② 02 ③ 03 ④ 04 ④ 05 ③ 06 ②

01 소방용수시설은 당해 지역 안의 각 소방대상물로부터 하나의 소방용수시설까지의 거리가 도시계획법에 의한 공업지역은 몇 m 이내가 되도록 설치하여야 하는가? 〔04년-1회〕

① 80
② 100
③ 120
④ 140

해설
소방용수시설의 설치 기준(공통)
• 주거·상업·공업지역 : 수평거리 $100m$ 이하
• 기타지역 : 수평거리 $140m$ 이하

02 소방용수시설 및 지리조사의 실시 회수는 어느 정도가 적당한가? 〔05년-4회〕

① 주 1회 이상
② 주 2회 이상
③ 월 1회 이상
④ 분기별 1회 이상

해설
소방용수시설 및 지리조사는 월 1회 이상 실시한다.

03 다음 중 소방용수시설인 저수조의 설치기준으로 옳지 않은 것은? 〔25년〕

① 지면으로부터의 낙차가 $4.5m$ 이하일 것
② 흡수부분의 수심이 $0.5m$ 이상일 것
③ 흡수관의 투입구가 사각형의 경우에는 한 변의 길이가 $60cm$ 이상일 것
④ 저수조에 물을 공급하는 방법은 상수도에 연결하여 수동으로 급수되는 구조일 것

해설
소화용수시설 중 저수조는 상수도에 연결하여 **자동**으로 급수되는 구조일 것

04 다음 중 소방활동에 필요한 소화전·급수탑·저수조를 설치하고 유지·관리하여야 하는 자로 알맞은 것은? (단, 수도법에 따라 설치되는 소화전은 제외한다) 〔08년-1회〕

① 소방파출소장
② 소방서장
③ 소방본부장
④ 시·도지사

해설
소화용수시설인 소화전, 급수탑, 저수조는 **시·도지사**가 유지 및 관리하여야 한다.

05 소방용수시설의 설치기준과 관련된 소화전의 설치기준에서 소방용 호스와 연결하는 소화전의 연결금속구의 구경은 몇 $[mm]$로 하여야 하는가? 〔09년-2회〕

① $45mm$
② $50mm$
③ $65mm$
④ $100mm$

해설
소화용수설비의 소화전에서 호스와 연결하는 연결금속구의 구경은 $65mm$로 한다.

06 소방서장 또는 소방본부장은 원활한 소방활동을 위하여 월 1회 이상 소방용수시설에 대한 조사를 하는데 그 조사결과를 몇 년간 보관하여야 하는가? 〔08년-4회〕

① 1년
② 2년
③ 3년
④ 4년

해설
소방용수시설 및 지리조사의 조사결과는 2년간 보관하여야 한다.

정답 07 ④ 08 ④ 09 ④ 10 ①

기출유형 완성하기

07 소방용수시설의 급수탑의 설치기준에 관한 사항이다. 다음 중 개폐밸브의 설치위치로 알맞은 것은? `09년-4회`

① 지상에서 0.5m 이상 1m 이하
② 지상에서 0.8m 이상 1.2m 이하
③ 지상에서 1.0m 이상 1.5m 이하
④ 지상에서 1.5m 이상 1.7m 이하

해설
소화용수설비의 급수탑에서 개폐밸브의 설치위치는 지상 1.5~1.7m 이하이다.

08 다음 중 소방기본법상 소방용수시설이 아닌 것은? `09년-2회`

① 저수조
② 급수탑
③ 소화전
④ 고가수조

해설
소방용수시설의 종류
소화전, 급수탑, 저수조

09 소방기본법에서 규정하는 소방용수시설에 대한 설명으로 틀린 것은? `15년-1회`

① 시·도지사는 소방활동에 필요한 소화전·급수탑·저수조를 설치하고 유지·관리하여야 한다.
② 소방본부장 또는 소방서장은 원활한 소방활동을 위하여 소방용수시설에 대한 조사를 월 1회 이상 실시하여야 한다.
③ 소방용수시설 조사의 결과는 2년간 보관하여야 한다.
④ 수도법의 규정에 따라 설치된 소화전도 시·도지사가 유지·관리해야 한다.

해설
「**수도법**」 제45조에 따른 소화전은 **일반수도업자**가 유지 및 관리하여야 한다.

10 주거지역·상업지역 및 공업지역 이외에 있어서 소방용수시설을 설치하고자 하는 경우 소방대상물과의 수평거리는 몇 [m] 이하가 되도록 하여야 하는가? `09년-2회`

① 140m
② 160m
③ 180m
④ 200m

해설
소방용수시설의 설치기준(공통)
- 주거·상업·공업지역 : 수평거리 100m 이하
- **기타지역** : 수평거리 140m 이하

CHAPTER 05 | 소방용수시설　281

기출유형 완성하기

🔒 정답 11 ② 12 ③

11 소방용수시설 저수조의 설치기준으로 틀린 것은? `16년-1회`

① 지면으로부터의 낙차가 4.5m 이하일 것
② 흡수부분의 수심이 0.3m 이상일 것
③ 흡수관의 투입구가 사각형의 경우에는 한 변의 길이가 60cm 이상일 것
④ 흡수관의 투입구가 원형의 경우에는 지름이 60cm 이상일 것

> **해설**
> 소방용수시설인 저수조에 설치되는 흡수부분의 **수심**은 **0.5m 이상**이어야 한다.

12 다음 중 저수조의 설치기준으로 틀린 것은? `05년-1회`

① 지면으로부터의 낙차가 4.5미터 이하일 것
② 흡수부분의 수심이 0.5미터 이상일 것
③ 흡수관의 투입입구가 사각형인 경우에는 한 변의 길이가 60센티미터 이하일 것
④ 저수조에 물을 공급하는 방법은 상수도에 연결하여 자동으로 급수되는 구조일 것

> **해설**
> 흡수관의 투입구가 사각형인 경우 한 변의 **길이** 60cm **이상**, 원형인 경우 **지름** 60cm **이상**일 것

06 한국소방안전원·소방안전관리자의 업무, 관계인 훈련

기출유형

다음 중 한국소방안전원의 업무에 해당하지 않는 것은? 06년-2회

① 소방기술과 안전관리에 관한 교육, 조사, 연구 및 각종 간행물 발간
② 화재예방과 안전관리 의식의 고취를 위한 대국민 홍보
③ 소방업무에 관하여 행정기관이 위탁하는 업무
④ 소방시설에 관한 연구 및 기술지원

해설
소방시설에 관련된 사항은 한국소방안전원의 업무가 아니다.

|정답| ④

족집게 과외

❶ 안전원의 업무

구 분	내 용
업 무	① 소방기술과 안전관리에 관한 교육 및 조사·연구 ② 소방기술과 안전관리에 관한 각종 간행물 발간 ③ 화재예방과 안전관리의식 고취를 위한 대국민 홍보 ④ 소방업무에 관하여 행정기관이 위탁하는 업무 ⑤ 소방안전에 관한 국제협력 ⑥ 그 밖에 회원에 대한 기술지원 등 정관으로 정하는 사항

❷ 소방안전관리자의 업무

구 분	내 용
업 무	① 소방계획서의 작성 및 시행 ② 자위소방대 및 초기대응체계의 구성, 운영 및 교육 ③ 피난시설, 방화구획 및 방화시설의 관리 ④ 소방시설이나 그 밖의 소방관련시설의 관리 ⑤ 소방훈련 및 교육 ⑥ 화기 취급의 감독 ⑦ 소방안전관리에 관한 업무수행에 관한 기록·유지 ⑧ 화재발생 시 초기대응 ⑨ 그 밖에 소방안전관리에 필요한 업무
기록, 유지	① 소방안전관리업무 수행 → 월 1회 이상 작성·관리 ② 작성한 날부터 2년간 보관

❸ 소방안전관리대상물의 관계인 소방훈련과 교육

구 분	내 용
기 간	관계인은 소방훈련과 교육을 연 1회 이상 실시
결과 보관	소방훈련 및 교육을 실시한 날부터 2년간 보관

기출유형 완성하기

정답 01 ② 02 ① 03 ② 04 ②

01 다음 중 소방기본법령상 한국소방안전원의 업무가 아닌 것은? 〔22년-1회〕

① 소방기술과 안전관리에 관한 교육 및 조사·연구
② 위험물탱크 성능시험
③ 소방기술과 안전관리에 관한 각종 간행물 발간
④ 화재예방과 안전관리의식 고취를 위한 대국민 홍보

해설
한국소방안전원의 업무는 위험물과는 관련이 없다.

02 특정소방대상물의 관계인은 근무자 및 거주자에 대한 소방훈련과 교육은 연 몇 회 이상 실시하여야 하는가? 〔14년-4회〕

① 연 1회 이상
② 연 2회 이상
③ 연 3회 이상
④ 연 4회 이상

해설
특정소방대상물의 관계인은 소방훈련과 교육을 연 1회 이상 실시하여야 한다.

03 소방안전관리대상물의 관계인은 소방훈련과 교육을 실시한 때에는 관련 규정에 의하여 그 실시결과를 소방훈련 교육실시결과기록부에 기재하고 이를 몇 년간 보관하여야 하는가? 〔12년-1회, 개정반영〕

① 1년
② 2년
③ 3년
④ 5년

해설
소방안전관리대상물의 관계인은 소방훈련과 교육을 연 1회 이상 실시하고 그 기록을 2년간 보관하여야 한다.

04 특정소방대상물의 관계인은 그 특정소방대상물에 대한 소방안전관리 업무를 수행하여야 한다. 그 업무에 속하지 않는 것은? 〔12년-1회〕

① 피난시설, 방화구획 및 방화시설의 유지·관리
② 화재에 관한 위험 경보
③ 화기 취급의 감독
④ 소방시설이나 그 밖의 소방관련시설의 유지·관리

해설
관계인은 기존 시설물들의 유지관리 상태를 점검하고, 화기 취급 시 화재가 발생하지 않도록 예방하는 업무가 주 업무이다.

정답 05 ② 06 ③ 07 ③ 08 ①

기출유형 완성하기

05 다음 중 소방법상 한국소방안전원의 임무가 아닌 것은? `03년-1회, 개정반영`

① 화재예방과 안전관리의식의 고취를 위한 대국민 홍보
② 소방관계 종사자의 품위 보존
③ 소방검사 실시
④ 소방기술과 안전관리에 관한 간행물 발간

해설
한국소방안전원의 주 업무 관련 키워드로 **소방기술, 안전관리, 소방업무, 화재예방** 등이 있다.

06 소방안전관리대상물의 소방안전관리자 업무에 해당하지 않는 것은? `14년-4회`

① 소방계획서의 작성 및 시행
② 화기 취급의 감독
③ 소방용 기계·기구의 형식승인
④ 피난시설, 방화구역 및 방화시설의 유지·관리

해설
소방용 기계·기구의 형식승인은 **한국소방산업기술원**의 업무이다.

07 다음 중 특정소방대상물의 소방안전관리자의 업무로서 가장 거리가 먼 것은? `08년-2회, 개정반영`

① 소방시설 그 밖의 소방관련시설의 유지·관리
② 관련규정에 따른 피난시설 및 방화시설의 관리
③ 위험물의 취급에 관한 안전관리와 감독
④ 화기 취급의 감독

해설
위험물의 취급은 소방안전관리자의 업무가 아니다.

08 다음 중 한국소방안전원의 업무에 해당하지 않는 것은? `19년-4회`

① 소방용 기계·기구의 형식승인
② 소방업무에 관하여 행정기관이 위탁하는 업무
③ 화재예방과 안전관리의식 고취를 위한 대국민 홍보
④ 소방기술과 안전관리에 관한 교육, 조사·연구 및 각종 간행물 발간

해설
소방용 기계·기구의 형식승인은 **한국소방산업기술원**의 업무이다.

07 소방계획서, 방화구획 유지관리

기출유형

화재의 예방 및 안전관리에 관한 법령상 소방안전관리대상물의 소방계획서에 포함되어야 하는 사항이 아닌 것은?

<small>21년-1회, 개정반영</small>

① 소방시설·피난시설 및 방화시설의 점검·정비계획
② 위험물안전관리법에 따라 예방규정을 정하는 제조소등의 위험물 저장·취급에 관한 사항
③ 소방안전관리대상물의 근무자 및 거주자의 자위소방대 조직과 대원의 임무에 관한 사항
④ 방화구획, 제연구획, 건축물의 내부 마감재료(불연재료·준불연재료 또는 난연재료로 사용된 것) 및 방염물품의 사용현황과 그 밖의 방화구조 및 설비의 유지·관리계획

해설
위험물 저장·취급에 관한 사항으로서 **제조소등의 경우에는 제외**한다.

| 정답 | ②

족집게 과외

❶ 소방안전관리대상물의 소방계획서 작성

구 분	내 용
항 목	① 소방안전관리대상물의 위치·구조·연면적·용도 및 수용인원 등 일반현황 ② 소방안전관리대상물에 설치한 소방시설, 방화시설, 전기시설, 가스시설 및 위험물시설의 현황 ③ 화재예방을 위한 자체점검계획 및 대응대책 ④ 소방시설·피난시설 및 방화시설의 점검·정비계획 ⑤ 피난층 및 피난시설의 위치와 피난경로의 설정, 화재안전취약자의 피난계획 등을 포함한 피난계획 ⑥ 방화구획, 제연구획, 건축물의 내부 마감재료 및 방염대상물품의 사용현황과 그 밖의 방화구조 및 설비의 유지·관리계획 ⑦ 관리의 권원이 분리된 특정소방대상물의 소방안전관리에 관한 사항 ⑧ 소방훈련·교육에 관한 계획 ⑨ 소방안전관리대상물의 근무자 및 거주자의 자위소방대 조직과 대원의 임무에 관한 사항 ⑩ 화기 취급 작업에 대한 사전 안전조치 및 감독 등 공사 중 소방안전관리에 관한 사항 ⑪ 소화에 관한 사항과 연소 방지에 관한 사항 ⑫ 위험물의 저장·취급에 관한 사항(제조소등은 제외) ⑬ 소방안전관리에 대한 업무수행에 관한 기록 및 유지에 관한 사항 ⑭ 화재발생 시 화재경보, 초기소화 및 피난유도 등 초기대응에 관한 사항 ⑮ 그 밖에 소방본부장 또는 소방서장이 소방안전관리대상물 특성을 고려하여 소방안전관리에 필요하여 요청하는 사항

❷ 소방안전관리자의 의무

구 분	내 용
의 무	소방안전관리자는 소방시설·피난시설·방화시설 및 방화구획 등이 법령에 위반된 것을 발견한 때에는 지체 없이 소방안전관리대상물의 관계인에게 소방대상물의 개수·이전·제거·수리 등 필요한 조치를 할 것을 요구하여야 하며, 관계인이 시정하지 아니하는 경우 소방본부장 또는 소방서장에게 그 사실을 알려야 한다.
벌 금	소방시설·피난시설·방화시설 및 방화구획 등이 법령에 위반된 것을 발견하였음에도 필요한 조치를 할 것을 요구하지 아니한 소방안전관리자는 300만 원 이하의 벌금에 처한다.

정답 01 ③ 02 ① 03 ① 04 ②

기출유형 완성하기

01 소방안전관리대상물의 소방계획서에 포함되어야 할 내용으로 옳지 않은 것은? `13년-4회`

① 소방안전관리대상물의 위치·구조·연면적·용도 및 수용인원 등의 일반현황
② 화재예방을 위한 자체점검계획 및 대응대책
③ 재난방지계획 및 민방위조직에 관한 사항
④ 소방안전관리대상물의 근무자 및 거주자의 자위소방대 조직과 대원의 임무에 관한 사항

해설
재난방지계획 및 민방위조직에 관한 사항은 소방계획서에 포함되어야 할 사항이 아니다.

02 소방안전관리자가 작성하는 소방계획서의 내용에 포함되지 않는 것은? `15년-4회, 개정반영`

① 소방시설공사 하자의 판단기준에 관한 사항
② 소방시설·피난시설 및 방화시설 점검·정비계획
③ 관리의 권원이 분리된 특정소방대상물의 소방안전관리에 관한 사항
④ 소화 및 연소 방지에 관한 사항

해설
소방시설공사 하자를 판단하는 기준은 중앙소방기술심의위원회에 의해 결정된다.

03 화재의 예방 및 안전관리에 관한 법령상 소방안전관리대상물의 소방계획서에 포함되어야 하는 사항이 아닌 것은? `18년-2회, 개정반영`

① 예방규정을 정하는 제조소등의 위험물 저장·취급에 관한 사항
② 소방시설·피난시설 및 방화시설의 점검·정비계획
③ 소방안전관리대상물의 근무자 및 거주자의 자위소방대 조직과 대원의 임무에 관한 사항
④ 방화구획, 제연구획, 건축물의 내부 마감 재료(불연재료·준불연재료 또는 난연재료로 사용된 것) 및 방염물품의 사용현황과 그 밖의 방화구조 및 설비의 유지·관리계획

해설
위험물 저장·취급에 관한 사항으로서 **제조소등의 경우에는 제외**한다.

04 소방안전관리대상물의 소방계획서에 포함되어야 할 내용으로 옳지 않은 것은? `예상문제`

① 소방안전관리대상물의 위치·구조·연면적·용도 및 수용인원 등의 일반현황
② 화재안전조사에 관한 사항
③ 공사 중 소방안전관리에 관한 사항
④ 소방시설·피난시설 및 방화시설의 점검·정비계획

해설
화재안전조사는 소방계획서에 포함되어야 할 사항이 아니다.

CHAPTER 07 | 소방계획서, 방화구획 유지관리

08 소방안전관리자(자격, 선임)

기출유형

다음 중 1급 소방안전관리대상물에 두어야 할 소방안전관리관리자로 선임될 수 없는 자는?

08년-4회, 개정반영

① 소방설비산업기사 자격을 가진 자
② 소방설비기사 자격을 가진 자
③ 소방공무원으로 3년 이상 근무한 경력이 있는 자
④ 1급 소방안전관리대상물의 소방안전관리에 관한 시험에 합격한 사람

해설
소방공무원으로서 1급 소방안전관리대상물 자격은 **소방공무원으로 7년 이상** 근무한 경력이 있는 사람

| 정답 | ③

족집게 과외

❶ 소방안전관리자의 자격

구 분	내 용
특 급	① 소방기술사 또는 소방시설관리사의 자격이 있는 사람 ② 소방설비기사 5년＋1급 소방안전관리대상물의 소방안전관리자로 근무한 실무경력 ③ 소방설비산업기사 7년＋1급 소방안전관리대상물의 소방안전관리자로 근무한 실무경력 ④ 소방공무원으로 20년 이상 근무한 경력이 있는 사람 ⑤ 소방청장이 실시하는 특급 소방안전관리대상물의 소방안전관리에 관한 시험에 합격한 사람
1급	① 소방설비기사 또는 소방설비산업기사의 자격이 있는 사람 ② 소방공무원으로 7년 이상 근무한 경력이 있는 사람 ③ 소방청장이 실시하는 1급 소방안전관리대상물의 소방안전관리에 관한 시험에 합격한 사람
2급	① 위험물기능장·위험물산업기사 또는 위험물기능사 자격이 있는 사람 ② 소방공무원으로 3년 이상 근무한 경력이 있는 사람 ③ 소방청장이 실시하는 2급 소방안전관리대상물의 소방안전관리에 관한 시험에 합격한 사람 ④ 「기업활동 규제완화에 관한 특별조치법」에 따라 소방안전관리자로 선임된 사람
3급	① 소방공무원으로 1년 이상 근무한 경력이 있는 사람 ② 소방청장이 실시하는 3급 소방안전관리대상물의 소방안전관리에 관한 시험에 합격한 사람 ③ 「기업활동 규제완화에 관한 특별조치법」에 따라 소방안전관리자로 선임된 사람

※ 각 내용에 해당되는 사람으로서 해당 급의 소방안전관리자 자격증을 발급받은 사람

❷ 소방안전관리자의 선임신고

구 분	내 용
선임기한	소방안전관리대상물의 관계인은 소방안전관리자를 다음의 구분에 따라 해당 내용에서 정하는 날부터 30일 이내에 선임해야 한다(미이행 시 과태료 200만 원). ① 신축·증축·개축·재축·대수선 또는 용도변경 → 신규 선임의 경우 : 사용승인일 ② 증축 또는 용도변경으로 인하여 소방안전관리대상물로 되거나 등급 변경 시 → 증축공사의 사용승인일 또는 용도변경 사실을 건축물관리대장에 기재한 날 ③ 특정소방대상물을 양수하거나 경매, 환가, 압류재산의 매각, 관계인의 권리를 취득한 경우 → 권리를 취득한 날, 선임 안내를 받은 날 ④ 관리의 권원이 분리된 특정소방대상물 → 관리의 권원이 분리 또는 조정한 날 ⑤ 소방안전관리자의 해임, 퇴직 등으로 업무 종료 시 → 소방안전관리자가 해임 또는 퇴직한 날 ⑥ 소방안전관리업무를 대행하는 자를 감독할 수 있는 사람을 소방안전관리자로 선임한 경우로서 그 업무대행 계약이 해지 또는 종료된 경우 → 소방안전관리업무 대행이 끝난 날 ⑦ 소방안전관리자 자격이 정지 또는 취소된 경우 → 자격이 정지 또는 취소된 날
신고기한	선임한 날부터 14일 이내에 소방본부장 또는 소방서장에게 신고

기출유형 완성하기

정답 01 ① 02 ② 03 ③ 04 ④

01 다음 중 2급 소방안전관리자의 선임대상자로 부적합한 자는? `05년-1회, 개정반영`

① 소방공무원으로 6개월 이상 근무한 경력이 있는 자
② 위험물기능사 자격이 있는 사람
③ 2급 소방안전관리대상물의 소방안전관리에 관한 시험에 합격한 사람
④ 1급 소방안전관리대상물의 소방안전관리에 관한시험에 합격한 사람

해설
소방공무원으로 3년 이상 근무한 경력이 있는 사람으로 2급 소방안전관리자 자격증을 발급받은 사람

02 특정소방대상물의 관계인이 소방안전관리자를 해임한 경우 재선임 신고를 해야 하는 기준은? (단, 해임한 날부터를 기준일로 한다) `19년-2회, 개정반영`

① 7일 이내
② 14일 이내
③ 21일 이내
④ 28일 이내

해설
소방안전관리대상물의 관계인은 소방안전관리자를 재선임하는 경우 14일 이내에 신고하여야 한다.

03 다음 중 1급 소방안전관리대상물의 소방안전관리자의 선임조건으로 옳지 않은 것은? `07년-2회, 개정반영`

① 소방시설관리사 자격을 가진 자
② 소방공무원으로 7년 이상 근무한 경력이 있는 자
③ 산업안전기사 자격을 가진 자로서 1년 이상 소방안전관리에 관한 실무경력이 있는 자
④ 소방설비산업기사 자격을 가진 자

해설
1급 소방안전관리대상물의 소방안전관리자의 선임조건
- 소방설비기사 또는 소방설비산업기사의 자격이 있는 사람
- 소방공무원으로 7년 이상 근무한 경력이 있는 사람
- 소방청장이 실시하는 1급 소방안전관리대상물의 소방안전관리에 관한 시험에 합격한 사람
- ※ 소방시설관리사는 특급 소방안전관리자의 자격이므로 1급의 선임조건도 충족된다.

04 화재의 예방 및 안전관리에 관한 법령상 특정소방대상물의 관계인은 소방안전관리자를 기준일로부터 30일 이내에 선임하여야 한다. 다음 중 기준일로 틀린 것은? `21년-4회, 개정반영`

① 소방안전관리자를 해임한 경우 : 소방안전관리자를 해임한 날
② 특정소방대상물을 양수하여 관계인의 권리를 취득한 경우 : 해당 권리를 취득한 날
③ 신축으로 해당 특정소방대상물의 소방안전관리자를 신규로 선임하여야 하는 경우 : 해당 특정소방대상물의 완공일
④ 증축으로 인하여 특정소방대상물이 소방안전관리대상물로 된 경우 : 증축공사의 개시일

해설
건축행위(신축·증축·개축·재축·대수선·용도변경)에 의한 선임 시에는 **사용승인일 또는 건축물관리대장에 기재한 날**을 기준으로 선임하여야 한다.

Tip 그 외에는 해당 상황이 발생한 일이므로 각 조항을 다 외울 필요는 없다.

정답 05 ① 06 ③ 07 ④ 08 ②

기출유형 완성하기

05 소방안전관리대상물의 관계인이 소방안전관리자를 선임한 경우 선임한 날부터 며칠 이내에 신고하여야 하는가? 〈06년-2회, 개정반영〉

① 14일 이내
② 204일 이내
③ 284일 이내
④ 304일 이내

해설
소방안전관리대상물의 관계인은 소방안전관리자를 선임하는 경우 14일 **이내에 신고**하여야 한다.

06 화재의 예방 및 안전관리에 관한 법령에 따라 2급 소방안전관리대상물의 소방안전관리자 선임기준으로 틀린 것은? 〈22년-1회〉

① 위험물기능사 자격을 가진 사람
② 소방공무원으로 3년 이상 근무한 경력이 있는 사람
③ 의용소방대원으로 5년 이상 근무한 경력이 있는 사람
④ 위험물산업기사 자격을 가진 사람

해설
2급 소방안전관리대상물의 소방안전관리자의 선임조건
- 위험물기능장·위험물산업기사 또는 위험물기능사 자격이 있는 사람
- 소방공무원으로 3년 이상 근무한 경력이 있는 사람
- 소방청장이 실시하는 2급 소방안전관리대상물의 소방안전관리에 관한 시험에 합격한 사람
- 「기업활동 규제완화에 관한 특별조치법」에 따라 소방안전관리자로 선임된 사람

07 1급 소방안전관리대상물의 관계인이 소방안전관리자를 선임하고자 한다. 다음 중 1급 소방안전관리대상물의 소방안전관리자로 선임될 수 없는 사람은? 〈12년-4회, 개정반영〉

① 소방설비기사 또는 소방설비산업기사의 자격이 있는 사람
② 소방청장이 실시하는 1급 소방안전관리대상물의 소방안전관리에 관한 시험에 합격한 사람
③ 소방공무원으로 7년 이상 근무한 경력이 있는 사람
④ 위험물기능장 자격이 있는 사람

해설
1급 소방안전관리대상물의 소방안전관리자의 선임조건
- 소방설비기사 또는 소방설비산업기사의 자격이 있는 사람
- 소방공무원으로 7년 이상 근무한 경력이 있는 사람
- 소방청장이 실시하는 1급 소방안전관리대상물의 소방안전관리에 관한 시험에 합격한 사람

08 소방안전관리자 선임에 관한 설명 중 옳은 것은? 〈13년-4회, 개정반영〉

> 소방안전관리대상물의 관계인이 소방안전관리자를 선임한 경우에는 행정안전부령이 정하는 바에 따라 선임한 날부터 (㉠) 이내에 (㉡)에게 신고하여야 한다.

① ㉠ 14일 ㉡ 시·도지사
② ㉠ 14일 ㉡ 소방본부장이나 소방서장
③ ㉠ 30일 ㉡ 시·도지사
④ ㉠ 30일 ㉡ 소방본부장이나 소방서장

해설
소방안전관리대상물의 관계인은 소방안전관리자를 선임한 날부터 14일 **이내에 소방본부장 또는 소방서장에게 신고**하여야 한다.

09 소방안전관리대상물, 총괄소방안전관리자

기출유형

다음 중 관리의 권원이 분리되어 있는 것으로서 총괄소방안전관리자를 선임하여야 할 특정소방대상물에 속하지 않는 것은?

07년-1회, 개정반영

① 판매시설 중 도매시장
② 판매시설 중 소매시장
③ 공연장
④ 지하가

해설

총괄소방안전관리자를 선임하여야 하는 특정소방대상물은 관리의 권원이 분리되어 있는 건축물로서 **지하가, 복합건축물, 판매시설 중 도매, 소매, 전통시장**이다.

|정답| ③

족집게 과외

❶ 소방안전관리대상물의 범위

구 분	내 용
특 급	① 50층 이상(지하층은 제외) or 높이가 200미터 이상인 아파트 ② 30층 이상(지하층은 포함) or 높이가 120미터 이상인 특정소방대상물(아파트는 제외) ③ ①, ②에 해당하지 않는 것으로 연면적이 10만제곱미터 이상인 대상물(아파트는 제외)
1급	① 30층 이상(지하층은 제외) or 높이가 120미터 이상인 아파트 ② 연면적 1만5천제곱미터 이상인 특정소방대상물(아파트 및 연립주택은 제외) ③ ②에 해당하지 않는 특정소방대상물로서 지상층의 층수가 11층 이상인 것(아파트는 제외) ④ 가연성 가스를 1천톤 이상 저장·취급하는 시설
2급	① 옥내소화전설비, 스프링클러설비, 물분무등소화설비(호스릴방식 제외)를 설치해야 하는 대상물 ② 가스 제조설비를 갖추고 도시가스사업의 허가를 받아야 하는 시설 또는 가연성 가스를 100톤 이상 1천톤 미만 저장·취급하는 시설 ③ 지하구 ④ 공동주택(옥내소화전설비 또는 스프링클러설비가 설치된 공동주택으로 한정한다) ⑤ 보물 또는 국보로 지정된 목조건축물
3급	① 간이스프링클러설비(주택전용 간이스프링클러설비는 제외)를 설치해야 하는 특정소방대상물 ② 자동화재탐지설비를 설치해야 하는 특정소방대상물

❷ 총괄소방안전관리자 선임대상

구 분	내 용
개 념	관리의 권원이 분리되어 있는 특정소방대상물의 경우 소방본부장 또는 소방서장은 관리의 권원이 많아 효율적인 소방안전관리가 이루어지지 아니한다고 판단되면 총괄소방안전관리자를 선임하도록 할 수 있다.
대 상	① 복합건축물(지하층을 제외한 층수가 11층 이상 또는 연면적 3만m^2 이상인 건축물) ② 지하가(지하의 인공구조물 안에 설치된 상점 및 사무실, 그 밖에 이와 비슷한 시설이 연속하여 지하도에 접하여 설치된 것과 그 지하도를 합한 것을 말한다) ③ 판매시설 중 도매시장, 소매시장 및 전통시장

🔒 **정답** 01 ③ 02 ④ 03 ② 04 ①

기출유형 완성하기

01 2급 소방안전관리대상물에 대한 설명 중 틀린 것은? `05년-4회, 개정반영`

① 스프링클러설비, 물분무등소화설비를 설치하는 특정소방대상물
② 옥내소화전설비를 설치하는 특정소방대상물
③ 가스 제조설비를 갖추고 도시가스사업허가를 받아야 하는 시설 또는 가연성 가스를 100톤 이상 3천톤 미만 저장 취급하는 시설
④ 지하구

해설
2급 소방안전관리대상물의 대상 중 가스 제조설비를 갖추고 도시가스사업의 허가를 받아야 하는 시설 또는 가연성 가스를 **100톤 이상 1천톤 미만 저장 · 취급하는 시설**

02 가연성 가스를 저장 · 취급하는 시설로서 1급 소방안전관리대상물의 가연성 가스 저장 · 취급 기준으로 옳은 것은? `16년-1회`

① 100톤 미만
② 100톤 이상~1,000톤 미만
③ 500톤 이상~1,000톤 미만
④ 1,000톤 이상

해설
가연성 가스 저장 취급시설의 분류

소방안전관리 대상물 범위	가연성 가스 용량
1급	1,000톤 이상
2급	100~1,000톤 미만

03 화재의 예방 및 안전관리에 관한 법령에 따른 총괄소방안전관리자를 선임하여야 하는 특정소방대상물 중 복합건축물은 지하층을 제외한 층수가 몇 층 이상인 건축물만 해당되는가? `18년-4회, 개정반영`

① 6층
② 11층
③ 20층
④ 30층

해설
총괄소방안전관리자를 선임하여야 하는 건축물 중 복합건축물(지하층을 제외한 층수가 **11층 이상** 또는 **연면적 3만m^2 이상인 건축물**)인 것

04 다음에서 1급 소방안전관리대상물이 아닌 것은? `06년-2회, 개정반영`

① 지하구
② 연면적 1만5천제곱미터 이상인 것
③ 특정소방대상물로서 층수가 11층 이상인 복합건축물
④ 가연성 가스를 1천톤 이상 저장 · 취급하는 시설

해설
지하구는 2급 소방안전관리대상물이다.

기출유형 완성하기

🔒 정답 05 ① 06 ③ 07 ② 08 ④

05 화재의 예방 및 안전관리에 관한 법상 총괄소방안전관리자 선임대상 특정소방대상물의 기준 중 틀린 것은? `18년-1회, 개정반영`

① 판매시설 중 상점
② 복합건축물(지하층을 제외한 층수가 11층 이상인 건축물)
③ 지하가(지하의 인공구조물 안에 설치된 상점 및 사무실, 그 밖에 이와 비슷한 시설이 연속하여 지하도에 접하여 설치된 것과 그 지하도를 합한 것)
④ 복합건축물로서 연면적이 30,000m^2 이상인 것

해설
총괄소방안전관리자를 선임해야 하는 대상물 중 판매시설은 **도매시장, 소매시장 및 전통시장**인 경우에 선임해야 한다.

06 1급 소방안전관리대상물이 아닌 것은? `09년-1회`

① 15층인 특정소방대상물(아파트는 제외)
② 가연성 가스를 2,000톤 저장·취급하는 시설
③ 21층인 아파트로서 300세대인 것
④ 연면적 20,000m^2인 문화집회 및 운동시설

해설
1급 소방안전관리대상물 중 아파트는 **30층 이상**(지하층은 제외) 또는 지상으로부터 높이가 **120미터 이상**인 경우에 해당된다.

07 총괄소방안전관리자를 선임하여야 할 특정 소방대상물의 기준으로 틀린 것은? `16년-1회, 개정반영`

① 지하가
② 지하층을 포함한 층수가 11층 이상 건축물
③ 복합건축물로서 연면적 30,000m^2 이상 건축물
④ 판매시설 중 도매시장 또는 소매시장

해설
복합건축물(지하층을 제외한 층수가 **11층 이상** 또는 연면적 **3만m^2 이상**인 건축물)

08 소방안전관리자를 두어야 하는 특정소방대상물로서 1급 소방안전관리대상물에 해당하는 것은? `03년-1회, 개정반영`

① 자동화재탐지설비를 설치하는 연면적 10,000m^2인 소방대상물
② 전력용 또는 통신용 지하구
③ 스프링클러를 설치하는 연면적 3,000m^2인 소방대상물
④ 가연성 가스를 1천톤 이상 저장·취급하는 시설

해설
① 자동화재탐지설비 → 3급
② 지하구 → 2급
③ 스프링클러 설치 → 2급

10 화재의 예방조치 등-1

기출유형

화재의 예방 및 안전관리에 관한 법상 화재의 예방조치 명령이 아닌 것은? 〔15년-4회, 개정반영〕

① 모닥불·흡연 및 화기 취급의 금지 또는 제한
② 풍등 등 소형열기구 날리기 행위의 금지 또는 제한
③ 소방차량의 통행이나 소화활동에 지장을 줄 수 있는 물건의 이동
④ 불이 번지는 것을 막기 위하여 불이 번질 우려가 있는 소방대상물의 사용 제한

[해설]
불이 번지는 것을 막기 위한 행위는 소화활동이다.

| 정답 | ④

족집게 과외

❶ 화재의 예방을 위한 금지 행위

구 분	내 용	
개 념	화재예방강화지구 및 이에 준하는 대통령령으로 정하는 장소(제조소등)에서는 다음의 어느 하나에 해당하는 행위를 하여서는 아니 된다. 다만, 행정안전부령으로 정하는 바에 따라 안전조치를 한 경우에는 그러하지 아니한다.	
금지 행위	① 모닥불, 흡연 등 화기의 취급 ② 풍등 등 소형열기구 날리기 ③ 용접·용단 등 불꽃을 발생시키는 행위 ④ 위험물을 방치하는 행위	금지 장소에서 해당 행위 시 과태료 300만 원 이하

❷ 용접·용단 작업장에서의 조치사항(산업안전보건법 적용 사업장은 제외)

구 분	내 용
조 치	① 용접 또는 용단 작업장 주변 반경 5미터 이내에 소화기를 갖추어 둘 것 ② 용접 또는 용단 작업장 주변 반경 10미터 이내에는 가연물을 쌓아두거나 놓아두지 말 것. 다만, 가연물의 제거가 곤란하여 방화포 등으로 방호조치를 한 경우는 제외한다.

❸ 화재예방을 위한 조치-1

구 분	내 용	
개 념	소방관서장은 화재 발생 위험이 크거나 소화활동에 지장을 줄 수 있다고 인정되는 행위나 물건에 대하여 행위 당사자나 그 물건의 소유자, 관리자 또는 점유자에게 다음의 명령을 할 수 있다. 물건의 소유자, 관리자 또는 점유자를 알 수 없는 경우 그 물건을 옮기거나 보관하는 등 필요한 조치를 하게 할 수 있다.	
명 령	① 금지 행위 중 어느 하나에 해당하는 행위의 금지 또는 제한 ② 목재, 플라스틱 등 가연성이 큰 물건의 제거, 이격, 적재 금지 등 ③ 소방차량의 통행이나 소화 활동에 지장을 줄 수 있는 물건의 이동	정당한 사유 없이 따르지 않거나 방해 시 벌금 300만원 이하
	① 옮긴 물건 등을 보관하는 경우 그날부터 14일 동안 공고해야 한다. ② 보관기간은 공고기간의 종료일 다음 날부터 7일까지로 한다. ③ 소방관서장은 매각되거나 폐기된 옮긴 물건 등의 소유자가 보상을 요구하는 경우에는 보상금액에 대하여 소유자와의 협의를 거쳐 이를 보상해야 한다.	

기출유형 완성하기

정답 01 ④ 02 ② 03 ③ 04 ④

01 소방본부장은 화재의 예방상 위험하다고 인정되는 행위를 하는 사람에 대하여 명령을 할 수 있는데 그 명령 사항이 될 수 없는 것은?
_{03년-1회, 개정반영}

① 모닥불, 흡연 및 화기취급의 금지 또는 제한
② 용접·용단 등 불꽃을 발생시키는 행위의 제한
③ 방치되어 있는 위험물의 이동 또는 제거
④ 보일러 굴뚝의 매연의 제한

해설
보일러 굴뚝의 매연은 화재의 예방조치 명령과 무관하다.

02 소방본부장 또는 소방서장은 함부로 버려두거나 그냥 둔 위험물 또는 물건을 옮겨 보관하는 경우 소방본부 또는 소방서 게시판에 보관한 날부터 며칠 동안 공고하여야 하는가?
_{14년-1회}

① 7일 동안
② 14일 동안
③ 21일 동안
④ 28일 동안

해설
옮긴 물건 등을 보관하는 경우 그날부터 14일 동안 공고해야 한다.

03 화재의 예방 및 안전관리에 관한 법령에 따른 용접 또는 용단 작업장에서 불꽃을 사용하는 용접·용단기구 사용에 있어서 작업자로부터 반경 몇 m 이내에 소화기를 갖추어야 하는가?
(단, 산업안전보건법에 따른 안전조치의 적용을 받는 사업장의 경우는 제외한다) _{18년-4회}

① 1
② 3
③ 5
④ 7

해설
용접·용단 작업장에서의 조치사항 중 용접 또는 용단 작업장 주변 반경 5미터 이내에 소화기를 갖추어 둘 것

04 화재의 예방 및 안전관리에 관한 법에서 정하고 있는 화재의 예방조치 명령과 관계가 없는 것은?
_{07년-1회, 개정반영}

① 모닥불·흡연 및 화기 취급의 금지 또는 제한
② 목재, 플라스틱 등 가연성이 큰 물건의 제거, 이격, 적재 금지 등
③ 함부로 버려두거나 그냥 둔 위험물 그 밖에 탈 수 있는 물건을 옮기거나 치우게 하는 등의 조치
④ 불이 번지는 것을 막기 위하여 불이 번질 우려가 있는 소방대상물의 사용 제한

해설
불이 번지는 것을 막기 위한 행위는 소화활동이다.

정답 05 ③ 06 ① 07 ③ 08 ③

기출유형 완성하기

05 화재의 예방조치 등을 위한 옮긴 위험물 또는 물건의 보관기간은 규정에 따라 소방본부나 소방서의 게시판에 공고한 후 어느 기간까지 보관하여야 하는가? 〔11년-2회〕

① 공고기간 종료일 다음 날로부터 5일
② 공고기간 종료일로부터 5일
③ 공고기간 종료일 다음 날부터 7일
④ 공고기간 종료일 7일

해설
보관기간은 공고기간의 **종료일 다음 날부터 7일까지**로 한다.

06 화재의 예방 및 안전관리에 관한 법령상 화재의 예방상 위험하다고 인정되는 행위를 하는 사람에게 행위의 금지 또는 제한 명령을 할 수 있는 사람은? 〔21년-2회〕

① 소방본부장
② 시·도지사
③ 의용소방대원
④ 소방대상물의 관리자

해설
소방관서장은 화재 발생 위험이 크거나 소화활동에 지장을 줄 수 있다고 인정되는 행위나 물건에 대하여 행위 당사자나 그 물건의 소유자, 관리자 또는 점유자에게 행위의 금지 또는 제한 명령을 할 수 있다.
Tip 소방관서장=소방청장, 소방본부장, 소방서장

07 화재의 예방 및 안전관리에 관한 법령상 불꽃을 사용하는 용접·용단 기구의 용접 또는 용단 작업장에서 지켜야 하는 사항 중 다음 ( ) 안에 알맞은 것은? 〔17년-2회〕

> - 용접 또는 용단 작업자로부터 반경 (㉠) m 이내에 소화기를 갖추어 둘 것
> - 용접 또는 용단 작업장 주변 반경 (㉡)m 이내에는 가연물을 쌓아두거나 놓아두지 말 것. 다만, 가연물의 제거가 곤란하면 방지포 등으로 방호조치를 한 경우는 제외한다.

① ㉠ 3, ㉡ 5
② ㉠ 5, ㉡ 3
③ ㉠ 5, ㉡ 10
④ ㉠ 10, ㉡ 5

해설
- 용접 또는 용단 작업장 주변 반경 **5미터 이내**에 소화기를 갖추어 둘 것
- 용접 또는 용단 작업장 주변 반경 **10미터 이내**에는 **가연물**을 쌓아두거나 놓아두지 말 것

08 화재의 예방 및 안전관리에 관한 법령상 정당한 사유 없이 화재의 예방조치에 관한 명령에 따르지 아니한 경우에 대한 벌칙은? 〔20년-1·2회, 개정반영〕

① 100만 원 이하의 벌금
② 200만 원 이하의 벌금
③ 300만 원 이하의 벌금
④ 500만 원 이하의 벌금

해설
화재의 예방조치에 관한 명령을 정당한 사유 없이 따르지 아니하거나·방해한 자는 300**만원 이하의 벌금**에 처한다.

11 화재의 예방조치 등-2

기출유형

화재예방을 위하여 보일러는 벽·천장과 최소 몇 m 이상의 거리를 두고 설치하여야 하는가?

07년-1회

① 0.5
② 0.6
③ 1
④ 1.5

해설
보일러 본체와 벽·천장 사이의 거리는 $0.6m$ 이상 이격하여 설치할 것

| 정답 | ②

족집게 과외

❶ 화재예방을 위한 조치-2

구 분	내 용
개 념	보일러, 난로, 건조설비, 가스·전기시설, 그 밖에 화재발생 우려가 있는 대통령령으로 정하는 설비 또는 기구 등의 위치·구조 및 관리와 화재예방을 위하여 불을 사용할 때 지켜야 하는 사항은 대통령령으로 정한다.
화재발생 우려 설비 및 기구	① 보일러 ② 난 로 ③ 건조설비 ④ 가스·전기시설 ⑤ 불꽃을 사용하는 용접·용단 기구 ⑥ 노·화덕설비 ⑦ 음식조리를 위하여 설치하는 설비

❷ 화재예방을 위하여 불을 사용할 때 지켜야 하는 사항

구 분		내 용
보일러	액체연료	① 연료 차단할 수 있는 개폐밸브는 연료탱크 $0.5m$ 이내에 설치 ② 연료탱크 ↔ 보일러 본체는 수평거리 $1m$ 이상
	기체연료	① 연료 차단할 수 있는 개폐밸브는 연료탱크 $0.5m$ 이내에 설치 ② 보일러가 설치된 장소에는 가스누설경보기를 설치할 것
	본 체	① 보일러 본체 ↔ 벽·천장 사이의 거리는 $0.6m$ 이상 ② 보일러를 실내에 설치 시 콘크리트바닥 또는 금속 외의 불연재료로 된 바닥일 것
음식조리 설비		① 배출덕트는 $0.5mm$ 이상의 아연도금강판 또는 이와 동등 이상의 내식성 불연재료로 설치할 것 ② 열을 발생하는 조리기구는 반자 또는 선반으로부터 $0.6m$ 이상 떨어지게 할 것 ③ 열을 발생하는 조리기구로부터 $0.15m$ 이내의 거리에 있는 가연성 주요구조부는 단열성이 있는 불연재료로 덮어씌울 것 ④ 주방시설에는 동물 또는 식물의 기름을 제거할 수 있는 필터 등을 설치할 것

※ 여기서 보일러는 사업장 또는 영업장 등에서 사용하는 것(주택용 제외)

정답 01 ① 02 ③ 03 ③ 04 ①

기출유형 완성하기

01 보일러, 난로, 건조설비, 가스·전기시설 그 밖에 화재발생의 우려가 있는 설비 또는 기구 등의 위치·구조 및 관리와 화재예방을 위하여 불의 사용에 있어서 지켜야 하는 사항을 정하고 있는 것은? `07년-2회`

① 대통령령
② 국무총리령
③ 행정자치부령
④ 시·도조례

해설
화재예방을 위하여 불을 사용할 때 지켜야 하는 사항은 **대통령령**으로 정한다.

02 보일러 등의 위치·구조 및 관리와 화재예방을 위하여 불의 사용에 있어서 지켜야 하는 사항 중 보일러에 경유·등유 등 액체연료를 사용하는 경우에 연료탱크는 보일러 본체로부터 수평거리 최소 몇 m 이상의 간격을 두어 설치해야 하는가? `16년-2회`

① 0.5
② 0.6
③ 1
④ 2

해설
액체연료를 사용하는 보일러의 경우 **연료탱크와 보일러 본체는 수평거리 $1m$ 이상 이격**하여 설치할 것

03 화재의 예방 및 안전관리에 관한 법령상 일반음식점에서 음식조리를 위해 불을 사용하는 설비를 설치하는 경우 지켜야 하는 사항으로 틀린 것은? `22년-1회`

① 주방시설에는 동물 또는 식물의 기름을 제거할 수 있는 필터 등을 설치할 것
② 열을 발생하는 조리기구는 반자 또는 선반으로부터 0.6미터 이상 떨어지게 할 것
③ 주방설비에 부속된 배출덕트는 0.2밀리미터 이상의 아연도금강판으로 설치할 것
④ 열을 발생하는 조리기구로부터 0.15미터 이내의 거리에 있는 가연성 주요구조부는 석면판 또는 단열성이 있는 불연재료로 덮어씌울 것

해설
배출덕트는 $0.5mm$ 이상의 아연도금강판 또는 이와 동등 이상의 내식성 불연재료로 설치할 것

04 보일러 등의 위치·구조 및 관리와 화재예방을 위하여 불의 사용에 있어서 지켜야 하는 사항 중 보일러에 경유·등유 등 액체연료를 사용하는 경우에 연료탱크에는 화재등 긴급상황이 발생하는 경우 연료를 차단할 수 있는 개폐밸브를 연료탱크로부터 몇 $[m]$ 이내에 설치하여야 하는가? `09년-1회`

① $0.5m$
② $0.6m$
③ $1.0m$
④ $1.5m$

해설
액체연료를 사용하는 보일러의 경우 연료 차단할 수 있는 **개폐밸브**는 **연료탱크 $0.5m$ 이내**에 설치할 것

기출유형 완성하기

정답 05 ① 06 ② 07 ② 08 ①

05 보일러 등의 위치·구조 및 관리와 화재예방을 위하여 불의 사용에 있어서 지켜야 하는 사항으로 잘못된 것은? **12년-1회**

① 보일러와 벽·천장 사이의 거리는 0.5미터 이상 되도록 하여야 한다.
② 가연성 벽·바닥 또는 천장과 접촉하는 증기기관 또는 연통의 부분은 규조토·석면 등 난연성 단열재로 덮어씌워야 한다.
③ 기체연료를 사용하는 경우 보일러가 설치된 장소에는 가스누설경보기를 설치하여야 한다.
④ 경유·등유 등 액체연료를 사용하는 경우 연료탱크는 보일러 본체로부터 수평거리 1미터 이상의 간격을 두어 설치하여야 한다.

해설
보일러 본체와 벽·천장 사이의 거리는 $0.6m$ 이상 이격하여 설치할 것

06 일반음식점에서 조리를 위해 불을 사용하는 설비를 설치할 때 지켜야 할 사항의 기준으로 옳지 않은 것은? **15년-4회**

① 주방시설에는 동물 또는 식물의 기름을 제거할 수 있는 필터 등을 설치할 것
② 열을 발생하는 조리기구는 반자 또는 선반에서 $50cm$ 이상 떨어지게 할 것
③ 주방설비에 부속된 배기덕트는 $0.5mm$ 이상의 아연도금강판 또는 이와 동등 이상의 내식성 불연재료로 설치할 것
④ 열을 발생하는 조리기구로부터 $15cm$ 이내의 거리에 있는 가연성 주요구조부는 석면판 또는 단열성이 있는 불연재료로 덮어씌울 것

해설
조리를 위해 불을 사용하는 설비에서 열을 발생하는 조리기구는 **반자 또는 선반으로부터** $0.6m$ **이상** 떨어지게 할 것

07 화재의 예방 및 안전관리에 관한 법상 보일러, 난로, 건조설비, 가스·전기시설, 그 밖에 화재 발생 우려가 있는 설비 또는 기구 등의 위치·구조 및 관리와 화재예방을 위하여 불을 사용할 때 지켜야 하는 사항은 무엇으로 정하는가? **19년-1회**

① 총리령
② 대통령령
③ 시·도 조례
④ 행정안전부령

해설
화재예방을 위하여 불을 사용할 때 지켜야 하는 사항은 **대통령령**으로 정한다.

08 소방기본법령상 일반음식점에서 조리를 위하여 불을 사용하는 설비를 설치하는 경우 지켜야 하는 사항 중 다음 ( ) 안에 알맞은 것은? **18년-1회**

- 주방설비에 부속된 배기닥트는 (㉠)mm 이상의 아연도금 강판 또는 이와 동등 이상의 내식성 불연재료로 설치할 것
- 열을 발생하는 조리기구로부터 (㉡)m 이내의 거리에 있는 가연성 주요구조부는 석면판 또는 단열성이 있는 불연재료로 덮어씌울 것

① ㉠ 0.5, ㉡ 0.15
② ㉠ 0.5, ㉡ 0.6
③ ㉠ 0.6, ㉡ 0.15
④ ㉠ 0.6, ㉡ 0.5

해설
- 배출덕트는 $0.5mm$ **이상**의 아연도금강판 또는 이와 동등 이상의 내식성 불연재료로 설치할 것
- 열을 발생하는 조리기구로부터 $0.15m$ **이내**의 거리에 있는 가연성 주요구조부는 단열성이 있는 불연재료로 덮어씌울 것

12 특수가연물

기출유형

화재의 예방 및 안전관리에 관한 법령상 특수가연물의 수량 기준으로 옳은 것은? `21년-4회`

① 면화류 : 200kg 이상
② 가연성 고체류 : 500kg 이상
③ 나무껍질 및 대팻밥 : 300kg 이상
④ 넝마 및 종이부스러기 : 400kg 이상

해설
가연성 고체류 3,000kg 이상, 나무껍질 및 대팻밥 400kg 이상, 넝마 및 종이부스러기 1,000kg 이상인 경우에 특수가연물에 해당된다.

|정답| ①

족집게 과외

❶ 특수가연물

구 분	내 용
정 의	고무류·플라스틱류·석탄 및 목탄 등 대통령령으로 정하는 것으로서 품명별 수량 이상의 가연물을 말한다.

품 명	수 량	품 명		수 량
면화류	200[kg] 이상	석탄·목탄류		10,000[kg] 이상
나무껍질 및 대팻밥	400[kg] 이상	가연성 액체류		2[m^3] 이상
넝마 및 종이부스러기	1,000[kg] 이상	목재가공품 및 나무부스러기		10[m^3] 이상
사 류	1,000[kg] 이상	고무류· 플라스틱류	발포시킨 것	20[m^3] 이상
볏짚류	1,000[kg] 이상		그 밖의 것	3,000[kg] 이상
가연성 고체류	3,000[kg] 이상	–		–

❷ 특수가연물의 저장 및 취급

구 분	내 용		
품명별	품명별로 구분하여 쌓을 것		
적재기준	구 분	살수설비 설치 or 방사능력 범위 내에 대형수동식 소화기를 설치하는 경우	그 밖의 경우
	높 이	15m 이하	10m 이하
	쌓는 부분의 바닥면적	$200m^2$ 이하 (석탄·목탄류 : $300m^2$)	$50m^2$ 이하 (석탄·목탄류 : $200m^2$)
실외저장	쌓는 부분 ↔ 대지경계선, 도로, 인접건축물과 6m 이상 이격 → 다만, 쌓는 높이보다 0.9m 이상 높은 내화구조 벽체 설치 시 이격 제외 가능		
실내저장	① 실내저장 시 주요구조부 → 내화구조, 불연재료일 것 ② 다른 종류의 특수가연물과 같은 공간에 보관 금지 → 내화구조의 벽으로 분리 시 가능		
이격거리	① 실내일 경우 → 쌓는 부분 바닥면적의 사이는 1.2m 또는 쌓는 높이의 1/2 중 큰 값 이상 ② 실외일 경우 → 쌓는 부분 바닥면적의 사이는 3m 또는 쌓는 높이 중 큰 값 이상		
표 지	품명, 최대저장수량, 단위부피당 질량 또는 단위체적당 질량, 관리책임자 성명·직책, 연락처 및 화기취급의 금지표시를 포함		
과태료	특수가연물의 저장 및 취급 기준을 위반한 자에게는 200만 원 이하의 과태료 부과		

❸ 특수가연물 중 "가연성 고체류"의 정의

구 분	내 용
정 의	① 인화점이 40℃ 이상 100℃ 미만인 것 ② 인화점이 100℃ 이상 200℃ 미만이고, 연소열량이 1g당 8kcal 이상인 것 ③ 인화점이 200℃ 이상이고 연소열량이 1g당 8kcal 이상인 것으로서 녹는점(융점)이 100℃ 미만 ④ 1기압과 20℃ 초과 40℃ 이하에서 액상인 것으로서 인화점이 70℃ 이상 200℃ 미만이거나 ② 또는 ③에 해당하는 것

정답 01 ② 02 ② 03 ③ 04 ② 05 ③ 06 ①

기출유형 완성하기

01 다음 중 특수가연물의 종류에 해당하지 않는 것은? 12년-2회

① 목탄류
② 석유류
③ 면화류
④ 볏짚류

해설
석유류는 제4류 위험물이다.

02 특수가연물을 쌓아 저장하는 기준이 아닌 것은? 05년-2회, 개정반영

① 품명별로 구분하여 쌓을 것
② 쌓는 높이는 $20m$ 이하가 되도록 할 것
③ 쌓는 부분의 바닥면적은 $50m^2$ 이하가 되도록 할 것
④ 쌓는 부분의 바닥면적 사이는 실내의 경우 $1.2m$ 또는 쌓는 높이의 1/2 중 큰 값 이상 이상이 되도록 할 것

해설
쌓는 부분의 높이는 $10m$ **이하**로 살수설비를 설치하거나 방사능력 범위에 해당 특수가연물이 포함되도록 대형수동식소화기를 설치하는 경우는 $15m$ 이하로 하여야 한다.

03 다음 중 특수가연물에 해당되지 않는 것은? 05년-4회

① 면화류 200킬로그램 이상
② 나무껍질 및 대팻밥 400킬로그램 이상
③ 넝마 및 종이부스러기 500킬로그램 이상
④ 사류 1,000킬로그램 이상

해설
넝마 및 종이부스러기는 $1,000[kg]$ 이상일 경우에 특수가연물에 해당된다.

04 다음 중 특수가연물에 해당되지 않는 것은? 09년-1회

① 나무껍질 500킬로그램
② 가연성 고체류 2,000킬로그램
③ 목재가공품 15세제곱미터
④ 가연성 액체류 3제곱미터

해설
가연성 고체류의 경우 $3,000[kg]$ 이상을 저장하는 경우 특수가연물에 해당된다.

05 특수가연물의 저장 및 취급의 기준을 위반한 자에게 부과되는 과태료 금액은? 11년-1회, 개정반영

① 50만 원
② 100만 원
③ 200만 원
④ 300만 원

해설
특수가연물의 저장 및 취급 기준을 위반한 자에게 200**만 원 이하**의 과태료를 부과한다.

06 특수가연물의 품명과 수량기준이 바르게 짝지어진 것은? 11년-2회

① 면화류 – $200kg$ 이상
② 대팻밥 – $300kg$ 이상
③ 가연성 고체류 – $1,000kg$ 이상
④ 발포시킨 합성수지류 – $10m^3$ 이상

해설
② 대팻밥 – $400kg$ 이상
③ 가연성 고체류 – $3,000kg$ 이상
④ 발포시킨 합성수지류 – $20m^3$ 이상

기출유형 완성하기

🔒 정답 07 ③ 08 ③ 09 ③ 10 ②

07 화재의 예방 및 안전관리에 관한 법령상 특수가연물로서 가연성 고체류에 대한 설명으로 틀린 것은? `12년-1회`

① 고체로서 인화점이 40℃ 이상 100℃ 미만인 것
② 고체로서 인화점이 100℃ 이상 200℃ 미만이고, 연소열량이 1g당 8kcal 이상인 것
③ 고체로서 인화점이 200℃ 이상이고 연소열량이 1g당 8kcal 이상인 것으로서 융점이 200℃ 미만인 것
④ 1기압과 20℃ 초과 40℃ 이하에서 액상인 것으로서 인화점이 70℃ 이상 200℃ 미만

해설
인화점이 200℃ 이상이고 연소열량이 1그램당 8킬로칼로리 이상인 것으로서 녹는점(융점)이 100℃ **미만**

08 화재가 발생하는 경우 화재의 확대가 빠른 고무류·면화류·석탄 및 목탄 등 특수가연물의 저장 및 취급기준을 설명한 것 중 옳지 않은 것은? `12년-4회, 개정반영`

① 취급 장소에는 품명·최대수량 및 화기취급의 금지표지를 설치할 것
② 품명별로 구분하여 쌓아 저장할 것
③ 쌓는 높이는 10[m] 이하가 되도록 하고 쌓는 부분의 바닥면적은 100[m^2](석탄·목탄류의 경우에는 200[m^2]) 이하가 되도록 할 것
④ 쌓는 부분의 바닥면적 사이는 실외의 경우 3[m] 또는 쌓는 높이의 1/2 중 큰 값 이상이 되도록 할 것

해설
쌓는 높이는 10m **이하가 되도록 하고 쌓는 부분의 바닥면적은 50m^2**(석탄·목탄류의 경우에는 200m^2) 이하가 되도록 할 것

09 화재의 예방 및 안전관리에 관한 법령에 따른 특수가연물의 기준 중 다음 ( ) 안에 알맞은 것은? `21년-2회`

품 명	수 량
나무껍질 및 대팻밥	(ⓐ)kg 이상
면화류	(ⓑ)kg 이상

① ⓐ 200, ⓑ 400
② ⓐ 200, ⓑ 1,000
③ ⓐ 400, ⓑ 200
④ ⓐ 400, ⓑ 1,000

해설

품 명	수 량
나무껍질 및 대팻밥	400[kg] 이상
면화류	200[kg] 이상

10 화재의 예방 및 안전관리에 관한 법령상 특수가연물의 품명과 지정수량 기준의 연결이 틀린 것은? `20년-4회`

① 사류 − 1,000kg 이상
② 볏짚류 − 3,000kg 이상
③ 석탄·목탄류 − 10,000kg 이상
④ 합성수지류 중 발포시킨 것 − 20m^3 이상

해설
볏짚류의 경우 1,000kg 이상인 경우 특수가연물에 해당된다.

🔒 정답 11 ④ 12 ④

기출유형 완성하기

11 화재의 예방 및 안전관리에 관한 법령상 특수가연물의 저장 및 취급 기준을 위반한 경우 과태료 부과기준은? 〈20년-4회, 개정반영〉

① 50만 원
② 100만 원
③ 150만 원
④ 200만 원

해설
특수가연물의 저장 및 취급 기준을 위반한 자에게 200**만 원 이하**의 과태료를 부과한다.

12 화재의 예방 및 안전관리에 관한 법령상 특수가연물의 저장 및 취급의 기준 중 다음 ( ) 안에 알맞은 것은? (단, 석탄·목탄류를 발전용으로 저장하는 경우는 제외한다) 〈18년-2회, 개정반영〉

> 살수설비를 설치하거나, 방사능력 범위에 해당 특수가연물이 포함되도록 대형수동식 소화기를 설치하는 경우에는 쌓는 높이를 (㉠)m 이하, 쌓는 부분의 바닥면적을 (㉡)m^2 이하로 할 수 있다.

① ㉠ 10, ㉡ 30
② ㉠ 10, ㉡ 200
③ ㉠ 15, ㉡ 100
④ ㉠ 15, ㉡ 200

해설
살수설비를 설치하거나 방사능력 범위에 해당 특수가연물이 포함되도록 대형수동식 소화기를 설치하는 경우에는 쌓는 높이를 15m **이하**, 쌓는 부분의 바닥면적을 200m^2 이하로 할 수 있다.

13 화재예방강화지구

기출유형

화재의 예방 및 안전관리에 관한 법상 화재예방강화지구의 지정대상이 아닌 것은? (단, 소방청장·소방본부장 또는 소방서장이 화재예방강화지구로 지정할 필요가 있다고 인정하는 지역은 제외한다)

20년-4회, 개정반영

① 시장지역
② 농촌지역
③ 목조건물이 밀집한 지역
④ 공장·창고가 밀집한 지역

해설
농촌지역은 위험도가 높은 지역이 아니므로 화재예방강화지구의 지정대상이 아니다.

| 정답 | ②

족집게 과외

❶ 화재예방강화지구의 정의와 지정

구 분	내 용
정 의	시·도지사가 화재발생 우려가 크거나 화재가 발생할 경우 피해가 클 것으로 예상되는 지역에 대하여 화재의 예방 및 안전관리를 강화하기 위해 지정·관리하는 지역을 말한다.
지정 대상지역	① 시장지역 ② 공장·창고가 밀집한 지역 ③ 목조건물이 밀집한 지역 ④ 노후·불량건축물이 밀집한 지역 ⑤ 위험물의 저장 및 처리 시설이 밀집한 지역 ⑥ 석유화학제품을 생산하는 공장이 있는 지역 ⑦ 「산업입지 및 개발에 관한 법률」 제2조 제8호에 따른 산업단지 ⑧ 소방시설·소방용수시설 또는 소방출동로가 없는 지역 ⑨ 「물류시설의 개발 및 운영에 관한 법률」 제2조 제6호에 따른 물류단지 ⑩ 그 밖에 소방관서장이 화재예방강화지구로 지정할 필요가 있다고 인정하는 지역

❷ 화재예방강화지구의 관리

구 분	내 용
화재안전조사	소방관서장은 화재예방강화지구 안의 소방대상물의 위치·구조 및 설비 등에 대한 화재안전조사를 연 1회 이상 실시해야 한다.
벌 금	화재안전조사를 정당한 사유 없이 거부·방해 또는 기피한 자는 300만 원 이하의 벌금에 처한다.
훈련 및 교육	소방관서장은 화재예방강화지구 안의 관계인에 대하여 소방에 필요한 훈련 및 교육을 연 1회 이상 실시할 수 있다.
통 보	소방관서장은 훈련 및 교육을 실시하려는 경우에는 화재예방강화지구 안의 관계인에게 훈련 또는 교육 10일 전까지 그 사실을 통보해야 한다.

Tip 지정은 시·도지사가, 조사·훈련·교육·통보 등은 소방관서장이 한다.

🔒 **정답** 01 ③ 02 ② 03 ① 04 ③ 05 ①

기출유형 완성하기

01 화재의 예방 및 안전관리에 관한 법령상 소방본부장 또는 소방서장은 소방상 필요한 훈련 및 교육을 실시하고자 하는 때에는 화재예방강화지구 안의 관계인에게 훈련 또는 교육 며칠 전까지 그 사실을 통보하여야 하는가?

19년-1회, 개정반영

① 5
② 7
③ 10
④ 14

해설
소방관서장은 훈련 및 교육을 실시하려는 경우에는 화재예방강화지구 안의 관계인에게 **훈련 또는 교육 10일 전까지** 그 사실을 통보해야 한다.

02 화재예방강화지구로 지정하지 않아도 되는 지역은?

03년-2회, 개정반영

① 공장, 창고 등이 밀집한 지역
② 아파트가 밀집한 지역
③ 석유화학제품을 생산하는 공장이 있는 지역
④ 목조건물이 밀집한 지역

해설
아파트, 주택 등은 화재위험도가 낮은 소방대상물로서 화재예방강화지구와는 무관하다.

03 화재예방강화지구의 지정은 누가 하는가?

04년-4회, 개정반영

① 시·도지사
② 소방안전기술위원회
③ 의용소방대장
④ 한국소방안전협회

해설
화재예방강화지구란 **시·도지사**가 화재발생 우려가 크거나 화재가 발생할 경우 피해가 클 것으로 예상되는 지역에 대하여 화재의 예방 및 안전관리를 강화하기 위해 **지정·관리하는** 지역을 말한다.

04 다음 중 화재예방강화지구의 지정대상지역이 아닌 곳은?

25년

① 시장지역
② 공장·창고가 밀집한 지역
③ 고층건축물이 밀집한 지역
④ 위험물의 저장 및 처리시설이 밀집한 지역

해설
고층건축물은 화재예방강화지구 지정과는 무관하다.
Tip 실제로는 고층건축물에 방재, 소방설비 규정 등이 더 강화되어 있으므로 일반적으로 화재위험도가 더 높지 않다.

05 다음 중 대통령령으로 정하는 화재예방강화지구의 지정대상지역으로 옳지 않은 것은?

13년-4회

① 소방통로가 있는 지역
② 목조건물이 밀집한 지역
③ 공장·창고가 밀집한 지역
④ 시장지역

해설
화재예방강화지구 지정대상지역 중 소방시설·소방용수시설 또는 **소방출동로가 없는 지역**

CHAPTER 13 | 화재예방강화지구

기출유형 완성하기

🔒 정답 06 ① 07 ④ 08 ① 09 ① 10 ①

06 화재예방강화지구 안의 관계인에 대하여 소방상 필요한 소방훈련은 연 몇 회 이상 실시하여야 하는가?   〔07년-2회, 개정반영〕

① 1
② 2
③ 3
④ 4

해설
소방관서장은 화재예방강화지구 안의 관계인에 대하여 소방에 필요한 **훈련 및 교육**을 연 **1회 이상** 실시할 수 있다.

07 화재예방강화지구 안의 소방대상물에 대한 화재안전조사를 거부한 자에 대한 벌칙은?   〔07년-4회, 개정반영〕

① 200만 원 이하의 과태료
② 100만 원 이하의 벌금
③ 200만 원 이하의 벌금
④ 300만 원 이하의 벌금

해설
화재안전조사를 정당한 사유 없이 거부·방해 또는 기피한 자는 300만 원 이하의 **벌금**에 처한다.

08 다음 중 화재예방강화지구의 지정권자는?   〔08년-2회, 개정반영〕

① 시·도지사
② 소방본부장
③ 소방서장
④ 경찰서장

해설
화재예방강화지구란 **시·도지사**가 화재발생 우려가 크거나 화재가 발생할 경우 피해가 클 것으로 예상되는 지역에 대하여 화재의 예방 및 안전관리를 강화하기 위해 **지정·관리하는 지역**을 말한다.

09 도시의 건물 밀집지역 등 화재가 발생할 우려가 높거나 화재가 발생하는 경우 그로 인하여 피해가 클 것으로 예상되는 일정한 구역으로서 대통령이 정하는 지역에 대하여 시·도지사가 지정하는 것은?   〔10년-2회, 개정반영〕

① 화재예방강화지구
② 화재예방강화구역
③ 방화경계구역
④ 재난재해지역

해설
화재예방강화지구란 **시·도지사**가 화재발생 우려가 크거나 화재가 발생할 경우 피해가 클 것으로 예상되는 지역에 대하여 화재의 예방 및 안전관리를 강화하기 위해 **지정·관리하는 지역**을 말한다.

10 화재예방강화지구의 지정 등에 관한 설명으로 잘못된 것은?   〔10년-4회, 개정반영〕

① 화재예방강화지구는 소방본부장 또는 소방서장이 지정한다.
② 화재 발생 우려가 높거나 화재가 발생하는 경우 그로 인하여 피해가 클 것으로 예상되는 지역을 지정할 수 있다.
③ 소방관서장은 화재안전조사를 한 결과 화재의 예방강화를 위하여 필요하다고 인정할 때에는 관계인에게 소화기구 또는 소방용수시설의 설치를 명할 수 있다.
④ 소방서장은 화재예방강화지구 안의 관계인에 대하여 소방상 필요한 훈련 및 교육을 실시할 수 있다.

해설
화재예방강화지구란 **시·도지사**가 **지정·관리하는 지역**이다.

🔒 정답 11 ④ 12 ④

기출유형 완성하기

11 화재예방강화지구 안의 소방대상물의 위치·구조 및 설비 등에 대한 화재안전조사 실시 주기는? 〔09년-2회, 개정반영〕

① 월 1회 이상
② 분기별 1회 이상
③ 반기별 1회 이상
④ 연 1회 이상

해설

소방관서장은 화재예방강화지구 안의 **소방대상물의 위치·구조 및 설비 등에 대한 화재안전조사를 연 1회 이상 실시**해야 한다.

12 화재의 예방 및 안전관리에 관한 법령에 따른 화재예방강화지구의 관리 기준 중 다음 ( ) 안에 알맞은 것은? 〔18년-4회, 개정반영〕

- 소방관서장은 화재예방강화지구 안의 소방대상물의 위치·구조 및 설비 등에 대한 화재안전조사를 (㉠)회 이상 실시하여야 한다.
- 소방관서장은 소방상 필요한 훈련 및 교육을 실시하고자 하는 때에는 화재예방강화지구 안의 관계인에게 훈련 또는 교육 (㉡)일 전까지 그 사실을 통보하여야 한다.

① ㉠ 월 1, ㉡ 7
② ㉠ 월 1, ㉡ 10
③ ㉠ 연 1, ㉡ 7
④ ㉠ 연 1, ㉡ 10

해설

화재예방강화지구의 관리

구 분	기 준
화재안전조사	**연 1회 이상 실시**
벌 금	300만 원 이하의 벌금
훈련 및 교육	연 1회 이상 실시
통 보	**10일 전까지 통보**

CHAPTER 13 | 화재예방강화지구

14 화재안전조사

기출유형

소방본부장 또는 소방서장은 화재의 예방 또는 진압대책을 위하여 소방대상물의 검사를 할 수 있으나 반드시 관계인의 승낙이 있거나 화재발생의 우려가 현저하여 긴급을 요할 때에만 할 수 있는 곳은?

04년-2회

① 제조공장
② 전시장
③ 교 회
④ 개인의 주거

해설

소방관서장은 화재안전조사를 실시할 수 있다. 다만, **개인의 주거**(실제 **주거용도**로 사용되는 경우에 한정한다)에 대한 화재안전조사는 **관계인의 승낙**이 있거나 화재발생의 우려가 뚜렷하여 긴급한 필요가 있는 때에 한정한다.

|정답| ④

족집게 과외

❶ 화재안전조사

구 분	내 용	
개 념	소방관서장은 다음 어느 하나에 해당하는 경우 화재안전조사를 실시할 수 있다. 다만, 개인의 주거(실제 주거용도로 사용되는 경우에 한정한다)에 대한 화재안전조사는 관계인의 승낙이 있거나 화재발생의 우려가 뚜렷하여 긴급한 필요가 있는 때에 한정한다.	
대 상	① 자체점검이 불성실하거나 불완전하다고 인정되는 경우 ② 화재예방강화지구 등 법령에서 화재안전조사를 하도록 규정되어 있는 경우 ③ 화재예방안전진단이 불성실하거나 불완전하다고 인정되는 경우 ④ 국가적 행사 등 주요 행사가 개최되는 장소 및 그 주변의 관계 지역에 대하여 소방안전관리 실태를 조사할 필요가 있는 경우 ⑤ 화재가 자주 발생하였거나 발생할 우려가 뚜렷한 곳에 대한 조사가 필요한 경우 ⑥ 재난예측정보, 기상예보 등을 분석한 결과 소방대상물에 화재의 발생 위험이 크다고 판단되는 경우 ⑦ ①~⑥에서 규정한 경우 외에 화재, 그 밖의 긴급한 상황이 발생할 경우 인명 또는 재산 피해의 우려가 현저하다고 판단되는 경우	
항 목	① 화재의 예방조치 등에 관한 사항 ② 소방안전관리 업무 수행에 관한 사항 ③ 피난계획의 수립 및 시행에 관한 사항 ④ 소방자동차 전용구역의 설치에 관한 사항 ⑤ 소화·통보·피난 등의 훈련 및 소방안전관리에 필요한 교육에 관한 사항 ⑥ 시공, 감리 및 감리원의 배치에 관한 사항 ⑦ 소방시설의 설치 및 관리에 관한 사항 ⑧ 건설현장 임시소방시설의 설치 및 관리에 관한 사항 ⑨ 피난시설, 방화구획 및 방화시설의 관리에 관한 사항 ⑩ 방염에 관한 사항 ⑪ 소방시설등의 자체점검에 관한 사항 ⑫ 위험물 안전관리에 관한 사항 ⑬ 「다중이용업소의 안전관리에 관한 특별법」 규정에 따른 안전관리에 관한 사항 ⑭ 초고층 및 지하연계 복합건축물의 안전관리에 관한 사항 ⑮ 그 밖에 소방대상물에 소방관서장이 화재안전조사가 필요하다고 인정하는 사항	
공개 기간	소방관서장은 화재안전조사를 실시하려는 경우 사전에 조사대상, 조사기간 및 조사사유 등 조사계획을 소방관서의 인터넷 홈페이지나 전산시스템을 통해 7일 이상 공개해야 한다.	
비밀 유지	화재안전조사 업무를 수행하는 관계 공무원 및 관계 전문가는 관계인의 정당한 업무를 방해하여서는 아니 되며, 조사업무를 수행하면서 취득한 자료나 알게 된 비밀을 다른 사람 또는 기관에 제공 또는 누설하거나 목적 외의 용도로 사용하여서는 아니 된다.	1년 이하의 징역 또는 1천만 원 이하 벌금
연기 신청	① 연기를 신청하려는 관계인은 화재안전조사 시작 3일 전까지 소방관서장에게 제출할 것 ② 소방관서장은 3일 이내에 연기신청의 승인 여부를 결정	
위원회	① 과장급 직위 이상의 소방공무원 ② 소방기술사 ③ 소방시설관리사 ④ 소방 관련분야 석사 이상 ⑤ 소방 관련 법인, 단체경력 5년 이상 ⑥ 소방 교육훈련기관, 학교, 연구소에서 5년 이상 종사	

기출유형 완성하기

정답 01 ③ 02 ④ 03 ③ 04 ③ 05 ③

01 소방관서장은 관할구역에 있는 소방대상물에 대하여 화재안전조사를 실시할 수 있다. 안전조사 대상과 거리가 먼 것은? (단, 개인 주거에 대하여는 관계인의 승낙을 득한 경우이다)
<small>19년-4회, 개정반영</small>

① 화재예방강화지구 등 법령에서 화재안전조사를 하도록 규정되어 있는 경우
② 화재예방안전진단이 불성실하거나 불완전하다고 인정되는 경우
③ 화재가 발생할 우려는 없으나 소방대상물의 정기점검이 필요한 경우
④ 국가적 행사 등 주요 행사가 개최되는 장소에 대하여 소방안전관리 실태를 점검할 필요가 있는 경우

[해설]
화재안전조사는 화재가 자주 발생하였거나 발생할 우려가 뚜렷한 곳에 대한 조사가 필요한 경우에 실시할 수 있다.

02 화재의 예방 및 안전관리에 관한 법령상 화재안전조사위원회의 위원에 해당하지 아니하는 사람은?
<small>21년-2회, 개정반영</small>

① 소방기술사
② 소방시설관리사
③ 소방 관련 분야의 석사학위 이상을 취득한 사람
④ 소방 관련 법인 또는 단체에서 소방 관련 업무에 3년 이상 종사한 사람

[해설]
화재안전조사위원회의 위촉 조건 중 소방 관련 법인 또는 단체에서 소방 관련 업무에 종사한 자는 5년 이상인 경우에 해당된다.

03 화재 조사를 하는 관계 공무원을 관계인이 정당한 업무를 방해하거나 화재안전조사를 수행하면서 알게 된 비밀을 다른 사람에게 누설한 자의 벌금 규정은?
<small>05년-1회, 개정반영</small>

① 200만 원 이하의 벌금
② 500만 원 이하의 벌금
③ 1,000만 원 이하의 벌금
④ 2,000만 원 이하의 벌금

[해설]
관계인의 정당한 업무를 방해하거나 비밀을 누설한 자의 경우 1년 이하의 징역 또는 1천만 원 이하 벌금에 처한다.

04 화재안전조사를 실시할 수 있는 자는?
<small>05년-2회, 개정반영</small>

① 시·도지사
② 행정자치부장관
③ 소방관서장
④ 관할 경찰서장

[해설]
소방관서장은 화재안전조사를 실시할 수 있다.

05 다음 중 화재안전조사의 항목에 해당하지 않는 것은?
<small>20년-3회, 개정반영</small>

① 소방안전관리 업무 수행에 관한 사항
② 소방시설등의 자체점검에 관한 사항
③ 소방관의 교육 및 훈련상황 조사
④ 소방안전관리에 필요한 교육에 관한 사항

[해설]
소방관의 교육 및 훈련상황 조사는 화재안전조사 항목에 포함되지 않는다.

🔒 정답 06 ② 07 ② 08 ④ 09 ②

기출유형 완성하기

06 소방관서에서 실시하는 화재안전조사 항목에 해당하는 것은? 〈11년-1회, 개정반영〉

① 소방활동 중 발생한 사망자 및 부상자
② 소방시설의 설치 및 관리에 관한 사항
③ 열에 의한 탄화, 용융, 파손 등의 피해
④ 소방활동 중 사용된 물로 인한 피해

[해설]
화재안전조사의 항목 중 소방시설의 설치 및 관리에 관한 사항은 포함되어 있다.

08 소방본부장 또는 소방서장이 화재안전조사를 하고자 하는 때에는 사전에 소방관서의 홈페이지 또는 전산시스템에 며칠 이상 공개하여야 하는가? 〈21년-4회, 개정반영〉

① 1일
② 3일
③ 5일
④ 7일

[해설]
소방관서장은 화재안전조사를 실시하려는 경우 사전에 조사대상, 조사기간 및 조사사유 등 조사계획을 소방관서의 인터넷 홈페이지나 전산시스템을 통해 **7일 이상** 공개해야 한다.

07 화재안전조사에 관한 설명이다. 틀린 것은? 〈14년-1회, 개정반영〉

① 화재안전조사는 관계인의 승낙 없이 소방대상물의 공개시간 또는 근무시간 이외에는 할 수 없다.
② 화재안전조사 시 관계인의 업무에 지장을 주지 아니하여야 하나 조사업무를 위해 필요하다고 인정되는 경우 일정 부분 관계인의 업무를 중지시킬 수 있다.
③ 조사업무를 수행하면서 취득한 자료나 알게 된 비밀을 다른 사람에게 제공 또는 누설하거나 목적 외의 용도로 사용하여서는 아니 된다.
④ 화재안전조사 통지를 받은 관계인은 정당한 사유 또는 천재지변 등의 경우 화재안전조사를 연기하여 줄 것을 신청할 수 있다.

[해설]
화재안전조사를 위하여 관계인에게 보고, 자료의 제출 등을 요구하거나 관리·상황에 대한 조사·질문을 할 수 있으나, 업무를 중지시킬 권리는 없다.

09 관계인의 승낙이 있어야 화재안전조사를 할 수 있는 장소는? 〈05년-4회, 개정반영〉

① 여인숙
② 연립주택
③ 기숙사
④ 호텔

[해설]
소방관서장은 화재안전조사를 실시할 수 있다. 다만, **개인의 주거**(실제 주거용도로 사용되는 경우에 한정한다)에 대한 화재안전조사는 **관계인의 승낙**이 있거나 화재발생의 우려가 뚜렷하여 긴급한 필요가 있는 때에 한정한다.

기출유형 완성하기

정답 10 ① 11 ② 12 ①

10 화재안전조사의 세부 항목에 대한 사항으로 옳지 않은 것은? `14년-2회, 개정반영`

① 소방대상물 및 관계지역에 대한 강제처분·피난명령에 관한 사항
② 소방안전관리 업무 수행에 관한 사항
③ 방화구획 및 방화시설의 관리에 관한 사항
④ 소방시설등의 자체점검에 관한 사항

해설
소방대상물 및 관계지역에 대한 강제처분 및 피난명령의 경우 화재안전조사가 아닌 화재의 예방조치에 관련된 내용이다.

11 화재의 예방 및 안전관리에 관한 법령상 화재안전조사를 하여야 하는 자는? `20년-3회, 개정반영`

① 시·도지사 또는 소방본부장
② 소방청장·소방본부장 또는 소방서장
③ 행정안전부장관·소방본부장 또는 소방파출소장
④ 시·도지사, 소방서장 또는 소방파출소장

해설
소방관서장은 화재안전조사를 실시할 수 있다.
Tip 소방관서장 : 소방청장, 소방본부장, 소방서장

12 화재안전조사의 연기를 신청하려는 자는 화재안전조사 시작 며칠 전까지 소방본부장 또는 소방서장에게 화재안전조사 연기신청서에 증명서류를 첨부하여 제출해야 하는가? (단, 천재지변 및 그 밖에 대통령령으로 정하는 사유로 화재안전조사를 받기 곤란한 경우이다) `17년-1회, 개정반영`

① 3
② 5
③ 7
④ 10

해설
화재안전조사의 **연기를 신청**하려는 관계인은 화재안전조사 시작 **3일 전**까지 소방관서장에게 제출해야 한다.

15 화재예방안전진단

기출유형

화재의 예방 및 안전관리에 관한 법상 화재예방안전진단 범위에 포함되지 않는 사항은? `신규법`

① 화재위험요인의 조사에 관한 사항
② 비상대책 수립 적정성에 관한 사항
③ 소방시설등의 유지·관리에 관한 사항
④ 화재 위험성 평가에 관한 사항

해설
비상대책 수립 적정성에 관한 사항은 화재예방안전진단의 범위가 아니다.

| 정답 | ②

족집게 과외

❶ 화재예방안전진단

구 분	내 용
개 념	소방안전 특별관리시설물의 관계인은 화재의 예방 및 안전관리를 체계적·효율적으로 수행하기 위하여 대통령령으로 정하는 바에 따라 「소방기본법」 제40조에 따른 한국소방안전원 또는 소방청장이 지정하는 화재예방안전진단기관으로부터 정기적으로 화재예방안전진단을 받아야 한다.
진단범위	① 화재위험요인의 조사에 관한 사항 ② 소방계획 및 피난계획 수립에 관한 사항 ③ 소방시설등의 유지·관리에 관한 사항 ④ 비상대응조직 및 교육훈련에 관한 사항 ⑤ 화재 위험성 평가에 관한 사항 ⑥ 그 밖에 화재예방진단을 위하여 대통령령으로 정하는 사항 • 화재 등의 재난 발생 후 재발방지 대책의 수립 및 그 이행에 관한 사항 • 지진 등 외부 환경 위험요인 등에 대한 예방·대비·대응에 관한 사항 • 화재예방안전진단 결과 보수·보강 등 개선요구 사항 등에 대한 이행 여부
벌 금	진단기관으로부터 화재예방안전진단을 받지 아니한 자는 1년 이하의 징역 또는 1천만 원 이하의 벌금에 처한다.

❷ 화재예방안전진단의 대상(소방안전 특별관리시설물)

구 분	내 용
대 상	① 공항시설 중 여객터미널의 연면적이 1천m^2 이상인 공항시설 ② 철도시설 중 역 시설의 연면적이 5천m^2 이상인 철도시설 ③ 도시철도시설 중 역사 및 역 시설의 연면적이 5천m^2 이상인 도시철도시설 ④ 항만시설 중 여객이용시설 및 지원시설의 연면적이 5천m^2 이상인 항만시설 ⑤ 전력용 및 통신용 지하구 중 「국토의 계획 및 이용에 관한 법률」 제2조 제9호에 따른 공동구 ⑥ 천연가스 인수기지 및 공급망 중에 특정소방대상물인 가스시설 ⑦ 발전소 중 연면적이 5천m^2 이상인 발전소 ⑧ 가스공급시설 중 가연성 가스 탱크의 저장용량의 합계가 100톤 이상이거나 저장용량이 30톤 이상인 가연성 가스 탱크가 있는 가스공급시설
최초 진단	소방안전관리대상물이 건축되어 소방안전 특별관리시설물에 해당하게 된 경우 해당 소방안전 특별관리시설물의 관계인은 사용승인 또는 완공검사를 받은 날부터 5년이 경과한 날이 속하는 해에 최초의 화재예방안전진단을 받아야 한다.

정답 01 ② 02 ② 03 ④ 04 ②

기출유형 완성하기

01 화재의 예방 및 안전관리에 관한 법상 화재예방안전진단 대상이 아닌 것은? `신규법`

① 여객터미널의 연면적이 1천m^2 이상인 공항시설
② 발전소 중 연면적이 3천m^2 이상인 발전소
③ 도시철도시설 중 역사 및 역 시설의 연면적이 5천m^2 이상인 도시철도시설
④ 가스공급시설 중 가연성 가스 탱크의 저장용량의 합계가 100톤 이상이거나 저장용량이 30톤 이상인 가연성 가스 탱크가 있는 가스공급시설

해설
화재예방안전진단 대상인 건축물은 소방안전 특별관리시설물로서 발전소 중 연면적이 **5천m^2 이상**인 발전소가 해당된다.

02 화재의 예방 및 안전관리에 관한 법상 소방안전 특별관리시설물로서 화재예방안전진단을 받지 아니한 경우의 벌칙은? `신규법`

① 500만 원 이하의 벌금
② 1년 이하의 징역 또는 1,000만 원 이하의 벌금
③ 3년 이하의 징역 또는 3,000만 원 이하의 벌금
④ 5년 이하의 징역 또는 5,000만 원 이하의 벌금

해설
진단기관으로부터 화재예방안전진단을 받지 아니한 자는 1년 이하의 **징역** 또는 1천만 원 이하의 벌금에 처한다.

03 화재의 예방 및 안전관리에 관한 법상 화재예방안전진단 대상이 아닌 것은? `신규법`

① 발전소 중 연면적이 5천m^2 이상인 발전소
② 천연가스 인수기지 및 공급망 중에 특정소방대상물인 가스시설
③ 여객이용시설 및 지원시설의 연면적이 5천m^2 이상인 항만시설
④ 가스공급시설 중 가연성 가스 탱크의 저장용량의 합계가 30톤 이상인 가스공급시설

해설
화재예방안전진단 대상인 건축물은 소방안전 특별관리시설물로서 가스공급시설 중 가연성 가스 탱크의 **저장용량의 합계가 100톤 이상**이거나 저장용량이 **30톤 이상**인 가연성 가스 탱크가 있는 가스공급시설이 해당된다.

04 소방안전 특별관리시설물로서 관계인이 사용승인 또는 완공검사를 받은 날부터 몇 년이 경과한 날이 속하는 해에 최초의 화재예방안전진단을 받아야 하는가? `신규법`

① 3
② 5
③ 7
④ 10

해설
소방안전 특별관리시설물의 관계인은 사용승인 또는 완공검사를 받은 날부터 **5년**이 경과한 날이 속하는 해에 최초의 화재예방안전진단을 받아야 한다.

CHAPTER 15 | 화재예방안전진단

16 소방시설

기출유형

다음 중 소방시설의 경보설비에 속하지 않는 것은? 08년-2회

① 자동화재탐지설비 및 시각경보기
② 통합감시시설
③ 무선통신보조설비
④ 자동화재속보설비

해설
무선통신보조설비는 소화활동설비이다.

|정답| ③

족집게 과외

❶ 정 의

용 어	정 의
소방시설	소화설비, 경보설비, 피난구조설비, 소화용수설비, 소화활동설비로서 대통령령으로 정하는 것
소방시설등	소방시설과 비상구, 그 밖에 소방 관련 시설로서 대통령령으로 정하는 것

❷ 소방시설의 분류

구 분		내 용
소화설비		물 또는 그 밖의 소화약제를 사용하여 소화하는 기계·기구 또는 설비
	소화기구	소화기, 간이소화용구(OO소화용구), 자동확산소화기
	자동소화장치	(주거용, 상업용, 캐비닛형, 가스, 분말, 고체에어로졸) 자동소화장치
	옥내소화전설비	호스릴 옥내소화전설비 포함
	스프링클러설비등	스프링클러설비, 간이SP설비(캐비닛형 포함), 화재조기진압용 SP설비
	물분무등소화설비	(물분무, 미분무, 포, 이산화탄소, 할론, 할로겐화합물 및 불활성기체, 분말, 강화액, 고체에어로졸) 소화설비
	옥외소화전설비	–
경보설비		화재발생 사실을 통보하는 기계·기구 또는 설비
		단독경보형 감지기, 비상경보설비(비상벨, 자동식사이렌), 자동화재탐지설비, 시각경보기, 화재알림설비, 비상방송설비, 자동화재속보설비, 통합감시시설, 누전경보기, 가스누설경보기
피난구조 설비		화재가 발생할 경우 피난하기 위하여 사용하는 기구 또는 설비
	피난기구	피난사다리, 구조대, 완강기, 간이완강기, 그밖에 화재안전기준으로 정하는 것
	인명구조기구	방열복, 방화복(안전모, 보호장갑, 안전화), 공기호흡기, 인공소생기
	유도등	피난유도선, 피난구유도등, 통로유도등, 객석유도등, 유도표지
	휴대용비상조명등 및 비상조명등	–
소화용수 설비		화재를 진압하는 데 필요한 물을 공급하거나 저장하는 설비
		상수도소화용수설비, 소화수조·저수조, 그 밖의 소화용수설비
소화활동 설비		화재를 진압하거나 인명구조활동을 위하여 사용하는 설비
		제연설비, 연결송수관설비, 연결살수설비, 비상콘센트설비, 무선통신보조설비, 연소방지설비

기출유형 완성하기

정답 01 ① 02 ③ 03 ① 04 ③ 05 ④ 06 ①

01 소방시설의 종류에 대한 설명으로 옳은 것은? `22년-1회`

① 소화기구, 옥내소화전설비는 소화설비에 해당된다.
② 유도등, 비상조명등설비는 경보설비에 해당된다.
③ 상수도소화용수설비는 소화활동설비에 해당된다.
④ 연결살수설비는 소화용수설비에 해당된다.

해설
② 유도등, 비상조명등설비 → 피난구조설비
③ 상수도소화용수설비 → 소화용수설비
④ 연결살수설비 → 소화활동설비

02 소방시설 중 경보설비에 해당하지 않는 것은? `04년-1회`

① 누전경보기
② 자동화재속보설비
③ 유도등 또는 유도표지
④ 비상방송설비

해설
유도등 또는 유도표지는 피난구조설비이다.

03 소방시설의 종류 중 "소화활동설비"가 아닌 것은? `04년-2회`

① 상수도소화용수설비
② 제연설비
③ 연결송수관설비
④ 연결살수설비

해설
상수도소화용수설비는 소화용수설비이다.

04 다음은 소방시설에 대한 분류이다. 잘못된 것은? `06년-2회`

① 소화설비 : 옥내소화전설비, 옥외소화전설비
② 소화활동설비 : 비상콘센트설비, 제연설비, 연결송수관설비
③ 피난구조설비 : 자동식사이렌, 구조대, 완강기
④ 경보시설 : 자동화재탐지설비, 누전경보기, 자동화재속보설비

해설
자동사이렌은 경보설비이다.

05 다음 소방시설 중 소화설비에 속하지 않는 것은? `08년-4회`

① 옥내소화전설비
② 스프링클러설비
③ 소화약제에 의한 간이소화용구
④ 연결살수설비

해설
연결살수설비는 소화활동설비이다.

06 소방시설의 종류 중 피난구조설비에 속하지 않는 것은? `10년-1회`

① 제연설비
② 공기안전매트
③ 유도등
④ 공기호흡기

해설
제연설비는 소화활동설비이다.

정답 07 ④ 08 ④ 09 ④ 10 ③ 11 ③ 12 ②

기출유형 완성하기

07 다음 중 화재가 발생할 경우 피난하기 위하여 사용하는 기구 또는 설비인 피난구조설비에 속하지 않는 것은? `12년-1회`

① 완강기
② 인공소생기
③ 피난유도선
④ 연소방지설비

해설
연소방지설비는 소화활동설비이다.

08 소방시설 중 연결살수설비는 어떤 설비에 속하는가? `15년-4회`

① 소화설비
② 구조설비
③ 피난설비
④ 소화활동설비

해설
연결살수설비는 소화활동설비이다.

09 화재를 진압하거나 인명구조활동을 위하여 특정소방대상물에는 소화활동설비를 설치하여야 한다. 다음 중 소화활동설비에 해당되지 않은 것은? `13년-1회`

① 제연설비, 비상콘센트설비
② 연결송수관설비, 연결살수설비
③ 무선통신보조설비, 연소방지설비
④ 자동화재속보설비, 통합감시시설

해설
자동화재속보설비 및 통합감시시설은 **경보설비**이다.

10 다음 소방시설 중 경보설비가 아닌 것은? `20년-1·2회`

① 통합감시시설
② 가스누설경보기
③ 비상콘센트설비
④ 자동화재속보설비

해설
비상콘센트설비는 소화활동설비이다.

11 소방시설 설치 및 관리에 관한 법령상 소방시설이 아닌 것은? `20년-4회`

① 소화설비
② 경보설비
③ 방화설비
④ 소화활동설비

해설
방화설비는 소방시설에 포함되지 않는다.

12 소방시설 중 화재를 진압하거나 인명구조활동을 위하여 사용하는 설비로 나열된 것은? `15년-2회`

① 상수도소화용수설비, 연결송수관설비
② 연결살수설비, 제연설비
③ 연소방지설비, 피난설비
④ 무선통신보조설비, 통합감시시설

해설
화재를 진압하거나 인명구조활동을 위한 설비는 소화활동설비로서 **연결살수설비**와 **제연설비** 등이 해당된다.

CHAPTER 16 | 소방시설

17 특정소방대상물

기출유형

소방시설 설치 및 관리에 관한 법률상의 특정소방대상물 중 오피스텔은 어디에 속하는가?

14년-4회

① 병원시설
② 업무시설
③ 공동주택시설
④ 근린생활시설

해설
오피스텔은 **업무시설**에 속하는 특정소방대상물이다.

| 정답 | ②

족집게 과외

❶ 특정소방대상물의 정의

구 분	정 의
특정소방대상물	건축물 등의 규모·용도 및 수용인원 등을 고려하여 소방시설을 설치하여야 하는 소방대상물로서 대통령령으로 정하는 것을 말한다.

❷ 특정소방대상물의 분류

용 어		내 용
공동주택		아파트등, 연립주택, 다세대주택, 기숙사
근린생활시설		소매점, 음식점, 기원, 의원, 치과의원, 한의원, 침술원, 접골원, 조산원, 산후조리원, 안마원
		공연장(극장, 영화상영관, 연예장, 음악당, 서커스장)으로 바닥면적의 합계가 $300m^2$ 미만인 것(이상인 경우 문화 및 집회시설)
		탁구장, 테니스장, 체육도장, 체력단련장, 에어로빅장, 볼링장, 당구장, 실내낚시터, 골프연습장, 물놀이형 시설로 바닥면적의 합계가 $500m^2$ 미만인 것(이상인 경우 운동시설)
판매시설		도매시장, 소매시장, 전통시장, 상점
운수시설		여객자동차터미널, 철도 및 도시철도 시설, 공항시설, 항만시설 및 종합여객시설
의료시설		병원(종합병원, 병원, 치과병원, 한방병원, 요양병원), 격리병원(전염병원, 마약진료소), 정신의료기관, 장애인 의료재활시설
노유자시설	노인 관련 시설	노인주거복지시설, 노인의료복지시설, 노인여가복지시설, 재가노인복지시설, 노인보호전문기관, 노인일자리지원기관, 학대피해노인 전용쉼터
	아동 관련 시설	아동복지시설, 어린이집, 유치원, 학교의 병설유치원
	장애인 관련 시설	장애인 거주시설, 장애인 지역사회 재활시설, 장애인 직업재활시설
	정신질환자 관련 시설	정신재활시설, 정신요양시설
	노숙인 관련 시설	노숙인복지시설, 노숙인자활시설, 노숙인재활시설, 노숙인종합지원센터
업무시설		공공업무시설, 일반업무시설(금융업소, 사무소, 신문사, 오피스텔), 주민자치센터(경찰서, 지구대, 파출소 등), 마을회관, 마을공동작업소, 마을공동구판장, 변전소, 양수장, 정수장, 대피소, 공중화장실
숙박시설		일반형 숙박시설, 생활형 숙박시설, 고시원(근린생활시설이 아닌 것)
위락시설		단란주점, 유흥주점, 유원시설업, 무도장 및 무도학원, 카지노영업소
항공기 및 자동차 관련 시설		항공기격납고, 차고, 주차용 건축물, 철골 조립식 주차시설, 기계장치에 의한 주차시설, 세차장, 폐차장, 자동차 검사장, 자동차 매매장, 자동차 정비공장, 운전학원·정비학원, 건축물의 내부에 설치된 주차장(단독주택 또는 50세대 미만 연립/다세대주택 주차장은 제외)

기출유형 완성하기

정답 01 ③ 02 ② 03 ① 04 ④ 05 ④

01 특수장소 중 위락시설에 속하는 것은? `03년-1회`

① 경마장
② 영화관
③ 무도장
④ 요양병원

해설
① 경마장 → 문화 및 집회시설
② 영화관 → 면적에 따라 근린생활시설 또는 문화 및 집회시설
④ 요양병원 → 의료시설

02 소방시설 설치 및 관리에 관한 법령상 특정소방대상물 중 오피스텔은 어느 시설에 해당하는가? `19년-2회`

① 숙박시설
② 일반업무시설
③ 공동주택
④ 근린생활시설

해설
특정소방대상물 중 업무시설의 분류
- 공공업무시설 : 국가, 지방자치단체의 청사 등
- 일반업무시설 : **오피스텔**, 금융업소, 사무소, 신문사 등

03 특정소방대상물 중 노유자시설에 속하지 않는 것은? `05년-2회`

① 군휴양시설
② 요양시설
③ 아동복지시설
④ 장애인재활시설

해설
군휴양시설 → 콘호텔, 군콘도 등을 의미하는 시설

04 특정소방대상물로 위락시설에 해당되지 않는 것은? `08년-1회, 개정반영`

① 단란주점
② 카지노업소
③ 무도장
④ 공연장

해설
공연장은 바닥면적의 합계가 $300m^2$ 미만인 것은 근린생활시설, 이상인 것은 문화 및 집회시설이다.

05 소방시설 설치 및 관리에 관한 법령상 용어의 정의 중 다음 ( ) 안에 알맞은 것은? `18년-1회`

> 특정소방대상물이란 소방시설을 설치하여야 하는 소방대상물로서 ( )으로 정하는 것을 말한다.

① 행정안전부령
② 국토교통부령
③ 고용노동부령
④ 대통령령

해설
특정소방대상물이란 건축물 등의 규모·용도 및 수용인원 등을 고려하여 소방시설을 설치하여야 하는 소방대상물로서 **대통령령**으로 정하는 것을 말한다.

정답 06 ② 07 ① 08 ②

06 항공기격납고는 특정소방대상물 중 어느 시설에 해당하는가? `19년-4회`

① 위험물 저장 및 처리시설
② 항공기 및 자동차 관련 시설
③ 창고시설
④ 업무시설

해설
항공기격납고는 항공기 및 자동차 관련 시설이다.

08 다음의 특정소방대상물 중 의료시설에 해당되지 않는 것은? `13년-2회`

① 마약진료소
② 노인의료복지시설
③ 장애인 의료재활시설
④ 한방병원

해설
노인의료복지시설은 노유자시설이다.

07 다음 특정소방대상물에 대한 설명으로 옳은 것은? `14년-1회`

① 의원은 근린생활시설이다.
② 동물원 및 식물원은 동식물관련시설이다.
③ 종교집회장은 면적에 상관없이 문화집회 및 운동시설이다.
④ 철도시설(정비창 포함)은 항공기 및 자동차 관련시설이다.

해설
② 동물원 및 식물원 → 문화 및 집회시설
③ 종교집회장 → 면적에 따라 근린생활시설 또는 종교시설
④ 철도 및 도시철도 시설 → 운수시설

18 소방용품

기출유형

형식승인을 얻어야 할 소방용품이 아닌 것은? 〈16년-2회〉

① 감지기
② 휴대용비상조명등
③ 소화기
④ 방염액

해설
휴대용비상조명등은 소방용품 항목이 아니므로 형식승인 대상이 아니다.

| 정답 | ②

족집게 과외

❶ 소방용품의 정의

구 분	내 용
정 의	소방시설등을 구성하거나 소방용으로 사용되는 제품 또는 기기로서 대통령령으로 정하는 것

※ 소방용품은 형식승인을 받아야 한다.

❷ 소방용품의 종류

구 분	내 용
소화설비를 구성하는 제품 또는 기기	소화기구(간이소화용구 제외), 자동소화장치
	소화전, 관창, 소방호스, 스프링클러헤드, 기동용 수압개폐장치, 유수제어밸브, 가스관선택밸브
경보설비를 구성하는 제품 또는 기기	누전경보기, 가스누설경보기
	경보설비를 구성하는 발신기, 수신기, 중계기, 감지기 및 음향장치(경종만 해당)
피난구조설비를 구성하는 제품 또는 기기	피난사다리, 구조대, 완강기(지지대 포함), 간이완강기(지지대 포함)
	공기호흡기(충전기 포함), 피난구유도등, 통로유도등, 객석유도등, 예비전원 내장 비상조명등
소화용으로 사용하는 제품 또는 기기	소화약제(이산화탄소 제외)
	방염제(방염액·방염도료, 방염성 물질)

❸ 소방용품의 내용연수

구 분	내 용
대 상	분말형태의 소화약제를 사용하는 소화기의 내용연수는 10년이다.

정답 01 ④ 02 ③ 03 ② 04 ② 05 ② 06 ①

기출유형 완성하기

01 다음 중 소방시설 설치 및 관리에 관한 법령상 소방용품에 해당하는 것으로 알맞은 것은?
　　　　　　　　　　　　　　08년-2회, 개정반영

① 시각경보기
② 공기안전매트
③ 비상콘센트설비
④ 가스누설경보기

해설
시각경보기, 공기안전매트, 비상콘센트설비는 소방용품이 아니다.

02 다음 중 소방시설 설치 및 관리에 관한 법령상 소방용품에 속하지 않는 것은?
　　　　　　　　　　　　　　09년-2회, 개정반영

① 방염도료
② 단독경보형감지기
③ 휴대용비상조명등
④ 가스누설경보기

해설
③ 휴대용비상조명등은 소방용품이 아니다.
비상조명등의 경우 휴대용이 아닌 **예비전원이 내장된 비상조명등**만 소방용품에 해당된다.

03 "소방용품"이란 소방시설 등을 구성하거나 소방용으로 사용되는 기기를 말하는데, 피난설비를 구성하는 제품 또는 기기에 속하지 않는 것은?
　　　　　　　　　　　　　　13년-4회

① 피난사다리　② 소화기구
③ 공기호흡기　④ 유도등

해설
소화기구는 소화설비를 구성하는 제품 또는 기기에 해당되는 소방용품이다.

04 소방시설 설치 및 관리에 관한 법률에서 정의하는 소방용품 중 소화설비를 구성하는 제품 및 기기가 아닌 것은?
　　　　　　　　　　　　　　14년-4회

① 소화전
② 방염제
③ 유수제어밸브
④ 기동용 수압개폐장치

해설
방염제는 소화용으로 사용하는 제품 또는 기기에 속하는 소방용품이다.

05 형식승인대상 소방용품에 해당하지 않는 것은?
　　　　　　　　　　　　　　15년-4회

① 관 창
② 안전매트
③ 피난사다리
④ 가스누설경보기

해설
안전매트는 소방용품에 해당되지 않으므로 형식승인 대상이 아니다.

06 소방시설 설치 및 관리에 관한 법령상 소방용품이 아닌 것은?
　　　　　　　　　　　　　　18년-2회

① 소화약제 외의 것을 이용한 간이소화용구
② 자동소화장치
③ 가스누설경보기
④ 소화용으로 사용하는 방염제

해설
소화기구는 소방용품으로 분류되지만 **간이소화용구는 제외**된다.

CHAPTER 18 | 소방용품

기출유형 완성하기

🔒 정답 07 ① 08 ①

07 소방시설 설치 및 관리에 관한 법령상 소화설비를 구성하는 제품 또는 기기에 해당하지 않는 것은? `21년-2회`

① 가스누설경보기
② 소방호스
③ 스프링클러헤드
④ 분말자동소화장치

해설
가스누설경보기는 경보설비를 구성하는 제품 또는 기기에 해당되는 소방용품이다.

08 소방시설 설치 및 관리에 관한 법률에서 규정하는 소방용품 중 경보설비를 구성하는 제품 또는 기기에 해당하지 않는 것은? `15년-1회`

① 비상조명등
② 누전경보기
③ 발신기
④ 감지기

해설
비상조명등은 피난구조설비를 구성하는 제품 또는 기기에 해당되는 소방용품이다.

19 형식승인과 우수품질인증

기출유형

형식승인을 얻지 아니한 소방용품을 판매할 목적으로 진열했을 때의 벌칙으로 옳은 것은? `25년`

① 3년 이하의 징역 또는 3,000만 원 이하의 벌금
② 2년 이하의 징역 또는 1,500만 원 이하의 벌금
③ 1년 이하의 징역 또는 1,000만 원 이하의 벌금
④ 3년 이하의 징역 또는 500만 원 이하의 벌금

해설
형식승인을 받지 아니하고 판매, 제조, 수입하거나 부정한 방법으로 형식승인 또는 제품검사 시 **3년 이하 징역** 또는 **3천만 원 이하의 벌금**에 처한다.

| 정답 | ①

족집게 과외

❶ 소방용품의 형식승인

구 분	내 용
개 념	① 대통령령으로 정하는 소방용품을 제조하거나 수입하려는 자는 소방청장의 형식승인을 받아야 한다. 다만, 연구개발 목적으로 제조하거나 수입하는 소방용품은 그러하지 아니하다. ② 형식승인을 받은 자는 그 소방용품에 대하여 소방청장이 실시하는 제품검사를 받아야 한다.
판매, 공사	다음의 어느 하나에 해당하는 소방용품을 판매하거나 판매 목적으로 진열하거나 소방시설공사에 사용할 수 없다. ① 형식승인을 받지 아니한 것 ② 형상등을 임의로 변경한 것 ③ 제품검사를 받지 아니하거나 합격표시를 하지 아니한 것
변 경	형식승인을 받은 자가 해당 소방용품에 대하여 형상등의 일부를 변경하려면 소방청장의 변경승인을 받아야 한다.
취소 또는 중지	**취 소** ① 거짓이나 그 밖의 부정한 방법으로 형식승인을 받은 경우 ② 거짓이나 그 밖의 부정한 방법으로 제품검사를 받은 경우 ③ 변경승인을 받지 아니하거나 거짓이나 그 밖의 부정한 방법으로 변경승인을 받은 경우 **중 지** ① 시험시설의 시설기준에 미달되는 경우 ② 제품검사 시 기술기준에 미달되는 경우
벌 금	① 형식승인을 받지 아니하고 판매, 제조, 수입하거나 부정한 방법으로 형식승인 또는 제품검사 시 3년 이하 징역 또는 3천만 원 이하의 벌금 ② 제품검사 합격표시 위조 시 1년 이하 징역 또는 1천만 원 이하의 벌금 ③ 형식승인의 변경승인을 받지 아니한 자는 1년 이하 징역 또는 1천만 원 이하의 벌금

❷ 우수품질 제품에 대한 인증

구 분	내 용
개 념	소방청장은 제37조에 따른 형식승인의 대상이 되는 소방용품 중 품질이 우수하다고 인정하는 소방용품에 대하여 인증(우수품질인증)을 할 수 있다.
벌 금	우수품질인증을 받지 아니한 제품에 우수품질인증 표시를 하거나 우수품질인증 표시를 위조하거나 변조하여 사용한 자는 1년 이하의 징역 또는 1천만 원 이하의 벌금에 처한다.

정답 01 ③ 02 ② 03 ① 04 ①

기출유형 완성하기

01 소방용품의 형식승인을 얻은 자에게 6월 이내의 기간을 정하여 제품검사의 중지를 명할 수 있는 것은? 〔04년-1회, 개정반영〕

① 허가받은 사항을 변경하고자 할 때
② 그 영업의 휴지·재개 또는 폐지신고를 태만히 할 때
③ 시험시설 등의 시설기준에 미달되는 때
④ 허가를 받지 않고 그 영업을 개시할 때

해설
제품검사의 중지를 명할 수 있는 경우
• 시험시설의 시설기준에 미달되는 경우
• 제품검사 시 기술기준에 미달되는 경우

02 다음 중 판매할 수 있는 소방용품은? 〔04년-4회, 개정반영〕

① 형식승인을 신청한 소방용품
② 제품검사를 받은 소방용품
③ 형상 등을 임의로 변경하였으나 그 성능에는 이상이 없는 소방용품
④ 제품검사에 불합격하였으나 성능시험결과 그 성능에는 이상이 없는 소방용품

해설
소방용품은 **형식승인을 받은 후 제품검사를 받고 합격표시를 한 경우**에 판매 또는 판매목적으로 진열하거나 소방시설공사에 사용할 수 있다.

03 형식승인을 얻지 아니한 소방용품을 판매의 목적으로 진열했을 때의 벌칙으로 옳은 것은? 〔14년-4회, 개정반영〕

① 3년 이하의 징역 또는 3,000만 원 이하의 벌금
② 2년 이하의 징역 또는 2,000만 원 이하의 벌금
③ 1년 이하의 징역 또는 1,000만 원 이하의 벌금
④ 1년 이하의 징역 또는 500만 원 이하의 벌금

해설
형식승인을 받지 아니하고 판매, 제조, 수입하거나 부정한 방법으로 형식승인 또는 제품검사 시 **3년 이하 징역 또는 3천만 원 이하의 벌금**에 처한다.

04 소방용품 중 우수품질에 대하여 우수품질인증을 할 수 있는 사람은? 〔11년-4회, 개정반영〕

① 소방청장
② 한국소방안전협회장
③ 소방본부장 또는 소방서장
④ 시·도지사

해설
소방청장은 제37조에 따른 형식승인의 대상이 되는 소방용품 중 품질이 우수하다고 인정하는 소방용품에 대하여 **인증(우수품질인증)**을 할 수 있다.

기출유형 완성하기

정답 05 ③ 06 ② 07 ② 08 ③

05 우수품질인증을 받지 아니한 소방용품에 우수품질 인증표시를 하거나 우수품질 인증표시를 위조 또는 변조하여 사용한 자에 대한 벌칙은? `12년-2회, 개정반영`

① 3년 이하의 징역 또는 3,000만 원 이하의 벌금
② 2년 이하의 징역 또는 2,000만 원 이하의 벌금
③ 1년 이하의 징역 또는 1,000만 원 이하의 벌금
④ 1년 이하의 징역 또는 500만 원 이하의 벌금

해설
우수품질인증을 받지 아니한 제품에 우수품질인증 표시를 하거나 우수품질인증 표시를 위조하거나 변조하여 사용한 자는 **1년 이하의 징역 또는 1천만 원 이하의 벌금**에 처한다.

06 다음 소방용품 중 판매하거나 또는 판매의 목적으로 진열하거나 소방시설공사에 사용할 수 없는 경우에 해당하지 않는 것은? `07년-2회, 개정반영`

① 형식승인을 얻지 아니한 것
② 성능확인시험을 받지 아니한 것
③ 형상등을 임의로 변경한 것
④ 제품검사 합격표시를 하지 아니한 것

해설
판매, 진열, 공사가 불가능한 경우의 소방용품
- 형식승인을 받지 아니한 것
- 형상등을 임의로 변경한 것
- 제품검사를 받지 아니하거나 합격표시를 하지 아니한 것

07 소방용품의 형식승인을 반드시 취소하여야 하는 경우가 아닌 것은? `16년-4회`

① 거짓 또는 부정한 방법으로 형식승인을 받은 경우
② 시험시설의 시설기준에 미달되는 경우
③ 거짓 또는 부정한 방법으로 제품검사를 받은 경우
④ 변경승인을 받지 아니한 경우

해설
소방용품의 형식승인을 반드시 취소하여야 하는 경우
- 거짓, 부정한 방법으로 형식승인을 받은 경우
- 거짓, 부정한 방법으로 제품검사를 받은 경우
- 변경승인을 받지 아니하거나 거짓이나 그 밖의 부정한 방법으로 변경승인을 받은 경우

08 제품검사에 합격하지 않은 제품에 합격표시를 하거나 합격표시를 위조 또는 변조하여 사용한 사람에 대한 벌칙은? `14년-2회, 개정반영`

① 3년 이하의 징역 또는 3,000만 원 이하의 벌금
② 2년 이하의 징역 또는 2,000만 원 이하의 벌금
③ 1년 이하의 징역 또는 1,000만 원 이하의 벌금
④ 1년 이하의 징역 또는 500만 원 이하의 벌금

해설
제품검사 합격표시 위조 시 **1년 이하의 징역 또는 1천만 원 이하의 벌금**에 처한다.

20 특정소방대상물에 설치·관리해야 하는 소방시설(기계)

기출유형

아파트로서 층수가 몇 층 이상인 것은 모든 층에 스프링클러를 설치하여야 하는가?

14년-1회, 개정반영

① 6층
② 11층
③ 15층
④ 20층

해설
용도와 상관없이 **층수가 6층 이상**인 특정소방대상물은 스프링클러설비를 설치하여야 한다.

| 정답 | ①

족집게 과외

❶ 특정소방대상물에 설치·관리해야 하는 소방시설(기계)

소방시설	대 상
소화기구	① 연면적 $33m^2$ 이상인 것 ② 노유자 시설의 경우에는 투척용 소화용구 등을 화재안전기준에 따라 산정된 소화기 수량의 2분의 1 이상으로 설치할 수 있다.
자동 소화장치	① 주거용 주방자동소화장치 : 아파트등 및 오피스텔의 모든 층 ② 상업용 주방자동소화장치 : 일반음식점, 집단급식소
스프링클러	① 층수가 6층 이상인 특정소방대상물 ② 판매시설, 운수시설 및 창고시설(물류터미널로 한정한다)로서 바닥면적의 합계가 5천m^2 이상이거나 수용인원이 500명 이상 ③ 조산원, 산후조리원, 정신의료기관, 병원, 노유자시설, 숙박시설, 수련시설(숙박 가능)의 바닥면적의 합계가 $600m^2$ 이상 ④ 창고시설(물류터미널은 제외한다)로서 바닥면적 합계가 5천m^2 이상 ⑤ 지하가(터널 제외)로서 연면적 1천m^2 이상인 것 ⑥ 복합건축물로서 연면적 5천m^2 이상
물분무등	① 항공기격납고 ② 건축물의 내부에 설치된 차고·주차장으로서 차고 또는 주차의 용도로 사용되는 면적이 $200m^2$ 이상인 경우 해당 부분 ③ 기계장치에 의한 주차시설을 이용하여 20대 이상의 차량을 주차할 수 있는 시설
옥외소화전	지상 1층 및 2층의 바닥면적의 합계가 9천m^2 이상인 것
인명 구조기구	① 지하층을 포함하는 층수가 7층 이상인 것 중 관광호텔 용도로 사용하는 층 ② 지하층을 포함하는 층수가 5층 이상인 것 중 병원 용도로 사용하는 층
제연설비	① 문화 및 집회시설, 종교시설, 운동시설 중 무대부의 바닥면적이 $200m^2$ 이상 ② 문화 및 집회시설 중 영화상영관으로서 수용인원 100명 이상 ③ 지하층이나 무창층에 설치된 근린생활시설, 판매시설, 운수시설, 숙박시설, 위락시설, 의료시설, 노유자시설 또는 창고시설(물류터미널로 한정한다)로서 해당 용도로 사용되는 바닥면적의 합계가 1천m^2 이상 ④ 운수시설 중 시외버스정류장, 철도 및 도시철도 시설, 공항시설 및 항만시설의 대기실 또는 휴게시설로서 지하층 또는 무창층의 바닥면적이 1천m^2 이상인 경우에는 모든 층 ⑤ 지하가(터널 제외)로서 연면적 $1,000m^2$ 인 것
연결살수	① 지하층으로서 바닥면적의 합계가 $150m^2$ 이상 ② 국민주택규모 이하인 아파트등의 지하층(대피시설로 사용하는 것만 해당한다)과 교육연구시설 중 학교의 지하층의 경우에는 $700m^2$ 이상

※ 설비별 출제 빈도 : 스프링클러＞소화기구＞제연설비, 연결살수, 인명구조기구, 물분무등＞그 외

정답 01 ② 02 ① 03 ① 04 ③

기출유형 완성하기

01 다음 중 면적이나 구조에 관계없이 물분무등소화설비를 반드시 설치하여야 하는 특정소방대상물은? `07년-4회`

① 주차장
② 항공기격납고
③ 발전실, 변전실
④ 주차용건축물

해설
항공기격납고는 면적이나 구조와 관계없이 물분무등 소화설비를 설치하여야 한다.

02 소방시설 설치 및 관리에 관한 법령상 특정소방대상물의 관계인이 특정소방대상물의 규모·용도 및 수용인원 등을 고려하여 갖추어야 하는 소방시설의 종류에 대한 기준 중 다음 ( ) 안에 알맞은 것은? `21년-4회`

> 화재안전기준에 따라 소화기구를 설치하여야 하는 특정소방대상물은 연면적 (㉠)m^2 이상인 것. 다만, 노유자시설의 경우에는 투척용 소화용구 등을 화재안전기준에 따라 산정된 소화기 수량의 (㉡) 이상으로 설치할 수 있다.

① ㉠ 33, ㉡ 1/2
② ㉠ 33, ㉡ 1/5
③ ㉠ 50, ㉡ 1/2
④ ㉠ 50, ㉡ 1/5

해설
소화기구를 설치해야 하는 특정소방대상물은 연면적 $33m^2$ 이상인 것. 다만, 노유자시설의 경우에는 투척용 소화용구 등을 화재안전기준에 따라 산정된 소화기 수량의 **2분의 1 이상**으로 설치할 수 있다.

03 소방시설 설치 및 관리에 관한 법령상 스프링클러설비를 설치하여야 하는 특정소방대상물의 기준으로 틀린 것은? (단, 위험물 저장 및 처리시설 중 가스시설 또는 지하구는 제외한다) `20년-3회`

① 복합건축물로서 연면적 $3,500m^2$ 이상인 경우에는 모든 층
② 창고시설(물류터미널은 제외)로서 바닥면적 합계가 $5,000m^2$ 이상인 경우에는 모든 층
③ 숙박이 가능한 수련시설 용도로 사용되는 시설의 바닥면적의 합계가 $600m^2$ 이상인 것은 모든 층
④ 판매시설, 운수시설 및 창고시설(물류터미널에 한정)로서 바닥면적의 합계가 $5,000m^2$ 이상이거나 수용인원이 500명 이상인 경우에는 모든 층

해설
복합건축물로서 연면적 5천m^2 이상인 특정소방대상물은 스프링클러설비를 설치하여야 한다.

04 소방시설 설치 및 관리에 관한 법령상 지하가는 연면적이 최소 몇 m^2 이상이어야 스프링클러설비를 설치하여야 하는 특정소방대상물에 해당하는가? (단, 터널은 제외한다) `21년-1회`

① 100
② 200
③ 1,000
④ 2,000

해설
지하가(터널 제외)로서 **연면적 1천m^2 이상**인 것은 스프링클러설비를 설치하여야 한다.

기출유형 완성하기

🔒 정답 05 ③ 06 ④ 07 ② 08 ④

05 교육연구시설 중 학교 지하층은 바닥면적의 합계가 몇 m^2 이상인 경우 연결살수설비를 설치해야 하는가? 〔16년-4회〕

① 500
② 600
③ 700
④ 1,000

해설
교육연구시설 중 학교의 지하층의 경우에는 $700m^2$ 이상인 경우 연결살수설비를 설치하여야 한다.

06 소화활동설비에서 제연설비를 설치하여야 하는 특정소방대상물의 기준으로 틀린 것은? 〔12년-4회, 개정반영〕

① 문화집회 및 운동시설로서 무대부의 바닥면적이 $200[m^2]$ 이상인 것
② 근린생활시설·위락시설·판매시설, 숙박시설 등으로서 지하층으로 바닥면적의 합계가 $1,000[m^2]$ 이상인 것
③ 지하가(터널을 제외한다)로서 연면적 $1,000[m^2]$ 이상인 것
④ 문화 및 집회시설 중 영화상영관으로서 수용인원 200명 이상인 경우

해설
문화 및 집회시설 중 **영화상영관으로서 수용인원 100명 이상**인 경우 제연설비를 설치하여야 한다.

07 다음 중 인명구조기구를 설치하여야 할 특정소방대상물에 속하는 것은? 〔08년-4회〕

① 지하층을 포함하는 층수가 16층 이상인 아파트 및 7층 이상인 백화점
② 지하층을 포함하는 층수가 7층 이상인 관광호텔 및 5층 이상인 병원
③ 지하층을 포함하는 층수가 5층 이상인 무도학원 및 7층 이상인 영화관
④ 지하층을 포함하는 층수가 5층 이상인 오피스텔 및 관광휴게시설

해설
인명구조기구의 설치대상
• 지하층을 포함하는 층수가 7층 이상인 것 중 관광호텔 용도로 사용하는 층
• 지하층을 포함하는 층수가 5층 이상인 것 중 병원 용도로 사용하는 층

08 옥외소화전설비를 설치하여야 할 소방대상물은 지상 1층 및 2층의 바닥면적의 합계가 몇 m^2 이상인 것인가? 〔06년-2회〕

① 5,000
② 7,000
③ 8,000
④ 9,000

해설
특정소방대상물 중 지상 1층 및 2층의 바닥면적의 합계가 $9천m^2$ 이상인 것은 옥외소화전을 설치하여야 한다.

21 특정소방대상물에 설치·관리해야 하는 소방시설(전기)

기출유형

자동화재탐지설비를 설치하여야 하는 특정소방대상물의 기준으로 틀린 것은? `25년`

① 지하구
② 지하가 중 터널로서 길이 500m 이상인 것
③ 교정시설로서 연면적 1,000m^2 이상인 것
④ 복합건축물로서 연면적 600m^2 이상인 것

해설
지하가 중 터널로서 길이가 1천m 이상인 특정소방대상물은 자동화재탐지설비를 설치하여야 한다.

| 정답 | ②

족집게 과외

❶ 특정소방대상물에 설치·관리해야 하는 소방시설(전기)

소방시설	대상
단독경보형감지기	① 교육연구시설 또는 수련시설 내에 있는 기숙사 또는 합숙소로서 연면적 2천m^2 미만인 것 ② 연면적 400m^2 미만의 유치원 ③ 숙박시설이 있는 수련시설(수용인원 100명 미만일 경우) ④ 공동주택 중 연립주택 및 다세대주택
비상경보설비	① 연면적 400m^2 이상 ② 지하층 또는 무창층의 바닥면적이 150m^2(공연장의 경우 100m^2) 이상 ③ 지하가 중 터널로서 길이가 500m 이상인 것
자동화재탐지설비	① 공동주택 중 아파트등·기숙사 및 숙박시설 ② 층수가 6층 이상인 건축물 ③ 근린생활시설(목욕장 제외), 의료시설(정신의료기관 및 요양병원 제외), 위락시설, 장례시설 및 복합건축물로서 연면적 600m^2 이상 ④ 근린생활시설 중 목욕장, 문화 및 집회시설, 종교시설, 판매시설, 운수시설, 운동시설, 업무시설, 공장, 창고시설, 위험물 저장 및 처리 시설, 항공기 및 자동차 관련 시설, 교정 및 군사시설 중 국방·군사시설, 방송통신시설, 발전시설, 관광 휴게시설, 지하가(터널 제외)로서 연면적 1천m^2 이상 ⑤ 교육연구시설(합숙소 포함), 수련시설, 동물 및 식물 관련 시설, 자원순환 관련 시설, 교정 및 군사시설, 묘지 관련 시설로서 연면적 2천m^2 이상 ⑥ 노유자생활시설, 판매시설 중 전통시장, 조산원, 산후조리원 ⑦ 지하가 중 터널로서 길이가 1천m 이상 ⑧ 지하구
자동화재속보설비	① 노유자 생활시설 ② 노유자시설, 수련시설(숙박시설이 있는 것만 해당)로서 바닥면적이 500m^2 이상인 층이 있는 것 ③ 정신병원 및 의료재활시설로 사용되는 바닥면적의 합계가 500m^2 이상인 층이 있는 것 ④ 의원, 치과의원, 한의원 등으로서 입원실이 있는 시설, 조산원, 산후조리원 ⑤ ○○병원(의료재활시설 제외), 판매시설 중 전통시장
비상조명등	① 지하층을 포함하는 층수가 5층 이상인 건축물로서 연면적 3천m^2 이상 ② 지하층 또는 무창층의 바닥면적이 450m^2 이상 ③ 지하가 중 터널로서 그 길이가 500m 이상

기출유형 완성하기

정답 01 ① 02 ④ 03 ④ 04 ②

01 비상조명등을 설치하여야 할 소방대상물의 기준은? `04년-1회`

① 층수 : 5층 이상, 연면적 : $3,000m^2$ 이상
② 층수 : 5층 이상, 연면적 : $4,000m^2$ 이상
③ 층수 : 7층 이상, 연면적 : $3,000m^2$ 이상
④ 층수 : 7층 이상, 연면적 : $4,000m^2$ 이상

해설
지하층을 포함하는 층수가 **5층 이상**인 건축물로서 **연면적 3천m^2 이상**인 특정소방대상물은 비상조명등을 설치하여야 한다.

02 자동화재속보설비를 설치하여야 하는 특정소방대상물은? `14년-2회`

① 연면적 $800m^2$인 아파트
② 연면적 $800m^2$인 기숙사
③ 바닥면적이 $1,000m^2$인 층이 있는 발전시설
④ 바닥면적이 $500m^2$인 층이 있는 노유자시설

해설
노유자시설, 수련시설(숙박시설이 있는 것만 해당)로서 **바닥면적이 $500m^2$ 이상인 층**이 있는 특정소방대상물은 자동화재속보설비를 설치하여야 한다.

03 단독경보형 감지기를 설치하여야 하는 특정소방대상물에 속하지 않는 것은? `10년-1회, 개정반영`

① 연립주택
② 연면적 $400m^2$ 미만의 유치원
③ 다세대주택
④ 교육연구시설 내에 있는 연면적 3천제곱미터 미만의 합숙소

해설
교육연구시설 또는 수련시설 내에 있는 기숙사 또는 합숙소로서 **연면적 2천m^2 미만**인 특정소방대상물은 단독경보형 감지기를 설치하여야 한다.

04 근린생활시설 중 일반목욕장인 경우 연면적 몇 m^2 이상이면 자동화재탐지설비를 설치해야 하는가? `12년-2회`

① 500
② 1,000
③ 1,500
④ 2,000

해설
근린생활시설 중 일반목욕장으로서 **연면적 1천m^2 이상**인 특정소방대상물은 자동화재탐지설비를 설치하여야 한다.

🔒 정답 05 ④ 06 ④ 07 ④ 08 ②

기출유형 완성하기

05 비상경보설비를 설치하여야 할 특정소방대상물이 아닌 것은? `15년-2회, 개정반영`

① 지하가 중 터널로서 길이가 $500m$ 이상인 것
② 사람이 거주하고 있는 연면적 $400m^2$ 이상인 건축물
③ 지하층의 바닥면적이 $100m^2$ 이상으로 공연장인 건축물
④ 35명의 근로자가 작업하는 옥내작업장

해설
35명의 근로자가 작업하는 옥내작업장은 비상경보설비의 설치대상이 아니다.
Tip 소방법에는 소방법에 있는 용어로 법규가 표현된다(예 사람의 수는 수용인원).

06 자동화재탐지설비 설치대상으로 틀린 것은? `05년-2회`

① 근린생활시설로서 연면적 $600m^2$ 이상인 것
② 교육연구시설로서 연면적 $2,000m^2$ 이상인 것
③ 지하구
④ 길이 $500m$ 이상의 터널

해설
지하가 중 터널로서 길이가 **1천m 이상**인 특정소방대상물은 자동화재탐지설비를 설치하여야 한다.

07 경보설비 중 단독경보형 감지기를 설치해야 하는 특정소방대상물의 기준으로 틀린 것은? `17년-4회, 개정반영`

① 공동주택 중 연립주택 및 다세대주택
② 연면적 $400m^2$ 미만의 유치원
③ 수련시설 내에 있는 연면적 $2,000m^2$ 미만의 합숙소
④ 교육연구시설 내에 있는 연면적 $3,000m^2$ 미만의 합숙소

해설
교육연구시설 내에 있는 기숙사 또는 합숙소로서 **연면적 2천m^2 미만**인 특정소방대상물은 단독경보형 감지기를 설치하여야 한다.

08 소방시설 설치 및 관리에 관한 법령상 자동화재탐지설비를 설치하여야 하는 특정소방대상물에 대한 기준 중 (   )에 알맞은 것은? `21년-1회, 개정반영`

> 근린생활시설(목욕장 제외), 의료시설(정신의료기관 또는 요양병원 제외), 위락시설, 장례시설 및 복합건축물로서 연면적 (   )m^2 이상인 것

① 400
② 600
③ 1,000
④ 3,500

해설
근린생활시설(목욕장은 제외한다), **의료시설**(정신의료기관 및 요양병원은 제외한다), **위락시설**, 장례시설 및 복합건축물로서 **연면적 $600m^2$ 이상**인 특정소방대상물은 자동화재탐지설비를 설치하여야 한다.

CHAPTER 21 | 특정소방대상물에 설치·관리해야 하는 소방시설(전기)

22 소방시설 설치의 면제기준 및 범위

기출유형

특정소방대상물의 소방시설 설치의 면제기준 중 다음 (   ) 안에 알맞은 것은? 17년-4회

> 비상경보설비 또는 단독경보형 감지기를 설치하여야 하는 특정소방대상물에 (   )를 화재안전기준에 적합하게 설치한 경우에는 그 설비의 유효범위에서 설치가 면제된다.

① 자동화재탐지설비
② 스프링클러설비
③ 비상조명등
④ 무선통신보조설비

해설
비상경보설비 또는 단독경보형 감지기는 자동화재탐지설비 또는 화재알림설비를 설치하는 경우 면제된다.

|정답| ①

> 족집게 과외

❶ 소방시설 설치의 면제기준

면제설비	설치가 면제되는 기준
스프링클러	① 적응성 있는 자동소화장치 또는 물분무등소화설비를 화재안전기준에 적합하게 설치한 경우 ② 전기저장시설에 소화설비를 소방청장이 정하여 고시하는 방법에 따라 설치한 경우
간이스프링	스프링클러설비, 물분무소화설비 또는 미분무소화설비를 화재안전기준에 적합하게 설치한 경우
물분무등	차고·주차장에 스프링클러설비를 화재안전기준에 적합하게 설치한 경우
비상경보	단독경보형 감지기를 2개 이상의 단독경보형 감지기와 연동하여 설치한 경우
비상경보& 단독경보형	자동화재탐지설비 또는 화재알림설비를 화재안전기준에 적합하게 설치한 경우
자동화재 탐지	자동화재탐지설비의 기능(감지·수신·경보기능을 말한다)과 성능을 가진 화재알림설비, 스프링클러설비 또는 물분무등소화설비를 화재안전기준에 적합하게 설치한 경우
상수도 소화용수	특정소방대상물의 각 부분으로부터 수평거리 $140m$ 이내에 공공의 소방을 위한 소화전이 화재안전기준에 적합하게 설치되어 있는 경우
연결살수	송수구를 부설한 스프링클러설비, 간이스프링클러설비, 물분무소화설비 또는 미분무소화설비를 화재안전기준에 적합하게 설치한 경우

※ 상위설비 설치 시 면제 : ① 물분무등＞스프링클러＞간이스프링클러＞연결살수
　　　　　　　　　　　　② 자동화재탐지＞비상경보

❷ 소방시설을 설치하지 않을 수 있는 특정소방대상물 및 소방시설의 범위

특정소방대상물	설치하지 않을 수 있는 소방시설
석재, 불연성 금속, 불연성 건축재료 등의 가공공장·기계조립 공장 또는 불연성 물품을 저장하는 창고	옥외소화전, 연결살수설비
펄프 공장의 작업장, 음료수 공장의 세정 또는 충전을 하는 작업장, 그 밖에 이와 비슷한 용도로 사용하는 것	스프링클러설비, 상수도소화용수설비, 연결살수설비
정수장, 수영장, 목욕장, 농예·축산·어류양식용 시설, 그 밖에 이와 비슷한 용도로 사용되는 것	자동화재탐지설비, 상수도소화용수설비, 연결살수설비
원자력발전소, 중·저준위방사성폐기물의 저장시설	연결송수관설비, 연결살수설비
자체소방대가 설치된 제조소등에 부속된 사무실	옥내소화전설비, 소화용수설비, 연결살수설비, 연결송수관설비

기출유형 완성하기

🔒 정답 01 ④ 02 ③ 03 ④ 04 ②

01 다음의 소방시설이 설치기준에 적합하게 설치되어 있더라도 당해 설비의 유효범위 안의 부분에 자동화재탐지설비를 면제받을 수 없는 것은? 〈03년-4회〉

① 스프링클러설비
② 물분무소화설비
③ 포소화설비
④ 연결살수설비

해설
자동화재탐지설비는 자동화재탐지설비의 기능(감지·수신·경보기능을 말한다)과 성능을 가진 화재알림설비, **스프링클러설비** 또는 **물분무등소화설비**를 화재안전기준에 적합하게 설치한 경우 설치가 면제된다.

Tip 연결살수설비는 감지, 수신, 경보기능이 없다.

02 소방시설 설치 및 관리에 관한 법령상 펄프 공장의 작업장, 음료수 공장의 충전을 하는 작업장 등과 같이 화재안전기준을 적용하기 어려운 특정소방대상물에 설치하지 아니할 수 있는 소방시설의 종류가 아닌 것은? 〈21년-2회〉

① 상수도소화용수설비
② 스프링클러설비
③ 연결송수관설비
④ 연결살수설비

해설

특정소방대상물	설치하지 않을 수 있는 소방시설
펄프 공장의 작업장, 음료수 공장의 세정 또는 충전을 하는 작업장, 그 밖에 이와 비슷한 용도로 사용하는 것	스프링클러설비, 상수도소화용수설비, 연결살수설비

03 특정소방대상물의 각 부분으로부터 수평거리 $140m$ 이내에 공공의 소방을 위한 소화전이 화재안전기준이 정하는 바에 따라 적합하게 설치되어 있는 경우에 설치가 면제되는 것은? 〈13년-4회〉

① 옥외소화전
② 연결송수관
③ 연소방지설비
④ 상수도소화용수설비

해설
상수도소화용수설비는 특정소방대상물의 각 부분으로부터 수평거리 $140m$ 이내에 공공의 소방을 위한 소화전이 화재안전기준에 적합하게 설치되어 있는 경우 설치가 면제된다.

04 소방시설 설치 및 관리에 관한 법령상 특정소방대상물의 소방시설 설치의 면제기준 중 다음 ( ) 안에 알맞은 것은? 〈21년-1회, 개정반영〉

> 물분무등소화설비를 설치하여야 하는 차고·주차장에 ( )를 화재안전기준에 적합하게 설치한 경우에는 그 설비의 유효범위에서 설치가 면제된다.

① 옥내소화전설비
② 스프링클러설비
③ 간이스프링클러설비
④ 옥외소화전설비

해설
물분무등소화설비는 차고·주차장에 **스프링클러설비**를 화재안전기준에 적합하게 설치한 경우 설치가 면제된다.

23 수용인원과 임시소방시설

기출유형

다음 조건을 참고하여 숙박시설이 있는 특정소방대상물의 수용인원 산정 수로 옳은 것은?

|19년-4회|

> 침대가 있는 숙박시설로서 1인용 침대의 수는 20개이고, 2인용 침대의 수는 10개이며, 종업원의 수는 3명이다.

① 33명
② 40명
③ 43명
④ 46명

해설
종사자 수+침대 수(2인용 침대는 2개)를 합한 수이므로 수용인원은 $3+(1\times20)+(2\times10)=43$[명]이다.

|정답| ③

족집게 과외

❶ 수용인원의 산정방법(소수점 이하의 수는 반올림)

구 분		산정방법
숙박시설이 있는 특정소방대상물	침대가 있는 숙박시설	종사자 수+침대 수(2인용 침대는 2개)를 합한 수
	침대가 없는 숙박시설	종사자 수+숙박시설 바닥면적 합계를 $3m^2$로 나눈 수
강의실·교무실·상담실·실습실·휴게실 용도로 쓰는 특정소방대상물		해당 용도로 사용하는 바닥면적의 합계를 $1.9m^2$로 나눈 수
강당, 문화 및 집회시설, 운동시설, 종교시설		해당 용도로 사용하는 바닥면적의 합계를 $4.6m^2$로 나눈 수 (관람석이 있는 경우 고정식 의자를 설치한 부분은 의자 수, 긴 의자의 경우 의자의 정면너비를 $0.45m$로 나누어 얻은 수)
그 밖의 특정소방대상물		해당 용도로 사용하는 바닥면적의 합계를 $3m^2$로 나눈 수

※ 소수점 이하의 수는 반올림한다.

❷ 임시소방시설

구 분	공사의 종류와 규모
공 통	소방본부장 또는 소방서장의 동의를 받아야 하는 특정소방대상물의 신축·증축·개축·재축·이전·용도변경 또는 대수선 등을 위한 공사 중 화재위험작업의 현장에 설치한다.
소화기	모든 화재위험작업의 현장
간이소화장치	① 연면적 $3천m^2$ 이상 ② 지하층, 무창층 또는 4층 이상의 층 → 이 경우 해당 층의 바닥면적이 $600m^2$ 이상인 경우만 해당한다.
비상경보장치	① 연면적 $400m^2$ 이상 ② 지하층 또는 무창층. 이 경우 해당 층의 바닥면적이 $150m^2$ 이상인 경우만 해당한다.
가스누설경보기	바닥면적이 $150m^2$ 이상인 지하층 또는 무창층의 화재위험작업현장에 설치한다.
간이피난유도선	
비상조명등	
방화포	용접·용단 작업이 진행되는 화재위험작업현장에 설치한다.

❸ 화재위험작업(인화성 물품을 취급하는 작업 등 대통령령으로 정하는 작업)

구 분	내 용
화재위험 작업	① 인화성·가연성·폭발성 물질을 취급하거나 가연성 가스를 발생시키는 작업 ② 용접·용단 등 불꽃을 발생시키거나 화기를 취급하는 작업 ③ 전열기구, 가열전선 등 열을 발생시키는 기구를 취급하는 작업 ④ 알루미늄, 마그네슘 등을 취급하여 폭발성 부유분진을 발생시킬 수 있는 작업

정답 01 ④ 02 ④ 03 ④ 04 ④

기출유형 완성하기

01 소방시설 설치 및 관리에 관한 법령에 따른 특정소방대상물의 수용인원의 산정방법 기준 중 틀린 것은? `18년-4회`

① 침대가 있는 숙박시설의 경우는 해당 특정소방대상물의 종사자 수에 침대 수(2인용 침대는 2인으로 산정)를 합한 수
② 침대가 없는 숙박시설의 경우는 해당 특정소방대상물의 종사자 수에 숙박시설 바닥면적의 합계를 $3m^2$로 나누어 얻은 수를 합한 수
③ 강의실 용도로 쓰이는 특정소방대상물의 경우는 해당 용도로 사용하는 바닥면적의 합계를 $1.9m^2$로 나누어 얻은 수
④ 문화 및 집회시설의 경우는 해당 용도로 사용하는 바닥면적의 합계를 $2.6m^2$로 나누어 얻은 수

해설
강당, 문화 및 집회시설, 운동시설, 종교시설의 경우 해당 용도로 사용하는 바닥면적의 합계를 $4.6m^2$로 나눈 수

02 소방시설 설치 및 관리에 관한 법령상 종사자 수가 5명이고, 숙박시설이 모두 2인용 침대이며 침대수량은 50개인 청소년 시설에서 수용인원은 몇 명인가? `19년-2회`

① 55
② 75
③ 85
④ 105

해설
종사자 수+침대 수(2인용 침대는 2개)를 합한 수이므로 수용인원은 $5+(2\times50)=105$[명]이다.

03 소방시설 설치 및 관리에 관한 법령에 따른 임시소방시설 중 간이소화장치를 설치하여야 하는 공사의 작업현장의 규모의 기준 중 다음 ( ) 안에 알맞은 것은? `18년-4회`

– 연면적 (　　)m^2 이상
– 지하층, 무창층 또는 (　　)층 이상의 층인 경우 해당 층의 바닥면적이 (　　)m^2 이상인 경우만 해당

① ㉠ 1,000, ㉡ 6, ㉢ 150
② ㉠ 1,000, ㉡ 6, ㉢ 600
③ ㉠ 3,000, ㉡ 4, ㉢ 150
④ ㉠ 3,000, ㉡ 4, ㉢ 600

해설
임시소방시설 중 간이소화장치의 설치대상
• 연면적 **3천**m^2 **이상**
• 지하층, 무창층 또는 **4층 이상**의 층인 경우 해당 층의 바닥면적이 $600m^2$ **이상**인 경우만 해당

04 소방시설 설치 및 관리에 관한 법령상, 인화성 물품을 취급하는 작업 등 대통령령으로 정하는 작업이 아닌 것은? `기출변형`

① 인화성·가연성·폭발성 물질을 취급하거나 가연성 가스를 발생시키는 작업
② 용접·용단 등 불꽃을 발생시키거나 화기를 취급하는 작업
③ 전열기구, 가열전선 등 열을 발생시키는 기구를 취급하는 작업
④ 불연성 부유분진을 발생시킬 수 있는 작업

해설
알루미늄, 마그네슘 등을 취급하여 **폭발성 부유분진을** 발생시킬 수 있는 작업

24 건축허가등의 동의대상물의 범위

기출유형

건축허가 등을 함에 있어서 소방본부장 또는 소방서장의 동의를 받아야 하는 건축물 등의 범위가 아닌 것은?

12년-4회

① 차고·주차장으로 사용되는 층 중 바닥면적이 150[m^2] 이상인 층이 있는 시설
② 항공기격납고, 관망탑, 항공관제탑, 방송용 송·수신탑
③ 지하층 또는 무창층이 있는 건축물로서 바닥면적이 150[m^2] 이상인 층이 있는 것
④ 승강기 등 기계장치에 의한 주차시설로서 자동차 20대 이상을 주차할 수 있는 시설

해설
차고·주차장으로 사용되는 **바닥면적이** $200m^2$ **이상인 층**이 있는 건축물이나 주차시설

|정답| ①

족집게 과외

❶ 건축허가등

구 분	내 용
개 념	건축물 등의 신축·증축·개축·재축·이전·용도변경 또는 대수선의 허가·협의 및 사용승인을 할 때 미리 소방본부장 또는 소방서장의 동의를 받아야 하는 건축물 등의 범위는 다음과 같다.
건축허가등 대상	① 연면적이 $400m^2$ 이상인 건축물이나 시설 ② 학교시설 : $100m^2$ 이상 ③ 노유자시설 및 수련시설 : $200m^2$ 이상 ④ 정신의료기관, 장애인 의료재활시설 : $300m^2$ 이상 ⑤ 지하층 또는 무창층이 있는 건축물로서 바닥면적이 $150m^2$(공연장은 $100m^2$) 이상인 층이 있는 것 ⑥ 차고·주차장으로 사용되는 바닥면적이 $200m^2$ 이상인 층이 있는 건축물이나 주차시설 ⑦ 승강기 등 기계장치에 의한 주차시설로서 자동차 20대 이상을 주차할 수 있는 시설 ⑧ 층수가 6층 이상인 건축물 ⑨ 항공기격납고, 관망탑, 항공관제탑, 방송용 송수신탑 ⑩ 의원(입원실이 있는 것으로 한정)·조산원·산후조리원, 위험물 저장 및 처리시설, 발전시설 중 풍력발전소·전기저장시설, 지하구 ⑪ 노인주거복지시설, 노인의료복지시설, 재가노인복지시설, 학대피해노인 전용쉼터, 아동복지시설, 장애인 거주시설, 정신질환자 관련 시설 ⑫ 노숙인자활시설, 노숙인재활시설, 노숙인요양시설 ⑬ 결핵환자나 한센인이 24시간 생활하는 노유자시설 ⑭ 요양병원(의료재활시설 제외) ⑮ 공장 또는 창고시설로서 기준수량의 750배 이상의 특수가연물을 저장·취급하는 것 ⑯ 가스시설로서 지상에 노출된 탱크의 저장용량의 합계가 100톤 이상인 것
회신 기한	동의 요구를 받은 소방본부장 또는 소방서장은 건축허가등의 동의 요구서류를 접수한 날부터 5일 이내에 건축허가등의 동의 여부를 회신해야 한다.
	해당 특정소방대상물은 10일 이내 회신 ① 50층 이상(지하층 제외) or 지상으로부터 높이 $200m$ 이상인 아파트 ② 30층 이상(지하층 포함) or 지상으로부터 높이 $120m$ 이상인 특정소방대상물(아파트 제외) ③ 연면적 10만m^2 이상인 특정소방대상물(아파트 제외)
	건축허가등의 동의를 요구한 기관이 그 건축허가등을 취소했을 때에는 취소한 날부터 7일 이내에 건축물 등의 소재지를 관할하는 소방본부장 또는 소방서장에게 그 사실을 통보해야 한다.

기출유형 완성하기

정답 01 ③ 02 ② 03 ① 04 ④

01 건축물 등의 신축·증축 동의요구를 소재시 관할 소방본부장 또는 소방서장에게 한 경우 소방본부장 또는 소방서장은 건축허가 등의 동의요구서류를 접수한 날부터 며칠 이내에 건축허가 등의 동의 여부를 회신하여야 하는가?
(단, 허가 신청한 건축물이 연면적이 20만m^2 이상의 특정소방대상물인 경우이다) `14년-1회`

① 5일
② 7일
③ 10일
④ 30일

해설
연면적 10만m^2 이상인 특정소방대상물(아파트 제외)은 건축허가등의 동의 요구서류를 접수한 날부터 10일 이내에 건축허가등의 동의 여부를 회신해야 한다.

02 승강기 등 기계장치에 의한 주차시설로서 자동차 몇 대 이상 주차할 수 있는 시설을 할 경우, 소방본부장 또는 소방서장의 건축허가 등의 동의를 받아야 하는가? `14년-2회`

① 10대
② 20대
③ 30대
④ 50대

해설
승강기 등 기계장치에 의한 주차시설로서 자동차 20대 이상을 주차할 수 있는 시설

03 건축허가 등을 함에 있어서 미리 소방본부장 또는 소방서장의 동의를 받아야 하는 건축물 등의 범위기준이 아닌 것은? `22년-2회`

① 노유자시설 및 수련시설로서 연면적 100m^2 이상인 건축물
② 지하층 또는 무창층이 있는 건축물로서 바닥면적이 150m^2 이상인 층이 있는 것
③ 차고·주차장으로 사용되는 바닥면적이 200m^2 이상인 층이 있는 건축물이나 주차시설
④ 장애인 의료재활시설로서 연면적 300m^2 이상인 건축물

해설
노유자시설 및 수련시설로서 200m^2 이상인 경우 건축허가등의 동의 대상이다.

04 소방시설 설치 및 관리에 관한 법령상 건축허가 등의 동의 대상물의 범위로 틀린 것은? `21년-2회`

① 항공기격납고
② 방송용 송·수신탑
③ 연면적이 400제곱미터 이상인 건축물
④ 지하층 또는 무창층이 있는 건축물로서 바닥면적이 50제곱미터 이상인 층이 있는 것

해설
지하층 또는 무창층이 있는 건축물로서 바닥면적이 150m^2 (공연장은 100m^2) 이상인 층이 있는 것

정답 05 ③ 06 ③ 07 ② 08 ③

기출유형 완성하기

05 소방시설 설치 및 관리에 관한 법령상 건축허가 등을 할 때 미리 소방본부장 또는 소방서장의 동의를 받아야 하는 건축물 등의 범위가 아닌 것은? `22년-1회`

① 연면적 $200m^2$ 이상인 노유자시설 및 수련시설
② 항공기격납고, 관망탑
③ 차고·주차장으로 사용되는 바닥면적이 $100m^2$ 이상인 층이 있는 건축물
④ 지하층 또는 무창층이 있는 건축물로서 바닥면적이 $150m^2$ 이상인 층이 있는 것

해설
차고·주차장으로 사용되는 바닥면적이 $200m^2$ **이상**인 층이 있는 건축물이나 주차시설

06 소방본부장 또는 소방서장은 건축허가등의 동의 요구서류를 접수한 날부터 최대 며칠 이내에 건축허가등의 동의 여부를 회신하여야 하는가? (단, 허가 신청한 건축물은 지상으로부터 높이가 $200m$인 아파트이다) `17년-1회`

① 5일
② 7일
③ 10일
④ 15일

해설
50층 이상(지하층 제외) or 지상으로부터 높이 $200m$ 이상인 아파트는 건축허가등의 동의 요구서류를 접수한 날부터 10일 이내에 건축허가등의 **동의 여부**를 회신해야 한다.

07 다음 중 연면적 3만m^2 미만의 건축물의 건축허가 및 사용승인 동의 여부 회신기간으로 올바른 것은? (단, 보완기간은 필요하지 않는 경우이다) `07년-1회, 개정반영`

① 3일 이내
② 5일 이내
③ 7일 이내
④ 10일 이내

해설
동의 요구를 받은 소방본부장 또는 소방서장은 건축허가등의 동의 요구서류를 접수한 날부터 **5일 이내**에 건축허가등의 **동의 여부를 회신**해야 한다.

08 다음의 건축물 중에서 건축허가 등을 함에 있어 미리 소방본부장 또는 소방서장의 동의를 받아야 하는 범위에 속하는 것은? `25년`

① 바닥면적 $100m^2$으로 주차장 층이 있는 시설
② 연면적 $100m^2$으로 수련시설이 있는 건축물
③ 바닥면적 $100m^2$으로 무창층 공연장이 있는 건축물
④ 연면적 $100m^2$의 노유자시설이 있는 건축물

해설
① 주차장 → 바닥면적이 $200m^2$ 이상인 층
② 수련시설 → $200m^2$ 이상
④ 노유자시설 → $200m^2$ 이상

CHAPTER 24 | 건축허가등의 동의대상물의 범위

25 소방시설기준 적용의 특례

기출유형

대통령령 또는 화재안전기준의 변경으로 그 기준이 강화되는 경우 기존의 특정소방대상물의 소방시설 등에 강화된 기준을 적용해야 하는 소방시설로서 옳은 것은?

14년-4회, 개정반영

① 비상경보설비
② 옥내소화전설비
③ 스프링클러설비
④ 비상콘센트설비

해설
강화된 기준을 적용해야 하는 소방시설은 소화기구, 비상경보설비, 자동화재탐지설비, 자동화재속보설비, 피난구조설비 등이 있다.

| 정답 | ①

족집게 과외

❶ 강화된 화재안전기준의 적용대상

법 규	적용대상
① 기존 특정소방대상물은 기존 화재안전기준을 적용한다. ② 단, 해당 소방시설 또는 특정소방대상물은 화재안전기준이 강화된 경우 강화된 기준을 적용할 수 있다.	① 소화기구 ② 비상경보설비 ③ 자동화재탐지설비 ④ 자동화재속보설비 ⑤ 피난구조설비
	① 공동구 ② 전력 및 통신사업용 지하구 ③ 노유자시설 ④ 의료시설

❷ 증축 및 용도변경 시 소방시설기준 적용의 특례

구분	내 용
기준	소방본부장이나 소방서장은 기존의 특정소방대상물이 증축되거나 용도변경되는 경우에는 대통령령으로 정하는 바에 따라 증축 또는 용도변경 당시의 소방시설의 설치에 관한 대통령령 또는 화재안전기준을 적용한다.
증 축	소방본부장 또는 소방서장은 특정소방대상물이 증축되는 경우에는 기존 부분을 포함한 특정소방대상물의 전체에 대하여 증축 당시의 소방시설의 설치에 관한 대통령령 또는 화재안전기준을 적용해야 한다. 다만, 다음 어느 하나에 해당하는 경우에는 기존 부분에 대해서는 증축 당시의 소방시설의 설치에 관한 대통령령 또는 화재안전기준을 적용하지 않는다. ① 기존 부분과 증축 부분이 내화구조로 된 바닥과 벽으로 구획된 경우 ② 기존 부분과 증축 부분이 자동방화셔터 또는 60분+ 방화문으로 구획되어 있는 경우 ③ 자동차 생산공장 등 화재 위험이 낮은 특정소방대상물 내부에 연면적 $33m^2$ 이하의 직원 휴게실을 증축하는 경우 ④ 자동차 생산공장 등 화재 위험이 낮은 특정소방대상물에 캐노피를 설치하는 경우
용도 변경	소방본부장 또는 소방서장은 특정소방대상물이 용도변경되는 경우에는 용도변경되는 부분에 대해서만 용도변경 당시의 소방시설의 설치에 관한 대통령령 또는 화재안전기준을 적용한다. 다만, 다음의 어느 하나에 해당하는 경우에는 특정소방대상물 전체에 대하여 용도변경 전에 해당 특정소방대상물에 적용되던 소방시설의 설치에 관한 대통령령 또는 화재안전기준을 적용한다. ① 특정소방대상물의 구조·설비가 화재연소 확대 요인이 적어지거나 피난 또는 화재진압활동이 쉬워지도록 변경되는 경우 ② 용도변경으로 인하여 천장·바닥·벽 등에 고정되어 있는 가연성 물질의 양이 줄어드는 경우

Tip 증축 → 증축 부분과 기존 부분 모두 증축 당시 법 적용 → 단, 조건 만족 시 증축 부분만 현재 법 적용
용도변경 → 용도변경 부분만 용도변경 당시 법 적용

기출유형 완성하기

정답 01 ③ 02 ① 03 ①

01 특정소방대상물의 증축 또는 용도변경 시의 소방시설기준 적용의 특례에 관한 설명 중 옳지 않은 것은? 〔11년-1회〕

① 증축되는 경우에는 기존 부분을 포함한 전체에 대하여 증축 당시의 소방시설 등의 설치에 관한 대통령령 또는 화재안전기준을 적용한다.
② 증축 시 기존 부분과 증축되는 부분이 내화구조로 된 바닥과 벽으로 구획되어 있는 경우에는 기존 부분에 대하여는 증축 당시의 소방시설 등의 설치에 관한 대통령령 또는 화재안전기준을 적용하지 아니한다.
③ 용도변경되는 경우에는 기존 부분을 포함할 전체에 대하여 용도변경 당시의 소방시설 등의 설치에 관한 대통령령 또는 화재안전기준을 적용한다.
④ 용도변경 시 특정소방대상물의 구조·설비가 화재연소 확대 요인이 적어지거나 피난 또는 화재진압활동이 쉬워지도록 용도변경되는 경우에는 전체에 용도변경되기 전의 소방시설 등의 설치에 관한 대통령령 또는 화재안전기준을 적용한다.

해설
용도변경되는 경우에는 용도변경되는 부분에 대해서만 용도변경 당시의 소방시설의 설치에 관한 대통령령 또는 화재안전기준을 적용한다.

02 특정소방대상물에 설치하는 소방시설 등의 유지·관리 등에 있어 대통령령 또는 화재안전기준의 변경으로 그 기준이 강화되는 경우 변경 전의 대통령령 또는 화재안전기준이 적용되지 않고 강화된 기준이 적용되는 것은? 〔12년-1회〕

① 자동화재속보설비
② 옥내소화전설비
③ 간이스프링클러설비
④ 옥외소화전설비

해설
강화된 기준을 적용해야 하는 소방시설은 **소화기구, 비상경보설비, 자동화재탐지설비, 자동화재속보설비, 피난구조설비** 등이 있다.

03 특정소방대상물이 증축되는 경우 소방시설기준 적용에 관한 설명 중 옳은 것은? 〔11년-4회〕

① 기존 부분을 포함한 특정소방대상물의 전체에 대하여 증축 당시의 화재안전기준을 적용한다.
② 기존 부분을 포함한 특정소방대상물의 전체에 대하여 증축 전에 화재안전기준을 적용한다.
③ 특정소방대상물의 기존 부분은 증축 전에 적용되던 화재안전기준을 적용하고, 증축 부분은 증축 당시의 화재안전기준을 적용한다.
④ 특정소방대상물의 증축 부분은 증축 전에 적용되던 화재안전기준을 적용하고, 기존 부분은 증축 당시의 화재안전기준을 적용한다.

해설
특정소방대상물이 **증축되는 경우**에는 기존 부분을 포함한 특정소방대상물의 전체에 대하여 **증축 당시**의 소방시설의 설치에 관한 **대통령령 또는 화재안전기준을 적용**해야 한다.

정답 04 ①

04 소방시설 설치 및 관리에 관한 법령상 대통령령 또는 화재안전기준이 변경되어 그 기준이 강화되는 경우 기존 특정소방대상물 소방시설 중 강화된 기준을 적용하여야 하는 소방시설은?

21년-1회

① 비상경보설비
② 비상방송설비
③ 비상콘센트설비
④ 옥내소화전설비

해설
강화된 기준을 적용해야 하는 소방시설은 **소화기구, 비상경보설비, 자동화재탐지설비, 자동화재속보설비, 피난구조설비** 등이 있다.

26 성능위주설계 범위, 기술심의위원회

기출유형

소방시설 설치 및 관리에 관한 법상 중앙소방기술심의위원회의 심의사항이 아닌 것은? |18년-1회|

① 화재안전기준에 관한 사항
② 소방시설의 설계 및 공사감리의 방법에 관한 사항
③ 소방시설에 하자가 있는지의 판단에 관한 사항
④ 소방시설공사의 하자를 판단하는 기준에 관한 사항

해설
소방시설에 하자가 있는지의 판단에 관한 사항은 **지방소방기술심의위원회**의 심의사항이다.

|정답| ③

족집게 과외

❶ 성능위주설계 범위

구 분	내 용
대 상	① 연면적 20만m^2 이상인 특정소방대상물(아파트등은 제외) ② 50층 이상(지하층은 제외한다)이거나 지상으로부터 높이가 $200m$ 이상인 아파트등 ③ 30층 이상(지하층을 포함한다)이거나 지상으로부터 높이가 $120m$ 이상인 특정소방대상물(아파트등은 제외한다) ④ 연면적 3만m^2 이상인 철도 및 도시철도 시설 또는 공항시설 ⑤ 창고시설 중 연면적 10만m^2 이상인 것 또는 지하층의 층수가 2개 층 이상이고 지하층의 바닥면적의 합계가 3만m^2 이상인 것 ⑥ 영화상영관이 10개 이상인 특정소방대상물 ⑦ 지하연계 복합건축물에 해당하는 특정소방대상물 ⑧ 터널 중 수저(水底)터널 또는 길이가 5천미터 이상인 것

❷ 소방기술심의위원회

구 분	내 용
중앙소방 기술심의 위원회	① 화재안전기준에 관한 사항 ② 소방시설의 구조 및 원리 등에서 공법이 특수한 설계 및 시공에 관한 사항 ③ 소방시설의 설계 및 공사감리의 방법에 관한 사항 ④ 소방시설공사의 하자를 판단하는 기준에 관한 사항 ⑤ 신기술·신공법 등 검토·평가에 고도의 기술이 필요한 경우로서 중앙위원회에 심의를 요청한 사항 ⑥ 그 밖에 소방기술 등에 관하여 대통령령으로 정하는 사항
지방소방 기술심의 위원회	① 소방시설에 하자가 있는지의 판단에 관한 사항 ② 그 밖에 소방기술 등에 관하여 대통령령으로 정하는 사항

정답 01 ④ 02 ③ 03 ④ 04 ④

기출유형 완성하기

01 지방소방기술심의위원회의 심의사항은?
_{06년-1회}

① 화재안전기준에 관한 사항
② 소방시설의 구조와 원리 등에 있어서 공법이 특수한 설계 및 시공에 관한 사항
③ 소방시설 공사 하자의 판단기준에 관한 사항
④ 소방시설에 대한 하자 여부의 판단에 관한 사항

해설
①·②·③ 중앙소방기술심의위원회의 심의사항이다.

03 중앙소방기술심의위원회의 심의사항이 아닌 것은?
_{10년-1회}

① 화재안전기준에 관한 사항
② 소방시설의 구조와 원리 등에 있어서 공법이 특수한 설계 및 시공에 관한 사항
③ 소방시설의 설계 및 공사감리의 방법에 관한 사항
④ 소방시설에 대한 하자 여부의 판단에 관한 사항

해설
소방시설에 하자가 있는지의 판단에 관한 사항은 **지방**소방기술심의위원회의 심의사항이다.

02 성능위주설계를 하여야 하는 특정소방대상물의 범위의 기준으로 옳지 않은 것은?
_{14년-4회}

① 연면적 3만m^2 이상인 철도 및 도시철도 시설
② 연면적 20만m^2 이상인 특정소방대상물
③ 아파트를 포함한 건축물의 높이가 100m 이상인 특정소방대상물
④ 하나의 건축물에 영화 및 비디오물의 진흥에 관한 법률에 따른 영화상영관이 10개 이상인 특정소방대상물

해설
지상으로부터 높이가 120m **이상**인 특정소방대상물(아파트등은 **제외**한다)

04 성능위주설계를 실시하여야 하는 특정소방대상물의 범위 기준으로 틀린 것은?
_{17년-1회}

① 연면적 200,000m^2 이상인 특정소방대상물(아파트등은 제외)
② 지하층을 포함한 층수가 30층 이상인 특정소방대상물(아파트등은 제외)
③ 건축물의 높이가 120m 이상인 특정소방대상물(아파트등은 제외)
④ 하나의 건축물에 영화상영관이 5개 이상인 특정소방대상물

해설
영화상영관이 10개 **이상**인 특정소방대상물

CHAPTER 26 | 성능위주설계 범위, 기술심의위원회

27 작동점검과 종합점검

기출유형

소방시설 설치 및 관리에 관한 법률상 소방시설 등에 대한 자체점검 중 종합점검 대상인 것은?

20년-1·2회, 개정반영

① 제연설비가 설치되지 않은 터널
② 스프링클러설비가 설치된 아파트
③ 물분무등소화설비가 설치된 연면적이 5,000m^2인 위험물제조소
④ 호스릴 방식의 물분무등소화설비만을 설치한 연면적 3,000m^2인 특정소방대상물

해설
스프링클러가 설치된 특정소방대상물은 자체점검 중 **종합점검** 대상이다.

|정답| ②

족집게 과외

❶ 작동점검과 종합점검

구 분	작동점검		종합점검
개 념	소방시설등을 인위적으로 조작하여 소방시설이 정상적으로 작동하는지를 소방청장이 정하여 고시하는 소방시설등 작동점검표에 따라 점검하는 것		작동점검을 포함하여 소방시설등의 설비별 주요 구성 부품의 구조기준이 화재안전기준과 「건축법」 등 관련 법령에서 정하는 기준에 적합한지 여부를 소방청장이 정하여 고시하는 소방시설등 종합점검표에 따라 점검하는 것. 최초점검과 그 밖의 종합점검으로 구분
대 상	특정소방대상물 전체		① 3급 이상 소방안전관리대상물 신설 ② 스프링클러설비가 설치된 특정소방대상물 ③ 물분무등소화설비(호스릴 제외)가 설치된 연면적 $5,000m^2$ 이상인 특정소방대상물(제조소등 제외) ④ 다중이용업의 영업장이 설치된 특정소방대상물로서 연면적이 $2,000m^2$ 이상인 것 ⑤ 제연설비가 설치된 터널 ⑥ 공공기관 중 연면적 $1,000m^2$ 이상으로 옥내소화전설비 또는 자동화재탐지설비가 설치된 것(소방대가 근무하는 경우 제외)
	예 외	① 소방안전관리자를 선임하지 않는 특정 소방대상물 ② 위험물법에 따른 제조소등 ③ 특급 소방안전관리대상물	
기술인력 (점검) 자격자	1) 간이SP, 자동화재탐지설비가 설치된 특정소화대상물 ① 관계인 ② 관리업에 등록된 소방시설관리사 ③ 특급점검자 ④ 소방안전관리자로 선임된 소방시설관리사 및 소방기술사		① 관리업에 등록된 소방시설관리사 ② 소방안전관리자로 선임된 소방시설관리사 및 소방기술사
	1)에 해당하지 않는 특정소방대상물 ① 관리업에 등록된 소방시설관리사 ② 소방안전관리자로 선임된 소방시설관리사 및 소방기술사		
점검주기	연 1회 이상 실시		① 연 1회 이상 실시 ② 특급 소방안전관리대상물은 반기 1회 이상
점검시기	종합점검 대상은 종합점검을 받은 달부터 6개월이 되는 달에 실시		① 최초점검 : 건축물 사용승인부터 60일 이내 ② 그 외 종합점검 : 사용승인일이 속하는 달
점검한도 면적	$10,000m^2$/인력1단위 · day+ 보조인력 1명당 $2,500m^2$/day		$8,000m^2$/인력1단위 · day+ 보조인력 1명당 $2,000m^2$/day
	아파트등 점검 시 : 점검인력 1단위당 하루 250세대+보조 기술인력 1명당 60세대씩 추가		

기출유형 완성하기

정답 01 ④ 02 ② 03 ④ 04 ②

01 소방시설 설치 및 관리에 관한 법령상 종합점검 실시 대상이 되는 특정소방대상물의 기준 중 다음 ( ) 안에 알맞은 것은? `22년-2회, 개정반영`

> 물분무등소화설비[호스릴(Hose Reel) 방식의 물분무등소화설비만을 설치한 경우는 제외한다]가 설치된 연면적 ( )m^2 이상인 특정소방대상물(위험물제조소등은 제외한다)

① 2,000
② 3,000
③ 4,000
④ 5,000

해설
물분무등소화설비(호스릴 제외)가 설치된 연면적 5,000m^2 이상인 특정소방대상물(제조소등 제외)

02 소방시설 설치 및 관리에 관한 법령상 소방시설 등의 자체점검 시 점검인력 배치기준 중 종합점검에 대한 점검인력 1단위가 하루 동안 점검할 수 있는 특정소방대상물의 연면적 기준으로 옳은 것은? (단, 보조인력을 추가하는 경우는 제외한다) `19년-4회, 개정반영`

① 3,500m^2
② 8,000m^2
③ 10,000m^2
④ 12,000m^2

해설
점검인력 1단위가 하루 동안 점검할 수 있는 특정소방대상물의 연면적(점검한도 면적)은 다음과 같다.
• 종합점검 : 8,000m^2(≒ 8,000m^2/인력1단위·day)
• 작동점검 : 10,000m^2

03 소방시설 설치 및 관리에 관한 법령상 소방시설 등의 자체점검 중 종합점검을 받아야 하는 특정소방대상물 대상 기준으로 틀린 것은? `20년-4회, 개정반영`

① 제연설비가 설치된 터널
② 스프링클러설비가 설치된 특정소방대상물
③ 공공기관 중 연면적이 1,000m^2 이상인 것으로서 옥내소화전설비 또는 자동화재탐지설비가 설치된 것(단, 소방대가 근무하는 공공기관은 제외한다)
④ 호스릴 방식의 물분무등소화설비만이 설치된 연면적 5,000m^2 이상인 특정소방대상물(단, 위험물제조소등은 제외한다)

해설
물분무등소화설비(호스릴 제외)가 설치된 연면적 5,000m^2 이상인 특정소방대상물(제조소등 제외)

04 간이스프링클러 또는 자동화재탐지설비가 설치된 특정소방대상물에서 자체점검을 실시할 수 기술인력의 범위로 옳지 않은 것은? `25년`

① 관계인
② 소방안전관리자로 선임된 소방설비기사
③ 특급점검자
④ 관리업에 등록된 소방시설관리사

해설
간이스프링클러 또는 자동화재탐지설비가 설치된 특정소방대상물에서 자체점검을 실시할 수 기술인력
• 관계인
• 관리업에 등록된 소방시설관리사
• 특급점검자
• 소방안전관리자로 선임된 소방시설관리사 및 소방기술사

정답 05 ④ 06 ③ 07 ④

기출유형 완성하기

05 소방시설 설치 및 관리에 관한 법령상 종합점검 실시 대상이 되는 특정소방대상물의 기준 중 다음 ( ) 안에 알맞은 것은? 18년-1회, 개정반영

- 물분무등소화설비[호스릴(Hose Reel) 방식의 물분무등소화설비만을 설치한 경우는 제외]가 설치된 연면적 (㉠)m^2 이상인 특정소방대상물(제조소등은 제외)
- 다중이용업의 영업장이 설치된 특정소방대상물로서 연면적이 (㉡)m^2 이상인 것

① ㉠ 2,000, ㉡ 1,000
② ㉠ 2,000, ㉡ 1,000
③ ㉠ 5,000, ㉡ 2,000
④ ㉠ 5,000, ㉡ 2,000

해설
종합점검 대상 특정소방대상물
- **물분무등소화설비**(호스릴 제외)가 설치된 연면적 5,000m^2 **이상인 특정소방대상물**(제조소등 제외)
- **다중이용업의 영업장**이 설치된 특정소방대상물로서 **연면적이** 2,000m^2 **이상인 것**

06 소방시설 설치 및 관리에 관한 법률상 소방시설 등에 대한 자체점검 중 종합점검 대상기준으로 옳지 않은 것은? 16년-2회, 개정반영

① 제연설비가 설치된 터널
② 노래연습장으로서 연면적이 2,000m^2 이상인 것
③ 물분무등소화설비가 설치된 연면적 5,000m^2 이상인 제조소등
④ 소방대가 근무하지 않는 국공립학교 중 연면적이 1,000m^2 이상인 것으로서 자동화재탐지설비가 설치된 것

해설
물분무등소화설비(호스릴 제외)가 설치된 연면적 5,000m^2 이상인 특정소방대상물(제조소등 제외)
Tip 노래연습장은 다중이용업소이다.

07 다음 중 소방시설 등의 자체점검업무에 관한 종합점검 시 점검자의 자격이 될 수 없는 사람은? 13년-4회, 개정반영

① 소방시설관리업자(소방시설관리사가 참여한 경우)
② 소방안전관리자로 선임된 소방시설관리사
③ 소방안전관리자로 선임된 소방기술사
④ 소방설비기사

해설
종합점검 시 점검자의 자격
- 관리업에 등록된 **소방시설관리사**
- 소방안전관리자로 선임된 **소방시설관리사 및 소방기술사**

기출유형 완성하기

정답 08 ③ 09 ④

08 소방시설의 자체점검 시 작동점검 횟수는?

07년-2회

① 분기에 1회 이상
② 6개월에 2회 이상
③ 연 1회 이상
④ 연 2회 이상

해설
소방시설의 자체점검 중 작동점검의 횟수는 **연 1회 이상** 실시한다.

09 소방시설 설치 및 관리에 관한 법률상 소방시설 등에 대한 자체점검 시 종합점검 중에 최초점검의 경우 건축물을 사용할 수 있게 된 날부터 며칠 이내에 점검하여야 하는가?

신규법

① 7일 이내
② 15일 이내
③ 30일 이내
④ 60일 이내

해설
자체점검에서 최초점검이란 소방시설이 새로 설치되는 경우 「건축법」 제22조에 따라 건축물을 사용할 수 있게 된 날부터 **60일 이내 점검**하는 것을 말한다.

28 자체점검 결과, 면제, 연기

기출유형

소방시설 설치 및 관리에 관한 법상 소방시설등에 대한 자체점검을 하지 아니하거나 관리업자 등으로 하여금 정기적으로 점검하게 하지 아니한 자에 대한 벌칙 기준으로 옳은 것은? 〔18년-2회〕

① 6개월 이하의 징역 또는 1,000만 원 이하의 벌금
② 1년 이하의 징역 또는 1,000만 원 이하의 벌금
③ 3년 이하의 징역 또는 1,500만 원 이하의 벌금
④ 3년 이하의 징역 또는 3,000만 원 이하의 벌금

해설
소방시설등에 대하여 스스로 점검을 하지 아니하거나 관리업자등으로 하여금 정기적으로 점검하게 하지 아니한 자는 1년 이하의 징역 또는 1천만 원 이하의 벌금에 처한다.

|정답| ②

족집게 과외

❶ 자체점검

구 분	내 용	
점검결과 보관기간	소방본부장 또는 소방서장에게 자체점검 실시결과 보고를 마친 관계인은 소방시설등 자체점검 실시결과 보고서를 점검이 끝난 날부터 2년간 자체 보관해야 한다.	
결과제출	① 관계인이 직접 점검 시 : 점검이 끝난 날부터 15일 이내 → 소방본부장, 소방서장에게 보고 ② 관리업자가 점검 시 : 점검이 끝난 날부터 10일 이내 → 관계인에게 제출 　　　　　관계인은 점검종료 15일 이내 → 소방본부장, 소방서장에게 보고	
점검결과 게시	① 관계인이 점검결과를 보고를 마친 날로부터 10일 이내 자체점검기록표를 작성한다. ② 출입자가 쉽게 볼 수 있는 장소에 30일 이상 게시해야 한다.	
자체점검 면제, 연기	관계인은 자체점검을 실시하기 곤란한 경우에는 소방본부장 또는 소방서장에게 면제 또는 연기 신청을 할 수 있다. → 자체점검 실시 만료일 3일 전 신청서 제출 ① 재난이 발생한 경우 ② 경매 등의 사유로 소유권이 변동 중이거나 변동된 경우 ③ 관계인의 질병, 사고, 장기출장의 경우 ④ 관계인이 운영하는 사업에 부도 또는 도산 등 중대한 위기가 발생하여 자체점검을 실시하기 곤란한 경우	
중대 위반 사항	관계인은 자체점검 결과 소화펌프 고장 등 대통령령으로 정하는 중대위반사항이 발견된 경우에는 지체 없이 수리 등 필요한 조치를 하여야 한다. ① 소화펌프(가압송수장치를 포함한다), 동력·감시 제어반 또는 소방시설용 전원(비상전원을 포함한다)의 고장으로 소방시설이 작동되지 않는 경우 ② 화재 수신기의 고장으로 화재경보음이 자동으로 울리지 않거나 화재수신기와 연동된 소방시설의 작동이 불가능한 경우 ③ 소화배관 등이 폐쇄·차단되어 소화수 또는 소화약제가 자동 방출되지 않는 경우 ④ 방화문 또는 자동방화셔터가 훼손되거나 철거되어 본래의 기능을 못하는 경우	
벌 칙	소방시설등에 대하여 스스로 점검을 하지 아니하거나 관리업자등으로 하여금 정기적으로 점검하게 하지 아니한 자	1년 이하의 징역 또는 1천만 원 이하 벌금
	중대위반사항 발견 시 필요한 조치를 하지 아니한 관계인 또는 관계인에게 중대위반사항을 알리지 아니한 관리업자등	300만 원 이하 벌금
	① 점검능력 평가를 받지 아니하고 점검을 한 관리업자 ② 관계인에게 점검 결과를 제출하지 아니한 관리업자등 ③ 점검인력의 배치기준 등 자체점검 시 준수사항을 위반한 자 ④ 점검 결과를 보고하지 아니하거나 거짓으로 보고한 자 ⑤ 이행계획을 기간 내에 완료하지 아니한 자 또는 이행계획 완료 결과를 보고하지 아니하거나 거짓으로 보고한 자 ⑥ 점검기록표를 기록하지 아니하거나 특정소방대상물의 출입자가 쉽게 볼 수 있는 장소에 게시하지 아니한 관계인	300만 원 이하 과태료

정답 01 ② 02 ③ 03 ① 04 ②

기출유형 완성하기

01 소방시설등의 자체점검 중 작동점검을 실시한 경우 점검결과는 몇 년간 자체 보관하여야 하는가? `25년`

① 1년
② 2년
③ 3년
④ 5년

해설
소방시설등 자체점검 **실시결과** 보고서를 점검이 **끝난 날부터 2년간** 자체 보관해야 한다.

02 소방시설 설치 및 관리에 관한 법령상 관리업자가 소방시설등의 점검을 마친 후 점검기록표에 기록하고 이를 해당 특정소방대상물에 부착하여야 하나 이를 위반하고 점검기록표를 기록하지 아니하거나 게시하지 아니하지 아니한 경우의 벌칙 기준은? `21년-4회, 개정반영`

① 100만 원 이하의 과태료
② 200만 원 이하의 과태료
③ 300만 원 이하의 과태료
④ 500만 원 이하의 과태료

해설
점검기록표를 기록하지 아니하거나 특정소방대상물의 출입자가 쉽게 볼 수 있는 장소에 **게시하지 아니한** 관계인에게 **300만 원 이하의 과태료**를 부과한다.

03 자체점검의 면제 또는 연기를 신청하려는 특정소방대상물의 관계인은 자체점검의 실시 만료일 며칠 전 면제 또는 연기신청서를 소방본부장 또는 소방서장에게 제출하여야 하는가? `신규법`

① 3일
② 7일
③ 10일
④ 14일

해설
자체점검의 면제 또는 연기를 신청하려는 특정소방대상물의 관계인은 자체점검의 **실시 만료일 3일 전**까지 소방시설등의 자체점검 면제 또는 연기신청서에 자체점검을 실시하기 곤란함을 증명할 수 있는 서류를 첨부하여 소방본부장 또는 소방서장에게 제출해야 한다.

04 소방시설 등의 자체점검과 관련하여 작동점검 결과의 자체보관 기간과 관계인이 직접 점검한 경우 그 결과의 제출기간이 올바른 것은? `08년-1회, 개정반영`

① 자체보관 1년, 제출기간 30일 이내
② 자체보관 2년, 제출기간 15일 이내
③ 자체보관 2년, 제출기간 30일 이내
④ 자체보관 3년, 제출기간 30일 이내

해설
- 관계인은 소방시설등 자체점검 **실시결과 보고서**를 점검이 끝난 날부터 **2년간 자체 보관**해야 한다.
- 관계인이 **직접 점검 시** 점검이 끝난 날부터 **15일 이내** 소방시설등 자체점검 실시결과 보고서를 소방본부장, 소방서장에게 보고하여야 한다.

29 소방시설관리업

기출유형

소방시설 설치 및 관리에 관한 법령상 시·도지사는 영업정지를 명하는 경우로서 그 영업정지가 이용자에게 불편을 주거나 그 밖에 공익을 해칠 우려가 있을 때에는 영업정지처분을 갈음하여 과징금 처분을 한다. 과징금의 기준은?

17년-2회, 개정반영

① 1,000만 원 이하
② 2,000만 원 이하
③ 3,000만 원 이하
④ 5,000만 원 이하

해설
영업정지처분을 갈음하여 3천만 원 이하의 과징금을 부과할 수 있다.

| 정답 | ③

족집게 과외

❶ 소방시설관리업

구분			내용	
관리업 등록을 위한 필요 기술인력	전문 소방시설 관리업	주인력	① 소방시설관리사 자격을 취득한 후+실무경력이 5년 이상인 사람 1명 이상 ② 소방시설관리사 자격을 취득한 후+실무경력이 3년 이상인 사람 1명 이상	모든 특정소방대상물
		보조인력	고급점검자, 중급점검자, 초급점검자 이상의 기술인력 각 2명 이상	
	일반 소방시설 관리업	주인력	소방시설관리사 자격을 취득한 후+실무경력이 1년 이상인 사람 1명 이상	1급, 2급, 3급 소방안전관리 대상물
		보조인력	중급점검자, 초급점검자 이상의 기술인력 각 1명 이상	
관리업 등록의 결격사유	① 피성년후견인 ② 소방관련 법규를 위반하여 금고 이상의 실형을 선고받고 그 집행이 끝나거나 집행이 면제된 날부터 2년이 지나지 아니한 사람 ③ 소방관련 법규를 위반하여 금고 이상의 형의 집행유예를 선고받고 그 유예기간 중에 있는 자 ④ 관리업의 등록이 취소된 날부터 2년이 지나지 아니한 자 ⑤ 임원 중에 ①~④까지의 어느 하나에 해당하는 사람이 있는 법인			
관리업 등록의 취소와 영업정지	시·도지사는 관리업자가 다음의 어느 하나에 해당하는 경우에는 행정안전부령으로 정하는 바에 따라 그 등록을 취소하거나 6개월 이내의 기간을 정하여 이의 시정이나 그 영업의 정지를 명할 수 있다.			
	취소		① 거짓이나 그 밖의 부정한 방법으로 등록을 한 경우 ② 관리업 등록의 결격사유 중 어느 하나에 해당하게 된 경우 ③ 등록증 또는 등록수첩을 빌려준 경우	
	취소 또는 정지		① 점검을 하지 아니하거나 거짓으로 한 경우 ② 등록기준에 미달하게 된 경우 ③ 점검능력 평가를 받지 아니하고 자체점검을 한 경우	
과징금	시·도지사는 영업정지를 명하는 경우로서 그 영업정지가 이용자에게 불편을 주거나 그 밖에 공익을 해칠 우려가 있을 때에는 영업정지처분을 갈음하여 3천만 원 이하의 과징금을 부과할 수 있다.			

정답 01 ① 02 ① 03 ② 04 ②

기출유형 완성하기

01 전문소방시설관리업의 등록기준에서는 인력기준을 주된 기술인력과 보조 기술인력으로 구분하고 있다. 다음 중 필요로 하는 최소 보조 기술인력 기준에 속하지 않는 것은? `09년-1회, 개정반영`

① 특급점검자 2명 이상
② 고급점검자 2명 이상
③ 중급점검자 2명 이상
④ 초급점검자 2명 이상

해설
전문소방시설관리업의 등록을 위한 보조 기술인력의 최소 기준은 **고급점검자, 중급점검자, 초급점검자** 이상의 기술인력 각 2명 이상 필요하다.

02 다음 중 소방시설관리업의 등록이 불가능한 자는? `12년-4회, 개정반영`

① 관리업 등록이 취소된 날부터 1년이 지난 사람
② 소방기본법의 위반으로 실형을 선고받고 그 집행이 끝난 후 3년이 지난 사람
③ 소방시설공사업법 위반으로 금고형의 실형을 선고받고 그 집행이 면제된 날부터 2년이 지난 사람
④ 위험물안전관리법 위반으로 집행유예를 선고받고 집행유예기간이 끝난 날부터 2년이 지난 사람

해설
관리업의 **등록이 취소된 날부터 2년**이 지나지 아니한 자는 관리업의 등록 **결격사유**에 해당된다.

03 소방시설관리업의 등록을 반드시 취소해야 하는 사유에 해당하지 않는 것은? `16년-1회`

① 거짓으로 등록을 한 경우
② 등록기준에 미달하게 된 경우
③ 다른 사람에게 등록증을 빌려준 경우
④ 등록의 결격사유에 해당하게 된 경우

해설
관리업의 **등록기준에 미달하게 된 경우**는 그 등록을 **취소하거나 영업의 정지**를 명할 수 있다.

04 다음 중 소방시설 설치 및 관리에 관한 법령상 소방시설관리업을 등록할 수 있는 자는? `25년`

① 피성년후견인
② 소방시설관리업의 등록이 취소된 날부터 2년이 경과된 자
③ 금고 이상의 형의 집행유예를 선고받고 그 유예기간 중에 있는 자
④ 금고 이상의 실형을 선고받고 그 집행이 면제된 날부터 2년이 지나지 아니한 자

해설
관리업의 **등록이 취소된 날부터 2년이 경과한 자**는 결격사유에 해당되지 않으므로 소방시설관리업의 **등록이 가능**하다.

30 소방시설법 중 기타 법규

기출유형

"무창층"이란 지상층 중 개구부의 면적의 합계가 당해 층의 바닥면적의 30분의 1 이하가 되는 층을 말한다. 다음 중 개구부의 요건으로 알맞은 것은? 〔07년-4회〕

① 해당 층의 바닥면으로부터 개구부 밑부분까지의 높이가 1.5m 이내일 것
② 개구부의 크기가 지름 50cm 이상의 원이 내접할 수 있을 것
③ 개구부는 도로 또는 차량이 진입할 수 없는 빈터를 향할 것
④ 내부 또는 외부에서 쉽게 파괴 또는 개방할 수 없을 것

해설
유효한 개구부는 높이 1.2m 이내, 도로 또는 빈터를 향하고 내·외부에서 쉽게 파괴 또는 개방할 수 있을 것

| 정답 | ②

족집게 과외

❶ 무창층

구 분	내 용
정 의	지상층 중 유효한 개구부의 면적의 합계가 해당 층의 바닥면적의 30분의 1 이하가 되는 층을 말한다.
유효한 개구부 조건	① 크기는 지름 50센티미터 이상의 원이 통과할 수 있을 것 ② 해당 층의 바닥면으로부터 개구부 밑부분까지의 높이가 1.2미터 이내일 것 ③ 도로 또는 차량이 진입할 수 있는 빈터를 향할 것 ④ 창살이나 그 밖의 장애물이 설치되지 않을 것 ⑤ 내부 또는 외부에서 쉽게 부수거나 열 수 있을 것

❷ 피난층

구 분	내 용
정 의	곧바로 지상으로 갈 수 있는 출입구가 있는 층을 말한다.

❸ 연소 우려가 있는 건축물의 구조

구 분	내 용
정 의	다음 각 기준에 모두 해당하는 구조를 말한다.
구조 기준	① 건축물대장의 건축물 현황도에 표시된 대지경계선 안에 둘 이상의 건축물이 있는 경우 ② 각각의 건축물이 다른 건축물의 외벽으로부터 수평거리가 1층의 경우에는 6미터 이하, 2층 이상의 층의 경우에는 10미터 이하인 경우 ③ 개구부(유효한 개구부)가 다른 건축물을 향하여 설치되어 있는 경우

❹ 피난시설, 방화구획 및 방화시설의 관리

구 분	내 용		
기 준	관계인은 피난시설, 방화구획 및 방화시설에 대하여 정당한 사유가 없는 한 다음 각 행위를 하여서는 아니 된다.		
행 위	① 피난시설, 방화구획 및 방화시설을 폐쇄하거나 훼손하는 등의 행위 ② 피난시설, 방화구획 및 방화시설의 주위에 물건을 쌓아두거나 장애물을 설치하는 행위 ③ 피난시설, 방화구획 및 방화시설의 용도에 장애를 주거나 소방활동에 지장을 주는 행위 ④ 그 밖에 피난시설, 방화구획 및 방화시설을 변경하는 행위		
과태료	피난시설, 방화구획 또는 방화시설을 폐쇄·훼손·변경하는 등의 행위를 한 경우의 과태료	1차 위반	100만 원
		2차 위반	200만 원
		3차 이상 위반	300만 원

기출유형 완성하기

정답 01 ② 02 ④ 03 ② 04 ②

01 피난시설, 방화구획 또는 방화시설을 폐쇄·훼손·변경 등의 행위를 3차 이상 위반한 경우에 대한 과태료 부과기준으로 옳은 것은?　`18년-4회`

① 200만 원
② 300만 원
③ 500만 원
④ 1,000만 원

해설
피난시설, 방화구획, 방화시설의 폐쇄·훼손·변경 시 과태료

위반 횟수	과태료
1차 위반	100만 원
2차 위반	200만 원
3차 이상 위반	300만 원

02 소방관계법에서 피난층의 정의를 가장 올바르게 설명한 것은?　`12년-2회`

① 지상 1층을 말한다.
② 2층 이하로 쉽게 피난할 수 있는 층을 말한다.
③ 지상으로 통하는 계단이 있는 층을 말한다.
④ 곧바로 지상으로 갈 수 있는 출입구가 있는 층을 말한다.

해설
"피난층"이란 곧바로 **지상으로 갈 수 있는 출입구가 있는 층**을 말한다.

03 연소 우려가 있는 건축물의 구조에 대한 기준 중 다음 보기 (㉮), (㉯)에 들어갈 수치로 알맞은 것은?　`16년-2회`

> "건축물대장의 건축물 현황도에 표시된 대지경계선 안에 2 이상의 건축물이 있는 경우로서 각각의 건축물이 다른 건축물의 외벽으로부터 수평거리가 1층 있어서는 (㉮)m 이하, 2층 이상의 층에 있어서 (㉯)m 이하이고 개구부가 다른 건축물을 향하여 설치된 구조를 말한다."

① ㉮ 5, ㉯ 10
② ㉮ 6, ㉯ 10
③ ㉮ 10, ㉯ 5
④ ㉮ 10, ㉯ 6

해설
각각의 건축물이 다른 건축물의 외벽으로부터 수평 거리가 1층의 경우에는 6미터 이하, 2층 이상의 층의 경우에는 10미터 이하인 경우

04 "무창층"이라 함은 지상층 중 피난 또는 소화활동상 유효한 개구부의 면적의 합계가 그 층의 바닥면적의 얼마 이하가 되는 층을 말하는가?　`04년-2회`

① 1/20
② 1/30
③ 1/40
④ 1/50

해설
"무창층"이란 지상층 중 유효한 개구부의 면적의 합계가 해당 층의 바닥면적의 **30분의 1 이하**가 되는 층을 말한다.

🔒 정답 05 ③ 06 ② 07 ③ 08 ②

기출유형 완성하기

05 대지경계선 안에 2 이상의 건축물이 있는 경우 연소 우려가 있는 구조로 볼 수 있는 것은?
　　　　　　　　　　　　　　　　　06년-1회

① 1층 외벽으로부터 수평거리 6m 이상이고 개구부가 설치되지 않은 구조
② 2층 외벽으로부터 수평거리 10m 이상이고 개구부가 설치되지 않은 구조
③ 2층 외벽으로부터 수평거리 6m 이고 개구부가 다른 건축물을 향하여 설치된 구조
④ 1층 외벽으로부터 수평거리 10m 이고 개구부가 다른 건축물을 향하여 설치된 구조

해설
- 각각의 건축물이 다른 건축물의 외벽으로부터 수평거리가 1층의 경우에는 6미터 이하, 2층 이상의 층의 경우에는 10미터 이하인 경우
- 개구부(유효한 개구부)가 다른 건축물을 향하여 설치되어 있는 경우

07 다음 중 "피난층"에 대한 설명으로 옳은 것은?
　　　　　　　　　　　　　　　　　07년-1회

① 건축물의 1층을 말한다.
② 하나의 건축물은 반드시 피난층이 하나이다.
③ 곧바로 지상으로 갈 수 있는 출입구가 있는 층을 말한다.
④ 직통계단을 통해 직접 피난이 가능한 층을 말한다.

해설
"피난층"이란 곧바로 **지상으로 갈 수 있는 출입구가 있는 층**을 말한다.

06 다음 중 개구부의 요건으로 옳은 것은?
　　　　　　　　　　　　　　　　　05년-1회

① 개구부의 크기가 지름 60cm 이상의 원이 내접할 수 있을 것
② 해당 층의 바닥면으로부터 개구부 밑부분까지의 높이가 1.2m 이내일 것
③ 개구부는 도로 또는 차량이 진입할 수 있는 빈터를 향하지 않을 것
④ 내부 또는 외부에서 쉽게 파괴 또는 개방할 수 없을 것

해설
① 개구부의 크기 → 50cm 이상
③ 빈터를 향할 것
④ 쉽게 파괴, 개방이 가능할 것

08 피난시설, 방화구획 및 방화시설을 폐쇄·훼손·변경 등의 행위를 3차 이상 위반한 자에 대한 과태료는?
　　　　　　　　　　　　　　　　　15년-1회

① 2백만 원
② 3백만 원
③ 5백만 원
④ 1천만 원

해설
피난시설, 방화구획, 방화시설의 폐쇄·훼손·변경 시 과태료

위반 횟수	과태료
1차 위반	100만 원
2차 위반	200만 원
3차 이상 위반	300만 원

CHAPTER 30 | 소방시설법 중 기타 법규

31 방염 대상

기출유형

소방시설 설치 및 관리에 관한 법령상 제조 또는 가공공정에서 방염처리를 한 물품 중 방염대상물품이 아닌 것은?　22년-2회

① 카 펫
② 전시용 합판
③ 창문에 설치하는 커튼류
④ 두께가 $2mm$ 미만인 종이벽지

해설
벽지류는 방염대상물품이나 두께가 $2mm$ 미만인 종이벽지는 제외된다.

| 정답 | ④

족집게 과외

❶ 특정소방대상물과 방염

구 분	내 용
개 념	① 대통령령으로 정하는 특정소방대상물에 실내장식 등의 목적으로 설치 또는 부착하는 물품으로서 대통령령으로 정하는 물품(방염대상물품)은 방염성능기준 이상의 것으로 설치하여야 한다. ② 소방본부장 또는 소방서장은 방염대상물품이 방염성능기준에 미치지 못하거나 방염성능검사를 받지 아니한 것이면 특정소방대상물의 관계인에게 방염대상물품을 제거하도록 하거나 방염성능검사를 받도록 하는 등 필요한 조치를 명할 수 있다. ③ 방염성능기준은 대통령령으로 정한다.
방염 대상 건축물	① 근린생활시설 중 의원, 조산원, 산후조리원, 체력단련장, 공연장 및 종교집회장 ② 건축물 옥내에 있는 시설로 문화 및 집회시설, 종교시설, 운동시설(수영장은 제외) ③ 의료시설, 교육연구시설 중 합숙소, 노유자시설, 숙박이 가능한 수련시설, 숙박시설 ④ 방송통신시설 중 방송국 및 촬영소, 다중이용업의 영업소 ⑤ 층수가 11층 이상인 것(아파트등은 제외)

방염
대상
물품
	① 제조 또는 가공 공정에서 방염처리를 한 다음의 물품
	  가. 창문에 설치하는 커튼류(블라인드를 포함)
	  나. 카 펫
	  다. 벽지류(두께가 $2mm$ 미만인 종이벽지는 제외)
	  라. 전시용 합판·목재 또는 섬유판, 무대용 합판·목재 또는 섬유판(합판·목재류의 경우 불가피하게 설치 현장에서 방염처리한 것을 포함)
	  마. 암막·무대막(스크린 포함)
	  바. 섬유류 또는 합성수지류 등을 원료로 하여 제작된 소파·의자(다중이용업에 설치되는 것)
	② 건축물 내부의 천장이나 벽에 부착하거나 설치하는 다음의 것. 다만, 가구류와 너비 $10cm$ 이하인 반자돌림대 등과 내부 마감재료는 제외한다.
	  가. 종이류(두께 $2mm$ 이상인 것)·합성수지류 또는 섬유류를 주원료로 한 물품
	  나. 합판이나 목재
	  다. 공간을 구획하기 위하여 설치하는 간이 칸막이
	  라. 흡음을 위하여 설치하는 흡음재(흡음용 커튼을 포함)
	  마. 방음을 위하여 설치하는 방음재(방음용 커튼을 포함)

Tip 방염대상물품 중 ①은 제품 자체가 방염 성능의 것(선처리)으로 나오는 것이며, ②는 이미 생산되어 있는 제품에 방염처리(후처리)를 하는 내용이다. → ② 중 합판, 목재류는 방염성능검사 대상

정답 01 ① 02 ② 03 ② 04 ② 05 ①

기출유형 완성하기

01 소방대상물의 방염 등과 관련하여 방염성능기준은 무엇으로 정하는가? `19년-4회`

① 대통령령
② 행정안전부령
③ 소방청훈령
④ 소방청예규

해설
방염성능기준은 **대통령령**으로 정한다.

02 소방시설 설치 및 관리에 관한 법령에 따른 방염성능기준 이상의 실내장식물 등을 설치하여야 하는 특정소방대상물의 기준 중 틀린 것은? `18년-4회`

① 건축물의 옥내에 있는 시설로서 종교시설
② 층수가 11층 이상인 아파트
③ 의료시설 중 종합병원
④ 노유자시설

해설
층수가 11층 이상인 특정소방대상물 중 **아파트등**은 방염대상에서 제외된다.

Tip 아파트는 실질적으로 적용 여부 확인이 불가능하다.

03 다음 방염처리 대상 물품에 대한 설명 중 틀린 것은? `05년-4회`

① 창문에 설치하는 커튼류(블라인드를 포함한다)
② 카펫 두께가 3밀리미터 미만인 벽지류로서 종이벽지를 제외한 것
③ 전시용 합판 또는 섬유판 무대용 합판 또는 섬유판
④ 암막・무대막

해설
벽지류는 두께 $2mm$ 미만인 **종이벽지**만 방염대상물품에서 **제외**된다.

04 방염성능기준 이상의 실내장식물 등을 설치하여야 할 특정소방대상물로 옳지 않은 것은? `09년-1회, 개정반영`

① 의료시설 중 정신보건시설
② 건축물의 옥내에 있는 운동시설로서 수영장
③ 노유자시설
④ 방송통신시설 중 방송국 및 촬영소

해설
건축물 옥내에 있는 운동시설로서 수영장은 방염성능물품 대상에서 제외된다.

05 특정소방대상물에 사용하는 물품으로 방염대상물품에 해당하지 않는 것은? `25년`

① 가구류
② 창문에 설치하는 커튼류
③ 무대용 합판
④ 종이벽지를 제외한 두께가 2밀리미터 미만인 벽지류

해설
방염물품은 건축물 내부의 천장이나 벽에 부착하거나 설치하는 것이다. 다만, **가구류**와 너비 $10cm$ 이하인 반자돌림대 등과 내부 마감재료는 **제외**한다.

Tip 가구류는 실질적으로 적용 여부 확인이 불가능하다.

기출유형 완성하기

정답 06 ① 07 ① 08 ②

06 소방시설 설치 및 관리에 관한 법령상 시·도지사가 실시하는 방염성능검사 대상으로 옳은 것은? 〔17년-2회〕

① 설치 현장에서 방염처리를 하는 합판·목재
② 제조 또는 가공공정에서 방염처리를 한 카펫
③ 제조 또는 가공공정에서 방염처리를 한 창문에 설치하는 블라인드
④ 설치 현장에서 방염처리를 하는 암막·무대막

해설
방염성능검사 대상은 기본적으로 현장에서 처리를 하는 **후처리방식의 방염물품**을 말한다.
암막 및 무대막은 반드시 선처리하여야 하는 방염물품 대상이므로 **현장에서 방염처리를 하는 합판 및 목재**가 검사대상이 된다.

07 소방대상물의 방염 등에 있어 방염대상물품에 해당되지 않는 것은? 〔12년-1회〕

① 목재 책상
② 카 펫
③ 창문에 설치하는 커튼류
④ 전시용 합판

해설
방염물품은 건축물 내부의 천장이나 벽에 부착하거나 설치하는 것이다. 다만, **가구류**와 너비 $10\,cm$ 이하인 반자돌림대 등과 내부 마감재료는 **제외**한다.

Tip 가구류는 실질적으로 적용 여부 확인이 불가능하다.

08 방염대상물품 중 제조 또는 가공공정에서 방염처리를 하여야 하는 물품이 아닌 것은? 〔13년-4회〕

① 암 막
② 두께가 $2\,mm$ 미만인 종이벽지
③ 무대용 합판
④ 창문에 설치하는 블라인드

해설
벽지류는 방염대상물품이나 **두께가 $2\,mm$ 미만인 종이벽지는 제외**된다.

32 소방시설업, 소방시설설계업

기출유형

소방시설공사업법령상 소방시설업자가 소방시설공사등을 맡긴 특정소방대상물의 관계인에게 지체 없이 그 사실을 알려야 하는 경우가 아닌 것은? 〈22년-1회〉

① 소방시설업자의 지위를 승계한 경우
② 소방시설업의 등록취소처분 또는 영업정지처분을 받은 경우
③ 휴업하거나 폐업한 경우
④ 소방시설업의 주소지가 변경된 경우

해설
소방시설업의 주소지가 변경된 경우에는 관계인에게 알리지 않아도 된다.

| 정답 | ④

족집게 과외

❶ 소방시설업

구 분	내 용
분 류	① 소방시설설계업 ② 소방시설공사업 ③ 소방공사감리업 ④ 방염처리업
등 록	특정소방대상물의 소방시설공사등을 하려는 자는 대통령령으로 정하는 요건을 갖추어 시·도지사에게 소방시설업을 등록하여야 한다.
등록의 결격사유	① 피성년후견인 ② 소방관련 법규를 위반하여 금고 이상의 실형을 선고받고 그 집행이 끝나거나 집행이 면제된 날부터 2년이 지나지 아니한 사람 ③ 소방관련 법규를 위반하여 금고 이상의 형의 집행유예를 선고받고 그 유예기간 중에 있는 자 ④ 등록하려는 소방시설업 등록이 취소된 날부터 2년이 지나지 아니한 자 ⑤ 법인의 대표자가 ①~④까지의 어느 하나에 해당하는 사람이 있는 법인 ⑥ 법인의 임원 중에 ②~④까지의 어느 하나에 해당하는 사람이 있는 법인
변경신고	소방시설업자는 행정안전부령으로 정하는 중요사항을 변경할 때에는 행정안전부령으로 정하는 바에 따라 시·도지사에게 신고하여야 한다. ① 상호(명칭) 또는 영업소 소재지 ② 대표자 ③ 기술인력
관계인 통보	소방시설업자는 다음의 어느 하나에 해당하는 경우에는 소방시설공사등을 맡긴 특정소방대상물의 관계인에게 지체 없이 그 사실을 알려야 한다. ① 소방시설업자의 지위를 승계한 경우 ② 소방시설업의 등록취소처분 또는 영업정지처분을 받은 경우 ③ 휴업하거나 폐업한 경우
벌 금	소방시설업 등록을 하지 아니하고 영업을 한 자	3년 이하의 징역 또는 3천만 원 이하의 벌금
	다른 자에게 자기의 성명이나 상호를 사용하여 소방시설공사등을 수급 또는 시공하게 하거나 소방시설업의 등록증이나 등록수첩을 빌려준 자	300만 원 이하의 벌금
	동시에 둘 이상의 업체에 취업한 사람	
	관계인에게 지위승계, 행정처분 또는 휴업·폐업의 사실을 거짓으로 알린 자	200만 원 이하의 과태료

❷ 소방시설설계업의 영업범위

업종별	영업범위
전문소방시설설계업	모든 특정소방대상물에 설치되는 소방시설의 설계
일반소방시설설계업	① 아파트에 설치되는 기계분야 소방시설(제연설비는 제외)의 설계 ② 연면적 3만m^2(공장의 경우에는 1만m^2) 미만의 특정소방대상물(제연설비가 설치되는 특정소방대상물은 제외)에 설치되는 기계분야 소방시설의 설계 ③ 위험물제조소등에 설치되는 기계분야 소방시설의 설계

🔒 정답 01 ③ 02 ③ 03 ③ 04 ③ 05 ③

기출유형 완성하기

01 소방시설공사업법령에 따른 소방시설업 등록이 가능한 사람은? 〔20년-1·2회〕

① 피성년후견인
② 위험물안전관리법에 따른 금고 이상의 형의 집행 유예를 선고받고 그 유예기간 중에 있는 사람
③ 등록하려는 소방시설업 등록이 취소된 날부터 3년이 지난 사람
④ 소방기본법에 따른 금고 이상의 실형을 선고받고 그 집행이 면제된 날부터 1년이 지난 사람

해설
소방시설업의 등록 결격사유는 등록하려는 소방시설업 등록이 취소된 날부터 2년이 지나지 아니한 자로 3년이 지난 사람은 등록이 가능하다.

02 소방시설공사업법령에 따른 소방시설업의 등록권자는? 〔20년-1·2회, 개정반영〕

① 국무총리
② 소방서장
③ 시·도지사
④ 한국소방안전원장

해설
특정소방대상물의 소방시설공사등을 하려는 자는 대통령령으로 정하는 요건을 갖추어 **시·도지사**에게 **소방시설업을 등록**하여야 한다.

03 소방시설공사업법령상 정의된 업종 중 소방시설업의 종류에 해당되지 않는 것은? 〔20년-4회〕

① 소방시설설계업
② 소방시설공사업
③ 소방시설정비업
④ 소방공사감리업

해설
소방시설업의 종류
- 소방시설설계업
- 소방시설공사업
- 소방공사감리업
- 방염처리업

04 소방시설업 등록사항의 변경신고 사항이 아닌 것은? 〔16년-2회〕

① 상 호
② 대표자
③ 보유설비
④ 기술인력

해설
소방시설업 등록사항의 변경신고 사항
- 상호(명칭) 또는 영업소 소재지
- 대표자
- 기술인력

05 일반소방시설설계업의 기계분야의 영업범위는 연면적 몇 m^2 미만의 특정소방대상물에 대한 소방시설의 설계인가? 〔22년-2회〕

① 10,000
② 20,000
③ 30,000
④ 50,000

해설
일반소방시설설계업(기계분야)의 영업범위
연면적 3만m^2(공장의 경우에는 1만m^2) **미만의 특정소방대상물**(제연설비가 설치되는 특정소방대상물은 제외)에 설치되는 기계분야 소방시설의 설계

CHAPTER 32 | 소방시설업, 소방시설설계업

기출유형 완성하기

정답 06 ④ 07 ③ 08 ③ 09 ②

06 소방시설을 등록할 수 있는 사람은?
15년-1회, 개정반영

① 피성년후견인
② 소방기본법에 따른 금고 이상의 실형을 선고받고 그 집행이 종료된 후 1년이 경과한 사람
③ 위험물안전관리법에 따른 금고 이상의 형의 집행 유예를 선고받고 그 유예기간 중에 있는 사람
④ 등록하려는 소방시설업 등록이 취소된 날부터 2년이 경과한 사람

해설
소방시설업의 등록 결격사유는 등록하려는 소방시설업 등록이 취소된 날부터 2년이 지나지 아니한 자로 경과한 사람은 소방시설업 등록이 가능하다.

07 다음 중 소방시설업에 대한 설명으로 옳지 않은 것은?
08년-2회, 개정반영

① 소방시설업에는 소방시설설계업, 소방시설공사업, 소방시설감리업, 방염처리업이 있다.
② 소방시설업을 하고자 하는 자는 시·도지사에게 소방시설업의 등록을 하여야 한다.
③ 감리원이라 함은 소방시설공사업에 소속된 기술자로서 감리능력이 있는 자를 말한다.
④ 소방시설업자는 등록증 또는 등록수첩을 다른 자에게 빌려주어서는 아니 된다.

해설
"감리원"이란 **소방공사감리업자**에 소속된 소방기술자로서 해당 소방시설공사를 감리하는 사람을 말한다.

08 소방시설공사업법령상 소방시설업의 등록을 하지 아니하고 영업을 한 자에 대한 벌칙 기준으로 옳은 것은?
22년-2회

① 1년 이하의 징역 또는 1천만 원 이하의 벌금
② 2년 이하의 징역 또는 2천만 원 이하의 벌금
③ 3년 이하의 징역 또는 3천만 원 이하의 벌금
④ 5년 이하의 징역 또는 5천만 원 이하의 벌금

해설
소방시설업 등록을 하지 아니하고 영업을 한 자는 3년 이하의 징역 또는 3천만 원 이하의 벌금에 처한다.

09 소방시설업 등록사항의 기술인력을 변경하는 경우 제출해야 하는 사항이 아닌 것은? *25년*

① 영업소 소재지
② 사업자등록증 사본
③ 기술인력
④ 대표자

해설
소방시설업 등록사항의 변경신고 사항
• 상호(명칭) 또는 영업소 소재지
• 대표자
• 기술인력

33 소방공사감리업

기출유형

다음 중 상주 공사감리를 하여야 할 대상의 기준으로 옳은 것은? | 19년-4회 |

① 지하층을 포함한 층수가 16층 이상으로서 300세대 이상인 아파트에 대한 소방시설의 공사
② 지하층을 포함한 층수가 16층 이상으로서 500세대 이상인 아파트에 대한 소방시설의 공사
③ 지하층을 포함하지 않은 층수가 16층 이상으로서 300세대 이상인 아파트에 대한 소방시설의 공사
④ 지하층을 포함하지 않은 층수가 16층 이상으로서 500세대 이상인 아파트에 대한 소방시설의 공사

해설
지하층을 포함한 층수가 16층 이상으로 500세대 이상인 아파트에 대한 소방시설의 공사는 **상주공사감리** 대상이다.

| 정답 | ②

족집게 과외

❶ 감리대상

구 분		내 용
감리대상	신설·개설·증설	옥내소화전설비, 스프링클러설비등(캐비닛형 간이SP 제외), 물분무등소화설비(호스릴 제외), 옥외소화전설비, 제연설비, 연결살수설비, 비상콘센트설비, 연소방지설비
	신설·개설	자동화재탐지설비, 비상방송설비, 소화용수설비, 연결송수관설비, 무선통신보조설비, 통합감시시설

❷ 소방공사감리의 종류

종 류	대 상
상주 공사감리	① 연면적 3만m^2 이상 특정소방대상물(아파트 제외) ② 지하층을 포함한 층수가 16층 이상으로 500세대 이상인 아파트
일반 공사감리	상주 공사감리에 해당하지 않는 소방시설의 공사

❸ 소방공사감리원의 배치기준

배치기준		소방시설공사 현장기준
책임감리원	보 조	
소방기술사	초급감리원 이상	① 연면적 20만m^2 이상인 특정소방대상물 ② 지하층을 포함한 층수가 40층 이상인 특정소방대상물
특급감리원		① 연면적 3만m^2 이상 20만m^2 미만인 특정소방대상물(아파트 제외) ② 지하층을 포함한 층수가 16층 이상 40층 미만인 특정소방대상물
고급감리원		① 물분무등소화설비(호스릴 방식의 소화설비 제외) 또는 제연설비가 설치되는 특정소방대상물 ② 연면적 3만m^2 이상 20만m^2 미만인 아파트
중급감리원		연면적 5천m^2 이상 3만m^2 미만인 특정소방대상물
초급감리원		① 연면적 5천m^2 미만인 특정소방대상물 ② 지하구

※ 연면적 20만m^2 이상인 경우 20만m^2 초과하는 연면적 10만m^2당 보조감리원 1명 추가 배치할 것

기출유형 완성하기

정답 01 ④ 02 ④ 03 ④ 04 ②

01 소방시설공사업법상 소방시설공사에 관한 발주자의 권한을 대행하여 소방시설공사가 설계도서 및 관계법령에 따라 적법하게 시공되는지 여부의 확인과 품질·시공 관리에 대한 기술지도를 수행하는 영업은 무엇인가?   15년-4회

① 소방시설유지업
② 소방시설설계업
③ 소방시설공사업
④ 소방공사감리업

해설
적법하게 시공되는지 여부와 기술지도 등은 **소방공사감리업**의 수행 업무이다.

02 소방시설공사업법령상 공사감리자 지정대상 특정소방대상물의 범위가 아닌 것은?   25년

① 물분무등소화설비(호스릴 방식의 소화설비는 제외)를 신설·개설하거나 방호·방수 구역을 증설할 때
② 제연설비를 신설·개설하거나 제연구역을 증설할 때
③ 연소방지설비를 신설·개설하거나 살수구역을 증설할 때
④ 캐비닛형 간이스프링클러설비를 신설·개설하거나 방호·방수 구역을 증설할 때

해설
캐비닛형 간이스프링클러설비의 경우 공사감리자 지정 대상의 범위가 아니다.
Tip 가장 많이 출제되는 유형으로 캐비닛형이 제외됨은 반드시 기억할 것

03 소방시설공사업법령상 상주 공사감리 대상기준 중 다음 ㉠, ㉡, ㉢에 알맞은 것은?   19년-1회

- 연면적 (㉠)m^2 이상의 특정소방대상물(아파트는 제외)에 대한 소방시설의 공사
- 지하층을 포함한 층수가 (㉡)층 이상으로서 (㉢)세대 이상인 아파트에 대한 소방시설의 공사

① ㉠ 10,000, ㉡ 11, ㉢ 600
② ㉠ 10,000, ㉡ 16, ㉢ 500
③ ㉠ 30,000, ㉡ 11, ㉢ 600
④ ㉠ 30,000, ㉡ 16, ㉢ 500

해설
상주 공사감리 대상
• 연면적 3만m^2 이상 특정소방대상물(아파트 제외)
• 지하층을 포함한 층수가 **16층** 이상으로 **500세대** 이상인 아파트

04 지하층을 포함한 층수가 16층 이상 40층 미만인 특정소방대상물의 소방시설 공사현장에 배치하여야 할 소방공사 책임감리원의 배치기준으로 옳은 것은?   17년-2회, 개정반영

① 행정안전부령으로 정하는 특급감리원 중 소방기술사
② 행정안전부령으로 정하는 특급감리원 이상의 소방공사 감리원(기계분야 및 전기분야)
③ 행정안전부령으로 정하는 고급감리원 이상의 소방공사 감리원(기계분야 및 전기분야)
④ 행정안전부령으로 정하는 중급감리원 이상의 소방공사 감리원(기계분야 및 전기분야)

해설
특급감리원이 배치되어야 하는 소방공사 대상
• 연면적 3만m^2 이상 20만m^2 미만인 특정소방대상물(아파트 제외)
• 지하층을 포함한 층수가 **16층** 이상 **40층** 미만인 특정소방대상물

34 착공신고, 완공검사, 하자보수

기출유형

소방시설공사업법령상 소방시설공사의 하자보수 보증기간이 3년이 아닌 것은? 20년-3회

① 자동소화장치
② 무선통신보조설비
③ 자동화재탐지설비
④ 간이스프링클러설비

해설
무선통신보조설비의 하자보수 보증기간은 2년이다.

| 정답 | ②

족집게 과외

❶ 착공신고 대상

구 분	내 용
개 념	공사업자는 소방시설공사를 하려면 소방본부장이나 소방서장에게 신고하여야 한다(착공 전).
신설 공사	옥내소화전설비(호스릴 포함), 옥외소화전설비, 스프링클러설비·간이스프링클러설비(캐비닛형 간이SP 포함) 및 화재조기진압용 스프링클러설비, 물분무소화설비·포소화설비·이산화탄소소화설비·할론소화설비·할로겐화합물 및 불활성기체 소화설비·미분무소화설비·강화액소화설비 및 분말소화설비, 연결송수관설비, 연결살수설비, 제연설비, 소화용수설비, 연소방지설비, 자동화재탐지설비, 비상경보설비, 비상방송설비, 비상콘센트설비, 무선통신보조설비
증설 공사	옥내·옥외소화전설비, 스프링클러설비·간이스프링클러설비 또는 물분무등소화설비의 방호구역, 자동화재탐지설비의 경계구역, 제연설비의 제연구역, 연결살수설비의 살수구역, 연결송수관설비의 송수구역, 비상콘센트설비의 전용회로, 연소방지설비의 살수구역
개설, 이전, 정비 공사	① 수신반 ② 소화펌프 ③ 동력(감시)제어반

❷ 완공검사를 위한 현장확인 대상 특정소방대상물의 범위

구 분	내 용
개 념	① 공사업자는 소방시설공사를 완공하면 소방본부장 또는 소방서장의 완공검사를 받아야 한다. ② 공사업자가 소방대상물 일부분의 소방시설공사를 마친 경우로서 전체 시설이 준공되기 전에 부분적으로 사용할 필요가 있는 경우에는 그 일부분에 대하여 소방본부장이나 소방서장에게 완공검사(이하 "부분완공검사"라 한다)를 신청할 수 있다.
완공검사 현장확인 대상	① 문화 및 집회시설, 종교시설, 판매시설, 노유자시설, 수련시설, 운동시설, 숙박시설, 창고시설, 지하상가 및 다중이용업소 ② 스프링클러설비등 또는 물분무등소화설비(호스릴 제외) 설비가 설치되는 특정소방대상물 ③ 연면적 1만m^2 이상이거나 11층 이상인 특정소방대상물(아파트는 제외) ④ 가연성 가스를 제조·저장 또는 취급하는 시설 중 지상에 노출된 가연성 가스 탱크의 저장용량 합계가 1천톤 이상인 시설

❸ 하자보수

구 분	내 용	
통보 기한	소방시설의 하자가 발생하였을 때에는 공사업자에게 그 사실을 알려야 하며, 통보를 받은 공사업자는 3일 이내에 하자를 보수하거나 보수 일정을 기록한 하자보수계획을 관계인에게 서면으로 알려야 한다.	
설비별 보증기간	2년	피난기구, 유도등, 유도표지, 비상경보설비, 비상조명등, 비상방송설비 및 무선통신보조설비
	3년	자동소화장치, 옥내소화전설비, 스프링클러설비, 간이스프링클러설비, 물분무등소화설비, 옥외소화전설비, 자동화재탐지설비, 상수도소화용수설비 및 소화활동설비(무선통신보조설비는 제외)

🔒 **정답** 01 ① 02 ④ 03 ② 04 ③

기출유형 완성하기

01 소방시설공사업법령상 소방시설공사 완공검사를 위한 현장확인 대상 특정소방대상물의 범위가 아닌 것은? `18년-1회`

① 위락시설
② 판매시설
③ 운동시설
④ 창고시설

해설
위락시설은 소방시설공사 완공검사를 위한 현장확인 대상이 아니다.

02 소방시설공사업법령에 따른 소방시설공사 중 특정소방대상물에 설치된 소방시설등을 구성하는 것의 전부 또는 일부를 개설, 이전 또는 정비하는 공사의 착공신고 대상이 아닌 것은? `18년-4회`

① 수신반
② 소화펌프
③ 동력(감시)제어반
④ 제연설비의 제연구역

해설
개설, 이전, 정비하는 공사로서 착공신고 대상
- 수신반
- 소화펌프
- 동력(감시)제어반

03 소방시설공사업법령상 하자를 보수하여야 하는 소방시설과 소방시설별 하자보수 보증기간으로 옳은 것은? `25년`

① 유도등 : 1년
② 자동소화장치 : 3년
③ 자동화재탐지설비 : 2년
④ 상수도소화용수설비 : 2년

해설
유도등의 하자보수 보증기간은 2년, 자동화재탐지설비와 상수도소화용수설비의 하자보수 보증기간은 3년이다.

04 소방시설공사업법령에 따른 완공검사를 위한 현장확인 대상 특정소방대상물의 범위기준으로 틀린 것은? `21년-2회`

① 연면적 1만제곱미터 이상이거나 11층 이상인 특정소방대상물(아파트는 제외)
② 가연성 가스를 제조·저장 또는 취급하는 시설 중 지상에 노출된 가연성 가스 탱크의 저장용량 합계가 1천톤 이상인 시설
③ 호스릴 방식의 소화설비가 설치되는 특정소방대상물
④ 문화 및 집회시설, 종교시설, 판매시설, 노유자시설, 수련시설, 운동시설, 숙박시설, 창고시설, 지하상가

해설
호스릴 방식은 간단한 수동식 소화설비로서 완공검사 현장확인 대상에서 제외된다.

기출유형 완성하기

정답 05 ④ 06 ② 07 ④ 08 ①

05 소방시설공사업자가 소방시설공사를 하고자 하는 경우 소방시설공사 착공신고서를 누구에게 제출해야 하는가? `16년-2회, 개정반영`

① 시·도지사
② 행정안전부장관
③ 한국소방시설협회장
④ 소방본부장 또는 소방서장

해설
공사업자는 소방시설공사를 하려면 **소방본부장이나 소방서장에게 신고(착공신고)**하여야 한다.

06 대통령령으로 정하는 특정소방대상물 소방시설 공사의 완공검사를 위하여 소방본부장이나 소방서장의 현장확인 대상 범위가 아닌 것은? `17년-1회`

① 문화 및 집회시설
② 수계소화설비가 설치되는 것
③ 연면적 $10,000m^2$ 이상이거나 11층 이상인 특정소방대상물(아파트는 제외)
④ 가연성 가스를 제조·저장 또는 취급하는 시설 중 지상에 노출된 가연성 가스 탱크의 저장용량 합계가 1,000톤 이상인 시설

해설
수계소화설비는 옥내소화전설비 등도 포함되므로 모든 수계소화설비가 완공검사 현장확인 대상은 아니다.

07 하자보수 대상 소방시설 중 하자보수 보증기간이 2년이 아닌 것은? `16년-4회`

① 유도표지
② 비상경보설비
③ 무선통신보조설비
④ 자동화재탐지설비

해설
자동화재탐지설비의 하자보수 보증기간은 3년이다.

08 소방시설공사의 착공신고 대상이 아닌 것은? `11년-4회`

① 무선통신보조설비의 증설공사
② 자동화재탐지설비의 경계구역이 증설되는 공사
③ 1개 이상의 옥외소화전을 증설하는 공사
④ 연결살수설비의 살수구역을 증설하는 공사

해설
무선통신보조설비는 신설일 경우에만 착공신고 대상에 포함된다.

Tip 다빈도 출제 문제이다.

정답 09 ② 10 ① 11 ① 12 ②

09 소방시설공사업자가 소방대상물의 일부분에 대한 공사를 마친 경우로서 전체 시설의 준공 전에 부분사용이 필요한 때에 그 일부분에 대하여 소방본부장 또는 소방서장에게 신청하는 검사를 무엇이라 하는가? 〔09년-2회〕

① 부분용도검사
② 부분완공검사
③ 부분사용검사
④ 부분준공검사

해설
공사업자가 소방대상물 **일부분의 소방시설공사를 마친 경우**로서 전체 시설이 준공되기 전에 부분적으로 사용할 필요가 있는 경우에는 그 **일부분에 대하여** 소방본부장이나 소방서장에게 "**부분완공검사**"를 신청할 수 있다.

10 소방시설의 하자가 발생한 경우 소방시설공사업자는 관계인으로부터 그 사실을 통보받은 날로부터 며칠 이내에 이를 보수하거나 보수 일정을 기록한 하자보수계획을 관계인에게 알려야 하는가? 〔14년-2회〕

① 3일 이내
② 5일 이내
③ 7일 이내
④ 14일 이내

해설
소방시설의 하자가 발생하였을 때에는 공사업자에게 그 사실을 알려야 하며, 통보를 받은 공사업자는 **3일 이내**에 하자를 보수하거나 보수 일정을 기록한 **하자보수계획을 관계인에게 서면으로 알려야** 한다.

11 공사업자가 소방시설공사를 마친 때에는 누구에게 완공검사를 받는가? 〔06년-4회, 개정반영〕

① 소방본부장 또는 소방서장
② 군 수
③ 시·도지사
④ 소방청장

해설
공사업자는 소방시설공사를 완공하면 **소방본부장 또는 소방서장의 완공검사**를 받아야 한다.

12 소방시설공사업법령상 하자보수를 하여야 하는 소방시설 중 하자보수 보증기간이 3년이 아닌 것은? 〔21년-2회〕

① 자동소화장치
② 비상방송설비
③ 스프링클러설비
④ 상수도소화용수설비

해설
비상방송설비의 하자보수 보증기간은 2년이다.

35 소방기술자 및 소방안전관리자의 교육

기출유형

소방시설관리업의 기술인력으로 등록된 소방기술자가 받아야 하는 실무교육의 주기 및 회수는?

13년-2회

① 매년 1회 이상
② 매년 2회 이상
③ 2년마다 1회 이상
④ 3년마다 1회 이상

해설
소방기술자는 실무교육을 2년마다 1회 이상 받아야 한다.

| 정답 | ③

족집게 과외

❶ 소방기술자의 실무교육

구 분	내 용
개 념	소방시설업, 소방시설관리업의 기술인력으로 등록된 소방기술자는 행정안전부령으로 정하는 바에 따라 실무교육을 받아야 한다.
교육주기 및 통보	① 소방기술자는 실무교육을 2년마다 1회 이상 받아야 한다. ② 소방기술자 실무교육에 관한 업무를 위탁받은 실무교육기관 또는 한국소방안전원의 장은 소방기술자에 대한 실무교육을 실시하려면 교육일정 등 교육에 필요한 계획을 수립하여 소방청장에게 보고한 후 교육 10일 전까지 교육대상자에게 알려야 한다. ③ 실무교육의 시간, 교육과목, 수수료, 그 밖에 실무교육에 관하여 필요한 사항은 소방청장이 정하여 고시한다.

※ 소방기술자 : 소방시설업 및 소방시설 관리업의 기술인력

❷ 소방안전관리자의 강습 및 실무교육

구 분		내 용
강습 교육	대 상	① 소방안전관리자의 자격을 인정받으려는 사람으로서 대통령령으로 정하는 사람 ② 소방안전관리자로 선임되고자 하는 사람
	교육 실시	소방청장은 강습교육을 실시하려는 경우에는 강습교육 실시 20일 전까지 일시·장소, 그 밖에 강습교육 실시에 필요한 사항을 인터넷 홈페이지에 공고해야 한다.
실무 교육	대 상	① 소방안전관리자 및 소방안전관리보조자 ② 관리업자를 감독하는 소방안전관리자
	교육 실시	① 소방청장은 실무교육을 실시하려는 경우에는 실무교육 실시 30일 전까지 일시·장소, 그 밖에 실무교육 실시에 필요한 사항을 인터넷 홈페이지에 공고하고 교육대상자에게 통보해야 한다. ② 소방안전관리자는 소방안전관리자로 선임된 날부터 6개월 이내에 실무교육을 받아야 하며, 그 이후에는 2년마다 1회 이상 실무교육을 받아야 한다. 다만, 소방안전관리 강습교육 또는 실무교육을 받은 후 1년 이내에 소방안전관리자로 선임된 사람은 해당 강습교육을 수료하거나 실무교육을 이수한 날에 실무교육을 이수한 것으로 본다. ③ 소방안전관리보조자는 그 선임된 날부터 6개월 이내에 실무교육을 받아야 하며, 그 이후에는 2년마다 1회 이상 실무교육을 받아야 한다. 다만, 소방안전관리자 강습교육 또는 실무교육이나 소방안전관리보조자 실무교육을 받은 후 1년 이내에 소방안전관리보조자로 선임된 사람은 해당 강습교육을 수료하거나 실무교육을 이수한 날 실무교육을 이수한 것으로 본다.

정답 01 ② 02 ③ 03 ③ 04 ③

기출유형 완성하기

01 소방안전관리자에 대한 강습교육을 실시하고자 할 때 소방청장은 강습교육 며칠 전까지 교육실시에 관하여 필요한 사항을 공고하여야 하는가? 〈12년-4회, 개정반영〉

① 14일
② 20일
③ 30일
④ 45일

해설
소방청장은 강습교육을 실시하려는 경우에는 **강습교육 실시 20일 전까지** 일시·장소, 그 밖에 강습교육 실시에 필요한 사항을 인터넷 홈페이지에 공고해야 한다.

02 소방안전관리자 및 소방안전관리보조자에 대한 실무교육의 교육대상, 교육일정 등 실무교육에 필요한 계획을 수립하여 매년 누구의 승인을 얻어 교육을 실시하는가? 〈19년-4회〉

① 한국소방안전원장
② 소방본부장
③ 소방청장
④ 시·도지사

해설
소방안전관리자가 되려고 하는 사람 또는 소방안전관리자(소방안전관리보조자를 포함한다)로 선임된 사람은 행정안전부령으로 정하는 바에 따라 **소방청장**이 **실시**하는 **강습교육** 또는 **실무교육**을 받아야 한다.

03 소방시설관리업의 기술인력으로 등록된 소방기술자는 실무교육을 몇 년마다 1회 이상 받아야 하며, 실무교육기관의 장은 교육일정 며칠 전까지 교육대상자에게 알려야 하는가? 〈14년-2회〉

① 2년, 7일 전
② 3년, 7일 전
③ 2년, 10일 전
④ 3년, 10일 전

해설
• 소방기술자는 실무교육을 2년마다 1회 이상 받아야 한다.
• 실무교육기관의 장은 실무교육을 실시하려면 계획을 수립하여 소방청장에게 보고한 후 교육 10일 전까지 교육대상자에게 알려야 한다.

04 소방안전관리자에 대한 실무교육을 실시하고자 할 때 소방안전관리자는 실무교육을 몇 년마다 1회 이상 받아야 하며, 소방청장은 며칠 전까지 교육실시에 관하여 필요한 사항을 교육대상자에게 통보하여야 하는가? 〈12년-4회, 개정반영〉

① 2년, 20일 전
② 3년, 20일 전
③ 2년, 30일 전
④ 3년, 30일 전

해설
• 소방안전관리자는 2년마다 1회 이상 **실무교육**을 받아야 한다.
• 소방청장은 실무교육을 실시하려는 경우에는 **실무교육 실시 30일 전까지 교육대상자에게 통보**해야 한다.

36 위험물 분류 및 지정수량

기출유형

다음 중 위험물 유별 성질로서 옳지 않은 것은? 07년-1회

① 제1류 위험물 : 산화성 고체
② 제2류 위험물 : 가연성 고체
③ 제4류 위험물 : 인화성 액체
④ 제6류 위험물 : 인화성 고체

해설
제6류 위험물의 성질은 산화성 액체이다.

| 정답 | ④

족집게 과외

❶ 위험물 및 지정수량

유 별	성 질	품명 및 지정수량			
제1류	산화성 고체	무기과산화물, 아염소산염류, 염소산염류, 질산염류 등, ○○염류			
제2류	가연성 고체	-			
제3류	자연발화성 물질 및 금수성 물질	황린(20kg), 칼륨, 나트륨, 금속의 수소화물			
제4류	인화성 액체	특수인화물		50*l*	-
		제1석유류	비수용성 액체	200*l*	휘발유
			수용성 액체	400*l*	아세톤
		알코올류		400*l*	-
		제2석유류	비수용성 액체	1,000*l*	등유, 경유
			수용성 액체	2,000*l*	-
		제3석유류	비수용성 액체	2,000*l*	-
			수용성 액체	4,000*l*	-
		제4석유류		6,000*l*	-
		동식물유류		10,000*l*	-
제5류	자기반응성 물질	유기과산화물, 아조화합물, 니트로화합물, 질산에스테르류			
제6류	산화성 액체	-			

※ 출제되는 항목만 표기한 것, 비수용성 지정수량만 숙지 후 ×2 = 수용성 지정수량

❷ 지정수량 미만인 위험물의 저장·취급

구 분	내 용
지정수량 미만	지정수량 미만인 위험물의 저장 또는 취급에 관한 기술상의 기준은 시·도의 조례로 정한다.

정답 01 ① 02 ④ 03 ④ 04 ④ 05 ③ 06 ②

기출유형 완성하기

01 제1류 위험물로서 산화성 고체에 해당되는 것은? `03년-1회`

① 아염소산염류
② 적 린
③ 알칼리토금속류
④ 철 분

해설
아염소산염류는 제1류 위험물(**산화성 고체**)이다.
Tip ○○염류는 대부분 산화성 고체이다.

02 제5류 위험물로 자기반응성 물질은? `03년-2회`

① 염소산염류
② 과염소산염류
③ 질산염류
④ 유기과산화물류

해설
유기과산화물류는 제5류 위험물(**자기반응성 물질**)이다.
Tip 무기과산화물은 1류이므로 주의한다.

03 위험물 중 인화성 액체에 해당되는 것은? `04년-1회`

① 유기과산화물류
② 알킬알루미늄
③ 과산화수소
④ 동식물유류

해설
동식물유류는 제4류 위험물(**인화성 액체**)이다.

04 제4류 위험물로서 제1석유류인 수용성 액체의 지정수량은 몇 리터인가? `15년-2회`

① 100
② 200
③ 300
④ 400

해설
제4류위험물 중 제1석유류(수용성 액체)의 지정수량은 400l이다.

05 인화성 액체인 제4류 위험물의 품명별 지정수량이다. 다음 중 옳지 않은 것은? `09년-4회`

① 특수인화물 50리터
② 제1석유류 중 비수용성 액체는 200리터, 수용성 액체는 400리터
③ 알코올류 300리터
④ 제4유류 6,000리터

해설
제4류 위험물 중 알코올류의 지정수량은 400l이다.

06 위험물로서 제1석유류에 속하는 것은? `05년-1회`

① 이황화탄소
② 휘발유
③ 디에틸에테르
④ 파라크실렌

해설
휘발유는 제4류 위험물 중 **제1석유류**(비수용성 액체)이다.

CHAPTER 36 | 위험물 분류 및 지정수량

기출유형 완성하기

🔒 정답 07 ② 08 ① 09 ② 10 ① 11 ① 12 ④

07 위험물안전관리법령상 제4류 위험물 중 경유의 지정수량은 몇 리터인가? 〔21년-4회〕

① 500
② 1,000
③ 1,500
④ 2,000

해설
경유는 제4류 위험물 중 제2석유류(비수용성 액체)로서 지정수량은 1,000l이다.

08 다음 중 위험물과 그 지정수량의 조합으로 옳은 것은? 〔07년-1회〕

① 황린 : 20kg
② 염소산염류 : 30kg
③ 과염소산 : 200kg
④ 알킬리튬 : 100kg

해설
② 염소산염류 - 50kg
③ 과염소산 - 300kg
④ 알킬리튬 - 10kg

09 제3류 위험물에 해당하는 것은? 〔22년-2회〕

① 염소산염류
② 나트륨
③ 무기과산화물
④ 유기과산화물

해설
나트륨은 제3류 위험물이다.

Tip 제3류 위험물은 자연발화성 또는 금수성 물질로 대부분 "륨, 늄" 등으로 끝나는 금속물질이다.

10 다음 중 제3류 자연발화성 및 금수성 위험물이 아닌 것은? 〔05년-4회〕

① 적린
② 황린
③ 금속의 수소화물
④ 칼륨

해설
적린은 제2류 위험물(가연성 고체)이다.

11 제4류 위험물의 성질로 알맞은 것은? 〔09년-2회〕

① 인화성 액체
② 산화성 고체
③ 가연성 고체
④ 산화성 액체

해설
제4류 위험물의 성질은 인화성 액체이다.

12 제4류 인화성 액체 위험물 중 품명 및 지정수량이 맞게 짝지어진 것은? 〔10년-1회〕

① 제1석유류(수용성 액체) - 100리터
② 제2석유류(수용성 액체) - 500리터
③ 제3석유류(수용성 액체) - 1,000리터
④ 제4석유류 - 6,000리터

해설
① 제1석유류(수용성 액체) - 400l
② 제2석유류(수용성 액체) - 2,000l
③ 제3석유류(수용성 액체) - 4,000l

37 위험물 표지, 정전기 제거 및 피뢰설비

기출유형

위험물제조소에는 보기 쉬운 곳에 기준에 따라 "위험물제조소"라는 표시를 한 표지를 설치하여야 하는데 다음 중 표지의 기준으로 적합한 것은?

14년-2회

① 표지의 한 변의 길이는 0.3m 이상, 다른 한 변의 길이는 0.6m 이상인 직사각형으로 하되 표지의 바탕은 백색으로 문자는 흑색으로 한다.
② 표지의 한 변의 길이는 0.2m 이상, 다른 한 변의 길이는 0.4m 이상인 직사각형으로 하되 표지의 바탕은 백색으로 문자는 흑색으로 한다.
③ 표지의 한 변의 길이는 0.2m 이상, 다른 한 변의 길이는 0.4m 이상인 직사각형으로 하되 표지의 바탕은 흑색으로 문자는 백색으로 한다.
④ 표지의 한 변의 길이는 0.3m 이상, 다른 한 변의 길이는 0.6m 이상인 직사각형으로 하되 표지의 바탕은 흑색으로 문자는 백색으로 한다.

해설
표지는 한 변의 길이가 0.3m 이상, 다른 한 변의 길이가 0.6m 이상인 직사각형으로 하고, 표지의 바탕은 백색으로, 문자는 흑색으로 할 것

| 정답 | ①

족집게 과외

❶ 표지 및 게시판

구분		내용
표지		제조소에는 보기 쉬운 곳에 다음 기준에 따라 "위험물제조소"라는 표시를 한 표지를 설치하여야 한다. ① 표지는 한 변의 길이가 0.3m 이상, 다른 한 변의 길이가 0.6m 이상인 직사각형으로 할 것 ② 표지의 바탕은 백색으로, 문자는 흑색으로 할 것
게시판	게시판 1	제조소에는 보기 쉬운 곳에 다음 기준에 따라 방화에 관하여 필요한 사항을 게시한 게시판을 설치하여야 한다. ① 게시판은 한 변의 길이가 0.3m 이상, 다른 한 변의 길이가 0.6m 이상인 직사각형으로 할 것 ② 게시판에는 저장 또는 취급하는 위험물의 유별·품명 및 저장최대수량 또는 취급최대수량, 지정수량의 배수 및 안전관리자의 성명 또는 직명을 기재할 것 ③ 게시판의 바탕은 백색으로, 문자는 흑색으로 할 것
	게시판 2	위 게시판 외에 저장 또는 취급하는 위험물에 따라 다음의 규정에 의한 주의사항을 표시한 게시판을 설치할 것

위험물 분류	표시 문자	게시판 색상
제1류 위험물 중 알칼리금속의 과산화물과 이를 함유한 것 또는 제3류 위험물 중 금수성 물질	물기엄금	청색바탕에 백색문자
제2류 위험물(인화성 고체 제외)	화기주의	적색바탕에 백색문자
제2류 위험물 중 인화성 고체, 제3류 위험물 중 자연발화성 물질, 제4류 위험물 또는 제5류 위험물	화기엄금	

❷ 정전기 제거설비, 피뢰설비

구분	내용
정전기 제거설비	① 접지에 의한 방법 ② 공기 중의 상대습도를 70% 이상으로 하는 방법 ③ 공기를 이온화하는 방법
피뢰설비	지정수량의 10배 이상의 위험물을 취급하는 제조소(제6류 위험물을 취급하는 위험물제조소를 제외한다)에는 피뢰침을 설치하여야 한다.

정답 01 ② 02 ④ 03 ④ 04 ② 05 ④ 06 ③

기출유형 완성하기

01 위험물제조소의 표지의 바탕 및 문자의 색으로 옳은 것은? `03년-1회`

① 황색바탕, 흑색문자
② 백색바탕, 흑색문자
③ 흑색바탕, 백색문자
④ 적색바탕, 백색문자

해설
표지의 **바탕은 백색으로, 문자는 흑색**으로 할 것

02 위험물제조소에서 위험물을 취급할 때에는 정전기를 제거하는 설비를 하여야 한다. 정전기를 유효하게 제거할 수 있는 방법이 될 수 없는 것은? `25년`

① 접지를 한다.
② 공기 중의 상대습도를 70% 이상으로 한다.
③ 공기를 이온화한다.
④ 종단저항을 설치한다.

해설
위험물제조소등에서 정전기 제거설비
• 접지에 의한 방법
• 공기 중의 상대습도를 70% 이상으로 하는 방법
• 공기를 이온화하는 방법

03 제4류 위험물을 저장하는 위험물제조소의 주의사항을 표시한 게시판의 내용으로 적합한 것은? `15년-1회`

① 물기주의   ② 물기엄금
③ 화기주의   ④ 화기엄금

해설
제4류 위험물을 저장·취급하는 장소에는 적색바탕에 백색문자로 "**화기엄금**" 표시된 게시판을 설치하여야 한다.

04 지정수량의 몇 배 이상의 위험물을 취급하는 제조소에는 피뢰침을 설치하여야 하는가? (단, 제6류 위험물을 취급하는 위험물제조소는 제외) `25년`

① 5배
② 10배
③ 50배
④ 100배

해설
지정수량의 10배 이상의 위험물을 취급하는 제조소(제6류 위험물을 취급하는 위험물제조소를 제외한다)에는 **피뢰침을 설치**하여야 한다.

05 위험물제조소 게시판의 바탕 및 문자의 색으로 올바르게 연결된 것은? `16년-4회`

① 바탕 - 백색, 문자 - 청색
② 바탕 - 청색, 문자 - 흑색
③ 바탕 - 흑색, 문자 - 백색
④ 바탕 - 백색, 문자 - 흑색

해설
게시판의 **바탕은 백색으로, 문자는 흑색**으로 할 것

06 위험물안전관리법령에서 정한 게시판의 주의사항으로 잘못된 것은? `10년-4회`

① 제2류 위험물(인화성 고체 제외) : 화기주의
② 제3류 위험물 중 자연발화성 물질 : 화기엄금
③ 제4류 위험물 : 화기주의
④ 제5류 위험물 : 화기엄금

해설
제4류 위험물을 저장·취급하는 장소에는 적색바탕에 백색문자로 "**화기엄금**" 표시된 게시판을 설치하여야 한다.

기출유형 완성하기

정답 07 ③ 08 ②

07 위험물을 취급함에 있어서 정전기가 발생할 우려가 있는 설비는 공기 중의 상대습도를 몇 [%] 이상으로 하는 방법으로 정전기를 유효하게 제거할 수 있는 설비를 설치하여야 하는가?

10년-2회

① 30[%]
② 55[%]
③ 70[%]
④ 90[%]

해설
위험물제조소등에서 정전기 제거설비
- 접지에 의한 방법
- 공기 중의 상대습도를 **70%** 이상으로 하는 방법
- 공기를 이온화하는 방법

08 제4류 위험물을 저장·취급하는 제조소에 "화기엄금"이란 주의사항을 표시하는 게시판을 설치할 경우 게시판의 색상은?

19년-2회

① 청색바탕에 백색문자
② 적색바탕에 백색문자
③ 백색바탕에 적색문자
④ 백색바탕에 흑색문자

해설
제4류 위험물을 저장·취급하는 장소에는 **적색바탕**에 **백색문자**로 "화기엄금" 표시된 게시판을 설치하여야 한다.

38 채광·조명 및 환기설비, 배출설비

기출유형

제조소등의 위치·구조 및 설비의 기준 중 위험물을 취급하는 건축물의 환기설비 설치기준으로 다음 ( ) 안에 알맞은 것은? 〔17년-2회〕

> 급기구는 당해 급기기구가 설치된 실의 바닥면적 (㉠)마다 1개 이상으로 하되, 급기구의 크기는 (㉡) 이상으로 할 것

① ㉠ $100m^2$, ㉡ $800cm^2$
② ㉠ $150m^2$, ㉡ $800cm^2$
③ ㉠ $100m^2$, ㉡ $1,000cm^2$
④ ㉠ $150m^2$, ㉡ $1,000cm^2$

해설
급기구는 당해 급기구가 설치된 실의 바닥면적 $150m^2$ **마다 1개 이상**으로 하되, 급기구의 크기는 $800cm^2$ **이상**으로 할 것

|정답| ②

족집게 과외

❶ 채광·조명 및 환기설비, 배출설비의 기준

구 분	내 용
채광설비	채광설비는 불연재료로 하고, 연소의 우려가 없는 장소에 설치하되 채광면적을 최소로 할 것
조명설비	① 가연성 가스 등이 체류할 우려가 있는 장소의 조명등은 방폭등으로 할 것 ② 전선은 내화·내열전선으로 할 것 ③ 점멸스위치는 출입구 바깥부분에 설치할 것. 다만, 스위치의 스파크로 인한 화재·폭발의 우려가 없을 경우에는 그러하지 아니하다.

환기설비	① 환기는 자연배기방식으로 할 것
	② 급기구는 당해 급기구가 설치된 실의 바닥면적 $150m^2$ 마다 1개 이상으로 하되, 급기구의 크기는 $800cm^2$ 이상으로 할 것. 다만, 바닥면적이 $150m^2$ 미만인 경우에는 다음의 크기로 하여야 한다.
	
	    | 바닥면적 | 급기구의 면적 |
	    |---|---|
	    | $60m^2$ 미만 | $150cm^2$ 이상 |
	    | $60m^2$ 이상 $90m^2$ 미만 | $300cm^2$ 이상 |
	    | $90m^2$ 이상 $120m^2$ 미만 | $450cm^2$ 이상 |
	    | $120m^2$ 이상 $150m^2$ 미만 | $600cm^2$ 이상 |
	
	③ 급기구는 낮은 곳에 설치하고 가는 눈의 구리망 등으로 인화방지망을 설치할 것
	④ 환기구는 지붕 위 또는 지상 $2m$ 이상의 높이에 회전식 고정벤티레이터 또는 루프팬 방식으로 설치할 것

배출설비	가연성의 증기 또는 미분이 체류할 우려가 있는 건축물에는 그 증기 또는 미분을 옥외의 높은 곳으로 배출할 수 있도록 다음의 기준에 의하여 배출설비를 설치하여야 한다.
	
	① 배출설비는 국소방식으로 하여야 한다. 다만, 다음의 1에 해당하는 경우에는 전역방식으로 할 수 있다.
	  가. 위험물취급설비가 배관이음 등으로만 된 경우
	  나. 건축물의 구조·작업장소의 분포 등의 조건에 의하여 전역방식이 유효한 경우
	② 배출설비는 배풍기(오염된 공기를 뽑아내는 통풍기)·배출 덕트(공기 배출통로)·후드 등을 이용하여 강제적으로 배출하는 것으로 해야 한다.
	③ 배출능력은 1시간당 배출장소 용적의 20배 이상인 것으로 하여야 한다. 다만, 전역방식의 경우에는 바닥면적 $1m^2$당 $18m^3$ 이상으로 할 수 있다.
	④ 배출설비의 급기구 및 배출구는 다음의 기준에 의하여야 한다.
	  가. 급기구는 높은 곳에 설치하고, 가는 눈의 구리망 등으로 인화방지망을 설치할 것
	  나. 배출구는 지상 $2m$ 이상으로서 연소의 우려가 없는 장소에 설치하고, 배출 덕트가 관통하는 벽부분의 바로 가까이에 화재 시 자동으로 폐쇄되는 방화댐퍼(화재 시 연기 등을 차단하는 장치)를 설치할 것
	⑤ 배풍기는 강제배기방식으로 하고, 옥내 덕트의 내압이 대기압 이상이 되지 아니하는 위치에 설치하여야 한다.

정답 01 ② 02 ③ 03 ④ 04 ④

기출유형 완성하기

01 다음 중 위험물 취급 건축물에 채광·조명 및 환기설비의 설치기준으로 틀린 것은?

03년-2회

① 채광면적은 최소로 한다.
② 환기는 강제배기방식으로 한다.
③ 급기구는 낮은 곳에 설치한다.
④ 점멸스위치는 출입구 바깥부분에 설치한다.

해설
환기는 **자연배기방식**으로 한다.

02 위험물제조소에 환기설비를 시설할 때 바닥면적이 $100m^2$라면 급기구의 면적은 몇 cm^2 이상이어야 하는가?

03년-4회

① 150
② 300
③ 450
④ 600

해설
바닥면적에 따른 급기구의 면적

바닥면적	급기구의 면적
$60m^2$ 미만	$150cm^2$ 이상
$60m^2$ 이상 $90m^2$ 미만	$300cm^2$ 이상
$90m^2$ **이상** $120m^2$ **미만**	$450cm^2$ **이상**
$120m^2$ 이상 $150m^2$ 미만	$600cm^2$ 이상

03 다음 중 위험물제조소의 배출설비의 배출능력은 1시간당 배출장소 용적의 몇 배 이상인가?

04년-2회

① 5배
② 10배
③ 15배
④ 20배

해설
배출능력은 1시간당 배출장소 **용적**의 **20배 이상**인 것으로 하여야 한다.

04 위험물제조소의 환기설비 중 급기구의 크기는? (단, 제조소의 바닥면적은 $150m^2$이다)

06년-2회, 개정반영

① $150cm^2$ 이상으로 한다.
② $300cm^2$ 이상으로 한다.
③ $450cm^2$ 이상으로 한다.
④ $800cm^2$ 이상으로 한다.

해설
급기구는 당해 급기구가 설치된 실의 바닥면적 150 m^2마다 1개 이상으로 하되, 급기구의 크기는 $800cm^2$ **이상**으로 한다.

CHAPTER 38 | 채광·조명 및 환기설비, 배출설비

39 제조소등의 허가 및 변경신고 등

기출유형

위험물안전관리법상 위험물시설의 설치 및 변경 등에 관한 기준 중 다음 (   ) 안에 알맞은 것은?

<small>18년-2회</small>

> 제조소등의 위치·구조 또는 설비의 변경 없이 당해 제조소등에서 저장하거나 취급하는 위험물의 품명·수량 또는 지정수량의 배수를 변경하고자 하는 자는 변경하고자 하는 날의 (㉠)일 전까지 (㉡)이 정하는 바에 따라 (㉢)에게 신고하여야 한다.

① ㉠ 1, ㉡ 행정안전부령, ㉢ 시·도지사
② ㉠ 1, ㉡ 대통령령, ㉢ 소방본부장·소방서장
③ ㉠ 14, ㉡ 행정안전부령, ㉢ 시·도지사
④ ㉠ 14, ㉡ 대통령령, ㉢ 소방본부장·소방서장

해설

제조소등의 위치·구조 또는 설비의 변경 없이 당해 제조소등에서 저장하거나 취급하는 위험물의 품명·수량 또는 지정수량의 배수를 변경하고자 하는 자는 **변경하고자 하는 날의 1일 전까지 행정안전부령**이 정하는 바에 따라 **시·도지사**에게 신고하여야 한다.

| 정답 | ①

족집게 과외

❶ 취급소

구 분	내 용
취급소	지정수량 이상의 위험물을 제조 외의 목적으로 취급하기 위한 대통령령이 정하는 장소로서 규정에 따른 허가를 받은 장소
판매취급소	점포에서 위험물을 용기에 담아 판매하기 위하여 지정수량의 40배 이하의 위험물을 취급하는 장소
주유취급소	고정된 주유설비에 의하여 자동차·항공기 또는 선박 등의 연료탱크에 직접 주유하기 위하여 위험물을 취급하는 장소
이송취급소	배관 및 이에 부속된 설비에 의하여 위험물을 이송하는 장소
일반취급소	주유취급소 및 이송취급소 외의 장소

❷ 위험물시설의 설치 및 변경

구 분		내 용
설치 허가		제조소등을 설치하고자 하는 자는 대통령령이 정하는 바에 따라 그 설치장소를 관할하는 시·도지사의 허가를 받아야 한다.
변경신고 기간		제조소등의 위치·구조 또는 설비의 변경 없이 당해 제조소등에서 저장하거나 취급하는 위험물의 품명·수량 또는 지정수량의 배수를 변경하고자 하는 자는 변경하고자 하는 날의 1일 전까지 행정안전부령이 정하는 바에 따라 시·도지사에게 신고하여야 한다.
변경 신고 대상	이 전	① 제조소 또는 취급소의 위치를 이전하는 경우 ② 저장탱크(옥내·옥외·간이)의 위치, 저장탱크 주입구 위치를 이전하는 경우 　→ (간이저장탱크는 같은 사업장 내 이전은 제외)
	설 비	① 배출설비, 불활성기체 봉입장치, 냉각장치, 보냉장치를 신설하는 경우 ② 위험물취급탱크의 노즐 또는 맨홀을 신설하는 경우(지름 $250mm$ 초과 시) ③ $300m$를 초과하는 위험물배관을 신설·교체·철거·보수하는 경우
예 외		① 주택의 난방시설(공동주택의 중앙난방시설을 제외)을 위한 저장소 또는 취급소 ② 농예용·축산용 또는 수산용으로 필요한 난방시설 또는 건조시설을 위한 지정수량 20배 이하의 저장소

❸ 신고기한

구 분	신고기한 기준
지위승계	행정안전부령이 정하는 바에 따라 승계한 날부터 30일 이내에 시·도지사에게 그 사실을 신고하여야 한다.
폐 지	행정안전부령이 정하는 바에 따라 제조소등의 용도를 폐지한 날부터 14일 이내에 시·도지사에게 신고하여야 한다.
안전관리자 선임 및 해임	① 선임한 날부터 14일 이내에 행정안전부령으로 정하는 바에 따라 소방본부장 또는 소방서장에게 신고하여야 한다. ② 안전관리자를 해임하거나 안전관리자가 퇴직한 때에는 해임하거나 퇴직한 날부터 30일 이내에 다시 안전관리자를 선임하여야 한다.

Tip 허가는 대통령령, 그 외의 신고사항은 전부 행정안전부령이다.

기출유형 완성하기

🔒 **정답** 01 ③ 02 ② 03 ③ 04 ④ 05 ①

01 위험물의 제조소등을 설치하고자 할 때 설치장소를 관할하는 누구의 허가를 받아야 하는가?
_{06년-2회, 개정반영}

① 행정자치부장관
② 소방청장
③ 특별시장·광역시장 또는 도지사
④ 기초지방자치단체장

해설
제조소등을 설치하고자 하는 자는 대통령령이 정하는 바에 따라 그 설치장소를 관할하는 **시·도지사의 허가**를 받아야 한다.
Tip 시·도지사=특별시장·광역시장 또는 도지사

02 제조소등의 위치·구조 또는 설비의 변경 없이 당해 제조소등에서 저장하거나 취급하는 위험물의 지정수량의 배수를 변경하고자 할 때는 누구에게 신고하여야 하는가?
_{07년-2회}

① 행정자치부장관
② 시·도지사
③ 소방본부장
④ 소방서장

해설
변경하고자 하는 날의 1일 전까지 행정안전부령이 정하는 바에 따라 **시·도지사에게 신고**하여야 한다.

03 점포에서 위험물을 용기에 담아 판매하기 위하여 지정수량의 40배 이하의 위험물을 취급하는 장소는?
_{08년-4회}

① 일반취급소   ② 주유취급소
③ 판매취급소   ④ 이송취급소

해설
판매취급소란 점포에서 위험물을 용기에 담아 판매하기 위하여 **지정수량의 40배 이하**의 위험물을 취급하는 장소

04 다음 ( ) 안의 알맞은 내용을 바르게 나타낸 것은?
_{12년-4회}

> 위험물제조소등의 설치자의 지위를 승계한 자는 (❶)이 정하는 바에 따라 승계한 날로부터 (❷) 이내에 (❸)에게 신고하여야 한다.

① ❶ 대통령령 ❷ 14일 ❸ 시·도지사
② ❶ 대통령령 ❷ 30일 ❸ 소방본부장·소방서장
③ ❶ 행정안전부령 ❷ 14일 ❸ 소방본부장·소방서장
④ ❶ 행정안전부령 ❷ 30일 ❸ 시·도지사

해설
행정안전부령이 정하는 바에 따라 승계한 날부터 **30일 이내**에 **시·도지사**에게 그 사실을 신고하여야 한다.

05 위험물제조소등에서 변경허가를 받아야 하는 경우로 옳지 않은 것은?
_{25년}

① 위험물취급탱크에 $250mm$ 이하의 맨홀을 신설하는 경우
② $300m$를 초과하는 위험물배관을 신설하는 경우
③ 불활성기체의 봉입장치를 신설하는 경우
④ 제조소 또는 일반취급소의 위치를 이전하는 경우

해설
변경허가 대상
• 위험물취급탱크에 노즐 또는 맨홀을 신설하는 경우 (단, 노즐 또는 맨홀의 **직경이 $250mm$를 초과**하는 경우)
• $300m$를 초과하는 위험물배관을 신설하는 경우
• 불활성기체의 봉입장치를 신설하는 경우
• 제조소 또는 일반취급소의 위치를 이전하는 경우

정답 06 ① 07 ② 08 ② 09 ②

06 위험물안전관리법상 시·도지사의 허가를 받지 아니하고 당해 제조소등을 설치할 수 있는 기준 중 다음 (　) 안에 알맞은 것은? `18년-1회`

> 농예용·축산용 또는 수산용으로 필요한 난방시설 또는 건조시설을 위한 지정수량 (　) 배 이하의 저장소

① 20　　② 30
③ 40　　④ 50

해설
농예용·축산용 또는 수산용으로 필요한 **난방시설** 또는 건조시설을 위한 **지정수량 20배 이하의 저장소**

07 위험물안전관리법령상 위험물취급소의 구분에 해당하지 않는 것은? `20년-3회`

① 이송취급소
② 관리취급소
③ 판매취급소
④ 일반취급소

해설
취급소의 구분(종류)
- 판매취급소
- 주유취급소
- 이송취급소
- 일반취급소

08 제조소등의 위치·구조 또는 설비의 변경 없이 당해 제조소등에서 저장하거나 취급하는 위험물의 품명·수량 또는 지정수량의 배수를 변경하고자 할 때는 누구에게 신고해야 하는가? `19년-4회`

① 국무총리
② 시·도지사
③ 관할소방서장
④ 행정안전부장관

해설
변경하고자 하는 날의 1일 전까지 행정안전부령이 정하는 바에 따라 **시·도지사에게 신고**하여야 한다.

09 위험물시설의 설치 및 변경, 안전관리에 대한 설명으로 옳지 않은 것은? `12년-2회`

① 제조소등의 설치자의 지위를 승계한 자는 승계한 날부터 30일 이내에 시·도지사에게 신고하여야 한다.
② 제조소등의 용도를 폐지한 때에는 폐지한 날부터 30일 이내에 시·도지사에게 신고하여야 한다.
③ 위험물안전관리자가 퇴직한 때에는 퇴직한 날부터 30일 이내에 다시 위험물안전관리자를 선임하여야 한다.
④ 위험물안전관리자를 선임한 때에는 선임한 날부터 14일 이내에 소방본부장 또는 소방서장에게 신고하여야 한다.

해설
행정안전부령이 정하는 바에 따라 제조소등의 용도를 **폐지한 날부터 14일 이내에 시·도지사에게 신고**하여야 한다.

40 정기검사, 예방규정

기출유형

지정수량의 몇 배 이상의 위험물을 저장하는 옥외저장소에는 화재예방을 위한 예방규정을 정하여야 하는가? 12년-4회

① 10배 ② 100배
③ 150배 ④ 200배

해설
지정수량의 100배 이상의 위험물을 저장하는 **옥외저장소**는 예방규정을 정하여 제출하여야 한다.

|정답| ②

족집게 과외

❶ 정기점검 대상 제조소등

구 분	제조소등
정기점검 대상	① 예방규정 대상인 제조소등 ② 지하탱크저장소 ③ 이동탱크저장소 ④ 위험물을 취급하는 탱크로서 지하에 매설된 탱크가 있는 제조소·주유취급소 또는 일반취급소

❷ 예방규정

구 분	제조소등
개 념	대통령령으로 정하는 제조소등의 관계인은 행정안전부령으로 정하는 바에 따라 예방규정을 정하여 해당 제조소등의 사용을 시작하기 전에 시·도지사에게 제출하여야 한다. 예방규정을 변경한 때에도 또한 같다.
예방규정 대상	① 지정수량의 10배 이상의 위험물을 취급하는 제조소 ② 지정수량의 100배 이상의 위험물을 저장하는 옥외저장소 ③ 지정수량의 150배 이상의 위험물을 저장하는 옥내저장소 ④ 지정수량의 200배 이상의 위험물을 저장하는 옥외탱크저장소 ⑤ 암반탱크저장소 ⑥ 이송취급소 ⑦ 지정수량의 10배 이상의 위험물을 취급하는 일반취급소
예 외	제4류 위험물(특수인화물을 제외한다)만을 지정수량의 50배 이하로 취급하는 일반취급소(제1석유류·알코올류의 취급량이 지정수량의 10배 이하인 경우에 한한다)로서 다음의 어느 하나에 해당하는 것을 제외한다. ① 보일러·버너 또는 이와 비슷한 것으로서 위험물을 소비하는 장치로 이루어진 일반취급소 ② 위험물을 용기에 옮겨 담거나 차량에 고정된 탱크에 주입하는 일반취급소

정답 01 ③ 02 ② 03 ④ 04 ①

기출유형 완성하기

01 예방규정을 정하여야 하는 제조소등의 관계인은 예방규정을 정하여 언제까지 시·도지사에게 제출하여야 하는가? `05년-2회`

① 제조소등의 착공 신고 전
② 제조소등의 완공 신고 전
③ 제조소등의 사용 시작 전
④ 제조소등의 탱크안전성능시험 전

해설
제조소등의 관계인은 예방규정을 정하여 해당 **제조소등의 사용을 시작하기 전에** 시·도지사에게 제출하여야 한다.

02 지정수량의 몇 배 이상의 위험물을 취급하는 제조소는 관계인이 예방규정을 정하여야 하는가? `10년-2회`

① 5배
② 10배
③ 100배
④ 200배

해설
지정수량의 10배 이상의 위험물을 취급하는 **제조소는** 예방규정을 정하여 제출하여야 한다.

03 위험물안전관리법령에 따른 정기점검의 대상인 제조소등의 기준 중 틀린 것은? `18년-4회`

① 암반탱크저장소
② 지하탱크저장소
③ 이동탱크저장소
④ 지정수량의 150배 이상의 위험물을 저장하는 옥외탱크저장소

해설
예방규정 대상인 제조소등은 정기점검 대상으로 **옥외탱크저장소는 지정수량의 200배 이상의** 위험물을 저장하는 경우에 정기점검 대상이 된다.

04 정기점검의 대상이 되는 제조소등이 아닌 것은? `17년-4회`

① 옥내탱크저장소
② 지하탱크저장소
③ 이동탱크저장소
④ 이송취급소

해설
옥내탱크저장소는 정기점검 대상이 아니다.

CHAPTER 40 | 정기검사, 예방규정

41 제조소의 위치·구조 기준

기출유형

위험물제조소 중 위험물을 취급하는 건축물은 특별한 경우를 제외하고 어떤 구조로 하여야 하는가?

04년-4회

① 지하층이 없도록 하여야 한다.
② 지하층을 주로 사용하는 구조이어야 한다.
③ 지하층이 있는 2층 이내의 건축물이어야 한다.
④ 지하층이 있는 3층 이내의 건축물이어야 한다.

해설
위험물을 취급하는 건축물은 **지하층이 없도록** 하여야 한다.

| 정답 | ①

족집게 과외

❶ 제조소의 안전거리

구 분	안전거리	제조소 인근 건축물 또는 공작물의 용도
용도별 안전거리	3m 이상	사용전압이 7[kV] 초과~35[kV] 이하의 특고압가공전선
	5m 이상	사용전압이 35[kV]를 초과하는 특고압가공전선
	10m 이상	주거용 건축물
	20m 이상	고압가스・액화석유가스・도시가스를 저장 및 취급하는 시설
	30m 이상	학교, 병원, 극장, 아동복지시설, 노인복지시설 등
	50m 이상	지정문화재

❷ 제조소의 보유공지

취급하는 위험물의 최대수량	(보유)공지의 너비
지정수량의 10배 이하	3m 이상
지정수량의 10배 초과	5m 이상

❸ 제조소 건축물의 구조

구 분	내 용
지하층	지하층이 없도록 할 것
주요구조부	① 벽・기둥・바닥・보・서까래・계단은 불연재료로 할 것 ② 연소의 우려가 있는 외벽은 개구부가 없는 내화구조로 할 것(출입구 제외)
지 붕	지붕은 가벼운 불연재료로 덮을 것
출입구	① 출입구와 비상구에는 60분+방화문・60분방화문・30분방화문을 설치할 것 ② 연소의 우려가 있는 외벽에 설치하는 출입구는 자동폐쇄식의 60+방화문・60분방화문 설치
창	위험물을 취급하는 건축물의 창 및 출입구에 유리 이용 시 망입유리로 적용할 것
액체 취급	액체 위험물을 취급하는 건축물의 바닥은 위험물이 스며들지 못하는 재료로 사용하고, 적당한 경사를 두어 그 최저부에 집유설비를 설치할 것

기출유형 완성하기

정답 01 ① 02 ① 03 ④ 04 ②

01 위험물제조소의 건축물의 구조로 잘못된 것은? `04년-1회`

① 벽, 기둥, 석가래, 및 계단은 난연재료로 할 것
② 지하층이 없도록 할 것
③ 지붕은 가벼운 금속판 또는 불연재료로 덮을 것
④ 연소의 우려가 있는 외벽은 내화구조로 할 것

해설
해당 위험물제조소의 건축물에서 벽·기둥·바닥·보·서까래·계단은 **불연재료로 할 것**

02 위험물안전관리법령상 제조소의 위치·구조 및 설비의 기준 중 위험물을 취급하는 건축물 그 밖의 시설의 주위에는 그 취급하는 위험물을 최대수량이 지정수량의 10배 이하인 경우 보유하여야 할 공지의 너비는 몇 m 이상이어야 하는가? `18년-1회`

① 3
② 5
③ 8
④ 10

해설
제조소의 보유공지

취급하는 위험물의 최대수량	(보유)공지의 너비
지정수량의 10배 이하	$3m$ 이상
지정수량의 10배 초과	$5m$ 이상

03 위험물안전관리법령상 제조소의 기준에 따라 건축물의 외벽 또는 이에 상당하는 공작물의 외측으로부터 제조소의 외벽 또는 이에 상당하는 공작물의 외측까지의 안전거리 기준으로 틀린 것은? (단, 제6류 위험물을 취급하는 제조소를 제외하고, 건축물에 불연재료로 된 방화상 유효한 담 또는 벽을 설치하지 않은 경우이다) `20년-3회`

① 의료법에 의한 종합병원에 있어서는 $30m$ 이상
② 도시가스사업법에 의한 가스공급시설에 있어서는 $20m$ 이상
③ 사용전압 $35,000V$를 초과하는 특고압가공전선에 있어서는 $5m$ 이상
④ 문화재보호법에 의한 유형문화재와 기념물 중 지정문화재에 있어서는 $30m$ 이상

해설
제조소의 건축물은 「문화재보호법」의 규정에 의한 유형문화재와 기념물 중 **지정문화재에 있어서는 $50m$ 이상** 안전거리를 확보하여야 한다.

04 제4류 위험물제조소의 경우 사용전압이 $22kV$인 특고압가공전선이 지나갈 때 제조소의 외벽과 가공전선 사이의 수평거리(안전거리)는 몇 $[m]$ 이상이어야 하는가? `15년-4회`

① 2
② 3
③ 5
④ 10

해설
사용전압이 $7[kV]$ 초과~$35[kV]$ 이하의 특고압가공전선과 제조소의 **건축물은 $3m$ 이상** 안전거리를 확보하여야 한다.

42 옥외탱크저장소의 방유제

기출유형

위험물안전관리법령상 인화성 액체위험물(이황화탄소를 제외)의 옥외탱크저장소의 탱크 주위에 설치하여야 하는 방유제의 설치기준 중 틀린 것은? 〔18년-1회〕

① 방유제 내의 면적은 $60,000m^2$ 이하로 하여야 한다.
② 방유제는 높이 $0.5m$ 이상 $3m$ 이하, 두께 $0.2m$ 이상, 지하매설깊이 $1m$ 이상으로 할 것. 다만, 방유제와 옥외저장탱크 사이의 지반면 아래에 불침윤성 구조물을 설치하는 경우에는 지하매설깊이를 해당 불침윤성 구조물까지로 할 수 있다.
③ 방유제의 용량은 방유제 안에 설치된 탱크가 하나인 때에는 그 탱크 용량의 110% 이상, 2기 이상인 때에는 그 탱크 중 용량이 최대인 것의 용량의 110% 이상으로 하여야 한다.
④ 방유제는 철근콘크리트로 하고, 방유제와 옥외저장탱크 사이의 지표면은 불연성과 불침윤성이 있는 구조(철근콘크리트 등)로 할 것. 다만, 누출된 위험물을 수용할 수 있는 전용유조 및 펌프 등의 설비를 갖춘 경우에는 방유제와 옥외저장탱크 사이의 지표면을 흙으로 할 수 있다.

[해설]
방유제 내의 면적은 8만m^2 이하로 하여야 한다.

|정답| ①

> 족집게 과외

❶ 방유제의 설치기준

구 분	설치기준
대 상	제3류, 제4류 및 제5류 위험물 중 인화성이 있는 액체(이황화탄소를 제외한다)의 옥외탱크저장소의 탱크 주위에는 방유제를 설치하여야 한다.
용 량	방유제 내 탱크 1개 : 탱크 용량의 110% 이상 방유제 내 탱크 2개 이상 : 가장 큰 탱크 용량의 110% 이상
높이, 두께	높이 $0.5m$ 이상~$3m$이하, 두께 $0.2m$ 이상, 지하매설깊이 $1m$ 이상으로 설치할 것
면 적	방유제 내의 면적은 $8만m^2$ 이하로 할 것
탱크의 수	방유제 내의 설치하는 옥외저장탱크의 수는 10개 이하로 할 것
도로 배치	방유제 외면의 2분의 1 이상은 자동차 등이 통행할 수 있는 $3m$ 이상의 노면폭을 확보한 구내도로에 직접 접하도록 할 것
구조의 재질	방유제는 철근콘크리트로 하고, 방유제와 옥외저장탱크 사이의 지표면은 불연성과 불침윤성이 있는 구조(철근콘크리트 등)로 할 것. 다만, 누출된 위험물을 수용할 수 있는 전용유조 및 펌프 등의 설비를 갖춘 경우에는 방유제와 옥외저장탱크 사이의 지표면을 흙으로 할 수 있다.
간막이 둑	용량이 1,000만 L 이상인 옥외저장탱크의 주위에 설치하는 방유제에는 탱크마다 간막이 둑을 설치할 것
부속설비	방유제 내에는 당해 방유제 내에 설치하는 옥외저장탱크를 위한 배관, 조명설비 및 계기시스템과 이들에 부속하는 설비 그 밖의 안전확보에 지장이 없는 부속설비 외에는 다른 설비를 설치하지 아니할 것
설비 관통	방유제 또는 간막이 둑에는 해당 방유제를 관통하는 배관을 설치하지 아니할 것
계 단	높이가 $1m$를 넘는 방유제 및 간막이 둑의 안팎에는 방유제 내에 출입하기 위한 계단 또는 경사로를 약 $50m$마다 설치할 것

정답 01 ① 02 ④ 03 ① 04 ③

기출유형 완성하기

01 인화성 액체위험물(이황화탄소는 제외)의 옥외저장탱크 주위에는 기준에 따라 방유제를 설치해야 하는데 다음 중 잘못 설명된 것은?
〈08년-4회〉

① 방유제의 높이는 $1m$ 이상 $4m$ 이하로 할 것
② 방유제 내의 면적은 8만제곱미터 이하로 할 것
③ 방유제의 용량은 방유제 안에 설치된 탱크가 하나인 경우에는 그 탱크 용량의 110% 이상을 할 것
④ 방유제의 용량은 방유제 안에 설치된 탱크가 2기 이상인 경우 그 탱크 중 용량이 최대인 것의 용량의 110% 이상으로 할 것

[해설]
방유제는 **높이** $0.5m$ **이상**~$3m$ **이하**, 두께 $0.2m$ 이상, 지하매설깊이 $1m$ 이상으로 설치할 것

02 위험물안전관리법령에 따른 인화성 액체위험물(이황화탄소를 제외)의 옥외탱크저장소의 탱크 주위에 설치하는 방유제의 설치기준 중 옳은 것은?
〈18년-4회〉

① 방유제의 높이는 $0.5m$ 이상 $2.0m$ 이하로 할 것
② 방유제 내의 면적은 $100,000m^2$ 이하로 할 것
③ 방유제의 용량은 방유제 안에 설치된 탱크가 2기 이상인 때에는 그 탱크 중 용량이 최대인 것의 용량의 120% 이상으로 할 것
④ 높이가 $1m$를 넘는 방유제 및 간막이 둑의 안 팎에는 방유제 내에 출입하기 위한 계단 또는 경사로를 약 $50m$마다 설치할 것

[해설]
① 방유제의 **높이**는 $0.5m$ **이상**~$3m$ **이하**로 할 것
② 방유제 내의 면적은 **8만**m^2 **이하**로 할 것
③ 방유제의 용량은 방유제 내 탱크 2개 이상인 경우 가장 큰 탱크 용량의 110% **이상**일 것

03 옥외탱크저장소에 설치하는 방유제의 설치기준으로 옳지 않은 것은?
〈14년-2회〉

① 방유제 내의 면적은 $60,000m^2$ 이하로 할 것
② 방유제의 높이는 $0.5m$ 이상 $3m$ 이하로 할 것
③ 방유제의 내의 옥외저장탱크의 수는 10 이하로 할 것
④ 방유제는 철근콘크리트 또는 흙으로 만들 것

[해설]
방유제 내의 면적은 8만m^2 이하로 할 것

04 위험물안전관리법령상 인화성 액체위험물(이황화탄소를 제외)의 옥외탱크저장소의 탱크 주위에 설치하여야 하는 방유제의 기준 중 틀린 것은?
〈21년-1회〉

① 방유제의 용량은 방유제 안에 설치된 탱크가 하나인 때에는 그 탱크 용량의 110% 이상으로 할 것
② 방유제의 용량은 방유제 안에 설치된 탱크가 2기 이상인 때에는 그 탱크 중 용량이 최대인 것의 용량의 110% 이상으로 할 것
③ 방유제는 높이 $1m$ 이상 $2m$ 이하, 두께 $0.2m$ 이상, 지하매설깊이 $0.5m$ 이상으로 할 것
④ 방유제 내의 면적은 $80,000m^2$ 이하로 할 것

[해설]
방유제는 **높이** $0.5m$ **이상**~$3m$ **이하**, 두께 $0.2m$ 이상, 지하매설깊이 $1m$ 이상으로 설치할 것

43 위험물의 임시저장

기출유형

위험물안전관리법령상 제조소등이 아닌 장소에서 지정수량 이상의 위험물을 취급할 수 있는 경우에 대한 기준으로 맞는 것은? (단, 시·도의 조례가 정하는 바에 따른다) `20년-4회`

① 관할소방서장의 승인을 받아 지정수량 이상의 위험물을 60일 이내의 기간 동안 임시로 저장 또는 취급하는 경우
② 관할소방대장의 승인을 받아 지정수량 이상의 위험물을 60일 이내의 기간 동안 임시로 저장 또는 취급하는 경우
③ 관할소방서장의 승인을 받아 지정수량 이상의 위험물을 90일 이내의 기간 동안 임시로 저장 또는 취급하는 경우
④ 관할소방대장의 승인을 받아 지정수량 이상의 위험물을 90일 이내의 기간 동안 임시로 저장 또는 취급하는 경우

해설
시·도의 조례가 정하는 바에 따라 **관할소방서장의 승인**을 받아 지정수량 이상의 위험물을 **90일** 이내의 기간 동안 임시로 저장 또는 취급하는 경우 지정수량 이상의 위험물을 제조소등 외의 장소에서 취급할 수 있다.

| 정답 | ③

족집게 과외

❶ 위험물의 임시저장

구 분	설치기준
개 념	다음 어느 하나에 해당하는 경우에는 제조소등이 아닌 장소에서 지정수량 이상의 위험물을 취급할 수 있다. 이 경우 임시로 저장 또는 취급하는 장소에서의 저장 또는 취급의 기준과 임시로 저장 또는 취급하는 장소의 위치·구조 및 설비의 기준은 시·도의 조례로 정한다.
예외대상	① 시·도의 조례가 정하는 바에 따라 관할소방서장의 승인을 받아 지정수량 이상의 위험물을 90일 이내의 기간 동안 임시로 저장 또는 취급하는 경우 ② 군부대가 지정수량 이상의 위험물을 군사목적으로 임시로 저장 또는 취급하는 경우

정답 01 ① 02 ④ 03 ③ 04 ②

기출유형 완성하기

01 다음 중 위험물 임시저장 기간으로 맞는 것은?
_{06년-1회}

① 90일 이내
② 80일 이내
③ 70일 이내
④ 60일 이내

해설
시·도의 조례가 정하는 바에 따라 **관할소방서장의 승인**을 받아 지정수량 이상의 위험물을 **90일 이내**의 기간 동안 임시로 저장 또는 취급하는 경우 지정수량 이상의 위험물을 제조소등 외의 장소에서 취급할 수 있다.

02 위험물의 임시저장 취급기준을 정하고 있는 것은?
_{07년-2회}

① 대통령령
② 국무총리령
③ 행정자치부령
④ 시·도조례

해설
임시로 저장 또는 취급하는 장소에서의 저장 또는 취급의 기준과 임시로 저장 또는 취급하는 장소의 위치·구조 및 설비의 기준은 **시·도의 조례**로 정한다.

03 시·도의 조례가 정하는 바에 따라 지정수량 이상의 위험물을 임시로 저장·취급할 수 있는 기간 (ㄱ)과 임시저장 승인권자 (ㄴ)는?
_{16년-1회, 개정반영}

① ㄱ. 30일 이내, ㄴ. 시·도지사
② ㄱ. 60일 이내, ㄴ. 소방본부장
③ ㄱ. 90일 이내, ㄴ. 관할소방서장
④ ㄱ. 120일 이내, ㄴ. 행정안전부장관

해설
시·도의 조례가 정하는 바에 따라 **관할소방서장의 승인**을 받아 지정수량 이상의 위험물을 **90일 이내**의 기간 동안 임시로 저장 또는 취급할 수 있다.

04 위험물안전관리법령상 제조소등이 아닌 장소에서 지정수량 이상의 위험물 취급에 대한 설명으로 틀린 것은?
_{22년-1회}

① 임시로 저장 또는 취급하는 장소에서의 저장 또는 취급의 기준은 시·도의 조례로 정한다.
② 필요한 승인을 받아 지정수량 이상의 위험물을 120일 이내의 기간 동안 임시로 저장 또는 취급하는 경우 제조소등이 아닌 장소에서 지정수량 이상의 위험물을 취급할 수 있다.
③ 제조소등이 아닌 장소에서 지정수량 이상의 위험물을 취급할 경우 관할소방서장의 승인을 받아야 한다.
④ 군부대가 지정수량 이상의 위험물을 군사목적으로 임시로 저장 또는 취급하는 경우 제조소등이 아닌 장소에서 지정수량 이상의 위험물을 취급할 수 있다

해설
시·도의 조례가 정하는 바에 따라 **관할소방서장의 승인**을 받아 지정수량 이상의 위험물을 **90일 이내**의 기간 동안 임시로 저장 또는 취급할 수 있다.

아이들이 답이 있는 질문을 하기 시작하면 그들이 성장하고 있음을 알 수 있다.

– 존 J. 플롬프 –

PART 04
소방전기시설의 구조 및 원리

PART 04 소방전기시설의 구조 및 원리

01 비상경보설비

기출유형

비상경보설비 및 단독경보형 감지기의 화재안전기준(NFPC 201)에 따른 비상벨설비 또는 자동식 사이렌설비에 대한 설명이다. 다음 (   )의 ㉠, ㉡에 들어갈 내용으로 옳은 것은? 25년

> 비상벨설비 또는 자동식 사이렌설비에는 그 설비에 대한 감시상태를 (㉠)분간 지속한 후 유효하게 (㉡)분 이상 경보할 수 있는 축전지설비(수신기에 내장하는 경우를 포함한다) 또는 전기저장장치(외부 전기에너지를 저장해두었다가 필요한 때 전기를 공급하는 장치)를 설치하여야 한다.

① ㉠ 30, ㉡ 10
② ㉠ 60, ㉡ 10
③ ㉠ 30, ㉡ 20
④ ㉠ 60, ㉡ 20

해설
비상경보설비는 감시상태를 60분간 지속한 후 유효하게 10분 이상 경보할 수 있는 비상전원을 설치하여야 한다.

| 정답 | ②

족집게 과외

❶ 비상경보설비의 구성

구 분	내 용
개 념	① 화재 발생 시 사람이 수동으로 발신기의 버튼을 눌러 수신기로 신호를 보내어 경종 또는 사이렌으로 화재경보를 발하는 설비 ② 부식성가스 또는 습기 등으로 인하여 부식 우려가 없는 장소에 설치하여야 함 ③ 유선식, 무선식, 유·무선식으로 송수신이 가능함
구 분	비상벨설비 — 화재발생 상황을 경종으로 경보하는 설비 자동식 사이렌설비 — 화재발생 상황을 사이렌으로 경보하는 설비

❷ 설치기준

구 분		설치기준(자동화재탐지설비의 경우에도 동일)
발신기	높 이	조작스위치는 바닥으로부터 $0.8m$ 이상 $1.5m$ 이하 높이에 설치
	배 치	① 층마다 설치 ② 수평거리 $25m$ 이하 ③ 보행거리 $40m$ 이상 시 추가설치
	위치표시등	① 함의 상부에 설치 ② $15°$ 이상 범위 안에서 $10m$ 이내 식별 가능한 적색등
	외 함	① 강판의 경우 $1.2mm$ 이상 ② 합성수지 사용 시 $3mm$ 이상
	작동 기능	① 동작에 필요한 힘은 $2kg$을 초과하고 $8kg$ 이하인 범위에서 동작할 것 ② $2kg$의 힘을 가하는 경우 동작되지 아니하여야 함
	터널 배치기준	① 주행차로 한쪽 측벽에 $50m$ 이내 간격 ② 편도 2차선 이상 양방향 터널 or 4차로 이상 일방향 터널은 양쪽 측벽에 $50m$ 이내 간격으로 엇갈리게 설치할 것
음향 장치	배 치	층마다 설치하되 각 부분으로부터 수평거리 $25m$ 이하
	동작전압	정격전압의 80% 전압에서도 음향을 발할 것
	음 량	음향장치의 중심으로부터 $1m$ 떨어진 위치에서 $90dB$ 이상(최대 $110dB$ 이하)
예비 전원		① 축전지설비 또는 전기저장장치 적용 ② 60분 감시, 10분 경보 가능할 것

❸ 설치대상

구 분	내 용
대 상	① 연면적 $400m^2$ 이상 ② 지하층 or 무창층의 바닥면적이 $150m^2$(공연장의 경우 $100m^2$) 이상 ③ 지하가 중 터널로서 길이가 $500m$ 이상 ④ 50명 이상의 근로자가 작업하는 옥내작업장

기출유형 완성하기

정답 01 ② 02 ② 03 ③ 04 ④

01 비상경보설비 및 단독경보형 감지기의 화재안전기준(NFPC 201)에 따른 비상벨설비에 대한 설명으로 옳은 것은? `21년-2회`

① 비상벨설비는 화재발생 상황을 사이렌으로 경보하는 설비를 말한다.
② 비상벨설비는 부식성가스 또는 습기 등으로 인하여 부식의 우려가 없는 장소에 설치하여야 한다.
③ 음향장치의 음량은 부착된 음향장치의 중심으로부터 $1m$ 떨어진 위치에서 $60dB$ 이상이 되는 것으로 하여야 한다.
④ 특정소방대상물의 층마다 설치하되, 해당 특정소방대상물의 각 부분으로부터 하나의 발신기까지의 수평거리가 $30m$ 이하가 되도록 하여야 한다.

해설
① 비상벨설비는 경종을 통해 경보
③ $1m$ 떨어진 위치에서 $90dB$ 이상
④ 수평거리 $25m$ 이하

02 비상경보설비 및 단독경보형 감지기의 화재안전기준(NFPC 201)에 따른 발신기의 시설기준에 대한 내용이다. 다음 ( )에 들어갈 내용으로 옳은 것은? `20년-4회`

> 조작이 쉬운 장소에 설치하고, 조작스위치는 바닥으로부터 (ⓐ)m 이상 (ⓑ)m 이하의 높이에 설치할 것

① ⓐ 0.6, ⓑ 1.2
② ⓐ 0.8, ⓑ 1.5
③ ⓐ 1.0, ⓑ 1.8
④ ⓐ 1.2, ⓑ 2.0

해설
조작스위치는 바닥으로부터 $0.8m$ 이상 $1.5m$ 이하의 높이에 설치할 것

03 경종의 형식승인 및 제품검사의 기술기준에 따라 경종은 전원전압이 정격전압의 ± 몇 % 범위에서 변동하는 경우 기능에 이상이 생기지 아니하여야 하는가? `21년-1회`

① 5
② 10
③ 20
④ 30

해설
정격전압의 80% 전압에서도 음량을 확보하여야 하므로 ±20% 이내

04 비상경보설비 및 단독경보형 감지기의 화재안전기준(NFPC 201)에 따라 비상벨설비의 음향장치의 음량은 부착된 음향장치의 중심으로부터 $1m$ 떨어진 위치에서 몇 dB 이상이 되는 것으로 하여야 하는가? `25년`

① 60
② 70
③ 80
④ 90

해설
음향장치의 중심으로부터 $1m$ 떨어진 위치에서 $90dB$ 이상일 것

정답 05 ① 06 ③ 07 ② 08 ①

기출유형 완성하기

05 비상경보설비 및 단독경보형 감지기의 화재안전기준(NFPC 201)에 따른 발신기의 시설기준으로 틀린 것은? `20년-3회`

① 발신기의 위치표시등은 함의 하부에 설치한다.
② 조작스위치는 바닥으로부터 $0.8m$ 이상 $1.5m$ 이하의 높이에 설치할 것
③ 복도 또는 별도로 구획된 실로서 보행거리가 $40m$ 이상일 경우에는 추가로 설치하여야 한다.
④ 특정소방대상물의 층마다 설치하되, 해당 특정소방대상물의 각 부분으로부터 하나의 발신기까지의 수평거리가 $25m$ 이하가 되도록 할 것

해설
발신기의 위치표시등은 함의 상부에 설치한다.

06 비상경보설비 및 단독경보형 감지기의 화재안전기준(NFPC 201)에 따라 비상경보설비의 발신기 설치 시 복도 또는 별도로 구획된 실로서 보행거리가 몇 m 이상일 경우에는 추가로 설치하여야 하는가? `20년-1·2회`

① 25
② 30
③ 40
④ 50

해설
복도 또는 별도로 구획된 실로서 보행거리가 $40m$ 이상일 경우 추가로 설치하여야 한다.

07 비상경보설비 및 단독경보형 감지기의 화재안전기준(NFPC 201)에 따라 비상벨설비 또는 자동식 사이렌설비의 지구음향장치는 특정소방대상물의 층마다 설치하되, 해당 특정소방대상물의 각 부분으로부터 하나의 음향장치까지의 수평거리가 몇 m 이하가 되도록 하여야 하는가? `19년-4회`

① 15
② 25
③ 40
④ 50

해설
하나의 음향장치까지의 수평거리는 $25m$ 이하가 되도록 설치하여야 한다.

08 비상벨설비 또는 자동식 사이렌설비에는 그 설비에 대한 감시상태를 몇 시간 지속한 후 유효하게 10분 이상 경보할 수 있는 축전지 설비(수신기에 내장하는 경우를 포함한다)를 설치하여야 하는가? `19년-1회`

① 1시간
② 2시간
③ 4시간
④ 6시간

해설
예비전원은 60분 이상 감시, 10분 이상 경보이므로 1시간 이상 감시상태를 유지하여야 한다.

기출유형 완성하기

정답 09 ③ 10 ④

09 비상경보설비를 설치하여야 할 특정소방대상물로 옳은 것은? (단, 지하구, 모래·석재 등 불연재료 창고 및 위험물 저장·처리 시설 중 가스시설은 제외한다) `19년-1회`

① 지하가 중 터널로서 길이가 400m 이상인 것
② 30명 이상의 근로자가 작업하는 옥내작업장
③ 지하층 또는 무창층의 바닥면적이 $150m^2$(공연장의 경우 $100m^2$) 이상인 것
④ 연면적 $300m^2$(지하가 중 터널 또는 사람이 거주하지 않거나 벽이 없는 축사 등 동·식물 관련시설은 제외) 이상인 것

해설
① 지하가 중 터널로서 길이가 500m 이상
② 50명 이상의 근로자가 작업하는 옥내작업장
④ 연면적 $400m^2$ 이상

10 비상벨설비 또는 자동식 사이렌설비의 설치기준 중 틀린 것은? `18년-1회`

① 전원은 전기가 정상적으로 공급되는 축전지, 전기저장장치 또는 교류전압의 옥내 간선으로 하고, 전원까지의 배선은 전용으로 설치하여야 한다.
② 비상벨설비 또는 자동식 사이렌설비에는 그 설비에 대한 감시상태를 60분간 지속한 후 유효하게 10분 이상 경보할 수 있는 축전지설비(수신기에 내장하는 경우를 포함) 또는 전기저장장치를 설치하여야 한다.
③ 특정소방대상물의 층마다 설치하되, 해당 특정소방대상물의 각 부분으로부터 하나의 발신기까지의 수평거리가 25m 이하가 되도록 할 것. 다만, 복도 또는 별도로 구획된 실로서 보행거리가 40m 이상일 경우에는 추가로 설치하여야 한다.
④ 발신기의 위치표시등은 함의 상부에 설치하되, 그 불빛은 부착면으로부터 45° 이상의 범위 안에서 부착지점으로부터 10m 이내의 어느 곳에서도 쉽게 식별할 수 있는 적색등으로 설치하여야 한다.

해설
위치표시등은 그 부착면으로부터 15° 이상의 범위 안에서 부착지점으로부터 10m 이내의 어느 곳에서도 쉽게 식별할 수 있어야 한다.

🔒 **정답** 11 ④ 12 ④ 13 ② 14 ①

기출유형 완성하기

11 소방대상물 각 부분에서 하나의 발신기까지의 수평거리는 몇 m이며 복도 또는 별도로 구획된 실에 발신기를 설치하는 경우에는 보행거리를 몇 m로 해야 하는가? `14년-2회`

① 수평거리 $15m$ 이하, 보행거리 $30m$ 이상
② 수평거리 $25m$ 이하, 보행거리 $30m$ 이상
③ 수평거리 $15m$ 이하, 보행거리 $40m$ 이상
④ 수평거리 $25m$ 이하, 보행거리 $40m$ 이상

해설
발신기는 수평거리 $25m$ 이하로 설치하되 복도, 구획된 실로서 보행거리 $40m$ 이상인 경우 추가로 설치하여야 한다.

12 비상경보설비 및 단독경보형 감지기의 화재안전기준(NFPC 201)에 따라 화재신호 및 상태신호 등을 송수신하는 방식으로 옳은 것은? `20년-4회`

① 자동식
② 수동식
③ 반자동식
④ 유·무선식

해설
화재신호 및 상태신호 등을 송수신하는 방식은 유선식, 무선식, 유·무선식이 있다.

13 발신기의 외함을 합성수지를 사용하는 경우 외함의 최소 두께는 몇 mm 이상이어야 하는가? `17년-2회`

① 5
② 3
③ 1.6
④ 1.2

해설
발신기의 외함의 두께
• 강판의 경우 $1.2mm$ 이상
• 합성수지 사용 시 $3mm$ 이상

14 자동화재탐지설비 발신기의 작동기능 기준 중 다음 ( ) 안에 알맞은 것은? (단, 이 경우 누름판이 있는 구조로서 손끝으로 눌러 작동하는 방식의 작동스위치는 누름판을 포함한다) `17년-2회`

발신기의 조작부는 작동스위치의 동작방향으로 가하는 힘이 (㉠)kg을 초과하고 (㉡)kg 이하인 범위에서 확실하게 동작되어야 하며, (㉠)kg 힘을 가하는 경우 동작되지 아니하여야 한다.

① ㉠ 2, ㉡ 8
② ㉠ 3, ㉡ 7
③ ㉠ 2, ㉡ 7
④ ㉠ 3, ㉡ 8

해설
• 동작에 필요한 힘은 $2kg$을 초과하고 $8kg$ 이하인 범위에서 동작되어야 한다.
• $2kg$의 힘을 가하는 경우 동작되지 아니하여야 한다.

CHAPTER 01 | 비상경보설비

기출유형 완성하기

정답 15 ① 16 ②

15 자동화재탐지설비의 발신기는 건축물의 각 부분으로부터 하나의 발신기까지 수평거리는 최대 몇 m 이하인가? `15년-4회`

① $25m$
② $50m$
③ $100m$
④ $150m$

해설
발신기는 수평거리 $25m$ 이하가 되도록 설치한다.

16 발신기의 위치를 표시하는 표시등으로 알맞은 것은? `09년-4회`

① 황색등
② 적색등
③ 청색등
④ 황색 점멸등

해설
발신기의 위치표시등은 적색등으로 설치한다.

02 단독경보형 감지기

기출유형

비상경보설비 및 단독경보형 감지기의 화재안전기준(NFPC 201)에 따른 단독경보형 감지기에 대한 내용이다. 다음 (　)에 들어갈 내용으로 옳은 것은? `21년-4회`

> 이웃하는 실내의 바닥면적이 각각 (　)m^2 미만이고 벽체의 상부의 전부 또는 일부가 개방되어 이웃하는 실내와 공기가 상호 유통되는 경우에는 이를 1개의 실로 본다.

① 30
② 50
③ 100
④ 150

해설

이웃하는 실내의 바닥면적이 **각각** 30m^2 **미만**이고 벽체의 상부의 전부 또는 일부가 개방되어 이웃하는 실내와 공기가 상호유통되는 경우에는 **이를 1개의 실로 본다**.

| 정답 | ①

족집게 과외

❶ 단독경보형 감지기의 기능

구 분		내 용
개 념		화재발생 상황을 단독으로 감지하여 자체에 내장된 음향장치로 경보하는 감지기
일반 기능	작동시험	자동복귀형 스위치에 의하여 수동으로 작동시험을 할 수 있을 것
	작동표시등	작동 시 화재의 발생을 표시하고, 내장된 음향장치에 의해 화재경보를 발할 것
	전원표시등	① 주기적으로 섬광하여 전원의 정상 여부를 감시할 수 있을 것 ② 정상상태를 표시하는 등의 섬광 주기는 1초 이내의 점등과 30~60초 이내의 소등
	경 보	$1m$ 떨어진 위치에서 $85dB$ 이상으로 10분 이상 계속하여 경보할 수 있을 것
	건전지	① 교체 필요 시 음성안내 및 표시등에 의해 72시간 이상 경보할 수 있을 것 ② 전원이 건전지인 경우 음향경보는 $1m$ 떨어진 거리에서 $70dB$(음성안내는 $60dB$) 이상

❷ 설치기준

구 분	설치기준
장 소	① 각 실(이웃하는 실내의 바닥면적이 각각 $30m^2$ 미만이고 벽체의 상부의 전부 또는 일부가 개방되어 이웃하는 실내와 공기가 상호유통되는 경우에는 이를 1개의 실로 봄)마다 설치하되, 바닥면적이 $150m^2$를 초과하는 경우에는 $150m^2$마다 1개 이상 설치할 것 ② 최상층의 계단실의 천장(외기가 상통하는 계단실의 경우를 제외)에 설치할 것 ③ 건전지 주전원으로 사용하는 단독경보형 감지기는 정상적인 작동상태를 유지할 수 있도록 주기적으로 건전지를 교환할 것

❸ 설치대상

구 분	내 용
대 상	① 교육연구시설 내에 있는 기숙사, 합숙소로서 연면적 2천m^2 미만 ② 수련시설 내에 있는 기숙사, 합숙소로서 연면적 2천m^2 미만 ③ 숙박시설이 있는 수련시설로서 수용인원 100명 미만 ④ 연면적 $400m^2$ 미만의 유치원 ⑤ 공동주택 중 연립주택 및 다세대주택(⑤에는 연동형으로 설치할 것)

정답 01 ① 02 ③ 03 ② 04 ③

기출유형 완성하기

01 단독경보형 감지기에 대한 설명으로 틀린 것은?
〈22년-1회〉

① 단독경보형 감지기는 감지부, 경보장치, 전원이 개별로 구성되어 있다.
② 화재경보음은 감지기로부터 $1m$ 떨어진 위치에서 $85dB$ 이상으로 10분 이상 계속하여 경보할 수 있어야 한다.
③ 단독경보형 감지기는 수동으로 작동시험을 하고 자동복귀형 스위치에 의하여 자동으로 정위치에 복귀하여야 한다.
④ 작동되는 감지기는 작동표시등에 의하여 화재의 발생을 표시하고, 내장된 음향장치의 명동에 의하여 화재경보음을 발하여야 한다.

해설
단독경보형 감지기는 각 구성요소가 내장되어 있는 "일체형" 감지기이다.

02 비상경보설비 및 단독경보형 감지기의 화재안전기준(NFPC 201)에 따라 바닥면적이 $450m^2$일 경우 단독경보형 감지기의 최소 설치개수는?
〈20년-1·2회〉

① 1개
② 2개
③ 3개
④ 4개

해설
단독경보형 감지기는 바닥면적 $150m^2$ 마다 1개 이상 설치하므로

설치개수 $= \dfrac{\text{바닥면적}[m^2]}{150[m^2]} = \dfrac{450}{150} = 3 [\text{개}]$

03 감지기의 형식승인 및 제품검사의 기술기준에 따라 단독경보형 감지기의 일반기능에 대한 내용이다. 다음 ( )에 들어갈 내용으로 옳은 것은?
〈21년-1회〉

> 주기적으로 섬광하는 전원표시등에 의하여 전원의 정상 여부를 감시할 수 있는 기능이 있어야 하며, 전원의 정상상태를 표시하는 전원표시등의 섬광 주기는 (ⓐ)초 이내의 점등과 (ⓑ)초에서 (ⓒ)초 이내의 소등으로 이루어져야 한다.

① ⓐ 1, ⓑ 15, ⓒ 60
② ⓐ 1, ⓑ 30, ⓒ 60
③ ⓐ 2, ⓑ 15, ⓒ 60
④ ⓐ 2, ⓑ 30, ⓒ 60

해설
정상상태에서의 전원표시등 섬광 주기는 1초 이내의 점등과 30초에서 60초 이내의 소등으로 이루어져야 한다.

04 비상경보설비 및 단독경보형 감지기의 화재안전기준(NFPC 201)에 따른 단독경보형 감지기의 시설기준에 대한 내용이다. 다음 ( )에 들어갈 내용으로 옳은 것은?
〈21년-2회〉

> 단독경보형 감지기는 바닥면적이 (㉠)m^2를 초과하는 경우에는 (㉡)m^2마다 1개 이상을 설치하여야 한다.

① ㉠ 100, ㉡ 100
② ㉠ 100, ㉡ 150
③ ㉠ 150, ㉡ 150
④ ㉠ 150, ㉡ 200

해설
단독경보형 감지기는 바닥면적이 $150m^2$를 초과하는 경우에는 $150m^2$마다 1개 이상 설치하여야 한다.

CHAPTER 02 | 단독경보형 감지기

기출유형 완성하기

정답 05 ④ 06 ② 07 ① 08 ①

05 다음이 설명하고 있는 기능의 감지기는? 『10년-2회』

> 작동되는 경우 작동표시등의 점등에 의하여 화재의 발생을 표시하고, 내장된 음향장치의 명동에 의하여 화재경보음을 발할 수 있는 기능이 있어야 한다.

① 보상식 감지기
② 불꽃감지기
③ 광전식분리형 감지기
④ 단독경보형 감지기

해설
음향장치가 내장되어 있는 감지기는 단독경보형 감지기가 유일하다(일체형이므로).

06 연면적 $2,000m^2$ 미만의 교육연구시설 내에 있는 합숙소 또는 기숙사에 설치하는 단독경보형 감지기 설치기준으로 틀린 것은? 『15년-1회』

① 각 실마다 설치하되, 바닥면적이 $150m^2$를 초과하는 경우에는 $150m^2$마다 1개 이상 설치할 것
② 외기가 상통하는 최상층의 계단실의 천장에 설치할 것
③ 건전지를 주전원으로 사용하는 단독경보형 감지기는 정상적인 작동상태를 유지할 수 있도록 건전지를 교환할 것
④ 상용전원을 주전원으로 사용하는 단독경보형 감지기의 2차전지는 제품검사에 합격한 것을 사용할 것

해설
계단실의 경우 외기가 상통하는 계단실의 경우에는 설치를 제외한다.

07 단독경보형 감지기를 설치하여야 하는 특정소방대상물의 기준 중 옳은 것은? 『개정반영』

① 공동주택 중 연립주택 및 다세대주택
② 연면적 $2,000m^2$ 미만의 기숙사
③ 교육연구시설 또는 수련시설 내에 있는 합숙소 또는 기숙사로서 연면적 $1,000m^2$ 미만인 것
④ 연면적 $1,000m^2$ 미만의 유치원

해설
② 기숙사는 교육연구시설 또는 수련시설에 속해 있는 경우에 해당
③ 교육연구시설 및 수련시설의 합숙소 또는 기숙사로서 연면적 $2,000m^2$ **미만**인 것
④ 연면적 $400m^2$ **미만**의 유치원

08 각 실별 실내의 바닥면적이 $25m^2$인 4개의 실에 단독경보형 감지기를 설치 시 몇 개의 실로 보아야 하는가? (단, 각 실은 이웃하고 있으며, 벽체 상부가 일부 개방되어 이웃하는 실내와 공기가 상호유통되는 경우이다) 『16년-4회』

① 1
② 2
③ 3
④ 4

해설
이웃하는 실내의 바닥면적이 **각각** $30m^2$ **미만**이고 벽체의 상부의 전부 또는 일부가 개방되어 이웃하는 실내와 공기가 상호유통되는 경우에는 **이를 1개의 실로 본다**.

03 자동화재탐지설비의 수신기&중계기

기출유형

자동화재탐지설비 및 시각경보장치의 화재안전기준(NFPC 203)에 따른 자동화재탐지설비의 중계기의 시설기준으로 틀린 것은? 〖20년-4회〗

① 조작 및 점검에 편리하고 화재 및 침수 등의 재해로 인한 피해를 받을 우려가 없는 장소에 설치할 것
② 수신기에서 직접 감지기 회로의 도통시험을 행하지 아니하는 것에 있어서는 수신기와 감지기 사이에 설치할 것
③ 감지기에 따라 감시되지 아니하는 배선을 통하여 전력을 공급받는 것에 있어서는 전원입력 측의 배선에 누전경보기를 설치할 것
④ 수신기에 따라 감시되지 아니하는 배선을 통하여 전력을 공급받는 것에 있어서는 해당 전원의 정전이 즉시 수신기에 표시되는 것으로 할 것

[해설]
감지기는 전력 공급에 대한 감시기능이 없다.

|정답| ③

족집게 과외

❶ 수신기

구 분		내 용
개 념		감지기나 발신기에서 발하는 화재신호를 직접 수신하거나 중계기를 통하여 수신하여 화재의 발생을 표시 및 경보하여 주는 장치
설치 기준	설치장소	수위실 등 상시 사람이 근무하는 장소에 설치할 것
	일람도	수신기가 설치된 장소에는 경계구역 일람도를 비치할 것
	음향기구	① 주음향장치는 수신기의 내부 또는 그 직근에 설치 ② 그 음량 및 음색이 다른 기기의 소음 등과 명확히 구별될 수 있는 것으로 할 것
	경계구역	작동하는 경계구역을 표시할 수 있는 것으로 할 것
	표 시	하나의 경계구역은 하나의 표시등 또는 하나의 문자로 표시되도록 할 것
	조작스위치	바닥으로부터의 높이가 0.8미터 이상 1.5미터 이하인 장소에 설치할 것
	연 동	둘 이상의 수신기를 설치하는 경우에는 수신기를 상호 간 연동하여 화재발생 상황을 각 수신기마다 확인할 수 있도록 할 것
	단락보호	하나의 층의 지구음향장치 배선이 단락되어도 다른 층의 화재통보에 지장이 없도록 각 층 배선상에 유효한 조치를 할 것

❷ 중계기

구 분		설치기준
개 념		감지기·발신기 또는 전기적인 접점 등의 작동에 따른 신호를 받아 이를 수신기에 전송하는 장치
설치 기준	위 치	① 수신기에서 직접 감지기 회로의 도통시험을 하지 않는 것에 있어서는 수신기와 감지기 사이에 설치할 것 ② 조작 및 점검에 편리하고 화재 및 침수 등의 재해로 인한 피해를 받을 우려가 없는 장소에 설치할 것
	보호 및 표시	수신기에 따라 감시되지 않는 배선을 통하여 전력을 공급받는 것에 있어서는 전원입력 측의 배선에 과전류차단기를 설치하고 해당 전원의 정전이 즉시 수신기에 표시되는 것으로 하며, 상용전원 및 예비전원의 시험을 할 수 있도록 할 것

❸ 도시기호

⊠	⊞	⊟	Ⓟ Ⓑ Ⓛ
〈수신기〉	〈부수신기〉	〈중계기〉	〈발신기〉

정답 01 ③ 02 ② 03 ② 04 ②

기출유형 완성하기

01 비상경보설비 및 단독경보형 감지기의 화재안전기준(NFPC 201)에 따른 용어에 대한 정의로 틀린 것은? `22년-1회`

① 비상벨설비라 함은 화재발생 상황을 경종으로 경보하는 설비를 말한다.
② 자동식 사이렌설비라 함은 화재발생 상황을 사이렌으로 경보하는 설비를 말한다.
③ 수신기라 함은 발신기에서 발하는 화재신호를 간접 수신하여 화재의 발생을 표시 및 경보하여 주는 장치를 말한다.
④ 단독경보형 감지기라 함은 화재발생 상황을 단독으로 감지하여 자체에 내장된 음향장치로 경보하는 감지기를 말한다.

해설
수신기는 발신기 또는 감지기에서 발하는 화재신호를 **직접 수신**하는 장치이다.

02 자동화재탐지설비 및 시각경보장치의 화재안전기준(NFPC 203)에 따른 발신기의 시설기준에 대한 내용이다. 다음 ( )에 들어갈 내용으로 옳은 것은? `21년-2회`

> 발신기의 위치를 표시하는 표시등은 함의 상부에 설치하되, 그 불빛은 부착면으로부터 (㉠)° 이상의 범위 안에서 부착지점으로부터 (㉡)m 이내의 어느 곳에서도 쉽게 식별할 수 있는 적색등으로 하여야 한다.

① ㉠ 10, ㉡ 10
② ㉠ 15, ㉡ 10
③ ㉠ 25, ㉡ 15
④ ㉠ 25, ㉡ 20

해설
부착면으로부터 15° **이상**의 범위 안에서 부착지점으로 10m **이내**에서 식별할 수 있는 적색등

03 자동화재탐지설비 및 시각경보장치의 화재안전기준(NFPC 203)에 따라 자동화재탐지설비의 주음향장치의 설치 장소로 옳은 것은? `21년-1회`

① 발신기의 내부
② 수신기의 내부
③ 누전경보기의 내부
④ 자동화재속보설비의 내부

해설
"주음향장치"는 수신기 내부 또는 직근에 설치한다.

04 수신기를 나타내는 소방시설 도시기호로 옳은 것은? `20년-1·2회`

①

②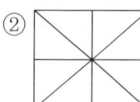

③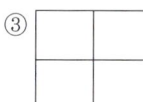

④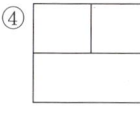

해설
수신기의 도시기호는 ②이다.

기출유형 완성하기

정답 05 ④ 06 ② 07 ④

05 수신기에서 직접 감지기 회로의 도통시험을 행하지 아니하는 자동화재탐지설비의 중계기는 어디에 설치하여야 하는가? `03년-1회`

① 수신기에 직접 설치
② 종단저항에 설치
③ 수신기와 발신기 사이에 설치
④ 수신기와 감지기 사이에 설치

해설
수신기에서 직접 감지기 회로의 도통시험을 행하지 아니하는 경우 중계기는 **수신기와 감지기 사이**에 설치한다.

06 자동화재탐지설비 수신기의 구조기준 중 정격전압이 몇 V를 넘는 기구의 금속제 외함에는 접지단자를 설치하여야 하는가? `17년-4회`

① 30
② 60
③ 100
④ 300

해설
60 V가 넘는 기구의 금속제 외함에는 감전사고 방지를 위해 접지단자를 설치하여야 한다.

07 자동화재탐지설비에는 그 설비에 대한 감시상태를 위하여 축전지설비를 설치하여야 한다. 다음 중 기준으로 옳은 것은? (단, 지상 15층인 소방대상물로서 상용전원이 축전지설비가 아닌 경우이다) `14년-2회`

① 자동화재탐지설비에는 그 설비에 대한 감시상태를 20분간 지속한 후 유효하게 5분 이상 경보할 수 있는 축전지설비를 설치하여야 한다.
② 자동화재탐지설비에는 그 설비에 대한 감시상태를 30분간 지속한 후 유효하게 15분 이상 경보할 수 있는 축전지설비를 설치하여야 한다.
③ 자동화재탐지설비에는 그 설비에 대한 감시상태를 50분간 지속한 후 유효하게 20분 이상 경보할 수 있는 축전지설비를 설치하여야 한다.
④ 자동화재탐지설비에는 그 설비에 대한 감시상태를 60분간 지속한 후 유효하게 10분 이상 경보할 수 있는 축전지설비를 설치하여야 한다.

해설
자동화재탐지설비 또는 비상경보설비는 감시상태를 60분간 지속한 후 유효하게 10분 이상 경보할 수 있는 축전지설비를 설치하여야 한다.

정답 08 ④

08 자동화재탐지설비의 수신기의 설치기준으로 옳지 않은 것은? `13년-2회`

① 수위실 등 상시 사람이 근무하는 장소에 설치할 것
② 수신기가 설치된 장소에는 경계구역 일람도를 비치할 것
③ 하나의 경계구역은 하나의 표시등 또는 하나의 문자로 표시되도록 할 것
④ 수신기의 조작스위치는 바닥으로부터 높이 $1.0m$ 이상 $1.8m$ 이하에 설치할 것

해설
수신기의 조작스위치는 바닥으로부터 높이 $0.8m$ 이상 $1.5m$ 이하에 설치할 것

04 자동화재탐지설비 배선

기출유형

자동화재탐지설비 및 시각경보장치의 화재안전기준(NFPC 203)에 따른 배선의 시설기준으로 틀린 것은?

21년-2회

① 감지기 사이의 회로의 배선은 송배전식으로 할 것
② 감지기 회로의 도통시험을 위한 종단저항은 감지기 회로의 끝부분에 설치할 것
③ 피(P)형 수신기의 감지기 회로의 배선에 있어서 하나의 공통선에 접속할 수 있는 경계구역은 5개 이하로 할 것
④ 수신기의 각 회로별 종단에 설치되는 감지기에 접속되는 배선의 전압은 감지기 정격전압의 80% 이상이어야 할 것

해설

P형 수신기에서 하나의 공통선에 접속할 수 있는 경계구역은 7개 이하로 할 것

| 정답 | ③

족집게 과외

❶ 배선의 설치기준

구 분		내 용
회로별 요구 성능	전원회로	내화배선으로 설치
	감지기 회로	① 아날로그식, 다신호식 감지기, R형 수신기용 → 전자파 방해 방지용 쉴드선 사용 ② 광케이블 사용 시 내열 성능 있는 것 사용 ③ 일반 배선 사용 시 내화배선, 내열배선으로 설치 ④ 감지기 사이의 회로의 배선은 송배선식으로 할 것
	기타 회로	내화배선 또는 내열배선으로 설치
종단 저항		① 점검 및 관리가 쉬운 장소에 설치할 것 ② 전용함을 설치하는 경우 그 설치 높이는 바닥으로부터 $1.5m$ 이내로 할 것 ③ 감지기 회로의 끝부분에 설치하며, 종단감지기에 설치할 경우에는 구별이 쉽도록 해당 감지기의 기판 및 감지기 외부 등에 별도의 표시를 할 것
기타 기준	절연저항	감지기 회로 및 부속 회로의 전로와 대지 사이 및 배선 상호 간의 절연저항은 경계구역마다 직류 $250V$의 절연저항측정기를 사용하여 측정한 절연저항이 $0.1M\Omega$ 이상이 되도록 할 것
	공통선	P형 수신기 및 G.P형 수신기의 감지기 회로의 배선에 있어서 하나의 공통선에 접속할 수 있는 경계구역은 7개 이하로 할 것
	전로저항	자동화재탐지설비의 감지기 회로의 전로저항은 50Ω 이하일 것
	전압강하	수신기의 각 회로별 종단에 설치되는 감지기에 접속되는 배선의 전압은 감지기 정격전압의 80% 이상이어야 할 것
	시 공	① 자동화재탐지설비의 배선은 다른 전선과 별도의 관·덕트·몰드 또는 풀박스 등에 설치할 것 ② $60V$ 미만의 약 전류회로에 사용하는 전선으로서 각각의 전압이 같을 때에는 제외

❷ 개념 보충

구 분		설치기준
도통 시험		도통시험이란 회로 구성이 잘 연결되어 있는지 확인하는 것으로서 전류를 통전하여 귀로하는 전류 여부를 확인하여 도통 여부를 확인하는 시험
배선 방식		〈직렬연결〉　　〈병렬연결〉　　〈송배선식〉
	직렬연결	직렬연결 시 회로가 끊겨있어 도통시험이 불가능함
	병렬연결	병렬연결(점프) 시 주 간선과 감지기 사이의 배선이 단선되는 경우 도통시험으로 단선 여부 확인이 불가능함
	송배선식	도통시험을 용이하게 하기 위한 방법으로, 감지기 회로에 적용

기출유형 완성하기

정답 01 ② 02 ③ 03 ②

01 수신기의 구조 및 일반기능에 대한 설명 중 틀린 것은? (단, 간이형 수신기는 제외한다)
18년-1회

① 수신기(1회선용은 제외한다)는 2회선이 동시에 작동하여도 화재표시가 되어야 하며, 감지기의 감지 또는 발신기의 발신개시로부터 P형, P형 복합식, GP형, GP형 복합식, R형, R형 복합식 수신기의 수신 완료까지의 소요시간은 5초 이내이어야 한다.
② 수신기의 외부배선 연결용 단자에 있어서 공통신호선용 단자는 10개 회로마다 1개 이상 설치하여야 한다.
③ 화재신호를 수신하는 경우 P형, P형 복합식, GP형, GP형 복합식, R형, R형 복합식, GR형 또는 GR형 복합식의 수신기에 있어서는 2 이상의 지구표시장치에 의하여 각각 화재를 표시할 수 있어야 한다.
④ 정격전압이 60V를 넘는 기구의 금속제 외함에는 접지단자를 설치하여야 한다.

해설
공통선은 7개 회로(=7개 경계구역)마다 1개 이상 설치하여야 한다.

02 자동화재탐지설비 및 시각경보장치의 화재안전기준(NFPC 203)에 따라 감지기 회로의 도통시험을 위한 종단저항의 설치기준으로 틀린 것은?
22년-1회

① 감지기 회로의 끝부분에 설치할 것
② 점검 및 관리가 쉬운 장소에 설치할 것
③ 전용함을 설치하는 경우 그 설치 높이는 바닥으로부터 2.0m 이내로 할 것
④ 종단감지기에 설치할 경우에는 구별이 쉽도록 해당 감지기의 기판 등에 별도의 표시를 할 것

해설
전용함을 설치하는 경우 바닥으로부터 1.5m 이내로 할 것

03 자동화재탐지설비 배선의 설치기준 중 다음 ( ) 안에 알맞은 것은?
16년-4회

> 자동화재탐지설비 감지기 회로의 전로저항은 (㉠)이(가) 되도록 하여야 하며, 수신기 각 회로별 종단에 설치되는 감지기에 접속되는 배선의 전압은 감지기 정격전압의 (㉡)% 이상이어야 한다.

① ㉠ 50Ω 이상, ㉡ 70
② ㉠ 50Ω 이하, ㉡ 80
③ ㉠ 40Ω 이상, ㉡ 70
④ ㉠ 40Ω 이하, ㉡ 80

해설
- 자동화재탐지설비의 감지기 회로의 **전로저항은 50Ω 이하**일 것
- 수신기의 각 회로별 종단에 설치되는 감지기에 접속되는 배선의 전압은 감지기 **정격전압의 80% 이상**이어야 할 것

정답 04 ① 05 ② 06 ② 07 ④

기출유형 완성하기

04 자동화재탐지설비 및 시각경보장치의 화재안전기준(NFPC 203)에 따라 감지기 회로의 도통시험을 위한 종단저항의 설치기준으로 틀린 것은? `20년-1·2회`

① 동일층 발신기함 외부에 설치할 것
② 점검 및 관리가 쉬운 장소에 설치할 것
③ 전용함을 설치하는 경우 그 설치 높이는 바닥으로부터 1.5m 이내로 할 것
④ 종단감지기에 설치할 경우에는 구별이 쉽도록 해당 감지기의 기판 등에 별도의 표시를 할 것

해설
발신기함에 관련된 설치기준은 없다.
Tip 일반적으로 발신기함 내부 단자에 설치한다.

05 아래 그림은 자동화재탐지설비의 배선도이다. 추가로 구획된 공간이 생겨 가, 나, 다, 라 감지기를 증설했을 경우, 자동화재탐지설비 및 시각경보장치의 화재안전기준(NFPC 203)에 적합하게 설치한 것은? `21년-4회`

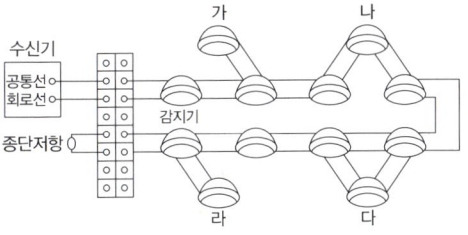

① 가
② 나
③ 다
④ 라

해설
2개의 배선(공통선과 회로선)이 모두 감지기를 거쳐서 가야 하므로 "나" 방식이 송배선식이 된다.

06 자동화재탐지설비 및 시각경보장치의 화재안전기준(NFPC 203)에 따라 감지기 상호 간 또는 감지기로부터 수신기에 이르는 감지기 회로의 배선 중 전자파 방해를 받지 아니하는 쉴드선 등을 사용하지 않아도 되는 것은? `22년-1회`

① R형 수신기용으로 사용되는 것
② 차동식 감지기
③ 다신호식 감지기
④ 아날로그식 감지기

해설
차동식 감지기는 일반배선으로 설치되므로 쉴드선을 적용하지 아니하여도 된다(전자파랑 무관).
(R형 수신기, 다신호식, 아날로그식에 해당)

07 자동화재탐지설비의 수신기의 각 회로별 종단에 설치되는 감지기에 접속되는 배선의 전압은 감지기 정격전압의 최소 몇 % 이상이어야 하는가? `19년-1회`

① 50
② 60
③ 70
④ 80

해설
수신기의 각 회로별 종단에 설치되는 감지기에 접속되는 배선의 전압은 감지기 **정격전압의 80% 이상**이어야 할 것

기출유형 완성하기

🔒 정답 08 ④

08 자동화재탐지설비 및 시각경보장치의 화재안전기준(NFPC 203)에 따른 배선의 시설기준으로 틀린 것은?   20년-3회

① 감지기 사이의 회로의 배선은 송배전식으로 할 것
② 자동화재탐지설비의 감지기 회로의 전로저항은 50Ω 이하가 되도록 할 것
③ 수신기의 각 회로별 종단에 설치되는 감지기에 접속되는 배선의 전압은 감지기 정격전압의 80% 이상이어야 할 것
④ 피(P)형 수신기 및 지피(G.P.)형 수신기의 감지기 회로의 배선에 있어서 하나의 공통선에 접속할 수 있는 경계구역은 10개 이하로 할 것

해설
공통선은 7개 회로(=7개 경계구역)마다 1개 이상 설치하여야 한다.

05 자동화재탐지설비 감지기-1(스포트형)

기출유형

자동화재탐지설비 및 시각경보장치의 화재안전기준(NFPC 203)에 따른 감지기의 설치기준으로 틀린 것은?

19년-4회

① 스포트형 감지기는 45° 이상 경사되지 아니하도록 부착할 것
② 감지기(차동분포형의 것을 제외한다)는 실내로의 공기유입구로부터 $1.5m$ 이상 떨어진 위치에 설치할 것
③ 보상식 스포트형 감지기는 정온점이 감지기 주위의 평상시 최고온도보다 10℃ 이상 높은 것으로 설치할 것
④ 정온식 감지기는 주방·보일러실 등으로서 다량의 화기를 취급하는 장소에 설치하되 공칭작동온도가 최고주위온도보다 20℃ 이상 높은 것으로 설치할 것

해설
보상식 또는 정온식 스포트형 감지기는 정온점(=작동온도)이 주위 평상시 최고온도보다 20℃ 이상 높을 것

| 정답 | ③

족집게 과외

❶ 스포트형 감지기

구 분			내 용
연기감지기	종 류	광전식 스포트형	연기가 감지기 내로 침입하면 연기에 빛이 반사되어 작동
		이온화식 스포트형	연기가 감지기 내로 침입하면 이온전류가 변화하여 작동
	설치장소		① 계단·경사로 및 에스컬레이터 경사로 ② 복도(30m 미만은 제외) ③ 엘리베이터 승강로(권상기실 있는 경우 권상기실)·린넨슈트·파이프 피트 및 덕트 기타 이와 유사한 장소 ④ 천장 또는 반자의 높이가 15m 이상 20m 미만의 장소
	설치기준		<table><tr><th rowspan="2">부착높이</th><th colspan="2">감지기 종류[m²]</th></tr><tr><th>1종, 2종</th><th>3종</th></tr><tr><td>4m 미만</td><td>150</td><td>50</td></tr><tr><td>4m 이상 20m 미만</td><td>75</td><td>-</td></tr></table> 부착높이에 따라 표에 따른 바닥면적마다 1개 이상으로 설치할 것 ① 감지기는 복도 및 통로에 있어서는 보행거리 30m(3종에 있어서는 20m)마다, 계단 및 경사로에 있어서는 수직거리 15m(3종에 있어서는 10m)마다 1개 이상으로 할 것 ② 천장 또는 반자가 낮은 실내 또는 좁은 실내에 있어서는 출입구의 가까운 부분에 설치할 것 ③ 천장 또는 반자 부근에 배기구가 있는 경우에는 그 부근에 설치할 것 ④ 감지기는 벽 또는 보로부터 0.6m 이상 떨어진 곳에 설치할 것
열감지기	종 류	정온식 스포트형	감지기가 설정온도(정온점)에 도달하면 동작
		차동식 스포트형	감지기가 일정온도 상승률(℃/min) 이상 발생하면 동작
		보상식 스포트형	정온식과 차동식의 원리가 합쳐진 감지기
	설치장소		① 보상식 스포트형 감지기는 정온점이 감지기 주위의 평상시 최고온도보다 20℃ 이상 높은 것으로 설치할 것 ② 정온식 감지기는 주방·보일러실 등으로서 다량의 화기를 취급하는 장소에 설치하되, 공칭작동온도가 최고주위온도보다 20℃ 이상 높은 것으로 설치할 것
공통 설치기준			① 감지기는 실내로의 공기유입구로부터 1.5m 이상 떨어진 위치에 설치할 것 ② 감지기는 천장 또는 반자의 옥내에 면하는 부분에 설치할 것 ③ 스포트형 감지기는 45° 이상 경사되지 않도록 부착할 것

정답 01 ① 02 ② 03 ④ 04 ④ 05 ②

기출유형 완성하기

01 자동화재탐지설비 및 시각경보장치의 화재안전기준(NFPC 203)에 따라 부착높이가 $4m$ 미만으로 연기감지기 3종을 설치할 때, 바닥면적 몇 m^2마다 1개 이상 설치하여야 하는가?

22년-1회

① 50
② 75
③ 100
④ 150

해설
연기감지기 3종은 부착높이가 $4m$ 미만인 경우 바닥면적 $50m^2$마다 1개 이상 설치하여야 한다.

02 연기감지기의 설치기준 중 틀린 것은?

18년-4회

① 부착높이 $4m$ 이상 $20m$ 미만에는 3종 감지기를 설치할 수 없다.
② 복도 및 통로에 있어서 1종 및 2종은 보행거리 $20m$마다 설치한다.
③ 계단 및 경사로에 있어서 3종은 수직거리 $10m$마다 설치한다.
④ 감지기는 벽이나 보로부터 $0.6m$ 이상 떨어진 곳에 설치하여야 한다.

해설
복도 및 통로에 있어서 1종 및 2종 연기감지기는 보행거리 $30m$마다 설치한다.

03 자동화재탐지설비의 화재안전기준에서 사용하는 용어가 아닌 것은?

19년-1회

① 중계기
② 경계구역
③ 시각경보장치
④ 단독경보형 감지기

해설
단독경보형 감지기는 경보설비의 일종으로 자동화재탐지설비에 포함되지 않는다.

04 자동화재탐지설비 및 시각경보장치의 화재안전기준(NFPC 203)에 따라 제2종 연기감지기를 부착높이가 $4m$ 미만인 장소에 설치 시 기준 바닥면적은?

21년-4회

① $30m^2$
② $50m^2$
③ $75m^2$
④ $150m^2$

해설
연기감지기 3종은 부착높이가 $4m$ 미만인 경우 바닥면적 $150m^2$마다 1개 이상 설치하여야 한다.

05 정온식 감지기의 설치 시 공칭작동온도가 최고 주위온도보다 최소 몇 ℃ 이상 높은 것으로 설치하여야 하나?

19년-1회

① 10
② 20
③ 30
④ 40

해설
보상식 또는 정온식 스포트형 감지기는 작동온도가 주위 평상시 최고온도보다 20℃ 이상 높을 것

기출유형 완성하기

정답 06 ② 07 ② 08 ③

06 3종 연기감지기의 설치기준 중 다음 ( ) 안에 알맞은 것으로 연결된 것은? `16년-2회`

> 3종 연기감지기는 복도 및 통로에 있어서 보행거리 (㉠)m 마다, 계단 및 경사로에 있어서는 수직거리 (㉡)m 마다 1개 이상으로 설치해야 한다.

① ㉠ 15, ㉡ 10
② ㉠ 20, ㉡ 10
③ ㉠ 30, ㉡ 15
④ ㉠ 30, ㉡ 20

[해설]
3종 연기감지기는 복도 및 통로는 20m, 계단 및 경사로에 있어서는 수직거리 10m마다 1개 이상으로 설치하여야 한다.

07 화재안전기준에서 정하고 있는 연기감지기를 설치하지 않아도 되는 장소는? `16년-1회`

① 에스컬레이터 경사로
② 길이가 15m인 복도
③ 엘리베이터 권상기실
④ 천장의 높이가 15m 이상 20m 미만의 장소

[해설]
길이가 30m 미만인 복도는 연기감지기 설치 대상에서 제외할 수 있다.

08 다음 중 감지기의 종별에 관한 설명으로 옳지 않은 것은? `13년-4회`

① 보상식 스포트형 감지기는 차동식 스포트형 감지기와 정온식 스포트형 감지기의 성능을 겸한 것이다.
② 보상식 스포트형 감지기는 차동식 스포트형 감지기 또는 정온식 스포트형 감지기의 성능 중 어느 한 기능이 작동되면 작동신호를 발하는 것이다.
③ 이온화식 감지기는 주위의 공기가 일정한 온도 이상 되는 경우에 작동하는 것이다.
④ 이온화식 감지기는 일국소의 연기에 의하여 이온전류가 변화하여 작동하는 것이다.

[해설]
이온화식 감지기는 연기감지기이므로 주위의 온도와는 무관하다.

06 자동화재탐지설비 감지기-2(감지선형, 분포형)

기출유형

자동화재탐지설비 및 시각경보장치의 화재안전기준(NFPC 203)에 따른 공기관식 차동식 분포형 감지기의 설치기준으로 틀린 것은?   20년-1회

① 검출부는 3° 이상 경사되지 아니하도록 부착할 것
② 공기관의 노출부분은 감지구역마다 20m 이상이 되도록 할 것
③ 하나의 검출부분에 접속하는 공기관의 길이는 100m 이하로 할 것
④ 공기관과 감지구역의 각 변과의 수평거리는 1.5m 이하가 되도록 할 것

해설
공기관식 차동식 분포형 감지기의 검출부는 5° 이상 경사되지 아니하도록 설치할 것

| 정답 | ①

족집게 과외

❶ 감지기

구 분	내 용		
정온식 감지선형	**구 분**	**설치기준**	
	고 정	보조선이나 고정금구를 사용하여 감지선이 늘어지지 않도록 설치	
	설치간격	단자부와 마감 고정금구와의 설치간격은 $10cm$ 이내	
	굴곡반경	$5cm$ 이상으로 할 것	
	수평거리	구 분 / 1종 / 2종 내화구조 / $4.5m$ 이하 / $3m$ 이하 기타구조 / $3m$ 이하 / $1m$ 이하	
차동식 분포형 — 공기관식	**구 분**	**설치기준**	
	길 이	공기관의 노출 부분은 감지구역마다 $20m$ 이상~최대 $100m$ 이하	
	수평거리	① 감지구역과 공기관의 수평거리는 $1.5m$ 이하 ② 공기관 상호 간의 거리는 $6m$ 이하(내화구조 시 $9m$ 이하)	
	분 기	공기관 도중 분기 금지	
	검출부	① $5°$ 이상 경사 금지 ② 바닥으로부터 $0.8m$ 이상 $1.5m$ 이하 위치	
차동식 분포형 — 열전대식	**구 분**	**설치기준**	
	열전대부	① 감지구역 바닥면적 $18m^2$ 마다 1개 이상(내화구조 시 $22m^2$) ② 바닥면적이 $72m^2$ 이하인 경우 4개 이상	
	최대수량	① 하나의 검출부에 접속하는 열전대부는 20개 이하 ② 주소형의 경우 형식승인받은 성능인정 범위 내 수량	
차동식 분포형 — 열반도체식	**구 분**	**설치기준**	
	감지부	부착높이 / 구 조 / 감지기 종류 (m^2) 1종 / 2종 $8m$ 미만 / 주요구조부가 내화구조인 경우 / 65 / 36 $8m$ 미만 / 기타 구조 / 40 / 23 $8~15m$ 미만 / 주요구조부가 내화구조인 경우 / 50 / 36 $8~15m$ 미만 / 기타 구조 / 30 / 23 위 표에 따른 바닥면적마다 1개 이상	
	수 량	① 하나의 검출부에 접속하는 감지부는 2개 이상 15개 이하 ② 주소형의 경우 형식승인받은 성능인정 범위 내 수량	

정답 01 ④ 02 ③ 03 ① 04 ④

기출유형 완성하기

01 차동식 분포형 감지기의 동작방식이 아닌 것은?
　　　　　　　　　　　　　　　　　　　19년-4회

① 공기관식
② 열전대식
③ 열반도체식
④ 불꽃 자외선식

[해설]
차동식 분포형 감지기의 동작방식으로는 공기관식, 열전대식, 열반도체식이 있다.

02 자동화재탐지설비 및 시각경보장치의 화재안전 기준(NFPC 203)에 따른 감지기의 시설기준으로 옳은 것은?　　　　　　　　　　22년-1회

① 스포트형 감지기는 15° 이상 경사되지 아니하도록 부착할 것
② 공기관식 차동식 분포형 감지기의 검출부는 45° 이상 경사되지 아니하도록 부착할 것
③ 보상식 스포트형 감지기는 정온점이 감지기 주위의 평상 시 최고 온도보다 20℃ 이상 높은 것으로 설치할 것
④ 정온식 감지기는 주방·보일러실 등으로서 다량의 화기를 취급하는 장소에 설치하되, 공칭작동온도가 최고주위온도보다 30℃ 이상 높은 것으로 설치할 것

[해설]
① 스포트형 감지기는 45° 이상 경사되지 않을 것
② 검출부는 5° 이상 경사되지 아니하도록 설치할 것
④ 정온식 감지기는 최고주위온도보다 20℃ 이상 높은 공칭작동온도의 것으로 설치할 것

03 부착높이 $3m$, 바닥면적 $50m^2$인 주요구조부를 내화구조한 소방대상물에 1종 열반도체식 차동식분포형감지기를 설치하고자 할 때 감지부의 최소 설치개수는?　　　　　　19년-2회

① 1개
② 2개
③ 3개
④ 4개

[해설]
부착높이가 $8m$ 미만이고 내화구조이므로 기준면적은 $65m^2$로 감지부의 최소 설치개수는 1개이다.

04 일국소의 주위온도가 일정한 온도 이상이 되는 경우에 작동하는 것으로서 외관이 전선으로 되어 있는 감지기는 어떤 것인가?　　19년-2회

① 공기흡입형
② 광전식 분리형
③ 차동식 스포트형
④ 정온식 감지선형

[해설]
"일정한 온도 이상 시 동작=정온식"이므로 정온식 감지선형 감지기를 의미한다.

기출유형 완성하기

> 정답 05 ② 06 ④ 07 ③ 08 ③

05 주요구조부가 내화구조인 특정소방대상물에 자동화재탐지설비의 감지기를 열전대식 차동식분포형으로 설치하려고 한다. 바닥면적이 $256m^2$일 경우 열전대부와 검출부는 각각 최소 몇 개 이상으로 설치하여야 하는가? 〔17년-2회〕

① 열전대부 11개, 검출부 1개
② 열전대부 12개, 검출부 1개
③ 열전대부 11개, 검출부 2개
④ 열전대부 12개, 검출부 2개

해설
열전대식 감지기의 경우 감지구역이 내화구조인 경우 바닥면적 $22m^2$마다 1개 이상 설치하여야 하므로 열전대부는 $\frac{256}{22} = 11.6 \approx 12$[개]가 필요하다.
1개의 검출부당 20개의 열전대까지 설치 가능하므로 검출부의 수는 1개이다.

06 열전대식 감지기의 구성요소가 아닌 것은? 〔15년-4회〕

① 열전대
② 미터릴레이
③ 접속전선
④ 공기관

해설
공기관은 공기관식 차동식 분포형 감지기의 구성요소이다.

07 공기관식 차동식 분포형 감지기의 설치기준으로 틀린 것은? 〔15년-1회〕

① 공기관의 노출부분은 감지구역마다 $20m$ 이상이 되도록 할 것
② 하나의 검출부분에 접속하는 공기관의 길이는 $100m$ 이하로 할 것
③ 검출부는 15° 이상 경사되지 아니하도록 부착할 것
④ 검출부는 바닥으로부터 $0.8m$ 이상 $1.5m$ 이하의 위치에 설치할 것

해설
공기관식 차동식 분포형 감지기의 검출부는 5° 이상 경사되지 아니하도록 설치할 것

08 열반도체식 차동식 분포형 감지기의 설치개수를 결정하는 기준 바닥면적으로 적합한 것은? 〔14년-4회〕

① 부착높이가 $8m$ 미만인 장소로 주요 구조부가 내화구조로 된 소방대상물인 경우 감지기 1종은 $40m^2$, 2종은 $23m^2$이다.
② 부착높이가 $8m$ 미만인 장소로 주요 구조부가 내화구조가 아닌 소방대상물인 경우 감지기 1종은 $30m^2$, 2종은 $23m^2$이다.
③ 부착높이가 $8m$ 이상 $15m$ 미만인 장소로 주요 구조부가 내화구조로 된 소방대상물인 경우 감지기 1종은 $50m^2$, 2종은 $36m^2$이다.
④ 부착높이가 $8m$ 이상 $15m$ 미만인 장소로 주요 구조부가 내화구조가 아닌 소방대상물인 경우 감지기 1종은 $40m^2$, 2종은 $18m^2$이다.

해설

부착높이	구조	감지기 종류 (m^2)	
		1종	2종
$8 \sim 15m$ 미만	주요구조부가 내화구조인 경우	50	36

07 자동화재탐지설비 감지기-3(불꽃, 광전식 분리형)

기출유형

자동화재탐지설비 및 시각경보장치의 화재안전기준(NFPC 203)에 따라 지하층·무창층 등으로서 환기가 잘되지 아니하거나 실내면적이 $40m^2$ 미만인 장소에 설치하여야 하는 적응성이 있는 감지기가 아닌 것은? `20년-3회`

① 불꽃감지기
② 광전식 분리형 감지기
③ 정온식 스포트형 감지기
④ 아날로그 방식의 감지기

해설

실내면적이 $40m^2$ 미만인 장소에 설치하여야 하는 감지기
- 불꽃감지기
- 정온식 감지선형 감지기
- 분포형 감지기
- 복합형 감지기
- 광전식 분리형 감지기
- 아날로그 감지기
- 다신호식 감지기
- 축적형 감지기

|정답| ③

족집게 과외

❶ 특수감지기

구 분	내 용
불꽃 감지기	① 공칭감시거리 및 공칭시야각은 형식승인 내용에 따를 것(도로형은 시야각이 180° 이상일 것) ② 감지기는 공칭감시거리와 공칭시야각을 기준으로 감시구역이 모두 포용될 수 있도록 설치할 것 ③ 감지기는 화재감지를 유효하게 감지할 수 있는 모서리 또는 벽 등에 설치할 것 ④ 감지기를 천장에 설치하는 경우에는 감지기는 바닥을 향하여 설치할 것 ⑤ 수분이 많이 발생할 우려가 있는 장소에는 방수형으로 설치할 것 ⑥ 그 밖의 설치기준은 형식승인 내용에 따르며 형식승인 사항이 아닌 것은 제조사의 시방서에 따라 설치할 것
광전식 분리형 감지기	① 감지기의 수광면은 햇빛을 직접 받지 않도록 설치할 것 ② 광축(송광면과 수광면의 중심을 연결한 선)은 나란한 벽으로부터 $0.6m$ 이상 이격하여 설치할 것 ③ 감지기의 송광부와 수광부는 설치된 뒷벽으로부터 $1m$ 이내의 위치에 설치할 것 ④ 광축의 높이는 천장 등 높이의 80% 이상일 것 ⑤ 감지기의 광축의 길이는 공칭감시거리 범위 이내일 것 ⑥ 그 밖의 설치기준은 형식승인 내용에 따르며 형식승인 사항이 아닌 것은 제조사의 시방서에 따라 설치할 것

❷ 감지기 설치 제외 가능 장소

제외 가능 장소
① 천장 또는 반자의 높이가 $20m$ 이상인 장소(감지기의 부착높이에 따라 적응성이 있는 장소는 제외) ② 헛간 등 외부와 기류가 통하는 장소로서 감지기에 따라 화재 발생을 유효하게 감지할 수 없는 장소 ③ 부식성 가스가 체류하고 있는 장소 ④ 고온도 및 저온도로서 감지기의 기능이 정지되기 쉽거나 감지기의 유지관리가 어려운 장소 ⑤ 목욕실·욕조나 샤워시설이 있는 화장실·기타 이와 유사한 장소 ⑥ 파이프덕트 등 유사한 곳 2개 층마다 방화구획된 것이나 수평단면적이 $5m^2$ 이하인 것 ⑦ 먼지·가루 또는 수증기가 다량으로 체류하는 장소 또는 주방 등 평상시 연기가 발생하는 장소(연기감지기에 한함) ⑧ 프레스공장·주조공장 등 화재 발생의 위험이 적은 장소로서 감지기의 유지관리가 어려운 장소

❸ 비화재보 우려 장소

구 분	내 용
기 준	지하층·무창층 등으로서 환기가 잘되지 아니하거나 실내면적이 $40m^2$ 미만인 장소, 감지기의 부착면과 실내 바닥과의 거리가 $2.3m$ 이하인 곳으로서 일시적으로 발생한 열·연기 또는 먼지 등으로 인하여 화재신호를 발신할 우려가 있는 장소(축적형 수신기 설치 시 제외)에는 다음의 기준에서 정한 감지기 중 적응성이 있는 감지기를 설치해야 함
종 류	① 불꽃감지기 ② 정온식 감지선형 감지기 ③ 분포형 감지기 ④ 복합형 감지기 ⑤ 광전식 분리형 감지기 ⑥ 아날로그 감지기 ⑦ 다신호식 감지기 ⑧ 축적형 감지기

🔒 **정답** 01 ④　02 ①　03 ③　04 ②

기출유형 완성하기

01 자동화재탐지설비 및 시각경보장치의 화재안전기준(NFPC 203)에 따라 광전식 분리형 감지기의 설치기준에 대한 설명으로 틀린 것은?

〔22년-1회〕

① 감지기의 수광면은 햇빛을 직접 받지 않도록 설치할 것
② 감지기의 송광부와 수광부는 설치된 뒷벽으로부터 $1m$ 이내 위치에 설치할 것
③ 광축(송광면과 수광면의 중심을 연결한 선)은 나란한 벽으로부터 $0.6m$ 이상 이격하여 설치할 것
④ 광축의 높이는 천장 등(천장의 실내에 면한 부분 또는 상층의 바닥하부면을 말한다) 높이의 70% 이상일 것

해설
광축의 높이는 천장 등 높이의 80% **이상일 것**

02 자동화재탐지설비 및 시각경보장치의 화재안전기준(NFPC 203)에서 정하는 불꽃감지기의 시설기준으로 틀린 것은?

〔22년-1회〕

① 폭발의 우려가 있는 장소에는 방폭형으로 설치할 것
② 공칭감시거리 및 공칭시야각은 형식승인 내용에 따를 것
③ 감지기를 천장에 설치하는 경우에는 감지기는 바닥을 향하여 설치할 것
④ 감지기는 화재감지를 유효하게 감지할 수 있는 모서리 또는 벽 등에 설치할 것

해설
폭발의 우려 장소 관련하여 불꽃감지기의 시설기준은 없다.

03 광전식 분리형 감지기의 설치기준 중 틀린 것은?

〔18년-1회〕

① 감지기의 수광면은 햇빛을 직접 받지 않도록 설치할 것
② 광축은 나란한 벽으로부터 $0.6m$ 이상 이격하여 설치할 것
③ 감지기의 송광부와 수광부는 설치된 뒷벽으로부터 $0.5m$ 이내 위치에 설치할 것
④ 광축의 높이는 천장 등 높이의 80% 이상일 것

해설
감지기의 송광부와 수광부는 설치된 뒷벽으로부터 $1m$ **이내의 위치에 설치할 것**

04 불꽃감지기의 설치기준으로 틀린 것은?

〔19년-1회〕

① 수분이 많이 발생할 우려가 있는 장소에는 방수형으로 설치할 것
② 감지기를 천장에 설치하는 경우에는 감지기는 천장을 향하여 설치할 것
③ 감지기는 화재감지를 유효하게 감지할 수 있는 모서리 또는 벽 등에 설치할 것
④ 감지기는 공칭감시거리와 공칭시야각을 기준으로 감시구역이 모두 포함될 수 있도록 설치할 것

해설
감지기를 천장에 설치하는 경우에는 감지기는 **바닥을 향하여 설치할 것**

기출유형 완성하기

정답 05 ① 06 ④ 07 ① 08 ①

05 지하층·무창층 등으로서 환기가 잘되지 아니하거나 실내면적이 $40m^2$ 미만인 장소에 설치하여야 하는 적응성이 있는 감지기가 아닌 것은? `17년-4회`

① 정온식 스포트형 감지기
② 불꽃감지기
③ 광전식 분리형 감지기
④ 아날로그 방식의 감지기

해설
지하층·무창층 등으로서 환기가 잘되지 아니하거나 실내면적이 $40m^2$ 미만인 장소에 설치하여야 하는 적응성이 있는 감지기
- 불꽃감지기
- 정온식 감지선형 감지기
- 분포형 감지기
- 복합형 감지기
- 광전식 분리형 감지기
- 아날로그 감지기
- 다신호식 감지기
- 축적형 감지기

06 불꽃감지기 중 도로형의 최대시야각 기준으로 옳은 것은? `18년-2회`

① 30° 이상
② 45° 이상
③ 90° 이상
④ 180° 이상

해설
도로형 불꽃감지기의 경우 최대시야각이 180° 이상이어야 한다.

07 광전식 분리형 감지기의 설치기준 중 광축은 나란한 벽으로부터 몇 m 이상 이격하여 설치하여야 하는가? `17년-2회`

① 0.6
② 0.8
③ 1
④ 1.5

해설
광축(송광면과 수광면의 중심을 연결한 선)은 **나란한 벽으로부터** $0.6m$ **이상 이격하여** 설치할 것

08 자동화재탐지설비 및 시각경보장치의 화재안전기준(NFPC 203)에 따른 감지기의 설치 제외 장소가 아닌 것은? `21년-4회`

① 실내의 용적이 $20m^3$ 이하인 장소
② 부식성 가스가 체류하고 있는 장소
③ 목욕실·욕조나 샤워시설이 있는 화장실·기타 이와 유사한 장소
④ 고온도 및 저온도로서 감지기의 기능이 정지되기 쉽거나 감지기의 유지관리가 어려운 장소

해설
실내 용적과 감지기의 설치 제외 장소는 무관하다.
Tip 삭제된 과거 규정이다.

08 자동화재탐지설비 감지기-4(설치높이별 적응성)

기출유형

자동화재탐지설비의 연기복합형 감지기를 설치할 수 없는 부착높이는?

18년-4회

① 4m 이상 8m 미만
② 8m 이상 15m 미만
③ 15m 이상 20m 미만
④ 20m 이상

해설
연기복합형 감지기는 부착높이가 20m 미만까지 적응성이 있다.

| 정답 | ④

족집게 과외

❶ 높이별 적응성

부착높이	감지기의 종류	도식화
4m 미만	차동식(스포트형, 분포형) 보상식 스포트형 정온식(스포트형, 감지선형) 이온화식&광전식(스포트형, 분리형, 공기흡입형) 열복합형 연기복합형 열연기복합형 불꽃감지기	**열감지기** 20m ─ 열감지기 사용불가 15m ─ 　　　　차동식 분포형만 O 8m ─ 　　　　정온식 2종 사용 불가 4m ─ 　　　　모든 열감지기
4～8m 미만	차동식(스포트형, 분포형) 보상식 스포트형 정온식(스포트형, 감지선형) 특종 또는 1종 이온화식 1종 또는 2종 광전식(스포트형, 분리형, 공기흡입형) 1종 또는 2종 열복합형 연기복합형 열연기복합형 불꽃감지기	
8～15m 미만	차동식 분포형 이온화식 1종 또는 2종 광전식(스포트형, 분리형, 공기흡입형) 1종 또는 2종 연기복합형 불꽃감지기	**연기감지기** 　　　　광전식(분리형, 공기흡입형) 　　　　아날로그 방식만 O 20m ─ 　　　　2종 사용불가 15m ─ 　　　　3종 사용불가 8m ─ 4m ─ 　　　　모든 열감지기
15～20m 미만	이온화식 1종 광전식(스포트형, 분리형, 공기흡입형) 1종 연기복합형 불꽃감지기	
20m 이상	불꽃감지기 광전식(분리형, 공기흡입형) 중 아날로그 방식	
비 고	부착높이 20m 이상에 설치되는 광전식 중 아날로그 방식의 감지기는 공칭감지농도 하한값이 감광률 5%/m 미만인 것으로 한다.	

정답 01 ① 02 ② 03 ① 04 ② 05 ④

기출유형 완성하기

01 자동화재탐지설비 및 시각경보장치의 화재안전기준(NFPC 203)에 따라 자동화재탐지설비의 감지기 설치에 있어서 부착높이가 $20m$ 이상일 때 적합한 감지기 종류는? `21년-2회`

① 불꽃감지기
② 연기복합형
③ 차동식 분포형
④ 이온화식 1종

해설
부착높이가 $20m$ 이상일 때 적응성이 있는 감지기는 불꽃감지기, 광전식(분리형, 공기흡입형) 아날로그 방식이 있다.

02 자동화재탐지설비 및 시각경보장치의 화재안전기준(NFPC 203)에 따라 부착높이 $8m$ 이상 $15m$ 미만에 설치 가능한 감지기가 아닌 것은? `20년-4회`

① 불꽃감지기
② 보상식 분포형 감지기
③ 차동식 분포형 감지기
④ 광전식 분리형 1종 감지기

해설
보상식 분포형 감지기는 존재하지 않는 감지기이다.

03 부착높이가 $11m$인 장소에 적응성 있는 감지기는? `19년-2회`

① 차동식 분포형
② 정온식 스포트형
③ 차동식 스포트형
④ 정온식 감지선형

해설
부착높이가 $8m$ 이상인 열감지기 중에서는 **차동식 분포형**만 적응성이 있다(최대 $15m$ 미만).

04 감지기의 설치기준 중 부착높이 $20m$ 이상에 설치되는 광전식 중 아날로그 방식의 감지기는 공칭감지농도 하한값이 감광율 몇 $\%/m$ 미만인 것으로 하는가? `16년-4회`

① 3
② 5
③ 7
④ 10

해설
부착높이 $20m$ 이상에 설치되는 광전식 중 아날로그 방식의 감지기는 감광률이 $5\%/m$ 미만인 것으로 한다.

05 부착높이가 $15m$ 이상 $20m$ 미만에 적응성이 있는 감지기가 아닌 것은? `15년-4회`

① 이온화식 1종 감지기
② 연기복합형 감지기
③ 불꽃감지기
④ 차동식 분포형 감지기

해설
차동식은 열감지기의 원리로서 부착높이 $15m$ 이상에 적응성이 있는 열감지기는 없다.

기출유형 완성하기

정답 06 ③ 07 ④ 08 ①

06 부착높이에 따른 감지기의 종류로서 옳지 않은 것은? `14년-2회`

① 4m 미만 : 차동식 스포트형
② 4m 이상 8m 미만 : 보상식 스포트형
③ 8m 이상 15m 미만 : 열복합형
④ 15m 이상 20m 미만 : 연기복합형

해설
열복합형 감지기가 적응성이 있는 부착높이는 8m 미만이다.

Tip 열감지기는 차동식 분포형 외에는 8m 미만까지만 적응성이 있다.

07 자동화재탐지설비의 연기복합형 감지기를 설치할 수 없는 부착높이는? `16년-2회`

① 4m 이상 8m 미만
② 8m 이상 15m 미만
③ 15m 이상 20m 미만
④ 20m 이상

해설
부착높이가 20m 이상일 때 적응성이 있는 감지기는 불꽃감지기, 광전식(분리형, 공기흡입형) 아날로그 방식이 있다.

08 부착높이가 15m 이상 20m 미만일 경우 적응성이 없는 감지기는? `14년-1회`

① 차동식 분포형
② 이온화식 1종
③ 광전식(스포트형) 1종
④ 불꽃감지기

해설
부착높이가 15m 이상에서 적응성이 있는 열감지기는 없다.

09 자동화재탐지설비 경계구역, 시각경보장치

기출유형

청각장애인용 시각경보장치는 천장의 높이가 $2m$ 이하인 경우에는 천장으로부터 몇 m 이내의 장소에 설치하여야 하는가?

18년-4회

① 0.1
② 0.15
③ 1.0
④ 1.5

해설
천장의 높이가 $2m$ 이하인 경우에는 천장으로부터 $0.15m$ 이내의 장소에 설치하여야 한다.

|정답| ②

족집게 과외

❶ 경계구역

구분		내용
개념		특정소방대상물 중 화재신호를 발신하고 그 신호를 수신 및 유효하게 제어할 수 있는 구역
경계구역 설치기준	층&건물	① 하나의 경계구역이 2 이상의 건축물에 미치지 않을 것 ② 하나의 경계구역이 2 이상의 층에 미치지 않을 것. 다만, $500m^2$ 이하의 범위 안에서는 2개의 층을 하나의 경계구역으로 할 수 있음
	면적	① 면적은 $600m^2$ 이하로 하고 한 변의 길이는 $50m$ 이하로 할 것 ② 주된 출입구에서 그 내부 전체가 보이는 것에 있어서는 한 변의 길이가 $50m$의 범위 내에서 $1,000m^2$ 이하로 할 수 있음
	수직거리	① 계단·경사로·엘리베이터 승강로(권상기실이 있는 경우에는 권상기실)·린넨슈트·파이프 피트 및 덕트 기타 이와 유사한 부분에 대하여는 별도로 경계구역을 설정하되, 하나의 경계구역은 높이 $45m$ 이하(계단 및 경사로에 한함)로 할 것 ② 지하층의 계단 및 경사로(지하층의 층수가 한 개 층일 경우는 제외)는 별도로 하나의 경계구역으로 해야 함
	기타	① 스프링클러설비·물분무등소화설비 또는 제연설비의 화재감지장치로서 화재감지기를 설치한 경우의 경계구역은 해당 소화설비의 방호구역 또는 제연구역과 동일하게 설정할 수 있음 ② 지하구의 경우 감지기 중 먼지·습기 등의 영향을 받지 않고 발화지점(1미터 단위)과 온도를 확인할 수 있는 것을 설치할 것
	제외	외기에 면하여 상시 개방된 부분이 있는 차고·주차장·창고 등에 있어서는 외기에 면하는 각 부분으로부터 $5m$ 미만의 범위 안에 있는 부분은 경계구역의 면적에 산입하지 않음

❷ 시각경보기

구분	내용
개념	자동화재탐지설비에서 발하는 화재신호를 시각경보기에 전달하여 청각장애인에게 점멸형태의 시각경보를 하는 것
설치기준	① 복도·통로·청각장애인용 객실 및 공용으로 사용하는 거실에 설치하며, 각 부분으로부터 유효하게 경보를 발할 수 있는 위치에 설치할 것 ② 공연장·집회장·관람장 또는 이와 유사한 장소에 설치하는 경우에는 시선이 집중되는 무대부 부분 등에 설치할 것 ③ 설치높이는 바닥으로부터 $2m$ 이상 $2.5m$ 이하의 장소에 설치할 것 ④ 천장의 높이가 $2m$ 이하인 경우에는 천장으로부터 $0.15m$ 이내의 장소에 설치할 것 ⑤ 전용의 축전지설비 또는 전기저장장치에 의하여 점등되도록 할 것. 다만, 시각경보기에 작동전원을 공급할 수 있도록 형식승인을 얻은 수신기를 설치한 경우에는 그렇지 않음

정답 01 ③ 02 ③ 03 ① 04 ③

기출유형 완성하기

01 자동화재탐지설비 및 시각경보장치의 화재안전기준(NFPC 203)에 따라 특정소방대상물 중 화재신호를 발신하고 그 신호를 수신 및 유효하게 제어할 수 있는 구역을 무엇이라 하는가? `25년`

① 방호구역
② 방수구역
③ 경계구역
④ 화재구역

[해설]
경계구역에 대한 정의이다.

02 자동화재탐지설비 및 시각경보장치의 화재안전기준(NFPC 203)에 따라 외기에 면하여 상시 개방된 부분이 있는 차고·주차장·창고 등에 있어서는 외기에 면하는 각 부분으로부터 몇 m 미만의 범위 안에 있는 부분은 경계구역의 면적에 산입하지 아니하는가? `20년-3회`

① 1
② 3
③ 5
④ 10

[해설]
외기에 면하는 각 부분으로부터 **$5m$ 미만**의 범위 안은 경계구역의 면적에 산입하지 아니한다.

03 자동화재탐지설비 및 시각 경보장치의 화재안전기준(NFPC 203)에 따른 경계구역에 관한 기준이다. 다음 ( )에 들어갈 내용으로 옳은 것은? `25년`

> 하나의 경계구역의 면적은 (㉮) 이하로 하고 한 변의 길이는 (㉯) 이하로 하여야 한다.

① ㉮ $600m^2$, ㉯ $50m$
② ㉮ $600m^2$, ㉯ $100m$
③ ㉮ $1,200m^2$, ㉯ $50m$
④ ㉮ $1,200m^2$, ㉯ $100m$

[해설]
하나의 경계구역의 면적은 $600m^2$ **이하**로 하고 한 변의 길이는 $50m$ **이하**로 하여야 한다.

04 청각장애인용 시각경보장치의 설치기준으로 옳지 않은 것은? `14년-4회`

① 공연장·집회장·관람장의 경우 시선이 집중되는 무대부 부분 등에 설치할 것
② 복도·통로·청각장애인용 객실 및 공용으로 사용하는 거실에 설치하며, 각 부분으로부터 유효하게 경보를 발할 수 있는 위치에 설치할 것
③ 시각경보장치의 광원은 상용전원에 의하여 점등되도록 할 것
④ 설치높이는 바닥으로부터 $2m$ 이상 $2.5m$ 이하의 장소에 설치할 것

[해설]
시각경보장치의 광원은 전용의 **축전지설비** 또는 **전기저장장치**에 의하여 **점등**되도록 하여야 한다.

기출유형 완성하기

🔒 **정답** 05 ③ 06 ③ 07 ③ 08 ①

05 자동화재탐지설비의 경계구역 설정 기준으로 옳은 것은? `17년-1회`

① 하나의 경계구역이 3개 이상의 건축물에 미치지 아니하도록 하여야 한다.
② 하나의 경계구역의 면적은 $500m^2$ 이하로 하고 한 변의 길이는 $60m$ 이하로 하여야 한다.
③ $500m^2$ 이하의 범위 안에서는 2개의 층을 하나의 경계구역으로 할 수 있다.
④ 특정소방대상물의 주된 출입구에서 그 내부 전체가 보이는 것에 있어서는 한 변의 길이가 $100m$의 범위 내에서 $1,500m^2$ 이하로 할 수 있다.

해설
① 하나의 경계구역은 2개 이상 건물 적용 금지
② 경계구역의 면적은 $600m^2$, 한 변의 길이는 $50m$ 이하
④ 한 변의 길이가 $50m$ 범위 내에서 $1,000m^2$ 이하

06 자동화재탐지설비의 경계구역 설정기준으로 옳지 않은 것은? `13년-4회`

① 하나의 경계구역이 2개 이상의 건축물에 미치지 않을 것
② 하나의 경계구역이 2개 이상의 층에 미치지 않을 것
③ 하나의 경계구역의 면적은 $500m^2$ 이하로 할 것
④ 한 변의 길이는 $50m$ 이하로 할 것

해설
하나의 경계구역의 면적은 $600m^2$ 이하이어야 한다.

07 천장 높이가 $5m$인 경우 청각장애인용 시각경보장치의 설치높이로 알맞은 것은? `12년-1회`

① 바닥으로부터 $0.3m$ 이상 $0.8m$ 이하의 장소
② 바닥으로부터 $0.8m$ 이상 $1.2m$ 이하의 장소
③ 바닥으로부터 $2.0m$ 이상 $2.5m$ 이하의 장소
④ 천장으로부터 $0.15m$ 이내의 장소

해설
시각경보장치는 바닥으로부터 $2 \sim 2.5m$의 장소에 설치하여야 한다.

08 자동화재탐지설비의 경계구역에 대한 설명 중 옳은 것은? `15년-1회, 개정반영`

① 하나의 경계구역이 2개 이상의 건축물에 미치지 아니하도록 하여야 한다.
② $600m^2$ 이하의 범위 안에서는 2개의 층을 하나의 경계구역으로 할 수 있다.
③ 하나의 경계구역의 면적은 $600m^2$, 한 변의 길이는 최대 $30m$ 이하로 한다.
④ 특정소방대상물의 주된 출입구에서 그 내부 전체가 보이는 것에 있어서는 한 변의 길이가 $60m$의 범위 내에서 $1,000m^2$ 이하로 할 수 있다.

해설
② $500m^2$ 이하의 범위 안에서만 가능
③ 경계구역의 면적은 $600m^2$, 한 변의 길이는 $50m$ 이하
④ 한 변의 길이가 $50m$ 범위 내에서 $1,000m^2$ 이하

10 자동화재속보설비

기출유형

자동화재속보설비의 속보기의 성능인증 및 제품검사의 기술기준에 따른 속보기의 기능에 대한 내용이다. 다음 ( )에 들어갈 내용으로 옳은 것은? `22년-1회`

> 작동신호를 수신하거나 수동으로 동작시키는 경우 (ⓐ)초 이내에 소방관서에 자동적으로 신호를 발하여 통보하되, (ⓑ)회 이상 속보할 수 있어야 한다.

① ⓐ 10, ⓑ 3
② ⓐ 10, ⓑ 5
③ ⓐ 20, ⓑ 3
④ ⓐ 20, ⓑ 5

해설
속보기는 작동신호를 수신하거나 수동으로 동작시키는 경우 **20초** 이내에 소방관서에 자동적으로 신호를 발하여 알리되, **3회 이상** 속보할 수 있어야 한다.

|정답| ③

족집게 과외

❶ 개념과 설치대상

구 분	내 용
개 념	수동작동 및 자동화재탐지설비 수신기의 화재신호와 연동으로 작동하여 화재발생을 경보하고 소방관서에 자동적으로 통신망을 통한 해당 화재발생, 해당 소방대상물의 위치 등을 음성으로 통보하여 주는 것
설치 대상	① 노유자생활시설 ② 노유자시설로서 바닥면적이 $500m^2$ 이상인 층이 있는 것 ③ 수련시설(숙박시설이 있는 것만 해당)로서 바닥면적이 $500m^2$ 이상인 층이 있는 것 ④ 문화유산 보물 또는 국보로 지정된 목조건축물 ⑤ 의원, 치과의원 및 한의원으로서 입원실이 있는 시설 ⑥ 조산원 및 산후조리원 ⑦ 종합병원, 병원, 치과병원, 한방병원 및 요양병원(의료재활시설은 제외) ⑧ 정신병원 및 의료재활시설로 사용되는 바닥면적의 합계가 $500m^2$ 이상인 층이 있는 것 ⑨ 판매시설 중 전통시장
예 외	방재실 등 화재 수신기가 설치된 장소에 24시간 화재를 감시할 수 있는 사람이 근무하고 있는 경우에는 자동화재속보설비를 설치하지 않을 수 있음

❷ 설치기준

구 분	내 용
설치 기준	① 자동화재탐지설비와 연동으로 작동하여 자동적으로 화재신호를 소방관서에 전달될 것. 이 경우 부가적으로 특정 소방대상물의 관계인에게 화재신호를 전달되도록 할 수 있음 ② 조작스위치는 바닥으로부터 0.8m 이상 1.5m 이하의 높이에 설치할 것
기 능	① 속보기는 작동신호를 수신하거나 수동으로 동작시키는 경우 20초 이내에 소방관서에 자동적으로 신호를 발하여 알리되, 3회 이상 속보할 수 있어야 함 ② 속보기는 소방관서와 전화접속이 이루어지지 않는 경우에는 최초 다이얼링을 포함하여 10회 이상 반복적으로 접속을 위한 다이얼링이 이루어져야 함. 이 경우 매회 다이얼링 완료 후 호출이 30초 이상 지속되어야 함
예비 전원	무보수 밀폐형 연축전지는 방전종지전압 상태에서 0.1 쿨롱으로 48시간 충전한 다음 1시간 방치하여 0.05쿨롱으로 방전시킬 때 정격용량의 95퍼센트 용량을 지속하는 시간이 30분 이상이어야 하며, 외관이 부풀어 오르거나 누액 등이 생기지 않아야 함

정답 01 ① 02 ① 03 ③

기출유형 완성하기

01 다음은 자동화재속보설비의 속보기의 성능인증 및 제품검사의 기술기준에 따른 속보기에 대한 내용이다. ( )에 들어갈 내용으로 옳은 것은?

`25년`

> 속보기는 연동 또는 수동작동에 의한 다이얼링 후 소방관서와 전화접속이 이루어지지 않는 경우에는 최초 다이얼링을 포함하여 (ⓐ)회 이상 반복적으로 접속을 위한 다이얼링이 이루어져야 한다. 이 경우 매회 다이얼링 완료 후 호출은 (ⓑ)초 이상 지속되어야 한다.

① ⓐ 10, ⓑ 30
② ⓐ 15, ⓑ 30
③ ⓐ 10, ⓑ 60
④ ⓐ 15, ⓑ 60

해설
속보기는 소방관서와 전화접속이 이루어지지 않는 경우에는 최초 다이얼링을 포함하여 **10회 이상** 반복적으로 접속을 위한 다이얼링이 이루어져야 한다. 이 경우 매회 다이얼링 완료 후 호출은 **30초 이상** 지속되어야 한다.

02 자동화재속보설비의 설치기준으로 틀린 것은?

`19년-1회`

① 조작스위치는 바닥으로부터 $1m$ 이상 $1.5m$ 이하의 높이에 설치할 것
② 속보기는 소방관서에 통신망으로 통보하도록 하며, 데이터 또는 코드전송방식을 부가적으로 설치할 수 있다.
③ 자동화재탐지설비와 연동으로 작동하여 자동적으로 화재발생 상황을 소방관서에 전달되는 것으로 할 것
④ 속보기는 소방청장이 정하여 고시한 「자동화재속보설비의 속보기의 성능인증 및 제품검사의 기술기준」에 적합한 것으로 설치하여야 한다.

해설
조작스위치는 바닥으로부터 $0.8m$ **이상** $1.5m$ **이하**의 높이에 설치할 것

03 자동화재속보설비의 속보기의 성능인증 및 제품검사의 기술기준에 따라 속보기는 작동신호를 수신하거나 수동으로 동작시키는 경우 20초 이내에 소방관서에 자동적으로 신호를 발하여 통보하되, 몇 회 이상 속보할 수 있어야 하는가?

`21년-4회`

① 1
② 2
③ 3
④ 4

해설
속보기는 작동신호를 수신하거나 수동으로 동작시키는 경우 **20초 이내**에 소방관서에 자동적으로 신호를 발하여 알리되, **3회 이상** 속보할 수 있어야 한다.

기출유형 완성하기

정답 04 ③ 05 ② 06 ② 07 ①

04 자동화재속보설비의 속보기의 성능인증 및 제품검사의 기술기준에 따라 자동화재속보설비의 속보기가 소방관서에 자동적으로 통신망을 통해 통보하는 신호의 내용으로 옳은 것은?

20년-4회

① 당해 소방대상물의 위치 및 규모
② 당해 소방대상물의 위치 및 용도
③ 당해 화재발생 및 당해 소방대상물의 위치
④ 당해 고장발생 및 당해 소방대상물의 위치

해설
수동작동 및 자동화재탐지설비 수신기의 화재신호와 연동으로 작동하여 화재발생을 경보하고 소방관서에 자동적으로 통신망을 통한 해당 **화재발생, 해당 소방대상물의 위치 등을 음성으로 통보**하여 주는 것을 말한다.

05 자동화재속보설비의 설치기준으로 틀린 것은?

19년-2회

① 조작스위치는 바닥으로부터 $0.8m$ 이상 $1.5m$ 이하의 높이에 설치한다.
② 비상경보설비와 연동으로 작동하여 자동적으로 화재발생 상황을 소방관서에 전달하도록 한다.
③ 속보기는 소방관서에 통신망으로 통보하도록 하며, 데이터 또는 코드전송방식을 부가적으로 설치할 수 있다.
④ 속보기는 소방청장이 정하여 고시한 「자동화재속보설비의 속보기의 성능인증 및 제품검사의 기술기준」에 적합한 것으로 설치하여야 한다.

해설
자동화재속보설비는 비상경보설비가 아닌 **자동화재탐지설비와 연동**하여 화재발생 상황을 소방관서에 전달하도록 한다.

06 자동화재속보설비를 설치하여야 하는 특정소방대상물의 기준 중 다음 ( ) 안에 알맞은 것은?

17년-4회

> 의료시설 중 요양병원으로서 정신병원과 의료재활시설로 사용되는 바닥면적의 합계가 ( )m^2 이상인 층이 있는 것

① 300
② 500
③ 1,000
④ 1,500

해설
정신병원 및 의료재활시설로 사용되는 바닥면적의 합계가 $500m^2$ **이상인** 층이 있는 것

07 자동화재속보설비 속보기의 기능에 대한 기준 중 틀린 것은?

18년-1회

① 작동신호를 수신하거나 수동으로 동작시키는 경우 30초 이내에 소방관서에 자동적으로 신호를 발하여 통보하되, 3회 이상 속보할 수 있어야 한다.
② 예비전원을 병렬로 접속하는 경우에는 역충전 방지 등의 조치를 하여야 한다.
③ 연동 또는 수동으로 소방관서에 화재발생 음성정보를 속보 중인 경우에도 송수화장치를 이용한 통화가 우선적으로 가능하여야 한다.
④ 속보기의 송수화장치가 정상위치가 아닌 경우에도 연동 또는 수동으로 속보가 가능하여야 한다.

해설
속보기는 작동신호를 수신하거나 수동으로 동작시키는 경우 **20초** 이내에 소방관서에 자동적으로 신호를 발하여 알리되, **3회 이상** 속보할 수 있어야 한다.

정답 08 ③ 09 ③ 10 ②

기출유형 완성하기

08 자동화재속보설비 속보기 예비전원의 주위온도 충방전시험 기준 중 다음 ( ) 안에 알맞은 것은? `18년-2회`

> 무보수 밀폐형 연축전지는 방전종지전압 상태에서 $0.1C$로 48시간 충전한 다음 1시간 방치 후 $0.05C$로 방전시킬 때 정격용량의 95% 용량을 지속하는 시간이 ( )분 이상이어야 하며, 외관이 부풀어 오르거나 누액 등이 생기지 아니하여야 한다.

① 10
② 25
③ 30
④ 40

해설
무보수 밀폐형 연축전지는 방전종지전압 상태에서 0.1쿨롬로 48시간 충전한 다음 1시간 방치하여 0.05쿨롬으로 방전시킬 때 정격용량의 95퍼센트 용량을 지속하는 시간이 **30분 이상**이어야 하며, 외관이 부풀어 오르거나 누액 등이 생기지 않아야 한다.

09 자동화재속보설비의 속보기는 연동 또는 수동작동에 의한 다이얼링 후 소방관서와 전화접속이 이루어지지 않는 경우에는 최초 다이얼링을 포함하여 몇 회 이상 반복적으로 접속을 위한 다이얼링이 이루어져야 하는가?
(단, 이 경우 매회 다이얼링 완료 후 호출은 30초 이상 지속한다) `17년-1회`

① 3회
② 5회
③ 10회
④ 20회

해설
속보기는 소방관서와 전화접속이 이루어지지 않는 경우에는 최초 다이얼링을 포함하여 **10회 이상** 반복적으로 접속을 위한 다이얼링이 이루어져야 한다. 이 경우 매회 다이얼링 완료 후 호출은 **30초 이상 지속**되어야 한다.

10 자동화재속보설비 속보기의 기능 기준 중 옳은 것은? `17년-2회`

① 작동신호를 수신하거나 수동으로 동작시키는 경우 10초 이내에 소방관서에 자동적으로 신호를 발하여 통보하되, 3회 이상 속보할 수 있어야 한다.
② 예비전원을 병렬로 접속하는 경우에는 역충전 방지 등의 조치를 하여야 한다.
③ 예비전원은 감시상태를 30분간 지속한 후 10분은 이상 동작이 지속될 수 있는 용량이어야 한다.
④ 속보기는 연동 또는 수동작동에 의한 다이얼링 후 소방관서와 전화접속이 이루어지지 않는 경우에는 최초 다이얼링을 포함하여 20회 이상 반복적으로 접속을 위한 다이얼링이 이루어야 한다. 이 경우 매회 지속되어야 한다.

해설
① 20초 이내 3회 이상 속보
③ 감시상태를 60분간 지속한 후 10분 이상 동작
④ 10회 이상 반복적으로 다이얼링

기출유형 완성하기

정답 11 ④ 12 ②

11 자동화재속보설비 설치기준으로 틀린 것은?
〔15년-2회〕

① 화재 시 자동으로 소방관서에 연락되는 설비여야 한다.
② 자동화재탐지설비와 연동되어야 한다.
③ 스위치는 바닥으로부터 $0.8m$ 이상 $1.5m$ 이하의 높이에 설치한다.
④ 관계인이 24시간 상주하고 있는 경우에는 설치하지 않을 수 있다.

해설
방재실 등 화재수신기가 설치된 장소에 24**시간 화재를 감시할 수 있는 사람이** 근무하고 있는 경우에는 자동화재속보설비를 설치하지 않을 수 있다.

12 자동화재속보설비를 설치하여야 하는 특정소방대상물의 기준 중 틀린 것은? (단, 사람이 24시간 상시 근무하고 있는 경우는 제외한다)
〔18년-4회, 개정반영〕

① 판매시설 중 전통시장
② 지하가 중 터널로서 길이가 $1,000m$ 이상인 것
③ 수련시설(숙박시설이 있는 건축물만 해당)로서 바닥면적이 $500m^2$ 이상인 층이 있는 것
④ 종합병원, 병원, 치과병원, 한방병원

해설
지하가 중 터널에는 자동화재속보설비 설치대상이 아닙니다.

11 비상방송설비

기출유형

비상방송설비의 화재안전기준(NFPC 202)에 따라 비상방송설비가 기동장치에 따른 화재신고를 수신한 후 필요한 음량으로 화재 발생 상황 및 피난에 유효한 방송이 자동으로 개시될 때까지의 소요시간은 몇 초 이하로 하여야 하는가? 21년-2회

① 5
② 10
③ 20
④ 30

해설
기동장치에 따른 화재신호를 수신한 후 필요한 음량으로 화재발생상황 및 피난에 유효한 방송이 자동으로 개시될 때까지의 소요시간은 **10초 이내로 할 것**

| 정답 | ②

족집게 과외

❶ 개념과 설치대상

구 분	내 용
개 념	수동 또는 자동화재탐지설비 등에 의해 화재가 감지되면 특정소방대상물 안에 있는 재실자에게 화재 사실을 방송하여 피난하도록 하는 설비
설치 대상	① 연면적 3천5백m^2 이상인 것은 모든 층 ② 층수가 11층 이상인 것은 모든 층 ③ 지하층의 층수가 3층 이상인 것은 모든 층

❷ 음향장치

구 분	내 용
구 성	① 음량조절기(음량 조절용) ② 확성기(=스피커) ③ 증폭기(전류 증폭)
설치 기준	① 확성기의 음성입력은 3W(실내에 설치하는 것에 있어서는 1W) 이상 ② 확성기는 각 층마다 설치하되, 수평거리가 25m 이하가 되도록 할 것 ③ 음량조정기를 설치하는 경우 음량조정기의 배선은 3선식으로 할 것 ④ 조작부의 조작스위치는 바닥으로부터 0.8m 이상 1.5m 이하의 높이에 설치할 것 ⑤ 기동장치에 따른 화재신호를 수신한 후 필요한 음량으로 화재발생상황 및 피난에 유효한 방송이 자동으로 개시될 때까지의 소요시간은 10초 이내로 할 것
우선 경보 방식	층수가 11층(공동주택의 경우에는 16층) 이상의 특정소방대상물에 적용 ① 2층 이상의 층에서 발화한 때에는 발화층 및 그 직상 4개 층에 경보 ② 1층에서 발화한 때에는 발화층·그 직상 4개 층 및 지하층에 경보 ③ 지하층에서 발화한 때에는 발화층·그 직상층 및 기타의 지하층에 경보
성 능	① 정격전압의 80% 전압에서 음향을 발할 수 있을 것 ② 자동화재탐지설비의 작동과 연동하여 작동할 수 있는 것으로 할 것

❸ 기 타

구 분	내 용
절연저항	부속회로의 전로와 대지 사이 및 배선 상호 간의 절연저항은 경계구역마다 직류 250V의 절연저항측정기를 사용하여 측정한 절연저항이 0.1$M\Omega$ 이상이 되도록 할 것
배 선	다른 전선과 별도의 관·덕트(절연효력이 있는 것으로 구획한 때에는 그 구획된 부분은 별개의 덕트로 봄) 몰드 또는 풀박스 등에 설치할 것
비상전원	감시상태를 60분간 지속한 후 유효하게 10분 이상 경보할 수 있는 비상전원으로서 축전지설비 또는 전기저장장치를 설치할 것
동작순서	기동장치 → 수신기 → 증폭기 → 조작부 → 확성기 (자동화재탐지설비 연동 시)

🔒 **정답** 01 ① 02 ② 03 ② 04 ③

기출유형 완성하기

01 비상방송설비의 음향장치는 정격전압의 몇 % 전압에서 음향을 발할 수 있는 것으로 하여야 하는가? `22년-1회`

① 80
② 90
③ 100
④ 110

해설
비상방송설비의 음향장치는 **정격전압의 80% 전압**에서 음향을 발할 수 있을 것

02 층수가 11층 이상(공동주택 외의 특정소방대상물)으로서 특정소방대상물의 2층에서 발화한 때의 경보 기준으로 옳은 것은? `22년-1회, 개정반영`

① 발화층에만 경보를 발할 것
② 발화층 및 그 직상 4개 층에 경보를 발할 것
③ 발화층·그 직상층 및 지하층에 경보를 발할 것
④ 발화층·그 직상층 및 기타의 지하층에 경보를 발할 것

해설
2층 이상의 층에서 발화한 때에는 **발화층 및 그 직상 4개 층**에 경보할 것

03 비상방송설비의 화재안전기준(NFPC 202)에 따른 비상방송설비의 음향장치에 대한 설치기준으로 틀린 것은? `21년-4회`

① 다른 전기회로에 따라 유도장애가 생기지 아니하도록 할 것
② 음향장치는 자동화재속보설비의 작동과 연동하여 작동할 수 있는 것으로 할 것
③ 다른 방송설비와 공용하는 것에 있어서는 화재 시 비상경보 외의 방송을 차단할 수 있는 구조로 할 것
④ 증폭기 및 조작부는 수위실 등 상시 사람이 근무하는 장소로서 점검이 편리하고 방화상 유효한 곳에 설치할 것

해설
음향장치는 **자동화재탐지설비의 작동과 연동**하여 작동할 수 있을 것

04 비상방송설비의 화재안전기준(NFPC 202)에 따라 비상방송설비 음향장치의 설치기준 중 다음 ( )에 들어갈 내용으로 옳은 것은? `21년-4회, 개정반영`

> 층수가 (㉠)층[공동주택의 경우 (㉡)층 이상]의 특정소방대상물의 1층에서 발화한 때에는 발화층·그 직상 4개 층 및 지하층에 경보를 발할 수 있도록 하여야 한다.

① ㉠ 5, ㉡ 10
② ㉠ 8, ㉡ 10
③ ㉠ 11, ㉡ 16
④ ㉠ 11, ㉡ 20

해설
층수가 **11층(공동주택의 경우 16층)**의 특정소방대상물의 1층에서 발화한 때에는 발화층·그 직상 4개 층 및 지하층에 경보를 발할 것

기출유형 완성하기

🔒 정답 05 ④ 06 ③ 07 ④ 08 ②

05 비상방송설비의 화재안전기준에 따른 비상방송설비의 음향장치에 대한 내용이다. 다음 ( )에 들어갈 내용으로 옳은 것은? 〔21년-1회〕

> 확성기는 각 층마다 설치하되, 그 층의 각 부분으로부터 하나의 확성기까지의 수평거리가 ( )m 이하가 되도록 하고, 해당 층의 각 부분에 유효하게 경보를 발할 수 있도록 설치할 것

① 10
② 15
③ 20
④ 25

해설
확성기의 수평거리 기준은 $25m$ **이하**일 것

06 비상방송설비와 자동화재탐지설비의 연동 시 동작 순서로 옳은 것은? 〔22년-1회〕

① 기동장치 → 증폭기 → 수신기 → 조작부 → 확성기
② 기동장치 → 조작부 → 증폭기 → 수신기 → 확성기
③ 기동장치 → 수신기 → 증폭기 → 조작부 → 확성기
④ 기동장치 → 증폭기 → 조작부 → 수신기 → 확성기

해설
자동화재탐지설비의 연동에 의한 비상방송설비 동작 시 순서
기동장치 → 수신기 → 증폭기 → 조작부 → 확성기

07 비상방송설비의 화재안전기준(NFPC 202)에 따른 정의에서 가변저항을 이용하여 전류를 변화시켜 음량을 크게 하거나 작게 조절할 수 있는 장치를 말하는 것은? 〔20년-4회〕

① 증폭기
② 변류기
③ 중계기
④ 음량조절기

해설
비상방송설비에서 **음량을 조절**하는 장치는 음량조절기이다.

08 비상방송설비의 화재안전기준(NFPC 202)에 따른 음향장치의 구조 및 성능에 대한 기준이다. 다음 ( )에 들어갈 내용으로 옳은 것은? 〔20년-3회〕

> 가. 정격전압의 (㉠)% 전압에서 음향을 발할 수 있는 것을 할 것
> 나. (㉡)의 작동과 연동하여 작동할 수 있는 것으로 할 것

① ㉠ 65, ㉡ 자동화재탐지설비
② ㉠ 80, ㉡ 자동화재탐지설비
③ ㉠ 65, ㉡ 단독경보형 감지기
④ ㉠ 80, ㉡ 단독경보형 감지기

해설
비상방송설비의 음향장치는 정격전압의 80% **전압**에서 음향을 발할 수 있고, **자동화재탐지설비와 연동**하여 작동할 수 있을 것

정답 09 ④ 10 ④ 11 ① 12 ③

09
비상방송설비의 화재안전기준(NFPC 202)에 따라 다음 ( )의 ㉠, ㉡에 들어갈 내용으로 옳은 것은? `19년-4회`

> 비상방송설비에는 그 설비에 대한 감시상태를 (㉠)분간 지속한 후 유효하게 (㉡)분 이상 경보할 수 있는 축전지설비(수신기에 내장하는 경우를 포함한다)를 설치하여야 한다.

① ㉠ 30, ㉡ 5
② ㉠ 30, ㉡ 10
③ ㉠ 60, ㉡ 5
④ ㉠ 60, ㉡ 10

해설
감시상태를 60분간 지속한 후 유효하게 **10분 이상** 경보할 수 있는 비상전원으로서 축전지설비 또는 전기저장장치를 설치해야 한다.

10
비상방송설비를 설치하여야 하는 특정소방대상물의 기준 중 틀린 것은? (단, 위험물 저장 및 처리시설 중 가스시설, 사람이 거주하지 않는 동물 및 식물 관련 시설, 지하가 중 터널, 축사 및 지하구는 제외한다) `17년-4회`

① 연면적 $3,500m^2$ 이상인 것
② 지하층을 제외한 층수가 11층 이상인 것
③ 지하층의 층수가 3층 이상인 것
④ 50명 이상의 근로자가 작업하는 옥내 작업장

해설
50명 이상의 근로자가 작업하는 옥내작업장은 비상경보설비를 설치해야 하는 특정소방대상물이다.

11
비상방송설비의 화재안전기준(NFPC 202)에 따라 부속회로의 전로와 대지 사이 및 배선 상호 간의 절연저항은 1경계구역마다 직류 $250\,V$의 절연저항측정기를 사용하여 측정한 절연저항이 몇 $M\Omega$ 이상이 되도록 하여야 하는가? `25년`

① 0.1
② 0.2
③ 10
④ 20

해설
부속회로의 전로와 대지 사이 및 배선 상호 간의 절연저항은 경계구역마다 **직류 $250\,V$의 절연저항측정기**를 사용하여 측정한 **절연저항이 $0.1M\Omega$ 이상**이 되도록 할 것

12
비상방송설비의 음향장치 설치기준으로 옳은 것은? `15년-2회`

① 음량조정기의 배선은 2선식으로 할 것
② 20층 건물 중 2층에서 화재 발생 시 1층, 2층, 3층에서 경보를 발할 수 있을 것
③ 기동장치에 의한 화재신고 수신 후 피난에 유효한 방송이 자동으로 개시될 때까지의 소요시간은 10초 이하로 할 것
④ 음향장치는 자동화재탐지설비의 작동과 별도로 작동하는 방식의 성능으로 할 것

해설
① 음량조정기의 배선은 3선식
② 20층 건물 중 2층에서 화재 시 발화층+직상 4개 층
④ 음향장치는 자동화재탐지설비의 작동과 연동할 것

12 누전경보기

기출유형

누전경보기의 전원은 분전반으로부터 전용회로로 하고 각 극에 개폐기와 몇 A 이하의 과전류차단기를 설치하여야 하는가?

① 15
② 20
③ 25
④ 30

해설
전원은 분전반으로부터 전용회로로 하고, 각 극에 개폐기 및 15A 이하의 과전류차단기를 설치할 것

| 정답 | ①

족집게 과외

❶ 개념과 설치대상

구 분	내 용
개 념	① 누전경보기란 사용전압 $600V$ 이하인 경계전로의 누설전류를 검출하여 당해 소방대상물의 관계자에게 경보를 발하는 설비로서 변류기와 수신부로 구성된 것 ② 변류기란 경계전로의 누설전류를 자동적으로 검출하여 누전경보기의 수신부에 송신하는 것
설치 대상	계약전류용량이 $100A$를 초과하는 특정소방대상물(내화구조가 아닌 건축물로서 벽·바닥 또는 반자의 전부나 일부를 불연재료 또는 준불연재료가 아닌 재료에 철망을 넣어 만든 것만 해당)

❷ 설치방법과 구성요소 등

구 분	내 용
설 치	① 정격전류가 $60A$를 초과하는 전로에 있어서는 1급 누전경보기를 설치할 것 ② $60A$ 이하의 전로에 있어서는 1급 또는 2급 누전경보기를 설치할 것 ③ 변류기는 옥외 인입선의 제1지점의 부하 측 또는 제2종 접지선 측의 점검이 쉬운 위치에 설치 ④ 변류기를 옥외의 전로에 설치하는 경우에는 옥외형으로 설치할 것
전 원	전원은 분전반으로부터 전용회로로 하고, 각 극에 개폐기 및 $15A$ 이하의 과전류차단기(배선용 차단기는 $20A$ 이하)를 설치할 것
표시등	① 전구는 2개 이상을 병렬로 접속하여야 함(방전등 또는 발광다이오드는 예외) ② 전구에는 적당한 보호카바를 설치하여야 함(발광다이오드 예외) ③ 누전화재의 발생을 표시하는 표시등이 설치된 것은 등이 켜질 때 적색으로 표시될 것 ④ 지구등은 적색으로 표시되어야 함. 이 경우 누전등이 설치된 수신부의 지구등은 적색 외의 색으로도 표시할 수 있음 ⑤ 기타의 표시등은 적색 외의 색으로 표시되어야 함. 다만, 누전등 및 지구등과 쉽게 구별할 수 있도록 부착된 기타의 표시등은 적색으로도 표시할 수 있음 ⑥ 주위의 밝기가 $300lx$인 장소에서 측정하여 앞면으로부터 $3m$ 떨어진 곳에서 켜진 등이 확실히 식별되어야 함
반복 시험	수신부는 그 정격전압에서 1만 회의 누전작동시험을 실시하는 경우 그 구조 또는 기능에 이상이 생기지 아니하여야 함
감 도	감도조정장치를 갖는 누전경보기에 있어서 조정범위는 최대치가 $1A$이어야 함
작 동	누전경보기의 공칭작동전류치는 $200mA$ 이하이어야 함
절연 내력 시험	변류기는 $DC500V$의 절연저항계로 다음에 의한 시험을 하는 경우 $5M\Omega$ 이상이어야 함 ① 절연된 1차권선과 2차권선 간의 절연저항 ② 절연된 1차권선과 외부금속부 간의 절연저항 ③ 절연된 2차권선과 외부금속부 간의 절연저항

기출유형 완성하기

정답 01 ① 02 ② 03 ② 04 ①

01 누전경보기의 화재안전기준(NFTC 205)에 따라 경계전로의 누설전류를 자동적으로 검출하여 이를 누전경보기의 수신부에 송신하는 것은? 〈25년〉

① 변류기
② 변압기
③ 음향장치
④ 과전류차단기

해설
누설전류를 검출하여 수신부에 송신하는 것은 변류기이다.

02 다음은 누전경보기의 형식승인 및 제품검사의 기술기준에 따른 표시등에 대한 내용이다. ( )에 들어갈 내용으로 옳은 것은? 〈22년-1회〉

> 주위의 밝기가 (ⓐ)lx인 장소에서 측정하여 앞면으로부터 (ⓑ)m 떨어진 곳에서 켜진 등이 확실히 식별되어야 한다.

① ⓐ 150, ⓑ 3
② ⓐ 300, ⓑ 3
③ ⓐ 150, ⓑ 5
④ ⓐ 300, ⓑ 5

해설
표시등은 주위의 밝기가 300 lx인 장소에서 측정하여 앞면으로부터 3m 떨어진 곳에서 켜진 등이 확실히 식별되어야 한다.

03 누전경보기의 형식승인 및 제품검사의 기술기준에 따라 누전경보기의 변류기는 직류 $500\,V$의 절연저항계로 절연된 1차권선과 2차권선 간의 절연저항 시험을 할 때 몇 $M\Omega$ 이상이어야 하는가? 〈21년-4회〉

① 0.1
② 5
③ 10
④ 20

해설
변류기는 $DC\,500\,V$의 절연저항계로 의한 시험을 하는 경우 $5M\Omega$ 이상이어야 한다.

04 누전경보기의 화재안전기준(NFTC 205)에 따라 누전경보기의 수신부를 설치할 수 있는 장소는? (단, 해당 누전경보기에 대하여 방폭·방식·방습·방온·방진 및 정전기 차폐등의 방호조치를 하지 않은 경우이다) 〈21년-1회〉

① 습도가 낮은 장소
② 온도의 변화가 급격한 장소
③ 화약류를 제조하거나 저장 또는 취급하는 장소
④ 부식성의 증기·가스 등이 다량으로 체류하는 장소

해설
습도가 낮은 장소에는 누전경보기의 수신부를 설치할 수 있다.

정답 05 ③ 06 ③ 07 ③ 08 ②

기출유형 완성하기

05 누전경보기의 형식승인 및 제품검사의 기술기준에 따라 누전경보기의 수신부는 그 정격전압에서 몇 회의 누전작동시험을 실시하는가?
 25년

① 1,000 회
② 5,000 회
③ 10,000 회
④ 20,000 회

해설
수신부는 그 정격전압에서 **1만** 회의 누전작동시험을 실시하는 경우 그 구조 또는 기능에 이상이 생기지 아니하여야 한다.

06 누전경보기의 형식승인 및 제품검사의 기술기준에 따라 누전경보기의 경보기구에 내장하는 음향장치는 사용전압의 몇 %인 전압에서 소리를 내어야 하는가?
 19년-4회

① 40
② 60
③ 80
④ 100

해설
경보기구에 내장하는 음향장치는 **사용전압의 80%** 전압에서 소리를 내어야 한다.

07 다음 ( ) 안에 들어갈 내용으로 옳은 것은?
 19년-2회

> 누전경보기란 ( ) 이하인 경계전로의 누설전류 또는 지락전류를 검출하여 당해 소방대상물의 관계인에게 경보를 발하는 설비로서 변류기와 수신부로 구성된 것을 말한다.

① 사용전압 $220\,V$
② 사용전압 $380\,V$
③ 사용전압 $600\,V$
④ 사용전압 $750\,V$

해설
사용전압 $600\,V$ **이하**인 경계전로의 누설전류를 검출하여 당해 소방대상물의 관계자에게 경보를 발하는 설비로서 변류기와 수신부로 구성된 것

08 누전경보기 전원의 설치기준 중 다음 ( ) 안에 알맞은 것은?
 18년-4회

> 전원은 분전반으로부터 전용회로로 하고, 각 극에 개폐기 및 (㉠)A 이하의 과전류 차단기[배선용 차단기에 있어서는 (㉡)A 이하의 것으로 각 극을 개폐할 수 있는 것을 설치할 것

① ㉠ 15, ㉡ 30
② ㉠ 15, ㉡ 20
③ ㉠ 10, ㉡ 30
④ ㉠ 10, ㉡ 20

해설
전원은 분전반으로부터 전용회로로 하고, 각 극에 개폐기 및 **$15A$ 이하**의 과전류차단기(배선용 차단기는 **$20A$ 이하**)를 설치할 것

기출유형 완성하기

정답 09 ② 10 ② 11 ② 12 ②

09 누전경보기를 설치하여야 하는 특정소방대상물의 기준 중 다음 ( ) 안에 알맞은 것은? (단, 위험물 저장 및 처리 시설 중 가스시설, 지하가 중 터널 또는 지하구의 경우는 제외한다)
〈18년-1회〉

> 누전경보기는 계약전류량이 ( )A를 초과하는 특정소방대상물(내화구조가 아닌 건축물로서 벽·바닥 또는 반자의 전부나 일부를 불연재료 또는 준불연재료가 아닌 재료에 철망을 넣어 만든 것만 해당)에 설치하여야 한다.

① 60
② 100
③ 200
④ 300

해설
계약전류용량이 100A를 초과하는 특정소방대상물(내화구조가 아닌 건축물로서 벽·바닥 또는 반자의 전부나 일부를 불연재료 또는 준불연재료가 아닌 재료에 철망을 넣어 만든 것만 해당)

10 누전경보기의 형식승인 및 제품검사의 기술기준에 따라 감도조정장치를 갖는 누전경보기에 있어서 감도조정장치의 조정범위는 최대치가 몇 A이어야 하는가?
〈21년-2회〉

① 0.2
② 1.0
③ 1.5
④ 2.0

해설
감도조정장치를 갖는 누전경보기에 있어서 조정범위는 최대치가 1A이어야 한다.

11 누전경보기의 화재안전기준에서 규정한 용어, 설치방법, 전원 등에 관한 설명으로 틀린 것은?
〈16년-1회〉

① 경계전로의 정격전류가 60A를 초과하는 전로에 있어서는 1급 누전경보기를 설치한다.
② 변류기는 옥외 인입선 제1지점의 전원 측에 설치한다.
③ 누전경보기 전원은 분전반으로부터 전용으로 하고, 각 극에 개폐기 및 15A 이하의 과전류차단기를 설치한다.
④ 누전경보기는 변류기와 수신부로 구성되어 있다.

해설
변류기는 옥외 인입선의 **제1지점의 부하 측** 또는 제2종 접지선 측의 점검이 쉬운 위치에 설치한다.

12 누전경보기의 형식승인 및 제품검사의 기술기준에 따라 누전경보기에 사용되는 표시등의 구조 및 기능에 대한 설명으로 틀린 것은?
〈21년-1회〉

① 누전등이 설치된 수신부의 지구등은 적색 외의 색으로도 표시할 수 있다.
② 방전등 또는 발광다이오드의 경우 전구는 2개 이상을 병렬로 접속하여야 한다
③ 소켓은 접촉이 확실하여야 하며 쉽게 전구를 교체할 수 있도록 부착하여야 한다.
④ 누전등 및 지구등과 쉽게 구별할 수 있도록 부착된 기타의 표시등은 적색으로도 표시할 수 있다.

해설
전구는 2개 이상을 병렬로 접속하여야 한다(**방전등 또는 발광다이오드는 예외이다**).

13 유도등의 종류 및 설치기준

기출유형

유도등 및 유도표지의 화재안전기준(NFPC 303)에 따라 객석 내 통로의 직선부분 길이가 $85m$ 인 경우 객석유도등을 몇 개 설치하여야 하는가?   22년-1회

① 17개
② 19개
③ 21개
④ 22개

해설

객석 유도등의 설치개수 $N = \dfrac{객석\ 통로의\ 직선부분\ 길이[m]}{4} - 1 = \dfrac{85}{4} - 1 = 20.25 = 21\,[개]$

|정답| ③

족집게 과외

❶ 유도등의 분류

구 분			내 용
피난구유도등	개 념		피난구 또는 피난경로로 사용되는 출입구를 표시하여 피난을 유도하는 등
	설치장소		① 옥내로부터 직접 지상으로 통하는 출입구 및 그 부속실의 출입구 ② 직통계단·직통계단의 계단실 및 그 부속실의 출입구 ③ ①, ② 따른 출입구에 이르는 복도 또는 통로로 통하는 출입구 ④ 안전구획된 거실로 통하는 출입구
	설치기준		① 피난구의 바닥으로부터 높이 1.5m 이상으로서 출입구에 인접하도록 설치할 것 ② 설치된 피난구유도등의 면과 수직이 되도록 피난구유도등을 추가로 설치할 것(단, 피난구유도등이 입체형인 경우에는 제외) ③ 추가로 설치하는 피난구유도등은 피난구의 식별이 용이하도록 피난구 방향의 화살표가 함께 표시된 것으로 설치할 것
통로유도등	복도통로유도등	개 념	피난통로를 안내하기 위한 유도등
		설치장소	① 복도에 설치하되 피난구유도등이 설치된 출입구의 맞은편 복도에는 입체형으로 설치하거나, 바닥에 설치할 것 ② 구부러진 모퉁이, 보행거리 20m마다 설치할 것
		설치기준	① 바닥으로부터 높이 1m 이하의 위치에 설치할 것 ② 지하층 또는 무창층의 용도가 도매시장·소매시장·여객자동차터미널·지하역사 또는 지하상가인 경우에는 복도·통로 중앙부분의 바닥에 설치할 것 ③ 바닥에 설치하는 통로유도등은 하중에 따라 파괴되지 않는 강도의 것으로 할 것
	거실통로유도등	설치장소	거실의 통로에 설치할 것. 다만, 거실의 통로가 벽체 등으로 구획된 경우에는 복도 통로유도등을 설치할 것
		설치기준	바닥으로부터 높이 1.5m 이상의 위치에 설치할 것. 다만, 거실통로에 기둥이 설치된 경우에는 기둥 부분의 바닥으로부터 높이 1.5m 이하의 위치에 설치할 수 있음
	계단통로유도등	설치장소	각 층의 경사로 참 또는 계단참마다(1개 층에 경사로 참 또는 계단참이 2 이상 있는 경우에는 2개의 계단참마다) 설치할 것
		설치기준	① 바닥으로부터 높이 1m 이하의 위치에 설치할 것 ② 통행에 지장이 없도록 설치할 것 ③ 주위에 이와 유사한 등화광고물·게시물 등을 설치하지 않을 것
객석유도등	개 념		객석의 통로, 바닥 또는 벽에 설치하는 유도등
	설치기준		객석 내의 통로가 경사로 또는 수평로로 되어 있는 부분은 식에 따라 산출한 개수(소수점 이하의 수는 1로 봄)의 유도등을 설치할 것 $N = \dfrac{\text{객석 통로의 직선부분 길이}[m]}{4} - 1$

정답 01 ① 02 ④ 03 ③ 04 ①

기출유형 완성하기

01 유도등 및 유도표지의 화재안전기준(NFPC 303)에 따른 객석유도등의 설치기준이다. 다음 ( )에 들어갈 내용으로 옳은 것은? `21년-2회`

> 객석유도등은 객석의 (㉠), (㉡) 또는 (㉢)에 설치하여야 한다.

① ㉠ 통로, ㉡ 바닥, ㉢ 벽
② ㉠ 바닥, ㉡ 천장, ㉢ 벽
③ ㉠ 통로, ㉡ 바닥, ㉢ 천장
④ ㉠ 바닥, ㉡ 통로, ㉢ 출입구

해설
객석유도등은 객석의 통로, 바닥, 벽에 설치하는 유도등이다.

02 유도등 및 유도표지의 화재안전기준(NFPC 303)에 따른 피난구유도등의 설치장소로 틀린 것은? `20년-3회`

① 직통계단
② 직통계단의 계단실
③ 안전구획된 거실로 통하는 출입구
④ 옥외로부터 직접 지하로 통하는 출입구

해설
피난의 최종목적지는 옥외(안전한 장소)이므로 옥외로부터 직접 지하로 통하는 출입구에는 피난구유도등을 설치하지 않는다.

03 유도등 및 유도표지의 화재안전기준(NFPC 303)에 따른 통로유도등의 설치기준에 대한 설명으로 틀린 것은? `19년-4회`

① 복도·거실통로유도등은 구부러진 모퉁이 및 보행거리 $20m$ 마다 설치
② 복도·계단통로유도등은 바닥으로부터 높이 $1m$ 이하의 위치에 설치
③ 통로유도등은 녹색바탕에 백색으로 피난방향을 표시한 등으로 할 것
④ 거실통로유도등은 바닥으로부터 높이 $1.5m$ 이상의 위치에 설치

해설
피난구유도등과 통로유도등의 설치기준

피난구유도등	녹색바탕+백색문자
통로유도등	백색바탕+녹색문자

04 계단통로유도등은 각 층의 경사로 참 또는 계단참마다 설치하도록 하고 있는데 1개 층에 경사로 참 또는 계단참이 2 이상 있는 경우에는 몇 개의 계단참마다 계단통로유도등을 설치하여야 하는가? `19년-1회`

① 2개
② 3개
③ 4개
④ 5개

해설
각 층의 경사로 참 또는 계단참마다(1개 층에 경사로 참 또는 계단참이 2 이상 있는 경우에는 2개의 계단참마다) 설치할 것

기출유형 완성하기

🔒 **정답** 05 ② 06 ② 07 ① 08 ①

05 유도등 및 유도표지의 화재안전기준(NFPC 303)에 따라 객석유도등을 설치하여야 하는 장소로 틀린 것은? `20년-4회`

① 벽
② 천 장
③ 바 닥
④ 통 로

해설
객석유도등은 객석의 통로, 바닥, 벽에 설치하는 유도등이다.

06 객석 내의 통로가 경사로 또는 수평로로 되어 있는 부분에 설치하여야 하는 객석유도등의 설치 개수 산출 공식으로 옳은 것은? `25년`

① $\dfrac{\text{객석 통로의 직선부분 길이}[m]}{3} - 1$

② $\dfrac{\text{객석 통로의 직선부분 길이}[m]}{4} - 1$

③ $\dfrac{\text{객석 통로의 넓이}[m^2]}{3} - 1$

④ $\dfrac{\text{객석 통로의 넓이}[m^2]}{4} - 1$

해설
객석유도등의 설치개수 산출 공식

$N = \dfrac{\text{객석 통로의 직선부분 길이}[m]}{4} - 1$

07 통로유도등의 설치기준 중 틀린 것은? `25년`

① 거실의 통로가 벽체 등으로 구획된 경우에는 거실통로유도등을 설치한다.
② 거실통로유도등은 거실통로에 기둥이 설치된 경우에는 기둥부분의 바닥으로부터 높이 $1.5m$ 이하의 위치에 설치할 수 있다.
③ 복도통로유도등은 구부러진 모퉁이 및 보행거리 $20m$ 마다 설치한다.
④ 계단통로유도등은 바닥으로부터 높이 $1m$ 이하의 위치에 설치한다.

해설
거실의 통로에 설치할 것. 다만, 거실의 통로가 벽체 등으로 구획된 경우에는 **복도통로유도등**을 설치할 것

08 피난통로가 되는 계단이나 경사로에 설치하는 통로유도등으로 바닥면 및 디딤 바닥면을 비추어 주는 유도등은? `15년-2회`

① 계단통로유도등
② 피난통로유도등
③ 복도통로유도등
④ 바닥통로유도등

해설
계단이나 경사로에 설치하는 통로유도등은 **계단통로유도등**이다.

14 유도등의 규격 및 기타 기준

기출유형

객석유도등을 설치하여야 하는 특정소방대상물의 대상으로 옳은 것은? `17년-4회`

① 운수시설
② 운동시설
③ 의료시설
④ 근린생활시설

해설
객석유도등을 설치하여야 하는 특정소방대상물은 공연장·집회장·관람장·**운동시설**이다.

| 정답 | ②

족집게 과외

❶ 설치장소별 유도등 및 유도표지의 종류

설치장소	종 류
1. 공연장·집회장·관람장·운동시설	대형피난구유도등 통로유도등 객석유도등
2. 유흥주점영업시설(무대가 있는 카바레, 나이트클럽 등)	
3. 위락시설·판매시설·운수시설·관광숙박업·의료시설·장례식장·방송통신시설·전시장·지하가·지하철역사	대형피난구유도등 통로유도등
4. 숙박시설·오피스텔	중형피난구유도등 통로유도등
5. 1~3. 외의 건축물로서 지하층·무창층·층수가 11층 이상인 특정소방대상물	
6. 1~5. 외의 건축물로서 근린생활시설·노유자시설·업무시설·발전시설·종교시설·교육연구시설·수련시설·공장·교정 및 군사시설·자동차정비공장·운전학원·정비학원·다중이용업소·복합건축물	소형피난구유도등 통로유도등
7. 그 밖의 것	피난구유도표지 통로유도표지

※ 복합건축물의 경우 주택의 세대 내에는 유도등을 설치하지 않을 수 있음

❷ 3선식 배선과 비상전원

구 분	내 용
3선식 배선	평상시에는 유도등을 소등 상태로 유도등의 비상전원을 충전하고, 화재 등 비상시 점등 신호를 받아 유도등을 자동으로 점등되도록 하는 방식의 배선을 말함
	① 외부의 빛에 의해 피난구 또는 피난방향을 쉽게 식별할 수 있는 장소 ② 공연장, 암실 등으로서 어두워야 할 필요가 있는 장소 ③ 특정소방대상물의 관계인 또는 종사원이 주로 사용하는 장소
	3선식 배선으로 상시 충전되는 유도등의 전기회로에 점멸기를 설치하는 경우에는 다음의 어느 하나에 해당되는 경우에 자동으로 점등되도록 해야 함 ① 자동화재탐지설비의 감지기 또는 발신기가 작동되는 때 ② 비상경보설비의 발신기가 작동되는 때 ③ 상용전원이 정전되거나 전원선이 단선되는 때 ④ 방재업무를 통제하는 곳 또는 전기실의 배전반에서 수동으로 점등하는 때 ⑤ 자동소화설비가 작동되는 때
비상전원	① 축전지로 할 것(20분 이상) ② 지하층을 제외한 층수가 11층 이상 특정소방대상물, 지하층 또는 무창층으로 도매시장·소매시장·여객자동차터미널·지하역사·지하상가는 유도등을 60분 이상 유효하게 작동시킬 수 있을 것

정답 01 ② 02 ④ 03 ① 04 ④

기출유형 완성하기

01 유도등의 형식승인 및 제품검사의 기술기준에 따라 유도등의 교류입력 측과 외함 사이, 교류입력 측과 충전부 사이 및 절연된 충전부와 외함 사이의 각 절연저항을 $DC\,500\,V$의 절연저항계로 측정한 값이 몇 $M\Omega$ 이상이어야 하는가?

〈22년-1회〉

① 0.1
② 5
③ 20
④ 50

해설
교류입력 측과 충전부 사이 등의 절연저항을 $DC\,500\,V$의 절연저항계로 측정한 값이 $5M\Omega$ 이상이어야 한다.

Tip 소방전기에서 절연저항 측정 시 $250\,V$로 측정하면 $0.1M\Omega$ 이상 $500\,V$ 이상일 경우 $5M\Omega$ 이상이다.

02 유도등 및 유도표지의 화재안전기준(NFTC 303)에 따라 지하층을 제외한 층수가 11층 이상인 특정소방대상물의 유도등의 비상전원을 축전지로 설치한다면 피난층에 이르는 부분의 유도등을 몇 분 이상 유효하게 작동시킬 수 있는 용량으로 하여야 하는가?

〈20년-1·2회〉

① 10
② 20
③ 50
④ 60

해설
지하층을 제외한 층수가 11층 이상인 특정소방대상물의 피난층에 이르는 부분의 유도등을 **60분** 이상 유효하게 작동시킬 수 있는 용량의 축전지설비를 설치하여야 한다.

03 3선식 배선에 따라 상시 충전되는 유도등의 전기회로에 점멸기를 설치하는 경우 유도등이 점등되어야 할 경우로 관계없는 것은?

〈19년-2회〉

① 제연설비가 작동한 때
② 자동소화설비가 작동한 때
③ 비상경보설비의 발신기가 작동한 때
④ 자동화재탐지설비의 감지기가 작동한 때

해설
제연설비는 소방활동설비로 자동소화설비가 아니다.

04 유도등 및 유도표지의 화재안전기준(NFTC 303)에 따라 운동시설에 설치하지 아니할 수 있는 유도등은?

〈19년-4회〉

① 통로유도등
② 객석유도등
③ 대형피난구유도등
④ 중형피난구유도등

해설
운동시설에는 대형피난구유도등을 설치하여야 한다.

15 유도표지&유도선

기출유형

유도등 및 유도표지의 화재안전기준(NFPC 303)에 따라 설치하는 유도표지는 계단에 설치하는 것을 제외하고는 각 층마다 복도 및 통로의 각 부분으로부터 하나의 유도표지까지의 보행거리가 몇 m 이하가 되는 곳과 구부러진 모퉁이의 벽에 설치하여야 하는가?

21년-4회

① 10
② 15
③ 20
④ 25

해설

유도표지는 각 층마다 복도 및 통로의 각 부분으로부터 하나의 유도표지까지의 보행거리가 $15m$ 이하가 되는 곳과 구부러진 모퉁이의 벽에 설치할 것

|정답| ②

족집게 과외

❶ 유도표지의 설치기준

구 분	내 용
설치 기준	① 계단에 설치하는 것을 제외하고는 각 층마다 복도 및 통로의 각 부분으로부터 하나의 유도표지까지의 보행거리가 15m 이하가 되는 곳과 구부러진 모퉁이의 벽에 설치할 것 ② 피난구유도표지는 출입구 상단에 설치하고, 통로유도표지는 바닥으로부터 높이 1m 이하의 위치에 설치할 것 ③ 주위에는 이와 유사한 등화·광고물·게시물 등을 설치하지 않을 것 ④ 유도표지는 부착판 등을 사용하여 쉽게 떨어지지 않도록 설치할 것 ⑤ 축광방식의 유도표지는 외광 또는 조명장치에 의하여 상시 조명이 제공되거나 비상조명등에 의한 조명이 제공되도록 설치할 것

❷ 피난유도선의 설치기준

구 분	내 용
축광 방식	① 구획된 각 실로부터 주출입구 또는 비상구까지 설치할 것 ② 바닥으로부터 높이 50cm 이하의 위치 또는 바닥 면에 설치할 것 ③ 피난유도 표시부는 50cm 이내의 간격으로 연속되도록 설치할 것 ④ 부착대에 의하여 견고하게 설치할 것 ⑤ 외부의 빛 또는 조명장치에 의하여 상시 조명이 제공되거나 비상조명등에 의한 조명이 제공되도록 설치할 것
광원 점등 방식	① 구획된 각 실로부터 주출입구 또는 비상구까지 설치할 것 ② 피난유도 표시부는 바닥으로부터 높이 1m 이하의 위치 또는 바닥 면에 설치할 것 ③ 피난유도 표시부는 50cm 이내의 간격으로 연속되도록 설치하되 실내장식물 등으로 설치가 곤란할 경우 1m 이내로 설치할 것 ④ 수신기로부터의 화재신호 및 수동조작에 의하여 광원이 점등되도록 설치할 것 ⑤ 비상전원이 상시 충전상태를 유지하도록 설치할 것 ⑥ 바닥에 설치되는 피난유도 표시부는 매립하는 방식을 사용할 것 ⑦ 피난유도 제어부는 조작 및 관리가 용이하도록 바닥으로부터 0.8m 이상 1.5m 이하의 높이에 설치할 것

기출유형 완성하기

정답 01 ③ 02 ④ 03 ③ 04 ①

01 유도표지의 설치기준 중 틀린 것은? 〔15년-2회〕

① 계단에 설치하는 것을 제외하고는 각 층마다 복도 및 통로의 각 부분으로부터 하나의 유도표지까지의 보행거리가 15m 이하가 되는 곳에 설치한다.
② 피난구유도표지는 출입구 상단에 설치한다.
③ 통로유도표지는 바닥으로부터 높이 15m 이하의 위치에 설치한다.
④ 주위에는 이와 유사한 등화·광고물·게시물 등을 설치하지 않는다.

해설
통로유도표지는 바닥으로부터 **높이** 1m **이하의 위치**에 설치할 것

02 유도등 및 유도표지의 화재안전기준(NFTC 303)에 따라 광원점등방식 피난유도선의 설치기준으로 틀린 것은? 〔19년-4회〕

① 구획된 각 실로부터 주출입구 또는 비상구까지 설치할 것
② 피난유도 표시부는 바닥으로부터 높이 1m 이하의 위치 또는 바닥 면에 설치할 것
③ 피난유도 제어부는 조작 및 관리가 용이하도록 바닥으로부터 0.8m 이상 1.5m 이하의 높이에 설치할 것
④ 피난유도 표시부는 50cm 이내의 간격으로 연속되도록 설치하되 실내장식물 등으로 설치가 곤란할 경우 2m 이내로 설치할 것

해설
광원점등방식의 피난유도 표시부는 50cm **이내의 간격으로 연속되도록 설치하되 실내장식물 등으로 설치가 곤란할 경우** 1m **이내로 설치할 것**

03 유도등 및 유도표지의 화재안전기준(NFTC 303)에 따라 유도표지는 각 층마다 복도 및 통로의 각 부분으로부터 하나의 유도표지까지의 보행거리가 몇 m 이하가 되는 곳과 구부러진 모퉁이의 벽에 설치하여야 하는가? (단, 계단에 설치하는 것은 제외한다) 〔21년-2회〕

① 5
② 10
③ 15
④ 25

해설
유도표지는 각 층마다 복도 및 통로의 각 부분으로부터 하나의 유도표지까지의 **보행거리가** 15m **이하가** 되는 곳과 구부러진 모퉁이의 벽에 설치할 것

04 축광방식의 피난유도선 설치기준 중 다음 ( ) 안에 알맞은 것은? 〔18년-4회〕

- 바닥으로부터 높이 (㉠)cm 이하의 위치 또는 바닥면에 설치할 것
- 피난유도 표시부는 (㉡)cm 이내의 간격으로 연속되도록 설치할 것

① ㉠ 50, ㉡ 50
② ㉠ 50, ㉡ 100
③ ㉠ 100, ㉡ 50
④ ㉠ 100, ㉡ 100

해설
- 축광방식의 피난유도선은 바닥으로부터 **높이** 50cm 이하의 위치 또는 바닥 면에 설치할 것
- 피난유도 표시부는 50cm **이내의 간격으로 연속되도록** 설치

16 비상조명등

기출유형

비상조명등의 화재안전기준(NFTC 304)에 따라 비상조명등의 조도는 비상조명등이 설치된 장소의 각 부분의 바닥에서 몇 lx 이상이 되도록 하여야 하는가? 21년-2회

① 1
② 3
③ 5
④ 10

해설
비상조명등이 설치된 장소 각 부분의 바닥에서 1[lx] 이상일 것

|정답| ①

족집게 과외

❶ 비상조명등의 설치기준

구 분	내 용	
개 념	화재발생 등에 따른 정전 시 안전하고 원활한 피난활동을 할 수 있도록 거실 및 피난통로 등에 설치되어 자동 점등되는 조명등	
조 도	일반건축물	설치된 장소 각 부분의 바닥에서 1[lx] 이상
	고층건축물	설치된 장소 각 부분의 바닥에서 10[lx] 이상
	도로터널	차도 및 보도는 10[lx] 이상, 그 외 부분은 1[lx] 이상
예비전원	예비전원을 내장하는 비상조명등에는 평상시 점등 여부를 확인할 수 있는 점검스위치를 설치하고 해당 조명등을 유효하게 작동시킬 수 있는 용량의 축전지와 예비전원 충전장치를 내장할 것	
비상전원	예비전원을 내장하지 않은 비상조명등의 비상전원은 자가발전설비, 축전지설비 또는 전기저장장치를 설치할 것	
전원용량	일반건축물	20분 이상 작동시킬 수 있는 용량일 것
	① 지하층 제외 11층 이상 건축물 ② 지하층 또는 무창층으로 용도가 도매시장, 소매시장, 여객자동차터미널, 지하역사, 지하상가, 도로터널	60분 이상 작동시킬 수 있는 용량일 것
설치위치	특정소방대상물의 각 거실과 그로부터 지상에 이르는 복도·계단 및 그 밖의 통로에 설치할 것	
설치제외	① 거실의 각 부분으로부터 하나의 출입구에 이르는 보행거리가 15m 이내인 부분 ② 의원·경기장·공동주택·의료시설·학교의 거실	
구조기준	① 인출선의 굵기는 $0.75mm^2$ 이상, 길이는 인출부분으로부터 $150mm$ 이상일 것 ② 사용전압은 $300V$ 이하일 것(충전부 비노출인 경우 초과 가능) ③ 축전지에 배선 등 직접 납땜 금지 ④ 상용전원 전압의 110% 범위 안에서 온도 상승 등 이상이 없을 것 ⑤ 비상전원으로 전환되는 경우 비상점등 회로로 정격전류의 1.2배 이상의 전류가 흐르거나 램프가 없는 경우에는 3초 이내에 예비전원으로부터의 비상전원 공급을 차단할 것	

❷ 설치대상

구 분	내 용
대 상	① 지하층을 포함하는 층수가 5층 이상인 건축물로서 연면적 3천m^2 이상인 경우에는 모든 층 ② 지하층 또는 무창층의 바닥면적이 $450m^2$ 이상인 경우에는 해당 층 ③ 지하가 중 터널로서 그 길이가 $500m$ 이상인 것

정답 01 ③ 02 ③ 03 ② 04 ②

기출유형 완성하기

01 비상조명등의 화재안전기준(NFTC 304)에 따라 비상조명등의 비상전원을 설치하는 데 있어서 어떤 특정소방대상물의 경우에는 그 부분에서 피난층에 이르는 부분의 비상조명등을 60분 이상 유효하게 작동시킬 수 있는 용량으로 하여야 한다. 이 특정소방물에 해당하지 않는 것은? `19년-4회`

① 무창층인 지하역사
② 무창층인 소매시장
③ 지하층인 관람시설
④ 지하층을 제외한 층수가 11층 이상의 층

해설
비상조명등 비상전원의 용량이 60분 이상인 것
- 지하층 제외 11층 이상 건축물
- 지하층 또는 무창층으로 용도가 도매시장, 소매시장, 여객자동차터미널, 지하역사, 지하상가, 도로터널

02 비상조명등의 설치 제외 기준 중 다음 ( ) 안에 알맞은 것은? `18년-4회`

> 거실의 각 부분으로부터 하나의 출입구에 이르는 보행거리가 ( )m 이내인 부분

① 2
② 5
③ 15
④ 25

해설
거실의 각 부분으로부터 하나의 출입구에 이르는 **보행거리가 15m 이내** 부분에는 비상조명등 설치 제외가 가능하다.

03 비상전원이 비상조명등을 60분 이상 유효하게 작동시킬 수 있는 용량으로 하지 않아도 되는 특정소방대상물은? `19년-2회`

① 지하상가
② 숙박시설
③ 무창층으로서 용도가 소매시장
④ 지하층을 제외한 층수가 11층 이상의 층

해설
비상조명등 비상전원의 용량이 60분 이상인 것
- 지하층 제외 11층 이상 건축물
- 지하층 또는 무창층으로 용도가 도매시장, 소매시장, 여객자동차터미널, 지하역사, 지하상가, 도로터널

04 비상조명등 비상점등 회로의 보호를 위한 기준 중 다음 ( ) 안에 알맞은 것은? `16년-4회`

> 비상조명등은 비상점등을 위하여 비상전원으로 전환되는 경우 비상점등 회로로 정격전류의 (㉠)배 이상의 전류가 흐르거나 램프가 없는 경우에는 (㉡)초 이내에 예비전원으로부터 비상전원 공급을 차단해야 한다.

① ㉠ 2, ㉡ 1
② ㉠ 1.2, ㉡ 3
③ ㉠ 3, ㉡ 1
④ ㉠ 2.1, ㉡ 5

해설
비상전원으로 전환되는 경우 비상점등 회로로 정격전류의 **1.2배** 이상의 전류가 흐르거나 램프가 없는 경우에는 **3초** 이내에 예비전원으로부터의 비상전원 공급을 차단할 것

기출유형 완성하기

정답 05 ④ 06 ① 07 ② 08 ②

05 비상조명등의 설치 제외 장소가 아닌 것은?

〈16년-2회〉

① 의원의 거실
② 경기장의 거실
③ 의료시설의 거실
④ 종교시설의 거실

해설
의원·경기장·공동주택·의료시설·학교의 거실의 경우 비상조명등 설치 제외가 가능하다.

06 지하가 중 터널은 그 길이가 몇 $[m]$ 이상일 경우 비상조명등을 설치하여야 하는가?

〈10년-1회〉

① $500[m]$
② $600[m]$
③ $700[m]$
④ $1,000[m]$

해설
지하가 중 터널은 길이가 $500m$ 이상일 경우 비상조명등을 설치하여야 한다.

07 비상조명등의 화재안전기준(NFTC 304)에 따른 비상조명등의 시설기준에 적합하지 않은 것은?

〈20년-1·2회〉

① 조도는 비상조명등이 설치된 장소의 각 부분의 바닥에서 0.5lx가 되도록 하였다.
② 특정소방대상물의 각 거실과 그로부터 지상에 이르는 복도·계단 및 그 밖의 통로에 설치하였다.
③ 예비전원을 내장하는 비상조명등에 평상시 점등 여부를 확인할 수 있는 점검스위치를 설치하였다.
④ 예비전원을 내장하는 비상조명등에 해당 조명등을 유효하게 작동시킬 수 있는 용량의 축전지와 예비전원 충전장치를 내장하도록 하였다.

해설
설치된 장소 각 부분의 바닥에서 1[lx] 이상일 것

08 비상조명등의 우수품질인증 기술기준에 따라 인출선인 경우 전선의 굵기는 몇 mm^2 이상이어야 하는가?

〈21년-4회〉

① 0.5
② 0.75
③ 1.5
④ 2.5

해설
인출선의 굵기는 $0.75mm^2$ 이상일 것

17 휴대용비상조명등

기출유형

비상조명등의 화재안전기준(NFTC 304)에 따른 휴대용비상조명등의 설치기준이다. 다음 ( )에 들어갈 내용으로 옳은 것은? 25년

> 지하상가 및 지하역사에는 보행거리 (ⓐ)m 이내마다 (ⓑ)개 이상 설치할 것

① ⓐ 25, ⓑ 1
② ⓐ 25, ⓑ 3
③ ⓐ 50, ⓑ 1
④ ⓐ 50, ⓑ 3

해설
지하상가 및 지하역사에는 보행거리 25m **이내마다 3개 이상** 설치할 것

|정답| ②

족집게 과외

❶ 휴대용비상조명등의 설치기준

구 분	내 용	
개 념	화재발생 등으로 정전 시 안전하고 원활한 피난을 위하여 피난자가 휴대할 수 있는 조명등	
설치 대상 및 개수	숙박시설, 다중이용업소	객실 또는 영업장 안의 구획된 실마다 잘 보이는 곳에 1개 이상 설치 (외부에 설치 시 출입문 손잡이로부터 $1m$ 이내 부분)
	대규모점포, 영화상영관	보행거리 $50m$ 이내마다 3개 이상 설치
	지하상가, 지하역사	보행거리 $25m$ 이내마다 3개 이상 설치
높 이	바닥으로부터 $0.8m$ 이상 $1.5m$ 이하의 높이에 설치할 것	
위 치	어둠속에서 위치를 확인할 수 있도록 할 것	
점 등	사용 시 자동으로 점등되는 구조일 것	
외 함	난연성능	
전 원	건전지 사용 시 방전 방지조치, 충전식 배터리의 경우 상시 충전되도록 할 것	
용 량	건전지 및 충전식 배터리의 용량은 20분 이상	

❷ 설치 제외

구 분	내 용
제외 대상	① 지상 1층 또는 피난층으로서 복도나 통로 또는 창문 등의 개구부를 통하여 피난이 용이한 경우 ② 숙박시설로서 복도에 비상조명등을 설치한 경우

정답 01 ② 02 ④ 03 ② 04 ②

기출유형 완성하기

01 휴대용비상조명등의 설치기준 중 틀린 것은? `18년-2회`

① 대규모점포(지하상가 및 지하역사는 제외)와 영화상영관에는 보행거리 $50m$ 이내마다 3개 이상 설치할 것
② 사용 시 수동으로 점등되는 구조일 것
③ 건전지 및 충전식 밧데리의 용량은 20분 이상 유효하게 사용할 수 있는 것으로 할 것
④ 지하상가 및 지하역사에서는 보행거리 $25m$ 이내마다 3개 이상 설치할 것

해설
휴대용비상조명등은 사용 시 자동으로 점등되는 구조여야 한다.

02 휴대용비상조명등을 설치한 경우이다. 화재안전기준에 적합하지 않는 경우는? `12년-2회`

① 다중이용업소의 객실마다 잘 보이는 곳에 1개 이상 설치하였다.
② 백화점에 보행거리 $50m$ 이내마다 5개씩 설치되었다.
③ 지하상가에 보행거리 $25m$ 이내마다 4개씩 설치되었다.
④ 지하역사에 보행거리 $50m$ 이내마다 3개씩 설치하였다.

해설
지하역사에는 보행거리 $25m$ 이내마다 3개 이상 설치할 것

03 휴대용비상조명등 설치높이는? `19년-1회`

① $0.8m \sim 1.0m$
② $0.8m \sim 1.5m$
③ $1.0m \sim 1.5m$
④ $1.0m \sim 1.8m$

해설
바닥으로부터 $0.8m$ 이상 $1.5m$ 이하의 높이에 설치할 것

04 휴대용비상조명등의 설치기준으로 옳지 않은 것은? `15년-4회`

① 숙박시설 또는 다중이용업소에는 객실 또는 영업장 안의 구획된 실마다 잘 보이는 곳에 1개 이상 설치
② 대규모점포에는 보행거리 $30m$ 이내마다 2개 이상 설치
③ 영화상영관에는 보행거리 $50m$ 이내마다 3개 이상 설치
④ 지하역사에는 보행거리 $25m$ 이내마다 3개 이상 설치

해설
대규모점포에는 보행거리 $50m$ 이내마다 3개 이상 설치할 것

기출유형 완성하기

정답 05 ④ 06 ① 07 ② 08 ②

05 휴대용비상조명등을 설치하여야 하는 특정소방대상물에 해당하는 것은? `15년-1회`

① 종합병원
② 숙박시설
③ 노유자시설
④ 집회장

해설
휴대용비상조명등을 설치하여야 하는 특정소방대상물은 숙박시설, 다중이용업소, 대규모점포, 영화상영관, 지하상가, 지하역사이다.

06 「유통산업발전법」제2조 제3호에 따른 대규모점포(지하상가 및 지하역사는 제외한다)와 영화상영관에는 보행거리 몇 m 이내마다 휴대용비상조명등을 3개 이상 설치하여야 하는가? (단, 비상조명등의 화재안전기준(NFTC 304)에 따른다) `22년-1회`

① 50
② 60
③ 70
④ 80

해설
대규모점포와 영화상영관에는 보행거리 $50m$ 이내마다 3개 이상 설치할 것

07 휴대용비상조명등의 설치기준 중 틀린 것은? `17년-1회`

① 영화상영관에는 보행거리 $50m$ 이내마다 3개 이상 설치할 것
② 지하상가 및 지하역사에는 보행거리 $30m$ 이내마다 3개 이상 설치할 것
③ 숙박시설 또는 다중이용업소에는 객실 또는 영업장안의 구획된 실마다 잘 보이는 곳에 1개 이상 설치할 것
④ 건전지 및 충전식 배터리의 용량은 20분 이상 유효하게 사용할 수 있는 것으로 할 것

해설
지하상가 및 지하역사에는 보행거리 $25m$ **이내**마다 3개 이상 설치할 것

08 휴대용비상조명등의 적합한 기준이 아닌 것은? `15년-2회`

① 설치높이는 바닥으로부터 $0.8m$ 이상 $1.5m$ 이하의 높이에 설치할 것
② 사용 시 자동으로 점등되는 구조일 것
③ 외함은 난연성능이 있을 것
④ 충전식 배터리의 용량은 10분 이상 유효하게 사용할 수 있는 것으로 할 것

해설
휴대용비상조명등의 건전지 및 충전식 배터리의 용량은 20분 이상일 것

18 비상콘센트-1

기출유형

비상콘센트설비의 화재안전기준(NFTC 504)에 따라 비상콘센트용의 풀박스 등은 방청도장을 한 것으로서, 두께 몇 mm 이상의 철판으로 하여야 하는가? `22년-1회`

① 1.0
② 1.2
③ 1.5
④ 1.6

해설
비상콘센트용의 풀박스 등은 방청도장을 한 것으로서 두께 $1.6mm$ 이상의 철판으로 할 것

| 정답 | ④

족집게 과외

❶ 정의

구 분	내 용			
개 념	비상콘센트란 화재 시 소화활동 등에 필요한 전원을 전용회선으로 공급하는 설비를 말함			
전압 구분	구 분		직류[kV]	교류[kV]
	저 압		1.5[kV] 이하	1[kV] 이하
	고 압		1.5[kV] 초과~7[kV] 이하	1[kV] 초과~7[kV] 이하
	특고압		7[kV] 초과	

❷ 설치기준

구 분			내 용
전 원	배선	저압 수전	인입개폐기의 직후에서 분기하여 전용배선으로 설치
		고압, 특고압	전력용변압기 2차 측의 주차단기 1차 측 또는 2차 측에서 분기하여 전용배선으로 설치
	위 치		점검에 편리, 화재 및 침수 등 재해 우려 없는 곳에 설치
	용 량		비상전원은 20분 이상 작동시킬 수 있는 용량
	비상시		상용전원으로부터 전력의 공급이 중단된 때에는 자동으로 비상전원으로부터 전력 공급
전원 회로	용 량		단상교류 220 V로서 공급용량은 1.5kVA 이상
	배 치		전원회로는 각 층에 2 이상이 되도록 설치할 것(층당 1개 설치 시 하나의 회로 가능)
	전 용		주배전반에서 전용회로로 할 것(단, 타 설비회로의 사고 영향 없는 경우 겸용 가능)
	분 기		각 층의 비상콘센트에 분기되는 경우에는 분기배선용 차단기를 보호함 안에 설치할 것
	차단기		콘센트마다 배선용 차단기를 설치하고 충전부가 노출되지 않도록 할 것
	표 지		개폐기에는 "비상콘센트"라고 표시한 표지를 할 것
	풀박스		풀박스 등은 방청도장을 한 것으로서, 두께 1.6mm 이상의 철판으로 할 것
	개 수		① 하나의 전용회로에 설치하는 비상콘센트는 10개 이하로 할 것 ② 전선의 용량은 비상콘센트의 공급용량을 합한 용량 이상의 것(최대 3개 용량)
접속기	플러그		플러그접속기는 접지형 2극 플러그접속기를 사용할 것
	접지극		플러그접속기의 칼받이의 접지극에는 접지공사를 할 것

정답 01 ② 02 ③ 03 ④ 04 ④

기출유형 완성하기

01 비상콘센트설비의 화재안전기준(NFTC 504)에 따른 비상콘센트설비의 전원회로(비상콘센트에 전력을 공급하는 회로를 말한다)의 설치기준으로 틀린 것은? `22년-1회`

① 전원회로는 주배전반에서 전용회로로 할 것
② 전원회로는 각 층에 1 이상이 되도록 설치할 것
③ 콘센트마다 배선용 차단기(KS C 8321)를 설치하여야 하며, 충전부가 노출되지 아니하도록 할 것
④ 비상콘센트설비의 전원회로는 단상교류 220 V인 것으로서, 그 공급용량은 1.5 kVA 이상인 것으로 할 것

해설
전원회로는 **각 층에 2 이상**이 되도록 설치할 것(층당 1개 설치 시 하나의 회로 가능)

02 비상콘센트설비의 화재안전기준(NFTC 504)에 따라 하나의 전용회로에 설치하는 비상콘센트는 몇 개 이하로 하여야 하는가? `21년-4회`

① 2
② 3
③ 10
④ 20

해설
하나의 전용회로에 설치하는 비상콘센트는 **10개 이하**로 할 것

03 비상콘센트의 배치와 설치에 대한 현장사항이 비상콘센트설비의 화재안전기준(NFTC 504)에 적합하지 않은 것은? `21년-4회`

① 전원회로의 배선은 내화배선으로 되어 있다.
② 보호함에는 쉽게 개폐할 수 있는 문을 설치하였다.
③ 보호함 표면에 "비상콘센트"라고 표시한 표지를 붙였다.
④ 3상교류 200볼트 전원회로에 대해 비접지형 3극 플러그접속기를 사용하였다.

해설
비상콘센트의 플러그접속기는 **접지형 2극 플러그접속기**를 사용할 것

04 비상콘센트설비의 화재안전기준(NFTC 504)에 따른 비상콘센트설비의 전원회로(비상콘센트에 전력을 공급하는 회로를 말한다)의 시설기준으로 옳은 것은? `20년-4회`

① 하나의 전용회로에 설치하는 비상콘센트는 12개 이하로 할 것
② 전원회로는 단상교류 220 V인 것으로서, 그 공급용량은 1.0 kVA 이상인 것으로 할 것
③ 비상콘센트용의 풀박스 등은 방청도장을 한 것으로서, 두께 1.2 mm 이상의 철판으로 할 것
④ 전원으로부터 각 층의 비상콘센트에 분기되는 경우에는 분기배선용 차단기를 보호함 안에 설치할 것

해설
① 10개 이하
② 1.5 kVA 이상
③ 1.6 mm 이상의 철판

기출유형 완성하기

정답 05 ③ 06 ② 07 ④ 08 ④

05 비상콘센트설비의 화재안전기준(NFTC 504)에 따라 하나의 전용회로에 단상교류 비상콘센트 6개를 연결하는 경우, 전선의 용량은 몇 kVA 이상이어야 하는가? 〈21년-1회〉

① 1.5
② 3
③ 4.5
④ 9

해설
전선의 용량은 비상콘센트의 공급용량을 합한 용량 이상의 것(최대 3개 용량)
비상콘센트 1개의 공급용량은 $1.5kVA$ 이므로
$1.5[kVA] \times 3$(최대 3개)$= 4.5[kVA]$

06 비상콘센트설비의 화재안전기준(NFTC 504)에 따라 비상콘센트설비의 전원회로(비상콘센트에 전력을 공급하는 회로를 말한다)에 대한 전압과 공급용량으로 옳은 것은? 〈19년-4회〉

① 전압 : 단상교류 $110 V$, 공급용량 : $1.5kVA$ 이상
② 전압 : 단상교류 $220 V$, 공급용량 : $1.5kVA$ 이상
③ 전압 : 단상교류 $110 V$, 공급용량 : $3kVA$ 이상
④ 전압 : 단상교류 $220 V$, 공급용량 : $3kVA$ 이상

해설
비상콘센트설비의 전원회로의 전압은 단상교류 $220 V$, 공급용량은 $1.5kVA$ 이상일 것

07 비상콘센트설비의 설치기준으로 틀린 것은? 〈19년-2회〉

① 개폐기에는 "비상콘센트"라고 표시한 표지를 할 것
② 하나의 전용회로에 설치하는 비상콘센트는 10개 이하로 할 것
③ 비상전원을 실내에 설치하는 때에는 그 실내에 비상조명등을 설치할 것
④ 비상전원은 비상콘센트설비를 유효하게 10분 이상 작동시킬 수 있는 용량으로 할 것

해설
비상전원은 비상콘센트설비를 20분 이상 유효하게 작동시킬 수 있는 용량으로 할 것

08 비상콘센트설비 상용전원회로의 배선이 고압수전 또는 특고압수전인 경우의 설치기준은? 〈19년-2회〉

① 인입개폐기의 직전에서 분기하여 전용배선으로 할 것
② 인입개폐기의 직후에서 분기하여 전용배선으로 할 것
③ 전력용변압기 1차 측의 주차단기 2차 측에서 분기하여 전용배선으로 할 것
④ 전력용변압기 2차 측의 주차단기 1차 측 또는 2차 측에서 분기하여 전용배선으로 할 것

해설
상용전원회로의 배선이 고압수전 또는 특고압수전인 경우에는 **전력용변압기 2차 측의 주차단기 1차 측 또는 2차 측에서 분기하여 전용배선으로 설치할 것**

정답 09 ① 10 ① 11 ① 12 ③

09 비상콘센트설비의 화재안전기준(NFTC 504)에 따른 용어의 정의 중 옳은 것은? `25년`

① "저압"이란 직류는 1,500 V 이하, 교류는 1,000 V 이하인 것을 말한다.
② "저압"이란 직류는 700 V 이하, 교류는 600 V 이하인 것을 말한다.
③ "고압"이란 직류는 700 V를, 교류는 600 V 초과하는 것을 말한다.
④ "고압"이란 직류는 750 V를, 교류는 600 V 초과하는 것을 말한다.

해설
전압의 구분

구 분	직류[kV]	교류[kV]
저압	1.5[kV] 이하	1[kV] 이하
고압	1.5[kV] 초과 ~ 7[kV] 이하	1[kV] 초과 ~ 7[kV] 이하
특고압	7[kV] 초과	

10 비상콘센트설비의 전원회로의 공급용량은 최소 몇 kVA 이상인 것으로 설치해야 하는가? `16년-4회`

① 1.5
② 2
③ 2.5
④ 3

해설
전원회로의 공급용량은 1.5 kVA 이상일 것

11 비상콘센트설비 전원회로의 설치기준 중 틀린 것은? `18년-2회`

① 전원회로는 3상교류 380 V 이상인 것으로서, 그 전원공급용량은 3 kVA 이상인 것으로 하여야 한다.
② 전원회로는 각 층에 2 이상이 되도록 설치할 것. 다만, 설치하여야 할 층의 비상콘센트가 1개인 때에는 하나의 회로로 할 수 있다.
③ 비상콘센트용의 풀박스 등은 방청도장을 한 것으로서, 두께 1.6 mm 이상의 철판으로 하여야 한다.
④ 하나의 전용회로에 설치라는 비상콘센트는 10개 이하로 할 것. 이 경우 전선의 용량은 각 비상콘센트(비상콘센트가 3개 이상인 경우에는 3개)의 공급용량을 합한 용량 이상의 것으로 하여야 한다.

해설
비상콘센트설비의 전원회로의 전압은 단상교류 220 V, 공급용량은 1.5 kVA 이상일 것
(3상은 과거의 기준으로 삭제되었다)

12 비상콘센트설비의 전원회로에서 하나의 전용회로에 설치하는 비상콘센트는 최대 몇 개 이하로 하여야 하는가? `16년-2회`

① 2
② 3
③ 10
④ 20

해설
하나의 전용회로에 설치하는 비상콘센트는 10개 이하로 할 것

19 비상콘센트-2

기출유형

비상콘센트설비의 화재안전기준(NFTC 504)에 따라 비상콘센트설비의 전원부와 외함 사이의 절연저항은 전원부와 외함 사이를 $500\,V$ 절연저항계로 측정할 때 몇 $M\Omega$ 이상이어야 하는가? `21년-2회`

① 10
② 20
③ 30
④ 50

해설
비상콘센트용의 절연저항은 전원부와 외함 사이를 $500\,V$ 절연저항계로 측정할 때 $20M\Omega$ 이상일 것

|정답| ②

족집게 과외

❶ 설치기준

구 분		내 용
배 치	높 이	바닥으로부터 높이 $0.8m$ 이상 $1.5m$ 이하의 위치에 설치할 것
	바닥면적 $1,000m^2$ 미만 층	계단의 출입구 $5m$ 이내에 배치(계단이 2개 이상인 경우 그중 1개의 계단) +계단에 배치 후 수평거리 초과 시 추가 설치
	바닥면적 $1,000m^2$ 이상 층	각 계단의 출입구 $5m$ 이내에 배치(계단이 3개 이상인 경우 그중 2개의 계단) +계단에 배치 후 수평거리 초과 시 추가 설치
	수평거리	지하상가 또는 지하층의 바닥면적의 합계가 $3,000m^2$ 이상인 것은 수평거리 $25m$, 그 외의 건축물에는 수평거리 $50m$
	도로터널	주행차로의 우측 측벽에 $50m$ 이내의 간격으로 설치
절연 저항		전원부와 외함 사이를 $500\,V$ 절연저항계로 측정할 때 $20M\Omega$ 이상일 것
절연 내력		전원부와 외함 사이의 절연내력 기준
			정격전압	실효전압	판 정
			$150\,V$ 이하	$1,000\,V$	실효전압을 가하여 1분 이상 견딜 것
			$150\,V$ 초과	정격전압$\times 2+1,000\,V$	
보호함		① 보호함에는 쉽게 개폐할 수 있는 문을 설치할 것 ② 보호함 표면에 "비상콘센트"라고 표시한 표지를 할 것 ③ 보호함 상부에 적색의 표시등을 설치할 것(옥내소화전함 등의 표시등과 겸용 가능)
배 선		전원회로의 배선은 내화배선으로, 그 밖의 배선은 내화배선 또는 내열배선으로 할 것

정답 01 ③ 02 ③ 03 ③ 04 ③

기출유형 완성하기

01 비상콘센트를 보호하기 위한 비상콘센트 보호함의 설치기준으로 틀린 것은? `19년-2회`

① 비상콘센트 보호함에는 쉽게 개폐할 수 있는 문을 설치하여야 한다.
② 비상콘센트 보호함 상부에 적색의 표시등을 설치하여야 한다.
③ 비상콘센트 보호함에는 그 내부에 "비상콘센트"라고 표시한 표식을 하여야 한다.
④ 비상콘센트 보호함을 옥내소화전함 등과 접속하여 설치하는 경우에는 옥내소화전함 등의 표시등과 겸용할 수 있다.

해설
보호함 **표면**에 "비상콘센트"라고 표시한 표지를 할 것

02 비상콘센트설비의 화재안전기준(NFTC 504)에 따라 아파트 또는 바닥면적이 $1,000m^2$ 미만인 층은 비상콘센트를 계단의 출입구로부터 몇 m 이내에 설치해야 하는가? (단, 계단의 부속실을 포함하며 계단이 2 이상 있는 경우에는 그중 1개의 계단을 말한다) `20년-4회`

① 10
② 8
③ 5
④ 3

해설
바닥면적 $1,000m^2$ 미만 층에는 계단의 출입구 $5m$ 이내에 배치(계단이 2개 이상인 경우 중 1개의 계단)할 것

03 비상콘센트설비의 화재안전기준(NFTC 504)에 따른 비상콘센트의 시설기준에 적합하지 않은 것은? `20년-1·2회`

① 바닥으로부터 높이 $1.45m$에 움직이지 않게 고정시켜 설치된 경우
② 바닥면적이 $800m^2$인 층의 계단의 출입구로부터 $4m$에 설치된 경우
③ 바닥면적의 합계가 $12,000m^2$인 지하상가의 수평거리 $30m$마다 추가 설치된 경우
④ 바닥면적의 합계가 $2,500m^2$인 지하층의 수평거리 $40m$마다 추가로 설치한 경우

해설
지하상가 또는 지하층의 바닥면적의 합계가 $3,000m^2$ 이상인 것은 **수평거리 $25m$ 이하로 설치**할 것

04 비상콘센트설비의 전원부와 외함 사이의 절연내력 기준 중 다음 ( ) 안에 알맞은 것은? `18년-1회`

> 전원부와 외함 사이에 정격전압이 $150V$ 초과인 경우에는 그 정격전압에 (㉠)을/를 곱하여 (㉡)을 더한 실효전압을 가하는 시험에서 1분 이상 견디는 것으로 할 것

① ㉠ 2, ㉡ 1,500
② ㉠ 3, ㉡ 1,500
③ ㉠ 2, ㉡ 1,000
④ ㉠ 3, ㉡ 1,000

해설
전원부와 외함 사이의 절연내력 기준

정격전압	실효전압	판정
$150V$ 이하	$1,000V$	실효전압을 가하여 1분 이상 견딜 것
$150V$ 초과	정격전압×2 +$1,000V$	

기출유형 완성하기

🔒 **정답** 05 ① 06 ④ 07 ④ 08 ③

05 비상콘센트설비의 성능인증 및 제품검사의 기술기준에 따라 절연저항 시험부위의 절연내력은 정격전압 $150\,V$ 이하의 경우 $60\,Hz$의 정현파에 가까운 실효전압 $1,000\,V$ 교류전압을 가하는 시험에서 몇 분간 견디는 것이어야 하는가?

`22년-1회`

① 1
② 10
③ 30
④ 60

해설
전원부와 외함 사이의 절연내력 기준

정격전압	실효전압	판 정
$150\,V$ 이하	$1,000\,V$	실효전압을 가하여 1분 이상 견딜 것
$150\,V$ 초과	정격전압×2 +$1,000\,V$	

06 비상콘센트설비의 설치기준 중 다음 ( ) 안에 알맞은 것은?

`18년-2회`

> 도로터널의 비상콘센트설비는 주행차로의 우측 측벽에 ( )m 이내의 간격으로 바닥으로부터 $0.8m$ 이상 $1.5m$ 이하의 높이에 설치할 것

① 15
② 25
③ 30
④ 50

해설
주행차로의 우측 측벽에 $50m$ **이내의 간격으로 설치**

07 비상콘센트 보호함의 설치기준으로 틀린 것은?

`15년-2회`

① 보호함 상부에 적색의 표시등을 설치하여야 한다.
② 보호함에는 쉽게 개폐할 수 있는 문을 설치하여야 한다.
③ 보호함 표면에 "비상콘센트"라고 표시한 표지를 하여야 한다.
④ 비상콘센트의 보호함을 옥내소화전함 등과 접속하여 설치하는 경우에는 옥내소화전함의 표시등과 분리하여야 한다.

해설
비상콘센트 보호함 상부에 적색의 표시등을 설치할 것 (**옥내소화전함 등의 표시등과 겸용 가능**)

08 비상콘센트설비의 전원부와 외함 사이의 절연내력 기준 중 다음 ( ) 안에 알맞은 것은?

`18년-4회`

> 절연내력은 전원부와 외함 사이에 정격전압이 $150\,V$ 이하인 경우에는 (㉠)V의 실효전압을, 정격전압이 $150\,V$ 초과인 경우에는 그 정격전압에 (㉡)를 곱하여 1,000을 더한 실효전압을 가하는 시험에서 1분 이상 견디는 것으로 할 것

① ㉠ 500, ㉡ 2
② ㉠ 500, ㉡ 3
③ ㉠ 1,000, ㉡ 2
④ ㉠ 1,000, ㉡ 3

해설
전원부와 외함 사이의 절연내력 기준

정격전압	실효전압	판 정
$150\,V$ 이하	$1,000\,V$	실효전압을 가하여 1분 이상 견딜 것
$150\,V$ 초과	정격전압×2 +$1,000\,V$	

20 무선통신보조설비-1

기출유형

무선통신보조설비의 화재안전기준(NFTC 505)에 따라 무선통신보조설비의 누설동축케이블 또는 동축케이블의 임피던스는 몇 Ω으로 하여야 하는가? `25년`

① 5
② 10
③ 50
④ 100

해설
누설동축케이블 또는 동축케이블의 임피던스는 50Ω으로 할 것

|정답| ③

족집게 과외

❶ 설치대상 및 설치제외

구 분	내 용
설치 대상	① 지하가(터널은 제외)로서 연면적 $1천m^2$ 이상인 것 ② 지하층의 바닥면적의 합계가 $3천m^2$ 이상인 것 또는 지하층의 층수가 3층 이상이고 지하층의 바닥면적의 합계가 $1천m^2$ 이상인 것은 지하층의 모든 층 ③ 지하가 중 터널로서 길이가 $500m$ 이상인 것 ④ 지하구 중 공동구 ⑤ 층수가 30층 이상인 것으로서 16층 이상 부분의 모든 층
제 외	지하층으로서 특정소방대상물의 바닥부분 2면 이상이 지표면과 동일하거나 지표면으로부터의 깊이가 $1m$ 이하인 경우에는 해당 층에 한해 무선통신보조설비를 설치하지 아니할 수 있음

❷ 누설동축케이블

구 분		내 용
개 념		동축케이블의 외부도체에 가느다란 홈을 만들어서 전파가 외부로 새어나갈 수 있도록 한 케이블
설치 기준	주파수	소방전용주파수대에서 전파의 전송 또는 복사에 적합한 것으로서 소방전용 (소방대 상호 간의 무선 연락에 지장이 없는 경우 겸용 가능)
	구 성	누설동축케이블+안테나 또는 동축케이블+안테나로 구성할 것
	난연성	① 누설동축케이블 및 동축케이블은 불연 또는 난연성의 것 ② 환경조건에 따라 전기의 특성이 변질되지 않는 것
	고 정	$4m$ 이내마다 금속제 또는 자기제 등의 지지금구로 벽·천장·기둥 등에 견고하게 고정할 것 (불연재료로 구획된 반자 안에 설치 시 예외)
	위 치	누설동축케이블 및 안테나는 금속판 등에 따라 전파의 복사 또는 특성이 현저하게 저하되지 않는 위치에 설치할 것
	차 폐	누설동축케이블 및 안테나는 고압의 전로로부터 $1.5m$ 이상 떨어진 위치에 설치할 것 (해당 전로에 정전기 차폐장치를 유효하게 설치한 경우 예외)
	저 항	누설동축케이블의 끝부분에는 무반사 종단저항을 견고하게 설치할 것
	Z	누설동축케이블 또는 동축케이블의 임피던스는 50Ω으로 할 것

정답 01 ④ 02 ④ 03 ④ 04 ③

기출유형 완성하기

01 다음의 무선통신보조설비 그림에서 ⓐ에 해당하는 것은? `22년-1회`

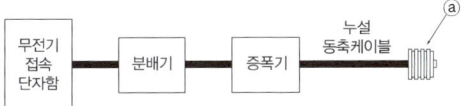

① 혼합기
② 옥외안테나
③ 무선중계기
④ 무반사 종단저항

해설
누설동축케이블의 **끝부분**에는 무반사 종단저항을 견고하게 설치할 것

02 무선통신보조설비의 화재안전기준(NFTC 505)에 따라 무선통신보조설비의 누설동축케이블 및 동축케이블은 화재에 따라 해당 케이블의 피복이 소실된 경우에 케이블 본체가 떨어지지 아니하도록 몇 m 이내마다 금속제 또는 자기제등의 지지금구로 벽·천장·기둥 등에 견고하게 고정시켜야 하는가? (단, 불연재료로 구획된 반자 안에 설치하지 않은 경우이다) `22년-1회`

① 1
② 1.5
③ 2.5
④ 4

해설
$4m$ **이내마다** 금속제 또는 자기제 등의 지지금구로 벽·천장·기둥 등에 견고하게 고정할 것(불연재료로 구획된 반자 안에 설치 시 예외)

03 무선통신보조설비의 화재안전기준(NFTC 505)에 따른 용어의 정의로 옳은 것은? `21년-2회`

① "혼합기"는 신호의 전송로가 분기되는 장소에 설치하는 장치를 말한다.
② "분배기"는 서로 다른 주파수의 합성된 신호를 분리하기 위해서 사용하는 장치를 말한다.
③ "증폭기"는 두 개 이상의 입력신호를 원하는 비율로 조합한 출력이 발생되도록 하는 장치를 말한다.
④ "누설동축케이블"은 동축케이블의 외부도체에 가느다란 홈을 만들어서 전파가 외부로 새어나갈 수 있도록 한 케이블을 말한다.

해설
④ '누설동축케이블'이란 동축케이블의 외부도체에 가느다란 홈을 만들어서 **전파가 외부로 새어나갈 수 있도록 한** 케이블을 말한다.
① 분배기, ② 분파기, ③ 혼합기의 정의이다.

04 무선통신보조설비의 화재안전기준(NFTC 505)에 따라 무선통신보조설비의 누설동축케이블 및 안테나는 고압의 전로로부터 $1.5m$ 이상 떨어진 위치에 설치해야 하나 그렇게 하지 않아도 되는 경우는? `21년-2회`

① 끝부분에 무반사 종단저항을 설치한 경우
② 불연재료로 구획된 반자 안에 설치한 경우
③ 해당 전로에 정전기 차폐장치를 유효하게 설치한 경우
④ 금속제 등의 지지금구로 일정한 간격으로 고정한 경우

해설
누설동축케이블 및 안테나는 **고압의 전로로부터** $1.5m$ **이상 떨어진 위치에 설치할 것**(해당 전로에 **정전기 차폐장치를 유효하게 설치한 경우 예외**)

기출유형 완성하기

정답 05 ② 06 ③ 07 ① 08 ②

05 무선통신보조설비의 화재안전기준(NFTC 505)에 따라 지표면으로부터의 깊이가 몇 m 이하인 경우에는 해당 층에 한하여 무선통신보조설비를 설치하지 아니할 수 있는가? 〈21년-1회〉

① 0.5
② 1
③ 1.5
④ 2

해설
지하층으로서 특정소방대상물의 바닥부분 2면 이상이 지표면과 동일하거나 지표면으로부터의 깊이가 **1m 이하**인 경우에는 해당 층에 한해 무선통신보조설비를 설치하지 아니할 수 있다.

06 무선통신보조설비를 설치하여야 할 특정소방대상물의 기준 중 다음 ( ) 안에 알맞은 것은? 〈18년-2회〉

> 층수가 30층 이상인 것으로서 ( )층 이상 부분의 모든 층

① 11
② 15
③ 16
④ 20

해설
무선통신보조설비를 설치하여야 하는 대상물 중 층수가 30층 이상인 것으로서 **16층 이상** 부분의 모든 층

07 무선통신보조설비의 누설동축케이블 및 공중선은 고압의 전로로부터 몇 m 이상 떨어진 위치에 설치해야 하는가? 〈15년-4회〉

① 1.5
② 4.0
③ 100
④ 300

해설
누설동축케이블 및 안테나는 **고압의 전로로부터** $1.5m$ **이상 떨어진 위치에 설치할 것**(해당 전로에 **정전기 차폐장치**를 유효하게 설치한 경우 **예외**)

08 무선통신보조설비의 화재안전기준(NFTC 505)에 따라 무선통신보조설비의 누설동축케이블의 설치기준으로 틀린 것은? 〈19년-4회〉

① 누설동축케이블은 불연 또는 난연성으로 할 것
② 누설동축케이블의 중간 부분에는 무반사 종단저항을 견고하게 설치할 것
③ 누설동축케이블 및 안테나는 고압의 전로로부터 $1.5m$ 이상 떨어진 위치에 설치할 것
④ 누설동축케이블과 이에 접속하는 안테나 또는 동축케이블과 이에 접속하는 안테나로 구성할 것

해설
누설동축케이블의 **끝부분에는 무반사 종단저항**을 견고하게 설치할 것

정답 09 ④ 10 ① 11 ④ 12 ①

기출유형 완성하기

09 무선통신보조설비를 설치하여야 하는 특정소방대상물의 기준 중 옳은 것은? (단, 위험물 저장 및 처리 시설 중 가스시설은 제외한다)　〈17년-4회〉

① 지하가(터널은 제외)로서 연면적 $500m^2$ 이상인 것
② 지하가 중 터널로서 길이가 $1,000m$ 이상인 것
③ 층수가 30층 이상인 것으로서 15층 이상 부분의 모든 층
④ 지하층의 층수가 3층 이상이고 지하층의 바닥면적의 합계가 $1,000m^2$ 이상인 것은 지하층의 모든 층

해설
① 연면적 $1,000m^2$ **이상**
② 길이가 $500m$ **이상**
③ 16**층 이상** 부분의 모든 층

10 무선통신보조설비의 화재안전기준(NFTC 505)에 따른 설치제외에 대한 내용이다. 다음 ( )에 들어갈 내용으로 옳은 것은?　〈20년-4회〉

(ⓐ)으로서 특정소방대상물의 바닥 부분 2면 이상이 지표면과 동일하거나 지표면으로부터의 깊이가 (ⓑ)m 이하인 경우에는 해당 층에 한하여 무선통신보조설비를 설치하지 아니할 수 있다.

① ⓐ 지하층, ⓑ 1
② ⓐ 지하층, ⓑ 2
③ ⓐ 무창층, ⓑ 1
④ ⓐ 무창층, ⓑ 2

해설
지하층으로서 특정소방대상물의 바닥부분 2면 이상이 지표면과 동일하거나 지표면으로부터의 깊이가 $1m$ **이하**인 경우에는 해당 층에 한해 무선통신보조설비를 설치하지 아니할 수 있다.

11 무선통신보조설비의 화재안전기준(NFTC 505)에 따라 누설동축케이블 또는 동축케이블의 임피던스는 몇 Ω인가?　〈20년-4회〉

① 5
② 10
③ 30
④ 50

해설
누설동축케이블 또는 동축케이블의 임피던스는 50Ω으로 할 것

12 무선통신보조설비의 누설동축케이블의 설치기준으로 틀린 것은?　〈19년-1회〉

① 끝부분에는 반사 종단저항을 견고하게 설치할 것
② 고압의 전로로부터 $1.5m$ 이상 떨어진 위치에 설치할 것
③ 금속판 등에 따라 전파의 복사 또는 특성이 현저하게 저하되지 아니하는 위치에 설치할 것
④ 불연 또는 난연성의 것으로서 습기에 따라 전기의 특성이 변질되지 아니하는 것으로 설치할 것

해설
누설동축케이블의 **끝부분**에는 **무반사 종단저항**을 견고하게 설치할 것

CHAPTER 20 | 무선통신보조설비-1　499

21 무선통신보조설비-2

기출유형

무선통신보조설비의 화재안전기준(NFTC 505)에 따라 무선통신보조설비의 주회로 전원이 정상인지 여부를 확인하기 위해 증폭기의 전면에 설치하는 것은? 〈20년-1·2회〉

① 상순계
② 전류계
③ 전압계 및 전류계
④ 표시등 및 전압계

해설
증폭기 전면에는 주회로 전원의 정상 여부를 표시할 수 있는 **표시등 및 전압계**를 설치할 것

| 정답 | ④

족집게 과외

❶ 옥외안테나

구 분		내 용
개 념		감시제어반 등에 설치된 무선중계기의 입력과 출력포트에 연결되어 송수신 신호를 원활하게 방사·수신하기 위해 옥외에 설치하는 장치
설치 기준	장 소	건축물, 지하가, 터널 또는 공동구의 출입구 및 출입구 인근에서 통신이 가능한 장소에 설치
	배 치	다른 용도로 사용되는 안테나로 인한 통신장애가 발생하지 않도록 설치할 것
	표 지	견고하게 파손의 우려가 없는 곳에 설치하고 그 가까운 곳의 보기 쉬운 곳에 "무선통신보조설비 안테나"라는 표시와 함께 통신 가능거리를 표시한 표지를 설치할 것
	표시도	수신기가 설치된 장소 등 사람이 상시 근무하는 장소에는 옥외안테나의 위치가 모두 표시된 옥외안테나 위치표시도를 비치할 것

❷ 분배기, 분파기, 혼합기 등

구 분		내 용
개 념	분배기	신호의 전송로가 분기되는 장소에 설치하는 것으로 임피던스 매칭(Matching)과 신호 균등분배를 위해 사용하는 장치
	분파기	서로 다른 주파수의 합성된 신호를 분리하기 위해서 사용하는 장치
	혼합기	2 이상의 입력신호를 원하는 비율로 조합한 출력이 발생하도록 하는 장치
설치 기준	기 능	먼지·습기 및 부식 등에 따라 기능에 이상을 가져오지 않도록 할 것
	Z	임피던스는 50Ω의 것으로 할 것
	장 소	점검에 편리하고 화재 등의 재해로 인한 피해의 우려가 없는 장소에 설치할 것

❸ 증폭기, 무선중계기

구 분		내 용
개 념	증폭기	전압·전류의 진폭을 늘려 감도 등을 개선하는 장치
	무선 중계기	안테나를 통하여 수신된 무전기 신호를 증폭한 후 음영지역에 재방사하여 무전기 상호 간 송수신이 가능하도록 하는 장치
설치 기준	상용 전원	상용전원은 전기가 정상적으로 공급되는 축전지설비, 전기저장장치 또는 교류전압의 옥내 간선으로 하고, 전원까지의 배선은 전용으로 할 것
	표 시	증폭기 전면에는 주회로 전원의 정상 여부를 표시할 수 있는 표시등 및 전압계를 설치할것
	비상 전원	증폭기에는 비상전원이 부착된 것으로 하고 해당 비상전원 용량은 무선통신보조설비를 유효하게 30분 이상 작동시킬 수 있는 것으로 할 것
	적합성	증폭기 및 무선중계기를 설치하는 경우에는 「전파법」 제58조의2에 따른 적합성평가를 받은 제품으로 설치하고 임의로 변경하지 않도록 할 것
	호환성	디지털 방식의 무전기를 사용하는 데 지장이 없도록 설치할 것

기출유형 완성하기

정답 01 ③ 02 ④ 03 ④ 04 ②

01 무선통신보조설비의 화재안전기준(NFTC 505)에 따라 무선통신보조설비의 주요 구성요소가 아닌 것은?   21년-1회

① 증폭기
② 분배기
③ 음향장치
④ 누설동축케이블

해설
음향장치는 무선통신보조설비의 구성요소가 아니다.

02 무선통신보조설비의 화재안전기준(NFTC 505)에 따른 용어의 정의 중 감시제어반 등에 설치된 무선중계기의 입력과 출력포트에 연결되어 송수신 신호를 원활하게 방사·수신하기 위해 옥외에 설치하는 장치를 말하는 것은?   21년-4회

① 혼합기
② 분파기
③ 증폭기
④ 옥외안테나

해설
옥외안테나란 감시제어반 등에 설치된 무선중계기의 **입력과 출력포트에 연결**되어 송수신 신호를 원활하게 방사·수신하기 위해 옥외에 설치하는 장치이다.

03 무선통신보조설비의 화재안전기준(NFTC 505)에 따라 서로 다른 주파수의 합성된 신호를 분리하기 위하여 사용하는 장치는?   20년-1·2회

① 분배기
② 혼합기
③ 증폭기
④ 분파기

해설
분파기란 서로 다른 주파수의 합성된 신호를 **분리**하기 위해서 사용하는 장치이다.

04 신호의 전송로가 분기되는 장소에 설치하는 것으로 임피던스 매칭과 신호 균등분배를 위해 사용되는 장치는?   19년-2회

① 혼합기
② 분배기
③ 증폭기
④ 분파기

해설
신호의 전송로가 분기되는 장소에 설치하는 것으로 임피던스 매칭(Matching)과 신호 **균등분배**를 위해 사용하는 장치는 분배기이다.

정답 05 ③ 06 ③ 07 ③ 08 ①

기출유형 완성하기

05 무선통신보조설비의 증폭기에는 비상전원이 부착된 것으로 하고 비상전원의 용량은 무선통신보조설비를 유효하게 몇 분 이상 작동시킬 수 있는 것이어야 하는가? `19년-2회`

① 10분
② 20분
③ 30분
④ 40분

해설
증폭기에는 비상전원이 부착된 것으로 하고 해당 비상전원 용량은 무선통신보조설비를 유효하게 **30분 이상** 작동시킬 수 있는 것으로 할 것

06 무선통신보조설비의 화재안전기준(NFTC 505)에서 정하는 분배기·분파기 및 혼합기 등의 임피던스는 몇 Ω의 것으로 하여야 하는가? `22년-1회`

① 10
② 30
③ 50
④ 100

해설
분배기, 분파기, 혼합기 등의 임피던스는 50Ω의 것으로 할 것

07 무선통신보조설비의 증폭기 전면에 주회로의 전원이 정상인지의 여부를 표시할 수 있도록 설치하는 것으로 옳은 것은? `17년-1회`

① 전력계 및 전류계
② 전류계 및 전압계
③ 표시등 및 전압계
④ 표시등 및 전력계

해설
증폭기 전면에는 주회로 전원의 정상 여부를 표시할 수 있는 **표시등 및 전압계**를 설치할 것

08 무선통신보조설비에 사용되는 용어의 설명이 틀린 것은? `15년-4회`

① 분파기 : 임피던스 매칭과 신호 균등분배를 위해 사용하는 장치
② 혼합기 : 두 개 이상의 입력신호를 원하는 비율로 조합한 출력이 발생하도록 하는 장치
③ 증폭기 : 신호 전송 시 신호가 약해져 수신이 불가능해지는 것을 방지하기 위해서 증폭하는 장치
④ 누설동축케이블 : 동축케이블의 외부도체에 가느다란 홈을 만들어서 전파기 외부로 새어 나갈 수 있도록 한 케이블

해설
분파기란 서로 다른 주파수의 합성된 신호를 **분리**하기 위해서 사용하는 장치를 말한다.

22 비상전원수전설비-1

기출유형

소방시설용 비상전원수전설비에서 전력수급용 계기용변성기·주차단장치 및 그 부속기기로 정의되는 것은? 18년-2회

① 큐비클설비
② 배전반설비
③ 수전설비
④ 변전설비

해설
수전설비란 전력수급용 계기용변성기·주차단장치 및 그 부속기기를 말한다.

| 정답 | ③

족집게 과외

❶ 용어 정의

구 분	내 용
비상전원 수전설비	화재 시 상용전원이 공급되는 시점까지만 비상전원으로 적용이 가능한 설비로서 상용전원의 안전성과 내화성능을 향상시킨 설비
소방회로	소방부하에 전원을 공급하는 전기회로
일반회로	소방회로 이외의 전기회로
인입구배선	인입선의 연결점으로부터 특정소방대상물 내에 시설하는 인입개폐기에 이르는 배선(내화배선)
인입선	가공인입선 및 수용장소의 조영물의 옆면 등에 시설하는 전선으로서 그 수용장소의 인입구에 이르는 부분의 전선을 말한다.
수전설비	전력수급용 계기용변성기·주차단장치 및 그 부속기기
배전반	전력생산시설 등으로부터 직접 전력을 공급받아 분전반에 전력을 공급해주는 것
공용배전반	소방회로 및 일반회로 겸용의 것으로서 개폐기, 과전류차단기, 계기와 그 밖의 배선용기기 및 배선을 금속제 외함에 수납한 것
전용배전반	소방회로 전용의 것으로서 개폐기, 과전류차단기, 계기와 그 밖의 배선용기기 및 배선을 금속제 외함에 수납한 것
분전반	배전반으로부터 전력을 공급받아 부하에 전력을 공급해주는 것
공용분전반	소방회로 및 일반회로 겸용의 것으로서 분기개폐기, 분기과전류차단기와 그 밖의 배선용기기 및 배선을 금속제 외함에 수납한 것
전용분전반	소방회로 전용의 것으로서 분기개폐기, 분기과전류차단기와 그 밖의 배선용기기 및 배선을 금속제 외함에 수납한 것
큐비클형	수전설비를 큐비클 내에 수납하여 설치하는 방식
공용큐비클식	소방회로 및 일반회로 겸용의 것으로서 수전설비, 변전설비와 그 밖의 기기 및 배선을 금속제 외함에 수납한 것
전용큐비클식	소방회로용의 것으로 수전설비, 변전설비와 그 밖의 기기 및 배선을 금속제 외함에 수납한 것

🔒 **정답** 01 ③   02 ③   03 ①   04 ③

기출유형 완성하기

01 소방시설용 비상전원수전설비의 화재안전기준(NFTC 602)에 따른 용어의 정의에서 소방부하에 전원을 공급하는 전기회로를 말하는 것은?   〔21년-4회〕

① 수전설비
② 일반회로
③ 소방회로
④ 변전설비

해설
소방회로란 **소방부하에 전원을 공급하는 전기회로**를 말한다.

02 소방시설용 비상전원수전설비의 화재안전기준(NFTC 602)에 따라 소방시설용 비상전원 수전설비의 인입구배선은 「옥내소화전설비의 화재안전기준(NFTC 102)」 별표 1에 따른 어떤 배선으로 하여야 하는가?   〔21년-4회〕

① 나전선
② 내열배선
③ 내화배선
④ 차폐배선

해설
인입구배선은 **내화배선**으로 설치하여야 한다.

03 소방시설용 비상전원수전설비의 화재안전기준(NFTC 602) 용어의 정의에 따라 수용장소의 조영물(토지에 정착한 시설물 중 지붕 및 기둥 또는 벽이 있는 시설물을 말한다)의 옆면 등에 시설하는 전선으로서 그 수용장소의 인입구에 이르는 부분의 전선은 무엇인가?   〔21년-1회〕

① 인입선
② 내화배선
③ 열화배선
④ 인입구배선

해설
인입선이란 가공인입선 및 수용장소의 조영물의 옆면 등에 시설하는 전선으로서 그 수용장소의 **인입구에 이르는 부분의 전선**을 말한다.

04 소방시설용 비상전원수전설비의 화재안전기준(NFTC 602)에 따라 소방시설용 비상전원 수전설비에서 소방회로 및 일반회로 겸용의 것으로서 수전설비, 변전설비 그 밖의 기기 및 배선을 금속제 외함에 수납한 것은?   〔20년-1·2회〕

① 공용분전반
② 전용배전반
③ 공용큐비클식
④ 전용큐비클식

해설
공용큐비클식이란 **소방회로 및 일반회로 겸용**의 것으로서 수전설비, 변전설비와 그 밖의 기기 및 배선을 **금속 제외함에 수납**한 것을 말한다.

23 비상전원수전설비-2

기출유형

소방시설용 비상전원수전설비의 화재안전기준(NFSC 602)에 따라 일반전기사업자로부터 특별고압 또는 고압으로 수전하는 비상전원수전설비의 종류에 해당하지 않는 것은?   21년-2회

① 큐비클형
② 축전지형
③ 방화구획형
④ 옥외개방형

해설
고압으로 수전하는 경우 비상전원수전설비의 형식은 **방화구획형, 옥외개방형 또는 큐비클형**으로 설치할 것

| 정답 | ②

족집게 과외

❶ 특별고압 또는 고압으로 수전하는 경우

구 분		내 용
수전설비		방화구획형, 옥외개방형 또는 큐비클형으로 설치할 것
공통기준		① 전용의 방화구획 내에 설치할 것 ② 소방회로배선은 일반회로배선과 불연성의 격벽으로 구획할 것(15cm 이상 이격 시 제외) ③ 일반회로에서 과부하, 지락사고 또는 단락사고가 발생한 경우에도 이에 영향을 받지 아니하고 계속하여 소방회로에 전원을 공급시켜 줄 수 있어야 할 것 ④ 소방회로용 개폐기 및 과전류차단기에는 "소방시설용"이라 표시할 것
옥외개방형		옥외개방형이 설치된 건축물 또는 인접 건축물에 화재가 발생한 경우에도 화재로 인한 손상을 받지 않도록 설치할 것
큐비클형	종 류	전용큐비클 또는 공용큐비클식으로 설치할 것
	외 함	① 두께 2.3mm 이상의 강판과 이와 동등 이상의 강도와 내화성능이 있을 것 ② 건축물의 바닥 등에 견고하게 고정할 것
	외함 수납 설비 등	① 외함 또는 프레임 등에 견고하게 고정할 것 ② 외함의 바닥에서 10cm(시험단자, 단자대 등의 충전부는 15cm) 이상의 높이에 설치할 것 ③ 전선 인입구 및 인출구에는 금속관 또는 금속제 가요전선관을 쉽게 접속할 수 있을 것
	개구부	60분+ 방화문, 60분 방화문 또는 30분 방화문으로 설치할 것
	노출 설치 가능 계기	① 표시등(불연성 또는 난연성재료로 덮개를 설치한 것) ② 전선의 인입구 및 인출구 ③ 환기장치 ④ 전압계(퓨즈 등으로 보호한 것) ⑤ 전류계(변류기의 2차 측에 접속된 것) ⑥ 계기용 전환스위치(불연성 또는 난연성재료로 제작된 것)
	환 기	① 내부의 온도가 상승하지 않도록 환기장치를 할 것 ② 자연환기구의 개구부 면적의 합계는 외함의 한 면에 대하여 해당 면적의 3분의 1 이하로 할 것. 이 경우 하나의 통기구의 크기는 직경 10mm 이상의 둥근 막대가 들어가서는 아니 됨 ③ 자연환기구에 따라 충분히 환기할 수 없는 경우에는 환기설비를 설치할 것 ④ 환기구에는 금속망, 방화댐퍼 등으로 방화조치를 하고, 옥외에 설치하는 것은 빗물 등이 들어가지 않도록 할 것
	회 로	공용큐비클식의 소방회로와 일반회로에 사용되는 배선 및 배선용기기는 불연재료로 구획할 것

기출유형 완성하기

정답 01 ③ 02 ④ 03 ② 04 ③

01 소방시설용 비상전원수전설비의 화재안전기준(NFTC 602)에 따라 일반전기사업자로부터 특별고압 또는 고압으로 수전하는 비상전원 수전설비로 큐비클형을 사용하는 경우의 시설기준으로 틀린 것은? (단, 옥내에 설치하는 경우이다) `21년-1회, 개정반영`

① 외함은 내화성능이 있는 것으로 제작할 것
② 전용큐비클 또는 공용큐비클식으로 설치할 것
③ 개구부에는 60분 방화문 또는 20분 방화문을 설치할 것
④ 외함은 두께 2.3mm 이상의 강판과 이와 동등 이상의 강도를 가질 것

해설
큐비클형의 개구부에는 60분+ 방화문, 60분 방화문 또는 30분 방화문으로 설치할 것

02 소방시설용 비상전원수전설비의 화재안전기준(NFTC 602)에 따라 큐비클형의 시설기준으로 틀린 것은? `20년-4회`

① 전용큐비클 또는 공용큐비클식으로 설치할 것
② 외함은 건축물의 바닥 등에 견고하게 고정할 것
③ 자연환기구에 따라 충분히 환기할 수 없는 경우에는 환기설비를 설치할 것
④ 공용큐비클식의 소방회로와 일반회로에 사용되는 배선 및 배선용 기기는 난연재료로 구획할 것

해설
공용큐비클식의 소방회로와 일반회로에 사용되는 배선 및 배선용기기는 **불연재료로 구획할 것**

03 일반전기사업자로부터 특별고압 또는 고압으로 수전하는 비상전원수전설비의 형식 중 틀린 것은? `15년-2회`

① 큐비클(Cubicle)형
② 옥내개방형
③ 옥외개방형
④ 방화구획형

해설
고압으로 수전하는 경우 비상전원수전설비의 형식은 **방화구획형, 옥외개방형 또는 큐비클형**으로 설치할 것

04 소방시설용 비상전원수전설비의 화재안전기준(NFTC 602)에 따라 소방회로배선은 일반회로배선과 불연성 벽으로 구획하여야 하나, 소방회로배선과 일반회로배선을 몇 cm 이상 떨어져 설치한 경우에는 그러하지 아니하는가? `22년-1회`

① 5
② 10
③ 15
④ 20

해설
소방회로배선은 일반회로배선과 불연성의 격벽으로 구획할 것. 다만 15cm **이상** 이격 시 그러지 아니하다.

24 비상전원의 종류와 용량

기출유형

각 소방설비별 비상전원의 종류와 비상전원 최소용량의 연결이 틀린 것은? (단, 소방설비-비상전원의 종류-비상전원 최소용량 순서이다)

18년-4회

① 자동화재탐지설비 - 축전지설비 - 20분
② 비상조명등설비 - 축전지설비 또는 자가발전설비 - 20분
③ 할로겐화합물 및 불활성기체소화설비 - 축전지설비 또는 자가발전설비 - 20분
④ 유도등 - 축전지 - 20분

해설

자동화재탐지설비 비상전원의 용량은 감시상태를 60분간 지속한 후 유효하게 10분 이상 경보를 할 수 있어야 한다.

|정답| ①

족집게 과외

❶ 전원의 종류

구 분	내 용
자가발전설비	발전기 등 건축물 자체적으로 전기를 생산할 수 있는 설비
축전지설비	부동충전 방식으로 설치된 배터리 방식
전기저장장치 (ESS)	외부 전기에너지를 저장해 두었다가 필요한 때 전기를 공급하는 장치
비상전원수전설비	화재 시 상용전원이 공급되는 시점까지만 비상전원으로 적용이 가능한 설비로서 상용전원의 안전성과 내화성능을 향상시킨 설비
2 이상 변전소	상용전원이 공급되는 변전소를 2곳 이상 연결하여 하나의 변전소 정전 시에 다른 변전소로 절환하여 전력을 공급받을 수 있도록 구성하는 것

❷ 소방시설 설치대상별 비상전원의 분류

구 분	설비 종류	설치대상	용 량	2 이상 변전소	자가 발전	축전지	ESS	비상 수전
경보 설비	비상경보, 비상방송, 자동화재탐지	일반건축물	60분감시 + 10분경보	-	-	O	O	-
		창고시설	60분감시 + 30분경보					
피난 구조 설비	유도등	일반건축물	20분	-	-	O	-	-
		창고시설	30분					
		지하층 제외 11층 이상 층 지하&무창층+ 시장, 여객, 역사, 상가	60분					
	비상조명등	일반건축물	20분	O	O	O	O	-
		지하층 제외 11층 이상 층 지하&무창층+ 시장, 여객, 역사, 상가	60분					
소화 활동 설비	무선통신보조	증폭기에 구성	30분	기준 없음				
	비상콘센트	7층+연면적 $2,000m^2$ 이상, 지하층 바닥면적의 합계 $3,000m^2$ 이상	20분	O	O	O	O	O

정답 01 ② 02 ③ 03 ④ 04 ①

기출유형 완성하기

01 화재안전기준(NFTC)에 따른 비상전원 및 건전지의 유효 사용시간에 대한 최소기준이 가장 긴 것은? `21년-2회`

① 휴대용비상조명등의 건전지 용량
② 무선통신보조설비 증폭기의 비상전원
③ 지하층을 제외한 층수가 11층 미만의 층인 특정소방대상물에 설치되는 유도등의 비상전원
④ 지하층을 제외한 층수가 11층 미만의 층인 특정소방대상물에 설치되는 비상조명등의 비상전원

[해설]
비상전원 유효 사용시간의 최소기준
- 휴대용비상조명등 : 20분
- 무선통신보조설비 : 30분
- 유도등 : 20분
- 비상조명등 : 20분

02 각 설비와 비상전원의 최소용량 연결이 틀린 것은? `17년-1회`

① 비상콘센트 설비 - 20분 이상
② 제연설비 - 20분 이상
③ 비상경보설비 - 20분 이상
④ 무선통신보조설비의 증폭기 - 30분 이상

[해설]
비상경보설비 비상전원의 용량은 감시상태를 60분간 지속한 후 유효하게 10분 이상 경보를 할 수 있어야 한다.

03 자가발전설비, 비상전원수전설비 또는 전기저장장치(외부 전기에너지를 저장해 두었다가 필요한 때 전기를 공급하는 장치)를 비상콘센트설비의 비상전원으로 설치하여야 하는 특정소방대상물로 옳은 것은? `19년-1회`

① 지하층을 제외한 층수가 4층 이상으로서 연면적 $600m^2$ 이상인 특정소방대상물
② 지하층을 제외한 층수가 5층 이상으로서 연면적 $1,000m^2$ 이상인 특정소방대상물
③ 지하층을 제외한 층수가 6층 이상으로서 연면적 $1,500m^2$ 이상인 특정소방대상물
④ 지하층을 제외한 층수가 7층 이상으로서 연면적 $2,000m^2$ 이상인 특정소방대상물

[해설]
비상콘센트설비에 비상전원을 설치하여야 하는 특정소방대상물은 지하층을 제외한 층수가 **7층 이상**으로서 연면적 $2,000m^2$ **이상인** 특정소방대상물

04 지하층을 제외한 층수가 11층 이상의 층에서 피난층에 이르는 부분의 소방시설에 있어 비상전원을 60분 이상 유효하게 작동시킬 수 있는 용량으로 하여야 하는 설비들로 옳게 나열된 것은? `16년-1회`

① 비상조명등설비, 유도등설비
② 비상조명등설비, 비상경보설비
③ 비상방송설비, 유도등설비
④ 비상방송설비, 비상경보설비

[해설]
지하층을 제외한 층수가 11층 이상의 층에서의 비상전원 용량이 60분 이상인 설비는 비상조명등 및 유도등 설비이다.

작은 기회로부터 종종 위대한 업적이 시작된다.

- 데모스테네스 -

PART 05
문제은행 기출유형 모의고사

제1회 문제은행 기출유형 모의고사

1과목 소방원론

01 Fourier법칙(전도)에 대한 설명으로 틀린 것은?   22년-2회

① 이동열량은 전열체의 단면적에 비례한다.
② 이동열량은 전열체의 두께에 비례한다.
③ 이동열량은 전열체의 열전도도에 비례한다.
④ 이동열량은 전열체 내·외부의 온도차에 비례한다.

02 자연발화가 일어나기 쉬운 조건이 아닌 것은?   22년-2회

① 열전도율이 클 것
② 적당량의 수분이 존재할 것
③ 주위의 온도가 높을 것
④ 표면적이 넓을 것

03 분말소화약제 중 탄산수소칼륨($KHCO_3$)과 요소($CO(NH_2)_2$)와의 반응물을 주성분으로 하는 소화약제는?   25년

① 제1종 분말
② 제2종 분말
③ 제3종 분말
④ 제4종 분말

04 폭굉(detonation)에 관한 설명으로 틀린 것은?   22년-2회

① 연소속도가 음속보다 느릴 때 나타난다.
② 온도의 상승은 충격파의 압력에 기인한다.
③ 압력상승은 폭연의 경우보다 크다.
④ 폭굉의 유도거리는 배관의 지름과 관계가 있다.

05 다음 중 피난자의 집중으로 패닉현상이 일어날 우려가 가장 큰 형태는?   25년

① T형   ② X형
③ Z형   ④ H형

06 물리적 폭발에 해당하는 것은?   25년

① 분해폭발
② 분진폭발
③ 중합폭발
④ 수증기폭발

07 다음 중 착화온도가 가장 낮은 것은?   21년-4회

① 아세톤
② 휘발유
③ 이황화탄소
④ 벤젠

08 Halon 1211의 화학식에 해당하는 것은? `21년-4회`

① CH_2BrCl
② CF_2ClBr
③ CH_2BrF
④ CF_2HBr

09 마그네슘의 화재에 주수하였을 때 물과 마그네슘의 반응으로 인하여 생성되는 가스는? `21년-4회`

① 산 소
② 수 소
③ 일산화탄소
④ 이산화탄소

10 제2종 분말소화약제의 주성분으로 옳은 것은? `25년`

① NaH_2PO_4
② KH_2PO_4
③ $NaHCO_3$
④ $KHCO_3$

11 조연성 가스로만 나열되어 있는 것은? `21년-4회`

① 질소, 불소, 수증기
② 산소, 불소, 염소
③ 산소, 이산화탄소, 오존
④ 질소, 이산화탄소, 염소

12 다음 중 증기비중이 가장 큰 것은? `21년-2회`

① Halon 1301
② Halon 2402
③ Halon 1211
④ Halon 104

13 화재발생 시 피난기구로 직접 활용할 수 없는 것은? `21년-2회`

① 완강기
② 무선통신보조설비
③ 피난사다리
④ 구조대

14 정전기에 의한 발화과정으로 옳은 것은? `21년-2회`

① 방전 → 전하의 축적 → 전하의 발생 → 발화
② 전하의 발생 → 전하의 축적 → 방전 → 발화
③ 전하의 발생 → 방전 → 전하의 축적 → 발화
④ 전하의 축적 → 방전 → 전하의 발생 → 발화

15 물리적 소화방법이 아닌 것은? `21년-2회`

① 산소공급원 차단
② 연쇄반응 차단
③ 온도 냉각
④ 가연물 제거

16 불연성 기체나 고체 등으로 연소물을 감싸 산소 공급을 차단하는 소화방법은? `20년-4회`

① 질식소화
② 냉각소화
③ 연쇄반응차단소화
④ 제거소화

17 공기 중의 산소의 농도는 약 몇 vol%인가? `20년-4회`

① 10
② 13
③ 17
④ 21

18 위험물과 위험물안전관리법령에서 정한 지정수량을 옳게 연결한 것은? `20년-3회`

① 무기과산화물 – $300kg$
② 황화린 – $500kg$
③ 황린 – $20kg$
④ 질산에스테르류 – $200kg$

19 다음 중 발화점이 가장 낮은 물질은? `20년-3회`

① 휘발유
② 이황화탄소
③ 적 린
④ 황 린

20 화재 시 발생하는 연소가스 중 인체에서 헤모글로빈과 결합하여 혈액의 산소운반을 저해하고 두통, 근육조절의 장애를 일으키는 것은? `20년-3회`

① CO_2
② CO
③ HCN
④ H_2S

2과목　소방전기일반

21 회로에서 저항 20Ω에 흐르는 전류(A)는?　`22년-1회`

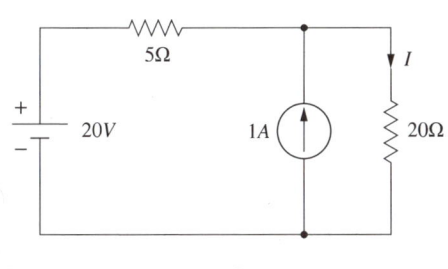

① 0.8　② 1.0
③ 1.8　④ 2.8

22 저항 3Ω과 유도리액턴스 4Ω이 직렬로 접속된 회로의 역률은?　`10년-4회`

① 0.6　② 0.8
③ 0.9　④ 1

23 그림과 같은 회로에서 단자 a, b 사이에 주파수 $f(Hz)$의 정현파 전압을 가했을 때 전류계 A_1, A_2의 값이 같았다. 이 경우 f, L, C 사이의 관계로 옳은 것은?　`17년-4회`

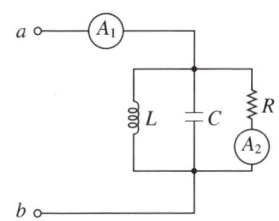

① $f = \dfrac{1}{2\pi^2 LC}$
② $f = \dfrac{1}{4\pi\sqrt{LC}}$
③ $f = \dfrac{1}{\sqrt{2\pi^2 LC}}$
④ $f = \dfrac{1}{2\pi\sqrt{LC}}$

24 어떤 옥내배선에 $380\,V$의 전압을 가하였더니 $0.2\,mA$의 누설전류가 흘렀다. 이 배선의 절연저항은 몇 $M\Omega$인가?　`19년-1회`

① 0.2
② 1.9
③ 3.8
④ 7.6

25 그림과 같은 게이트의 명칭은?　`18년-2회`

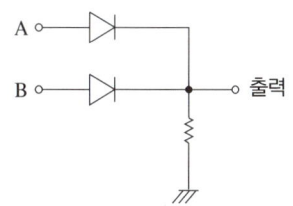

① AND
② OR
③ NOR
④ NAND

26 P형 반도체에 첨가되는 불순물에 관한 설명으로 옳은 것은?　`18년-2회`

① 5개의 가전자를 갖는다.
② 억셉터 불순물이라 한다.
③ 과잉전자를 만든다.
④ 게르마늄에는 첨가할 수 있으나 실리콘에는 첨가가 되지 않는다.

27 다음 그림과 같은 계통의 전달함수는?   〔18년-1회〕

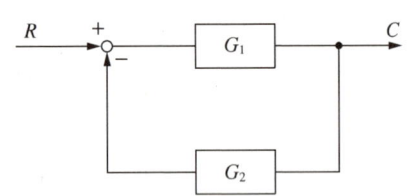

① $\dfrac{G_1}{1+G_2}$

② $\dfrac{G_2}{1+G_1}$

③ $\dfrac{G_2}{1+G_1G_2}$

④ $\dfrac{G_1}{1+G_1G_2}$

28 3상 농형 유도전동기를 $Y-\triangle$ 기동방식으로 기동할 때 전류 $I_1(A)$과 △ 결선으로 직입(전전압) 기동할 때 전류 $I_2(A)$의 관계는?   〔22년-1회〕

① $I_1 = \dfrac{1}{\sqrt{3}} I_2$

② $I_1 = \dfrac{1}{3} I_2$

③ $I_1 = \sqrt{3}\, I_2$

④ $I_1 = 3 I_2$

29 지름 $1.2m$, 저항 7.6Ω의 동선에서 이 동선의 저항률을 $0.0172\Omega \cdot m$라고 하면 동선의 길이는 약 몇 m인가?   〔17년-4회〕

① 200　　② 300
③ 400　　④ 500

30 $50F$의 콘덴서 2개를 직렬로 연결하면 합성 정전용량은 몇 F인가?   〔19년-4회〕

① 25　　② 50
③ 100　　④ 1,000

31 프로세스제어의 제어량이 아닌 것은?   〔20년-3회〕

① 액 위
② 유 량
③ 온 도
④ 자 세

32 히스테리시스 곡선의 종축과 횡축은?   〔16년-4회〕

① 종축 : 자속밀도, 횡축 : 투자율
② 종축 : 자계의 세기, 횡축 : 투자율
③ 종축 : 자계의 세기, 횡축 : 자속밀도
④ 종축 : 자속밀도, 횡축 : 자계의 세기

33 균일한 자기장 내에서 운동하는 도체에 유도된 기전력의 방향을 나타내는 법칙은?   〔22년-2회〕

① 플레밍의 왼손 법칙
② 플레밍의 오른손 법칙
③ 암페어의 오른나사 법칙
④ 패러데이의 전자유도 법칙

34 회로에서 a와 b 사이의 합성저항(Ω)은? `21년-4회`

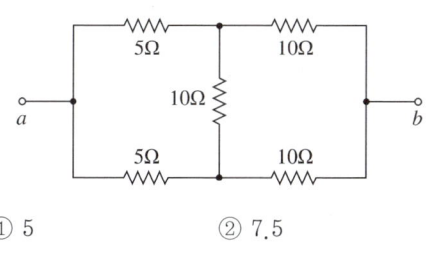

① 5
② 7.5
③ 15
④ 30

35 2개의 전하 사이에 작용하는 정전기력과 거리 사이의 관계는? `13년-2회`

① 거리에 반비례한다.
② 거리에 비례한다.
③ 거리의 제곱에 반비례한다.
④ 거리의 제곱에 비례한다.

36 그림과 같이 전압계 V_1, V_2, V_3와 5Ω의 저항 R을 접속하였다. 전압계의 지시가 $V_1 = 20V$, $V_2 = 40V$, $V_3 = 50V$라면 부하전력은 몇 W인가? `15년-4회`

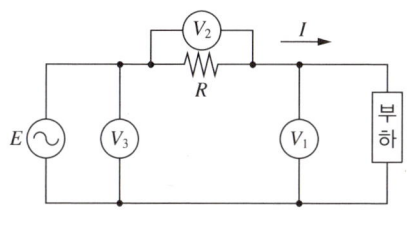

① 50
② 100
③ 150
④ 200

37 $10k\Omega$ 저항의 허용전력은 $10kW$라 한다. 이때의 허용전류는 몇 A인가? `14년-2회`

① $100A$
② $10A$
③ $1A$
④ $0.1A$

38 피드백제어계의 일반적인 특성으로 옳은 것은? `15년-2회`

① 계의 정확성이 떨어진다.
② 계의 특성변화에 대한 입력 대 출력비의 감도가 감소된다.
③ 비선형과 왜형에 대한 효과가 증대된다.
④ 대역폭이 감소된다.

39 전원 전압을 일정하게 유지하기 위하여 사용하는 다이오드는? `20년-1·2회`

① 쇼트키다이오드
② 터널다이오드
③ 제너다이오드
④ 버랙터다이오드

40 온도보상장치에 사용되는 소자인 NCT형 서미스터의 저항값과 온도의 관계를 옳게 설명한 것은? `15년-4회`

① 저항값은 온도에 비례한다.
② 저항값은 온도에 반비례한다.
③ 저항값은 온도의 제곱에 비례한다.
④ 저항값은 온도의 제곱에 반비례한다.

3과목 소방관계법규

41 특정소방대상물로서 숙박시설에 해당되지 않는 것은? `11년-2회`

① 호 텔
② 모 텔
③ 휴양콘도미니엄
④ 오피스텔

42 소방용수시설의 수원에 대한 기준으로 맞지 않는 것은? `03년-2회`

① 지면으로부터 낙차가 $6m$ 이하일 것
② 흡수 부분의 수심이 $0.5m$ 이상일 것
③ 소방펌프자동차가 용이하게 접근할 수 있을 것
④ 흡수에 지장이 없도록 토사, 쓰레기 등을 제거할 수 있는 설비를 할 것

43 제4류 위험물의 성질로 알맞은 것은? `09년-2회`

① 인화성 액체
② 산화성 고체
③ 가연성 고체
④ 산화성 액체

44 다음 중 화재예방·소방활동 또는 소방훈련을 위하여 사용되는 소방신호의 종류로 볼 수 없는 것은? `25년`

① 출동신호
② 해제신호
③ 발화신호
④ 훈련신호

45 무창층 여부 판단 시 개구부 요건기준으로 옳은 것은? `15년-1회`

① 해당 층의 바닥면으로부터 개구부 밑부분까지의 높이가 $1.5m$ 이내일 것
② 개구부의 크기가 지름 $50cm$ 이상의 원이 내접할 수 있을 것
③ 개구부의 도로 또는 차량이 진입할 수 없는 빈터를 향할 것
④ 내부 또는 외부에서 쉽게 파괴 또는 개방할 수 없을 것

46 화재의 예방 및 안전관리에 관한 법령상 화재의 예방상 위험하다고 인정되는 행위를 하는 사람에게 행위의 금지 또는 제한 명령을 할 수 있는 사람은? `21년-2회`

① 소방본부장
② 시·도지사
③ 의용소방대원
④ 소방대상물의 관리자

47 화재의 예방 및 안전관리에 관한 법령상 총괄소방안전관리자 선임대상 특정소방대상물의 기준 중 틀린 것은? `18년-1회, 개정반영`

① 판매시설 중 상점
② 복합건축물(지하층을 제외한 층수가 11층 이상인 건축물)
③ 지하가(지하의 인공구조물 안에 설치된 상점 및 사무실, 그 밖에 이와 비슷한 시설이 연속하여 지하도에 접하여 설치된 것과 그 지하도를 합한 것)
④ 복합건축물로서 연면적이 $30,000m^2$ 이상인 것

48 시·도지사는 도시의 건물 밀집지역 등 화재가 발생할 우려가 높거나 화재가 발생하는 경우 그로 인하여 피해가 클 것으로 예상되는 일정한 구역으로서 대통령령이 정하는 지역을 어떤 지구로 지정할 수 있는가? 〔06년-4회, 개정반영〕

① 화재예방강화지구
② 화재예방강화구역
③ 방화경계구역
④ 재난재해지역

49 경유의 저장량이 2,000리터, 중유의 저장량이 4,000리터, 등유의 저장량이 2,000리터인 저장소에 있어서 지정수량의 배수는? 〔19년-1회〕

① 동 일 ② 6배
③ 3배   ④ 2배

50 피난시설, 방화구획 또는 방화시설을 폐쇄·훼손·변경 등의 행위를 3차 이상 위반한 경우에 대한 과태료 부과기준으로 옳은 것은? 〔18년-4회〕

① 200만 원   ② 300만 원
③ 500만 원   ④ 1,000만 원

51 화재예방을 위하여 보일러와 벽·천장 사이의 거리는 몇 $[m]$ 이상이 되도록 하여야 하는가? 〔08년-2회〕

① $0.5m$ ② $0.6m$
③ $0.9m$ ④ $1.2m$

52 건축물 등의 신축·증축·개축·재축 또는 이전의 허가·협의 및 사용승인의 권한이 있는 행정기관은 건축허가 등을 함에 있어서 미리 그 건축물 등의 공사 시공지 또는 소재지를 관할하는 소방본부장 또는 소방서장의 동의를 받아야 한다. 다음 중 건축허가 등의 동의대상물의 범위로서 옳지 않은 것은? 〔13년-4회〕

① 주차장으로 사용되는 층 중 바닥면적이 $200 m^2$ 이상인 층이 있는 시설
② 무창층이 있는 건축물로서 바닥면적이 $150 m^2$ 이상인 층이 있는 것
③ 승강기 등 기계장치에 의한 주차시설로서 자동차 10대 이상을 주차할 수 있는 시설
④ 수련시설로서 연면적 $200m^2$ 이상인 건축물

53 위험물안전관리법령에서 규정하는 제3류 위험물의 품명에 속하는 것은? 〔15년-1회〕

① 나트륨
② 염소산염류
③ 무기과산화물
④ 유기과산화물

54 소방자동차가 화재진압 및 구조·구급활동을 위하여 출동하는 때 소방자동차의 출동을 방해한 자의 벌칙으로 알맞은 것은? 〔08년-2회〕

① 10년 이하의 징역 또는 5천만 원 이하의 벌금에 처함
② 5년 이하의 징역 또는 5천만 원 이하의 벌금에 처함
③ 3년 이하의 징역 또는 2천만 원 이하의 벌금에 처함
④ 2년 이하의 징역 또는 5천만 원 이하의 벌금에 처함

55 소방시설 설치 및 관리에 관한 법령상 제조 또는 가공공정에서 방염처리를 한 물품 중 방염대상 물품이 아닌 것은? `22년-2회, 개정반영`

① 카펫
② 전시용 합판
③ 창문에 설치하는 커튼류
④ 두께가 $2mm$ 미만인 종이벽지

56 위험물을 취급함에 있어 정전기가 발생할 우려가 있는 설비에 정전기를 유효하게 제거하기 위한 방법과 거리가 먼 것은? `09년-2회`

① 접지에 의한 방법
② 공기 중의 상대습도를 70% 이상으로 하는 방법
③ 공기를 이온화하는 방법
④ 제습기를 가동시키는 방법

57 소방용수시설 및 지리조사의 실시 회수는 어느 정도가 적당한가? `05년-4회`

① 주 1회 이상
② 주 2회 이상
③ 월 1회 이상
④ 분기별 1회 이상

58 소방시설공사업법령상 소방시설공사의 하자보수 보증기간이 3년이 아닌 것은? `20년-3회`

① 자동소화장치
② 무선통신보조설비
③ 자동화재탐지설비
④ 간이스프링클러설비

59 지정수량의 몇 배 이상의 위험물을 취급하는 제조소에는 피뢰침을 설치하여야 하는가? (단, 제6류 위험물을 취급하는 위험물제조소는 제외한다) `25년`

① 5배
② 10배
③ 50배
④ 100배

60 화재의 예방 및 안전관리에 관한 법상 화재의 예방조치 명령이 아닌 것은? `15년-4회, 개정반영`

① 모닥불·흡연 및 화기 취급의 금지 또는 제한
② 풍등 등 소형열기구 날리기 행위의 금지 또는 제한
③ 소방차량의 통행이나 소화활동에 지장을 줄 수 있는 물건의 이동
④ 불이 번지는 것을 막기 위하여 불이 번질 우려가 있는 소방대상물의 사용 제한

4과목　소방전기시설의 구조 및 원리

61 비상콘센트설비 전원회로의 설치기준 중 옳은 것은?　17년-2회

① 전원회로는 단상교류 220 V인 것으로서, 그 공급용량은 3.0kVA 이상인 것으로 할 것
② 비상콘센트용의 풀박스 등은 방청도장을 한 것으로, 두께 2.0mm 이상의 철판으로 할 것
③ 하나의 전용회로에 설치하는 비상콘센트는 8개 이하로 할 것
④ 전원으로부터 각 층의 비상콘센트에 분기되는 경우에는 분기배선용 차단기를 보호함 안에 설치할 것

62 경계구역에 관한 다음 내용 중 (　) 안에 맞는 것은?　16년-1회

> 외기에 면하여 상시 개방된 부분이 있는 차고, 주차장, 창고 등에 있어서는 외기에 면하는 각 부분으로부터 최대 (　)m 미만의 범위 안에 있는 부분은 자동화재탐지설비 경계구역의 면적에 산입하지 아니한다.

① 3 　② 5
③ 7 　④ 10

63 비상콘센트의 배치기준 중 바닥면적이 1,000 m^2 미만인 층은 계단의 출입구로부터 몇 m 이내에 설치하여야 하는가?　17년-1회

① 1.5 　② 5
③ 7 　④ 10

64 신호의 전송로가 분기되는 장소에 설치하는 것으로 임피던스 매칭과 신호 균등분배를 위해 사용되는 장치는?　16년-1회

① 분배기
② 혼합기
③ 증폭기
④ 분파기

65 발신기의 형식승인 및 제품검사의 기술기준에 따라 발신기의 작동기능에 대한 내용이다. 다음 (　)에 들어갈 내용으로 옳은 것은?　21년-1회

> 발신기의 조작부는 작동스위치의 동작방향으로 가하는 힘이 (ⓐ)kg을 초과하고 (ⓑ) kg 이하인 범위에서 확실하게 동작되어야 하며, (ⓐ)kg의 힘을 가하는 경우 동작되지 아니하여야 한다. 이 경우 누름판이 있는 구조로서 손끝으로 눌러 작동하는 방식의 작동스위치는 누름판을 포함한다.

① ⓐ 2, ⓑ 8
② ⓐ 3, ⓑ 7
③ ⓐ 2, ⓑ 7
④ ⓐ 3, ⓑ 8

66 감지기의 형식승인 및 제품검사의 기술기준에 따른 연기감지기의 종류로 옳은 것은?　20년-4회

① 연복합형
② 공기흡입형
③ 차동식 스포트형
④ 보상식 스포트형

67 유도등 및 유도표지의 화재안전기준(NFPC 303)에 따른 객석유도등의 설치기준이다. 다음 ( )에 들어갈 내용으로 옳은 것은? 21년-2회

> 객석유도등은 객석의 (㉠), (㉡) 또는 (㉢)에 설치하여야 한다.

① ㉠ 통로, ㉡ 바닥, ㉢ 벽
② ㉠ 바닥, ㉡ 천장, ㉢ 벽
③ ㉠ 통로, ㉡ 바닥, ㉢ 천장
④ ㉠ 바닥, ㉡ 통로, ㉢ 출입구

68 비상방송설비의 화재안전기준(NFTC 202)에 따라 비상방송설비 음향장치의 정격전압이 $220\,V$인 경우 최소 몇 V 이상에서 음향을 발할 수 있어야 하는가? 19년-4회

① 165
② 176
③ 187
④ 198

69 축전지의 자기방전을 보충함과 동시에 상용부하에 대한 전력공급은 충전기가 부담하도록 하되 충전기가 부담하기 어려운 일시적인 대전류부하는 축전지로 하여금 부담하게 하는 충전방식은? 22년-1회

① 보통충전방식
② 균등충전방식
③ 부동충전방식
④ 급속충전방식

70 부착높이 $3m$, 바닥면적 $50m^2$인 주요구조부를 내화구조로 한 소방대상물에 1종 열반도체식 차동식 분포형 감지기를 설치하고자 할 때 감지부의 최소 설치개수는? 19년-2회

① 1개
② 2개
③ 3개
④ 4개

71 복도에 비상조명등을 설치한 경우 휴대용비상조명등의 설치를 제외할 수 있는 시설로서 옳은 것은? 13년-4회

① 숙박시설
② 근린생활시설
③ 아파트
④ 다중이용업소

72 자동화재탐지설비 수신기의 각 회로별 종단에 설치되는 감지기에 접속되는 배선의 전압은 감지기 정격전압의 몇 % 이상이어야 하는가? 14년-4회

① 50
② 60
③ 70
④ 80

73 축광방식의 피난유도선 설치기준 중 다음 ( ) 안에 알맞은 것은? 〔18년-4회〕

- 바닥으로부터 높이 (㉠)cm 이하의 위치 또는 바닥면에 설치할 것
- 피난유도 표시부는 (㉡)cm 이내의 간격으로 연속되도록 설치할 것

① ㉠ 50, ㉡ 50
② ㉠ 50, ㉡ 100
③ ㉠ 100, ㉡ 50
④ ㉠ 100, ㉡ 100

74 누전경보기 변류기의 절연저항시험 부위가 아닌 것은? 〔18년-2회〕

① 절연된 1차권선과 단자판 사이
② 절연된 1차권선과 외부금속부 사이
③ 절연된 1차권선과 2차권선 사이
④ 절연된 2차권선과 외부금속부 사이

75 객석 내의 통로의 직선부분의 길이가 $85m$ 이다. 객석유도등을 몇 개 설치하여야 하는가? 〔19년-2회〕

① 17개
② 19개
③ 21개
④ 22개

76 바닥면적이 $450m^2$ 일 경우 단독경보형 감지기의 최소 설치개수는? 〔16년-2회〕

① 1개
② 2개
③ 3개
④ 4개

77 무선통신보조설비의 누설동축케이블 또는 동축케이블의 임피던스는 몇 Ω으로 하여야 하는가? 〔17년-2회〕

① 5Ω
② 10Ω
③ 50Ω
④ 100Ω

78 자동화재속보설비의 속보기의 성능인증 및 제품검사의 기술기준에 따라 교류입력 측과 외함 간의 절연저항은 직류 $500V$의 절연저항계로 측정한 값이 몇 $MΩ$ 이상이어야 하는가? 〔20년-3회〕

① 5
② 10
③ 20
④ 50

79 비상조명등의 설치기준에 대한 설명으로 틀린 것은? 〈14년-2회〉

① 지하층을 제외한 층수가 11층 이상의 층의 비상전원은 30분 이상의 용량으로 할 것
② 예비전원 비내장 비상조명등의 비상전원은 자가발전기설비 또는 축전지설비를 설치할 것
③ 비상전원을 실내에 설치하는 때에는 그 실내에 비상조명등을 설치할 것
④ 비상조명등의 조도는 설치된 장소의 각 부분 바닥에서 1lx 이상이 되도록 할 것

80 자동화재탐지설비의 청각장애인용 시각경보장치의 설치기준으로 옳지 않은 것은? 〈12년-4회〉

① 복도·통로·청각장애인용 객실 및 공용으로 사용하는 거실에 설치
② 공연장 등에 설치하는 경우 인식이 용이하도록 객석 부분 등에 설치
③ 설치높이는 바닥으로부터 $2[m]$ 이상 $2.5[m]$ 이하의 장소에 설치
④ 시각경보장치의 광원은 전용의 축전지설비에 의하여 점등되도록 할 것

제1회 문제은행 기출유형 모의고사 해설

01	02	03	04	05	06	07	08	09	10	11	12	13	14	15	16	17	18	19	20
②	①	④	①	④	④	③	②	②	④	②	②	②	②	②	①	②	①	④	②
21	22	23	24	25	26	27	28	29	30	31	32	33	34	35	36	37	38	39	40
②	④	②	②	②	④	②	④	①	④	④	②	②	③	①	②	④	②	④	②
41	42	43	44	45	46	47	48	49	50	51	52	53	54	55	56	57	58	59	60
④	①	④	①	②	①	①	①	②	②	②	③	①	②	②	②	④	③	②	④
61	62	63	64	65	66	67	68	69	70	71	72	73	74	75	76	77	78	79	80
④	②	②	①	①	②	①	②	③	①	①	④	①	①	③	①	③	③	①	④

1과목 소방원론

01 정답 ②

퓨리에 법칙에 의한 전도열량 $= \dot{q} = k \cdot A \cdot \dfrac{\triangle T}{l}$

→ $\dot{q} \propto k \propto \triangle T \propto \dfrac{1}{l}$ 로 두께에 반비례한다.

02 정답 ①

열전도율이 클 경우 가연물이 열이 축적되지 않고 주변으로 방출이 용이하여 자연발화가 잘 발생하지 않는다.

03 정답 ④

분말소화약제의 주성분

구 분	주성분
제1종 분말	탄산수소나트륨
제2종 분말	탄산수소칼륨
제3종 분말	제1인산암모늄
제4종 분말	탄산수소칼륨+요소

04 정답 ①

디토네이션=폭굉으로, 폭굉은 연소의 전파속도가 음속보다 빠른 것을 말한다.

05 정답 ④

H형 피난통로의 경우 패닉 발생 우려가 크다.

06 정답 ④

수증기폭발은 상 변화에 의한 압력상승이 발생하는 폭발로서 물리적 폭발의 한 종류이다.

07 정답 ③

이황화탄소(102℃)<휘발유(246℃)<아세톤(465℃)<벤젠(498℃)의 순서이다.

08 정답 ②

할론 1211의 분자식은 CF_2ClBr 이다.

09 정답 ②

마그네슘이 물과 반응 시 **수소가스**가 발생된다.

10 정답 ④

분말소화약제의 주성분

구 분	분자식(주성분)
제1종 분말	$NaHCO_3$
제2종 분말	$KHCO_3$
제3종 분말	$NH_4H_2PO_4$
제4종 분말	$KHCO_3 + CO(NH_2)_2$

11 정답 ②
조연성 가스
산소, 공기, 오존, 불소, 염소

12 정답 ②
증기비중

종 류	증기비중
CO_2	1.52
Halon 1301	5.1
Halon 2402	9.0
Halon 1211	5.7

Tip 할론 소화약제 중 2402가 가장 비중이 크다.

13 정답 ②
무선통신보조설비는 소화활동설비이다.

14 정답 ②
정전기 메커니즘
전하의 발생(정전기의 발생) → 전하의 축적(에너지 축적) → 방전(에너지 방출) → 가연물 존재 시 발화

15 정답 ②
연쇄반응 차단은 화학적 방법에 의한 소화원리이다.

16 정답 ①
산소농도를 15% 미만으로 하여 소화하는 것은 질식소화 방법이다.

17 정답 ④
공기 중 산소농도(부피 : $vol\%$)는 약 21%이다.

18 정답 ③
황린의 지정수량은 $20\,kg$이다.
Tip 해당 보기들 중 다른 물질의 지정수량은 굳이 숙지할 필요 없음

19 정답 ④
착화온도(발화점)

품 명	착화온도(발화점)
휘발유	246℃
이황화탄소	102℃
적 린	260℃
황 린	30℃

Tip 출제되는 문제 중 황린의 발화점이 가장 낮다는 것을 반드시 기억할 것

20 정답 ②
일산화탄소(CO)는 헤모글로빈(Hb)과 결합하여 카복시헤모글로빈($COHb$)을 형성하여 인체 내 산소의 운반을 저해한다.

2과목 소방전기일반

21 정답 ②

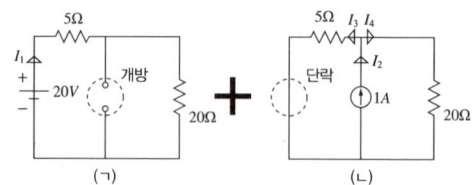

회로도 (ㄱ)
전류 $I_1 = I_{20} = \dfrac{E}{R_t} = \dfrac{E}{R_5 + R_{20}} = \dfrac{20}{5+20} = 0.8[A]$

회로도 (ㄴ)
$I_4 = I_2 \times \dfrac{R_5}{R_5 + R_{20}} = 1 \times \dfrac{5}{5+20} = 0.2[A]$
중첩 → $I_1 + I_4 = 0.8 + 0.2 = 1.0[A]$

22 정답 ①
임피던스 $Z = \sqrt{R^2 + X_L^2} = \sqrt{3^2 + 4^2} = 5[\Omega]$
역률$= \dfrac{\text{유효전력}}{\text{피상전력}} = \dfrac{VI\cos\theta}{VI} = \cos\theta = \dfrac{R}{Z} = \dfrac{3}{5} = 0.6$

23 정답 ④

병렬회로이므로 A_1과 A_2의 전류가 같을 경우 L과 C는 전류가 흐르지 않는 상태로 병렬공진을 의미한다. 즉, 주파수는 공진주파수 $f = \dfrac{1}{2\pi\sqrt{LC}}$ 이다.

24 정답 ②

$R_I = \dfrac{V_I}{I_L} = \dfrac{380}{0.2 \times 10^{-3}} = 1,900,000[\Omega] = 1.9[M\Omega]$

25 정답 ②

다이오드가 출력 쪽을 향하여 설치되어 있다면 OR 회로이다.

26 정답 ②

P형과 N형 반도체의 불순물
- P형 반도체의 불순물 : 억셉터(Acceptor)
- N형 반도체의 불순물 : 도너(donor)

27 정답 ④

전달함수 $G_{(S)} = \dfrac{C_{(S)}}{R_{(S)}} = \dfrac{순방향 전달함수}{1 - \sum (루프전달함수)}$

$G_{(S)} = \dfrac{G_1}{1 - (-G_1 \cdot G_2)} = \dfrac{G_1}{1 + G_1 G_2}$

28 정답 ②

3상 농형 유도전동기에서 Y 결선으로 기동할 때의 전류는 △결선 시의 1/3이므로, $I_1 = \dfrac{1}{3} I_2$

29 정답 ④

도체의 저항 $R = \rho \dfrac{L}{A} = \rho \dfrac{L}{\pi d^2 / 4}$

$L = \dfrac{\pi d^2}{4} \times \dfrac{R}{\rho} = \dfrac{\pi \times 1.2^2}{4} \times \dfrac{7.6}{0.0172} = 500[\Omega]$

30 정답 ①

직렬 합성 정전용량

$C_t = \dfrac{C_1 \times C_2}{C_1 + C_2} = \dfrac{50 \times 50}{50 + 50} = 25[F]$

31 정답 ④

온도, 유량, 압력 등의 공업프로세스 상태량(=공업량)을 제어량으로 하는 제어계를 프로세스제어라고 한다. 자세는 공업량과 무관하다.

32 정답 ④

히스테리시스 곡선의 수평축은 외부 자장(자계)의 세기, 수직축은 물질 내 자속밀도로 구성된다.

33 정답 ②

자기장 내에서 운동하는 도체에 유도된 "기전력의 방향"을 결정하는 법칙은 플레밍의 오른손 법칙이다.

34 정답 ②

해당 문제는 휘스톤 브릿지의 형태로 합성저항을 구할 때 중간에 설치된 $10[\Omega]$에는 전류가 흐르지 않으므로 제외하고 합성저항을 구하면 간단하다.

각 직렬회로 합성저항 $R_{ts} = R_1 + R_2 = 5 + 10 = 15[\Omega]$

총 합성저항 $R_t = \dfrac{15 \times 15}{15 + 15} = 7.5[\Omega]$

35 정답 ③

정전기력은 쿨롱의 법칙을 따르므로

쿨롱의 힘(정전기력) $F = k \times \dfrac{Q_1 \cdot Q_2}{r^2}$

즉, 정전기력 $F \propto \dfrac{1}{r^2}$ 로서 거리의 제곱에 반비례한다.

36 정답 ①

3전압계법에서 유효전력

$P[W] = \dfrac{1}{2R}(V_3^2 - V_2^2 - V_1^2)$

$P[W] = \dfrac{1}{2 \times 5}(50^2 - 40^2 - 20^2) = 50[W]$

37 정답 ③

허용전력 $P[W] = I^2 \cdot R$

$\rightarrow I = \sqrt{\dfrac{P}{R}} = \sqrt{\dfrac{10 \times 10^3}{10 \times 10^3}} = 1[A]$

38 정답 ②

피드백제어의 경우 계의 정확성이 상승하고, 비선형과 왜형에 대한 효과가 감소하며 대역폭이 증가한다.

39 정답 ③

전원 전압을 일정하게 유지하기 위해서는 **제너다이오드**를 사용한다.

40 정답 ②

NTC형 서미스터는 온도가 상승함에 따라 저항값이 감소하므로 온도와 저항은 반비례 관계이다.

3과목 소방관계법규

41 정답 ④

오피스텔은 업무시설에 속하는 특정소방대상물이다.

42 정답 ①

소방용수시설의 수원(저수조)은 지면으로부터 **낙차가 $4.5m$ 이하**일 것

43 정답 ①

제4류 위험물의 성질은 인화성 액체이다.

44 정답 ①

소방신호

구 분	발령 시기
경계신호	화재예방상 필요하거나 화재위험경보 시
발화신호	화재가 발생할 때 발령
해제신호	소화활동이 필요 없다고 인정되는 때 발령
훈련신호	훈련상 필요하다고 인정되는 때 발령

45 정답 ②

유효한 개구부는 높이 $1.2m$ 이내, 도로 또는 빈터를 향하고 내·외부에서 쉽게 파괴 또는 개방할 수 있을 것

46 정답 ①

소방관서장은 화재 발생 위험이 크거나 소화 활동에 지장을 줄 수 있다고 인정되는 행위나 물건에 대하여 행위 당사자나 그 물건의 소유자, 관리자 또는 점유자에게 명령을 할 수 있다.

> **Tip** 소방관서장=소방청장, 소방본부장, 소방서장

47 정답 ①

총괄소방안전관리자를 선임해야 하는 대상물 중 판매시설은 **도매시장, 소매시장 및 전통시장**인 경우에 해당한다.

48 정답 ①

화재예방강화지구란 **시·도지사가 화재발생 우려가 크거나 화재가 발생할 경우** 피해가 클 것으로 예상되는 지역에 대하여 화재의 예방 및 안전관리를 강화하기 위해 **지정·관리**하는 지역을 말한다.

49 정답 ②

경유 : $2,000/1,000 = 2$배
중유 : $4,000/2,000 = 2$배
등유 : $2,000/1,000 = 2$배
지정수량 : $2+2+2 = 6$배

50 정답 ②

피난시설, 방화구획, 방화시설의 폐쇄·훼손·변경 시 과태료

위반 횟수	과태료
1차 위반	100만 원
2차 위반	200만 원
3차 이상 위반	300만 원

51 정답 ②

보일러 본체와 벽·천장 사이의 거리는 $0.6m$ 이상 이격하여 설치할 것

52 정답 ③

승강기 등 기계장치에 의한 주차시설로서 자동차 20대 이상을 주차할 수 있는 시설

53 정답 ①

나트륨은 제3류 위험물이다.

Tip 제3류 위험물은 자연발화성 또는 금수성 물질로, 대부분 륨, 늄 등으로 끝나는 금속물질이다.

54 정답 ②

모든 차와 사람은 소방자동차가 **화재진압 및 구조·구급 활동**을 위하여 출동을 할 때에는 이를 **방해**하여서는 아니 된다(**5년 이하의 징역 또는 5천만 원 이하의 벌금**).

55 정답 ④

벽지류는 방염물품대상이나 **두께가 2mm 미만인 종이벽지는 제외**된다.

56 정답 ④

④ 제습기 가동 시 상대습도가 낮아진다.

위험물 제조소등에서 정전기 제거설비
- 접지에 의한 방법
- 공기 중의 상대습도를 70% 이상으로 하는 방법
- 공기를 이온화하는 방법

57 정답 ③

소방용수시설 및 지리조사

구 분	내 용
실시자	소방본부장 또는 소방서장
조사 주기	**월 1회 이상 실시**
보관 기간	조사결과를 2년간 보관

58 정답 ②

무선통신보조설비의 하자보수 보증기간은 2년이다.

59 정답 ②

지정수량의 10배 이상의 위험물을 취급하는 제조소(제6류 위험물을 취급하는 위험물제조소를 제외한다)에는 **피뢰침을 설치**하여야 한다.

60 정답 ④

불이 번지는 것을 막기 위한 행위는 소화활동이다.

4과목 소방전기시설의 구조 및 원리

61 정답 ④

① 1.5kVA 이상
② 1.6mm 이상의 철판
③ 10개 이하

62 정답 ②

외기에 면하는 각 부분으로부터 5m **미만**의 범위 안은 경계구역의 면적에 산입하지 아니한다.

63 정답 ②

바닥면적 1,000m^2 미만 층에는 계단의 출입구 5m **이내**에 배치(계단이 2개 이상인 경우 그중 1개의 계단)할 것

64 정답 ①

신호의 전송로가 분기되는 장소에 설치하는 것으로 임피던스 매칭(Matching)과 신호 **균등분배**를 위해 사용하는 장치는 분배기이다.

65 정답 ①

- 동작에 필요한 힘은 2kg을 초과하고 8kg 이하인 범위에서 동작되어야 한다.
- 2kg의 힘을 가하는 경우 동작되지 아니하여야 한다.

66 정답 ②

연기감지기의 종류는 이온화식 스포트형, 광전식 스포트형, 광전식 분리형, **공기흡입형** 감지기로 구분된다.

67 정답 ①

객석유도등은 객석의 통로, 바닥, 벽에 설치하는 유도등이다.

68 정답 ②

음향장치는 정격전압의 80%에서도 음향을 발할 수 있어야 하므로 220×0.8=176[V]

69 정답 ③

축전지의 자기방전을 보충함과 동시에 사용부하에 전력을 공급하는 충전방식은 **부동충전방식**이다.

70 정답 ①

부착높이가 $8m$ 미만이고 내화구조이므로, 기준면적이 $65m^2$인 감지부의 최소 설치개수는 1개이다.

71 정답 ①

숙박시설의 복도에 비상조명등을 설치한 경우에는 휴대용비상조명등의 설치를 제외할 수 있다.

72 정답 ④

감지기 회로의 **전로저항**은 50Ω **이하**가 되도록 해야 하며, 수신기의 각 회로별 종단에 설치되는 감지기에 접속되는 배선의 전압은 감지기 **정격전압**의 **80% 이상**이어야 한다.

73 정답 ①

- 축광방식의 피난유도선은 바닥으로부터 **높이** $50cm$ **이하의 위치** 또는 바닥 면에 설치할 것
- 피난유도 표시부는 $50cm$ **이내의 간격**으로 연속되도록 설치할 것

74 정답 ①

1차권선과 단자판 사이는 절연저항시험 부위가 아니다.

75 정답 ③

객석유도등의 설치개수

$N = \dfrac{\text{객석 통로의 직선부분 길이}[m]}{4} - 1$

$N = \dfrac{85}{4} - 1 = 20.25 = 21[\text{개}]$

76 정답 ③

단독경보형 감지기는 바닥면적 $150m^2$마다 1개 이상 설치하므로

설치개수 $= \dfrac{\text{바닥면적}[m^2]}{150[m^2]} = \dfrac{450}{150} = 3[\text{개}]$

77 정답 ③

누설동축케이블 또는 동축케이블의 임피던스는 50Ω으로 하여야 한다.

78 정답 ③

속보기의 절연내력($DC\,500\,V$ 인가 시)

충전부와 외함 간	$5M\Omega$
교류입력 측과 외함 간	$20M\Omega$
절연된 선로 간	$20M\Omega$

79 정답 ①

비상조명등의 전원용량

일반건축물	20분 이상
지하층 제외 11층 이상 건축물, 지하층 또는 무창층으로 용도가 도매시장, 소매시장, 여객자동차터미널, 지하역사, 지하상가, 도로터널	60분 이상

80 정답 ②

객석 부분에는 시각경보장치가 설치되지 않는다.

제2회 문제은행 기출유형 모의고사

1과목 소방원론

01 다음 물질의 저장창고에서 화재가 발생하였을 때 주수소화를 할 수 없는 물질은? `20년-1·2회`

① 부틸리튬
② 질산에틸
③ 나이트로셀룰로스
④ 적린

02 0℃, 1기압에서 $44.8m^3$의 용적을 가진 이산화탄소를 액화하여 얻을 수 있는 액화 탄산가스의 무게는 약 몇 kg인가? `20년-1·2회`

① 88
② 44
③ 22
④ 11

03 제거소화의 예에 해당하지 않는 것은? `20년-1·2회`

① 밀폐공간에서의 화재 시 공기를 제거한다.
② 가연성 가스 화재 시 가스의 밸브를 닫는다.
③ 산림화재 시 확산을 막기 위하여 산림의 일부를 벌목한다.
④ 유류탱크 화재 시 연소되지 않은 기름을 다른 탱크로 이동시킨다.

04 다음 중 전산실, 통신기기실 등에서의 소화에 가장 적합한 것은? `19년-4회`

① 스프링클러설비
② 옥내소화전설비
③ 분말소화설비
④ 할로겐화합물 및 불활성기체 소화설비

05 가연물의 제거와 가장 관련이 없는 소화방법은? `19년-4회`

① 유류화재 시 유류공급 밸브를 잠근다.
② 산불화재 시 나무를 잘라 없앤다.
③ 팽창진주암을 사용하여 진화한다.
④ 가스화재 시 중간밸브를 잠근다.

06 BLEVE 현상을 설명한 것으로 가장 옳은 것은? `19년-4회`

① 물이 뜨거운 기름표면 아래에서 끓을 때 화재를 수반하지 않고 over flow되는 현상
② 물이 연소유의 뜨거운 표면에 들어갈 때 발생되는 over flow 현상
③ 탱크 바닥에 물과 기름의 에멀젼이 섞여있을 때 물의 비등으로 인하여 급격하게 over flow 되는 현상
④ 탱크 주위 화재로 탱크 내 인화성 액체가 비등하고 가스부분의 압력이 상승하여 탱크가 파괴되고 폭발을 일으키는 현상

07 화재강도(Fire Intensity)와 관계가 없는 것은? `19년-4회`

① 가연물의 비표면적
② 발화원의 온도
③ 화재실의 구조
④ 가연물의 발열량

08 화재 시 이산화탄소를 방출하여 산소농도를 13 $vol\%$로 낮추어 소화하기 위한 공기 중 이산화탄소의 농도는 약 몇 $vol\%$인가? `19년-4회`

① 9.5
② 25.8
③ 38.1
④ 61.5

09 다음 중 인명구조기구에 속하지 않는 것은? `19년-4회`

① 방열복
② 공기안전매트
③ 공기호흡기
④ 인공소생기

10 다음 중 인화점이 가장 낮은 물질은? `19년-4회`

① 산화프로필렌
② 이황화탄소
③ 메틸알코올
④ 등 류

11 화재실의 연기를 옥외로 배출시키는 제연방식으로 효과가 가장 적은 것은? `19년-2회`

① 자연 제연방식
② 스모크 타워 제연방식
③ 기계식 제연방식
④ 냉난방설비를 이용한 제연방식

12 다음 위험물 중 특수인화물이 아닌 것은? `19년-2회`

① 아세톤
② 디에틸에테르
③ 산화프로필렌
④ 아세트알데히드

13 물의 소화능력에 관한 설명 중 틀린 것은? `19년-2회`

① 다른 물질보다 비열이 크다.
② 다른 물질보다 융해잠열이 작다.
③ 다른 물질보다 증발잠열이 크다.
④ 밀폐된 장소에서 증발가열되면 산소희석작용을 한다.

14 탱크화재 시 발생되는 보일오버(Boil Over)의 방지방법으로 틀린 것은? `19년-2회`

① 탱크 내용물의 기계적 교반
② 물의 배출
③ 과열 방지
④ 위험물 탱크 내의 하부에 냉각수 저장

15 이산화탄소의 질식 및 냉각 효과에 대한 설명 중 틀린 것은? `19년-1회`

① 이산화탄소의 증기비중이 산소보다 크기 때문에 가연물과 산소의 접촉을 방해한다.
② 액체 이산화탄소가 기화되는 과정에서 열을 흡수한다.
③ 이산화탄소는 불연성 가스로서 가연물의 연소반응을 방해한다.
④ 이산화탄소는 산소와 반응하며 이 과정에서 발생한 연소열을 흡수하므로 냉각효과를 나타낸다.

16 분말소화약제 분말입도의 소화성능에 관한 설명으로 옳은 것은? `19년-1회`

① 미세할수록 소화성능이 우수하다.
② 입도가 클수록 소화성능이 우수하다.
③ 입도와 소화성능과는 관련이 없다.
④ 입도가 너무 미세하거나 너무 커도 소화성능은 저하된다.

17 피난로의 안전구획 중 2차 안전구획에 속하는 것은? `18년-4회`

① 복 도
② 계단부속실(계단전실)
③ 계 단
④ 피난층에서 외부와 직면한 현관

18 경유화재가 발생했을 때 주수소화가 오히려 위험할 수 있는 이유는? `18년-4회`

① 경유는 물과 반응하여 유독가스를 발생하므로
② 경유의 연소열로 인하여 산소가 방출되어 연소를 돕기 때문에
③ 경유는 물보다 비중이 가벼워 화재면의 확대 우려가 있으므로
④ 경유가 연소할 때 수소가스를 발생하여 연소를 돕기 때문에

19 제3종 분말소화약제에 대한 설명으로 틀린 것은? `18년-4회`

① A, B, C급 화재에 모두 적응한다.
② 주성분은 탄산수소칼륨과 요소이다.
③ 열분해 시 발생되는 불연성 가스에 의한 질식 효과가 있다.
④ 분말운무에 의한 열방사를 차단하는 효과가 있다.

20 표준상태에 있는 메탄가스의 밀도는 몇 g/L인가? `15년-2회`

① 0.21
② 0.41
③ 0.71
④ 0.91

2과목 소방전기일반

21 다음의 단상 유도전동기 중 기동토크가 가장 큰 것은? `21년-4회`

① 세이딩 코일형
② 콘덴서 기동형
③ 분상 기동형
④ 반발 기동형

22 어떤 전압계의 측정범위를 12배로 하려고 할 때 배율기의 저항은 전압계 내부저항의 몇 배로 해야 하는가? `22년-2회`

① 9
② 10
③ 11
④ 12

23 페루프제어의 특징에 대한 설명으로 옳은 것은? `17년-1회`

① 외부의 변화에 대한 영향을 증가시킬 수 있다.
② 제어기 부품의 성능 차이에 따라 영향을 많이 받는다.
③ 대역폭이 증가한다.
④ 정확도와 전체 이득이 증가한다.

24 그림의 시퀀스 회로와 등가인 논리 게이트는? `20년-3회`

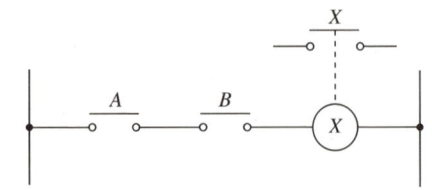

① OR 게이트
② AND 게이트
③ NOT 게이트
④ NOR 게이트

25 전원과 부하가 다 같이 △결선된 3상 평형회로가 있다. 전원전압이 $200\,V$, 부하 1상의 임피던스가 $4+j3\,\Omega$ 인 경우 선전류는 몇 A 인가? `16년-4회`

① $40/\sqrt{3}$
② $40/3$
③ 40
④ $40\sqrt{3}$

26 정현파 교류전압 $e_1(t)$과 $e_2(t)$의 합 $[e_1(t)+e_2(t)]$은 몇 V인가? `22년-2회`

$$e_1(t) = 10\sqrt{2}\sin\left(\omega t + \frac{\pi}{3}\right)(V)$$
$$e_2(t) = 20\sqrt{2}\cos\left(\omega t - \frac{\pi}{6}\right)(V)$$

① $30\sqrt{2}\sin\left(\omega t + \frac{\pi}{3}\right)$
② $30\sqrt{2}\sin\left(\omega t - \frac{\pi}{3}\right)$
③ $10\sqrt{2}\sin\left(\omega t + \frac{2\pi}{3}\right)$
④ $10\sqrt{2}\sin\left(\omega t - \frac{2\pi}{3}\right)$

27 정속도 운전의 직류발전기로 작은 전력의 변화를 큰 전력의 변화로 증폭하는 발전기는? `17년-4회`

① 앰플리다인
② 로젠베르그발전기
③ 솔레노이드
④ 서보전동기

28 전기화재의 원인 중 하나인 누설전류를 검출하기 위해 사용되는 것은? `22년-1회`

① 부족전압계전기
② 영상변류기
③ 계기용변압기
④ 과전류계전기

29 $R-L$ 직렬회로의 설명으로 옳은 것은? `18년-2회`

① v, i는 각 다른 주파수를 가지는 정현파이다.
② v는 i보다 위상이 $\theta = \tan^{-1}(wL/R)$ 만큼 앞선다.
③ v와 i의 최대값과 실효값의 비는 $\sqrt{R^2 + \left(\dfrac{1}{X_L}\right)^2}$ 이다.
④ 용량성 회로이다.

30 논리식 $Y = \overline{A}BC + A\overline{B}C + \overline{A}\overline{B}C$ 를 간단히 표현한 것은? `22년-1회`

① $\overline{A} \cdot (B+C)$
② $\overline{B} \cdot (A+C)$
③ $\overline{C} \cdot (A+B)$
④ $C \cdot (A+\overline{B})$

31 수신기에 내장된 축전지의 용량이 $6[Ah]$인 경우 $0.4[A]$의 부하전류로는 몇 시간 동안 사용할 수 있는가? `19년-4회`

① 2.4시간
② 15시간
③ 24시간
④ 30시간

32 그림과 같은 브리지 회로가 평형이 되기 위한 Z의 값은 몇 Ω인가? (단, 그림의 임피던스 단위는 모두 Ω이다) `14년-4회`

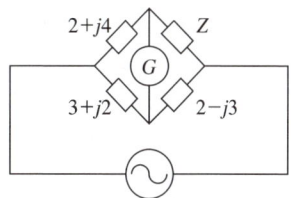

① $-4+j4$
② $2-j4$
③ $4-j2$
④ $3+j2$

33 저항 R_1, R_2와 인덕턴스 L의 직렬회로가 있다. 이 회로의 시정수는? 〔17년-2회〕

① $-\dfrac{R_1+R_2}{L}$
② $\dfrac{R_1+R_2}{L}$
③ $-\dfrac{L}{R_1+R_2}$
④ $\dfrac{L}{R_1+R_2}$

34 그림과 같은 논리회로의 출력 Y는? 〔20년-3회〕

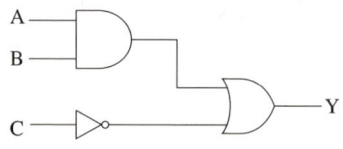

① $AB+\overline{C}$
② $A+B+\overline{C}$
③ $(A+B)\overline{C}$
④ $AB\overline{C}$

35 평행한 왕복전선에 $10A$의 전류가 흐를 때 전선 사이에 작용하는 전자력 $[N/m]$은?
(단, 전선의 간격은 $40cm$이다) 〔20년-1·2회〕

① $5\times10^{-5}N/m$, 서로 반발하는 힘
② $5\times10^{-5}N/m$, 서로 흡인하는 힘
③ $7\times10^{-5}N/m$, 서로 반발하는 힘
④ $7\times10^{-5}N/m$, 서로 흡인하는 힘

36 선간전압 $E[V]$의 3상 평형전원에 대칭 3상 저항부하 $R[\Omega]$이 그림과 같이 접속되었을 때 a, b 두 상 간에 접속된 전력계의 지시값이 $W[W]$라면 c상의 전류는 몇 A인가? 〔25년〕

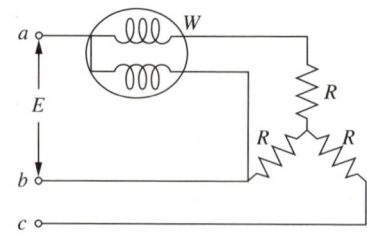

① $\dfrac{2W}{\sqrt{3}\,E}$
② $\dfrac{3W}{\sqrt{3}\,E}$
③ $\dfrac{W}{\sqrt{3}\,E}$
④ $\dfrac{\sqrt{3}\,W}{\sqrt{E}}$

37 어떤 측정계기의 지시값을 M, 참값을 T라 할 때 보정율은? 〔16년-4회〕

① $\dfrac{T-M}{M}\times100\%$
② $\dfrac{M}{M-T}\times100\%$
③ $\dfrac{T-M}{T}\times100\%$
④ $\dfrac{T}{M-T}\times100\%$

38 교류에서 파형의 개략적인 모습을 알기 위해 사용하는 파고율과 파형율에 대한 설명으로 옳은 것은?   18년-1회

① 파고율 = $\dfrac{실효값}{평균값}$, 파형율 = $\dfrac{평균값}{실효값}$

② 파고율 = $\dfrac{최댓값}{실효값}$, 파형율 = $\dfrac{실효값}{평균값}$

③ 파고율 = $\dfrac{실효값}{최댓값}$, 파형율 = $\dfrac{평균값}{실효값}$

④ 파고율 = $\dfrac{최댓값}{평균값}$, 파형율 = $\dfrac{평균값}{실효값}$

39 데브난의 정리를 이용하여 그림 (a)의 회로를 그림 (b)와 같은 등가회로로 만들고자 할 때 $V_{th}(V)$와 $R_{th}(\Omega)$은?   21년-1회

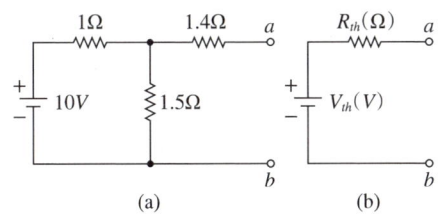

① $5\,V$, 2Ω
② $5\,V$, 3Ω
③ $6\,V$, 2Ω
④ $6\,V$, 3Ω

40 그림의 단상 반파 정류회로에서 R에 흐르는 전류의 평균값은 약 몇 A인가?
(단, $v(t) = 220\sqrt{2}\sin\omega t(V)$, $R = 16\sqrt{2}\,(\Omega)$, 다이오드의 전압강하는 무시한다)   22년-2회

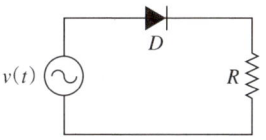

① 3.2
② 3.8
③ 4.4
④ 5.2

3과목 소방관계법규

41 다음 중 위험물과 그 지정수량의 조합으로 옳은 것은? 〈07년-1회〉

① 황린 : $20kg$
② 염소산염류 : $30kg$
③ 과염소산 : $200kg$
④ 알킬리튬 : $100kg$

42 소방기본법상 소방활동에 필요한 소화전·급수탑·저수조를 설치하고 유지·관리하여야 하는 자는? 〈09년-4회〉

① 관계인
② 소방대장
③ 시·도지사
④ 소방산업기술설비

43 가연성 가스를 저장·취급하는 시설로서 1급 소방안전관리대상물의 가연성 가스 저장·취급 기준으로 옳은 것은? 〈16년-1회〉

① 100톤 미만
② 100톤 이상~1,000톤 미만
③ 500톤 이상~1,000톤 미만
④ 1,000톤 이상

44 다음 중 특수가연물에 해당되지 않는 것은? 〈15년-2회〉

① 나무껍질 $500kg$
② 가연성 고체류 $2,000kg$
③ 목재가공품 $15m^3$
④ 가연성 액체류 $3m^3$

45 소방시설공사업법령에 따른 완공검사를 위한 현장확인 대상 특정소방대상물의 범위기준으로 틀린 것은? 〈21년-2회〉

① 연면적 1만제곱미터 이상이거나 11층 이상인 특정소방대상물(아파트는 제외)
② 가연성 가스를 제조·저장 또는 취급하는 시설 중 지상에 노출된 가연성 가스 탱크의 저장 용량 합계가 1천톤 이상인 시설
③ 호스릴 방식의 소화설비가 설치되는 특정소방대상물
④ 문화 및 집회시설, 종교시설, 판매시설, 노유자시설, 수련시설, 운동시설, 숙박시설, 창고시설, 지하상가

46 화재의 예방 및 안전관리에 관한 법상 화재예방강화지구의 지정권자는? 〈20년-4회, 개정반영〉

① 소방서장
② 시·도지사
③ 소방본부장
④ 행정안전부장관

47 제1류 위험물로서 산화성 고체에 해당되는 것은? 〈03년-1회〉

① 아염소산염류
② 적 린
③ 알칼리토금속류
④ 철 분

48 소방시설업자가 특정소방대상물의 관계인에 대한 통보 의무사항이 아닌 것은? `15년-2회`

① 지위를 승계한 때
② 등록취소 또는 영업정지 처분을 받은 때
③ 휴업 또는 폐업한 때
④ 주소지가 변경된 때

49 다음 중 위험물의 성질이 자기반응성 물질에 속하지 않는 것은? `15년-4회`

① 유기과산화물
② 무기과산화물
③ 히드라진 유도체
④ 니트로화합물

50 다음 용어의 정의에 대한 설명 중 바르지 못한 것은? `06년-4회`

① 피난층이란 곧바로 지상으로 갈 수는 없지만 출입구가 있는 층을 의미한다.
② 비상구란 화재발생 시 지상 또는 안전한 장소로 피난할 수 있는 가로 75cm 이상, 세로 150cm 이상 크기의 출입구를 의미한다.
③ 무창층이란 개구부의 합계의 면적이 당해 층의 바닥면적의 30분의 1 이하가 되는 층을 의미한다.
④ 실내장식물이란 건축물 내부의 미관 또는 장식을 위하여 천장 또는 벽에 설치하는 것으로서 가구류·집기류를 제외한다.

51 소방시설을 구분하는 경우 소화설비에 해당되지 않는 것은? `19년-2회`

① 스프링클러설비
② 제연설비
③ 자동확산소화기
④ 옥외소화전설비

52 위험물안전관리법령상 위험물시설의 설치 및 변경 등에 관한 기준 중 다음 (   ) 안에 들어갈 내용으로 옳은 것은? `20년-3회`

> 제조소등의 위치·구조 또는 설비의 변경 없이 당해 제조소등에서 저장하거나 취급하는 위험물의 품명·수량 또는 지정수량의 배수를 변경하고자 하는 자는 변경하고자 하는 날의 (㉠)일 전까지 (㉡)이 정하는 바에 따라 (㉢)에게 신고하여야 한다.

① ㉠ : 1, ㉡ : 대통령령, ㉢ : 소방본부장
② ㉠ : 1, ㉡ : 행정안전부령, ㉢ : 시·도지사
③ ㉠ : 14, ㉡ : 대통령령, ㉢ : 소방서장
④ ㉠ : 14, ㉡ : 행정안전부령, ㉢ : 시·도지사

53 화재예방 및 안전관리에 관한 법상 총괄소방안전관리자 선임대상 특정소방대상물의 기준 중 틀린 것은? `18년-1회, 개정반영`

① 판매시설 중 도매시장 및 소매시장
② 지하가
③ 복합건축물로서 지하층을 제외한 층수가 7층 이상인 것
④ 복합건축물로서 연면적이 30,000m^2 이상인 것

54 위험물 제조소등에서 변경허가를 받아야 하는 경우로 옳지 않은 것은? `25년`

① 위험물취급탱크에 $250mm$ 이하의 맨홀을 신설하는 경우
② $300m$를 초과하는 위험물 배관을 신설하는 경우
③ 불활성기체의 봉입장치를 신설하는 경우
④ 제조소 또는 일반취급소의 위치를 이전하는 경우

55 소방시설 설치 및 관리에 관한 법령상 건축허가 등의 동의대상물의 범위 기준 중 틀린 것은? `21년-1회`

① 건축등을 하려는 학교시설 : 연면적 $200m^2$ 이상
② 노유자시설 : 연면적 $200m^2$ 이상
③ 정신의료기관(입원실이 없는 정신건강의학과 의원은 제외) : 연면적 $300m^2$ 이상
④ 장애인 의료재활시설 : 연면적 $300m^2$ 이상

56 소방시설 설치 및 관리에 관한 법률상의 특정소방대상물 중 오피스텔은 어디에 속하는가? `14년-4회`

① 병원시설
② 업무시설
③ 공동주택시설
④ 근린생활시설

57 소방대라 함은 화재를 진압하고 화재, 재난·재해 그 밖의 위급한 상황에서 구조·구급 활동 등을 하기 위하여 구성된 조직체를 말한다. 소방대의 구성원으로 틀린 것은? `19년-2회`

① 소방공무원 ② 소방안전관리원
③ 의무소방원 ④ 의용소방대원

58 제4류 위험물의 성질로 알맞은 것은? `09년-2회`

① 인화성 액체
② 산화성 고체
③ 가연성 고체
④ 산화성 액체

59 소방시설공사업법령상 상주 공사감리 대상 기준 중 다음 ( ) 안에 알맞은 것은? `18년-2회`

- 연면적 (㉠)m^2 이상의 특정소방대상물(아파트는 제외)에 대한 소방시설의 공사
- 지하층을 포함한 층수가 (㉡)층 이상으로서 (㉢)세대 이상인 아파트에 대한 소방시설의 공사

① ㉠ 10,000, ㉡ 11, ㉢ 600
② ㉠ 10,000, ㉡ 16, ㉢ 500
③ ㉠ 30,000, ㉡ 11, ㉢ 600
④ ㉠ 30,000, ㉡ 16, ㉢ 500

60 지정수량 미만인 위험물의 저장 또는 취급에 관한 기술상의 기준은 무엇으로 정하는가? `17년-1회, 개정반영`

① 대통령령
② 총리령
③ 행정안전부령
④ 시·도의 조례

4과목 소방전기시설의 구조 및 원리

61 유도등 및 유도표지의 화재안전기준(NFTC 303)에 따라 지하층을 제외한 층수가 11층 이상인 특정소방대상물의 유도등의 비상전원을 축전지로 설치한다면 피난층에 이르는 부분의 유도등을 몇 분 이상 유효하게 작동시킬 수 있는 용량으로 하여야 하는가? `20년-1·2회`

① 10
② 20
③ 50
④ 60

62 비상콘센트설비의 성능인증 및 제품검사의 기술기준에 따라 절연저항 시험부위의 절연내력은 정격전압 150 V 이하의 경우 60 Hz의 정현파에 가까운 실효전압 1,000 V 교류전압을 가하는 시험에서 몇 분간 견디는 것이어야 하는가? `22년-1회`

① 1
② 10
③ 30
④ 60

63 복도통로유도등의 설치기준으로 틀린 것은? `14년-2회`

① 바닥으로부터 높이 15m 이하의 위치에 설치할 것
② 구부러진 모퉁이 및 보행거리 20m 마다 설치할 것
③ 지하역사, 지하상가인 경우에는 복도 통로 중앙부분의 바닥에 설치할 것
④ 바닥에 설치하는 통로유도등은 하중에 따라 파괴되니 아니하는 강도의 것으로 할 것

64 공기관식 차동식 분포형 감지기의 기능시험을 하였더니 검출기의 접점수고치가 규정 이상으로 되어 있었다. 이때 발생되는 장애로 볼 수 있는 것은? `21년-1회`

① 작동이 늦어진다.
② 장애는 발생되지 않는다.
③ 동작이 전혀 되지 않는다.
④ 화재도 아닌데 작동하는 일이 있다.

65 누전경보기의 수신부의 절연된 충전부와 외함 간의 절연저항은 $DC\ 500\ V$의 절연저항계로 측정하는 경우 몇 $M\Omega$ 이상이어야 하는가? `16년-2회`

① 0.5
② 5
③ 10
④ 20

66 화재안전기준에서 정하고 있는 연기감지기를 설치하지 않아도 되는 장소는? `16년-1회`

① 에스컬레이터 경사로
② 길이가 15m 인 복도
③ 엘리베이터 권상기실
④ 천장의 높이가 15m 이상 20m 미만의 장소

67 특정소방대상물의 비상방송설비 설치의 면제 기준 중 다음 ( ) 안에 알맞은 것은? `18년-1회`

> 비상방송설비를 설치하여야 하는 특정소방대상물에 ( ) 또는 비상경보설비와 같은 수준 이상의 음향을 발하는 장치를 부설한 방송설비를 화재안전기준에 적합하게 설치한 경우에는 그 설비의 유효범위에서 설치가 면제된다.

① 자동화재속보설비
② 시각경보기
③ 단독경보형 감지기
④ 자동화재탐지설비

68 부착높이 $20m$ 이상에 설치되는 광전식 중 아날로그 방식의 감지기 공칭감지농도 하한값의 기준은? `15년-2회`

① 감광율 $5\%/m$ 미만
② 감광율 $10\%/m$ 미만
③ 감광율 $15\%/m$ 미만
④ 감광율 $20\%/m$ 미만

69 비상방송설비의 배선에 대한 설치기준으로 틀린 것은? `19년-2회`

① 배선은 다른 용도의 전선과 동일한 관, 덕트, 몰드 또는 풀박스 등에 설치할 것
② 전원회로의 배선은 옥내소화전설비의 화재안전기준에 따른 내화배선으로 설치할 것
③ 화재로 인하여 하나의 층의 확성기 또는 배선이 단락 또는 단선되어도 다른 층의 화재통보에 지장이 없도록 할 것
④ 부속회로의 전로와 대지 사이 및 배선 상호 간의 절연저항은 1경계구역마다 직류 $250V$의 절연저항측정기를 사용하여 측정한 절연저항이 $0.1M\Omega$ 이상이 되도록 할 것

70 다음 비상경보설비 및 비상방송설비에 사용되는 용어 설명 중 틀린 것은? `25년`

① 비상벨설비라 함은 화재발생 상황을 경종으로 경보하는 설비를 말한다.
② 증폭기라 함은 전압전류의 주파수를 늘려 감도를 좋게 하고 소리를 크게 하는 장치를 말한다.
③ 확성기라 함은 소리를 크게 하여 멀리까지 전달될 수 있도록 하는 장치로써 일명 스피커를 말한다.
④ 음량조절기라 함은 가변저항을 이용하여 전류를 변화시켜 음량을 크게 하거나 작게 조절할 수 있는 장치를 말한다.

71 자동화재탐지설비 및 시각경보장치의 화재안전기준(NFPC 203)에 따른 경계구역에 관한 기준이다. 다음 ( )에 들어갈 내용으로 옳은 것은? `25년`

> 하나의 경계구역의 면적은 (㉮) 이하로 하고 한 변의 길이는 (㉯) 이하로 하여야 한다.

① ㉮ $600m^2$, ㉯ $50m$
② ㉮ $600m^2$, ㉯ $100m$
③ ㉮ $1,200m^2$, ㉯ $50m$
④ ㉮ $1,200m^2$, ㉯ $100m$

72 무선통신보조설비의 누설동축케이블 및 안테나는 고압의 전류로부터 $1.5m$ 이상 떨어진 위치에 설치해야 하나 그렇게 하지 않아도 되는 경우는? `16년-4회`

① 해당 전로에 정전기 차폐장치를 유효하게 설치한 경우
② 금속제 등의 지지금구로 일정한 간격으로 고정한 경우
③ 끝부분에 무반사 종단저항을 설치한 경우
④ 불연재료로 구획된 반자 안에 설치한 경우

73 자동화재속보설비의 속보기의 성능인증 및 제품검사의 기술기준에 따른 속보기의 구조에 대한 설명으로 틀린 것은? 〔21년-1회〕

① 수동통화용 송수화장치를 설치하여야 한다.
② 접지전극에 직류전류를 통하는 회로방식을 사용하여야 한다.
③ 작동 시 그 작동시간과 작동회수를 표시할 수 있는 장치를 하여야 한다.
④ 예비전원회로에는 단락사고 등을 방지하기 위한 퓨즈, 차단기 등과 같은 보호장치를 하여야 한다.

74 휴대용비상조명등의 설치기준 중 다음 ( ) 안에 알맞은 것은? 〔17년-2회〕

> 지하상가 및 지하역사에는 보행거리 (㉠) m 이내마다 (㉡)개 이상 설치할 것

① ㉠ 25, ㉡ 1
② ㉠ 25, ㉡ 3
③ ㉠ 50, ㉡ 1
④ ㉠ 50, ㉡ 3

75 화재안전기준(NFTC)에 따른 비상전원 및 건전지의 유효 사용시간에 대한 최소기준이 가장 긴 것은? 〔21년-2회〕

① 휴대용비상조명등의 건전지 용량
② 무선통신보조설비 증폭기의 비상전원
③ 지하층을 제외한 층수가 11층 미만의 층인 특정소방대상물에 설치되는 유도등의 비상전원
④ 지하층을 제외한 층수가 11층 미만의 층인 특정소방대상물에 설치되는 비상조명등의 비상전원

76 소방시설용 비상전원수전설비에서 전력수급용 계기용변성기·주차단장치 및 그 부속기기로 정의되는 것은? 〔18년-2회〕

① 큐비클설비
② 배전반설비
③ 수전설비
④ 변전설비

77 복도통로유도등의 설치기준으로 옳지 않은 것은? 〔14년-1회〕

① 복도에 설치할 것
② 구부러진 모퉁이 및 보행거리 $15m$ 마다 설치할 것
③ 바닥으로부터 높이 $1m$ 이하의 위치에 설치할 것
④ 바닥에 설치하는 통로유도등은 하중에 따라 파괴되지 아니하는 강도의 것으로 할 것

78 광전식 분리형 감지기의 설치기준으로 옳은 것은? 〔13년-1회〕

① 광축은 나란한 벽으로부터 $1m$ 이상 이격하여 설치할 것
② 광축이 높이는 천장 등(천장의 실내에 면한 부분) 높이의 80% 이상일 것
③ 감지기의 송광부와 수광부는 설치된 뒷벽으로부터 $0.6m$ 이내 위치에 설치할 것
④ 감지기의 수광면은 햇빛을 직접 받는 곳에 설치할 것

79 시각경보장치의 성능인증 및 제품검사의 기술기준에 따라 시각 경보장치의 전원부 양 단자 또는 양 선을 단락시킨 부분과 비충전부를 $DC500V$의 절연저항계로 측정하는 경우 절연저항이 몇 $M\Omega$ 이상이어야 하는가?

〔22년-1회〕

① 0.1
② 5
③ 10
④ 20

80 자동화재탐지설비 및 시각경보장치의 화재안전기준(NFPC 203)에 따라 부착높이가 $4m$ 미만으로 연기감지기 3종을 설치할 때, 바닥면적 몇 m^2마다 1개 이상 설치하여야 하는가?

〔22년-1회〕

① 50
② 75
③ 100
④ 150

제2회 문제은행 기출유형 모의고사 해설

01	02	03	04	05	06	07	08	09	10	11	12	13	14	15	16	17	18	19	20
①	①	①	④	③	④	②	③	②	①	④	①	②	④	④	④	②	③	②	③
21	22	23	24	25	26	27	28	29	30	31	32	33	34	35	36	37	38	39	40
④	③	③	②	④	①	①	②	②	②	②	②	④	①	①	①	①	②	③	③
41	42	43	44	45	46	47	48	49	50	51	52	53	54	55	56	57	58	59	60
①	③	④	②	③	②	①	④	②	①	②	②	②	②	②	②	②	①	④	④
61	62	63	64	65	66	67	68	69	70	71	72	73	74	75	76	77	78	79	80
④	①	①	①	②	②	④	①	①	②	①	①	②	②	②	②	②	②	②	①

1과목 소방원론

01 정답 ①
나트륨(Na), 칼륨(K), 리튬(Li)은 화재 시 주수소화를 시도하면 수소가 발생하므로 건조사, 팽창질석, 팽창진주암을 이용하여 피복소화한다.

02 정답 ①
이산화탄소의 분자량은 44이므로
이산화탄소의 1몰당 질량은 $\frac{44[g]}{22.4[L]} = \frac{44[kg]}{22.4[m^3]}$ 이다.
총 용적은 $44.8[m^3]$ 이므로
$44[kg] \times \frac{44.8[m^3]}{22.4[m^3]} = 88[kg]$ 이다.

03 정답 ①
제거소화는 가연물을 제거하여 소화하는 것으로서 공기를 제거하는 것은 질식소화의 예이다.

04 정답 ④
①·② 물을 사용하는 설비로서 감전의 우려가 있다.
③ 전기화재에 적응성은 있으나 오방출 또는 방출 후에 처리가 매우 곤란하다.

05 정답 ③
팽창진주암을 이용한 소화원리는 질식소화이다.

06 정답 ④
BLEVE 현상의 키워드 → 액체의 비등

07 정답 ②
화재강도의 영향요소
- 연소열(=발열량)
- 가연물의 비표면적
- 공기 공급량
- 실의 단열성(=구조)

08 정답 ③
산소농도를 13%까지 낮추기 위해 필요한 약제의 농도
$CO_2[\%] = \left(\frac{21 - O_2\%}{21}\right) \times 100 = \left(\frac{21-13}{21}\right) \times 100$
$= 38.1[\%]$

09 정답 ②
공기안전매트는 피난기구이다.

10 정답 ①

인화점

품 명	인화점
산화프로필렌	$-37℃$
이황화탄소	$-30℃$
메틸알코올	$11℃$
등 유	$37℃$

11 정답 ④

냉난방설비를 이용한 제연설비는 없다.

12 정답 ①

아세톤은 제4류 위험물 중 제1석유류이다.

13 정답 ②

물은 다른 물질보다 비열, 잠열(융해, 증발)이 크다.

14 정답 ④

보일오버

중질류 저장탱크 화재 시 화재가 진행되면 열류층이 형성된 후 점점 하강하여 탱크저부에 있는 물과 접촉하게 되고, 물의 급격한 비등으로 유류가 탱크외부로 급격하게 분출되는 현상이다. **탱크하부에 있는 물이 보일오버 발생의 원인**이 된다.

15 정답 ④

이산화탄소는 산화반응이 완료된 것으로 산소와 반응하지 않는다.

16 정답 ④

분말소화약제의 입도(입자크기)가 너무 작은 경우 부력에 의해 비산되어 소화가 어렵고, 너무 큰 경우 억제효과가 작아지므로 적당한 크기여야 한다.

17 정답 ②

피난로의 안전구획

1차 안전구획	복 도
2차 안전구획	계단의 부속실(전실)
3차 안전구획	계단실

18 정답 ③

대부분 제4류 위험물은 물보다 가벼워 화재면의 확대 우려로 주수소화를 대부분 금지하고 있다.

Tip 예외 : 이황화탄소, 알코올류

19 정답 ②

주성분은 제1인산암모늄이다.
'분말운무'라는 용어는 소방에서 사용되지 않는다.

20 정답 ③

메탄가스의 분자량 $CH_4(메탄) = 12 + (1 \times 4) = 16$

증기밀도 $= \dfrac{분자량[g]}{22.4[L]} = \dfrac{16}{22.4} = 0.71$

2과목 소방전기일반

21 정답 ④

단상 유도전동기의 기동토크 크기 순서

반발 기동형 → 반발 유도형 → 콘덴서 기동형 → 분상 기동형 → 셰이딩 코일형

22 정답 ③

배율기 저항 $R_m = (m-1)R_v = (12-1)R_v = 11R_v$

23 정답 ③

① 외부의 변화에 대한 영향이 줄어든다.
② 개루프제어 대비 제어기 부품 성능의 영향을 적게 받는다.
④ 정확도는 증가하나 전체 이득은 감소한다.

24 정답 ②

접점 A와 접점 B가 직렬연결되어 있으므로 AND 게이트이다.

25 정답 ④

상전류 $I_p = \dfrac{V}{Z} = \dfrac{200}{\sqrt{4^2+3^2}} = 40[V]$

△결선에서 선전류 $I_l = \sqrt{3}\, I_p = 40\sqrt{3}$

26 정답 ①

합성하기 편하도록 복소수로 바꾸면
$e_1 = 10\sqrt{2}\sin\left(\omega t + \dfrac{\pi}{3}\right) = 10(\cos 60° + j\sin 60°)$
$\quad = 5 + j5\sqrt{3}$
$e_2 = 20\sqrt{2}\cos\left(\omega t - \dfrac{\pi}{6}\right) = 20\sqrt{2}\sin\left(\omega t + \dfrac{\pi}{3}\right)$
$\quad = 20(\cos 60° + j\sin 60°) = 10 + j10\sqrt{3}$
$e_1 + e_2 = 5 + j5\sqrt{3} + 10 + j10\sqrt{3} = 15 + j15\sqrt{3}$
합성 실효전압 $= \sqrt{15^2 + (15\sqrt{3})^2} = 30[V]$
위상 $\theta = \tan^{-1}\left(\dfrac{허수}{실수}\right) = \tan^{-1}\left(\dfrac{15\sqrt{3}}{15}\right) = 60°$
합성전압 $e_t = 30\sqrt{2}\sin\left(\omega t + \dfrac{\pi}{3}°\right)$

Tip 문제에 sin파와 cos파로 파형이 다른 경우 sin 파형으로 통합하여 문제를 풀이한다.
$V\cos\omega t = V\sin\left(\omega t + \dfrac{\pi}{2}\right)$ 로 변환 가능하다.

27 정답 ①

작은 전력의 변화를 큰 전력의 변화로 증폭하는 발전기는 **앰플리다인**이다.

28 정답 ②

누설전류를 검출하기 위해 사용되는 기기는 영상변류기(ZCT)이다.

29 정답 ②

$R-L$ 회로는 지상회로로서, 전류가 전압보다 뒤지므로 전압이 전류보다 앞서게 된다.
$R-L$ 회로에서 위상차는 $\theta = \tan^{-1}\left(\dfrac{\omega L}{R}\right)$ 이다.

30 정답 ②

$Y = \overline{A}\,\overline{B}C + A\overline{B}(\overline{C} + C) = \overline{A}\,\overline{B}C + A\overline{B} = \overline{B}(\overline{A}C + A)$
$\quad = \overline{B}(A + C)$

31 정답 ②

$[Ah] = [A] \times [h]$ 이므로 $[h] = \dfrac{[Ah]}{[A]} = \dfrac{6}{0.4} = 15[h]$

32 정답 ③

각 대각선의 곱이 같아야 하므로
$(2+j4) \times (2-j3) = Z \times (3+j2)$
좌항부터 정리하면
$(2+j4)(2-j3) = 16 + j2$
$Z = \dfrac{16+j2}{3+j2}$ 이므로 켤레복소수를 취하면
$Z = \dfrac{(16+j2)(3-j2)}{(3+j2)(3-j2)} = \dfrac{48-j32+j6+4}{13} = \dfrac{52-j26}{13}$
$\quad = 4 - j2$

33 정답 ④

$R-L$ 직렬회로에서 시정수 $s = \dfrac{L}{R_1 + R_2}$

34 정답 ①

첫 번째 게이트는 AND 회로이므로 $G_1 = A \times B$
입력 측 C는 NOT 회로이므로 $G_2 = \overline{C}$
3번째 게이트는 G_1, G_2의 OR 회로이므로
$Y = (A \cdot B) + \overline{C}$

35 정답 ①

왕복전선이므로 전류의 방향이 반대로 반발력이 작용한다.
$F[N/m] = \dfrac{2I_1 I_2}{r} \times 10^{-7} = \dfrac{2 \times 10 \times 10}{0.4} \times 10^{-7}$
$\quad = 5 \times 10^{-5}$

36 정답 ①

1전력계법에서 전류 $I_c = \dfrac{2W}{\sqrt{3}E}$

37 정답 ①

보정률$[\%] = \dfrac{참값 - 지시값}{지시값} \times 100 = \dfrac{T-M}{M} \times 100$

38 정답 ②

파고율 $= \dfrac{최댓값}{실효값}$, 파형률 $= \dfrac{실효값}{평균값}$

39 정답 ③

단자 $a-b$에 걸리는 전압 V_{th}는 $1.5[\Omega]$에 걸리는 전압과 같으므로

$$V_{th} = \frac{R_2}{R_1+R_2} \times E = \frac{1.5}{1+1.5} \times 10 = 6[V]$$

전압원이므로 단락 후 우측에서 합성저항을 구하면

$$R_{th} = R_3 + \frac{R_1 \times R_2}{R_1+R_2} = 1.4 + \frac{1 \times 1.5}{1+1.5} = 2[\Omega]$$

40 정답 ③

반파 정류회로에서 평균전압 $V_{DC} = 0.45 \times V_{rms}$ 이므로
$V_{DC} = 0.45 \times 220 = 99[V]$

평균전류 $I = \dfrac{V_{DC}}{R} = \dfrac{99}{16\sqrt{2}} = 4.38 ≒ 4.4[A]$

3과목 소방관계법규

41 정답 ①

② 염소산염류 − $50kg$
③ 과염소산 − $300kg$
④ 알킬리튬 − $10kg$

42 정답 ③

소화전, 급수탑, 저수조의 설치·관리자

시 설	설치·관리자
소화전, 급수탑, 저수조	시·도지사
「수도법」 제45조에 따른 소화전	일반수도업자

43 정답 ④

1급 소방안전관리대상물 중 가연성 가스를 1천톤 이상 저장·취급하는 시설

44 정답 ②

특수가연물

품 명	수량 기준
나무껍질	$400[kg]$ 이상
가연성 고체류	$3,000[kg]$ 이상
목재가공품	$10[m^3]$ 이상
가연성 액체류	$2[m^3]$ 이상

45 정답 ③

스프링클러설비등 또는 물분무등소화설비(호스릴 제외) 설비가 설치되는 특정소방대상물

46 정답 ②

화재예방강화지구란 **시·도지사**가 화재발생 우려가 크거나 화재가 발생할 경우 **피해가 클 것으로 예상되는 지역**에 대하여 화재의 예방 및 안전관리를 강화하기 위해 **지정·관리하는 지역**을 말한다.

47 정답 ①

위험물의 성질

품 명	유 별	성 질
아염소산염류	제1류	산화성 고체
적린, 철분	제2류	가연성 고체
알칼리토금속류	제3류	자연발화성 물질 및 금수성 물질

48 정답 ④

관계인 통보 의무사항
- 소방시설업자의 지위를 승계한 경우
- 소방시설업의 등록취소처분 또는 영업정지처분을 받은 경우
- 휴업하거나 폐업한 경우

49 정답 ②

무기과산화물은 **제1류** 위험물(산화성 고체)이다.

50 정답 ①

피난층이란 곧바로 **지상으로 갈 수 있는 출입구**가 있는 **층**을 말한다.

51 정답 ②

제연설비는 **소화활동설비**에 해당된다.

52 정답 ②

제조소등의 위치·구조 또는 설비의 변경 없이 당해 제조소등에서 저장하거나 취급하는 위험물의 품명·수량 또는 지정수량의 배수를 변경하고자 하는 자는 **변경하고자 하는 날의 1일 전까지** 행정안전부령이 정하는 바에 따라 **시·도지사에게 신고**하여야 한다.

53 정답 ③

복합건축물(지하층을 제외한 층수가 11**층** 이상 또는 **연면적** 3만m^2 **이상**인 건축물)

54 정답 ①

변경허가 대상
- 위험물취급탱크에 노즐 또는 맨홀을 신설하는 경우 (단, 노즐 또는 맨홀의 **직경이** 250mm**를 초과**하는 경우)
- 300m를 초과하는 위험물 배관을 신설하는 경우
- 불활성기체의 봉입장치를 신설하는 경우
- 제조소 또는 일반취급소의 위치를 이전하는 경우

55 정답 ①

학교시설은 **연면적** 100m^2 **이상**일 경우 허가동의대상이다.

56 정답 ②

오피스텔은 특정소방대상물의 분류 중 업무시설이다.

57 정답 ②

소방대의 구성원
- 소방공무원
- 의무소방원
- 의용소방대원

58 정답 ①

위험물의 성질

유 별	성 질
제1류	산화성 고체
제2류	가연성 고체
제3류	자연발화성 물질 및 금수성 물질
제4류	인화성 액체
제5류	자기반응성 물질
제6류	산화성 액체

59 정답 ④

상주 공사감리 대상
- 연면적 3만m^2 **이상** 특정소방대상물(아파트 제외)에 대한 소방시설의 공사
- 지하층을 포함한 층수가 16**층 이상**으로 500세대 **이상**인 아파트에 대한 소방시설의 공사

60 정답 ④

지정수량 미만인 **위험물**의 저장 또는 취급에 관한 기술상의 기준은 **시·도의 조례**로 정한다.

4과목 소방전기시설의 구조 및 원리

61 정답 ④

지하층을 제외한 층수가 11층 이상인 특정소방대상물의 피난층에 이르는 부분의 유도등을 60**분 이상 유효**하게 작동시킬 수 있는 용량의 축전지설비를 설치하여야 한다.

62 정답 ①

전원부와 외함 사이의 절연내력 기준

정격전압	실효전압	판 정
150 V 이하	1,000 V	실효전압을 가하여 1**분 이상** 견딜 것
150 V 초과	정격전압×2 +1,000 V	

63 정답 ①

복도통로유도등은 바닥으로부터 **높이** 1m **이하**의 위치에 설치할 것

64 정답 ①

접점수고치가 규정 이상으로 되어 있는 경우 작동이 늦어진다.

Tip 접점수고치란 공기관 내부에 있는 공기가 온도 상승에 의해 압력이 상승하여 접점을 붙이기 위해 필요한 힘을 의미한다.

65 정답 ②

누전경보기에서 수신부는 절연된 충전부와 외함 간 및 차단기구의 개폐부의 절연저항을 DC 500 V의 절연저항계로 측정하는 경우 5$M\Omega$ 이상이어야 한다.

66 정답 ②

길이가 30m 미만인 복도는 연기감지기 설치대상에서 제외할 수 있다.

67 정답 ④

비상방송설비 설치의 면제 기준은 자동화재탐지설비 또는 비상경보설비에 동등 이상의 음향인 방송설비를 부설한 경우 가능하다.

68 정답 ①

부착높이 $20m$ 이상에 설치되는 광전식 중 아날로그 방식의 감지기는 공칭감지농도 하한값이 **감광률 $5\%/m$ 미만**인 것으로 한다.

69 정답 ①

배선은 다른 전선과 **별도의** 관·덕트(절연효력이 있는 것으로 구획한 때에는 그 구획된 부분은 별개의 덕트로 본다) 몰드 또는 풀박스 등에 설치할 것

70 정답 ②

비상방송설비에서의 증폭기란 전압전류의 진폭을 늘려 감도를 좋게 하고 미약한 음성전류를 커다란 음성전류로 변화시켜 소리를 크게 하는 장치를 말한다.

71 정답 ①

하나의 경계구역의 면적은 $600m^2$ 이하로 하고 한 변의 길이는 $50m$ 이하로 하여야 한다.

72 정답 ①

누설동축케이블 및 안테나는 **고압의 전로로부터** $1.5m$ **이상** 떨어진 위치에 설치할 것(해당 전로에 **정전기 차폐장치를** 유효하게 설치한 경우 예외)

73 정답 ②

속보기의 회로방식은 접지전극에 직류전류를 통하는 회로방식은 사용하지 않아야 한다.

74 정답 ②

지하상가 및 지하역사에는 보행거리 $25m$ **이내마다 3개 이상** 설치할 것

75 정답 ②

비상전원 유효사용시간의 최소 기준
- 휴대용비상조명등 : 20분
- 무선통신보조설비 : 30분
- 유도등 : 20분
- 비상조명등 : 20분

76 정답 ③

수전설비란 전력수급용 계기용변성기·주차단장치 및 그 부속기기를 말한다.

77 정답 ②

복도통로유도등은 구부러진 모퉁이 및 보행거리 $20m$ 마다 설치하여야 한다.

78 정답 ②

① 광축은 나란한 벽으로부터 $0.6m$ 이상 이격하여 설치할 것
③ 감지기의 송광부와 수광부는 설치된 뒷벽으로부터 $1m$ 이내 위치에 설치할 것
④ 감지기의 수광면은 햇빛을 직접 받지 않는 곳에 설치할 것

79 정답 ②

시각경보장치의 전원부 양 단자 또는 양 선을 단락시킨 부분과 비충전부를 $DC\,500\,V$의 절연저항계로 측정하는 경우 절연저항이 $5M\Omega$ **이상**일 것

80 정답 ①

연기감지기 3종은 부착높이가 $4m$ 미만인 경우 바닥면적 $50m^2$ 마다 1개 이상 설치하여야 한다.

제3회 문제은행 기출유형 모의고사

1과목 소방원론

01 물체의 표면온도가 250℃에서 650℃로 상승하면 열복사량은 약 몇 배 정도 상승하는가?
〈18년-2회〉

① 2.5
② 5.7
③ 7.5
④ 9.7

02 조연성 가스에 해당하는 것은? 〈21년-1회〉

① 일산화탄소
② 산 소
③ 수 소
④ 부 탄

03 자연발화 방지대책에 대한 설명 중 틀린 것은?
〈18년-2회〉

① 저장실의 온도를 낮게 유지한다.
② 저장실의 환기를 원활히 시킨다.
③ 촉매물질과의 접촉을 피한다.
④ 저장실의 습도를 높게 유지한다.

04 액화석유가스(LPG)에 대한 성질로 틀린 것은?
〈18년-2회〉

① 주성분은 프로판, 부탄이다.
② 천연고무를 잘 녹인다.
③ 물에 녹지 않으나 유기용매에 용해된다.
④ 공기보다 1.5배 가볍다.

05 고분자 재료와 열적 특성의 연결이 옳은 것은?
〈18년-1회〉

① 폴리염화비닐 수지 - 열가소성
② 페놀 수지 - 열가소성
③ 폴리에틸렌 수지 - 열경화성
④ 멜라민 수지 - 열가소성

06 연면적이 $1,000[m^2]$ 이상인 건축물에 설치하는 방화벽에 갖추어야 할 기준으로 틀린 것은?
〈19년-2회〉

① 내화구조로서 자립할 수 있는 구조일 것
② 방화벽의 양쪽 위쪽 끝을 건축물의 외벽면 및 지붕면으로부터 $0.1[m]$ 이상 튀어나오게 할 것
③ 방화벽에 설치하는 출입문의 너비는 $2.5[m]$ 이하로 할 것
④ 방화벽에 설치하는 출입문의 높이는 $2.5[m]$ 이하로 할 것

07 분진폭발의 위험성이 가장 낮은 것은?   `18년-1회`

① 알루미늄분
② 유 황
③ 팽창질석
④ 소맥분

08 1기압 상태에서, 100℃ 물 1g이 모두 기체로 변할 때 필요한 열량은 몇 cal인가?   `21년-1회`

① 429
② 499
③ 539
④ 639

09 pH 9 정도의 물을 보호액으로 하여 보호액 속에 저장하는 물질은?   `18년-1회`

① 나트륨
② 탄화칼슘
③ 칼 륨
④ 황 린

10 상온, 상압에서 액체인 물질은?   `18년-1회`

① CO_2
② Halon 1301
③ Halon 1211
④ Halon 2402

11 수소의 공기 중 연소범위는 약 몇 vol%인가?   `09년-1회`

① 0.4~4
② 1~12.5
③ 4~75
④ 67~92

12 다음 그림에서 목조건물의 표준화재 온도시간 곡선으로 옳은 것은?   `18년-1회`

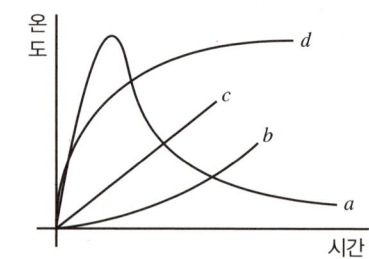

① a
② b
③ c
④ d

13 소화의 방법으로 틀린 것은?   `18년-1회`

① 가연성 물질을 제거한다.
② 불연성 가스의 공기 중 농도를 높인다.
③ 산소의 공급을 원활히 한다.
④ 가연성 물질을 냉각시킨다.

14 다음 중 발화점이 가장 낮은 물질은? `18년-1회`

① 휘발유
② 이황화탄소
③ 적 린
④ 황 린

15 휘발유의 위험성에 관한 설명으로 틀린 것은? `17년-4회`

① 일반적인 고체 가연물에 비해 인화점이 낮다.
② 상온에서 가연성 증기가 발생한다.
③ 증기는 공기보다 무거워 낮은 곳에 체류한다.
④ 물보다 무거워 화재발생 시 물분무소화는 효과가 없다.

16 피난층에 대한 정의로 옳은 것은? `17년-4회`

① 지상으로 통하는 피난계단이 있는 층
② 비상용 승강기의 승강장이 있는 층
③ 비상용 출입구가 설치되어 있는 층
④ 직접 지상으로 통하는 출입구가 있는 층

17 건물의 주요구조부에 해당되지 않는 것은? `17년-4회`

① 바 닥   ② 천 장
③ 기 둥   ④ 주계단

18 공기 중에서 연소범위가 가장 넓은 물질은? `17년-4회`

① 수 소
② 이황화탄소
③ 아세틸렌
④ 에테르

19 공기 중에서 자연발화 위험성이 높은 물질은? `17년-4회`

① 벤 젠
② 톨루엔
③ 이황화탄소
④ 트리에틸알루미늄

20 이산화탄소 $20g$은 몇 mol인가? `17년-4회`

① 0.23
② 0.45
③ 2.2
④ 4.4

2과목 소방전기일반

21 그림과 같은 트랜지스터를 사용한 정전압회로에서 Q_1의 역할로서 옳은 것은? `16년-4회`

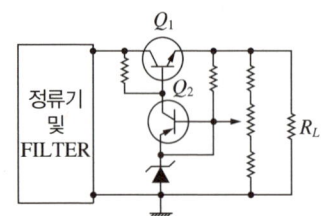

① 증폭용
② 비교부용
③ 제어용
④ 기준부용

22 다이오드를 사용한 정류회로에서 과대한 부하전류에 의하여 다이오드가 파손될 우려가 있을 경우의 적당한 대책은? `14년-4회`

① 다이오드를 직렬로 추가한다.
② 다이오드를 병렬로 추가한다.
③ 다이오드의 양단에 적당한 값의 저항을 추가한다.
④ 다이오드의 양단에 적당한 값의 콘덴서를 추가한다.

23 그림의 시퀀스(계전기 접점) 회로를 논리식으로 표현하면? `20년-4회`

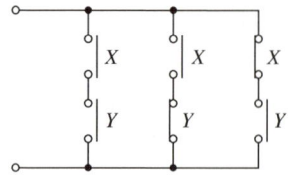

① $X+Y$
② $(XY)+(X\overline{Y})(\overline{X}Y)$
③ $(X+Y)(X+\overline{Y})(\overline{X}+Y)$
④ $(X+Y)+(X+\overline{Y})+(\overline{X}+Y)$

24 단방향 대전류의 전력용 스위칭 소자로서 교류의 위상 제어용으로 사용되는 정류소자는? `21년-2회`

① 서미스터
② SCR
③ 제너다이오드
④ UJT

25 PD(비례미분)제어 동작의 특징으로 옳은 것은? `21년-4회`

① 잔류편차 제거
② 간헐현상 제거
③ 불연속 제어
④ 속응성 개선

26 $R=10\Omega$, $C=33\mu F$, $L=20mH$인 RLC 직렬 회로의 공진주파수는 약 몇 Hz인가? `19년-1회`

① 169
② 176
③ 196
④ 206

27 이미터 전류를 $1mA$ 변화시켰더니 컬렉터 전류는 $0.84mA$이었다. 이 트랜지스터의 증폭율 β는? `07년-1회`

① 5.25
② 7.24
③ 8.96
④ 10.42

28 회로에서 R_1이 $2[\Omega]$이고, R_2가 $6[\Omega]$일 때 전류 I_1의 값은? `11년-2회`

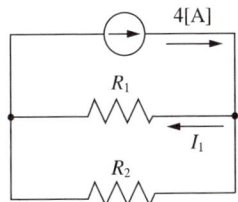

① 1
② 2
③ 3
④ 4

29 변압기의 내부회로 고장검출용으로 사용되는 계전기는? `16년-2회`

① 비율차동계전기
② 과전류계전기
③ 온도계전기
④ 접지계전기

30 내압이 $1.0kV$이고 정전용량이 각각 $0.01\mu F$, $0.02\mu F$, $0.04\mu F$인 3개의 커패시터를 직렬로 연결했을 때 전체 내압은 몇 V인가? `21년-2회`

① 1,500
② 1,750
③ 2,000
④ 2,200

31 제어요소의 구성으로 옳은 것은? `19년-4회`

① 조절부와 조작부
② 비교부와 검출부
③ 설정부와 검출부
④ 설정부와 비교부

32 3상 유도 전동기를 Y결선으로 운전했을 때 토크가 T_Y이었다. 이 전동기를 동일한 전원에서 △결선으로 운전했을 때 토크($T_\triangle$)는?

① $T_\triangle = 3T_Y$
② $T_\triangle = \sqrt{3}\,T_Y$
③ $T_\triangle = \dfrac{1}{3}T_Y$
④ $T_\triangle = \dfrac{1}{\sqrt{3}}T_Y$

33 그림과 같이 콘덴서 $3F$와 $2F$가 직렬로 접속된 회로에 전압 $100\,V$를 가하였을 때 $3F$ 콘덴서의 단자전압 V_1은?

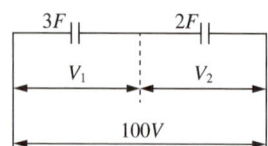

① $30[V]$
② $40[V]$
③ $50[V]$
④ $60[V]$

34 $R = 10\,\Omega$, $wL = 20\,\Omega$인 직렬회로에 $220\,V$의 전압을 가하는 경우 전류와 전압과 전류의 위상각은 각각 어떻게 되는가?

① $24.5A$, $26.5°$
② $9.8A$, $63.4°$
③ $12.2A$, $13.2°$
④ $73.6A$, $79.6°$

35 옴의 법칙에 대한 설명으로 옳은 것은?

① 전압은 저항에 반비례한다.
② 전압은 전류에 비례한다.
③ 전압은 전류에 반비례한다.
④ 전압은 전류의 제곱에 비례한다.

36 다음과 같은 결합회로의 합성인덕턴스로 옳은 것은?

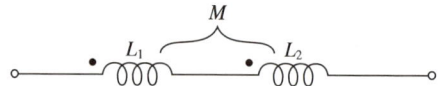

① $L_1 + L_2 + 2M$
② $L_1 + L_2 - 2M$
③ $L_1 + L_2 - M$
④ $L_1 + L_2 + M$

37 각 상의 임피던스가 $Z = 6 + j8(\Omega)$인 △결선의 평형 3상 부하에 선간전압이 $220\,V$인 대칭 3상 전압을 가했을 때 이 부하로 흐르는 선전류의 크기는 약 몇 A인가?

① 13
② 22
③ 38
④ 66

38 그림은 비상시에 대비한 예비전원의 공급회로이다. 직류전압을 일정하게 유지하기 위하여 콘덴서를 설치한다면 그 위치로 적당한 곳은?

`12년-1회`

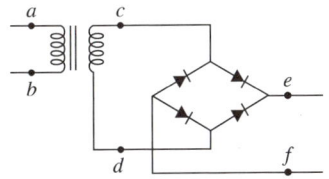

① a와 b 사이
② c와 d 사이
③ e와 f 사이
④ c와 e 사이

39 그림과 같은 회로에서 흐르는 전류 I는 몇 $[A]$인가?

`11년-4회`

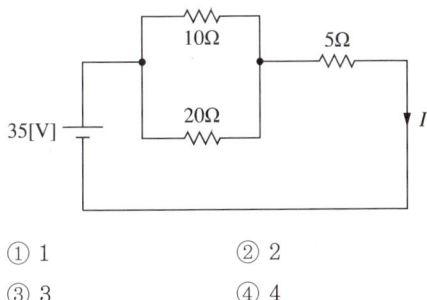

① 1
② 2
③ 3
④ 4

40 그림은 개루프 제어계의 신호전달 계통도이다. 다음 ( ) 안에 알맞은 제어계의 동작요소는?

`17년-2회`

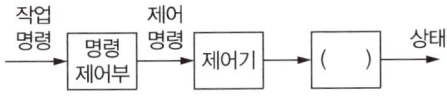

① 제어량
② 제어대상
③ 제어장치
④ 제어요소

3과목 소방관계법규

41 위험물제조소에는 보기 쉬운 곳에 기준에 따라 "위험물제조소"라는 표시를 한 표지를 설치하여야 하는데 다음 중 표지의 기준으로 적합한 것은?

`14년-2회`

① 표지의 한 변의 길이는 $0.3m$ 이상, 다른 한 변의 길이는 $0.6m$ 이상인 직사각형으로 하되 표지의 바탕은 백색으로 문자는 흑색으로 한다.
② 표지의 한 변의 길이는 $0.2m$ 이상, 다른 한 변의 길이는 $0.4m$ 이상인 직사각형으로 하되 표지의 바탕은 백색으로 문자는 흑색으로 한다.
③ 표지의 한 변의 길이는 $0.2m$ 이상, 다른 한 변의 길이는 $0.4m$ 이상인 직사각형으로 하되 표지의 바탕은 흑색으로 문자는 백색으로 한다.
④ 표지의 한 변의 길이는 $0.3m$ 이상, 다른 한 변의 길이는 $0.6m$ 이상인 직사각형으로 하되 표지의 바탕은 흑색으로 문자는 백색으로 한다.

42 화재의 예방 및 안전관리에 관한 법령상 보일러 등의 위치·구조 및 관리와 화재예방을 위하여 불의 사용에 있어서 지켜야 하는 사항 중 보일러에 경유·등유 등 액체연료를 사용하는 경우에 연료탱크는 보일러 본체로부터 수평거리 최소 몇 m 이상의 간격을 두어 설치해야 하는가?

`22년-2회`

① 0.5
② 0.6
③ 1
④ 2

43 소방시설 중 "화재를 진압하거나 인명구조활동을 위하여 사용하는 설비"로 구분되는 것은? `10년-4회`

① 피난설비
② 소화설비
③ 소화용수설비
④ 소화활동설비

44 화재예방강화지구로 지정할 수 있는 대상이 아닌 것은? `19년-4회`

① 시장지역
② 소방출동로가 있는 지역
③ 공장·창고가 밀집한 지역
④ 목조건물이 밀집한 지역

45 소방본부장 또는 소방서장은 화재예방강화지구 안의 관계인에 대하여 소방상 필요한 훈련 및 교육은 연 몇 회 이상 실시할 수 있는가? `19년-4회`

① 1
② 2
③ 3
④ 4

46 화재의 예방 및 안전관리에 관한 법령상 특수가연물의 저장 및 취급의 기준 중 다음 ( ) 안에 알맞은 것은? (단, 석탄·목탄류를 발전용으로 저장하는 경우는 제외한다) `18년-2회, 개정반영`

> 살수설비를 설치하거나 방사능력 범위에 해당 특수가연물이 포함되도록 대형수동식 소화기를 설치하는 경우에는 쌓는 높이를 (㉠)m 이하, 쌓는 부분의 바닥면적을 (㉡)m^2 이하로 할 수 있다.

① ㉠ 10, ㉡ 30
② ㉠ 10, ㉡ 200
③ ㉠ 15, ㉡ 100
④ ㉠ 15, ㉡ 200

47 승강기 등 기계장치에 의한 주차시설로서 자동차 몇 대 이상 주차할 수 있는 시설을 할 경우, 소방본부장 또는 소방서장의 건축허가 등의 동의를 받아야 하는가? `14년-2회`

① 10대
② 20대
③ 30대
④ 50대

48 소방시설공사가 완공되고 나면 누구에게 완공검사를 받아야 하는가? `11년-2회`

① 소방시설 설계업자
② 소방시설 사용자
③ 소방본부장 또는 소방서장
④ 시·도지사

49 소방시설공사업법령에 따른 소방시설업의 등록권자는? `20년-1·2회, 개정반영`

① 국무총리
② 소방서장
③ 시·도지사
④ 한국소방안전원장

50 무창층에서 개구부라 함은 해당 층의 바닥면으로부터 개구부 밑부분까지의 높이가 몇 [m] 이내를 말하는가? `09년-2회`

① 1.0m 이내
② 1.2m 이내
③ 1.5m 이내
④ 1.7m 이내

51 위험물로서 제1석유류에 속하는 것은? `05년-1회`

① 이황화탄소
② 휘발유
③ 디에틸에테르
④ 파라크실렌

52 소방시설공사업법령상 공사감리자 지정대상 특정소방대상물의 범위가 아닌 것은? `20년-3회`

① 제연설비를 신설·개설하거나 제연구역을 증설할 때
② 연소방지설비를 신설·개설하거나 살수구역을 증설할 때
③ 캐비닛형 간이스프링클러설비를 신설·개설하거나 방호·방수구역을 증설할 때
④ 물분무등소화설비(호스릴 방식의 소화설비 제외)를 신설·개설하거나 방호·방수구역을 증설할 때

53 화재예방강화지구의 지정대상이 아닌 것은? `17년-4회, 개정반영`

① 공장·창고가 밀집한 지역
② 목조건물이 밀집한 지역
③ 농촌지역
④ 시장지역

54 위험물안전관리법상 시·도지사의 허가를 받지 아니하고 당해 제조소등을 설치할 수 있는 기준 중 다음 (   ) 안에 알맞은 것은? `18년-1회`

> 농예용·축산용 또는 수산용으로 필요한 난방시설 또는 건조시설을 위한 지정수량 (   ) 배 이하의 저장소

① 20
② 30
③ 40
④ 50

55 소방본부장 또는 소방서장 등이 화재현장에서 소화활동을 원활히 수행하기 위하여 규정하고 있는 사항으로 틀린 것은? `13년-4회, 개정반영`

① 화재예방강화지구의 지정
② 강제처분
③ 소방활동 종사명령
④ 피난명령

56 소화활동을 위한 소방용수시설 및 지리조사의 실시 횟수는? `15년-2회`

① 주 1회 이상
② 주 2회 이상
③ 월 1회 이상
④ 분기별 1회 이상

57 총괄소방안전관리자를 선임하여야 하는 특정소방대상물의 기준으로 옳지 않은 것은? `14년-1회, 개정반영`

① 소매시장
② 도매시장
③ 3층 이상인 학원
④ 연면적이 $30,000m^2$ 이상인 복합건축물

58 소방시설공사업법령에 따른 소방시설업 등록이 가능한 사람은? `20년-1·2회`

① 피성년후견인
② 위험물안전관리법에 따른 금고 이상의 형의 집행 유예를 선고받고 그 유예기간 중에 있는 사람
③ 등록하려는 소방시설업 등록이 취소된 날부터 3년이 지난 사람
④ 소방기본법에 따른 금고 이상의 실형을 선고받고 그 집행이 면제된 날부터 1년이 지난 사람

59 소방본부장 또는 소방서장은 화재의 예방 또는 진압대책을 위하여 소방대상물의 검사를 할 수 있으나 반드시 관계인의 승낙이 있거나 화재발생의 우려가 현저하여 긴급을 요할 때에만 할 수 있는 곳은? `04년-2회`

① 제조공장
② 전시장
③ 교 회
④ 개인의 주거

60 제3류 위험물에 해당하는 것은? `05년-4회`

① 염소산염류
② 나트륨
③ 무기과산화물
④ 유기과산화물

4과목 — 소방전기시설의 구조 및 원리

61 부착높이가 $4m$ 미만으로 연기감지기 3종을 설치할 때 바닥면적 몇 m^2마다 1개 이상 설치하여야 하는가? ⟨14년-2회⟩

① $150m^2$
② $100m^2$
③ $75m^2$
④ $50m^2$

62 비상방송설비의 음향장치는 정격전압의 몇 % 전압에서 음향을 발할 수 있는 것으로 하여야 하는가? ⟨19년-1회⟩

① 80
② 90
③ 100
④ 110

63 비상방송설비 음향장치 설치기준 중 층수가 11층 이상(공동주택 외의 특정소방대상물)으로서 특정소방대상물의 1층에서 발화한 때의 경보 기준으로 옳은 것은? ⟨18년-2회, 개정반영⟩

① 발화층에 경보를 발할 것
② 발화층 및 그 직상 4개 층에 경보를 발할 것
③ 발화층・그 직상층 및 지하층에 경보를 발할 것
④ 발화층・그 직상 4개 층 및 기타의 지하층에 경보를 발할 것

64 공연장 및 집회장에 설치하여야 할 유도등의 종류로 옳은 것은? ⟨14년-1회⟩

① 대형피난구유도등, 통로유도등, 객석유도등
② 중형피난구유도등, 통로유도등
③ 소형피난구유도등, 통로유도등
④ 피난구유도표지, 통로유도표지

65 연기감지기 설치 시 천장 또는 반자 부근에 배기구가 있는 경우에 감지기의 설치위치로 옳은 것은? ⟨16년-4회⟩

① 배기구가 있는 그 부근
② 배기구로부터 가장 먼 곳
③ 배기구로부터 $6m$ 이상 떨어진 곳
④ 배기구로부터 $1.5m$ 이상 떨어진 곳

66 누전경보기의 형식승인 및 제품검사의 기술기준에 따라 누전경보기의 변류기는 경계전로에 정격전류를 흘리는 경우, 그 경계전로의 전압강하는 몇 V 이하이어야 하는가? (단, 경계전로의 전선을 그 변류기에 관통시키는 것은 제외한다) ⟨20년-3회⟩

① 0.3
② 0.5
③ 1.0
④ 3.0

67 비상조명등의 화재안전기준(NFTC 304)에 따라 조도는 비상조명등이 설치된 장소의 각 부분의 바닥에서 몇 lx 이상이 되도록 하여야 하는가? `20년-3회`

① 1　　② 3
③ 5　　④ 10

68 비상콘센트설비를 설치하여야 하는 특정소방대상물의 기준으로 옳은 것은?
(단, 위험물 저장 및 처리시설 중 가스시설 또는 지하구는 제외한다) `17년-4회`

① 지하가(터널은 제외)로서 연면적 $1,000m^2$ 이상인 것
② 층수가 11층 이상인 특정소방대상물의 경우에는 11층 이상의 층
③ 지하층의 층수가 3층 이상이고 지하층의 바닥면적의 합계가 $1,500m^2$ 이상인 것은 지하층의 모든 층
④ 창고시설 중 물류터미널로서 해당 용도로 사용되는 부분의 바닥면적의 합계가 $1,000m$ 이상인 것

69 비상벨설비의 설치기준 중 다음 ( ) 안에 알맞은 것은? `18년-2회`

비상벨설비에는 그 설비에 대한 감시상태를 (㉠)분간 지속한 후 유효하게 (㉡)분 이상 경보할 수 있는 축전지설비 또는 전기저장장치를 설치하여야 한다.

① ㉠ 30, ㉡ 10
② ㉠ 10, ㉡ 30
③ ㉠ 60, ㉡ 10
④ ㉠ 10, ㉡ 60

70 비상콘센트설비의 전원회로의 설치기준 중 틀린 것은? `17년-1회`

① 비상콘센트용 풀박스 등은 방청도장을 한 것으로서, 두께 $1.6mm$ 이상의 철판으로 할 것
② 하나의 전용회로에 설치하는 비상콘센트는 10개 이하로 할 것
③ 콘센트마다 배선용 차단기(KS C 8321)를 설치하여야 하며, 충전부가 노출되지 아니하도록 할 것
④ 전원회로는 단상교류 $220\,V$인 것으로서, 그 공급용량은 $3kVA$ 이상인 것으로 할 것

71 무선통신보조설비의 화재안전기준(NFTC 505)에 따라 분배기 · 분파기 및 혼합기 등의 임피던스는 몇 Ω의 것으로 하여야 하는가? `22년-1회`

① 10　　② 20
③ 50　　④ 75

72 소방관서에 통보하는 자동화재속보설비에 관한 설명으로 옳지 않은 것은? `13년-4회`

① 스위치는 바닥으로부터 $0.8m$ 이상 $1.5m$ 이하에 설치하여야 한다.
② 자동화재탐지설비와 연동으로 작동하여 자동으로 화재발생 상황을 소방관서에 전달되도록 한다.
③ 속보기는 소방관서에 통신망을 통하여 통보하도록 한다.
④ 관계인이 24시간 상시 근무하고 있는 경우에도 자동화재속보설비를 설치하여야 한다.

73 자동화재탐지설비의 음향장치 설치기준 중 옳은 것은? `15년-1회`

① 지구음향장치는 당해 소방대상물의 각 부분으로부터 하나의 음향장치까지의 수평거리가 $30m$ 이하가 되도록 한다.
② 정격전압의 80% 전압에서 음향을 발할 수 있어야 한다.
③ 용량은 부착된 음향장치의 중심으로부터 $1m$ 떨어진 위치에서 $80dB$ 이상이 되도록 하여야 한다.
④ 8층으로서 연면적이 $3,000m^2$를 초과하는 소방대상물에 있어서는 2층 이상의 층에서 발화 시 발화층 및 직하층에 경보를 발하여야 한다.

74 노유자시설로서 바닥면적이 몇 m^2 이상인 층이 있는 경우에 자동화재속보설비를 설치하는가? `16년-1회`

① 200
② 300
③ 500
④ 600

75 청각장애인용 시각경보장치의 설치기준 중 천장의 높이가 $2m$ 이하인 경우에는 천장으로부터 m 이내의 장소에 설치하여야 하는가? `17년-2회`

① 0.15
② 0.3
③ 0.5
④ 0.7

76 감지기의 형식승인 및 제품검사의 기술기준에 따른 단독경보형 감지기(주전원이 교류전원 또는 건전지인 것을 포함한다)의 일반기능에 대한 설명으로 틀린 것은? `20년-4회`

① 작동되는 경우 작동표시등에 의하여 화재의 발생을 표시할 수 있는 기능이 있어야 한다.
② 작동되는 경우 내장된 음향장치의 명동에 의하여 화재경보음을 발할 수 있는 기능이 있어야 한다.
③ 전원의 정상상태를 표시하는 전원표시등의 섬광 주기는 3초 이내의 점등과 60초 이내의 소등으로 이루어져야 한다.
④ 자동복귀형 스위치(자동적으로 정위치에 복귀될 수 있는 스위치를 말한다)에 의하여 수동으로 작동시험을 할 수 있는 기능이 있어야 한다.

77 비상경보설비를 설치하여야 하는 특정소방대상물의 기준 중 옳은 것은? (단, 지하구, 모래·석재 등 불연재료 창고 및 위험물 저장·처리시설 중 가스시설은 제외한다) `18년-4회`

① 지하층 또는 무창층의 바닥면적이 $150m^2$ 이상인 것
② 공연장으로서 지하층 또는 무창층의 바닥면적이 $200m^2$ 이상인 것
③ 지하가 중 터널로서 길이가 $400m$ 이상인 것
④ 30명 이상의 근로자가 작업하는 옥내작업장

78 누전경보기에서 감도조정장치의 조정범위는 최대 몇 mA인가? 〈16년-1회〉

① 1
② 20
③ 1,000
④ 1,500

79 소방시설용 비상전원수전설비의 화재안전기준(NFTC 602)에 따라 일반전기사업자로부터 특고압 또는 고압으로 수전하는 비상전원수전설비의 경우에 있어 소방회로배선과 일반회로배선을 몇 cm 이상 떨어져 설치하는 경우 불연성 벽으로 구획하지 않을 수 있는가? 〈19년-4회〉

① 5
② 10
③ 15
④ 20

80 비상방송설비와 자동화재탐지설비의 연동 시 동작 순서로 옳은 것은? 〈22년-1회〉

① 기동장치 → 증폭기 → 수신기 → 조작부 → 확성기
② 기동장치 → 조작부 → 증폭기 → 수신기 → 확성기
③ 기동장치 → 수신기 → 증폭기 → 조작부 → 확성기
④ 기동장치 → 증폭기 → 조작부 → 수신기 → 확성기

제3회 문제은행 기출유형 모의고사 해설

01	02	03	04	05	06	07	08	09	10	11	12	13	14	15	16	17	18	19	20
④	②	④	④	①	②	③	③	④	④	③	①	③	④	④	④	②	③	④	②
21	22	23	24	25	26	27	28	29	30	31	32	33	34	35	36	37	38	39	40
③	②	①	②	④	③	①	③	②	①	①	①	②	②	②	①	③	③	④	②
41	42	43	44	45	46	47	48	49	50	51	52	53	54	55	56	57	58	59	60
①	④	④	②	①	④	②	③	③	②	②	③	③	①	①	③	③	②	④	②
61	62	63	64	65	66	67	68	69	70	71	72	73	74	75	76	77	78	79	80
④	①	④	①	①	②	①	②	③	④	③	②	③	①	③	①	③	①	③	③

1과목 소방원론

01 정답 ④

열복사량은 스테판–볼츠만 법칙에 의해

$\dot{q}_R'' = \sigma T^4$ 이므로 → $\dfrac{\cancel{\sigma} T_2^4}{\cancel{\sigma} T_1^4} = \dfrac{(650+273)^4}{(250+273)^4} = 9.7$

02 정답 ②

조연성 가스
산소, 공기, 오존, 불소, 염소

03 정답 ④

습도가 높을수록 자연발화 발생이 용이하다.

04 정답 ④

액화석유가스(LPG)는 증기밀도가 약 1.5로 공기보다 1.5배 **무겁다**.

05 정답 ①

플라스틱 가연물

열가소성	폴리에틸렌 수지, 폴리스틸렌 수지, 폴리아세틸렌 수지, 폴리염화비닐 수지
열경화성	멜라닌 수지, 페놀 수지, 요소 수지

Tip 이름이 폴리○○인 경우 열가소성 수지이다.

06 정답 ②

방화벽은 양쪽 또는 위쪽 끝을 건축물의 외벽면 및 지붕면으로부터 $0.5m$ 이상 튀어나오게 설치해야 한다.

07 정답 ③

팽창질석은 분진폭발이 발생하지 않는다.

08 정답 ③

물 $1[g]$이 1기압 $100[℃]$에서의 증발잠열은 $539[cal]$이다.

09 정답 ④

황린은 제3류 위험물 중 금수성이 아닌 자연발화성 물질로서 공기와의 접촉을 차단하기 위해 물속에 저장한다.

10 정답 ④

할론 소화약제의 상온·상압에서의 상태

구 분	상온·상압에서의 상태
Halon 1211	기 체
Halon 1301	
Halon 1011	액 체
Halon 2402	

11 정답 ③
수소의 연소범위는 $4 \sim 75 vol\%$ 이다.

12 정답 ①
a : 목조건축물 화재곡선
d : 내화건축물 화재곡선

13 정답 ③
산소의 공급을 원활히 하면 산화반응이 활발해지고, 산소의 공급을 차단하여야 질식소화가 된다.

14 정답 ④
착화온도(발화점)

품 명	착화온도(발화점)
휘발유	246℃
이황화탄소	102℃
적 린	260℃
황 린	30℃

15 정답 ④
가솔린의 비중은 약 0.7로 물보다 가볍다.

16 정답 ④
피난층이란 직접 지상으로 통하는 출입구가 있는 층이다.

17 정답 ②
주요구조부
내력벽, 기둥, 바닥, 보, 지붕틀 및 주계단

18 정답 ③
아세틸렌의 연소범위는 $2.5 \sim 81\%$이다.

19 정답 ④
공기 또는 물과 반응하여 발화하는 물질은 자연발화성 물질(위험물)을 의미한다.
대부분의 자연발화성 물질은 금속이다(늄, 튬, 슘 등).

20 정답 ②
이산화탄소 $1mol$의 분자량은 44이므로
$$\frac{20[g]}{44[g]} \times 1[mol] = 0.45[mol]$$

2과목 소방전기일반

21 정답 ③
Q_1 : 제어용, Q_2 : 증폭용

22 정답 ②
다이오드를 **병렬**로 접속하면 **과전류**로부터 보호되고, **직렬**로 접속하면 **과전압**으로부터 보호된다.

23 정답 ①
각 직렬회로를 정리하면
$(X \cdot Y), (X \cdot \overline{Y}), (\overline{X} \cdot Y)$
각 회로는 병렬회로이므로
$(X \cdot Y) + (X \cdot \overline{Y}) + (\overline{X} \cdot Y)$
정리하면,
$X \cdot (Y + \overline{Y}) + (\overline{X} \cdot Y) = X + (\overline{X} \cdot Y) = X + Y$

24 정답 ②
단방향 대전류의 전력용 스위칭 소자로 위상제어용으로 사용되는 정류소자는 SCR(실리콘정류제어기)이다.

25 정답 ④
비례미분(PD)제어는 응답 속응성을 개선하기 위해 사용된다.

26 정답 ③
공진주파수
$$f_0[Hz] = \frac{1}{2\pi\sqrt{LC}} = \frac{1}{2\pi\sqrt{20 \times 10^{-3} \times 33 \times 10^{-6}}}$$
$$= 196[Hz]$$

27 정답 ①
트랜지스터의 증폭률
$$\beta = \frac{I_C}{I_B} = \frac{I_C}{I_E - I_C} = \frac{0.84}{1 - 0.84} = 5.25$$

28 정답 ③

R_1을 통과하는 전류 $I_1 = \dfrac{R_2}{R_1 + R_2} \times I_t$ 이므로,

$I_1 = \dfrac{6}{2+6} \times 4 = 3[A]$

29 정답 ①

변압기 내부고장 보호를 위해서 **비율차동계전기**가 설치된다.

30 정답 ②

정전용량비 $0.01 : 0.02 : 0.04 = 1 : 2 : 4$,
$0.01[\mu F]$가 $1kV$ 도달 시에 전하량
$Q = CV = 1 \times 1,000[V] = 1,000$
$0.02[\mu F]$에 걸리는 전압
$V_2 = \dfrac{Q}{C_2} = \dfrac{1,000}{2} = 500[V]$,
$0.04[\mu F]$에 걸리는 전압
$V_3 = \dfrac{Q}{C_3} = \dfrac{1,000}{4} = 250[V]$,
콘덴서 내압 $1kV$에 도달하는 전체내압
$1,000 + 500 + 250 = 1,750[V]$

31 정답 ①

자동제어를 구성하는 기본 3대 요소
조절부, 조작부, 검출부

32 정답 ①

Y운전 시의 토크는 △운전 시 토크의 1/3이므로
$T_\triangle = 3T_Y$

33 정답 ②

단자전압 $V_1 = \dfrac{C_2}{C_1 + C_2} \times V = \dfrac{2}{3+2} \times 100 = 40[V]$

34 정답 ②

회로의 임피던스 $|Z| = \sqrt{R^2 + X_L^2} = \sqrt{10^2 + 20^2} = 10\sqrt{5}$

전류 $i = \dfrac{V}{Z} = \dfrac{220}{10\sqrt{5}} = 9.8[A]$

$R-L$ 회로의 위상각(차)
$\theta = \tan^{-1}\left(\dfrac{X_L}{R}\right) = \tan^{-1}\left(\dfrac{20}{10}\right) = 63.4°$

35 정답 ②

옴의 법칙은 $V = IR$로서
$V \propto I$: 전압은 전류에 비례한다.
$V \propto R$: 전압은 저항에 비례한다.
$I \propto \dfrac{1}{R}$: 전류와 저항은 반비례한다.

36 정답 ①

가동결합이므로 합성인덕턴스
$L_{가동} = L_1 + L_2 + 2M$

37 정답 ③

상전류 $I_p = \dfrac{V_p}{Z} = \dfrac{220}{\sqrt{6^2 + 8^2}} = 22[A]$

△결선에서 선전류 $I_\ell = \sqrt{3}\,I_p = \sqrt{3} \times 22 = 38.1[A]$

38 정답 ③

해당 전원 공급회로에서 직류전압을 일정하게 유지하기 위해 콘덴서를 설치하는 경우 e와 f 사이에 설치한다.

39 정답 ③

$R_1 = 10[\Omega]$, $R_2 = 20[\Omega]$, $R_3 = 5[\Omega]$라고 정리하면

병렬회로 합성저항 $R_{tp} = \dfrac{R_1 \times R_2}{R_1 + R_2} = \dfrac{10 \times 20}{10 + 20} = \dfrac{20}{3}[\Omega]$

전체 합성저항 $R_t = R_{tp} + R_3 = \dfrac{20}{3} + 5 = \dfrac{35}{3}$

회로의 전전류 $I = \dfrac{E}{R_t} = \dfrac{35}{35/3} = 3[\Omega]$

40 정답 ②

상태를 도출하는 것은 제어대상이다.

3과목 소방관계법규

41 정답 ①

표지는 한 변의 길이가 $0.3m$ **이상**, 다른 한 변의 길이가 $0.6m$ **이상**인 직사각형으로 하고, 표지의 **바탕은 백색으로, 문자는 흑색으로** 한다.

42 정답 ③

액체연료를 사용하는 보일러의 경우 **연료탱크와 보일러 본체는 수평거리 1m 이상 이격**하여 설치해야 한다.

43 정답 ④

소화활동설비는 화재를 진압하거나 **인명구조활동**을 위하여 사용하는 설비이다.

44 정답 ②

소방시설·소방용수시설 또는 **소방출동로가 없는 지역**이 화재예방강화지구 지정대상지역이다.

45 정답 ①

소방관서장은 화재예방강화지구 안의 관계인에 대하여 소방에 필요한 **훈련 및 교육을 연 1회 이상** 실시할 수 있다.

46 정답 ④

살수설비를 설치하거나 방사능력 범위에 해당 특수가연물이 포함되도록 대형수동식 소화기를 설치하는 경우는 쌓는 높이를 $15m$ **이하**, 쌓는 부분의 바닥면적을 $200m^2$ **이하**로 할 수 있다.

47 정답 ②

승강기 등 기계장치에 의한 주차시설로서 자동차 20대 이상을 주차할 수 있는 시설이 건축허가 등의 동의를 받아야 하는 대상이다.

48 정답 ③

공사업자는 소방시설공사를 완공하면 **소방본부장 또는 소방서장의 완공검사**를 받아야 한다.

49 정답 ③

특정소방대상물의 소방시설공사등을 하려는 자는 대통령령으로 정하는 요건을 갖추어 **시·도지사에게 소방시설업을 등록**하여야 한다.

50 정답 ②

유효한 개구부의 조건 중 개구부는 해당 층의 바닥면으로부터 개구부 밑부분까지의 높이가 1.2미터 이내일 것

51 정답 ②

휘발유는 제4류 위험물 중 제1석유류(비수용성 액체)이다.

52 정답 ③

캐비닛형 간이스프링클러설비의 경우 공사감리자 지정 대상의 범위가 아니다.

53 정답 ③

농촌지역은 위험도가 높은 지역이 아니므로 화재예방강화지구의 지정대상이 아니다.

54 정답 ①

농예용·축산용 또는 수산용으로 필요한 난방시설 또는 건조시설을 위한 **지정수량 20배 이하의 저장소**

55 정답 ①

소방활동을 원활히 수행하기 위해서 규정하고 있는 사항에는 **소방활동구역의 지정, 종사명령, 강제처분, 피난명령, 긴급조치**가 있다.

56 정답 ③

소방용수시설 및 지리조사

구 분	내 용
실시자	소방본부장 또는 소방서장
조사 주기	월 1회 이상 실시
보관 기간	조사결과를 2년간 보관

57 정답 ③

3층 이상인 학원은 총괄소방안전관리자 선임대상이 아니다.

58 정답 ③

소방시설업 등록의 결격사유 중 "등록하려는 소방시설업 등록이 취소된 날부터 2년이 지나지 아니한 자"로 3년이 지난 사람의 경우 등록이 가능하다.

59 정답 ④

소방관서장은 화재안전조사를 실시할 수 있다. 다만, **개인의 주거**(실제 **주거용도**로 사용되는 경우에 한정한다)에 대한 화재안전조사는 **관계인의 승낙**이 있거나 화재발생의 우려가 뚜렷하여 긴급한 필요가 있는 때에 한정한다.

60 정답 ②

나트륨은 제3류 위험물이다.

Tip 제3류 위험물은 자연발화성 또는 금수성 물질로 대부분 "륨, 늄" 등으로 끝나는 금속물질이다.

4과목 소방전기시설의 구조 및 원리

61 정답 ④

연기감지기

부착높이	감지기 종류 $[m^2]$	
	1종, 2종	3종
$4m$ 미만	150	50
$4m$ 이상 $20m$ 미만	75	–

62 정답 ①

비상방송설비의 음향장치는 **정격전압의** 80%의 전압에서 유효한 음향을 발할 수 있어야 한다.

63 정답 ④

1층에서 발화한 때에는 **발화층·그 직상 4개 층 및 기타의 지하층**에 경보할 것

64 정답 ①

유도등

설치장소	종 류
공연장·집회장·관람장·운동시설	대형피난구유도등 통로유도등 객석유도등

65 정답 ①

천장 또는 반자 부근에 배기구가 있는 경우에는 그 부근에 설치할 것

66 정답 ②

변류기는 경계전로에 정격전류를 흘리는 경우, 그 경계전로의 전압강하는 $0.5\,V$ **이하일 것**

67 정답 ①

비상조명등이 설치된 장소 각 부분의 바닥에서 $1[\text{lx}]$ **이상일 것**

68 정답 ②

비상콘센트 설치 대상 특정소방대상물
- 층수가 11층 이상인 특정소방대상물의 경우에는 11층 이상의 층
- 지하층의 층수가 3층 이상이고 지하층의 바닥면적의 합계가 $1,000m^2$ 이상인 것은 지하층의 모든 층
- 터널로서 길이가 $500m$ 이상인 것

69 정답 ③

비상경보설비는 **감시상태를 60분간 지속**한 후 유효하게 **10분 이상 경보**할 수 있는 비상전원을 설치하여야 한다.

70 정답 ④

비상콘센트설비의 전원회로는 단상교류 $220\,V$로서 공급용량은 $1.5\,kVA$ 이상일 것

71 정답 ③

무선통신보조설비 관련 문제에서 임피던스는 전부 $50\,\Omega$ 이다.

72 정답 ④

관계인이 24시간 상시 근무하고 있는 경우에는 자동화재속보설비의 설치를 면제받을 수 있다.

73 정답 ②

① 수평거리 $25m$ 이하
③ $90\,dB$ 이상
④ 11층 이상의 특정소방대상물은 우선경보방식 적용

74 정답 ③

노유자시설로서 바닥면적이 $500m^2$ **이상인 층**이 있는 특정소방대상물은 자동화재속보설비를 설치하여야 한다.

75 정답 ①

시각경보장치는 천장의 높이가 $2m$ **이하**인 경우에는 **천장으로부터** $0.15m$ 이내의 장소에 설치해야 한다.

76 정답 ③

전원표의 정상상태를 표시하는 등의 섬광 주기는 **1초 이내의 점등**과 30~60초 이내의 소등으로 이루어져야 한다.

77 정답 ①

② 공연장으로서 지하층 또는 무창층 바닥면적이 $100m^2$ 이상인 것
③ 지하가 중 터널로서 길이가 $500m$ 이상인 것
④ 50명 이상의 근로자가 작업하는 옥내작업장

78 정답 ③

감도조정장치를 갖는 누전경보기에 있어서 조정범위는 최대치가 $1A(=1,000mA)$ 이어야 한다.

79 정답 ③

소방회로배선은 일반회로배선과 불연성의 격벽으로 구획할 것. 단, $15cm$ 이상 이격 시 제외할 수 있다.

80 정답 ③

자동화재탐지설비의 연동에 의한 비상방송설비 동작 시 순서
기동장치 → 수신기 → 증폭기 → 조작부 → 확성기

제4회 문제은행 기출유형 모의고사

1과목 소방원론

01 목재화재 시 다량의 물을 뿌려 소화할 경우 기대되는 주된 소화효과는? `22년-2회`

① 제거효과
② 냉각효과
③ 부촉매효과
④ 희석효과

02 전기불꽃, 아크 등이 발생하는 부분을 기름 속에 넣어 폭발을 방지하는 방폭구조는? `22년-1회`

① 내압방폭구조
② 유입방폭구조
③ 안전증방폭구조
④ 특수방폭구조

03 가연물이 연소가 잘 되기 위한 구비조건으로 틀린 것은? `17년-2회`

① 열전도율이 클 것
② 산소와 화학적으로 친화력이 클 것
③ 표면적이 클 것
④ 활성화에너지가 작을 것

04 주성분이 인산염류인 제3종 분말소화약제가 다른 분말소화약제와 다르게 A급 화재에 적용할 수 있는 이유는? `17년-2회`

① 열분해 생성물인 CO_2가 열을 흡수하므로 냉각에 의하여 소화된다.
② 열분해 생성물인 수증기가 산소를 차단하여 탈수작용 한다.
③ 열분해 생성물인 메타인산(HPO_3)이 산소의 차단역할을 하므로 소화가 된다.
④ 열분해 생성물인 암모니아가 부촉매 작용을 하므로 소화가 된다.

05 위험물의 유별 성질이 자연발화성 및 금수성 물질은 제 몇 류 위험물인가? `17년-2회`

① 제1류 위험물
② 제2류 위험물
③ 제3류 위험물
④ 제4류 위험물

06 화재 시 이산화탄소를 사용하여 화재를 진압하려고 할 때 산소의 농도를 $13vol\%$로 낮추어 화재를 진압하려면 공기 중 이산화탄소의 농도는 약 몇 $vol\%$가 되어야 하는가? `17년-2회`

① 18.1
② 28.1
③ 38.1
④ 48.1

07 질식소화 시 공기 중의 산소농도는 일반적으로 약 몇 $vol\%$ 이하로 하여야 하는가? `17년-2회`

① 25
② 21
③ 19
④ 15

08 내화구조의 기준 중 벽의 경우 벽돌조로서 두께가 최소 몇 cm 이상이어야 하는가? `17년-2회`

① 5
② 10
③ 12
④ 19

09 건물화재의 표준시간-온도곡선에서 화재발생 후 1시간이 경과할 경우 내부온도는 약 몇 ℃ 정도 되는가? `17년-2회`

① 225
② 625
③ 840
④ 925

10 동식물유류에서 "요오드값이 크다."라는 의미를 옳게 설명한 것은? `22년-1회`

① 불포화도가 높다.
② 불건성유이다.
③ 자연발화성이 낮다.
④ 산소와의 결합이 어렵다.

11 인화성 액체의 연소점, 인화점, 발화점을 온도가 높은 것부터 옳게 나열한 것은? `17년-1회`

① 발화점 > 연소점 > 인화점
② 연소점 > 인화점 > 발화점
③ 인화점 > 발화점 > 연소점
④ 인화점 > 연소점 > 발화점

12 A급, B급, C급 화재에 사용이 가능한 제3종 분말소화약제의 분자식은? `17년-1회`

① $NaHCO_3$
② $KHCO_3$
③ $NH_4H_2PO_4$
④ Na_2CO_3

13 1기압, 100℃에서의 물 $1g$의 기화잠열은 약 몇 cal인가? `17년-1회`

① 425
② 539
③ 647
④ 734

14 연기의 감광계수(m^{-1})에 대한 설명으로 옳은 것은? `17년-1회`

① 0.5는 거의 앞이 보이지 않을 정도이다.
② 10은 화재 최성기 때의 농도이다.
③ 0.5는 가시거리가 20~30m 정도이다.
④ 10은 연기감지기가 작동하기 직전의 농도이다.

15 할론(Halon) 1301의 분자식은? *17년-1회*

① CH_3Cl
② CH_3Br
③ CF_3Cl
④ CF_3Br

16 유류 저장탱크의 화재에서 일어날 수 있는 현상이 아닌 것은? *17년-1회*

① 플래시오버(Flash Over)
② 보일오버(Boil Over)
③ 슬롭오버(Slop Over)
④ 후로스오버(Froth Over)

17 칼륨에 화재가 발생할 경우에 주수를 하면 안 되는 이유로 가장 옳은 것은? *16년-4회*

① 산소가 발생하기 때문에
② 질소가 발생하기 때문에
③ 수소가 발생하기 때문에
④ 수증기가 발생하기 때문에

18 피난계획의 일반원칙 중 Fool proof 원칙에 해당하는 것은? *16년-4회*

① 저지능인 상태에서도 쉽게 식별이 가능하도록 그림이나 색채를 이용하는 원칙
② 피난설비를 반드시 이동식으로 하는 원칙
③ 한 가지 피난기구가 고장이 나도 다른 수단을 이용할 수 있도록 고려하는 원칙
④ 피난설비를 첨단화된 전자식으로 하는 원칙

19 제4류 위험물의 화재 시 사용되는 주된 소화방법은? *16년-2회*

① 물을 뿌려 냉각한다.
② 연소물을 제거한다.
③ 포를 사용하여 질식소화한다.
④ 인화점 이하로 냉각한다.

20 증발잠열을 이용하여 가연물의 온도를 떨어뜨려 화재를 진압하는 소화방법은? *20년-4회*

① 제거소화
② 억제소화
③ 질식소화
④ 냉각소화

2과목 소방전기일반

21 RLC 직렬공진회로에서 제n고조파의 공진주파수(fn)는? `18년-1회`

① $\dfrac{1}{2\pi n\sqrt{LC}}$

② $\dfrac{1}{\pi n\sqrt{LC}}$

③ $\dfrac{1}{2\pi\sqrt{nLC}}$

④ $\dfrac{n}{2\pi n\sqrt{LC}}$

22 전압 $v=50\sqrt{2}\sin(\omega t+\theta)[V]$, 전류 $i=10\sqrt{2}\sin\left(\omega t+\theta-\dfrac{\pi}{6}\right)[A]$일 때 무효전력은? `13년-1회`

① $100[Var]$
② $150[Var]$
③ $200[Var]$
④ $250[Var]$

23 한 코일의 전류가 매초 $150A$의 비율로 변화할 때 다른 코일에 $10V$ 기전력이 발생하였다면 두 코일 상호인덕턴스(H)는? `15년-2회`

① $1/3$
② $1/5$
③ $1/10$
④ $1/15$

24 조작기기는 직접 제어대상에 작용하는 장치이고 빠른 응답이 요구된다. 다음 중 전기식 조작기기가 아닌 것은? `20년-4회`

① 서보전동기
② 전동밸브
③ 다이어프램밸브
④ 전자밸브

25 그림과 같은 논리회로의 출력 Y는? `22년-1회`

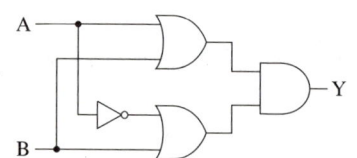

① AB
② $A+B$
③ A
④ B

26 다음 진리표를 갖는 논리회로의 명칭은? `25년`

A	B	X
0	0	1
0	1	0
1	0	0
1	1	1

① AND
② EXCLUSIVE NOR
③ NOT
④ EXCLUSIVE OR

27 개루프제어와 비교하여 폐루프제어에서 반드시 필요한 장치는? `20년-3회`

① 안정도를 좋게 하는 장치
② 제어대상을 조작하는 장치
③ 동작신호를 조절하는 장치
④ 기준입력신호와 주궤환신호를 비교하는 장치

28 불 대수의 기본정리에 관한 설명으로 틀린 것은? `25년`

① $A+A=A$
② $A+1=1$
③ $A \cdot 0 = 1$
④ $A+0=A$

29 그림과 같은 회로에서 $A-B$ 단자에 나타나는 전압은 몇 V인가? `19년-2회`

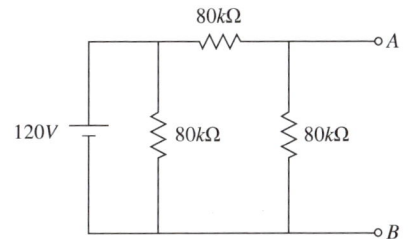

① 20
② 40
③ 60
④ 80

30 3상 농형 유도전동기의 기동법이 아닌 것은? `20년-3회`

① $Y-\triangle$ 기동법
② 기동 보상기법
③ 2차 저항 기동법
④ 리액터 기동법

31 자동화재탐지설비의 감지기 회로의 길이가 $500m$이고, 종단에 $8k\Omega$의 저항이 연결되어 있는 회로에 $24V$의 전압이 가해졌을 경우 도통시험 시 전류는 약 몇 mA인가? (단, 동선의 저항률은 $1.69 \times 10^{-8} \Omega \cdot m$이며, 동선의 단면적은 $2.5mm^2$이고, 접촉저항 등은 없다고 본다) `20년-1·2회`

① 2.4
② 3.0
③ 4.8
④ 6.0

32 단상 반파 정류회로를 통해 평균 $26V$의 직류 전압을 출력하는 경우, 정류 다이오드에 인가되는 역방향 최대 전압은 약 몇 V인가? (단, 직류 측에 평활회로(필터)가 없는 정류회로이고, 다이오드의 순방향 전압은 무시한다) `21년-4회`

① 26
② 37
③ 58
④ 82

33 블록선도의 전달함수($C_{(S)}/R_{(S)}$)는? `21년-1회`

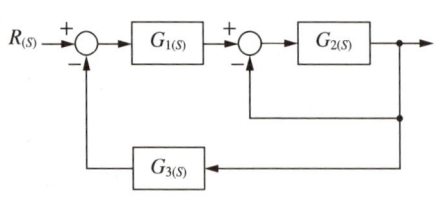

① $\dfrac{G_{1(S)}G_{2(S)}}{1+G_{1(S)}G_{2(S)}G_{3(S)}}$

② $\dfrac{G_{1(S)}G_{2(S)}}{1+G_{1(S)}+G_{1(S)}G_{2(S)}G_{3(S)}}$

③ $\dfrac{G_{1(S)}G_{2(S)}}{1+G_{2(S)}+G_{1(S)}G_{2(S)}G_{3(S)}}$

④ $\dfrac{G_{1(S)}G_{2(S)}}{1+G_{3(S)}+G_{1(S)}G_{2(S)}G_{3(S)}}$

34 한 조각의 실리콘 속에 많은 트랜지스터, 다이오드, 저항 등을 넣고 상호배선을 하여 하나의 회로에서의 기능을 갖게 한 것은? `16년-2회`
① 포토 트랜지스터
② 서미스터
③ 바리스터
④ IC

35 한 상의 임피던스가 $Z=16+j12\,\Omega$인 Y결선 부하에 대칭 3상 선간전압 $380\,V$를 가할 때 유효전력은 약 몇 kW인가? `18년-4회`
① 5.8
② 7.2
③ 17.3
④ 21.6

36 그림의 회로에서 $a-b$ 간에 $Vab(V)$를 인가했을 때 $c-d$ 간의 전압이 $100\,V$이었다. 이때 $a-b$ 간에 인가한 전압(V_{ab})은 몇 V인가? `22년-2회`

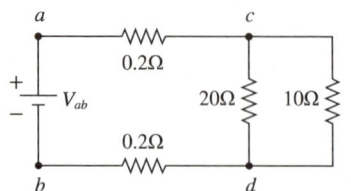

① 104
② 106
③ 108
④ 110

37 권선수가 100회인 코일에 유도되는 기전력의 크기가 e_1이다. 이 코일의 권선수를 200회로 늘렸을 때 유도되는 기전력의 크기(e_2)는? `22년-1회`
① $e_2=\dfrac{1}{4}e_1$
② $e_2=\dfrac{1}{2}e_1$
③ $e_2=2e_1$
④ $e_2=4e_1$

38 SCR(silicon-controlled rectifier)에 대한 설명으로 틀린 것은? `19년-4회`
① PNPN 소자이다.
② 스위칭 반도체 소자이다.
③ 양방향 사이리스터이다.
④ 교류의 전력제어용으로 사용된다.

39 $R=9\Omega$, $X_L=10\Omega$, $X_C=5\Omega$인 직렬부하회로에 220 V의 정현파 전압을 인가시켰을 때의 유효전력은 약 몇 kW인가? 〔16년-1회〕

① 1.98
② 2.41
③ 2.77
④ 4.1

40 평형 3상 부하의 선간전압이 200 V, 전류가 10 A, 역률이 70.7%일 때 무효전력은 약 몇 var인가? 〔20년-1·2회〕

① 2,880
② 2,450
③ 2,000
④ 1,410

3과목 소방관계법규

41 다음 중 위험물별 성질로서 틀린 것은? 〔16년-2회〕

① 제1류 : 산화성 고체
② 제2류 : 가연성 고체
③ 제4류 : 인화성 액체
④ 제6류 : 인화성 고체

42 화재의 예방 및 안전관리에 관한 법령상 특수가연물의 품명별 수량 기준으로 틀린 것은? 〔18년-1회〕

① 합성수지류(발포시킨 것) : $20m^3$ 이상
② 가연성 액체류 : $2m^3$ 이상
③ 넝마 및 종이부스러기 : $400kg$ 이상
④ 볏짚류 : $1,000kg$ 이상

43 화재의 예방 및 안전관리에 관한 법령에 따른 화재예방강화지구의 관리 기준 중 다음 ( ) 안에 알맞은 것은? 〔18년-4회, 개정반영〕

> – 소방관서장은 화재예방강화지구 안의 소방대상물의 위치·구조 및 설비 등에 대한 화재안전조사를 (㉠)회 이상 실시하여야 한다.
> – 소방관서장은 소방상 필요한 훈련 및 교육을 실시하고자 하는 때에는 화재예방강화지구 안의 관계인에게 훈련 또는 교육 (㉡)일 전까지 그 사실을 통보하여야 한다.

① ㉠ 월 1, ㉡ 7
② ㉠ 월 1, ㉡ 10
③ ㉠ 연 1, ㉡ 7
④ ㉠ 연 1, ㉡ 10

44 방염성능기준 이상의 실내장식물 등을 설치해야 하는 특정소방대상물이 아닌 것은? `17년-4회`

① 건축물 옥내에 있는 종교시설
② 방송통신시설 중 방송국 및 촬영소
③ 층수가 11층 이상인 아파트
④ 숙박이 가능한 수련시설

45 소방기본법상 소방용수시설의 저수조는 지면으로부터 낙차가 몇 m 이하가 되어야 하는가? `16년-4회`

① 3.5
② 4
③ 4.5
④ 6

46 소방시설공사업법령상 특정소방대상물에 설치된 소방시설등을 구성하는 것의 전부 또는 일부를 개설, 이전 또는 정비하는 공사의 경우 소방시설공사의 착공신고 대상이 아닌 것은? (단, 고장 또는 파손 등으로 인하여 작동시킬 수 없는 소방시설을 긴급히 교체하거나 보수하여야 하는 경우는 제외한다) `17년-2회`

① 수신반
② 소화펌프
③ 동력(감시)제어반
④ 압력챔버

47 "무창층"이라 함은 지상층 중 개구부 면적의 합계가 해당 층의 바닥면적의 얼마 이하가 되는 층인가? `15년-2회`

① 1/3
② 1/10
③ 1/30
④ 1/300

48 원활한 소방활동을 위하여 소방용수시설에 대한 조사를 실시하는 사람은? `13년-2회`

① 소방방재청장
② 시·도지사
③ 소방본부장 또는 소방서장
④ 안전행정부장관

49 소방본부장 또는 소방서장은 건축허가등의 동의요구서류를 접수한 날부터 최대 며칠 이내에 건축허가등의 동의 여부를 회신하여야 하는가? (단, 허가 신청한 건축물은 지상으로부터 높이가 $200[m]$인 아파트이다) `19년-2회`

① 5일
② 7일
③ 10일
④ 15일

50 제4류 위험물 제조소의 경우 사용전압이 $22kV$인 특고압 가공전선이 지나갈 때 제조소의 외벽과 가공전선 사이의 수평거리(안전거리)는 몇 $[m]$ 이상이어야 하는가?　11년-4회

① $2m$
② $3m$
③ $5m$
④ $10m$

51 도시의 건물 밀집지역 등 화재가 발생할 우려가 높아 그로 인한 피해가 클 것으로 예상되는 일정한 구역을 화재예방강화지구로 지정할 수 있는 사람은?　12년-2회, 개정반영

① 소방서장
② 소방방재청장
③ 시・도지사
④ 소방본부장

52 소방용수시설 중 소화전과 급수탑의 설치기준으로 틀린 것은?　19년-1회

① 급수탑 급수배관의 구경은 $100mm$ 이상으로 할 것
② 소화전은 상수도와 연결하여 지하식 또는 지상식의 구조로 할 것
③ 소방용호스와 연결하는 소화전의 연결금속구의 구경은 $65mm$로 할 것
④ 급수탑의 개폐밸브는 지상에서 $1.5m$ 이상 $1.8m$ 이하의 위치에 설치할 것

53 다음 소방시설 중 하자보수보증기간이 다른 것은?　15년-2회

① 옥내소화전설비
② 비상방송설비
③ 자동화재탐지설비
④ 상수도소화용수설비

54 화재의 예방 및 안전관리에 관한 법령상 특수가연물의 저장 및 취급기준을 위반한 경우 과태료 부과기준은?　20년-4회, 개정반영

① 50만 원
② 100만 원
③ 150만 원
④ 200만 원

55 소방기본법에서 규정하는 소방용수시설에 대한 설명으로 틀린 것은?　15년-1회

① 시・도지사는 소방활동에 필요한 소화전・급수탑・저수조를 설치하고 유지・관리하여야 한다.
② 소방본부장 또는 소방서장은 원활한 소방활동을 위하여 소방용수시설에 대한 조사를 월 1회 이상 실시하여야 한다.
③ 소방용수시설 조사의 결과는 2년간 보관하여야 한다.
④ 수도법의 규정에 따라 설치된 소화전도 시・도지사가 유지・관리해야 한다.

56 위험물안전관리법령상 위험물 중 제1석유류에 속하는 것은? `20년-4회`

① 경유
② 등유
③ 중유
④ 아세톤

57 각 시·도의 소방업무에 필요한 경비의 일부를 국가가 보조하는 대상이 아닌 것은? `14년-2회`

① 전산설비
② 소방헬리콥터
③ 소방관서용 청사 건축
④ 소방용수시설장비

58 화재를 진압하거나 인명구조활동을 위하여 특정소방대상물에는 소화활동설비를 설치하여야 한다. 다음 중 소화활동설비에 해당되지 않은 것은? `13년-1회`

① 제연설비, 비상콘센트설비
② 연결송수관설비, 연결살수설비
③ 무선통신보조설비, 연소방지설비
④ 자동화재속보설비, 통합감시시설

59 지하층을 포함한 층수가 16층 이상 40층 미만인 특정소방대상물의 소방시설공사현장에 배치하여야 할 소방공사 감리원의 배치기준으로 알맞은 것은? `08년-4회`

① 초급감리원 이상의 소방감리원 1인 이상
② 특급감리원 이상의 소방감리원 1인 이상
③ 고급감리원 이상의 소방감리원 1인 이상
④ 중급감리원 이상의 소방감리원 1인 이상

60 위험물의 제조소등을 설치하고자 할 때 설치장소를 관할하는 누구의 허가를 받아야 하는가? `06년-4회, 개정반영`

① 행정안전부장관
② 소방방재청장
③ 특별시장·광역시장 또는 도지사
④ 기초지방자치단체장

4과목　소방전기시설의 구조 및 원리

61 복도, 거실통로유도등의 설치높이에 대한 기준을 옳게 나타낸 것은? (단, 거실통로에 기둥 등이 설치되지 아니한 경우이다)　`12년-4회`

① 거실통로유도등 : 바닥으로부터 1.5[m] 이상
　복도통로유도등 : 바닥으로부터 1.0[m] 이하
② 거실통로유도등 : 바닥으로부터 1.0[m] 이상
　복도통로유도등 : 바닥으로부터 1.5[m] 이하
③ 거실통로유도등 : 바닥으로부터 1.5[m] 이하
　복도통로유도등 : 바닥으로부터 1.0[m] 이상
④ 거실통로유도등 : 바닥으로부터 1.0[m] 이하
　복도통로유도등 : 바닥으로부터 1.5[m] 이하

62 비상조명등의 설치제외 기준 중 다음 ( ) 안에 알맞은 것은?　`17년-4회`

> 거실의 각 부분으로부터 하나의 출입구에 이르는 보행거리가 (　)m 이내인 부분

① 2
② 5
③ 15
④ 25

63 비상콘센트설비의 화재안전기준에서 정하고 있는 저압의 정의는?　`25년`

① 직류는 1,500 V 이하, 교류는 1,000 V 이하인 것
② 직류는 15,000 V 이하, 교류는 750 V 이하인 것
③ 직류는 1,500 V를, 교류는 1,000 V를 넘고 7,000 V 이하인 것
④ 직류는 1,500 V를, 교류는 750 V를 넘고 7,000 V 이하인 것

64 휴대용비상조명등의 건전지 및 충전식 배터리는 몇 분 이상 유효하게 사용할 수 있어야 하는가?　`13년-1회`

① 10분　② 20분
③ 30분　④ 40분

65 자동화재탐지설비의 경계구역 설정 기준으로 옳은 것은?　`17년-1회`

① 하나의 경계구역이 3개 이상의 건축물에 미치지 아니하도록 하여야 한다.
② 하나의 경계구역의 면적은 $500m^2$ 이하로 하고 한 변의 길이는 $60m$ 이하로 하여야 한다.
③ $500m^2$ 이하의 범위 안에서는 2개의 층을 하나의 경계구역으로 할 수 있다.
④ 특정소방대상물의 주된 출입구에서 그 내부 전체가 보이는 것에 있어서는 한 변의 길이가 $100m$의 범위 내에서 $1,500m^2$ 이하로 할 수 있다.

66 비상콘센트의 플러그접속기는 단상교류 220[V]일 경우 접지형 몇 극 플러그접속기를 사용해야 하는가?　`15년-1회`

① 1극　② 2극
③ 3극　④ 4극

67 무선통신보조설비의 화재안전기준(NFTC 505)에 따라 지하층으로서 특정소방대상물의 바닥부분 2면 이상이 지표면과 동일하거나 지표면으로부터의 깊이가 몇 m 이하인 경우에는 해당층에 한하여 무선통신보조설비를 설치하지 않을 수 있는가?　`19년-4회`

① 0.5　② 1.0
③ 1.5　④ 2.0

68 누전경보기의 수신부의 설치장소로서 옳은 것은? 〔16년-2회〕

① 습도가 높은 장소
② 온도의 변화가 급격한 장소
③ 고주파 발생회로 등에 따른 영향을 받을 우려가 있는 장소
④ 부식성의 증기·가스 등이 체류하지 않는 장소

69 비상벨설비 음향장치의 음량은 부착된 음향장치의 중심으로부터 $1m$ 떨어진 위치에서 몇 dB 이상이 되는 것으로 하여야 하는가? 〔18년-1회〕

① 90
② 80
③ 70
④ 60

70 자동화재탐지설비의 경계구역에 대한 설명 중 옳은 것은? 〔14년-2회, 개정반영〕

① $1,000m^2$ 이하의 범위 내에서는 2개의 층을 하나의 경계구역으로 할 수 있다.
② 하나의 경계구역의 면적은 $600m^2$ 이하로 하고 한 변의 길이는 $50m$ 이하로 한다.
③ 당해 소방대상물의 주된 출입구에서 그 내부 전체가 보이는 경우에는 경계구역의 면적은 $1,200m^2$ 이하로 할 수 있다.
④ 하나의 경계구역이 3개 이상의 건축물에 미치지 아니하도록 하여야 한다.

71 비상방송설비의 배선의 설치기준 중 부속회로의 전로와 대지 사이 및 배선 상호 간의 절연저항은 1경계구역마다 직류 $250\,V$의 절연저항측정기를 사용하여 측정한 절연저항이 몇 $M\Omega$ 이상이 되도록 해야 하는가? 〔25년〕

① 0.1
② 0.2
③ 10
④ 20

72 비상방송설비의 화재안전기준(NFTC 202)에 따라 비상방송설비에서 기동장치에 따른 화재신고를 수신한 후 필요한 음량으로 화재발생 상황 및 피난에 유효한 방송이 자동으로 개시될 때까지의 소요시간은 몇 초 이하로 하여야 하는가? 〔20년-1·2회〕

① 5
② 10
③ 15
④ 20

73 다음 중 복합형 감지기의 종류에 속하지 않는 것은? 〔12년-4회〕

① 연기복합형
② 열복합형
③ 열·연기복합형
④ 열·연기·불꽃복합형

74 감지기의 설치기준 중 옳은 것은? `17년-1회`

① 보상식 스포트형 감지기는 정온점이 감지기 주위의 평상시 최고 온도보다 20℃ 이상 높은 것으로 설치할 것
② 정온식 감지기는 주방·보일러실 등으로서 다량의 화기를 취급하는 장소에 설치하되, 공칭작동온도가 최고주위온도보다 30℃ 이상 높은 것으로 설치할 것
③ 스포트형 감지기는 15° 이상 경사되지 아니하도록 부착할 것
④ 공기관식 차동식 분포형 감지기의 검출부는 45° 이상 경사되지 아니하도록 부착할 것

75 비상방송설비의 음향장치 구조 및 성능기준 중 다음 ( ) 안에 알맞은 것은? `18년-4회`

- 정격전압의 (㉠)% 전압에서 음향을 발할 수 있는 것을 할 것
- (㉡)의 작동과 연동하여 작동할 수 있는 것으로 할 것

① ㉠ 65, ㉡ 단독경보형 감지기
② ㉠ 65, ㉡ 자동화재탐지설비
③ ㉠ 80, ㉡ 단독경보형 감지기
④ ㉠ 80, ㉡ 자동화재탐지설비

76 지하상가 및 지하역사의 경우 휴대용비상조명등의 설치기준으로 알맞은 것은? `12년-1회`

① 수평거리 25m 이내마다 5개 이상 설치
② 수평거리 50m 이내마다 5개 이상 설치
③ 보행거리 25m 이내마다 3개 이상 설치
④ 보행거리 50m 이내마다 3개 이상 설치

77 하나의 전용회로에 단상 교류 비상콘센트 6개를 연결하는 경우 전선의 용량은? `14년-1회`

① $1.5kVA$ 이상
② $3kVA$ 이상
③ $4.5kVA$ 이상
④ $9kVA$ 이상

78 통로유도등은 어떤 색상으로 표시하여야 하는가? `14년-2회`

① 백색바탕에 녹색으로 피난방향 표시
② 백색바탕에 적색으로 피난방향 표시
③ 녹색바탕에 백색으로 피난방향 표시
④ 적색바탕에 백색으로 피난방향 표시

79 화재안전기준에서 정하고 있는 연기감지기를 설치하지 않아도 되는 장소는? `16년-1회`

① 에스컬레이터 경사로
② 길이가 15m 인 복도
③ 엘리베이터 권상기실
④ 천장의 높이가 15m 이상 20m 미만의 장소

80 자동화재속보설비의 속보기는 연동 또는 수동 작동에 의한 다이얼링 후 소방관서와 전화접속이 이루어지지 않는 경우에는 최초 다이얼링을 포함하여 몇 회 이상 반복적으로 접속을 위한 다이얼링이 이루어져야 하는가?
(단, 이 경우 매회 다이얼링 완료 후 호출은 30초 이상 지속한다) `17년-1회`

① 3회
② 5회
③ 10회
④ 20회

제 4 회 문제은행 기출유형 모의고사 해설

01	02	03	04	05	06	07	08	09	10	11	12	13	14	15	16	17	18	19	20
②	②	①	③	③	③	④	④	④	①	①	③	②	②	④	①	③	①	③	④
21	22	23	24	25	26	27	28	29	30	31	32	33	34	35	36	37	38	39	40
①	④	④	③	④	②	④	③	③	③	②	④	③	④	①	②	④	③	④	②
41	42	43	44	45	46	47	48	49	50	51	52	53	54	55	56	57	58	59	60
④	②	④	③	④	③	③	④	④	③	②	④	②	④	④	④	④	②	②	③
61	62	63	64	65	66	67	68	69	70	71	72	73	74	75	76	77	78	79	80
①	③	①	②	③	②	③	④	①	②	①	②	③	①	④	③	③	①	②	③

1과목   소방원론

01 정답 ②

물은 주 소화효과가 냉각소화이며, 작은 입자로 방출 시 급격한 증발로 질식효과가 동반된다.

02 정답 ②

유입방폭구조란 전기불꽃 등이 발생하는 부분을 기름 속에 넣어서 폭발을 방지하는 구조이다.

03 정답 ①

열전도율은 물질이 열이 잘 흐르는 정도를 의미한다. 열전도율이 크다는 것은 물체에 열 축적이 잘 되지 않아 발화될 가능성이 적다.

04 정답 ③

제3종 분말소화약제 열분해 시 발생하는 메타인산(HPO_3)은 가연물을 피복하여 산소공급을 차단한다.

05 정답 ③

제3류 위험물의 성질은 자연발화성 및 금수성 물질이다.

06 정답 ③

산소농도를 낮추기 위해 필요한 약제의 농도

$$CO_2[\%] = \left(\frac{21-O_2\%}{21}\right) \times 100 = \left(\frac{21-13}{21}\right) \times 100 = 38.1[\%]$$

07 정답 ④

정상상태의 공기 중 산소농도는 $21vol\%$로, 불꽃연소의 경우 산소농도가 $15vol\%$ 미만 시 소화된다.

08 정답 ④

내화구조 중 벽돌조 벽은 두께가 $19cm$ 이상이다.

09 정답 ④

표준시간-온도곡선
$T = 20 + 345\log(8t+1)$
$T = 20 + 345\log(8 \times 60 + 1) = 945[℃]$
※ 표준시간-온도곡선에서 실제 초기(시작)온도는 20℃부터 시작하게 되어있으나, 보기에서는 초기온도를 고려하지 않고 풀이하여 925℃가 정답으로 채택되었다.

10 정답 ①

요오드값의 측정은 유류(유지)의 불포화도를 확인하기 위해 측정하는 것이다.

11 정답 ①

연소점 · 인화점 · 발화점
- 인화점 : 점화원에 의해 불이 붙는 온도(점화원 제거 시 불꽃이 지속되지 않는 온도)
- 연소점 : 점화원을 제거하여도 연소가 지속되는 온도
- 발화점 : 점화원이 없어도 연소가 발생하는 온도

12 정답 ③

분말소화약제의 분자식

구 분	분자식(주성분)
제1종 분말	$NaHCO_3$
제2종 분말	$KHCO_3$
제3종 분말	$NH_4H_2PO_4$
제4종 분말	$KHCO_3 + CO(NH_2)_2$

13 정답 ②

물 $1[g]$이 1기압 $100[℃]$에서의 증발잠열은 $539[cal]$이다.

14 정답 ②

감광계수와 연기농도

감광계수 $[m^{-1}]$	가시거리 $[m]$	연기농도
0.1	20~30	연기감지기 동작 시의 농도
0.3	5	건물 내 숙지자의 피난한계 농도
0.5	3	어두운 것을 느낄 정도의 농도
1.0	1~2	앞이 거의 보이지 않을 정도의 농도
10	0.2~0.5	화재 최성기의 농도

15 정답 ④

할론 1301의 분자식은 C, F, Cl, Br의 순서에 따라 CF_3Br이다.

16 정답 ①

플래시오버란 **건물화재**에서 발생한 가연성 가스가 일시에 인화되어 급격히 화염이 확대(착화)되는 현상이다.

17 정답 ③

금수성 물질의 대부분은 물과 반응하여 **수소를 발생**시키기 때문이다.

18 정답 ①

Fool proof
저지능인 상태에서도 쉽게 식별이 가능하도록 그림이나 색채를 이용하는 원칙으로 정상적인 판단이 불가능한 상태에서도 쉽게 이용할 수 있도록 하는 것이다.

19 정답 ③

제4류 위험물의 주된 소화방법은 포소화설비이다.

20 정답 ④

가연물의 온도를 떨어뜨려서 화재를 진압하는 것은 가연물을 냉각시키는 것이므로 **냉각소화**이다.

2과목 소방전기일반

21 정답 ①

고조파의 공진주파수 $f_n = \dfrac{1}{2\pi n\sqrt{LC}}$

22 정답 ④

$P_r[Var] = v \cdot i \cdot \sin\theta = 50 \times 10 \times \sin\left(\dfrac{\pi}{6}\right)$

$P_r[Var] = 50 \times 10 \times 0.5 = 250[Var]$

전압과 전류는 실효값으로 계산되며 $\sin\theta$는 전압과 전류의 위상차이다.

23 정답 ④

유기기전력 $e[V] = -N\dfrac{d\phi}{dt} = -L\dfrac{di}{dt}$

$L = -e\dfrac{dt}{di} = -10 \times \dfrac{1}{150} = -\dfrac{1}{15}$

$-$는 유기기전력의 방향을 나타내므로 크기는 1/15가 된다.

24 정답 ③

전기식 조작기기의 종류
- 서보전동기
- 전동밸브
- 전자밸브

25 정답 ④

게이트를 불 대수의 식으로 순서대로 정리하면
$G_1 = A+B$, $G_2 = \overline{A}+B$ 이고,
우측은 AND 게이트이므로,
$G_1 \cdot G_2 = (A+B) \cdot (\overline{A}+B) = A\overline{A}+AB+B\overline{A}+BB$
$= 0+AB+\overline{A}B+B = B(A+\overline{A}+1) = B$

26 정답 ②

입력이 같을 때만 출력이 되는 논리회로를 XNOR(Exclusive nor)이라고 한다.
입력이 다를 때만 출력이 되는 회로는 XOR(Exclusive or)회로이다.

27 정답 ④

폐루프를 형성하기 위해 반드시 비교부(비교장치)가 필요하다.

28 정답 ③

불 대수의 정리에 의해 $A \cdot 0 = 0$이다.

29 정답 ③

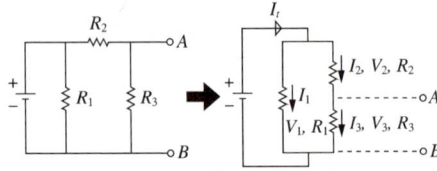

위와 같이 회로를 변형하면 $A-B$ 단자에 나타나는 전압은 V_3와 같다.
병렬회로이므로, 회로별 전압은 동일하고
$E = V_1 = V_2 + V_3$이 된다.
직렬회로인 전압은 분배되므로,
$V_3 = \dfrac{R_3}{R_2+R_3} \times E = \dfrac{80}{80+80} \times 120 = 60[V]$

30 정답 ③

3상 농형 유도전동기의 기동법
- 전전압 기동법
- $Y-\triangle$ 기동법
- 기동 보상기법
- 리액터 기동법

31 정답 ②

동선저항
$R_t = \rho \dfrac{L}{A} = 1.69 \times 10^{-8} \times \dfrac{500}{2.5 \times 10^{-6}} = 3.38[\Omega]$
$I = \dfrac{V}{R_t} = \dfrac{V}{R_t+R_f} = \dfrac{24}{3.38+8,000} \times \dfrac{1,000[mA]}{1[A]} = 3[mA]$

32 정답 ④

단상 반파 정류회로에서 직류전압
$V_{DC} = \dfrac{V_m}{\pi} = \dfrac{\sqrt{2}\,V_{rms}}{\pi} = 0.45 \times V_{rms}$
$V_m = V_{DC} \times \pi = 26 \times \pi = 81.68 ≒ 82[V]$

33 정답 ③

순방향 전달함수 = $G_{1(S)} \cdot G_{2(S)}$
루프 (1) 전달함수 = $-G_{2(S)}$
루프 (2) 전달함수 = $-G_{1(S)}G_{2(S)}G_{3(S)}$
$\sum$루프전달함수 = $(-G_{2(S)}) + (-G_{1(S)}G_{2(S)}G_{3(S)})$
$G_{(S)} = \dfrac{C_{(S)}}{R_{(S)}} = \dfrac{\text{순방향 전달함수}}{1 - (\sum \text{루프전달함수})}$
$G_{(S)} = \dfrac{G_{1(S)}G_{2(S)}}{1 + G_{2(S)} + G_{1(S)}G_{2(S)}G_{3(S)}}$

34 정답 ④

여러 가지의 반도체 소자를 집적하여 하나의 부품으로 소형화한 것을 IC(집적회로)라고 한다.

35 정답 ①

상임피던스의 크기
$Z = \sqrt{R^2+X^2} = \sqrt{16^2+12^2} = 20[\Omega]$
Y결선에서 상전압 $V_p = \dfrac{V_\ell}{\sqrt{3}} = \dfrac{380}{\sqrt{3}} = 219[V]$
유효전력 $P[W] = 3I_p^2 R = 3\left(\dfrac{V_p}{Z}\right)^2 R$
$P[W] = 3 \times \left(\dfrac{219}{20}\right)^2 \times 16 = 5,755[W] ≒ 5.8[kW]$

36 정답 ②

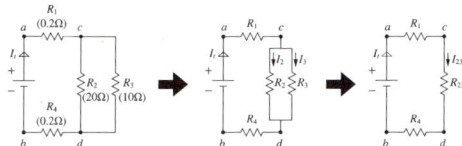

직렬회로로 만들기 위해 병렬회로의 합성저항을 구하면

$$R_{23} = \frac{R_2 \times R_3}{R_2 + R_3} = \frac{20 \times 10}{20 + 10} = \frac{20}{3} [\Omega]$$

단자전압 $V_{cd} = \frac{R_{23}}{R_t} \times V_{ab} \Rightarrow V_{ab} = \frac{R_t}{R_{23}} \times V_{cd}$

$$V_{ab} = \frac{R_1 + R_{23} + R_4}{R_{23}} \times V_{cd}$$
$$= \frac{0.2 + 0.2 + 20/3}{20/3} \times 100 = 106 [V]$$

37 정답 ④

유기기전력 : $e[V] = -L\frac{di}{dt}$

여기서 자기인덕턴스 $L = \frac{\mu S N^2}{l} \Rightarrow L \propto N^2$ 이므로 $\left(\frac{200}{100}\right)^2 = 4$배가 된다.

38 정답 ③

SCR은 **단방향** 사이리스터이다.

39 정답 ④

$$P[W] = I^2 \cdot R = \frac{V^2}{Z^2} \cdot R$$
$$Z = \sqrt{R^2 + (X_L - X_C)^2} = \sqrt{9^2 + (10-5)^2} = \sqrt{106}$$
$$P = \frac{220^2}{(\sqrt{106})^2} \times 9 = 4,109 [W] = 4.1 [kW]$$

40 정답 ②

$\cos^2\theta + \sin^2\theta = 1$ 이므로
$\rightarrow \sin\theta = \sqrt{1^2 - 0.707^2} = 0.707$

3상 회로에서 무효전력
$$P_r[Var] = \sqrt{3}\, V_\ell I_\ell \sin\theta = \sqrt{3} \times 200 \times 10 \times 0.707$$
$$= 2,450 [Var]$$

3과목 소방관계법규

41 정답 ④

제6류 위험물의 성질은 **산화성 액체**이다.

42 정답 ③

특수가연물의 품명별 수량 기준

품 명	수 량
합성수지류(발포시킨 것)	$20[m^3]$ 이상
가연성 액체류	$2[m^3]$ 이상
넝마 및 종이부스러기	$1,000[kg]$ **이상**
볏짚류	$1,000[kg]$ 이상

43 정답 ④

화재예방강화지구의 관리 기준

구 분	기 준
화재안전조사	연 1회 이상 실시
벌금	300만 원 이하의 벌금
훈련 및 교육	연 1회 이상 실시
통 보	10일 전까지 통보

44 정답 ③

층수와 무관하게 아파트는 방염성능물품 적용 대상에서 제외된다.

45 정답 ③

소방용수시설의 수원(저수조)는 지면으로부터 **낙차가 4.5m 이하**가 되어야 한다.

46 정답 ④

개설, 이전, 정비하는 공사로서 착공신고 대상
- 수신반
- 소화펌프
- 동력(감시)제어반

47 정답 ③

무창층은 지상층 중 유효한 개구부의 면적의 합계가 해당 층의 바닥면적의 30분의 1 **이하**가 되는 층이다.

48 정답 ③

소방용수시설 조사

구 분	내 용
실시자	소방본부장 또는 소방서장
조사 주기	월 1회 이상 실시
보관 기간	조사결과를 2년간 보관

49 정답 ③

50층 이상(지하층 제외) or 지상으로부터 높이 $200m$ 이상인 아파트는 건축허가등의 동의 요구서류를 접수한 날부터 **10일 이내**에 건축허가등의 **동의 여부를 회신**해야 한다.

50 정답 ②

사용전압이 $7[kV]$ **초과~** $35[kV]$ 이하 특고압가공전선과 제조소의 **건축물**은 $3m$ **이상 안전거리**를 확보하여야 한다.

51 정답 ③

화재예방강화지구란 **시 · 도지사**가 화재발생 우려가 크거나 화재가 발생할 경우 피해가 클 것으로 예상되는 지역에 대하여 화재의 예방 및 안전관리를 강화하기 위해 지정 · 관리하는 지역을 말한다.

52 정답 ④

급수탑의 개폐밸브의 위치는 **지상** $1.5m$ **이상~**$1.7m$ **이하**에 설치한다.

53 정답 ②

비상방송설비의 하자보수 보증기간은 2년이다.

54 정답 ④

특수가연물의 저장 및 취급기준을 위반한 자 200만 원 이하의 과태료를 부과한다.

55 정답 ④

「**수도법**」 제45조에 따른 소화전은 일반수도업자가 유지 및 관리하여야 한다.

56 정답 ④

경 유	제2석유류
등 유	
중 유	제3석유류
아세톤	제1석유류

57 정답 ④

국고보조 대상 소화활동장비 및 설비의 종류
- 소방자동차
- 소방헬리콥터 및 소방정
- 소방전용통신설비 및 전산설비
- 방화복 등 소방활동에 필요한 장비

국고보조 대상 건축
소방관서용 청사의 건축

58 정답 ④

자동화재속보설비 및 통합감시시설은 경보설비이다.

59 정답 ②

특급감리원의 배치기준
- 연면적 3만m^2 이상 20만m^2 미만(아파트 제외)
- 지하층을 포함한 층수가 16층 이상 40층 미만

60 정답 ③

제조소등을 설치하고자 하는 자는 대통령령이 정하는 바에 따라 그 설치장소를 관할하는 **시 · 도지사의 허가**를 받아야 한다.

> **Tip** 시 · 도지사=특별시장 · 광역시장 또는 도지사

4과목 소방전기시설의 구조 및 원리

61 정답 ①

거실통로유도등은 바닥으로부터 **높이** $1.5m$ **이상**, **복도통로유도등**은 바닥으로부터 **높이** $1.0m$ **이하**에 설치한다.

62 정답 ③

거실의 각 부분으로부터 하나의 출입구에 이르는 **보행거리가** $15m$ **이내**인 부분은 비상조명등의 설치제외가 가능하다.

63 정답 ①

저압·고압·특고압

구 분	직류[kV]	교류[kV]
저 압	1.5[kV] 이하	1[kV] 이하
고 압	1.5[kV] 초과~ 7[kV] 이하	1[kV] 초과~ 7[kV] 이하
특고압	7[kV] 초과	

64 정답 ②
휴대용비상조명등의 건전지 및 충전식 배터리의 용량은 **20분 이상**일 것

65 정답 ③
① 하나의 경계구역은 2개 이상 건물 적용 금지
② 경계구역의 면적은 $600m^2$, 한 변의 길이는 $50m$ 이하
④ 한 변의 길이가 $50m$ 범위 내에서 $1,000m^2$ 이하

66 정답 ②
플러그접속기는 **접지형** 2극 플러그접속기를 사용할 것

67 정답 ②
지하층으로서 특정소방대상물의 바닥부분 2면 이상이 지표면과 동일하거나 지표면으로부터의 깊이가 $1m$ **이하**인 경우에는 해당 층에 한해 무선통신보조설비를 설치하지 아니할 수 있다.

68 정답 ④
습도가 높거나, 온도의 변화가 급격한 장소, 고주파 영향 등의 우려가 있는 경우는 수신부의 오작동 우려가 있어 해당 장소 등을 피하여 설치하여야 한다.

69 정답 ①
음향장치 중심으로부터 $1m$ 떨어진 위치에서 $90dB$ **이상**일 것

70 정답 ②
① $500m^2$ 이하의 범위 내에서만 가능
③ 한 변의 길이가 $50m$ 범위 내에서 $1,000m^2$ 이하
④ 2개 이상의 건축물에 미치지 않을 것

71 정답 ①
부속회로의 전로와 대지 사이 및 배선 상호 간의 절연저항은 경계구역마다 **직류 $250V$의 절연저항측정기**를 사용하여 측정한 **절연저항이 $0.1M\Omega$ 이상**이 되도록 할 것

72 정답 ②
기동장치에 따른 화재신호를 수신한 후 필요한 음량으로 화재발생상황 및 피난에 유효한 방송이 자동으로 개시될 때까지의 소요시간은 **10초 이내로** 할 것

73 정답 ④

복합형 감지기의 종류
- 열복합형 감지기
- 연기복합형 감지기
- 열연기복합형 감지기

74 정답 ①
② 20℃ 이상 높은 것
③ 45˚ 이상 경사되지 않도록 부착할 것
④ 5˚ 이상 경사되지 않도록 부착할 것

75 정답 ④
비상방송설비의 음향장치는 정격전압의 80% **전압**에서 음향을 발할 수 있고, **자동화재탐지설비와 연동**하여 작동할 수 있을 것

76 정답 ③
지하상가 및 지하역사에는 보행거리 $25m$ **이내마다 3개 이상** 설치할 것

77 정답 ③
전선의 용량은 비상콘센트의 **공급용량을 합한 용량** 이상의 것(**최대 3개 용량**)
비상콘센트 1개의 공급용량은 $1.5kVA$이므로,
$1.5[kVA] \times 3$(최대 3개) $= 4.5[kVA]$

78 정답 ①

유도등의 표시

피난구유도등	녹색바탕+백색문자
통로유도등	백색바탕+녹색문자

79 정답 ②

길이가 $30m$ 미만인 복도는 연기감지기 설치대상에서 제외할 수 있다.

80 정답 ③

속보기는 소방관서와 전화접속이 이루어지지 않는 경우에는 최초 다이얼링을 포함하여 10회 **이상** 반복적으로 접속을 위한 다이얼링이 이루어져야 한다. 이 경우 매회 다이얼링 완료 후 호출은 30**초 이상 지속**되어야 한다.

제 5 회 문제은행 기출유형 모의고사

1과목 소방원론

01 블레비(BLEVE) 현상과 관계가 없는 것은?
<small>16년-2회</small>

① 핵분열
② 가연성 액체
③ 화구(Fire ball)의 형성
④ 복사열의 대량 방출

02 연쇄반응을 차단하여 소화하는 약제는?
<small>16년-2회</small>

① 물
② 포
③ 할론 1301
④ 이산화탄소

03 화재 발생 시 인간의 피난 특성으로 틀린 것은?
<small>16년-2회</small>

① 본능적으로 평상시 사용하는 출입구를 사용한다.
② 최초로 행동을 개시한 사람을 따라서 움직인다.
③ 공포감으로 인해서 빛을 피하여 어두운 곳으로 몸을 숨긴다.
④ 무의식 중에 발화 장소의 반대쪽으로 이동한다.

04 에스테르가 알칼리의 작용으로 가수분해 되어 알코올과 산의 알칼리염이 생성되는 반응은?
<small>16년-2회</small>

① 수소화 분해반응
② 탄화 반응
③ 비누화 반응
④ 할로겐화 반응

05 굴뚝효과에 관한 설명으로 틀린 것은?
<small>16년-2회</small>

① 건물 내·외부의 온도차에 따른 공기의 흐름 현상이다.
② 굴뚝효과는 고층건물에서는 잘 나타나지 않고 저층건물에서 주로 나타난다.
③ 평상시 건물 내의 기류분포를 지배하는 중요 요소이며 화재 시 연기의 이동에 큰 영향을 미친다.
④ 건물 외부의 온도가 내부의 온도보다 높은 경우 저층부에서는 내부에서 외부로 공기의 흐름이 생긴다.

06 폭굉(Detonation)에 관한 설명으로 틀린 것은?
<small>16년-2회</small>

① 연소속도가 음속보다 느릴 때 나타난다.
② 온도의 상승은 충격파의 압력에 기인한다.
③ 압력상승은 폭연의 경우보다 크다.
④ 폭굉의 유도거리는 배관의 지름과 관계가 있다.

07 화재의 종류에 따른 표시 색 연결이 틀린 것은? `16년-2회`

① 일반화재 – 백색
② 전기화재 – 청색
③ 금속화재 – 흑색
④ 유류화재 – 황색

08 황린의 보관방법으로 옳은 것은? `16년-1회`

① 물속에 보관
② 이황화탄소 속에 보관
③ 수산화칼륨 속에 보관
④ 통풍이 잘 되는 공기 중에 보관

09 산소의 농도를 낮추어 소화하는 방법은? `20년-1·2회`

① 질식소화 ② 냉각소화
③ 제거소화 ④ 억제소화

10 위험물안전관리법령상 위험물 유별에 따른 성질이 잘못 연결된 것은? `16년-1회`

① 제1류 위험물 – 산화성 고체
② 제2류 위험물 – 가연성 고체
③ 제4류 위험물 – 인화성 액체
④ 제6류 위험물 – 자기반응성 물질

11 공기 중에서 연소 상한값이 가장 큰 물질은? `15년-4회`

① 아세틸렌 ② 수 소
③ 가솔린   ④ 프로판

12 불꽃의 색상을 저온으로부터 고온 순서로 옳게 나열한 것은? `10년-2회`

① 암적색, 휘백색, 황적색
② 휘백색, 암적색, 황적색
③ 암적색, 황적색, 휘백색
④ 휘백색, 황적색, 암적색

13 화재하중 계산 시 목재의 단위발열량은 약 몇 $kcal/kg$ 인가? `15년-4회`

① 3,000
② 4,500
③ 9,000
④ 12,000

14 건축물 화재에서 플래시오버(Flash over) 현상이 일어나는 시기는? `15년-4회`

① 초기에서 성장기로 넘어가는 시기
② 성장기에서 최성기로 넘어가는 시기
③ 최성기에서 감쇠기로 넘어가는 시기
④ 감쇠기에서 종기로 넘어가는 시기

15 유류탱크 화재 시 기름표면에 물을 살수하면 기름이 탱크 밖으로 비산하여 화재가 확대되는 현상은? `20년-1·2회`

① 스롭오버(Slop over)
② 보일오버(Boil over)
③ 프로스오버(Froth over)
④ 블레비(BLEVE)

16 촛불의 주된 연소형태에 해당하는 것은? `14년-4회`

① 표면연소
② 분해연소
③ 증발연소
④ 자기연소

17 가연성 액체로부터 발생한 증기가 액체표면에서 연소범위의 하한계에 도달할 수 있는 최저온도를 의미하는 것은? `14년-4회`

① 비 점
② 연소점
③ 발화점
④ 인화점

18 메탄 80vol%, 에탄 15vol%, 프로판 5vol%인 혼합가스의 공기 중 폭발하한계는 약 몇 $vol\%$인가? (단, 메탄, 에탄, 프로판의 공기 중 폭발하한계는 5.0%, 3.0%, 2.1%이다) `11년-4회`

① 3.23
② 3.61
③ 4.02
④ 4.28

19 열전도도(thermal conductivity)를 표시하는 단위에 해당하는 것은? `21년-2회`

① $J/m^2 \cdot h$
② $kcal/h \cdot ℃^2$
③ $W/m \cdot K$
④ $J \cdot K/m^3$

20 0℃, 1기압에서 $44.8m^3$의 용적을 가진 이산화탄소가스를 액화하여 얻을 수 있는 액화탄산가스의 무게는 몇 kg인가? `11년-4회`

① 88
② 44
③ 22
④ 11

2과목　소방전기일반

21 $A-B$ 양단에서 본 합성인덕턴스는? (단, 코일 간의 상호유도는 없다고 본다) [14년-4회]

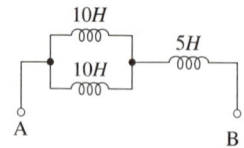

① $2.5H$
② $5H$
③ $10H$
④ $15H$

22 공기 중에 $10\mu C$과 $20\mu C$인 두 개의 점전하를 $1m$ 간격으로 놓았을 때 발생되는 정전기력은 몇 N인가? [20년-4회]

① 1.2
② 1.8
③ 2.4
④ 3.0

23 $X=\overline{A}\overline{B}C+\overline{A}BC+\overline{A}B\overline{C}+A\overline{B}\overline{C}+AB\overline{C}$를 가장 간소화한 것은? [18년-4회]

① $\overline{A}BC+\overline{B}$
② $B+\overline{A}C$
③ $\overline{B}+\overline{A}C$
④ $\overline{A}\overline{B}C+B$

24 전자유도 현상에서 코일에 생기는 유도기전력의 방향을 정의한 법칙은? [25년]

① 플레밍의 오른손법칙
② 플레밍의 왼손법칙
③ 렌츠의 법칙
④ 패러데이의 법칙

25 동기발전기의 병렬운전 조건으로 틀린 것은? [20년-1·2회]

① 기전력의 크기가 같을 것
② 기전력의 위상이 같을 것
③ 기전력의 주파수가 같을 것
④ 극수가 같을 것

26 회로에서 전류 I는 약 몇 A인가? [22년-1회]

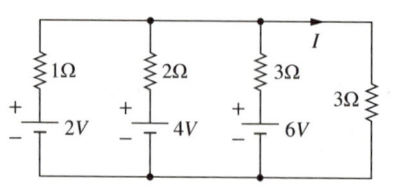

① 0.92
② 1.125
③ 1.29
④ 1.38

27 $1cm$의 간격을 둔 평행 왕복전선에 $25A$의 전류가 흐른다면 전선 사이에 작용하는 단위 길이당 힘(N/m)은? 21년-4회

① 2.5×10^{-2} N/m (반발력)
② 1.25×10^{-2} N/m (반발력)
③ 2.5×10^{-2} N/m (흡인력)
④ 1.25×10^{-2} N/m (흡인력)

28 테브난의 정리를 이용하여 그림 (a)의 회로를 그림 (b)와 같은 등가회로로 만들고자 할 때 $V_{th}(V)$와 $R_{th}(\Omega)$은? 22년-2회

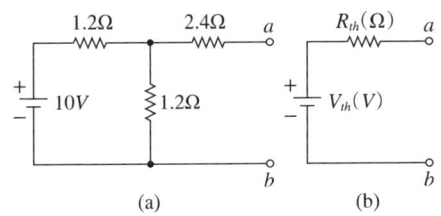

① $5V$, 2Ω
② $5V$, 3Ω
③ $6V$, 2Ω
④ $6V$, 3Ω

29 PB-on 스위치와 병렬로 접속된 보조접점 $X-a$의 역할은? 18년-1회

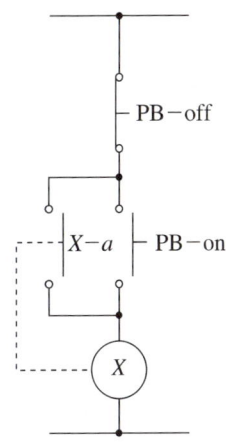

① 인터록 회로
② 자기유지회로
③ 전원차단회로
④ 램프점등회로

30 권선수가 100회인 코일을 200회 늘리면 인덕턴스는 어떻게 변화하는가? 14년-1회

① 1/2로 감소
② 1/4로 감소
③ 2배로 증가
④ 4배로 증가

31 회로에서 a, b 간의 합성저항(Ω)은?
(단, $R_1 = 3\Omega$, $R_2 = 9\Omega$이다) `21년-1회`

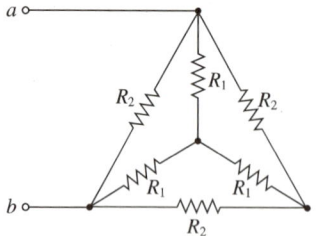

① 3
② 4
③ 5
④ 6

32 그림과 같은 논리회로의 명칭은? `25년`

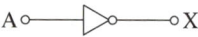

① AND
② NOT
③ NOR
④ NAND

33 다음 중 직류전동기의 제동법이 아닌 것은? `20년-1·2회`

① 회생제동
② 정상제동
③ 발전제동
④ 역전제동

34 제어량을 일정한 목표값으로 유지하는 것을 목적으로 하는 추치제어에 포함되지 않는 것은? `25년`

① 추종제어
② 비율제어
③ 프로그램제어
④ 프로세스제어

35 동일한 전류가 흐르는 두 평행 도선 사이에 작용하는 힘이 F_1이다. 두 도선 사이의 거리를 2.5배로 늘였을 때 두 도선 사이 작용하는 힘 F_2는? `22년-1회`

① $F_2 = \dfrac{1}{2.5}F_1$
② $F_2 = \dfrac{1}{2.5^2}F_1$
③ $F_2 = 2.5F_1$
④ $F_2 = 6.25F_1$

36 SCR를 턴온시킨 후 게이트 전류를 0으로 하여도 온(ON) 상태를 유지하기 위한 최소의 애노드 전류를 무엇이라 하는가? `19년-2회`

① 래칭전류
② 스텐드온전류
③ 최대전류
④ 순시전류

37 그림과 같은 회로에서 단자 a, b 사이에 주파수 $f(Hz)$의 정현파 전압을 가했을 때 전류계 A_1, A_2의 값이 같았다. 이 경우 f, L, C 사이의 관계로 옳은 것은? `22년-1회`

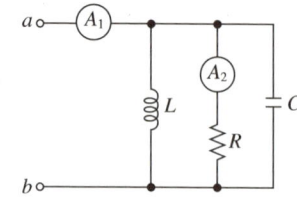

① $f = \dfrac{1}{LC}$
② $f = \dfrac{1}{2\pi\sqrt{LC}}$
③ $f = \dfrac{1}{4\pi\sqrt{LC}}$
④ $f = \dfrac{1}{\sqrt{2\pi^2 LC}}$

38 어떤 코일의 임피던스를 측정하고자 한다. 이 코일에 30 V의 직류전압을 가했을 때 300 W가 소비되었고, 100 V의 실효치 교류전압을 가했을 때 1,200 W가 소비되었다. 이 코일의 리액턴스(Ω)는? `22년-2회`

① 2 ② 4
③ 6 ④ 8

39 두 개의 입력신호 중 한 개의 입력만이 1일 때 출력신호가 1이 되는 논리게이트는? `20년-4회`

① EXCLUSIVE NOR
② NAND
③ EXCLUSIVE OR
④ AND

40 그림과 같은 블록선도에서 출력 $C_{(S)}$는? `25년`

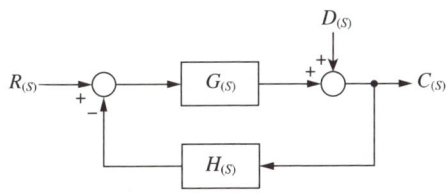

① $\dfrac{G_{(S)}}{1+G_{(S)}H_{(S)}}R_{(S)} + \dfrac{G_{(S)}}{1+G_{(S)}H_{(S)}}D_{(S)}$

② $\dfrac{1}{1+G_{(S)}H_{(S)}}R_{(S)} + \dfrac{1}{1+G_{(S)}H_{(S)}}D_{(S)}$

③ $\dfrac{G_{(S)}}{1+G_{(S)}H_{(S)}}R_{(S)} + \dfrac{1}{1+G_{(S)}H_{(S)}}D_{(S)}$

④ $\dfrac{1}{1+G_{(S)}H_{(S)}}R_{(S)} + \dfrac{G_{(S)}}{1+G_{(S)}H_{(S)}}D_{(S)}$

3과목 소방관계법규

41 위험물제조소의 표지의 바탕 및 문자의 색으로 옳은 것은? `03년-1회`

① 황색바탕, 흑색문자
② 백색바탕, 흑색문자
③ 흑색바탕, 백색문자
④ 적색바탕, 백색문자

42 다음 중 소방기본법상 소방대가 아닌 것은? `11년-2회`

① 소방공무원
② 의무소방원
③ 자위소방대원
④ 의용소방대원

43 소방안전관리자 선임에 관한 설명 중 옳은 것은? `13년-4회, 개정반영`

> 소방안전관리대상물의 관계인이 소방안전관리자를 선임한 경우에는 안전행정부령이 정하는 바에 따라 선임한 날부터 (㉠) 이내에 (㉡)에게 신고하여야 한다.

① ㉠ 14일 ㉡ 시·도지사
② ㉠ 14일 ㉡ 소방본부장이나 소방서장
③ ㉠ 30일 ㉡ 시·도지사
④ ㉠ 30일 ㉡ 소방본부장이나 소방서장

44 다음 중 그 성질이 자연발화성 물질 및 금수성 물질인 제3류 위험물에 속하지 않는 것은? 07년-2회

① 황린
② 칼륨
③ 나트륨
④ 황화린

45 소방기본법령상 소방본부 종합상황실의 실장이 서면·팩스 또는 컴퓨터통신 등으로 소방청 종합상황실에 보고하여야 하는 화재의 기준이 아닌 것은? 21년-4회

① 이재민이 100인 이상 발생한 화재
② 재산피해액이 50억 원 이상 발생한 화재
③ 사망자가 3인 이상 발생하거나 사상자가 5인 이상 발생한 화재
④ 층수가 5층 이상이거나 병상이 30개 이상인 종합병원에서 발생한 화재

46 건축허가등의 동의대상물의 범위로 옳지 않은 것은? 10년-2회

① 연면적 400제곱미터 이상인 건축물
② 항공기 격납고
③ 방송용 송·수신탑
④ 지하층 또는 무창층이 있는 건축물로서 바닥면적이 50제곱미터 이상인 층이 있는 것

47 화재예방, 소방시설 설치·유지 및 안전관리에 관한 법령상 무창층으로 판정하기 위한 개구부가 갖추어야 할 요건으로 틀린 것은? 22년-2회

① 크기는 반지름 30cm 이상의 원이 내접할 수 있을 것
② 해당 층의 바닥면으로부터 개구부 밑부분까지 높이가 1.2m 이내일 것
③ 도로 또는 차량이 진입할 수 있는 빈터를 향할 것
④ 화재 시 건축물로부터 쉽게 피난할 수 있도록 창살이나 그 밖의 장애물이 설치되지 아니할 것

48 도시의 건물 밀집지역 등 화재가 발생할 우려가 높거나 화재가 발생하는 경우 그로 인하여 피해가 클 것으로 예상되는 일정한 구역으로서 대통령령이 정하는 지역에 대하여 시·도지사가 지정하는 것은? 10년-2회, 개정반영

① 화재예방강화지구
② 화재예방강화구역
③ 방화경계구역
④ 재난재해지역

49 제4류 위험물로서 제1석유류인 수용성 액체의 지정수량은 몇 리터인가? 15년-2회

① 100
② 200
③ 300
④ 400

50 소방시설공사업법령상 일반 소방시설설계업(기계분야)의 영업범위에 대한 기준 중 (   )에 알맞은 내용은? (단, 공장의 경우는 제외한다) `22년-2회`

> 연면적 (   )m^2 미만의 특정소방대상물(제연설비가 설치되는 특정소방대상물은 제외한다)에 설치되는 기계분야 소방시설의 설계

① 10,000
② 20,000
③ 30,000
④ 50,000

51 지정수량 이상의 위험물을 임시로 저장·취급할 수 있는 기간은? `07년-4회`

① 100일 이상
② 60일 이상
③ 90일 이내
④ 120일 이내

52 소방기본법령상 특수가연물의 수량 기준으로 옳은 것은? `21년-4회`

① 면화류 : $200kg$ 이상
② 가연성 고체류 : $500kg$ 이상
③ 나무껍질 및 대팻밥 : $300kg$ 이상
④ 넝마 및 종이부스러기 : $400kg$ 이상

53 소방기본법상 소방활동구역의 설정권자로 옳은 것은? `18년-2회`

① 소방본부장
② 소방서장
③ 소방대장
④ 시·도지사

54 방염대상물품 중 제조 또는 가공공정에서 방염처리를 하여야 하는 물품이 아닌 것은? `13년-4회`

① 암 막
② 두께가 $2mm$ 미만인 종이벽지
③ 무대용 합판
④ 창문에 설치하는 블라인드

55 소방기본법령상 소방용수시설의 설치기준 중 급수탑의 급수배관의 구경은 최소 몇 mm 이상이어야 하는가? `21년-1회`

① 100
② 150
③ 200
④ 250

56 화재의 예방 및 안전관리에 관한 법령에 따른 총괄소방안전관리자를 선임하여야 하는 특정소방대상물 중 복합건축물은 지하층을 제외한 층수가 몇 층 이상인 건축물만 해당되는가? `18년-4회, 개정반영`

① 6층
② 11층
③ 20층
④ 30층

57 다음 중 소방시설관리사 응시자격에 해당하지 않는 것은? `25년`

① 공조냉동기계기술사
② 건축사
③ 건축기계설비기술사
④ 전기기능사

58 소방시설의 하자가 발생한 경우 통보를 받은 공사업자는 며칠 이내에 이를 보수하거나 보수 일정을 기록한 하자보수 계획을 관계인에게 서면으로 알려야 하는가? `14년-1회`

① 3일
② 7일
③ 14일
④ 30일

59 화재예방강화지구 안의 소방대상물의 위치·구조 및 설비 등에 대한 화재안전조사 실시 주기는? `09년-2회, 개정반영`

① 월 1회 이상
② 분기별 1회 이상
③ 반기별 1회 이상
④ 연 1회 이상

60 제1류 위험물 산화성 고체인 것은? `15년-2회`

① 질산염류
② 특수인화물
③ 과염소산
④ 유기과산화물

4과목 소방전기시설의 구조 및 원리

61 3종 연기감지기의 설치기준 중 다음 ( ) 안에 알맞은 것으로 연결된 것은? `16년-2회`

> 3종 연기감지기는 복도 및 통로에 있어서 보행거리 (㉠)m 마다, 계단 및 경사로에 있어서는 수직거리 (㉡)m 마다 1개 이상으로 설치해야 한다.

① ㉠ 15, ㉡ 10
② ㉠ 20, ㉡ 10
③ ㉠ 30, ㉡ 15
④ ㉠ 30, ㉡ 20

62 비상조명등의 비상전원은 지하층 또는 무창층으로서 용도가 도매시장·소매시장·여객자동차터미널·지하역사 또는 지하상가인 경우 그 부분에서 피난층에 이르는 부분의 비상조명등을 몇 분 이상 유효하게 작동시킬 수 있는 용량으로 하여야 하는가? `18년-1회`

① 10
② 20
③ 30
④ 60

63 감지기 중 주위의 온도 또는 연기 양의 변화에 따라 각각 다른 전류치 또는 전압치 등의 출력을 발하는 방식은? `14년-4회`

① 다신호식
② 아날로그식
③ 2신호식
④ 디지털식

64 무선통신보조설비를 설치하여야 하는 특정소방대상물의 기준 중 옳은 것은? (단, 위험물 저장 및 처리시설 중 가스시설은 제외한다) `17년-4회`

① 지하가(터널은 제외)로서 연면적 $500m^2$ 이상인 것
② 지하가 중 터널로서 길이가 $1,000m$ 이상인 것
③ 층수가 30층 이상인 것으로서 15층 이상 부분의 모든 층
④ 지하층의 층수가 3층 이상이고 지하층의 바닥면적의 합계가 $1,000m^2$ 이상인 것은 지하층의 모든 층

65 자동화재탐지설비에서 특정배선은 전자파방해를 방지하기 위하여 쉴드선을 사용해야 한다. 그 대상이 아닌 것은? `14년-1회`

① R형 수신기
② 복합형 감지기
③ 다신호식 감지기
④ 아날로그식 감지기

66 자동화재탐지설비의 화재안전기준에서 사용하는 용어의 정의를 설명한 것이다. 다음 중 옳지 않은 것은? `14년-4회`

① "경계구역"이란 소방대상물 중 화재신호를 발신하고 그 신호를 수신 및 유효하게 제어할 수 있는 구역을 말한다.
② "중계기"란 감지기·발신기 또는 전기적접점 등의 작동에 따른 신호를 받아 이를 수신기의 제어반에 전송하는 장치를 말한다.
③ "감지기"란 화재 시 발생하는 열, 연기, 불꽃 또는 연소생성물을 자동적으로 감지하여 수신기에 발신하는 장치를 말한다.
④ "시각경보장치"란 자동화재탐지설비에서 발하는 화재신호를 시각경보기에 전달하여 시각장애인에게 경보를 하는 것을 말한다.

67 자동화재속보설비의 속보기는 자동화재탐지설비로부터 작동신호를 수신하거나 수동으로 동작시키는 경우 20초 이내에 소방관서에 자동적으로 신호를 발하여 통보하되, 몇 회 이상 속보할 수 있어야 하는가? `14년-2회`

① 2회
② 3회
③ 4회
④ 5회

68 비상벨설비 또는 자동식 사이렌설비에 사용하는 벨 등의 음향장치의 설치기준이 틀린 것은? `16년-2회`

① 음향장치용 전원은 교류전압의 옥내간선으로 하고 배선은 다른 설비와 겸용으로 할 것
② 음향장치는 정격전압의 80% 전압에서 음향을 발할 수 있도록 할 것
③ 음향장치의 음량은 부착된 음향장치의 중심으로부터 $1m$ 떨어진 위치에서 $90dB$ 이상일 것
④ 지구음향장치는 특정소방대상물의 층마다 설치하되, 해당 특정소방대상물의 각 부분으로부터 하나의 음향장치까지의 수평거리가 $25m$ 이하가 되도록 할 것

69 비상콘센트설비의 화재안전기준(NFTC 504)에 따라 비상콘센트설비의 전원회로(비상콘센트에 전력을 공급하는 회로를 말한다)에 대한 전압과 공급용량으로 옳은 것은? `19년-4회`

① 전압 : 단상교류 $110V$, 공급용량 : $1.5kVA$ 이상
② 전압 : 단상교류 $220V$, 공급용량 : $1.5kVA$ 이상
③ 전압 : 단상교류 $110V$, 공급용량 : $3kVA$ 이상
④ 전압 : 단상교류 $220V$, 공급용량 : $3kVA$ 이상

70 경계전로의 누설전류를 자동적으로 검출하여 이를 누전경보기의 수신부에 송신하는 것을 무엇이라고 하는가? `25년`

① 수신부
② 확성기
③ 변류기
④ 증폭기

71 유도등의 우수품질인증 기술기준에서 정하는 유도등의 일반구조에 적합하지 않은 것은? `22년-1회`

① 축전지에 배선 등은 직접 납땜하여야 한다.
② 충전부가 노출되지 아니한 것은 사용전압이 $300\,V$를 초과할 수 있다.
③ 외함은 기기 내의 온도 상승에 의하여 변형, 변색 또는 변질되지 아니하여야 한다.
④ 전선의 굵기는 인출선인 경우에는 단면적이 $0.75m^2$ 이상, 인출선 외의 경우에는 면적이 $0.5m^2$ 이상이어야 한다.

72 비상콘센트설비의 화재안전기준(NFTC 504)에 따라 비상콘센트용의 풀박스 등은 방청도장을 한 것으로서, 두께 몇 mm 이상의 철판으로 하여야 하는가? `20년-3회`

① 1.2
② 1.6
③ 2.0
④ 2.4

73 비상콘센트설비의 화재안전기준(NFTC 504)에 따라 비상콘센트설비의 전원부와 외함 사이의 절연저항은 전원부와 외함 사이를 $500\,V$ 절연저항계로 측정할 때 몇 $M\Omega$ 이상이어야 하는가? `25년`

① 20
② 30
③ 40
④ 50

74 휴대용비상조명등의 설치높이는 바닥으로부터 몇 m 이상 몇 m 이하인가? `14년-4회`

① $0.5m$ 이상 $1.0m$ 이하
② $0.8m$ 이상 $1.5m$ 이하
③ $0.8m$ 이상 $2.0m$ 이하
④ $1.0m$ 이상 $2.5m$ 이하

75 무선통신보조설비의 화재안전기준(NFTC 505)에 따라 금속제 지지금구를 사용하여 무선통신보조설비의 누설동축케이블을 벽에 고정시키고자 하는 경우 몇 m 이내마다 고정시켜야 하는가? (단, 불연재료로 구획된 반자 안에 설치하는 경우는 제외한다) `20년-3회`

① 2
② 3
③ 4
④ 5

76 무선통신보조설비의 증폭기 전면에 주회로의 전원이 정상인지의 여부를 표시할 수 있도록 설치하는 것으로 옳은 것은? `17년-1회`

① 전력계 및 전류계
② 전류계 및 전압계
③ 표시등 및 전압계
④ 표시등 및 전력계

77 비상콘센트설비의 전원부와 외함 사이의 절연내력 기준 중 다음 ( ) 안에 알맞은 것은? `18년-4회`

> 절연내력은 전원부와 외함 사이에 정격전압이 150 V 이하인 경우에는 (㉠)V의 실효전압을, 정격전압이 150 V 초과인 경우에는 그 정격전압에 (㉡)을 곱하여 1,000을 더한 실효전압을 가하는 시험에서 1분 이상 견디는 것으로 할 것

① ㉠ 500, ㉡ 2
② ㉠ 500, ㉡ 3
③ ㉠ 1,000, ㉡ 2
④ ㉠ 1,000, ㉡ 3

78 다음 (㉠), (㉡)에 들어갈 내용으로 옳은 것은? `15년-4회`

> 비상경보설비의 비상벨 설치는 그 설비에 대한 감시 상태를 (㉠)간 지속한 후 유효하게 (㉡) 이상 경보할 수 있는 축전지 설비를 설치해야 한다.

① ㉠ 30분, ㉡ 30분
② ㉠ 30분, ㉡ 10분
③ ㉠ 60분, ㉡ 60분
④ ㉠ 60분, ㉡ 10분

79 비상방송설비 음향장치의 설치기준 중 다음 ( ) 안에 알맞은 것은? `18년-4회`

> - 음량조정기를 설치하는 경우 음량조정기의 배선은 (㉠)선식으로 할 것
> - 확성기는 각 층마다 설치하되, 그 층의 각 부분으로부터 하나의 확성기까지의 수평거리가 (㉡)m 이하가 되도록 하고, 해당 층의 각 부분에 유효하게 경보를 발할 수 있도록 설치할 것

① ㉠ 2, ㉡ 15
② ㉠ 2, ㉡ 25
③ ㉠ 3, ㉡ 15
④ ㉠ 3, ㉡ 25

80 부착높이가 $11m$인 장소에 적응성 있는 감지기는? `19년-2회`

① 차동식 분포형
② 정온식 스포트형
③ 차동식 스포트형
④ 정온식 감지선형

제 5 회 문제은행 기출유형 모의고사 해설

01	02	03	04	05	06	07	08	09	10	11	12	13	14	15	16	17	18	19	20
①	③	③	③	②	①	③	①	①	④	①	③	②	②	①	③	④	④	③	①
21	22	23	24	25	26	27	28	29	30	31	32	33	34	35	36	37	38	39	40
③	②	③	③	④	②	②	②	④	①	②	②	④	①	①	②	②	③	③	③
41	42	43	44	45	46	47	48	49	50	51	52	53	54	55	56	57	58	59	60
②	③	②	④	③	④	①	①	④	③	③	①	③	②	①	②	④	①	④	①
61	62	63	64	65	66	67	68	69	70	71	72	73	74	75	76	77	78	79	80
②	④	②	④	②	④	②	③	③	①	②	①	②	③	③	③	③	④	④	①

1과목 소방원론

01 정답 ①
BLEVE는 인화성 또는 **가연성 액체**가 충전되어 있는 용기가 외부화재에 의해 가열되면 분출하여 **화구**가 형성되며 **대량의 복사열**을 방출한다.

02 정답 ③
할론 1301은 연쇄반응을 차단하여 소화하는 약제이다.

03 정답 ③
지광본능이란 빛을 향해 도피하려는 본능으로, 사람은 화재 시 빛을 향해 이동하는 본능을 갖는다.

04 정답 ③
비누화 반응이란 에스테르(유지)가 알칼리의 작용으로 가수분해되어 알칼리염(비누)이 생성되는 반응이다.

05 정답 ②
굴뚝효과는 건물의 높이가 높을수록 강하게 나타난다.

06 정답 ①
폭굉과 폭연
- 폭굉 : 연소속도>음속
- 폭연 : 연소속도<음속

07 정답 ③
화 재

급	화 재	표시색상
A급 화재	일반화재	백 색
B급 화재	유류화재	황 색
C급 화재	전기화재	청 색
D급 화재	금속화재	회 색

08 정답 ①
황린은 자연발화성 물질로, 자연발화를 방지하기 위해 물(보호액)속에 보관한다.

09 정답 ①
산소의 농도를 낮추어(15% 미만) 소화하는 방법은 질식소화이다.

10 정답 ④

위험물 분류

유 별	성 질
제1류	산화성 고체
제2류	가연성 고체
제3류	자연발화성 물질 및 금수성 물질
제4류	인화성 액체
제5류	자기반응성 물질
제6류	산화성 액체

11 정답 ①

아세틸렌의 연소범위는 2.5~81%이다.

Tip 시험범위 중 아세틸렌의 연소범위가 가장 넓다.

12 정답 ③

연소의 온도별 색상
휘백색>백색>황적색>휘적색>적색>암적색

13 정답 ②

화재하중은 목재의 등가발열량으로 바꾼 것으로, 목재의 단위발열량(단위질량당 발열량)은 $4,500[kcal/kg]$이다.

14 정답 ②

플래시오버는 화재 성장기에서 최성기로 넘어가는 분기점에서 발생한다.

15 정답 ①

스롭오버란 유류탱크 화재 시 기름표면에 **주수(또는 살수)**하면 **기름이 탱크 밖으로 비산**하여 화재가 확대되는 현상이다.

16 정답 ③

촛불의 주된 연소형태는 증발연소이다.

17 정답 ④

인화점이란 가연성 증기를 형성하는 고체 또는 액체의 최저온도로 증기가 누적되면 연소하한계에 도달한다.

18 정답 ④

혼합가스의 폭발(연소) 하한계

$$L_T = \frac{100}{\frac{V_1}{L_1} + \frac{V_2}{L_2} + \cdots \frac{V_n}{L_n}} = \frac{100}{\frac{80}{5} + \frac{15}{3} + \frac{5}{2.1}}$$
$$= 4.28[\%]$$

19 정답 ③

열전도도(k)의 단위
$[W/m \cdot K]$, $[W/m \cdot ℃]$, $[W/m \cdot \deg]$

20 정답 ①

이산화탄소의 분자량은 44이므로

이산화탄소의 1몰당 질량은 $\frac{44[g]}{22.4[L]} = \frac{44[kg]}{22.4[m^3]}$이다.

총 용적은 $44.8[m^3]$이므로

$44[kg] \times \frac{44.8[m^3]}{22.4[m^3]} = 88[kg]$이다.

2과목 소방전기일반

21 정답 ③

병렬회로의 합성인덕턴스

$L_P = \frac{L_1 \times L_2}{L_1 + L_2} = \frac{10 \times 10}{10 + 10} = 5[H]$

직렬회로와의 합성인덕턴스
$L = L_P + L_3 = 5 + 5 = 10[H]$

22 정답 ②

두 개의 점전하 사이 정전기력은

쿨롱의 법칙을 따르므로 $F = k \times \frac{Q_1 \cdot Q_2}{r^2}$

공기 중 쿨롱상수 $k = 9 \times 10^9$

$F = 9 \times 10^9 \times \frac{10 \times 20 \times 10^{-12}}{1^2} = 1.8[N]$

Tip $1[C] = 10^6[\mu C]$

23 정답 ③

$X = A\overline{B}(C+\overline{C}) + \overline{A}BC + \overline{A}\,\overline{B}(C+\overline{C})$
$= A\overline{B} + \overline{A}BC + \overline{A}\,\overline{B}$
$= \overline{B}(A+\overline{A}) + \overline{A}BC = \overline{B} + \overline{A}BC = \overline{B} + \overline{A}C$

24 정답 ③

전자유도에 의하여 발생하는 기전력은 **자속 변화를 방해하는 방향**으로 전류를 유도하는데, 이는 렌츠의 법칙으로 설명된다.

25 정답 ④

동기발전기의 병렬운전 조건
기전력의 크기, 파형, 위상, 주파수, 상회전 방향이 같을 것

26 정답 ①

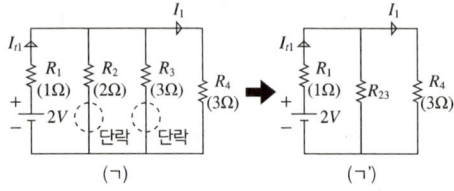
(ㄱ)　　　　　　(ㄱ')

회로도 (ㄱ) → 중앙, 우측 전압원을 단락하여 해석

ⓐ 합성저항 $R_{t1} = R_1 + \left(\dfrac{1}{R_2} + \dfrac{1}{R_3} + \dfrac{1}{R_4}\right)^{-1}$

전체 $R_{t1} = 1 + \left(\dfrac{1}{2} + \dfrac{1}{3} + \dfrac{1}{3}\right)^{-1} = \dfrac{13}{7}[\Omega]$

부분 합성저항 $R_{23} = \dfrac{R_2 \times R_3}{R_2 + R_3} = \dfrac{2 \times 3}{2+3} = \dfrac{6}{5}$

ⓑ 전전류 $I_{t1} = \dfrac{E_1}{R_{t1}} = \dfrac{2}{13/7} = \dfrac{14}{13}[A]$

ⓒ $I_1 = I_{t1} \times \dfrac{R_{23}}{R_{23}+R_4} = \dfrac{14}{13} \times \dfrac{\frac{6}{5}}{\frac{6}{5}+3} = 0.308[A]$

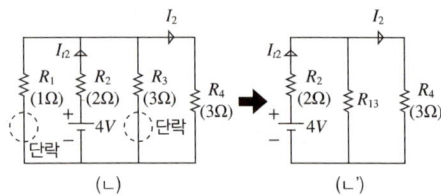
(ㄴ)　　　　　　(ㄴ')

회로도 (ㄴ) → 좌측, 우측 전압원을 단락하여 해석

ⓐ 합성저항 $R_{t2} = R_2 + \left(\dfrac{1}{R_1} + \dfrac{1}{R_3} + \dfrac{1}{R_4}\right)^{-1}$

전체 $R_{t2} = 2 + \left(\dfrac{1}{1} + \dfrac{1}{3} + \dfrac{1}{3}\right)^{-1} = \dfrac{13}{5}[\Omega]$

부분 합성저항 $R_{13} = \dfrac{R_1 \times R_3}{R_1 + R_3} = \dfrac{1 \times 3}{1+3} = \dfrac{3}{4}[\Omega]$

ⓑ 전전류 $I_{t2} = \dfrac{E_2}{R_{t2}} = \dfrac{4}{13/5} = \dfrac{20}{13}[A]$

ⓒ $I_2 = I_{t2} \times \dfrac{R_{13}}{R_{13}+R_4} = \dfrac{20}{13} \times \dfrac{\frac{3}{4}}{\frac{3}{4}+3} = 0.308[A]$

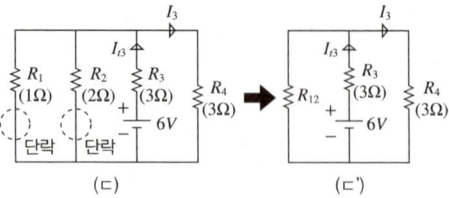
(ㄷ)　　　　　　(ㄷ')

회로도 (ㄷ) → 좌측, 중앙 전압원을 단락하여 해석

ⓐ 합성저항 $R_{t3} = R_3 + \left(\dfrac{1}{R_1} + \dfrac{1}{R_2} + \dfrac{1}{R_4}\right)^{-1}$

전체 $R_{t3} = 3 + \left(\dfrac{1}{1} + \dfrac{1}{2} + \dfrac{1}{3}\right)^{-1} = \dfrac{39}{11}[\Omega]$

부분 합성저항 $R_{12} = \dfrac{R_1 \times R_2}{R_1 + R_2} = \dfrac{1 \times 2}{1+2} = \dfrac{2}{3}[\Omega]$

ⓑ 전전류 $I_{t3} = \dfrac{E_3}{R_{t3}} = \dfrac{6}{39/11} = \dfrac{22}{13}[A]$

ⓒ $I_3 = I_{t3} \times \dfrac{R_{12}}{R_{12}+R_4} = \dfrac{22}{13} \times \dfrac{\frac{2}{3}}{\frac{2}{3}+3} = 0.308[A]$

중첩
$I = I_1 + I_2 + I_3 = 0.308 + 0.308 + 0.308 ≒ 0.92[A]$

27 정답 ②

왕복전선이므로 전류의 방향이 반대로 반발력을 작용한다.

$F[N/m] = \dfrac{2I_1 I_2}{r} \times 10^{-7}$
$\qquad = \dfrac{2 \times 25 \times 25}{0.01} \times 10^{-7} = 1.25 \times 10^{-2}$

28 정답 ②

단자 $a-b$에 걸리는 전압 V_{th} 는
$1.5[\Omega]$에 걸리는 전압과 같으므로

$V_{th} = \dfrac{R_2}{R_1+R_2} \times E = \dfrac{1.2}{1.2+1.2} \times 10 = 5[V]$

전압원이므로 단락 후 우측에서 합성저항을 구하면

$R_{th} = R_3 + \dfrac{R_1 \times R_2}{R_1+R_2} = 2.4 + \dfrac{1.2 \times 1.2}{1.2+1.2} = 3[\Omega]$

29 정답 ②

해당 회로는 릴레이 X가 여자되면 릴레이 접점인 $X-a$ 폐로되어 지속적으로 릴레이 X가 여자되므로 자기유지회로이다.

30 정답 ④

자기인덕턴스 $L = \dfrac{\mu S N^2}{l} \Rightarrow L \propto N^2$ 이므로,

$\left(\dfrac{200}{100}\right)^2 = 4$배가 된다.

31 정답 ①

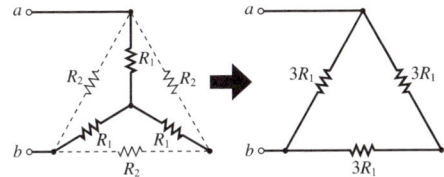

기존 △회로를 제외하고 가운데 있는 Y회로를 △회로로 변환하면 1상의 저항인 $R_{1Y}(=R_1)$의 등가저항 $R_{1\triangle}$는 $3R_1 = 9[\Omega]$이 된다.

기존 △회로와 합쳐서 회로도를 작성하면

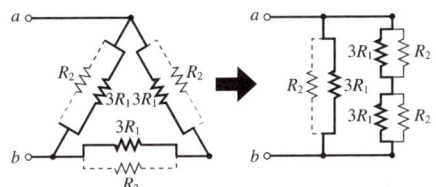

직/병렬 회로로 변환이 가능하다.

$R_1 = 3[\Omega]$, $R_2 = 9[\Omega]$이므로 값을 대입하여 계산하면 좌측 가지회로의 병렬 합성저항은

$R_{p1} = \dfrac{R_2 \times 3R_1}{R_2 + 3R_1} = \dfrac{9 \times 9}{9+9} = 4.5[\Omega]$

우측 가지회로는 좌측 가지회로와 같은 병렬 합성저항이 직렬연결이므로 ($R_{p1} = R_{p2} = R_{p3}$)

합성저항은 $R_{p23} = R_{p2} + R_{p3} = 4.5 + 4.5 = 9.0[\Omega]$, 전체 좌측 가지회로와 우측 가지회로는 병렬연결이므로

$R_t = \dfrac{R_{p1} \times R_{p23}}{R_{p1} + R_{p23}} = \dfrac{4.5 \times 9}{4.5+9} = 3[\Omega]$

32 정답 ②

해당 논리회로는 NOT의 게이트 기호이다.

33 정답 ②

전동기 제동법
- 기계적 제동
- 발전제동
- 역상제동
- 회생제동
- 와전류제동

34 정답 ④

추치제어의 종류
추종제어, 비율제어, 프로그램제어

35 정답 ①

도선에 작용하는 힘 $F_1[N/m] = \dfrac{\mu_0 I_1 I_2}{2\pi r}$ 이므로

거리를 2.5배 늘리면 $F \propto \dfrac{1}{r}$ 로 $F_2 = \dfrac{1}{2.5} F_1$

36 정답 ①

SCR을 Turn-on시킨 후 게이트 전류(트리거전류)를 0으로 하여도 ON 상태를 유지하기 위한 최소 애노드 전류를 래칭전류라고 한다.

37 정답 ②

병렬회로이므로 A_1과 A_2의 전류가 같을 경우 L과 C는 전류가 흐르지 않는 상태로 병렬공진을 의미한다.

즉, 공진주파수로 되고 이는 $f = \dfrac{1}{2\pi\sqrt{LC}}$ 이다.

38 정답 ②

직류전압을 가하면 임피던스는 손실이 생기지 않으며 저항에 의한 손실만 발생하므로 $Z = R$이 된다.

$P[W] = I^2 \cdot R = \dfrac{V^2}{R^2} \cdot R = \dfrac{V^2}{R}$

$\Rightarrow R = \dfrac{V^2}{P} = \dfrac{30^2}{300} = 3[\Omega]$

교류전압 인가 시 리액턴스 성분이 발생되므로

$P[W] = I^2 \cdot R = \dfrac{V^2}{Z^2} \cdot R$

$\Rightarrow Z = \sqrt{\dfrac{V^2}{P} \cdot R} = \sqrt{\dfrac{100^2}{1,200} \cdot 3} = 5[\Omega]$

$Z = \sqrt{R^2 + X_L^2} \Rightarrow X_L = \sqrt{Z^2 - R^2} = \sqrt{5^2 - 3^2} = 4[\Omega]$

39 정답 ③

두 개의 입력이 서로 다른 경우 출력이 발생하는 논리 게이트는 "EXCLUSIVE OR 게이트"라고 한다.
XOR 게이트=EXCLUSIVE OR=배타적 논리합

40 정답 ③

입력 $R_{(S)}$에서의 전달함수

$$\frac{C_{R(S)}}{R_{(S)}} = \frac{\text{순방향 전달함수}}{1-(\sum \text{루프전달함수})} = \frac{G_{(S)}}{1+G_{(S)}H_{(S)}}$$

→ 출력 $C_{R(S)} = \frac{G_{(S)}}{1+G_{(S)}H_{(S)}} R_{(S)}$

외란 $D_{(S)}$에서의 전달함수

$$\frac{C_{D(S)}}{D_{(S)}} = \frac{1}{1+G_{(S)}H_{(S)}}$$

→ 출력 $C_{D(S)} = \frac{1}{1+G_{(S)}H_{(S)}} D_{(S)}$

전체 출력

$$C_{(S)} = C_{R(S)} + C_{D(S)} = \frac{G_{(S)}}{1+G_{(S)}H_{(S)}} R_{(S)} + \frac{1}{1+G_{(S)}H_{(S)}} D_{(S)}$$

3과목 소방관계법규

41 정답 ②

표지의 **바탕은 백색**으로, **문자는 흑색**으로 한다.

42 정답 ③

소방대의 구성
- 소방공무원
- 의무소방원
- 의용소방대원

43 정답 ②

소방안전관리대상물의 관계인은 소방안전관리자를 선임한 날부터 **14일 이내**에 **소방본부장 또는 소방서장**에게 **신고**하여야 한다.

44 정답 ④

제3류 위험물인 자연발화성 물질 및 금수성 물질은 황린 및 금속류로 구성되어 있으며, **황화린은 제2류 위험물**이다.

45 정답 ③

사망자가 5인 이상 발생하거나 **사상자가** 10인 이상 발생한 화재

46 정답 ④

지하층 또는 **무창층**이 있는 건축물로서 바닥면적이 $150m^2$(**공연장은** $100m^2$) **이상인 층**이 있는 것

47 정답 ①

크기는 지름 50**센티미터** 이상의 원이 통과할 수 있을 것

48 정답 ①

화재예방강화지구란 **시·도지사**가 **화재발생 우려가 크거나 화재가 발생할 경우 피해가 클 것**으로 예상되는 지역에 대하여 화재의 예방 및 안전관리를 강화하기 위해 **지정·관리하는 지역**을 말한다.

49 정답 ④

제1석유류(수용성 액체)의 지정수량은 400ℓ이다.

50 정답 ③

연면적 $3만m^2$(**공장의 경우에는** $1만m^2$) 미만의 특정소방대상물(제연설비가 설치되는 특정소방대상물은 제외)에 설치되는 기계분야 소방시설의 설계

51 정답 ③

시·도의 조례가 정하는 바에 따라 **관할소방서장의 승인**을 받아 지정수량 이상의 위험물을 90일 이내의 기간 동안 임시로 저장 또는 취급하는 경우

52 정답 ①

② 가연성 고체류 - 3,000kg 이상
③ 나무껍질 및 대팻밥 - 400kg 이상
④ 넝마 및 종이부스러기 - 1,000kg 이상

53 정답 ③

소방대장은 소방활동구역을 정하여 **구역에 출입하는 것을 제한 가능**하다.

54 정답 ②

벽지류는 방염물품대상이나 **두께가 2mm 미만인 종이벽지**는 제외된다.

55 정답 ①

소방용수시설 중 급수탑에 연결되는 급수배관 구경은 100mm **이상**이어야 한다.

56 정답 ②

총괄소방안전관리자를 선임하여야 하는 건축물 중 복합건축물(지하층을 제외한 층수가 11**층 이상** 또는 **연면적** 3만m^2 **이상**인 건축물)인 것

57 정답 ④

소방시설관리사 시험의 응시자격
- 소방기술사·위험물기능장·건축사·건축기계설비 기술사·건축전기설비기술사 또는 공조냉동기계기술사
- 소방설비기사 자격을 취득한 후 2년 이상 실무경력이 있는 자
- 소방설비산업기사, 위험물산업기사, 위험물기능사, 산업안전기사 자격을 취득한 후 3년 이상 소방실무경력이 있는 자
- 소방공무원으로 5년 이상 근무한 경력이 있는 자
- 10년 이상 소방실무경력이 있는 자

58 정답 ①

소방시설의 하자가 발생하였을 때에는 공사업자에게 그 사실을 알려야 하며, 통보를 받은 공사업자는 3**일 이내**에 하자를 **보수**하거나 보수 일정을 기록한 **하자보수계획을 관계인에게** 서면으로 알려야 한다.

59 정답 ④

소방관서장은 화재예방강화지구 안의 **소방대상물의 위치·구조 및 설비 등에 대한 화재안전조사를 연 1회 이상** 실시해야 한다.

60 정답 ①

② 특수인화물 − 제4류 위험물
③ 과염소산 − 제6류 위험물
④ 유기과산화물 − 제5류 위험물

4과목　소방전기시설의 구조 및 원리

61 정답 ②

3종 연기감지기는 복도 및 통로는 20m, 계단 및 경사로에 있어서는 수직거리 10m마다 1개 이상으로 설치하여야 한다.

62 정답 ④

비상조명등 비상전원의 용량이 60분 이상인 것
- 지하층 제외 11층 이상 건축물
- 지하층 또는 무창층으로 용도가 도매시장, 소매시장, 여객자동차터미널, 지하역사, 지하상가, 도로터널

63 정답 ②

주위 환경변화를 전류치 또는 전압치로 출력을 발하는 감지기는 아날로그식 감지기이다.

64 정답 ④

① 연면적 1천m^2 이상
② 길이 500m 이상
③ 16층 이상 부분의 모든 층

65 정답 ②

아날로그식, 다신호식 감지기, R**형 수신기** 전선은 쉴드선을 사용하여야 한다.

66 정답 ④

시각경보장치는 **청각장애인**에게 화재상황을 알리기 위한 설비이다.

67 정답 ②

속보기는 작동신호를 수신하거나 수동으로 동작시키는 경우 20**초 이내**에 소방관서에 자동적으로 신호를 발하여 알리되, 3**회 이상 속보**할 수 있어야 한다.

68 정답 ①

비상벨설비, 자동식사이렌설비의 상용전원은 축전지설비, 전기저장장치 또는 교류전압의 옥내간선으로 하고 전원까지의 **배선**은 **전용**으로 할 것

Tip 소방의 기본은 "전용"이다.

69 정답 ②

비상콘센트설비의 전원회로의 전압은 단상교류 $220\,V$, 공급용량은 $1.5\,kVA$ 이상일 것

70 정답 ③

누설전류를 자동적으로 검출하여 신호를 발하는 장치는 **변류기**(ZCT)이다.

71 정답 ①

축전지에 배선 등을 직접 납땜하지 **아니하여야** 한다.

72 정답 ②

비상콘센트용의 풀박스 등은 방청도장을 한 것으로서 **두께** $1.6\,mm$ **이상**의 철판으로 할 것

73 정답 ①

비상콘센트용의 절연저항은 전원부와 외함 사이를 $500\,V$ 절연저항계로 측정할 때 $20\,M\Omega$ **이상**일 것

74 정답 ②

휴대용비상조명등은 바닥으로부터 $0.8\,m$ **이상** $1.5\,m$ **이하**의 높이에 설치할 것

75 정답 ③

$4\,m$ **이내**마다 금속제 또는 자기제 등의 지지금구로 벽·천장·기둥 등에 견고하게 고정할 것(불연재료로 구획된 반자안에 설치 시 예외)

76 정답 ③

증폭기 전면에는 주회로 전원의 정상 여부를 표시할 수 있는 표시등 및 전압계를 설치할 것

77 정답 ③

전원부와 외함 사이의 절연내력 기준

정격전압	실효전압	판 정
$150\,V$ 이하	$1,000\,V$	실효전압을 가하여 1분 이상 견딜 것
$150\,V$ 초과	정격전압×2 $+1,000\,V$	

78 정답 ④

자동화재탐지설비 또는 비상경보설비는 감시상태를 60분간 지속한 후 유효하게 10분 이상 경보할 수 있는 축전지설비를 설치하여야 한다.

79 정답 ④

음량조절기의 배선은 3**선식**으로 하고, 확성기는 각 수평거리가 $25\,m$ **이하**가 되도록 배치한다.

80 정답 ①

부착높이가 $8\,m$ 이상에서 열감지기 중에서는 **차동식 분포형**만 적응성이 있다(최대 $15\,m$ 미만).

모든 전사 중 가장 강한 전사는 이 두 가지, 시간과 인내다.

― 레프 톨스토이 ―

합격의 공식 시대에듀

꿈을 꾸기에 인생은 빛난다.
– 모차르트 –

2026 시대에듀 유선배 소방설비기사 전기분야 필기 합격노트

초 판 발 행	2026년 01월 15일 (인쇄 2025년 09월 26일)
발 행 인	박영일
책 임 편 집	이해욱
저 자	정세윤
편 집 진 행	노윤재 · 윤소진
표지디자인	김도연
편집디자인	차성미 · 고현준
발 행 처	(주)시대고시기획
출 판 등 록	제10-1521호
주 소	서울시 마포구 큰우물로 75 [도화동 538 성지 B/D] 9F
전 화	1600-3600
팩 스	02-701-8823
홈 페 이 지	www.sdedu.co.kr

I S B N	979-11-434-0063-5 (13530)
정 가	34,000원

※ 이 책은 저작권법의 보호를 받는 저작물이므로 동영상 제작 및 무단전재와 배포를 금합니다.
※ 잘못된 책은 구입하신 서점에서 바꾸어 드립니다.

합격생 후기 언급량 1위
수험생들이 가장 많이 검색한 시대에듀

전과목 전강좌 0원

전 교수진 최신 강의 — **100% 무료**

지금 바로 1위 강의 100% 무료 수강하기 GO »

*노무사 합격후기 / 수강후기 게시판 김희향 언급량 기준
*네이버 DataLab 검색어 트렌드 조회 결과(주제어: 업체명+법무사 / 3개 업체 비교 / 2016.05.~2025.05.)

한국산업인력공단 시행

화재조사관이 집필한 최고의 수험서!
화재감식평가기사·산업기사

화재조사론 · 화재감식론 · 증거물관리 및 법과학 · 화재조사보고 및 피해평가 · 화재조사 관계법규

- 저자의 오랜 경험을 통해 수험서이지만 현장실무에서도 유용하게 적용할 수 있는 가이드
- 기존의 화재조사관 시험의 철저한 분석을 바탕으로 최적의 이론과 문제를 과목별로 수록
- 1~3과목의 현장조사, 증거물 관련 사진 등을 컬러로 수록해 생생한 학습 유도

화재감식평가기사·산업기사
필기 | 한권으로 끝내기

- 출제율이 높은 핵심요약집
- 과목별 출제예상문제
- 과년도 기출변형문제

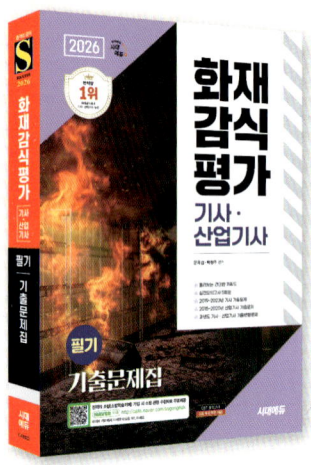

화재감식평가기사·산업기사
필기 | 기출문제집

- 출제율이 높은 핵심요약집
- 실전모의고사
- 기사·산업기사 기출문제
- 과년도 기사·산업기사 기출변형문제

※ 상기 이미지는 변경될 수 있습니다.